普通高等教育“十三五”规划教材

机械制造技术基础理实综合课程

主　编　周世权
副主编　赵　铁　李智勇
参　编　周　立　黄胜智　周　琴　陈文锷
李亦龙　王贤勤　唐　东　严志伟

机械工业出版社

本书是湖北省教学研究项目（机械类“机械制造技术基础”与“金工实习”理论与实践一体化课程的整合研究与实践）成果之一，也是作者几十年从事该系列课程教学的经验总结。根据课题组提出的“以工艺设计为核心，通过实践增强对工艺设计的理解，培养分析和解决工程问题的能力”的要求，对原机械基础课程“机械制造技术基础”和“金工实习”的教学内容进行了较大的改革，根据新的课程体系的要求，将这两门课程合并为“机械制造技术基础理实综合课程”，从培养学生工程意识、工艺设计能力和综合实践能力的角度，组织新的课程体系和教学内容。

本书以工程实践感性认识为基础，以机械制造工艺设计为主线，以零件综合制造工艺规程设计与实践为核心，培养学生分析和解决工程问题的能力。本书将机械制造工艺分为铸造工艺、锻压工艺、焊接工艺、切削加工工艺基础、表面切削方法、特种加工及材料成形新工艺、机械制造工艺规程及综合分析七大部分。除基本工艺原理和方法的内容外，本书突出了将工程实践与工艺设计有机结合的内容，为实现卓越工程师培养计划对技术基础课程的教学目标，增加了工艺设计、半定量计算、案例分析的内容，以利于提高学生分析问题和解决问题的能力。本书还简述了计算机数控加工工艺和项目管理的教学内容，便于学生通过项目和团队进行工程综合实践的学习。为便于指导学生学习，书中配备了相应的复习思考题，供学生复习教学内容之用。

本书是机械大类卓越工程师培养计划课程系列教材之一，可以用作机械大类理实一体化综合课程教材。本书是培养具有分析和解决工程实际问题能力、综合制造工艺能力和现代制造技术人才的入门级教材，既可作为高等工科院校机类及近机类本（专）科各专业“机械制造技术基础”和“工程训练”整合课程的教材，也可作为有关读者的参考书。

图书在版编目（CIP）数据

机械制造技术基础理实综合课程/周世权主编. —北京：机械工业出版社，2018.11
普通高等教育“十三五”规划教材
ISBN 978-7-111-61219-3

Ⅰ.①机… Ⅱ.①周… Ⅲ.①机械制造工艺-高等学校-教材
Ⅳ.①TH16

中国版本图书馆 CIP 数据核字（2018）第 263285 号

机械工业出版社（北京市百万庄大街 22 号 邮政编码 100037）
策划编辑：丁昕祯 责任编辑：丁昕祯 王 良
责任校对：刘志文 封面设计：张 静
责任印制：张 博
三河市宏达印刷有限公司印刷
2019 年 1 月第 1 版第 1 次印刷
184mm×260mm · 22.5 印张 · 554 千字
标准书号：ISBN 978-7-111-61219-3
定价：55.00 元

凡购本书，如有缺页、倒页、脱页，由本社发行部调换

电话服务
服务咨询热线：010-88379833
读者购书热线：010-88379649

网络服务
机 工 官 网：www.cmpbook.com
机 工 官 博：weibo.com/cmp1952
教育服务网：www.cmpedu.com
金 书 网：www.golden-book.com

前 言

“机械制造技术基础理实综合课程”是一门以研究常用工程材料坯件及机器零件的成形与制造工艺原理为主的综合性技术基础课程，是在原“机械制造技术基础”和“工程训练”课程的基础上去粗取精、拓宽加深、理论与实践有机整合后形成的。它几乎涉及机器制造中的所有工程材料的成形与制造工艺，包括：金属的液态成形（铸造），金属的塑性成形（锻压），金属的连接成形（焊接），粉末冶金，注射、快速成形，切削加工，电火花与线切割加工，激光加工等。

为了加强课堂教学与工程实践教学的联系与分工，通常在讲授工艺原理和设计前，首先安排以传统手工实践为主的工艺操作实践教学，使学生建立工艺感性认识；而在讲授工艺原理和设计后，安排基于项目的工艺实践，用工艺设计指导工艺实践，培养学生理论与实践相结合的学习方法。本书主要论述现代工业应用较多、有发展前景的新技术和新工艺中有一定深度的内容，突出机器造型、特种铸造、模锻、自动焊接、数控技术、特种加工等先进技术与工艺。本书以培养学生分析零件结构工艺性和工艺设计方法的基本素质为主线，每章有案例分析，同时附有难度级别不等的复习思考题，供学生复习使用。在本书的重点章节中，均附有综合性工艺设计作业题，与相应的计算机辅助工艺设计软件及创新实验配套使用，可使学生在有限的学时内自主有效地应用教材的知识和工程训练中心的条件，完成综合项目的工艺设计与实践任务。本书还适当地增加了当今世界领先的数控加工和快速制造的内容，并在工艺规程中，对各种材料的成形与加工工艺方法进行了归纳和总结，从而给学生学习其他后续课程、进行专业课程设计及今后的工作奠定了较为扎实的工艺基础。为更好地指导学生进行综合项目设计与实践，本书简述了项目管理的基础知识和案例应用，有利于学生进行项目团队建设和项目管理。

本书考虑了前、后相关课程的连贯与衔接，故要求学习本书之前应修完“工程制图”“工程材料”及“互换性与技术测量”等课程。凡前述课程已阐述的内容，原则上本书不再赘述。

本书插图丰富、规范，各章内容的教与学都考虑了与多媒体手段相配合，内容简洁，语言精练，可适应机械大类卓越工程师专业教学的需要。本书可作为机械大类和机电类专业本科教材，亦可供有关工程技术人员自学参考。

本书主编为周世权，副主编为赵铁、李智勇。参加本书编写的人员有：华中科技大学周世权（内容简介、前言、绪论、第1章第2节、4节、5节和6节，第2章第2节、3节、4节和5节，第3章，第4章，第5章第3节，第7章的3节、5节和7节）、赵铁（第6章第1节）、李智勇（第7章的第1节、2节）、周立（第7章的第6节）、黄胜智（第1章的第1节和第3节）、严志伟（第2章的第1节和第6节）、王贤勤（第7章第4节）、陈文锷（第5章的第1节和第4节）、李亦龙（第7章的案例分析7-2），周琴（第6章第2节）、唐东（第5章第2节）。全书由周世权统稿。

由于编者水平有限，书中难免存在错误或欠妥之处，敬请读者批评指正。

目　录

第 0 章

绪论（Introduction）

0.1 本课程的性质、地位和作用（Nature，status and role of the curriculum）

“机械制造技术基础理论-实践综合课程（The Principle-Practice Integrated Curriculum for Fundamentals of Mechanical Manufacturing Technology）”是学生学习机械制造系列课程必不可少的先修课，也是获得机械制造基本知识、实践能力、综合素质和创新创业精神的技术基础课和必修课。

“机械制造技术基础理论-实践综合课程”是一门实践性很强的技术基础课，是研究产品从原材料到合格零件或机器的制造工艺技术的科学。在工程实践过程中学生通过参观典型的制造工程系统、独立的实践操作和综合项目工艺过程训练，将有关制造工程的基本工艺理论、基本工艺知识、基本工艺方法和基本工艺实践有机结合起来，达到获取丰富的感性知识的目的。同时，通过本课程的学习，将感性知识条理化，并上升为理性知识，实现认识的第一次飞跃。然后通过项目设计与实施及运行测试，实现从理性知识到指导实践的第二次飞跃。按照 CDIO 工程教育模式，使学生得到产品制造工艺的构思、设计、实施和运行调试的全过程体验和工程实践，培养工程能力、创新和创业精神以及精益求精的工匠精神。

工科院校是工程师的摇篮，“机械制造技术基础理论-实践综合课程”是提供工程师所应具备的基本知识和基本技能等综合素质的技术基础课程，也是机械大类的平台课程。

0.2 本课程的内涵和特点（Content and features of the curriculum）

0.2.1 本课程的内涵（Connotation of the curriculum）

制造业是贯穿我们生活所有阶段的人类的活动。我们周围的一切，包括穿的、居住的，甚至吃的大部分物品都经历了一系列制造过程。Manufacturing 一词源于拉丁文（manu = 手；factus = 制造）。词典定义为“货物和物品通过手工或特别机械的制作，往往具有大规模和分工作业特点”。我们应该看到，这一定义是不完整的，但我们可以用它理解制造在人类发展中的作用。

制造工程源于机械制造工程，是一门有着悠久历史的学科，经过科学技术工作者的长期努力，现已发展成为包括机械制造工程、航空航天工程、电子产品制造工程和化工产品制造工程在内的现代制造工程学科。制造工程是研究物质从原材料到合格产品的制造工艺过程的科学。但是由于历史原因，制造工程主要是指机械制造工程，即将原材料通过制造工艺变为具有一定功能的机器或零部件的过程。

制造业是国民经济的基础，它担负着向其他各部门提供工具、仪器和各种机械设备与技术装备的任务。据统计，制造业创造了60%的社会财富（如美国为68%），45%的国民经济收入是由制造业完成的。如果没有制造业提供质量优良、技术先进的技术装备，那么信息技术、新材料技术、海洋工程技术、生物工程技术以及空间技术等新技术的发展将受到严重的制约。可以说，机械制造业的发展水平是衡量一个国家经济实力和科学技术水平的重要标志之一。

制造工程的主要内容包括材料成形和加工工艺两大部分。其中，材料成形主要是在保证性能要求的前提下，优质、低成本地获取具有一定结构和形状的毛坯或者产品的制造工艺，通常将其称为热加工工艺学。但其内涵远超过了热加工的范畴，主要包括铸造、锻压、焊接、热处理、粉末冶金、塑料成型、陶瓷和复合材料的成型。而加工工艺一般是指将材料成形所获得的毛坯，通过切除的工艺，优质、低成本地获取具有一定结构和形状、一定的精度和表面质量的产品的工艺过程，通常将其称为冷加工工艺学。但其内涵也远超过冷加工的范畴，主要包括车削、铣削、刨削、磨削、钳工、现代计算机控制的加工工艺（数控机床和加工中心）、特种加工（超声波加工、电火花加工和激光加工、水射流加工），以及增材制造——快速制造或3D打印。本课程从内容上既要体现工艺原理的理解和掌握，又要能够将其应用于实践。

0.2.2 本课程的特点（Features of the curriculum）

科学技术的发展使传统的制造工艺越来越受到现代制造技术的挑战。同时，现代制造技术又要以传统的制造工艺为基础。因此，本课程将以传统的制造工艺为主，以现代制造技术为辅，将理论与实践有机结合。早期的课程为“金属工艺学”和“金工实习”。2010后改名为“机械制造技术基础”和“工程训练”。“实习”是指把学到的理论知识拿到实际工作中去应用，以锻炼工作能力；按照这样的定义，应该优先学习理论知识，然后再进行实际应用。“训练”是指教授并使之练习某种技能，掌握某种本领，按照这样的解释就是学习操作技能。而“实践”是指人们改造自然和改造社会的有意识的活动。很显然，本课程中为工艺原理所安排的为了达到掌握工艺原理目的的活动，是实践，而不是实习或训练。因为实习要求学完理论后，在工作中应用。显然本课程有些内容是在实践中学的，而训练只是指技能培训，而本课程的任务不是培养技术工人，也没有足够的学时实现培养技术工人的要求。这样通过研究国外高水平大学的课程设置，例如，麻省理工学院（MIT）工程类专业就没有课程名称为“训练”（Training）的，而只设置机械制造综合工程实践或项目实践类课程。因此本课程把原机械制造技术基础与机械制造工程训练（或金工实习）整合为一门机械制造技术基础理论-实践综合课程。

然而，由于现代制造技术已经成为大中型制造类企业的主要生产技术，所以，应努力使现代制造技术的内容的所占比例不断提高。为此，传统制造技术与现代制造技术的一般原理和知识以及在产品制造中的应用构成了本课程的基本特征。

1. 传统制造技术的特征（The characteristics of traditional manufacturing technology）

人类活动的社会化导致早期工程的起源，如图 0-1 所示的农业工程，解决了人类温饱问题。而为了制造耕作的工具，开始出现铸造技术、锻造技术和焊接技术等（图 0-2）制造工程。这些成形技术获得的工具尺寸精度和表面质量需要进一步提高，需要进行锯削、锉磨等切削加工。由此形成传统制造技术。

图 0-1 农业工程（犁的使用）

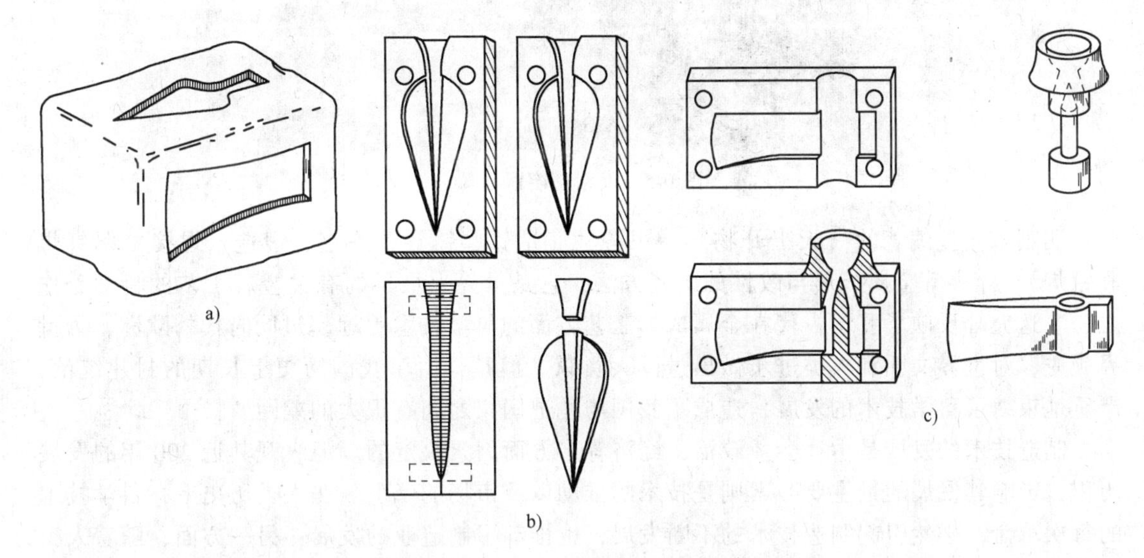

图 0-2 铸造技术用于于工具制造

a）简单模具 b）两半模 c）带有型芯的两半模

传统制造技术可概括为图 0-3 所示的基本内容。它是在总结劳动人民几千年实践的基础上发展起来的，对推动人类社会的发展与进步、人民物质生活和精神生活水平的提高等发挥了十分重要的作用。我国古代在金属加工工艺方面的成就极其辉煌。

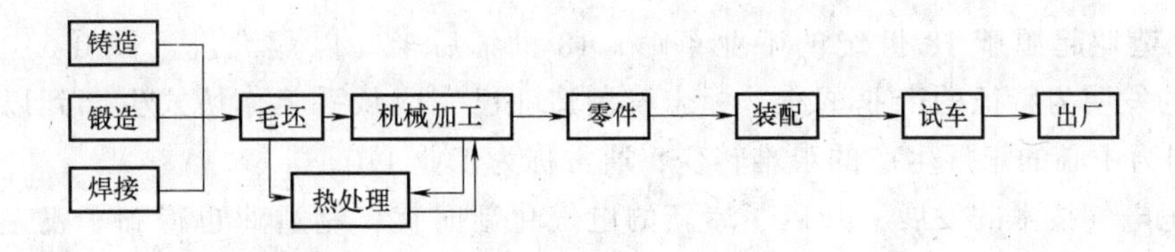

图 0-3 机械制造的工艺过程

公元前16~17世纪的商朝已是青铜器的全盛时期，当时青铜冶铸技术相当精湛。在河南安阳武官村出土的后母戊大方鼎，是商朝的大型铸件，鼎重832kg，其上花纹精致（图0-4）。表明我国铸造历史悠久，技术在当时也是领先的。

图0-4　后母戊大方鼎

公元前5世纪的春秋时期，制剑术已相当高明。1965年在湖北省江陵县出土的春秋越王勾践的宝剑，说明当时已掌握了锻造和热处理技术。

1980年12月，从秦始皇陵墓陪葬坑出土的大型彩绘铜车马，结构精致，形态逼真，由三千多个零、部件组成，综合了铸造、焊接、錾削、研磨、抛光及各种连接工艺，如图0-5所示。

图0-5　大型彩绘铜车马

明朝宋应星编著的《天工开物》一书论述了冶铁、铸钟、炼钢、锻造、焊接（锡钎焊和银焊）、淬火等金属成形与改性的工艺方法，它是世界上最早的有关金属工艺的科学著作之一。这充分反映了我国古代在金属成形工艺方面的科学技术曾远超过同时代的欧洲，为世界领先，对世界文明和人类进步做出过巨大贡献。但是，由于我国历史上长期的封建统治，严重地束缚了科学技术的发展，造成了我国与先进国家之间有很大的差距。

制造技术的发展是由社会、政治、经济等多方面因素决定的。但纵观其近200年的发展历程，影响其发展的最主要因素则是技术的推动以及市场的牵引。在人类历史上，科学技术的每次革命，必然引起制造技术的不断发展，也推动了制造业的发展；另一方面，随着人类的不断进步，人类需求的不断变化，也推动了制造业的不断发展，促进了制造技术的不断进步。200年来，在市场需求不断变化的驱动下，制造业的生产规模沿着“小批量、少品种大批量、多品种、变批量”的方向发展；在科技高速发展的推动下，制造业的资源配置沿着“劳动密集、设备密集、信息密集、知识密集”的方向发展；与之相适应，制造技术的生产方式沿着“手工、机械化、单机自动化、刚性流水自动化、柔性自动化、智能自动化”的方向发展。

传统制造业起源于18世纪的工业革命，18世纪后半叶以蒸汽机（图0-6）和工具机（图0-7）的发明为特征的产业革命，标志着制造业已完成从手工作坊式生产到以机械加工和分工原则为中心的工厂生产的艰难转变，通常称为工业1.0。

19世纪电气技术的发展，开启了崭新的电气化新时代，制造业也得到了飞速发展，制造技术实现了批量生产、工业化规范生产的新局面，通常称为工业2.0。20世纪内燃机的发明，引发了制造业的革命，流水生产线（图0-8）和泰勒工作制得到广泛的应用。两次世界大战特别是第二次世界大战期间，以降低成本为中心的刚性、大批大量的制造技术和生产管理有了很大的发展。可以说，这种以机器制造机器的刚性、大批大量的制造技术是传统制造技术的主要特征。

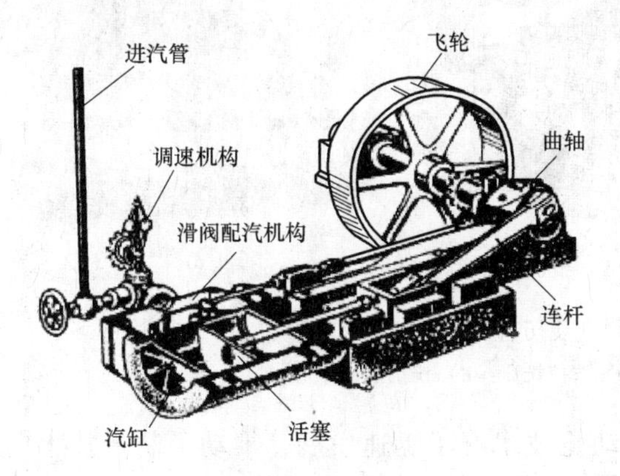

图 0-6　瓦特蒸汽机

图 0-7　莫兹利车床

图 0-8　福特汽车流水生产线

进入 21 世纪后，随着计算机与信息技术的发展，计算机与信息技术对制造业的改造，大大提升了制造技术水平，数控机床的大量应用是这个时期主要特征——数字化，也称工业 3.0，将其归类为现代制造技术。如图 0-9 所示，可以清晰地看到制造技术的发展轨迹，从普通机床、自动机床到数控机床和加工中心。所以，本课程将主要讲述自动或半自动机械制造工艺方法，这类工艺技术在当今工业规模生产中仍然占有相当大的比重。

2. 现代制造技术的特征 (The characteristics of modern manufacturing technology)

所谓的制造技术，是指按照人们所需的目的，运用知识和技能，利用客观物质工具使原材料变成产品的技术总称。制造技术是制造业的技术支柱，是国家经济持续增长的根本动力。

现代制造技术是传统制造技术不断吸收机械、电子、信息、材料、通信及现代管理等技术的成果，将其综合应用于产品设计、制造、检测、管理、售后服务等机械制造全过程，实现优质、高效、低耗、清洁、灵活地生产，取得理想的技术经济效果的制造技术总称。二战

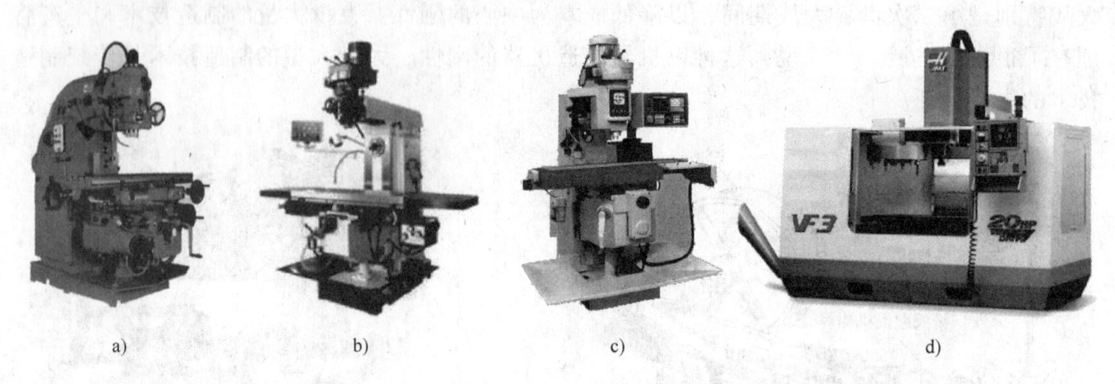

a)　b)　c)　d)

图 0-9　机床的发展历程
a) 普通铣床　b) 自动炮塔铣床　c) 数控铣床　d) 铣削加工中心

以后的 70 余年来，计算机、微电子、信息和自动化技术有了迅速发展，推动了制造技术向高质量生产和柔性生产的方向发展，并在制造业中得到越来越广泛的应用，先后出现了数控(NC)、计算机数控（CNC)、直接数控（DNC)、柔性制造单元（FMC)、柔性制造系统(FMS)、计算机辅助设计制造（CAD/CAM)、计算机集成制造（CIMS）(图 0-10)、准时化生产（JIT)、制造资源规则（MRP)、精益生产（LP）和敏捷制造（AM）等多项先进的制造技术与制造模式，使制造业正经历着一场新的技术革命（第二次工业革命——工业 4.0 或互联网+)。

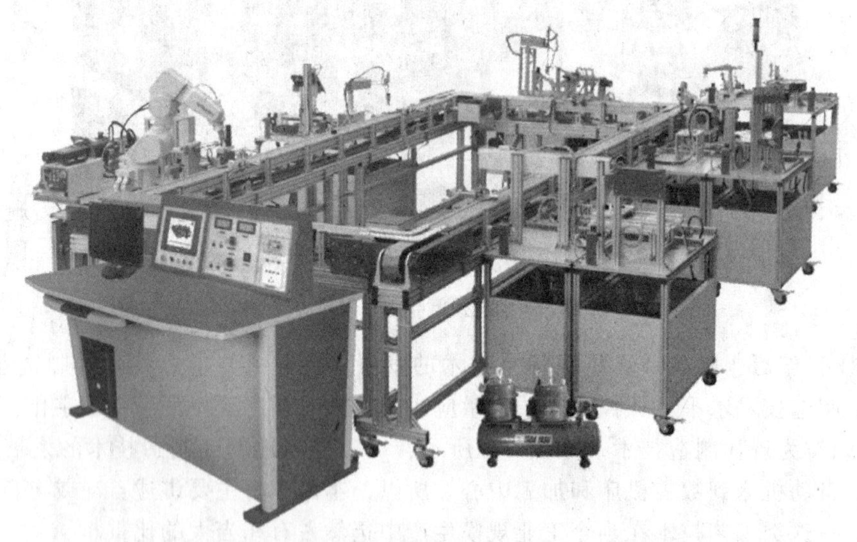

图 0-10　小件制造的计算机集成制造系统（CIMS)

现代制造技术具有下列特征。

1）计算机技术、传感技术、自动化技术、新材料技术以及管理技术等诸技术的引入，与传统制造技术相结合，使制造技术成为一个能驾驭生产过程的物质流、信息流和能量流的系统工程。

2）传统制造技术一般单指加工制造过程的工艺方法，而现代制造技术则贯穿了从产品设计、加工制造到产品销售及使用维护等全过程，成为“市场—产品设计—制造—市场”

的大系统。

3）传统制造技术的学科、专业单一，界限分明，而现代制造技术的各学科、专业间不断交叉、融合，其界限逐渐淡化甚至消失。比如纳米技术就是材料、机械、电子、计算机等多学科的融合。

4）生产规模的扩大以及最佳技术经济效果的追求，使现代制造技术比传统制造技术更加重视工程技术与经营管理的结合，更加重视制造过程组织和管理体制的简化及合理化，产生一系列技术与管理相结合的新的生产方式。

5）发展现代制造技术的目的在于能够实现优质、高效、低耗、清洁、灵活地生产，并取得理想的技术经济效果。

市场竞争不仅要求低成本，而且也要求能生产出高质量的产品，这就要求培养制造工业所要求的工程师和技术专家。以代表当今制造技术最高水平的航空发动机来看，可以说它是热和流体力学、计算机技术、新材料和先进制造工艺的完美结合，如图 0-11 所示。叶片一般要求在 600℃以上的高温下工作，材料一般用耐热合金，采用定向凝固和精密铸造的方法成形（图 0-12），制造技术要求加工中心以及计算机辅助设计和制造（CAD/CAM）（图 0-13）。而这些知识在高年级的课程中将会进一步学习。

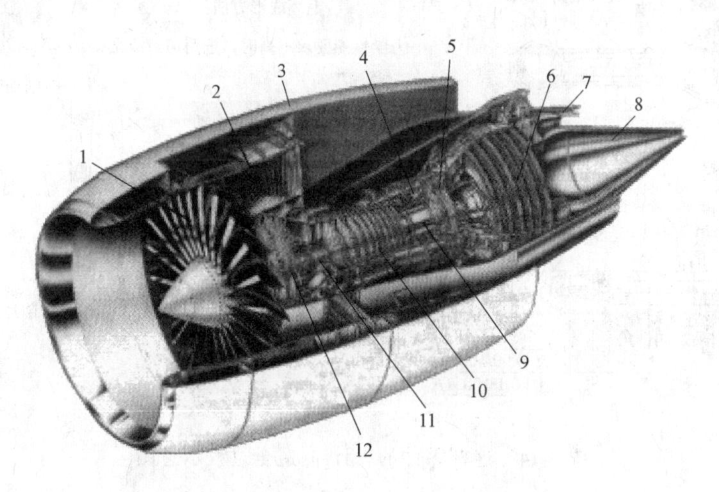

图 0-11 航空发动机的结构

1—叶片 2—风扇定子 3—扇形喷嘴 4—环形燃烧室 5—高压涡轮 6—低压涡轮 7—核心喷嘴 8—喷嘴中心体 9—高压轴 10—高压压缩器 11—低压轴 12—低压压缩器

图 0-12 叶片的定向凝固铸造

图 0-13 叶片的五轴加工

0.3 本课程的主要任务和教学方法（The main task and teaching methods of the course）

0.3.1 本课程的主要任务（The main task of the course）

1）掌握主要的机械制造工艺的基本原理、主要方法和应用特点；熟悉机械零件的常用制造方法及其所用的主要设备和工具；了解新工艺、新技术、新材料在现代机械制造中的应用。

2）对典型零件初步具有选择加工方法和进行工艺分析的能力，在主要工种方面应能独立完成典型零件的加工制造工艺过程计划的制订，如图 0-14 所示。并培养一定的工艺实验和工程实践的能力。

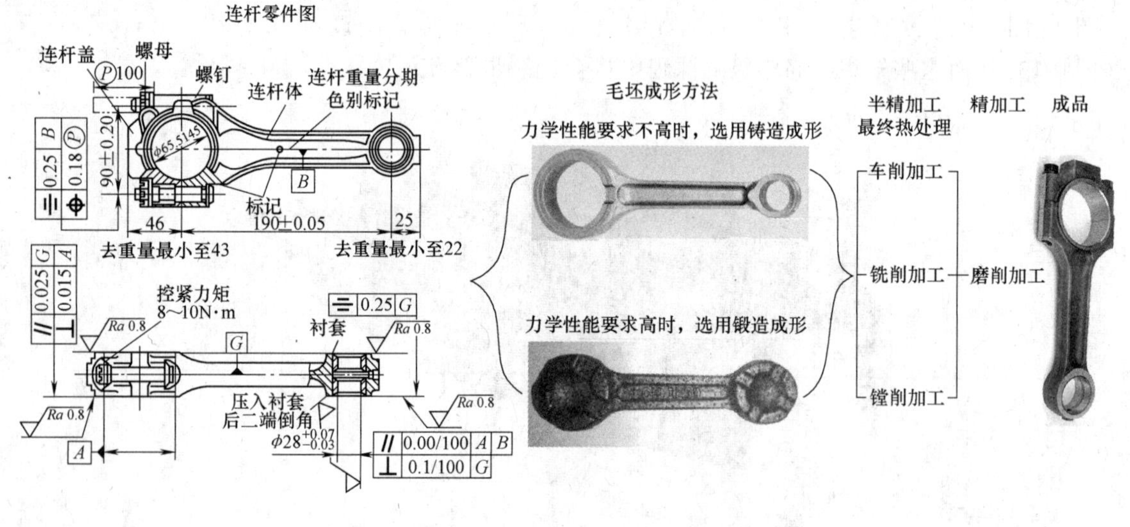

图 0-14 连杆零件的设计-制造全过程示意图

3）培养学生具有生产质量和经济的观念，理论与实践相结合的能力、一丝不苟的科学作风，以及试验研究的动手能力等基本素质和工匠精神。

4）使学生具有分析零件结构工艺性的基本能力，能够进行简单产品的结构设计和工艺设计，培养创新创业意识和综合能力。

《机械制造技术基础理实综合课程》的主要内容为铸造工艺、锻压工艺、焊接工艺、切削加工工艺等基础工艺和产品的综合制造工艺的原理、操作实践、项目的设计与实施、质量效益的评价等，以及粉末冶金、塑料成型、特种加工及快速制造技术等先进工艺的基本原理和应用。

0.3.2 本课程的教学方法（The teaching methods of the course）

为了将原“金工实习”或“机械制造工程训练”等实践课与“机械制造技术基础”进行有机结合，通过工业现场参观、动手体验建立感性认识，然后在课堂讲授基本原理和工艺方法的基础上，指导学生到现场实际操作有关工艺装备进行产品的加工制作，学生将有关制作工艺过程和结果撰写为报告，达到对基本原理和工艺方法的理解和内化，最后学生要研究学习特定项目的设计、制造、质量成本分析等以实现理论联系实践，从而达到提高分析问题解决问题的能力、综合素质和创新创业能力的教学目标。为了有效地使用本教材进行教学，希望注意以下几点。

1）教学中应结合工程实践，以掌握基本工艺原理为主。教材中的基本工艺都是在工程实践中学生亲手做过的或者现场教学看过的。因此，教师和学生都应十分注意将课程内容与实践内容紧密联系起来，学生应在自主学习的基础上，通过教师的课堂分析，重点掌握各类工艺的基本原理。对于部分由于实习条件不够，一时难以实现的内容，可用 CAI 的方式进行简单介绍。

2）应确实贯彻以产品制造工艺过程为主的指导思想。教材中对设备和仪器只简单介绍了其外部结构和主要功能，而重点放在成形加工的工艺过程中，通过分析制造过程中工艺参数的变化对零件质量的影响规律，使学生具有对各种制造方法的工艺参数选择和技术经济性分析的基本能力。

3）应该注意与相关教学内容的分工和合作。本教材的内容具有自身的相对独立性，但同时与其他教学环节又有一定的合作和联系，如主要的工艺方法与“基于项目的工程实践实操指导书”中基本相同。因此，在教学中不要重复工艺操作过程，而应该将重点放在工艺原理和分析上，弥补实操中缺少的理论知识的内容，使学生能够将感性认识上升为理性认识，从而达到举一反三的教学效果，同时减少重复讲授，提高教学效率。而有关零件结构工艺性的内容应该具有相对独立性，以工艺原理和特点为基础，以零件结构设计的合理性为目标，使学生掌握分析零件结构工艺性的原理和方法，同时具有初步的结构设计能力。

4）关于教学内容的学时分配。本教材的教学内容是按照 200 学时安排的，其中工艺认识实践 20~30 学时，工艺原理讲课 30~40 学时，工艺装备实操 70~80 学时，项目设计研讨 10~15 学时，项目实施与评价 30~35 学时。各学校可结合教材附录中提供的教学大纲与学校的实际情况进行适当的增减。有关安全教育、工时成本等也放在附录中供老师和学生参考。主要内容的比例建议为：第 1 章至第 3 章占总时间的 40%，第 4 章至第 7 章占总时间的 60%。实验和研究鼓励学生自主安排，工程训练中心通过开放实验室方式配合学生的自主实验和研究。

5）教材内容及特点。各章内容的组织本着循序渐进、由浅入深和减少重复的原则，力求系统化和独立性，减少过细的分析和相关步骤的分解，每章前都给出了重点和难点，教师应根据不同的要求，进行讲授、实践和指定学生的自学范围及参考书。每章内容都明确指出了哪些是工艺认识实践、哪些是工艺原理讲课、哪些是实操、哪些是项目设计与研讨、哪些是项目实施与评价的内容，以便主讲老师安排教学进度计划。

6）各章末给出了案例计算和分析，以帮助学生具体分析和解答实际问题，目的是为了举一反三，绝不可死记硬背。复习思考题是根据每章的重点和难点内容安排的，也有部分基本训练的题目。其目的是启发学生独立思考，培养分析问题、解决问题的能力，引导学生自主学习，学会查阅资料，认真进行归纳和小结，以便加深理解，从而培养实事求是的科学研究作风。

第1章

铸造工艺及实践
(Casting process and practice)

本章学习指导

学习本章前应预习“工程材料”中有关二元相图、凝固与结晶的内容，以及“机械制图”中有关三视图的内容。学习本章的内容时，应将实操与相关的工艺原理相联系，理论联系实践，并配合一定的习题和作业，参考书末提供的参考书中有关章节，才能够学好本章内容。

本章主要内容

铸造合金液体的充型能力与流动性，缩孔与缩松的产生与防止，铸造应力、变形与裂纹的产生与防止，常用造型方法、浇注位置和分型面的选择，铸造工艺图的绘制，特种铸造工艺，铸件的结构工艺性，铸件的生产及应用。

本章重点内容

铸造合金液体的流动性及其影响因素，定向凝固与同时凝固的原理及应用，铸造热应力与变形的产生与防止，浇注位置和分型面的选择，铸件的外形、内腔、壁厚和壁间连接的结构设计，灰铸铁的特点及应用。典型铸件的结构设计、工艺设计、实施和评价。

铸造是历史上最为悠久的金属成形工艺，也是当今机械制造中毛坯生产的重要工艺方法。在机械制造业中，铸件的应用十分广泛。在一般机械设备中，铸件质量往往要占机械总质量的70%~80%，有些甚至更高。

铸造具有以下特点。

(1) 铸造是一种液态成形技术　形状十分复杂的铸件可以通过铸造生产，如图1-1所示的带有复杂内腔的内燃机的缸体和缸盖、机床的床身和箱体、涡轮机的机壳等都是采用铸造的方法生产的。

(2) 铸造生产的适应范围非常广　首先，各种金属材料都可以通过铸造的方法生产出铸件，如工业上常用的碳钢、合金钢、铸铁、铜合金、铝合金等均可铸造，其中应用广泛的铸铁件只能通过铸造的方法获得；其次，铸件的大小几乎不限，质量从几克到几百吨，壁厚从

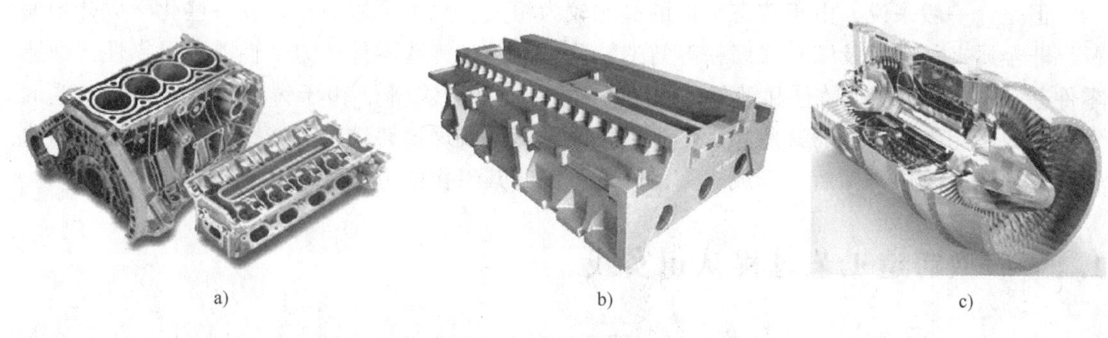

a) b) c)

图 1-1 典型铸件实例

a）缸体缸盖 b）床身 c）涡轮机机壳

1mm 以下到 1m 以上的各种尺寸大小的零件均可通过铸造生产（图 1-2）；再次，适应各种批量的零件生产，从单件、小批量到大批量生产，铸造方法均能适应。

a) b)

图 1-2 不同大小的铸件

a）重量 10~100g 的小型铸件 b）重量几吨的大型铸件

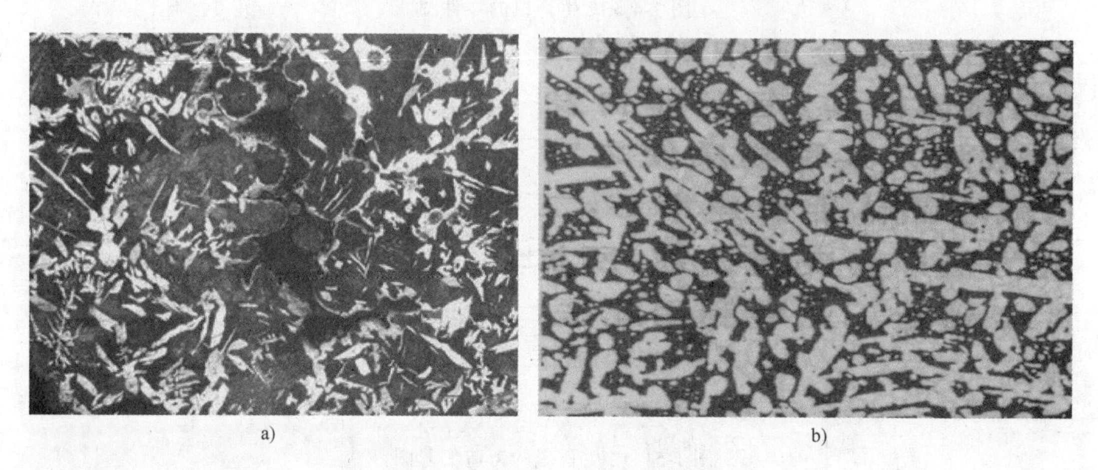

a) b)

图 1-3 铸件与锻件的组织结构

a）铸钢的组织 b）锻钢的组织

（3）铸造生产的成本较低 首先，铸件的加工余量小，节省金属，减小切削加工量，从而降低了制造成本；其次，铸造过程中各项费用较低，铸件本身生产成本较低。

但是，一般来说，由于铸态金属的晶粒较为粗大，也不可避免地存在一些化学成分的偏析、非金属夹杂物以及缩孔或缩松等铸造缺陷，因此，铸造零件的力学性能和可靠性比锻造零件差，图 1-3 所示为铸件和锻件组织结构对比。近几十年来，由于铸造合金和铸造工艺的发展，原来用钢材锻造的某些零件，现在也改用铸钢或球墨铸铁来铸造，如某些内燃机的曲轴、连杆等；改用铸件后生产成本大大降低，同时其工作的可靠性没有受到影响。

1.1 砂型铸造工艺过程认识实践

典型工艺品的铸造工艺过程实操：图 1-4 所示为 12 生肖零件图，材料为铸造铝合金 ZL102，铸造工艺图如图 1-5 所示，由工艺图所制造的模样及浇注系统如图 1-6 所示。请按照图 1-7 所示进行组装、造型、合型、熔炼、浇注和清理的铸造工艺过程体验实践。通过实践达到认识铸造工艺图中的分型面、起模斜度、浇注系统；造型中的模样、型砂、型腔、铸型、出气孔、浇注、清理、铸造缺陷等的教学目的。

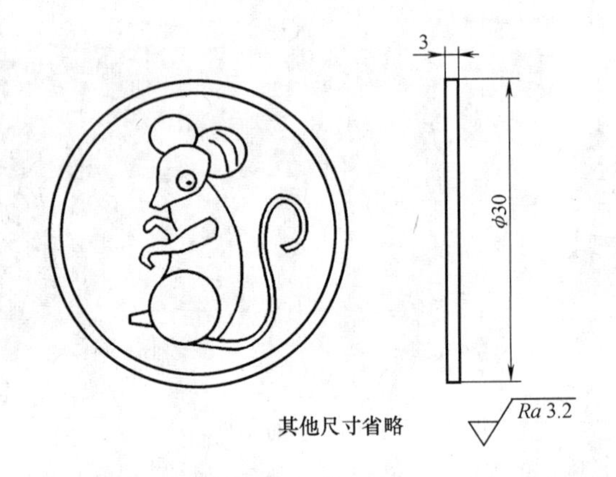

图 1-4　12 生肖鼠的零件图

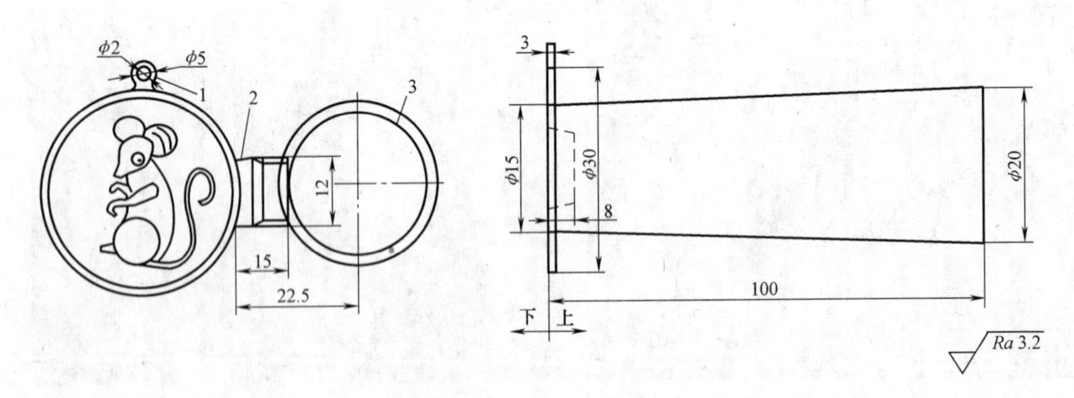

图 1-5　12 生肖鼠的铸造工艺图

1—工艺凸台　2—内浇道　3—直浇道

12 生肖的铸造工艺过程为：①造上箱。选择模样，放置浇注系统和模样，套上砂箱，加面砂，加背砂，预紧砂，加满砂箱紧砂，加砂高过砂箱压平，刮平，取出直浇口棒，做浇口杯，打型腔出气孔，取模，修整内浇口。②造下箱。套下砂箱，加面砂，加背砂，预紧

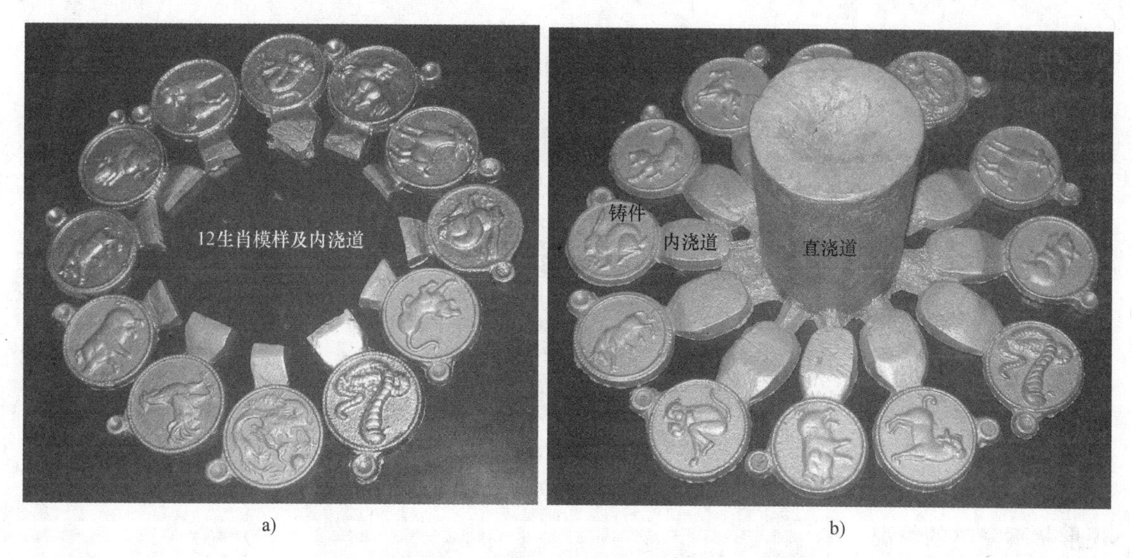

图 1-6　12 生肖模样及浇注系统

a）12 生肖模样和内浇道　b）12 生肖带浇注系统的铸件图

砂，加满砂箱紧砂，加砂高过砂箱压平，刮平。③翻转下箱，合上箱，铝合金熔炼，出气，出渣，浇注，打箱清理，铸件检验。

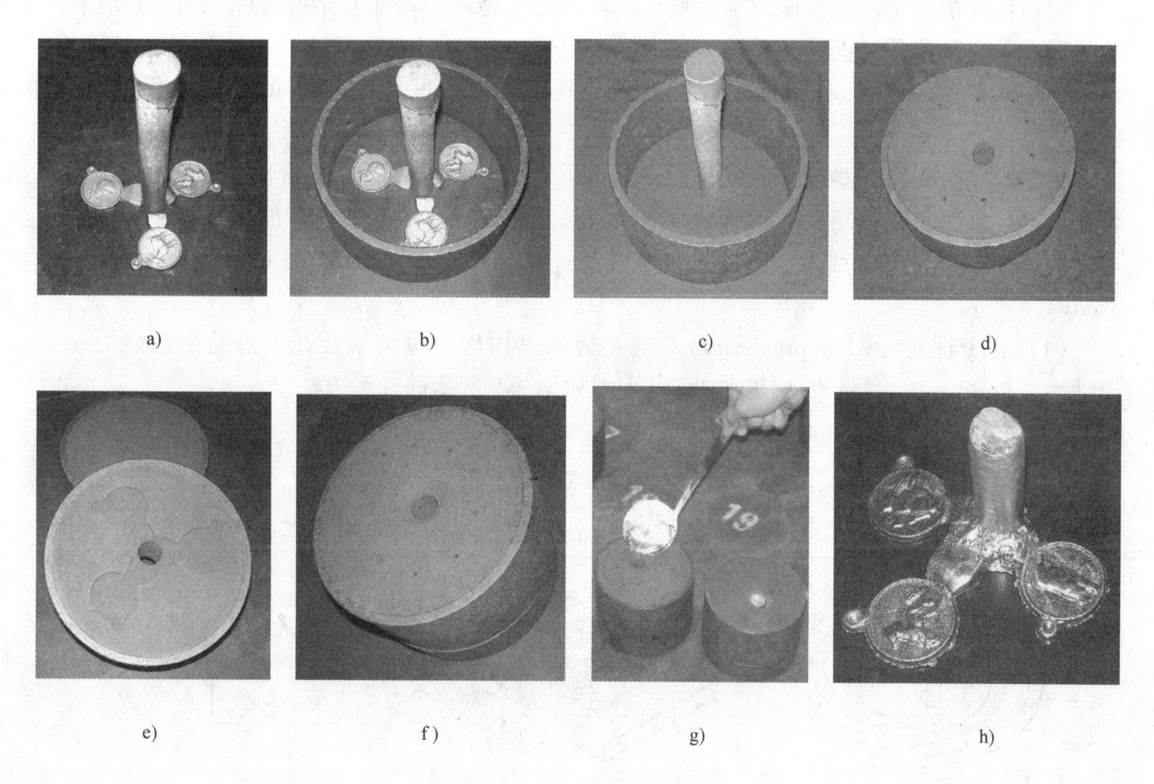

图 1-7　12 生肖砂型铸造过程

a）放置模样和浇注系统　b）套砂箱　c）加面砂　d）加背砂紧砂取直浇口棒打出气孔

e）取模样开通内浇口　f）合型　g）浇注　h）清理检验

1.2 铸造工艺基础（The fundamental of casting process）

铸造工艺过程复杂，影响铸件质量的因素也非常多。除造型工艺外，造型材料、铸造合金、熔炼及浇注等也会对铸件质量产生重要的影响。

1.2.1 合金的充型能力（Mold filling capacity of alloy）

1. 液态合金流动性与充型能力的概念（The concept of liquid alloy fluidity and filling capacity）

液态合金充填型腔的过程称为充型。液态合金充满型腔，获得形状完整、轮廓清晰的铸件的能力称为液态合金的充型能力。液态合金一般是在纯液态下充满型腔的，但也有边充型边结晶的情况。在充填型腔的过程中，当液态合金中形成的晶粒堵塞充型通道时，合金液的流动被迫停止。如果合金液停止流动出现在型腔被充满之前，则铸件会因“浇不到”而出现形状不完整的情况。

液态合金的充型能力首先取决于液态合金本身的流动能力，同时又与外界条件，如铸型性质、浇注条件、铸件结构等因素密切相关，是各种因素的综合反应。

液态合金本身的充型能力，称为合金的流动性，与液态合金的成分、温度、杂质含量及物理性能有关，而与外界因素无关，是合金的主要铸造性能之一。

流动性好的合金，充型能力强，便于浇注出轮廓清晰、薄而复杂的铸件，同时也有利于非金属夹杂物和气体的上浮与排除，还有利于对合金冷却凝固过程所产生的收缩进行补缩。反之，流动性差的合金，充型能力也就较差。但是，可以通过外界条件的改善来提高其充型能力。

由于影响合金液充型能力的因素很多，难以对各种合金在不同条件下的充型能力进行比较，所以，常用上述固定条件下所测得的合金流动性来表示合金的充型能力。

2. 影响液态合金充型能力的主要因素（The main factors of affect the liquid alloy filling capacity）

（1）合金性质（Alloy properties） 这类因素是内因，决定了合金本身的流动能力——流动性（Fluidity）。测量流动性通常可以采用如图 1-8 所示的几种方法。

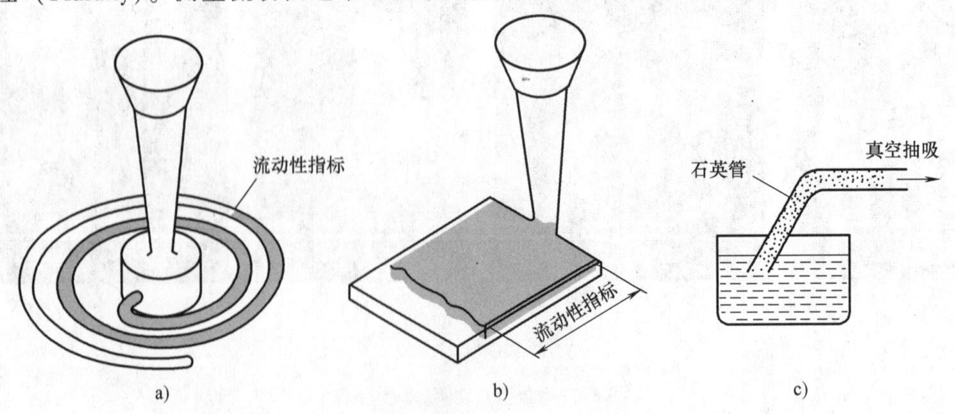

图 1-8 流动性的测量方法

a）螺旋形试样 b）平板试样 c）真空吸铸

1）合金的成分（Alloy composition）。图 1-9 所示为 Fe-C 合金的流动性与成分的关系。可以看出，合金的流动性与其成分之间存在着一定的规律。纯金属、共晶成分合金是在固定的温度下凝固（逐层凝固），已凝固的固体层从铸件表面逐层向中心推进，与尚未凝固的液体之间界面分明，且固体层内表面比较光滑，对金属液的流动阻力小，故流动性最好（图 1-10a）。其他成分的合金的凝固是在一定温度范围内进行的（糊状凝固），此时结晶在一定凝固区内同时进行，由于初生的树枝状晶体会使固体层内表面粗糙，对合金液的流动阻力大，所以合金的流动性变差。合金的结晶温度范围越大，同时结晶的区域越宽，树枝状晶体就越发达，流动性也就越差（图 1-10b）。

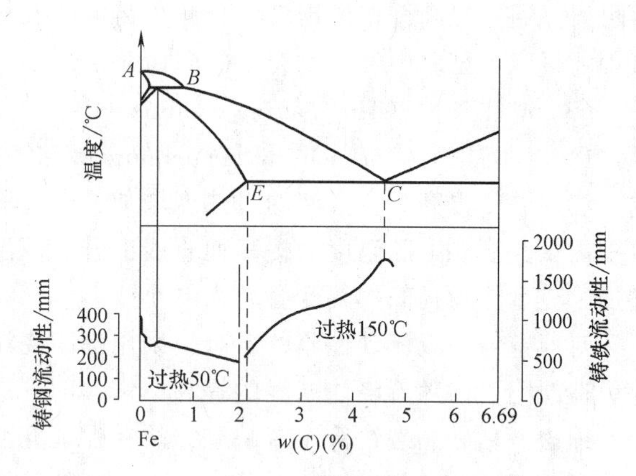

图 1-9　Fe-C 合金的流动性与成分的关系

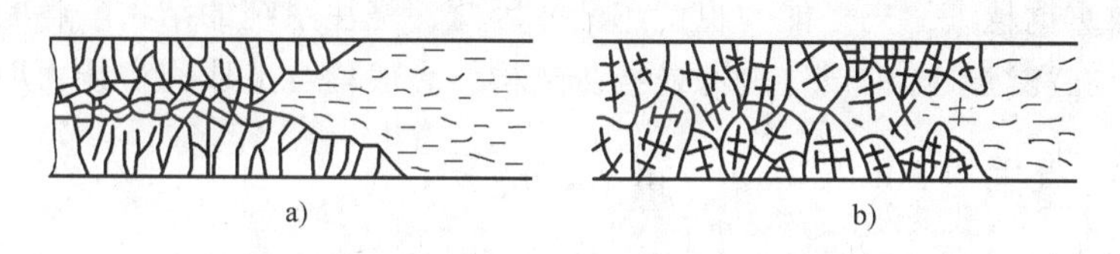

图 1-10　金属与合金的凝固与流动特性

a）纯金属与共晶成分的合金　b）具有较宽结晶区域的合金

2）结晶潜热（The latent heat of crystallization）。结晶潜热约占液态金属总热量的 85%～90%，但它对不同类型合金流动性的影响是不一样的。纯金属和共晶成分的合金在固定温度下凝固，结晶潜热的作用能够发挥，凝固过程中释放的潜热越多，流动性越好。对于结晶温度范围较宽的合金，当固相体积达一定量（一般 20%左右）时，晶粒就联成了网络而阻碍流动，因而大部分的潜热不能发挥作用，故潜热对流动性的影响不大。但如果初生相不是树枝状晶体形态，而是以对流动阻碍较小的块状形态析出，则由于初生相对流动阻碍较小，停止流动时固相可以达到相当多的量，潜热对流动性的影响就相当大。

（2）铸型性质（The mold character）　铸型的阻力影响液态合金的充型速度，铸型与合金的热交换强度影响合金液保持流动的时间。主要因素有：

1）铸型材料（The mold material）。铸型材料的比热容越大，液态合金的激冷作用就越强，合金液的充型能力越差；铸型材料的热导率越大，将铸型金属界面的热量向外传导的能力就越强，对合金液的冷却作用也就越大，合金液的充型能力就越差。

2）铸型温度（The mold temperature）。铸型温度越高，合金液与铸型的温差越小，合金液热量的散失速度就越小，因此保持流动的时间就越长。生产中，有时采用对铸型预热的方法以提高合金的充型能力。

3）铸型中的气体（The gas in the mold）。在合金液的热作用下，铸型（尤其是砂型）将产生大量的气体，如果气体不能及时排出，型腔中的气压将增大，从而对合金液的充型产生阻碍。通过提高铸型的透气性，减少铸型的发气量，以及在远离浇口的最高部位开设出气口等均可减少型腔中气体对充型的阻碍。

(3) 浇注条件 (The pouring conditions)

1) 浇注温度 (The pouring temperature)。浇注温度对液态合金的充型能力有决定性的影响。浇注温度提高，合金液的过热度增加，合金液保持流动的时间变长。因此，在一定温度范围内，充型能力随温度的提高而直线上升。但温度超过某界限后，由于合金液氧化、吸气增加，充型能力提高的幅度会越来越小。

对薄壁铸件或流动性差的合金，采用提高浇注温度的措施可以有效地防止浇不到或冷隔等铸造缺陷。但随着浇注温度的提高，铸件的一次结晶组织变得粗大，且容易产生气孔、缩孔、缩松、粘砂、裂纹等铸造缺陷，故在保证充型能力足够的前提下，浇注温度应尽量低。

2) 充型压力 (The filling pressure)。液态金属在流动方向上所受到的压力越大，充型能力就越好。如通过增加浇注时合金液的静压头的方法，可提高充型能力。某些特种工艺，如压力铸造、低压铸造、离心铸造、实型负压铸造等，充型时合金液受到的压力较大，充型能力较强。

3) 浇注系统 (Gating system)。浇注系统的结构越复杂，流动的阻力就越大，合金液在浇注系统中的散热也越大，充型能力也就越低。因此，浇注系统的结构、各断面的尺寸都会影响充型能力。在浇注系统中设置过滤或挡渣结构，一般均会造成充型能力明显的下降。

1.2.2 铸件的凝固 (Solidification of casting)

铸件的成形过程，是液态金属在铸型中的凝固过程。合金的凝固方式对铸件的质量、性能以及铸造工艺等都有极大的影响。

1. 铸件的凝固方式 (The solidification mode of casting)

在铸件的凝固过程中，断面上一般存在三个区域，即固相区、凝固区和液相区，其中，对铸件质量影响较大的主要是液相和固相并存的凝固区的宽窄。铸件的凝固方式就是依据凝固区的宽窄来划分的。

(1) 逐层凝固 (Planar solidification)　纯金属或共晶成分合金在凝固过程中因不存在液、固并存的凝固区 (图 1-11a)，故断面上外层的固体和内层的液体由一条界线 (凝固前沿) 清楚地分开。随着温度的下降，固体层不断加厚、液体层不断减少，直达铸件的中心，这种凝固方式称为逐层凝固。

(2) 糊状凝固 (Mushy solidification)　如果合金的结晶温度范围很宽，且铸件的温度分布较为平坦，则在凝固的某段时间内，铸件表面并不存在固体层，而是液、固并存的凝固区贯穿整个断面 (图 1-11c)。由于这种凝固方式先呈糊状而后固化，故称为糊状凝固。

(3) 中间凝固 (Intermediate solidification)　大多数合金的凝固介于逐层凝固和糊状凝固之间 (图 1-11b)，称为中间凝固。

2. 影响铸件凝固方式的因素 (Factors of affecting solidification mode)

从图 1-12 可以看出，合金的凝固方式主要受合金的结晶温度范围和凝固时铸件断面上温度分布梯度的影响。

(1) 合金的凝固温度范围 (Freezing range of alloy)　由相图可知，合金的凝固温度范围为液相线温度与固相线温度之差，仅与合金的化学成分有关。合金结晶温度范围越小，凝固

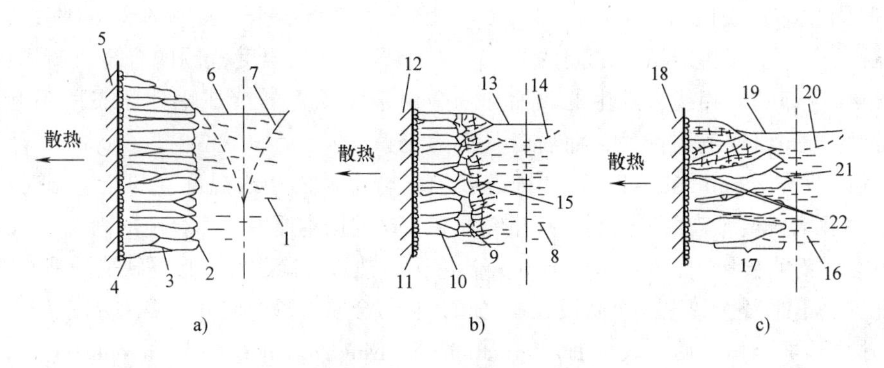

图 1-11　铸件的凝固方式

a）逐层凝固　b）中间凝固　c）糊状凝固

1、8、16—熔体　2、21—凝固前沿　3、10—柱状晶　4、11—细小等轴晶　5、12、18—铸型
6、13、19—收缩界面　7、14、20—最终收缩界面　9、17—糊状区　15—在熔体中树枝晶　22—显微缩孔

区域越窄，合金倾向于逐层凝固。从 Fe-C 相图可知，钢的结晶温度范围随碳含量的增加而增大，因而在砂型铸造时，低碳钢近于逐层凝固方式，中碳钢为中间凝固方式，高碳钢近于糊状凝固方式。

（2）铸件的温度梯度（Temperature gradient of casting）　在合金成分已定的情况下，合金的结晶温度范围已经确定，铸件凝固区的宽窄主要取决于内外层间的温度梯度。若铸件的温度梯度较小，如图 1-12 中的 T_1 所示，则对应的凝固区较宽，合金倾向于糊状凝固。

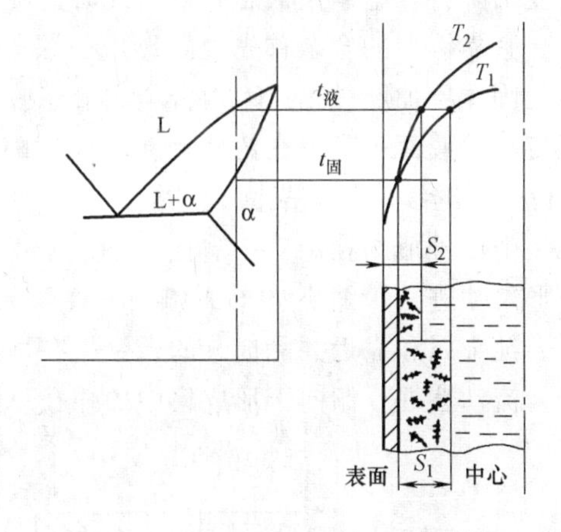

图 1-12　温度梯度对凝固区域的影响

逐层凝固的合金，铸造时合金的流动性较好，充型能力强，缩孔、缩松比较集中，便于防止，其铸造性能较好。糊状凝固的合金流动性较差，易产生浇不到、冷隔等缺陷，而且易于产生缩松，难以获得结晶紧实的铸件。在常用合金中，灰铸铁、铝合金等倾向于逐层凝固，而球墨铸铁、锡青铜、铝铜合金等倾向于糊状凝固。

1.2.3　铸造合金的收缩与缩孔、缩松（The shrinkage and pipe and microporosity of casting alloy）

1. 合金的收缩（Shrinkage of alloy）

液态合金注入铸型、凝固，直至冷却到室温的过程中，其体积和尺寸缩小的现象称为合金的收缩。合金的收缩也是合金的重要铸造性能之一。许多铸造缺陷，如缩孔、缩松、变形、开裂等的产生，都与合金的收缩有关。

合金的收缩可分为以下三个阶段。

（1）液态收缩（Liquid shrinkage）　液态收缩指合金从浇注温度到凝固开始温度（液相线温度）间的收缩。

（2）凝固收缩（Solidification shrinkage） 凝固收缩指合金在凝固阶段的收缩，即合金从液相线温度冷却至固相线温度之间的收缩。对于具有结晶温度范围的合金，凝固收缩包括合金从液相线冷却到固相线所发生的收缩和合金由液体状态转变成固体状态所引起的收缩，前者与合金的结晶温度范围有关，而后者一般为定值。

（3）固态收缩（Solid shrinkage） 固态收缩指合金从固相线温度冷却至室温时的收缩。

一般，凝固收缩与液态收缩是铸件产生缩孔和缩松的基本原因。而合金的固态收缩对铸件的形状和尺寸公差有直接影响，也是铸件产生铸造应力、热裂、冷裂和变形等缺陷的基本原因。

合金的总体积收缩为以上三个阶段收缩之和，它与金属本身的成分、浇注温度及相变有关。

2. 铸件中缩孔和缩松的形成（The formation of shrinkage cavity and microporosity in casting）

浇入铸型的液态金属在凝固过程中，如果液态收缩和凝固收缩所缩减的体积得不到补充，在铸件最后凝固部位将形成孔洞。按孔洞的大小和分布，可将其分为缩孔和缩松。

（1）缩孔（Shrinkage Cavity） 缩孔是在铸件上部或最后凝固部位出现的容积较大的孔洞。其形状极不规则，孔壁粗糙并有枝晶状，多呈倒圆锥体。

缩孔的形成如图 1-13 所示。假设合金为逐层凝固方式，当液态合金填满型腔后，随着温度下降，合金产生液态收缩。此时，浇口尚未凝固，型腔是充满的。当温度降到结晶温度后，紧靠铸型的合金首先凝固形成一层外壳，同时浇口凝固（图 1-13b）。随着温度继续下降，固体层加厚。当铸型内合金的液态收缩和凝固收缩大于固态收缩时，内部剩余液体的体积变小，液面下降，在铸件上部出现空隙。由于大气压力，硬壳上部也可能向内凹陷（图 1-13c）。继续冷却、凝固、收缩，待金属全部凝固后，在最后凝固的部位（铸件上部）形成一个倒锥形的孔洞——缩孔（图 1-13d）。铸件完全凝固后，整个铸件还会进行固态收缩，外形尺寸进一步缩小（图 1-13e），直至温度达室温为止。

纯金属和靠近共晶成分的合金，在恒温或较窄的温度范围内凝固，呈逐层凝固的方式，合金流动性好，倾向于形成集中的缩孔。

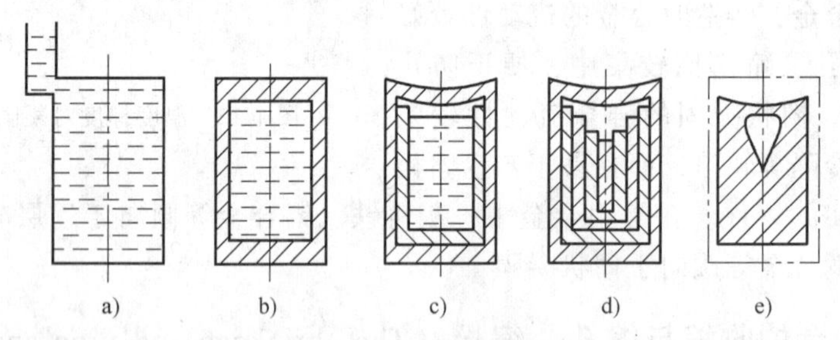

图 1-13 缩孔形成示意图

a）刚浇注完 b）表面凝固壳形成 c）内层凝固液面下降 d）内层继续凝固 e）凝固终了缩孔形成

（2）缩松（Microporosity） 铸件断面上出现的分散、细小的缩孔称为缩松。小的缩松有时需借助放大镜才能发现。缩松形成的原因和缩孔基本相同，即铸型内合金的液态收缩和凝固收缩大于固态收缩，同时在铸件最后凝固的区域得不到液态合金的补偿。但缩松通常发生于合金的凝固温度范围较宽、合金倾向于糊状凝固时，当枝状晶长到一定程度后，枝晶分叉间的液态金属被分离成彼此孤立的状态，它们继续凝固时也将产生收缩。这时铸件中心虽有液体存在，但由于枝晶的阻碍使之无法进行补缩，在凝固后的枝晶分叉间就形成许多微小孔洞。缩松一般出现在铸件壁的轴线、内浇道附近和缩孔的下方。

缩松在铸件中或多或少都存在着，对于一般铸件来说，往往不把它作为一种缺陷看待，只有当铸件要求具有高的气密性和高的力学性能时，才考虑减少铸件的缩松。

由以上缩孔和缩松的形成过程，可以得到如下规律：合金的液态收缩和凝固收缩越大，铸件越易形成缩孔；合金的浇注温度越高，液态收缩越大，越易形成缩孔；结晶温度范围宽的合金，倾向于糊状凝固，易形成缩松；纯金属和共晶成分合金，倾向于逐层凝固，易形成集中缩孔。图 1-14 所示为具有共晶反应的系统的相图，组织特征，收缩特性和力学性能的相互关系示意图。从图 1-14 中可见，纯金属和共晶成分合金主要形成缩孔，但纯金属的屈服强度低，而断后伸长率较高。共晶成分合金屈服强度较高，而断后伸长率低，通过球化共晶体可以提高塑性。其他成分合金形成缩松的倾向大，但屈服强度较高。

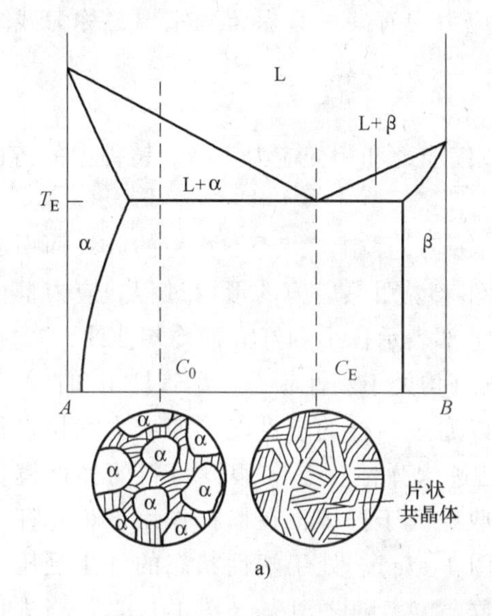

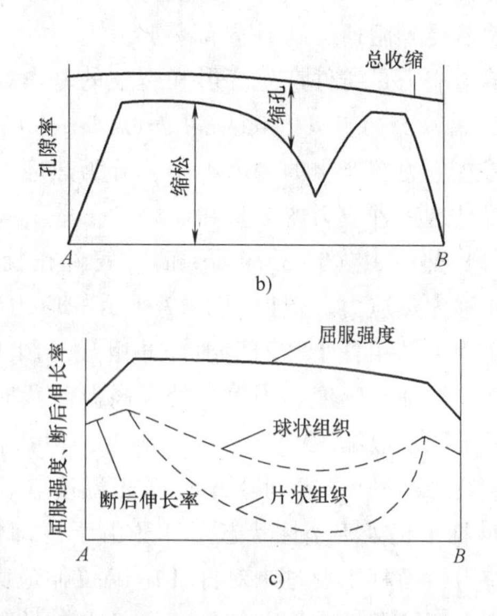

图 1-14　共晶系统成分，组织与性能间关系

a）共晶系统及共晶和亚共晶组织　b）总收缩、缩孔和缩松与成分的关系　c）组织、成分与性能间的关系

3. 铸件中缩孔与缩松的防止（Prevent of shrinkage cavity and microporosity in casting）

缩孔与缩松会使铸件受力的有效面积减小，在孔洞部位易产生应力集中使铸件的力学性能下降。缩孔与缩松还使铸件的气密性、物理性能和化学性能下降。缩孔与缩松严重时，铸件不得不报废。因此，生产中要采取必要的工艺措施予以防止。

防止铸件产生缩孔的根本措施为采用顺序凝固。所谓顺序凝固，即使铸件按规定方向从一部分到另一部分逐渐凝固的过程。对于顺序凝固，先凝固部位的收缩，由后凝固部位的液体金属补充；后凝固部位的收缩，由冒口或浇注系统的金属液来补充，使铸件各部分的收缩都能得到补充，而将缩孔转移到铸件多余部分的冒口或浇注系统中（图 1-15）。切除多余部分便可得到无缩孔的致密铸件。

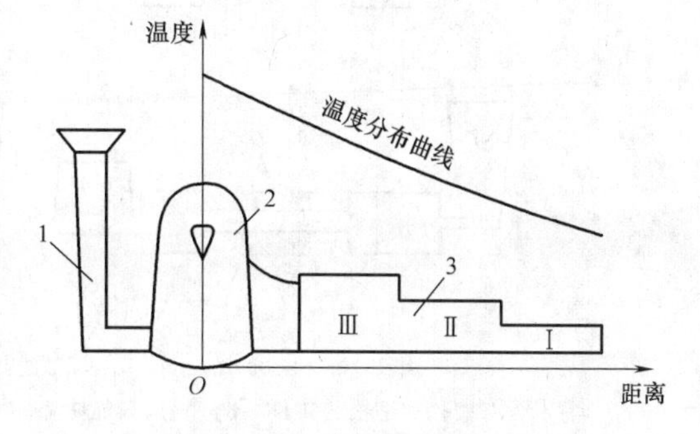

图 1-15　顺序凝固示意图

1—浇注系统　2—冒口　3—铸件

实现顺序凝固的措施是在铸件可能出现缩孔的厚大部位（热节）安放冒口，或在铸件远离浇、冒口的部位增设冷铁等。冒口除补缩外，有时还起排气、集渣的作用。图 1-16 所示为通过从中心向两头的顺序凝固防止铸件内部形成缩孔和缩松的实例。

但对倾向于糊状凝固的合金，由于结晶的固体骨架能较好地布满整个铸件的截面，使冒口的补缩通道堵塞，故难以实现定向凝固。

1.2.4 铸件的内应力、变形与裂纹（Internal stress, deformation and crack of casting）

铸件在凝固之后（实际上在凝固末期，结晶骨架已开始形成）的继续冷却过程中，固态收缩若受到阻碍，铸件内部将产生应力。这些应力中有些一直保留到室温，称为残余应力。铸造应力是铸件产生变形和裂纹的基本原因。

1. 内应力的形成（Internal stress forming）

铸造应力按产生的原因不同，分为热应力、收缩应力和相变应力三种。铸件中的铸造应力，就是这三种应力的矢量和。

（1）热应力（Thermal stress）。铸件在凝固和冷却过程中，由于不均衡的收缩而引起的应力，称为热应力。现以图 1-17 所示的应力框铸件来说明热应力的形成过程。应力框由一根长度为 L 的粗杆Ⅰ和两根细杆Ⅱ组成。图 1-17 上部表示杆Ⅰ和杆Ⅱ的冷却曲线，$T_{临}$ 表示金属弹塑性临界温度。当铸件处于高温阶段时，两杆均处于塑性状态，尽管杆Ⅰ和杆Ⅱ的冷却速度不同，收缩不一致会产生应力，但铸件可以通过两杆的塑性变形使应力很快自行消失。继续冷却到 $t_1 \sim t_2$ 间，此时杆Ⅱ温度较低，已进入弹性状态（假设材料的弹性模量为 E），但杆Ⅰ仍处于塑性状态。杆Ⅱ由于冷却快，收缩大于杆Ⅰ，在横杆作用下将对杆Ⅰ产生压应力，而杆Ⅰ反过来对杆Ⅱ施以拉伸应力（图 1-17c）。处于塑性状态的杆Ⅰ受压应力作用产生压缩塑性变形，使杆Ⅰ、杆Ⅱ的收缩一致，应力随之消失（图 1-17d）。当进一步冷却到更低温度时，杆Ⅰ和杆Ⅱ均进入弹性状态，此时杆Ⅰ温度较高，冷却时还将产生较大收缩，杆Ⅱ温度较低，收缩已趋停止；在最后阶段冷却时，杆Ⅰ的收缩将受到杆Ⅱ的强烈阻

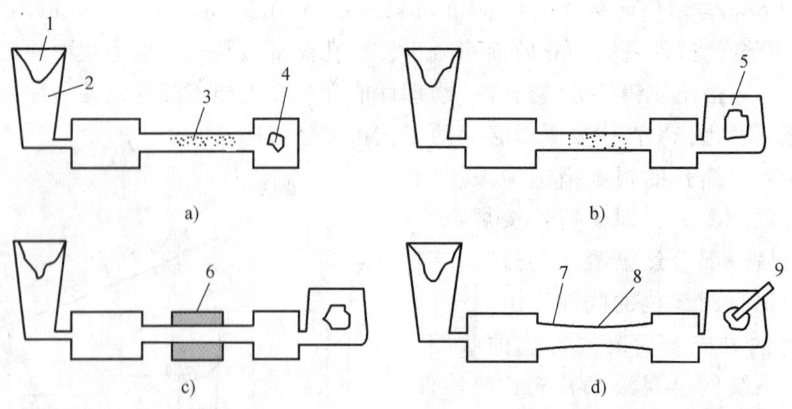

图 1-16 直浇道，冒口，冷铁和铸件结构设计防止缩孔和缩松

a）含有缩孔和缩松的铸件 b）冒口只能防止缩孔 c）通过冒口和冷铁防止铸件的缩孔和缩松 d）将铸件设计为中部最薄可以防止缩孔和缩松

1—明缩孔 2—直浇道 3—缩松 4—缩孔 5—冒口 6—冷铁 7—锥度 8—最小截面 9—多孔陶瓷束

碍，因此杆Ⅰ受拉，杆Ⅱ受压，到室温时形成了残余应力（图 1-17e）。

如果在杆Ⅱ中间标注一个平行段 L_0，并在 $\frac{1}{2}L_0$ 处锯开，可以测量标注的一个平行段的长度变为 L_1 这样可以根据胡克定律计算出热应力的大小为

$$\sigma=\frac{E(L_1-L_0)}{L} \tag{1-1}$$

一般灰铸铁的弹性模量 $E=70\sim110$MPa，由此可以用实验方法计算残余应力的大小。

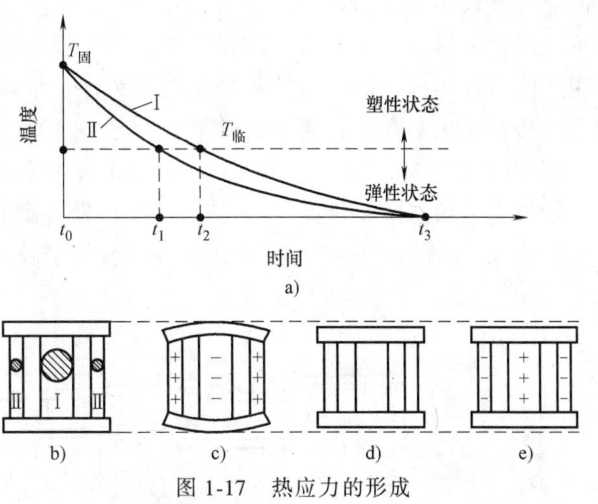

图 1-17　热应力的形成

a）冷却曲线　b）应力框　c）受热变形产生应力　d）应力消失　e）形成残余应力（+表示拉伸应力　-表示压应力）

热应力会使冷却较慢的厚壁处或心部受拉伸应力，冷却较快的薄壁处或表面受压应力。铸件的壁厚差别越大，合金的线收缩率或弹性模量越大，热应力越大。顺序凝固时，由于铸件各部分的冷却速度不一致，产生的热应力较大，铸件容易出现变形和裂纹，应用时应予以考虑。

（2）机械应力（Mechanical stress）　铸件在固态收缩时，因受到铸型、型芯、浇口、冒口、箱带等外力的阻碍而产生的应力称为机械应力。一般铸件冷却到弹性状态后，收缩受阻才会产生机械应力，而且机械应力常表现为拉伸应力或剪应力。形成应力的原因一经消除（如铸件落砂或去除浇口后），机械应力也就随之消失，所以机械应力是一种临时应力。但是，在落砂前，如果铸件受到机械应力与热应力（特别是在厚壁处）共同作用，其瞬间应力大于铸件的抗拉强度时，铸件会产生裂纹，图 1-18 所示为铸件产生收缩应力的示意图。

（3）减小和消除铸造应力的措施（The measures of reducting and eliminating Casting stress）　铸件形状越复杂，各部分壁厚相差越大，冷却时温度就会越不均匀，铸造应力也就越大。因此，在设计铸件时应尽量使铸件形状简单、对称、壁厚均匀。

同时凝固是减小和消除铸造应力的重要工艺措施。所谓同时凝固，是指采取一些工艺措施，使铸件各部分的温差很小，几乎同时进行凝固（图 1-19）。铸件如按同时凝固方式凝固，

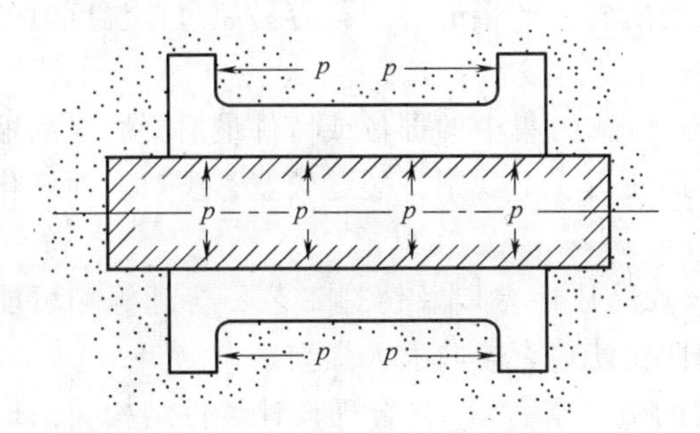

图 1-18　收缩应力的产生

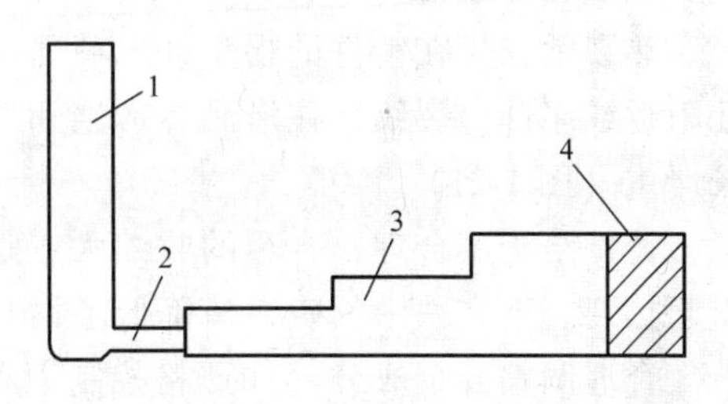

图 1-19　同时凝固示意图

1—直浇道　2—内浇道　3—铸件　4—冷铁

各部分温差较小，不易产生热应力和热裂，铸件变形较小。同时凝固时不必设置冒口，工艺简单，节约金属。但同时凝固的铸件中心易出现缩松，影响铸件致密性。所以，同时凝固主要用于收缩较小的一般灰铸铁和球墨铸铁铸件、壁厚均匀的薄壁铸件，以及倾向于糊状凝固的、气密性要求不高的锡青铜铸件等。

2. 铸件的变形与防止（Deformation and prevent of the casting）

处于应力状态的铸件是不稳定的，将自发地通过变形来减小内应力，使其趋于稳定状态。图1-20所示为车床床身，其导轨部分较厚受拉伸，于是朝着导轨方向产生内凹。

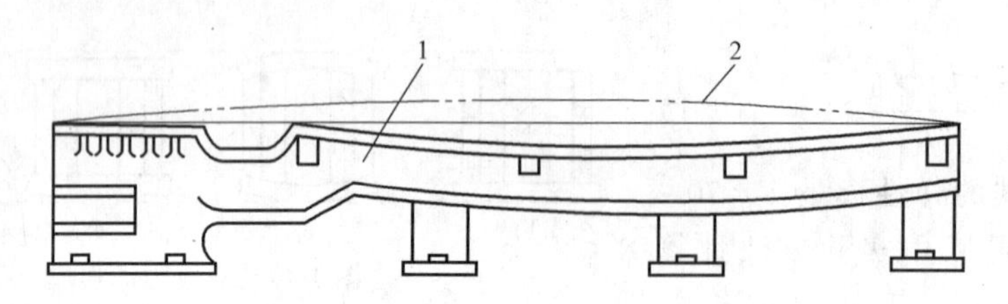

图1-20　车床床身的挠曲变形示意图

1—床身　2—反挠度

为防止铸件产生变形，除在铸件设计时尽可能使铸件的壁厚均匀、形状对称外，在铸造工艺上应采用同时凝固原则，以便冷却均匀。对于长而易变形的铸件，还可采用“反变形”工艺。反变形是在统计铸件变形规律的基础上，在模样上预先做出相当于铸件变形量的反变形，以抵消铸件的变形。

实践证明，尽管变形后铸件的内应力有所减缓，但并未彻底去除，这样的铸件经机械加工之后，由于内应力的重新分布，还将缓慢地发生微量变形，使零件丧失应有的精度。为此，对于不允许发生变形的重要零件必须进行时效处理。时效处理宜在粗加工之后进行，以便将粗加工所产生的内应力一并消除。

3. 铸件的裂纹与防止（Crack and prevent of the castings）

当铸造应力超过材料的抗拉强度时，铸件便产生裂纹。裂纹是严重的铸造缺陷，必须设法防止。裂纹按形成的温度范围不同分为热裂和冷裂两种。

(1) 热裂（Thermal cracking）　热裂一般是在凝固末期，金属处于固相线附近的高温时形成的。在金属凝固末期，固体骨架已经形成，但枝晶间仍残留少量液体，此时合金如果收缩，就可能将液膜拉裂，形成裂纹。另一方面，合金在固相线温度附近的强度、塑性非常低，铸件的收缩如果稍受铸型、型芯或其他因素的阻碍，产生的应力很容易超过该温度时的强度极限，导致铸件开裂。

热裂常发生在铸件的拐角处、截面厚度突变处等应力集中的部位或铸件最后凝固区的缩孔附近或尾部。裂纹往往沿晶界产生和发展，外形曲折、不规则，裂缝较宽，裂口表面氧化较严重（图1-21）。

铸件结构不合理，合金的收缩大，型（芯）砂退让性差以及铸造工艺不合理等均可能引起热裂。钢和铁中的硫、磷降低了钢和铁的韧性，使热裂倾向大大提高。

合理调整合金成分（如严格控制钢和铸铁中的硫、磷含量），合理设计铸件结构，采取同时凝固和改善型（芯）砂退让性等，都是防止热裂的有效措施。

(2) 冷裂（Cold cracking）　冷裂是铸件冷却到低温处于弹性状态时，铸造应力超过合金的强度极限而产生的。冷裂外形常穿过晶粒，呈连续直线状。裂缝细小，宽度均匀，断口表面干净光滑，具有金属光泽或微氧化色（图 1-22）。冷裂常出现在铸件受拉伸部位，特别是内尖角、缩孔、非金属夹杂物等应力集中处。有些冷裂纹在落砂时并没有发生，但因内部已有很大的残余应力，在铸件清理、搬运时受振动或出砂后受激冷才裂开。

铸件的冷裂倾向和铸造应力与合金的力学性能有密切关系。凡是使铸造应力增大的因素，都能使铸件的冷裂倾向增大；凡是使合金的强度、韧性降低的因素，也会使铸件的冷裂倾向增大。磷增加钢的冷脆性，使钢的冲击韧度下降，而且若磷含量超过 0.5%（质量分数），往往有大量网状磷共晶出现，使钢强度、韧性下降，冷裂倾向增大。钢中的硫、铬、镍等元素可提高钢的强度，但降低了钢的热导率，加大了铸件内的铸造应力，使钢的冷裂倾向增加。

图 1-21　铸造热裂纹

图 1-22　铸造冷裂纹

1.2.5　合金的偏析及铸件中的气孔（Segregation and pore）

1. 合金的偏析及防止

铸件的各部分化学成分、金相组织不一致的现象称为偏析。偏析会使铸件各部分的性能不一致，对于重要铸件应加以防止。

合金的偏析（Segregation），可分为微观偏析和宏观偏析等。

微观偏析（Microsegregation）是凝固时由于溶质元素在固液相中的重新分配及其扩散所造成的先结晶出来的枝晶的枝干和后结晶的枝叶之间成分不均匀现象。这种偏析出现在同一个晶粒内，故又称为晶内偏析，可以通过高温长时间的退火消除。

宏观偏析（Macrosegregation）包括图 1-23 所示的三种，其中正常偏析或正偏析多出现在逐层凝固的合金中，随着凝固将低熔点组元推向中心，气体析出将加速这一过程。反常偏析或负偏析是具有枝晶凝固方式的合金，由于高溶质液体沿枝晶生长，向反方向流回枝晶间而出现表面溶质含量高于中心的现象。密度偏析是由于凝固早期所形成的固相的漂浮或下沉造成的，如铸铁件中的石墨漂浮，高熔点或密度组元的下沉等。由于宏观偏析范围大，一旦产生不能消除，只能通过一定的措施防止或减少它的产生。

2. 铸件中的气孔（Pore in castings）

气孔是铸造生产中最常见的缺陷之一。气孔是气体在铸件内形成的孔洞，表面常常比较

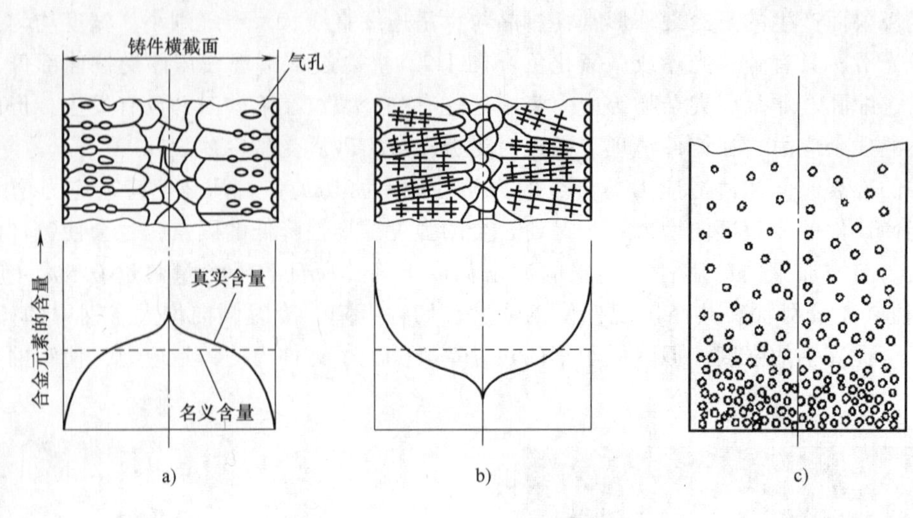

图 1-23　宏观偏析的基本形式
a）正偏析　b）负偏析　c）密度偏析

光滑、明亮或略带氧化色，一般呈梨形、圆形、椭圆形等（图 1-24）。气孔减少了合金的有效承载面积，并在气孔附近引起应力集中，降低了铸件的力学性能。同时，铸件中存在的弥散性气孔还可以促使缩松缺陷的形成，从而降低了铸件的气密性。气孔对铸件的耐蚀性和耐热性也有不利影响。按气孔产生的原因和气体来源不同，气孔大致可分为侵入气孔、析出气孔和反应气孔三类。

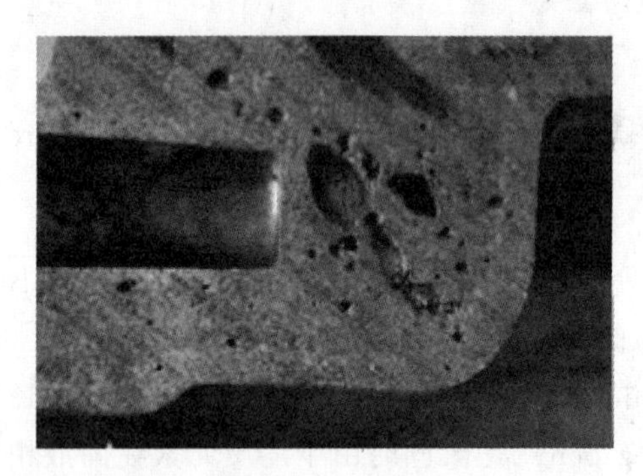

图 1-24　气孔

1.3　砂型铸造及实践（Sand mold casting and practice）

铸造可分为砂型铸造和特种铸造。砂型铸造的应用最为广泛。图 1-25 所示为两通铸件的砂型铸造工艺过程，首先根据零件图的形状和尺寸设计铸造工艺图，由工艺图制造出模样和芯盒，配制好型砂和芯砂，然后造型和制芯，下芯并合型，将熔化好的金属液浇入到铸型，冷却凝固后，经落砂清理和检验即得所需铸件。

铸型各部位的结构和名称如图 1-26 所示。造好的铸型一般由分型面、上砂型、下砂型、型腔、砂芯、冒口、浇注系统、出气孔、砂箱、浇口杯和阻流塞等组成。

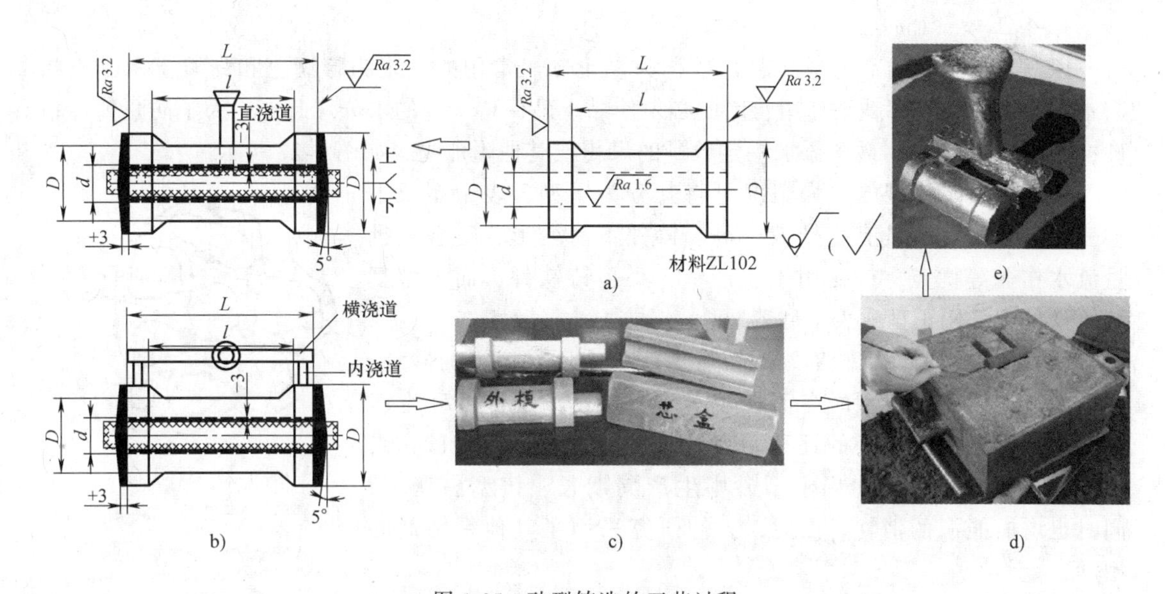

图 1-25 砂型铸造的工艺过程

a）零件图 b）铸造工艺图 c）模样和芯盒 d）铸型 e）带浇注系统的铸件

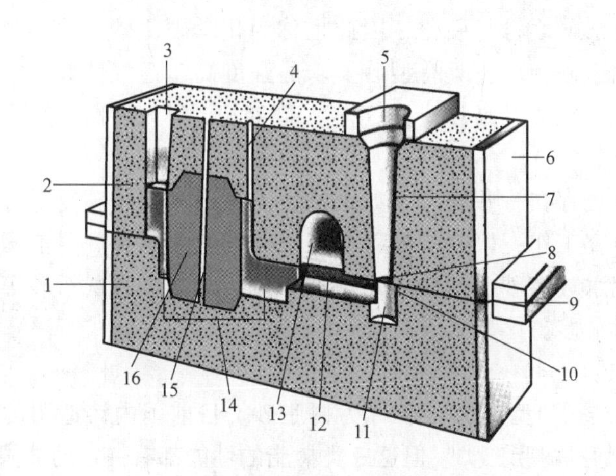

图 1-26 铸型各部位的结构和名称

1—下砂型（Drag） 2—上砂型（Cope） 3—明冒口（Open riser） 4—型腔出气孔（Vent）
5—浇口杯（Pouring basin or cup） 6—砂箱（Flask） 7—直浇道（Sprue） 8—阻流塞（Choke）
9—分型面（Parting line） 10—横浇道（Runner） 11—直浇道井（Well） 12—内浇道（Gate）
13—暗冒口（Blind riser） 14—型腔（Mold cavity） 15—型芯出气孔（Core vent） 16—砂芯（Sand core）

1.3.1 造型材料及实践（Molding material and practice）

型砂和芯砂由原砂、粘结剂、水及其他附加物（如煤粉、重柴油、木屑等）按一定比例混制而成。根据粘结剂的种类不同，可分为黏土砂、水玻璃砂、树脂砂等。据统计，铸件废品率约 50%以上与造型材料有关，因此必须严格控制型（芯）砂的质量。对型砂的基本性能要求有强度、透气性、流动性、退让性等。芯砂处于金属液体的包围之中，其工作条件更加恶劣，所以对芯砂的基本性能要求更高。

1. 黏土砂（Clay sand）

以黏土作为粘结剂的型（芯）砂称为黏土砂。常用的黏土为膨润土和高岭土。黏土在与水混合时才能发挥粘结作用，因此必须使黏土砂保持一定的水分。此外，为了防止铸件粘砂，还需在型（芯）砂中添加一定数量的煤粉或其他附加物，如图 1-27 所示。

根据浇注时铸型的干燥情况可将其分为湿型、表干型及干型三种。湿型铸造具有生产效率高、铸件不易变形、适合大批量流水作业等优点，广泛用于生产中、小型铸铁件，而大型复杂铸铁件则采用干型或表干型铸造。

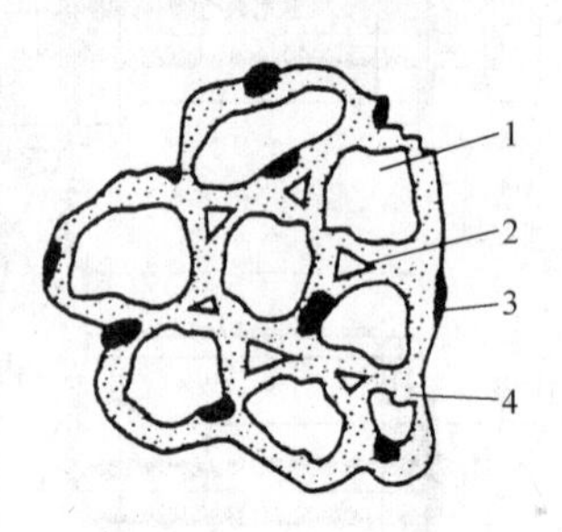

图 1-27　黏土砂

1—砂粒　2—孔隙　3—附加物（如煤粉）　4—粘结剂

到目前为止，黏土砂依然是铸造生产中应用最广泛的砂种，但它的流动性差，造型时需消耗较多的紧砂功。用湿型砂生产大件，由于浇注时水分的迁移，容易在铸件表面形成夹砂、胀砂、气孔等缺陷。而使用干型砂则生产周期长、铸型易变形，同时也增加能源的消耗。因此，人们研究采用了其他粘结剂的型砂。

2. 水玻璃砂（Sodium silicate sand）

用水玻璃作为粘结剂的型（芯）砂称为水玻璃砂。它的硬化过程主要是化学反应的结果，并可采用多种方法使之自行硬化，因此也称为化学硬化砂。

化学硬化砂与黏土砂相比，具有型砂要求的强度高、透气性好、流动性好等特点，易于紧砂，铸件缺陷少，内在质量高；造型（芯）周期短，耐火度高，适合于生产大型铸铁件及所有铸钢件。

当然，水玻璃砂也存在一些缺点，如退让性差，旧砂回用较复杂等。针对这些问题，人们正在进行大量的研究工作，以逐步改善水玻璃砂的应用情况。目前国内用于生产的化学硬化砂有二氧化碳硬化水玻璃砂、硅酸二钙水玻璃砂、水玻璃石灰石砂等，而其中尤以二氧化碳硬化水玻璃砂用得最多。

3. 树脂砂（Resin sand）

以合成树脂做粘结剂的型（芯）砂称为树脂砂。目前国内铸造用的树脂粘结剂主要有酚醛树脂、脲醛树脂和糠醇树脂三类。但这三类树脂的性能都有一定的局限性，单一使用时不能完全满足铸造生产的要求，常采用各种方法将它们改性，生成各种不同性能的新树脂粘结剂。

目前用树脂砂制芯（型）主要有四种方法：壳芯法、热芯盒法、冷芯盒法和温芯盒法，各种方法所用的树脂及硬化形式都不一样。树脂砂与湿型黏土砂相比，型芯可直接在芯盒内硬化，且硬化反应快，不需进炉烘干，大大提高了生产效率；制芯（型）工艺过程简化，便于实现机械化和自动化；型芯硬化后取出，变形小，精度高，可制作形状复杂、尺寸精确、表面粗糙度低的型芯和铸型。

由于树脂砂对原砂的质量要求较高，树脂粘结剂的价格较贵，树脂硬化时会放出有害气体，对环境有污染，所以树脂砂常用于制作形状复杂、质量要求高的中、小型铸件的型芯及壳型（芯）。

1.3.2　造型方法及实践（Molding method and practice）

按照紧砂和起模的方法，造型可分为手工造型和机器造型两大类。手工造型主要用于单件小批生产，机器造型主要用于成批大量生产。

1. 手工造型（Manual molding）

手工造型操作灵活，工艺装备（模样、芯盒和砂箱）简单，生产准备时间短，适应性强，可用于各种尺寸、形状铸件的生产。但手工造型对工人的技术水平要求高，且劳动强度大，生产率低，铸件质量不稳定，因此主要用于单件、小批生产。手工造型方法如下：

（1）整模造型（Complete pattern molding） 当铸件的截面尺寸从上到下或从下到上逐渐变化时，其最大截面处于铸件一端，这样分型面就在铸件的端面，铸造模样为一个整体模样，这种整体模造型方法称为整模造型。图 1-28 所示为压盖的零件图和铸造工艺图；图 1-29所示为模样、铸件和芯盒图，图 1-30 所示为压盖铸件的整模造型过程图。

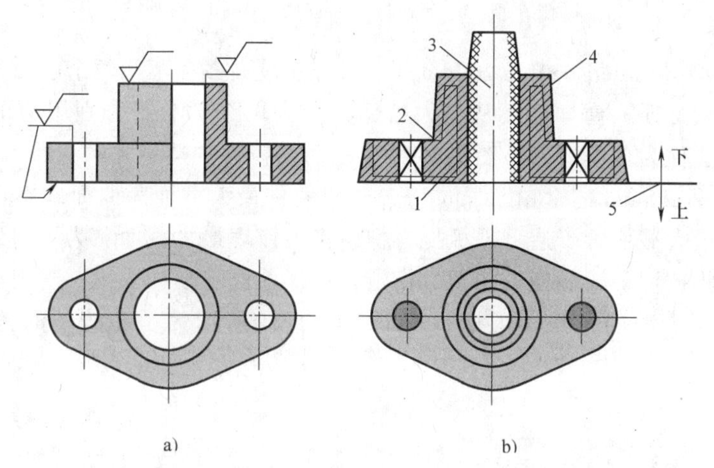

图 1-28 压盖零件图-铸造工艺图

a）零件图 b）铸造工艺图

1—加工余量 2—铸造圆角 3—砂芯 4—起模斜度 5—分型面

造型时应将分型面放置在造型平板上，然后套上砂箱，加砂，紧砂，取模，开内浇口，制型芯，下芯，合型。

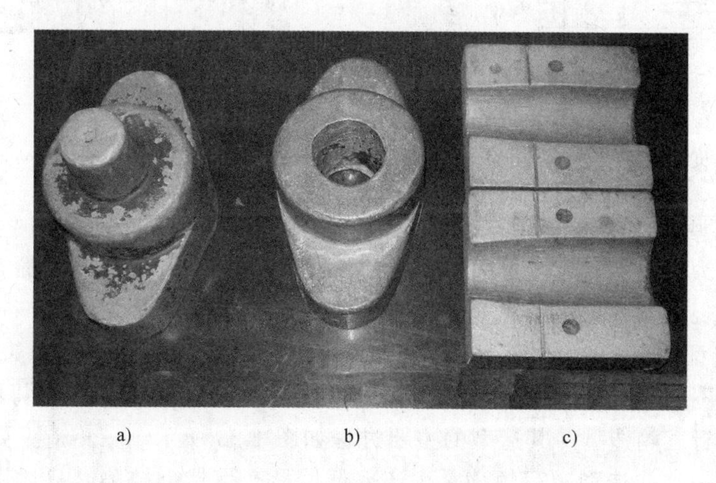

图 1-29 压盖铸件模样、铸件和芯盒

a）模样 b）铸件 c）芯盒

a)　　b)　　c)　　d)

图 1-30　压盖铸件造型工艺过程示意图

a）造下型　b）制型芯　c）安放砂芯　d）合型

（2）分模造型（Parted pattern molding）　当铸件最大截面不在两个端面，而在中间某一截面时，为了造型方便，模样需要从最大截面处分为两个部分，分别用两个分开的模样造型，这种造型方法称为分模造型。图 1-25 所示的两通铸件的造型方法，即为分模造型。

（3）挖砂造型（Sand excavation molding）　当铸件最大截面为曲面或不在一个平直的平面内时，无法将最大截面置于造型平板上，型砂将会掩埋最大截面。为了使最大截面暴露在型砂之外，必须将掩埋最大截面处的型砂挖走，这样才能将模样取出，实现造型。这种通过挖砂获得分型面而造型的方法称为挖砂造型。图 1-31 所示为手轮铸件的挖砂造型过程示意图。

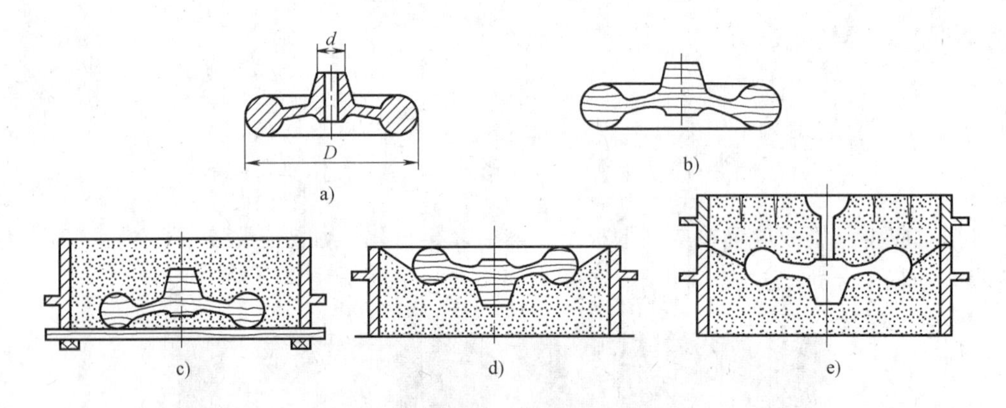

图 1-31　手轮铸件的挖砂造型过程示意图

a）手轮零件　b）手轮模样　c）造下砂型　d）翻转、挖出分型面　e）造上型、起模、合型

（4）活块造型（Loose piece molding）　当铸件局部存在凸台妨碍起模时，将局部凸台做成活动连接，称为活块。取模时先将主模样取出，将活块保留在型腔中，最后用特殊的工具将活块取出而实现造型，如图 1-32 所示。

（5）三箱造型（Three-part molding）图 1-33a 所示为槽轮铸件，中间的截面比两端小，用一个分型面就不能满足其圆周方向上力学性能一致的要求。这时可以在铸件上选取①、②两个分型面，进行三箱造型。其造型的主要过程如图 1-33 所示。三箱造型要求中箱高度与模样的相应尺寸一致，造型过程烦琐，生产率低，易产生错型缺陷，只适用于单件、小批生产。

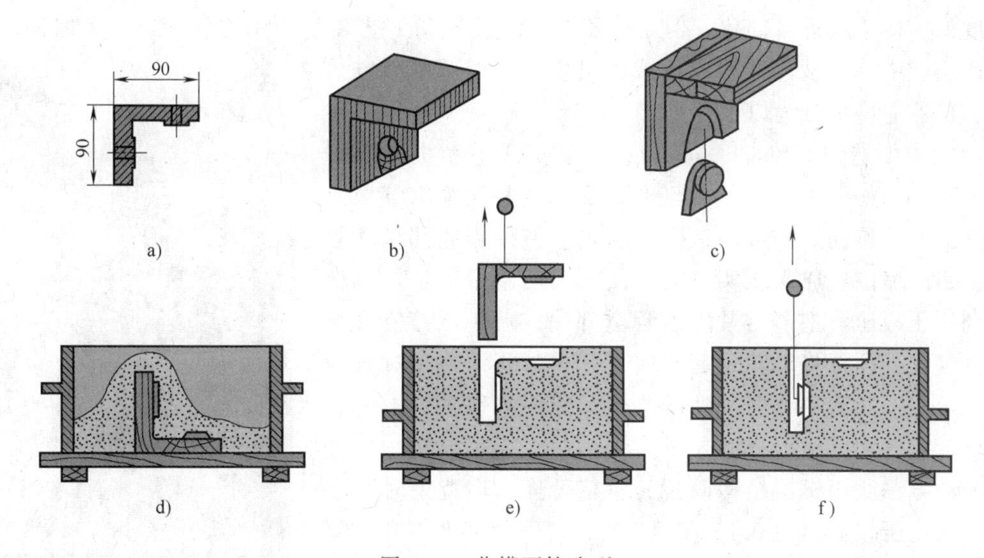

图 1-32　分模两箱造型

a）零件　b）铸件　c）模样　d）造下砂型　e）取出模样主体　f）取出活块

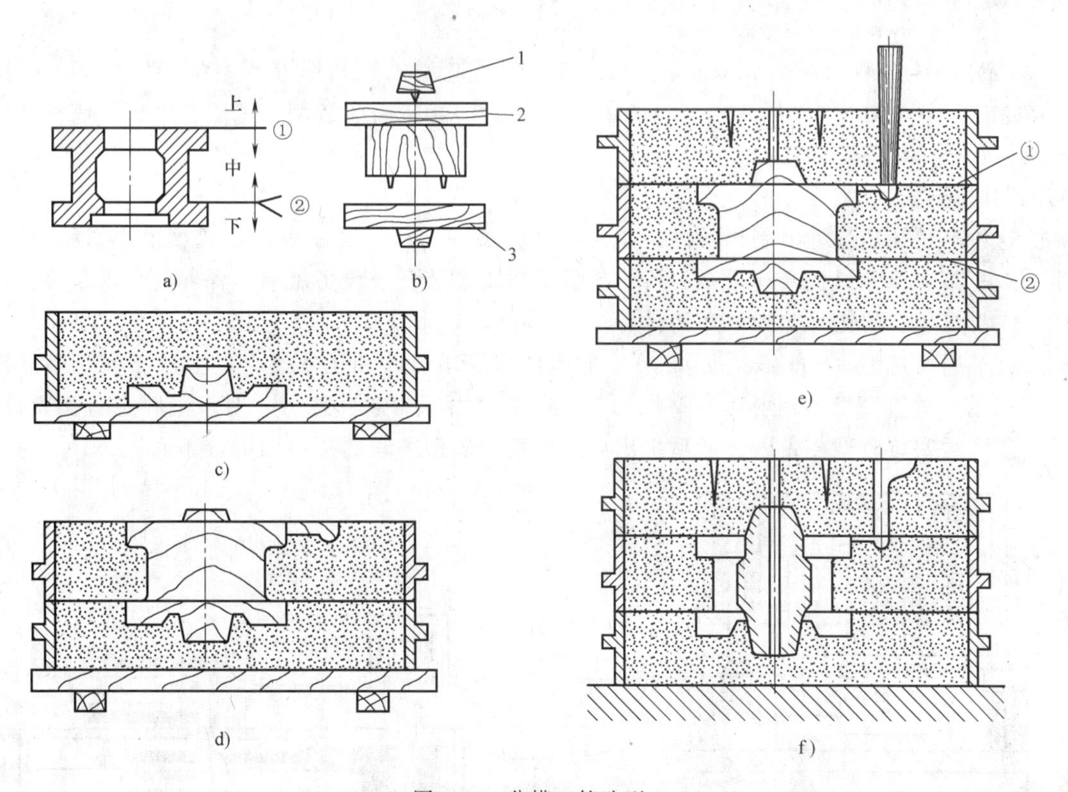

图 1-33　分模三箱造型

a）铸件　b）模样　c）造下型　d）造中型　e）造上型　f）起模、放型芯、合型

1—上箱模样　2—中箱模样　3—下箱模样

2. 机器造型（Machine molding）

机器造型生产效率高，铸型紧实度高而均匀，型腔轮廓清晰，铸件质量稳定，工人的劳

动强度低，便于实现自动化。但是机器造型的设备和工艺装备费用高，生产准备时间较长，故只适用于中、小型铸件的成批或大量生产。按照紧砂方式不同，机器造型可分为以下几种。

（1）震压造型（Shock molding） 震实式造型机以压缩空气为动力，如图1-34所示。工作时，首先将压缩空气引入震实气缸，使震动活塞带动工作台震击。待砂箱底部型砂紧实后，将压缩空气通入压实气缸，使压实活塞带动工作台上升，利用压板压实型砂。紧砂过程全部完成后，压缩空气通入顶杆气缸，顶杆将砂箱顶起，完成起模过程。造型过程为填砂—震实—压实—起模，机器造型只能两箱造型，不能采用活块、挖砂和三箱等造型方法。

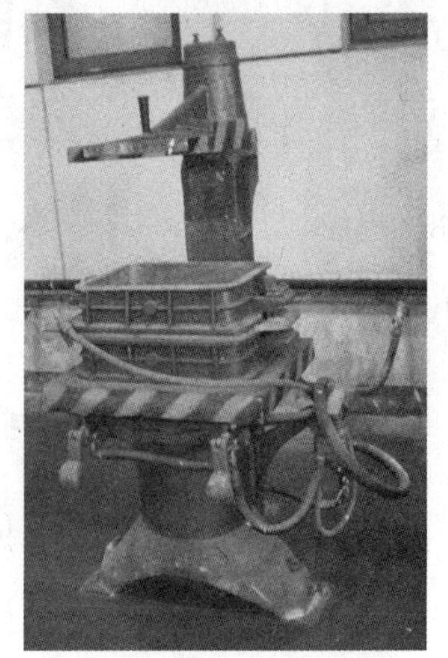
图1-34 震实式造型机

这种方法所用机器结构简单，价格低廉，但造型时噪声大，压实比压较低，为0.15~0.4MPa，型砂紧实度不高，铸件质量和生产率不能满足日益提高的要求，因而出现了微震压实造型机，即在对型砂压实的同时进行微震，以提高铸型的紧实度。

（2）高压造型（High pressure molding） 高压造型机是利用液压系统产生很高的压力（压实比压>0.7MPa）来压实砂型。图1-35所示为多触头高压造型示意图，压头分成许多小压头，每个小压头是浮动的，行程可随模样高度自动调节，以使砂型各部分紧实度均匀，压实的同时还进行微震。

这种高压微震造型机制出的砂型紧实度高，铸件尺寸精确，表面粗糙度值小，噪声小，生产效率高。但是设备结构复杂，价格昂贵，对工艺装备及设备维修、保养的要求很高，仅用于大批量生产的铸件，如汽车铸件等。

（3）射压造型（Squeeze molding） 射压造型采用射砂和压实复合的方法紧实型砂。图1-36所示为垂直分型无箱射压造型机。其特点是利用压缩空气将型砂射入型腔进行初紧砂，然后压实活塞将砂型再紧砂，砂型推出后，前后两砂型之间的接触面为分型面。

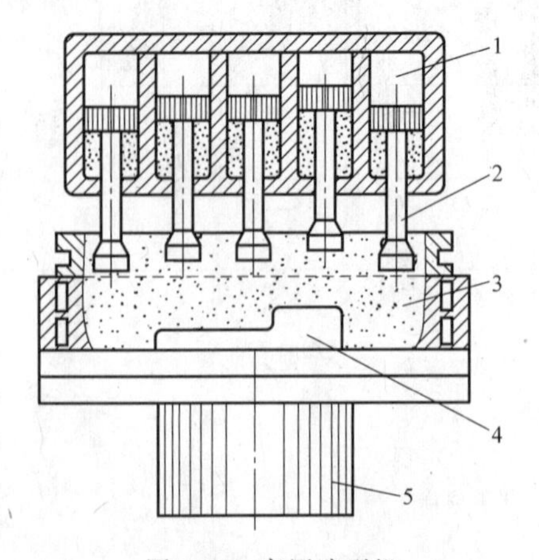

图1-35 高压造型机

1—上压实缸 2—上压头 3—型砂 4—模样 5—下活塞

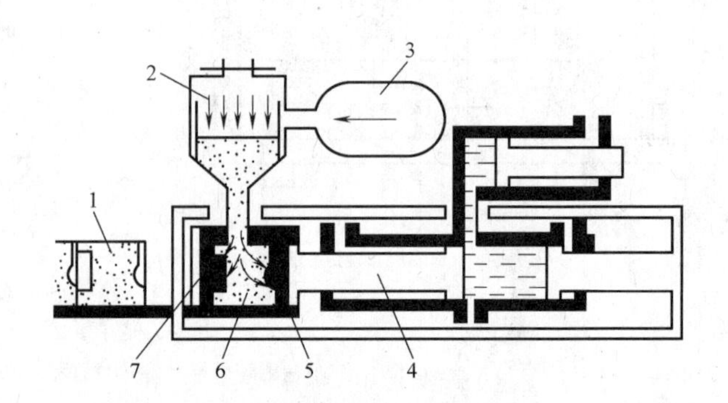

图1-36 射压造型机示意图

1—砂型 2—射砂筒 3—储气包 4—活塞 5—型板 6—造型室 7—型板

用射压造型方法制得的铸件尺寸公差很高，因为造型、起模及合型由同一导杆精确导向，不易产生错型，机器结构简单，噪声低，不用砂箱，可节省大量运输设备和占地面积，生产效率高，易于实现自动化，常用于中、小型铸件的大批量生产。

（4）抛砂造型（Throw sand molding） 抛砂机是利用高速旋转的叶片将输送带输送过来的型砂高速抛下来紧实砂型，如图 1-37 所示，生产率为 10～30m^3/h。抛砂造型适应性强，不需要专用砂箱和模底板，适用于大型铸件的单件小批生产。

（5）气冲造型（Air impact modeling） 气冲造型是利用压缩空气直接紧实型砂，其工作原理如图 1-36 所示。压缩空气在压力罐内由一个简单的圆盘阀封闭（图 1-38a），打开阀门后，压缩空气突然膨胀，产生很强的冲击波，作用在松散的型砂上（图 1-38b），型砂迅速地朝模底板方向运动。当受到模底板的阻止时，型砂由于惯性力的作用而在几毫秒内被紧实。气冲造型是 20 世纪 80 年代出现的世界先进的机器造型技术。其砂型紧实度高且分布均匀，铸件尺寸公差高，表面质量好。由于不直接用机械部件紧实型砂，因而造型机结构简单，维修方便，使用寿命长，噪声较小。气冲造型主要用于单件小批或成批生产汽车、拖拉机缸体等铸件。

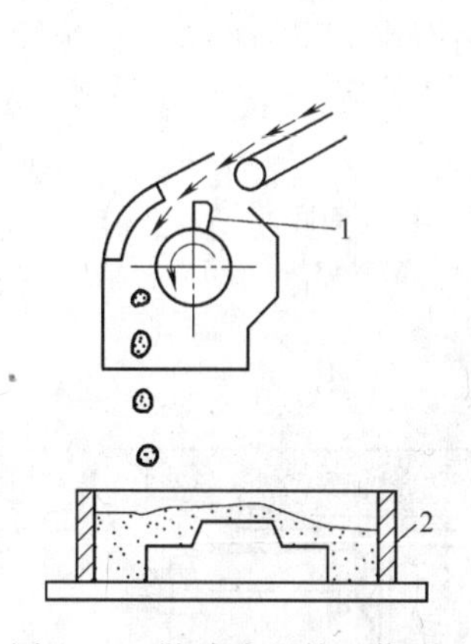

图 1-37 抛砂造型的工作原理

1—抛砂头 2—砂箱

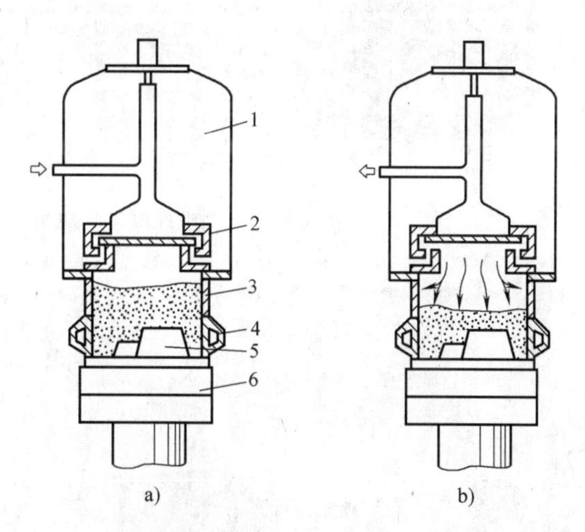

图 1-38 气冲造型的工作原理

a）加砂后的砂箱，填砂框升至阀口处 b）打开阀门冲击紧砂

1—压力罐 2—圆盘阀 3—填砂框 4—砂箱 5—模底板 6—工作台

在机械化铸造车间内，都是以各种类型的造型机为核心，配以其他机械，如翻箱机、合型机、压铁机、落砂机等辅助设备和砂处理及运输系统组成的机械化、自动化程度较高的铸造生产流水线，以提高生产率、改善劳动条件并适应大量生产。图 1-39 所示为一条造型生产线示意图，上、下箱造型机为两台微震压实造型机，该生产线效率为 130～150 型/h。新型全自动造型机如图 1-40 所示，为计算机数控系统，柔性造型单元，可以适应多品种中小批量生产的需要，而且生产现场十分干净，实现文明生产。

在砂型机器铸型工艺中，要使用大量的砂芯，砂芯的制造方法主要采用热芯盒射芯机制芯（Core made by using hot box shooter machine）。

热芯盒制芯适用于呋喃树脂砂，采用射砂方式填砂和紧砂。射砂紧实原理是将芯砂悬浮在压缩空气的气流中，以高速射入芯盒中而紧实。如图 1-41 所示，打开大口径快动射砂阀，储气包中的压缩空气进入射腔内并骤然膨胀，再通过一排排缝隙进入射砂筒内，当射砂筒内的气压达到一定值时，芯砂从射砂孔高速射进热芯盒中并得到紧砂，压缩空气则从射头和芯盒的排气孔排出。

热芯盒温度为200~250℃，芯砂加热60s后就可硬化，松开夹紧气缸，取出型芯。热芯盒树脂砂配比是：新砂100%，呋喃Ⅰ型树脂为新砂的2.5%，固化剂氯化铵尿素水溶液20%（占树脂重量）。

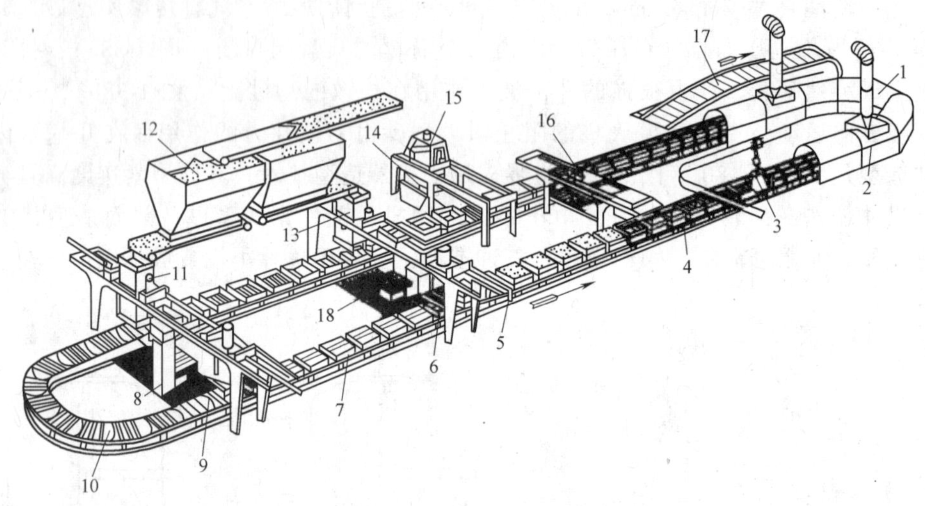

图1-39 造型生产线示意图

1—冷却罩 2—冷却 3—浇注 4—加压铁 5—合型 6—合型机 7—下芯 8—下箱翻箱 9—落箱机 10—铸型输送机 11—下箱造型机 12—加砂机 13—上箱造型机 14—落砂 15—捅箱机 16—压铁传送机 17—铸件输送机 18—型砂

图1-40 全自动造型机

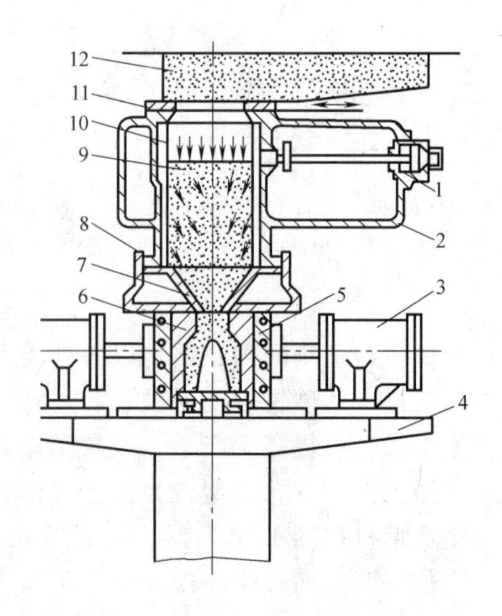

图1-41 热芯盒射芯机示意图

1—射砂阀 2—储气包 3—气缸 4—工作台 5—电热板 6—热芯盒 7—射砂孔 8—射砂头 9—射腔 10—射砂筒 11—闸板 12—砂斗

热芯盒制芯法生产效率很高，型芯强度高，尺寸精确，表面光洁。自 1958 年出现以来，该方法应用已相当普遍，特别是用于制造汽车、拖拉机、内燃机等铸件的各种复杂型芯，其主要缺点是加热硬化时有刺激性气味发出。

1.3.3　铸件浇注位置和分型面的选择（Selection of pouring position and parting plane of casting）

铸件的浇注位置是指浇注时铸件在铸型内所处的位置，分型面是指两半铸型相互接触的表面。一般情况下，应先保证铸件质量、选择浇注位置，再简化造型工艺决定分型面。但在生产中，有时二者的确定会相互矛盾，必须综合分析各种方案的利弊，抓住主要矛盾，选择最佳方案。

1. 浇注位置的选择原则（Selection principle of pouring position）研讨

（1）铸件的重要加工面应处于型腔底面或侧面　因为浇注时气体、夹杂物易漂浮在金属液上面，下面的金属质量纯净，组织致密。图 1-42 中床身导轨面为重要加工面应朝下或在下部，图 1-43 中卷筒的内、外圆表面为重要加工面应侧立。

（2）铸件的大平面应尽量朝下　由于在浇注过程中金属液对型腔上表面有强烈的热辐射，铸型因急剧热膨胀和强度下降易发生拱起开裂，从而形成夹砂缺陷，所以大平面应朝下，如图 1-44 所示。

（3）铸件的薄壁部分应放在铸型的下部或侧面，以免产生浇不到或产生冷隔缺陷。

（4）对于合金收缩大、壁厚不均匀的铸件，应使厚度大的部分朝上或置于分型面附近，以利于安放冒口对该处补缩，如图 1-43 所示。

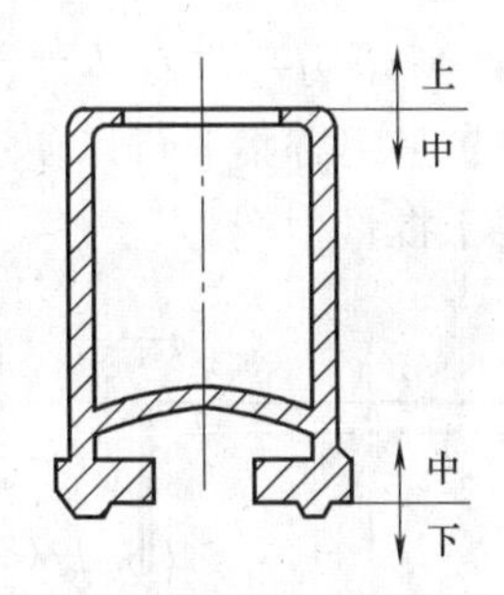

图 1-42　床身的浇注位置（铸铁）

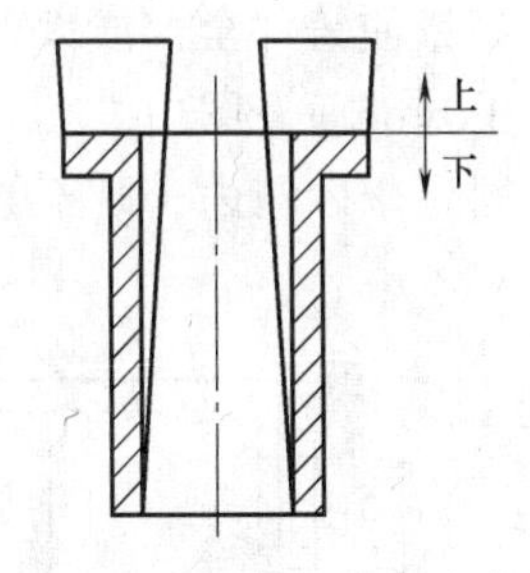

图 1-43　起重机卷筒的浇注位置

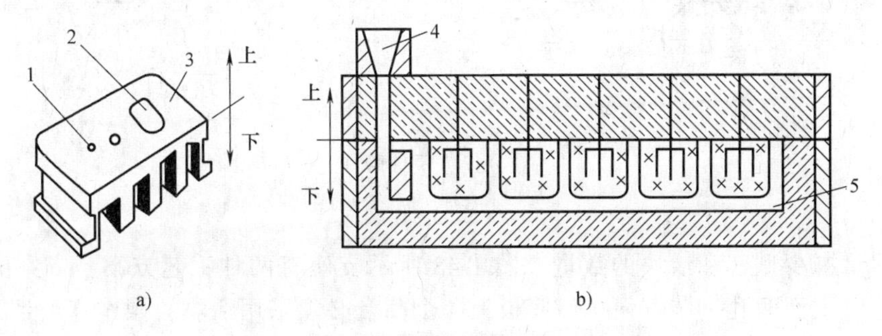

图 1-44　具有大平面的铸件的浇注位置

a）不合理　b）合理

1—气孔　2—夹砂　3—铸件　4—浇口杯　5—铸件

2. 分型面的选择原则（Selection principle of parting line）

分型面一般为铸件上的最大截面，但是铸件的最大截面往往不止一个，这时应该按照以下原则确定分型面：

（1）应便于起模，简化造型工艺　图 1-45 所示起重臂采用平面分型面Ⅰ，可以避免挖砂造型，提高生产率。即使采用机器造型，也可简化模底板的设计和制造，适合于大批量生产。但在单件生产时，为避免制模，也可以用弯曲的分型面Ⅱ，通过挖砂造型获得型腔。图 1-46 所示绳轮铸件在大批量生产时应加一个环状型芯，可以只要一个分型面，如图 1-46b 所示，使三箱造型改为两箱造型，简化了操作，提高了生产效率和铸件精度，利于采用机器造型。而单件生产时，为了避免制作型芯和芯盒，则可采用三箱分模造型，如图 1-46a 所示。

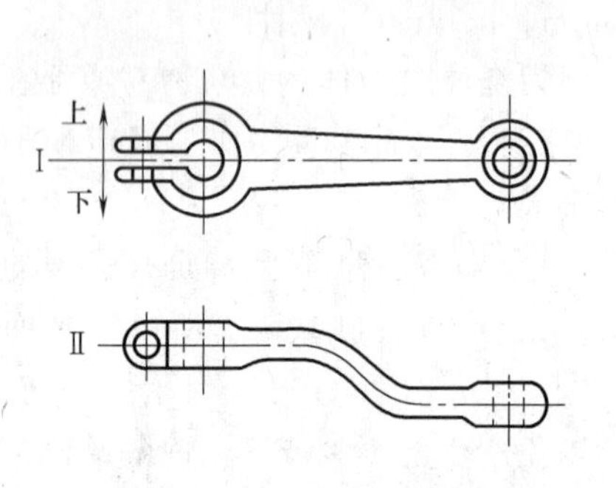

图 1-45　起重臂分型面的选择

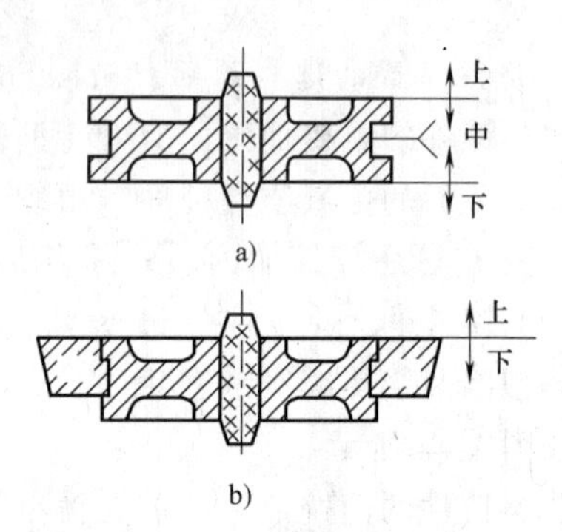

图 1-46　绳轮分型面的选择

a）三箱造型　b）两箱造型

（2）尽量使铸件全部或大部分放在同一个砂箱内　图 1-47 所示为一床身铸件，其顶部平面为加工基准面。图中方案 a 易因错型而影响铸件尺寸公差，采用方案 b 可以使加工面和基准面在同一个砂箱内，既不会错型也能保证铸件精度，适用于批量生产。

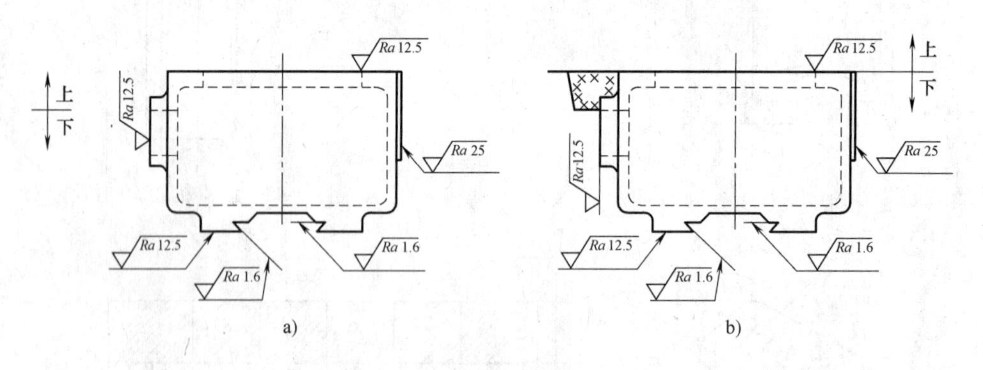

图 1-47　床身铸件

a）不合理　b）合理

（3）尽量减少型芯和活块的数量　图 1-48 所示支座有两种工艺方案。方案 a 采用分模造型，铸造时上面两孔下芯方便，但底板上 4 个凸台必须采用活块，操作麻烦且容易产生错型缺陷。方案 b 采用整模造型，铸件的重要工作面朝下，有利于保证铸件的尺寸公差和质量，中间下一个型芯，即可成形轴孔，又避免了取活块，操作简单，适合于各种批量的生产。

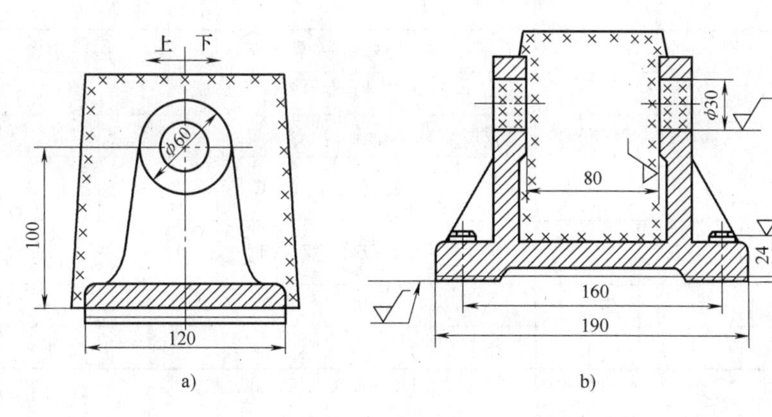

图 1-48　支座铸造工艺方案

1.3.4　铸造工艺参数的确定（The determination of casting process parameters）

铸造工艺参数是与铸造工艺过程有关的某些工艺数据，直接影响模样、芯盒的尺寸和结构。在绘制铸造工艺图时，必须合理选择，否则会影响铸件精度、生产率和成本，主要工艺参数分述如下。

1. 铸造收缩率（Casting shrinkage）

由于合金的线收缩，铸件冷却后的尺寸将比型腔的尺寸小，为了保证铸件的应有尺寸，模样和芯盒的制造尺寸应比铸件放大一个该合金的线收缩率，即铸造收缩率

$$K=\frac{L_{模}-L_{件}}{L_{件}}\times 100\%$$

式中，$L_{模}$为模样尺寸；$L_{件}$为铸件尺寸。

收缩率的大小取决于铸造合金的种类及铸件的结构、尺寸等因素，通常灰铸铁为0.7%～1.0%，铸造碳钢为 1.3%～2.0%，铝硅合金为 0.8%～1.2%，锡青铜为 1.2%～1.4%。

2. 加工余量（Machining allowance）

加工余量是指在铸件的加工面上留出的准备切削掉的金属层厚度。加工余量过大，会浪费金属和加工工时，过小则达不到加工要求，影响产品的品质。加工余量应根据铸造合金特点、造型方法、加工要求、铸件的形状、尺寸及浇注位置等来确定。

铸钢件收缩大，表面粗糙，其加工余量应比铸铁件大；机器造型的铸件精度比手工造型要高，加工余量可小些；铸件尺寸越大，或加工表面处于浇注时的顶面时，其加工余量越大。按照 GB/T 6414—2017 的标准，毛坯铸件的加工余量先确定加工余量等级，见表 1-1，不同的铸造方法和不同的铸件材料，加工余量等级也不同。确定加工余量等级后再按照表 1-2 选择毛坯铸件的加工余量。

表 1-1　毛坯铸件典型的机械加工余量等级

铸造方法	要求的机械加工余量等级								
	铸件材料								
	钢	灰铸铁	球墨铸铁	可锻铸铁	铜合金	锌合金	轻金属合金	镍基合金	钴基合金
手工砂型	G～K	F～H	F～H	F～H	F～H	F～H	F～H	G～K	G～K

（续）

铸造方法	要求的机械加工余量等级								
	铸件材料								
	钢	灰铸铁	球墨铸铁	可锻铸铁	铜合金	锌合金	轻金属合金	镍基合金	钴基合金
机器砂型和壳型	F~H	E~G	E~G	E~G	E~G	E~G	E~G	F~H	F~H
金属型（重力和低压）	—	D~F	D~F	D~F	D~F	D~F	D~F	—	—
压力铸造	—	—	—	—	B~D	B~D	B~D	—	—
熔模铸造	E	E	E	—	E	—	E	E	E

注：本标准还适用于本表未列出的由铸造厂与采购方之间协议商定的工艺和材料。

表 1-2　要求的铸件机械加工余量（RMA）

铸件公称尺寸		要求的机械加工余量等级									
大于	至	A	B	C	D	E	F	G	H	J	K
—	40	0.1	0.1	0.2	0.3	0.4	0.5	0.5	0.7	1	1.4
40	63	0.1	0.2	0.3	0.3	0.4	0.5	0.7	1	1.4	2
63	100	0.2	0.3	0.4	0.5	0.7	1	1.4	2	2.8	4
100	160	0.3	0.4	0.5	0.8	1.1	1.5	2.2	3	4	6
160	250	0.3	0.5	0.7	1	1.4	2	2.8	4	5.5	8
250	400	0.4	0.7	0.9	1.3	1.8	2.5	3.5	5	7	10
400	630	0.5	0.8	1.1	1.5	2.2	3	4	6	9	12
630	1000	0.6	0.9	1.2	1.8	2.5	3.5	5	7	10	13
1000	1600	0.7	1	1.4	2	1.8	4	5.5	8	11	16
1600	2500	0.8	1.1	1.6	2.2	3.2	4.5	6	9	13	18
2500	4000	0.9	1.3	1.8	2.5	3.5	5	7	10	14	20
4000	6300	1	1.4	2	2.8	4	5.5	8	11	16	22
6300	10000	1.1	1.5	2.2	3	4.5	6	9	12	17	24

注：等级 A 和等级 B 只适用于特殊情况，如带有工装定位面、夹新面和基准面的铸件。

3. 起模斜度（Draft angle）

为了方便起模，在垂直于分型面的立壁上所增加的斜度称为起模斜度（图 1-49），一般用角度 α 或宽度 a 表示。

起模斜度应根据模样高度及造型方法来确定。模样越高，斜度取值越小；内壁斜度比外壁斜度大，手工造型比机器造型的斜度大。铸件外壁斜度 $\alpha=0.5^\circ\sim4^\circ$。

4. 铸造圆角（Radius）

铸件上相邻两壁之间的交角应设计成圆角，防止在尖角处产生冲砂及裂纹等缺陷。圆角半径一般约为相交两壁平均厚度的 1/3~1/2。

5. 型芯头（Core print）与芯头座（Core head block）

为了保证型芯在铸型中的定位、固定和排气，在模样和型芯上都要设计出型芯头和芯头座。型芯头与芯头座之间要保证留有装配用的芯头间隙，如图 1-50 所示。

以上工艺参数的具体数值均可在有关手册中查到。

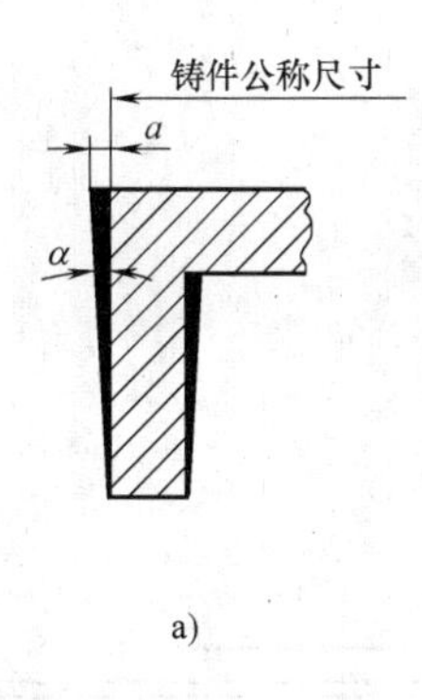

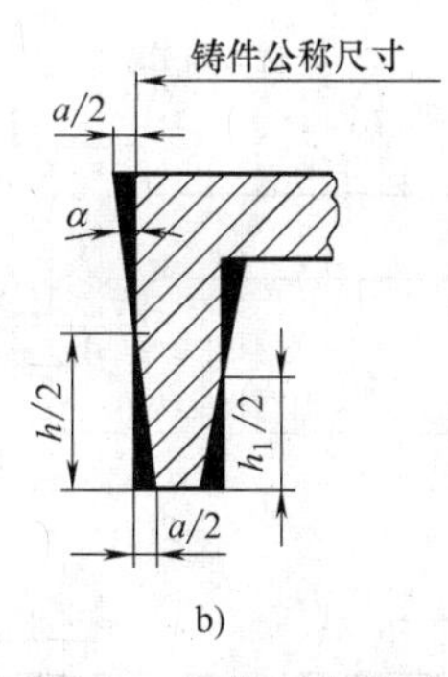

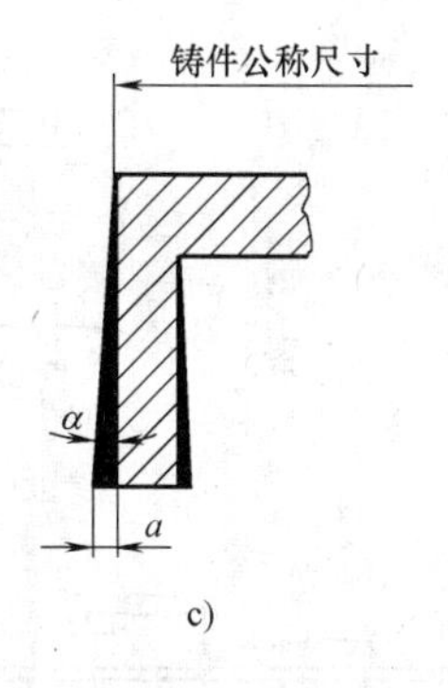

图 1-49　起模斜度的形式

a）增加铸件厚度　b）加减铸件厚度　c）减少铸件厚度

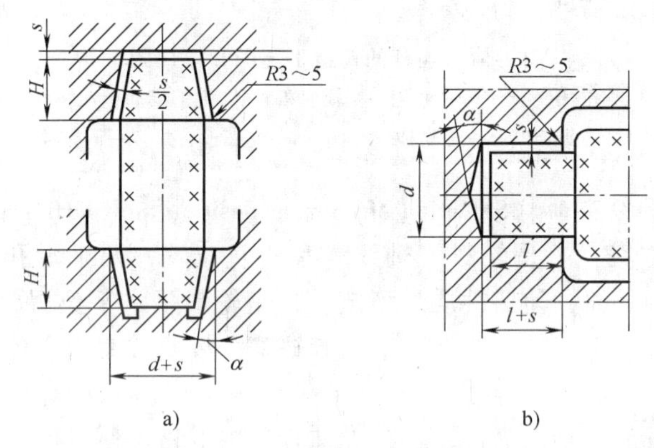

图 1-50　型芯头与芯头座的装配关系

a）垂直型芯　b）水平型芯

1.3.5　铸造工艺图的绘制（Casting process mapping）

铸造工艺图是在零件图上用规定的符号表示铸造工艺内容的图形，是制造模样和铸型、进行生产准备和铸件检验的依据，是铸造生产的基本工艺文件。图 1-51 为连杆的铸造工艺图和模底板图间的关系。

现以拖拉机前轮毂（图 1-52）为例，说明绘制铸造工艺图的步骤。材料：QT400-15；铸件重量：13.8kg；生产数量：大批量。

1. 分析铸件质量要求和结构工艺性（Analysis of casting quality requirements and machinability）

前轮毂装于拖拉机前轮中央，和前轮一起做旋转运动并支承拖拉机。两内孔 ϕ90mm 和 ϕ100mm 装有轴承，是加工要求最高的表面，不允许有任何铸造缺陷。

前轮毂结构为带法兰盘的圆套类零件。铸件主要壁厚为 14mm，法兰盘厚度为 19mm。法兰盘和轮毂本体相交处形成厚实的热节区。法兰盘上 5 个直径 35mm、厚度为 34mm 的凸台也是最厚实的部分。

2. 选择造型方法（Selection of molding methods）

铸件重 13.8kg，材料为球墨铸铁 QT400-15，大批量生产，故选择机器造型（芯）。若生产量很少，可用手工造型（芯）。

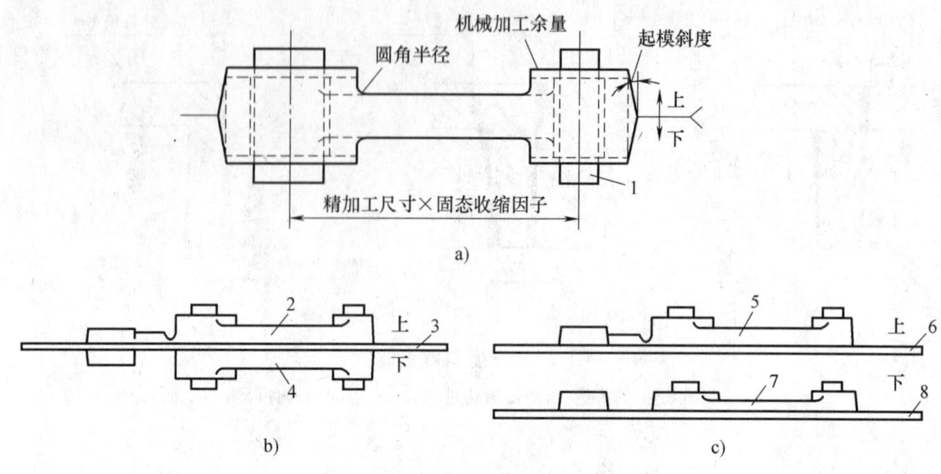

图 1-51　连杆的铸造工艺图和模样图

a）工艺图　b）上下模样共用一个模底板　c）上下模底板和模样分装

1—芯头　2、5—上模样　3、6、8—模底板　4、7—下模样

3. 选择浇注位置和分型面（Selection of pouring position and parting plane）

浇注位置有两种方案：一是轮毂（轴线）呈垂直位置，两轴承孔表面处于直立状态，有利于金属液体充型和补缩，使铸件质量稳定；二是轮毂呈水平位置，虽方便造型和下芯，但两轴承孔的上表面易产生气孔、渣孔、缩孔等缺陷。故此方案不合理，应选择方案一，并使法兰盘朝上。

分型面选在法兰盘的上平面处，使铸件大部分位于下箱，便于保证铸件的尺寸公差，合型前便于检查壁厚是否均匀、型芯是否稳固，同时使浇注位置与造型位置一致。

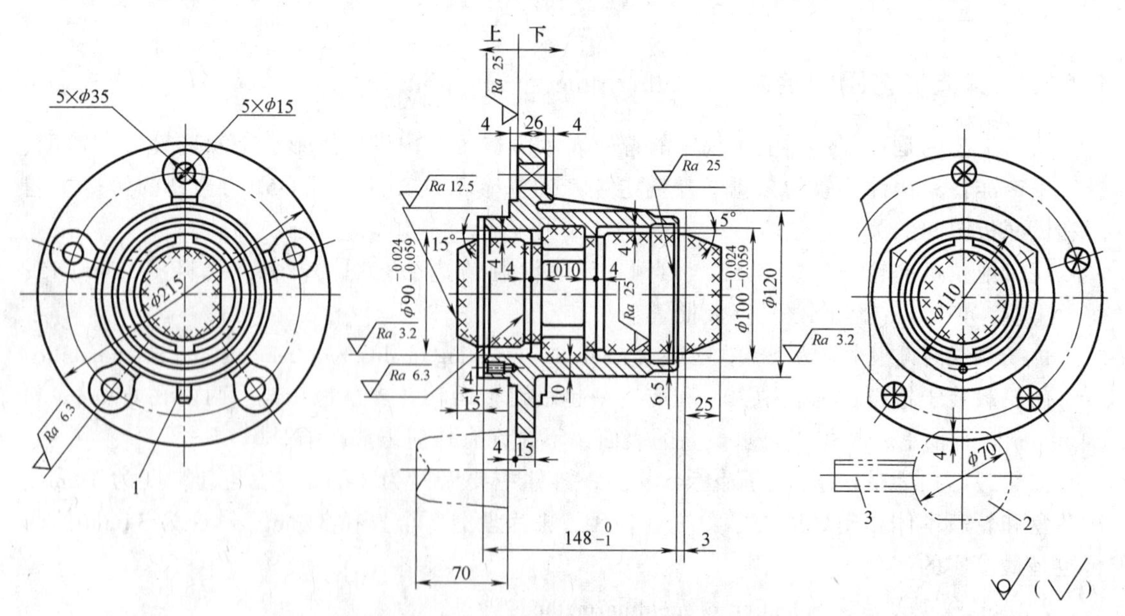

材料：QT400−15　铸件质量：13.8kg　生产批量：大量　铸造收缩率：1%

图 1-52　拖拉机前轮毂铸造工艺图

1—工艺肋　2—压边冒口　3—横浇道

4. 确定工艺参数 (Determining process parameters)

根据铸件的质量要求和生产条件，参照有关手册确定工艺参数如下：

(1) 加工余量 铸件底面为 3mm，顶面和侧面为 4mm。

(2) 起模斜度 铸件外壁斜度 $\alpha=30'$，内壁斜度 $\alpha=30'$。

(3) 不铸出孔 法兰盘上 5 个 ϕ18mm 小孔与其余小螺纹孔不铸。

(4) 铸造收缩率 铸造收缩率取 1%。

5. 设计型芯 (Design cores)

铸件内腔只需一个直立型芯，为保证型芯稳固、定位准确，型芯上下均做出芯头。

6. 设计浇、冒口系统 (Design system of pouring and risers)

对于球墨铸铁件，可以采用压边冒口，以避免出现缩孔及缩松缺陷。压边冒口放置于轮毂上部厚实处，压边宽度为 4mm。铁液由横浇道经过冒口进入型腔。浇注系统的组成如图 1-53 所示，熔体经浇口杯—直浇道—横浇道—内浇道进入型腔。

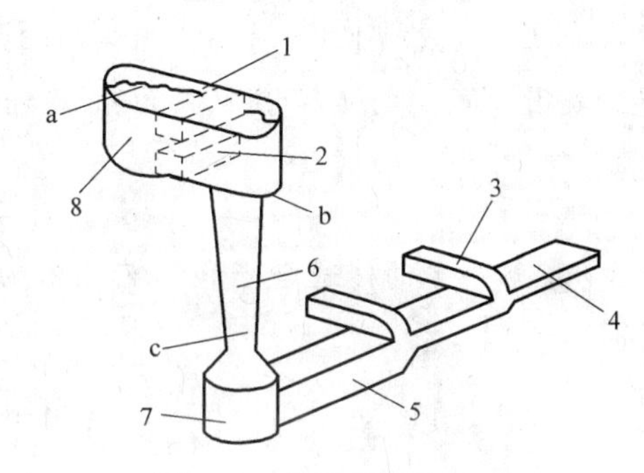

图 1-53 浇注系统的组成

1—过滤网 2—堤坝 3—内浇道 4—横浇道伸长 5—横浇道 6—直浇道 7—直浇道井 8—浇口杯 a、b、c—不同高度的水平截面

在重力浇注时，浇注系统中各处的流量相等，这样可以得到：

$$A_1v_1=A_2v_2 \tag{1-2}$$

式中，A_1，A_2为 a 和 b 处的截面积；v_1，v_2为 a 和 b 处的流体速度。

根据 Bernoulli 理论，系统的能量应该不变。不考虑阻力能的条件下，系统的能量主要有压力能 P，势能 mgh，动能 1/2mv^2。由 1 和 2 处的能量相等得到：

$$P_1+\frac{1}{2}mv_1^2+mgh_1=P_2+\frac{1}{2}mv_2^2+mgh_2 \tag{1-3}$$

式中，h 为距离内浇道的高度。

由式 (1-2) 和式 (1-3) 可以计算出各截面尺寸。

设 $P_1=P_2$，$v_1=0$，$h_1=0$，式 (1-3) 变为

$$v_2=\sqrt{2gh_2} \tag{1-4}$$

同理可得：

$$v_3=\sqrt{2gh_3} \tag{1-5}$$

这样：由式 (1-2)、式 (1-4) 和式 (1-5) 得到：

$$\frac{v_2}{v_3}=\frac{A_3}{A_2}=\sqrt{\frac{h_2}{h_3}} \tag{1-6}$$

式中，A_3 为 c 处截面积；v_3 为 c 处的流体速度。

冒口的设计可以根据凝固时间来计算体积与表面积。由 Chvorinov 定律，凝固时间为

$$t_s=k\left(\frac{V}{A}\right)^2 \tag{1-7}$$

式中，k 为表面散热系数（s/m^2）；v 为物体体积（m^3）；S 为物体表面积（m^2）；t_s 为减固时间（s）。

如果知道了铸件图，就可以用式（1-7）计算铸件的凝固时间，假设冒口的凝固时间大于铸件的凝固时间，则可以决定冒口的大小。

7. 绘制铸造工艺图（Drawing casting process figure）（图 1-52）

案例分析 1-1

不同形状的形体的凝固时间计算。

假设有三种体积相同的铸件，分别为球体、立方体和圆柱体。其中圆柱体的高度等于直径，哪种铸件凝固时间短？哪种铸件凝固时间长？

解答：由式（1-7）可知，因体积相等，可以假设 $V=1$，这样只需要计算表面积就可以得到凝固时间，式（1-7）就变为：

$$t_s = k\frac{1}{A^2} \tag{1-8}$$

式中，k 对一定的铸造合金和工艺方法为一常数，因此只需计算出表面积就可以求得凝固时间。

对球体：$1=\frac{4}{3}\pi r^3 \rightarrow r=\left(\frac{3}{4\pi}\right)^{1/3}$；$A=4\pi r^2=4\pi\left(\frac{3}{4\pi}\right)^{2/3}=4.84$

式中，r 为球体半径。

对立方体：$1=a^3 \rightarrow a=1$；$A=6a^2=6$

对圆柱体：$1=\pi r^2 h=2\pi r^3 \rightarrow r=\left(\frac{1}{2\pi}\right)^{1/3}$；$A=2\pi r^2+2\pi rh=6\pi r^2=6\pi\left(\frac{1}{2\pi}\right)^{2/3}=5.54$

球体的凝固时间 $t_s=0.043k$；立方体的凝固时间 $t_c=0.028k$；圆柱体的凝固时间 $t_{cy}=0.033k$。由此可见球体凝固时间最长，立方体凝固时间最短，圆柱体处于两者之间。所以冒口最好设计为球体，或圆柱体加半球体（以便于制造模样和造型）。

浇注系统设计，可以先假设浇注时间为凝固时间的 50%，根据 $V=Qt_p$（V 为体积，Q 为流量，t_p 为时间），求出流量，然后由式（1-5），已知砂箱高度计算出内浇口处的速度，再根据 $Q=vA$（Q 为流量，v 为流速，A 为截面积），求出内浇道的截面积。再由式（1-6）求出横浇道和直浇道的截面积，常见浇注系统形式如图 1-54 所示。

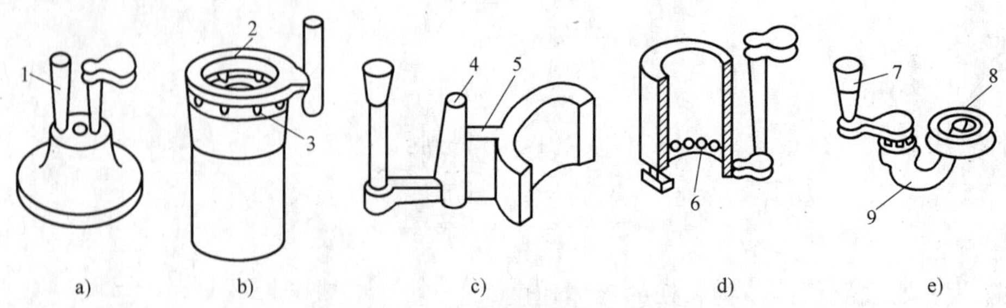

图 1-54 常见浇注系统的形式

a）简单顶注式 b）雨淋顶注式 c）缝隙侧注式 d）底注式 e）牛角底注式

1—出气口 2—横浇道 3、6—内浇道 4—冒口 5—缝隙式内浇道

7—浇口杯 8—铸件 9—牛角式内浇道

1.4　特种铸造（Special casting）

1.4.1　熔模铸造（Lost-wax casting or investment casting）

熔模铸造是用易熔材料（如蜡）制成精确的模样，在其表面涂敷耐火涂料制成壳型，熔去模样，经过焙烧后即可浇注液态金属获得铸件的铸造方法，又叫失蜡铸造或精密铸造。

1. 熔模铸造的工艺过程（Lost-wax casting process）

熔模铸造的工艺过程如图 1-55 所示。

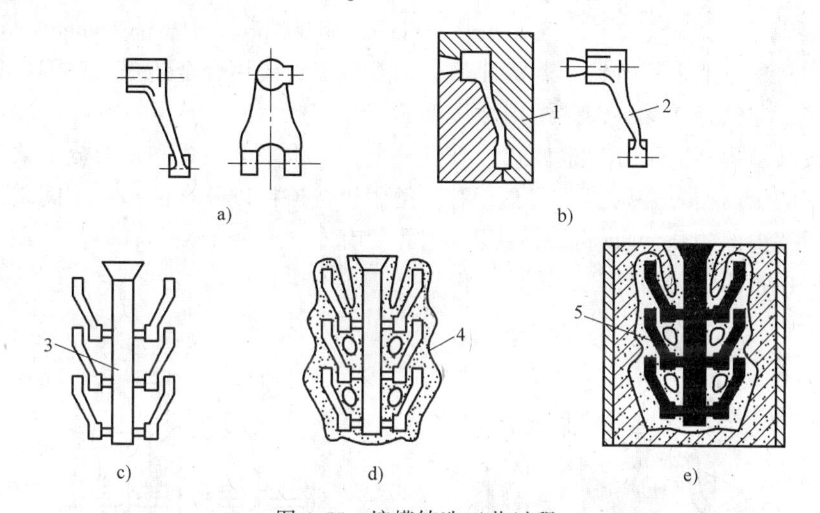

图 1-55　熔模铸造工艺过程

a）铸件　b）制造蜡模　c）制造蜡模组　d）蜡模组结壳和脱蜡　e）浇注成形

1—压型　2—蜡模　3—浇注系统　4—型壳　5—浇入的金属

制造蜡模和蜡模组如图 1-55b 和 c 所示。根据铸件制作压型，用压型制作蜡模（常用蜡模材料为 50%石蜡和 50%硬脂酸），再将单个蜡模黏结在蜡制的浇注系统上，成为蜡模组。

结壳脱蜡如图 1-55d 所示。将蜡模组浸泡在耐火涂料中（一般铸件用石英粉水玻璃涂料，合金钢铸件用钢玉粉硅酸乙酯水解液涂料），取出并在其上撒一层石英砂，然后硬化（水玻璃涂料砂壳浸在氯化铵溶液中硬化，硅酸乙酯水解液型壳通氯气硬化），重复数次，便在蜡模表面结成所需厚度的硬壳；接着将其放入 85 ℃左右的热水或蒸汽中，熔去蜡模组，便得到无分型面的型壳；烘干型壳中的水分后焙烧，以增加强度。

图 1-55e 所示为填砂浇注。将焙烧后的型壳置入铁箱中，四周填砂，即可进行浇注，待金属冷凝后，敲掉型壳，便获得带浇口的一组铸件。

2. 熔模铸造的特点和适用范围（Features and application of lost-wax casting）

熔模铸造的特点如下：

1）铸件尺寸标准公差等级高（可达 IT4～IT7），表面粗糙度低（Ra1.6～6.3 μm），可实现少切削、无切削加工。

2）适合各种合金的铸造，特别是高熔点和难以切削加工的合金，如高合金钢、耐热合金等。

3）可铸出形状复杂的薄壁铸件，如铸件上的凹槽（宽>3mm）、小孔（$\phi \geq 2.5$mm）均可直接铸出。

熔模铸造的缺点是，工序繁多，生产周期长，铸件成本高，适用于大量生产的、25 kg以下的、高熔点、难以切削加工的合金铸件。目前该方法在航空、船舶、汽车、拖拉机、汽轮机、仪表、刀具和机床等制造行业得到了广泛的应用。

1.4.2 金属型铸造（Permanent-mold casting）

金属型铸造是将液态金属浇入到金属铸型中而获得铸件的铸造方法。由于金属型可以反复使用，所以又称为永久型铸造。

1. 金属型的构造及铸造工艺（Construction and casting process of permanent-mold）

金属型的材料一般采用铸铁，若浇注铝、铜等合金，要用合金铸铁或铸钢。型芯可用金属型芯或砂芯，非铁金属材料铸件常用金属型芯。

金属型按其结构不同可分为整体式、垂直分型式、水平分型式和复合分型式等。图 1-56所示为铝活塞的金属型及金属型芯，左、右半型用铰链连接以开合铸型；中间采用组合式型芯，以防止活塞内部的凸台阻碍抽芯；凸台销孔处有左、右两个型芯；铸件浇注后，及时抽去型芯，然后再将两半铸型打开，取出铸件。

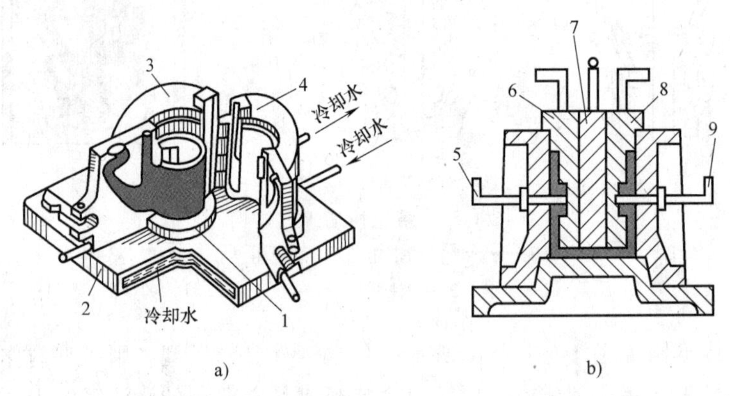

图 1-56 铸造铝活塞的金属型及金属型芯

a）铰链开合型金属型 b）组合式金属型芯

1—底型 2—底板 3—左半型 4—右半型 5—左销孔型芯 6—左侧型芯 7—中间型芯 8—右侧型芯 9—右销孔型芯

金属型导热快，没有退让性和透气性，直接浇注，铸件易产生浇不到、冷隔等缺陷及内应力和变形，且铸铁件易产生白口组织。因此，浇注前要对金属型进行预热，以减缓铸型冷却速度。在连续工作时，金属型不断受到金属液的热冲击，必须对其进行冷却，以减小金属型的温差，延长其使用寿命。通常控制金属型的工作温度为120~350℃。

为了减缓铸件的冷却速度，防止金属液直接冲刷铸型，延长金属型的使用寿命，在型腔表面要涂刷厚度为0.2~1.0mm的耐火涂料。为了防止金属型对铸件收缩的阻碍，浇注后应尽快从铸型中抽出型芯和取出铸件。最适宜的开型时间要经过试验决定，一般中、小型铸件的出型时间为10~60s。

2. 金属型铸造的特点及应用范围（Character and application of permanent-mold casting）

金属型铸造的优点有：

(1) 铸型可连续重复使用，提高了生产率，节约了工时、成本，减少了造型材料的消耗。

(2) 金属型尺寸稳定，表面光洁，提高了铸件的尺寸公差（CT6～CT9）和表面质量（Ra6.3～12.5μm），切削加工余量减少。

(3) 铸件冷却速度快，结晶组织致密，提高了铸件的力学性能。

(4) 金属型铸造过程中没有混砂、造型工序，劳动条件好。

但是金属型的成本高、制作周期长，不适宜单件小批生产，也不能生产大型铸件。金属型导热快，不适宜铸造形状复杂的薄壁铸件，铸铁件容易产生白口组织。因此，该方法主要适用于像活塞、汽缸盖、液压泵壳体等形状不太复杂的铝合金中、小型铸件的大批量生产。

1.4.3　压力铸造（Die casting）

压力铸造是将液态（或半固态）金属高速压入铸型，并在压力下结晶而获得铸件的方法。常用的压射比压为 25～150MPa，流速为 15～100m/s，充填时间为 0.01～0.2s。

1. 压力铸造工艺过程

压力铸造是在压铸机上完成的，压铸机分冷室和热室两种形式，其中冷室压铸机有卧式和立式两种位置。它所用的铸型称为压铸型。压铸型是垂直分型，其半个铸型固定在定模底板上，称为定型；另半个铸型固定在动模底板上，称为动型。压铸型上装有抽芯机构和顶出铸件的机构。图 1-57 所示为冷室卧式压铸机压铸过程示意图。压铸机合型后，将定量金属液浇入压室（图 1-57a），压射冲头高速推进进行压铸，金属液被压入型腔并在压力下凝固（图 1-57b）。待铸件凝固成形后动型开型左移，铸件在冲头的顶力下随动型离开定型。当动型顶杆挡板受阻时，顶杆将铸件从动型中顶出（图 1-57c），完成一个压铸过程。

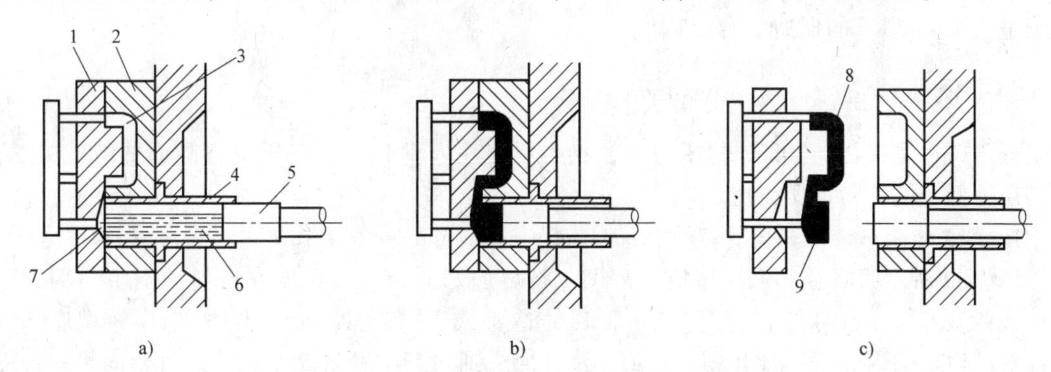

图 1-57　卧式压铸机压铸过程示意图

a）合型　b）压铸　c）开型

1—动型　2—定型　3—型腔　4—压室　5—压射冲头　6—金属液　7—浇道　8—铸件　9—余料

图 1-58 所示为热室压铸机压铸过程示意图。其中鹅颈型注射升液管与熔体连在一体，一次压铸后多余液体将回到熔体槽中，不存在余料。

压铸型是压铸的关键工艺装备，型腔的尺寸公差及表面粗糙度将直接影响铸件的尺寸公差及表面粗糙度。由于压铸时，型腔受到液体金属的热冲击，因此压铸型必须用合金工具钢来制造，并要进行严格的热处理。压铸型工作时应保持 120～280℃ 的工作温度，并定期喷刷涂料。

2. 压力铸造的特点及应用范围（Character and application of die casting）

1）生产率高，生产过程易于机械化和自动化。一般冷压式压铸机平均每 8h 可压铸 600~700 件。

2）铸件质量高，铸件尺寸公差达 CT4~CT8，表面粗糙度值为 $Ra0.8\sim3.2\mu m$，一般压铸件可不经过机械加工而直接使用。

3）铸件力学性能好。它在金属型内冷却，又在压力下结晶，表面晶粒细小而致密，其抗拉强度比砂型铸造提高 25%~30%。

4）便于采用镶嵌法铸造，实现一件多材质制造，改善铸件某些部位的性能。

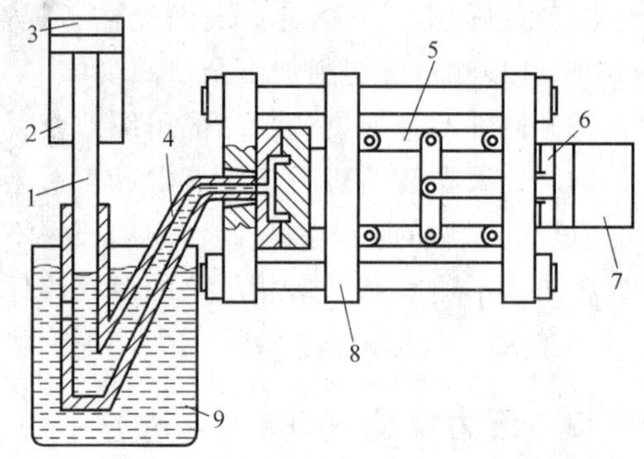

图 1-58　热室压铸机压铸过程示意图

1—柱塞　2—上升缸　3—下压缸　4—鹅颈型升液管　5—四连杆机构　6—开模缸　7—合模缸　8—移动十字头　9—熔体

但是压铸机设备投资大，而且压铸型制作周期长、成本高，只有大量生产时经济上才合理；铸铁、铸钢等高熔点合金不宜压铸，因压铸型难以适应而寿命低；由于金属液在高压、高速下充型，铸件中包含的气体很难排除，因此压铸件需要切削加工的部分加工余量应尽量减小，以免铸件中微小气孔暴露在零件表面上；有气孔的压铸件不能在高温下使用，也不能进行热处理，否则高温下会因气体膨胀而使铸件表面起泡或变形。

压力铸造是高效先进的生产方法，广泛应用于汽车、拖拉机、仪器仪表、医疗器械等制造行业中。例如用于生产发动机缸体、汽缸盖、变速器体、化油器等中、小型铸件，且常用于生产 10kg 以下的低熔点合金铸件。

1.4.4　低压铸造（Low pressure casting）

低压铸造是在 20~70kPa 的压力下，将金属液注入型腔，并在压力下凝固的铸造方法。因其压力低，故称为低压铸造。

1. 真空和低压铸造工艺过程（Process of vacuum and low pressure casting）

图 1-59 所示为真空和低压铸造原理图。将熔炼好的金属液存放在密封的电阻坩埚炉内保温，铸型安放在密封盖上（图 1-59b 低压铸造）或下（图 1-59a 真空铸造），铸型底部的浇口对准坩埚炉内的升液管并锁紧铸型。浇注时，通过真空泵抽真空或由进气管向炉内缓慢通入压缩空气，金属液经升液管平稳注入铸型，型腔注满后将空气压力升到规定的工作压力并保持适当时间，使金属液在压力下结晶并充分进行补缩。铸件成形后撤去坩埚炉内的压力或真空，升液管内的金属液降回到坩埚内金属液面，开启铸型，取出铸件。一般铸型采用水平分型，下半铸型固定在密封盖上，只需开启上半铸型。铸件由浇口进行补缩，不用冒口。每铸完一型后，在型腔表面喷刷氧化锌涂料进行保护。

2. 真空和低压铸造的特点及应用范围（Character and application of vacuum and Low Pressure Casting）

真空和低压铸造的主要优点有：

1）浇注时的压力和速度便于调节，故可适应各种不同的铸型（如金属型、砂型、型壳

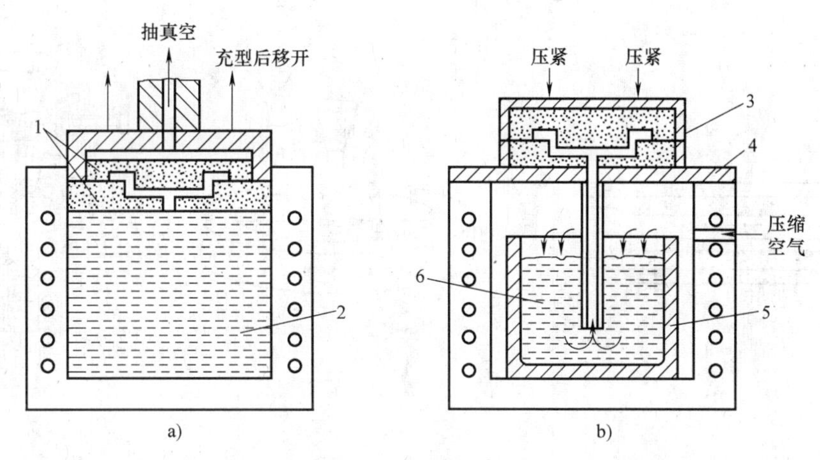

图 1-59 低压铸造原理图

a）真空铸造 b）低压铸造

1—铸型 2、6—熔体 3—箱体 4—盖板 5—坩埚

等）。同时，充型平稳，对铸型的冲击力小，气体较易排除。

2）便于实现顺序凝固，以防止缩孔和缩松，尤其能有效克服铝合金的针孔缺陷。

3）铸件的表面质量高于金属型，可生产出壁厚为 1.5~2mm 的薄壁铸件。

4）由于不用冒口，金属的利用率可提高到 90%~98%。

低压铸造所用设备简单、投资少，浇注系统简单，金属的利用率高，广泛应用于各生产部门。该方法常用来生产汽缸体、汽缸盖、活塞、曲轴箱、壳体等高质量铝合金、镁合金铸件；有时也用于生产铜合金、铸铁件，如船用螺旋桨、内燃机球墨铸铁曲轴等。

1.4.5 离心铸造（Centrifugal casting）

离心铸造是将液态金属浇入高速旋转（250~1500r/min）的铸型中，使金属液在离心力作用下充填铸型并凝固成形的铸造方法。

1. 离心铸造的基本方式

离心铸造特别适用于生产圆筒形（如管、套）类铸件。为使铸型旋转，离心铸造必须在离心铸造机上进行。根据铸型旋转轴空间位置的不同，离心铸造机可分为立式和卧式两大类，如图 1-60 所示。

立式离心铸造机上的铸型是绕垂直轴旋转的，当浇注圆筒形铸件时（图 1-60b），金属液并不填满型腔，而是在离心力的作用下紧贴在铸型的内表面并冷凝，而铸件的壁厚则取决于浇入的金属量。这种方式的特点是，铸件的自由表面（即内表面）由于重力的作用而呈抛物线状，使铸件上薄下厚。显然在其他条件不变的前提下，铸件的高度越大，壁厚的差越大。因此，该方法主要用于高度小于直径的圆环类铸件。

卧式离心铸造机上的铸型是绕水平轴旋转的（图 1-60a）。在离心力的作用下，液体金属贴在铸型内表面而形成中空铸件。这种方法铸出的圆筒形铸件无论在轴向还是径向，其壁厚都是相同的，因此适合于生产长度较大的管类铸件。这也是最常用的离心铸造方法。

离心铸造也可用于生产成形铸件，此时多在立式离心铸造机上进行，如图 1-60c 所示。铸型紧固于旋转工作台上，浇注时金属液充满铸型，故不形成自由表面。成形铸件的离心铸

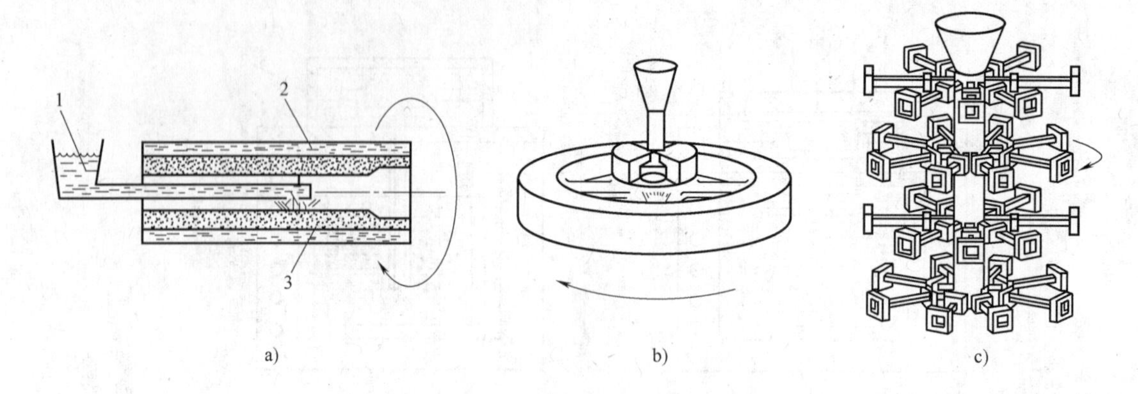

图 1-60 离心铸造

a）卧式离心铸造 b）立式离心铸造 c）离心铸件

1—金属液 2—水套 3—耐火内衬

造虽未省去型芯，但在离心力作用下，提高了金属液的充型能力，便于薄壁铸件的成形，而且浇口可起补缩作用，使铸件组织致密。

2. 离心铸造的特点及适用范围（Character and application of centrifugal casting）

离心铸造具有如下优点：

1）生产圆筒形铸件时，可省去型芯、浇注系统和冒口，因而省工、省料，降低了铸件成本。

2）金属结晶由外向内顺序凝固，气体和熔渣比较轻而向内部集中，铸件组织致密，极少存在缩孔、气孔、夹渣等缺陷。

3）可进行双金属铸造，如在钢套上镶铸薄层铜衬制作滑动轴承等，可节省贵重材料。

用离心铸造方法生产的铸件内表面粗糙，尺寸误差大，品质差，若需切削加工，必须增大加工余量。此方法不适于铸造密度偏析大的合金（如锡青铜等）及铝、镁等轻合金铸件。

离心铸造主要用于大批生产各种铸铁和铜合金的管类、套类、环类铸件和小型成形铸件，如铸铁管、内燃机汽缸套、轴套、齿圈、双金属轴瓦和双金属轧辊等。

1.4.6 消失模铸造（Lost-foam casting）

用泡沫塑料制成模样，浸挂耐火涂层后放入砂箱内，填入干砂（或树脂砂、或磁丸）代替普通型砂进行造型，不取出模样，直接将金属液浇入型中的模样上，使之熔失气化而形成铸件的方法称为消失模铸造，又称为汽化模铸造。

1. 消失模铸造方法分类（Classification of lost-foam casting method）

按造型材料及方法的不同，消失模铸造可分为以下三种。

（1）干砂负压消失模铸造 将表面覆有耐火涂料的泡沫塑料模样放入特制的砂箱内，填入干砂，震实后将砂箱顶部覆盖一层塑料薄膜，抽真空使砂子紧固成铸型。浇注后高温金属液会使模样气化，并占据模样的位置而凝固成铸件。接着释放真空，干砂又恢复了流动性，翻转砂箱倒出干砂，取出铸件。其造型与浇注过程如图 1-61 所示。

该方法主要适用于大批量生产的中、小型铸件，如汽车、拖拉机的铸件管接头、耐磨

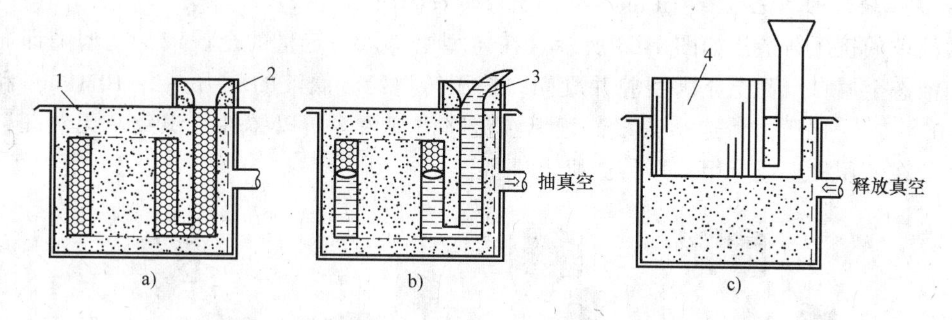

图 1-61　造型与浇注工艺操作示意图

1—塑料薄膜　2—浇口杯　3—金属液　4—铸件

件等。

(2) 树脂砂或水玻璃砂消失模铸造　其造型过程与普通砂型铸造相似，主要适用于单件、小批量生产的中、大型铸件，如汽车覆盖件模具、机床床身等。

(3) 磁型消失模铸造　将表面覆有耐火涂料的泡沫塑料模样放入磁丸箱中（图 1-62），填入磁丸，经微震紧实后置入固定的磁型机内。在强磁场的作用下，磁丸相互吸引形成强度和透气性良好的磁型铸型，浇注后高温金属液使模样汽化，并占据模样的位置而凝固成铸件。断电后磁场消失，磁丸重新恢复流动性，卸掉磁丸即可取出铸件。此方法主要适用于大批量生产的中、小型铸件。

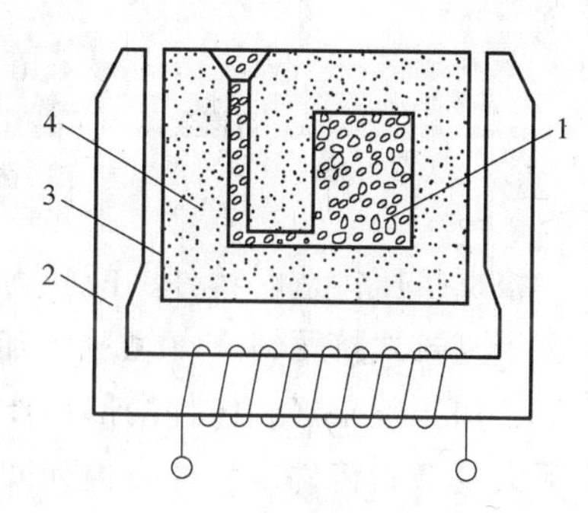

图 1-62　磁型铸造原理

1—模样　2—电磁铁　3—磁丸箱　4—磁丸

2. 消失模铸造的特点及应用范围（Character and application of lost-foam casting）

(1) 生产效率高　消失模铸造模样制作简单，无须混砂，基本不用型芯，造型简便，清理方便，缩短了铸造生产周期，提高了生产率。

(2) 铸件尺寸公差等级高　由于泡沫塑料模样的尺寸公差等级高，在造型过程中不存在因分模、起模、修型、下芯、合型等操作造成的尺寸偏差，因而提高了铸件的尺寸公差等级。

(3) 铸件质量好　铸件无飞边，在真空状态下浇注，表面没有桔皮，铸钢件表面增碳减少。

(4) 工艺技术容易掌握，生产管理方便，易于实现机械化和绿色化生产。

消失模铸造适合于除低碳钢以外的各类合金的生产。由于泡沫塑料模样在熔失的过程中会对低碳钢产生增碳作用，所以不适合生产低碳钢铸件。消失模铸造技术为多品种、单件小批量及大批量铸件的生产以及几何形状复杂的中、小型铸件的生产，提供了一种新的、更为经济适用的生产方法。

1.4.7　挤压铸造（Squeeze casting or melt forging）

挤压铸造又称“液态模锻”，是对进入挤压铸型型腔内的液态（或半固态）的金属施加较高的机械压力，使其成形和凝固，从而获得铸件的铸造方法。

1. 挤压铸造的工艺过程（Process of squeeze casting ）

最简单的挤压铸造法如图 1-63 所示。在铸型中浇入一定量的金属液，上型随即向下运动，使液态金属自下而上充满型腔并凝固。挤压铸造给金属液的压力（2~10MPa）和速度（0.1~0.4m/s）比压力铸造小得多，且无湍流飞溅现象，所以铸件组织致密无气孔。挤压铸造一般在液压机上或专用挤压铸造机上进行。

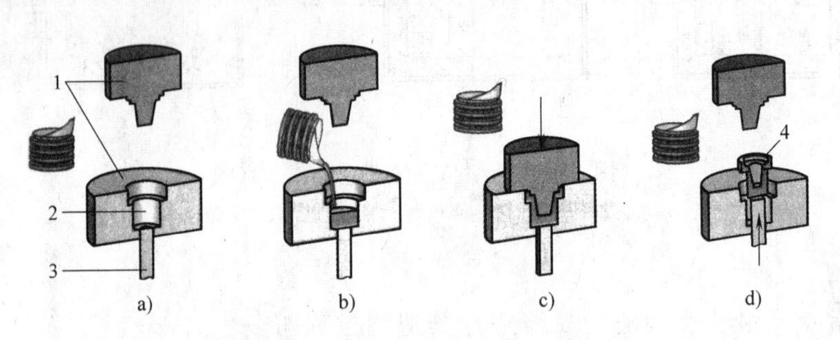

图 1-63　直接式挤压铸造示意图

a）熔炼金属　b）浇注熔化的金属到模膛中　c）合型和加压　d）顶出铸件

1—模具　2—型腔　3—顶杆　4—铸件

根据挤压铸造时铸件上的受力形式及金属液充填型腔状态，可将挤压铸造分为两大类。一类为直接式挤压铸造（型腔内加压），其特点是冲头的压力直接作用在铸件的端部和内表面上，加压效果好，铸件局部可产生微量塑性变形组织。该种工艺方式适合于生产厚壁和形状不太复杂的铸件。另外一类为间接式挤压铸造（压室内加压），其主要特征是工件成形时所受到的压力是由压室内液态金属在压（冲）头力的作用下经浇道传递到铸件上，外力并不直接作用在工件上，它没有塑性变形组织。此种方式更加灵活适用，可生产形状更加复杂、壁厚差较大的铸件。

2. 挤压铸造的特点及应用范围（Character and application of squeeze casting）

1）铸件组织致密，有利于防止气孔、缩松、裂纹产生，晶粒细化，可进行固熔热处理。铸件的力学性能高于其他普通铸件，接近同种合金锻件水平。

2）铸件有较高的尺寸公差等级、较低的表面粗糙度值。如铝合金铸件可达 CT5、Ra3.2~6.3μm。

3）工艺适用性较强，适合于多种铸造合金和部分变形合金。近年来，在半固态金属成形及金属基复合材料成形方面得到了广泛应用。

4）工艺出品率高，便于实现机械化、自动化生产。

挤压铸造适合于生产各种力学性能要求高、气密性好的厚壁铸件，如汽车铝轮毂、发动机铝活塞、铝缸体、制动器铝铸件等。挤压铸造不适合生产结构复杂的铸件。

1.5　铸件结构设计（Casting structure design）

设计铸件时，不仅要满足其使用性能的要求，还应符合铸造工艺和合金铸造性能对铸件结构的要求，即所谓“铸件结构工艺性”的要求。铸件结构设计是否合理，对铸件质量、铸造成本和生产率有很大的影响。

1.5.1 铸造工艺对铸件结构的要求（The requirements of process on casting structure）

铸件结构的设计应尽量使制模、造型、制芯、合型和清理等工序简化，提高生产率。

1. 铸件的外形设计（Casting shap design）

（1）避免外部侧凹（Avoid the external concave） 铸件在起模方向若有侧凹，必将增加分型面的数量，使铸件容易产生错型，影响铸件的外形和尺寸公差。如图 1-64a 所示的端盖，由于上、下法兰的存在使铸件产生了侧凹，铸件具有两个分型面，所以常需采用三箱造型，或者增加环状外型芯，使造型工艺复杂。图 1-64b 所示为改进设计后，取消了上部法兰，使铸件只有一个分型面，因而可以减少工时消耗，方便造型和合型。特别对于机器造型，只允许一个分型面，这种修改尤为重要。

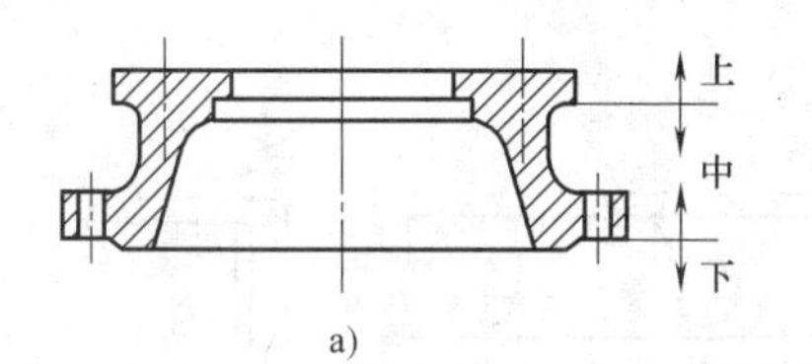

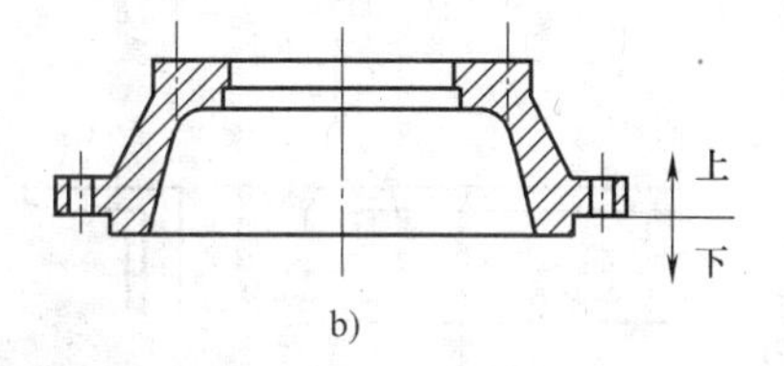

图 1-64 端盖铸件
a）改进前 b）改进后

又如机床底座的设计，原设计侧面有凹坑，以利于搬运，但需要增加两个外型芯，如图 1-65 所示。改进设计后将侧面凹坑扩展到底部，就可以省去型芯，方便造型，如图 1-66 所示。

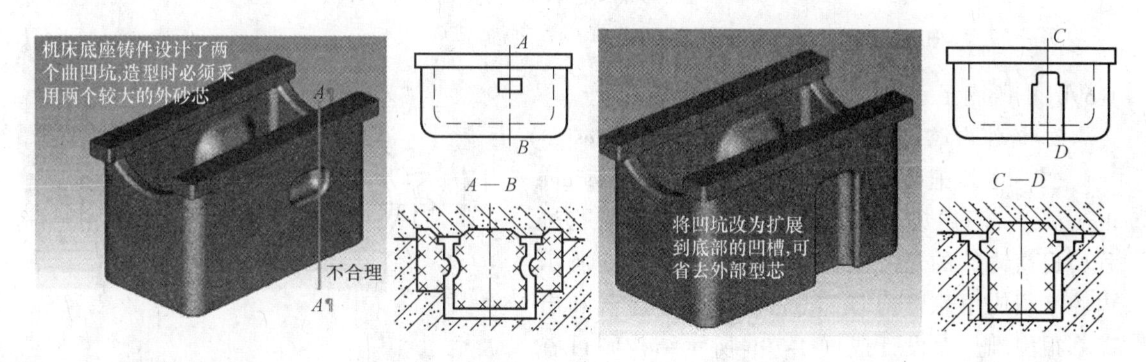

图 1-65 机床底座铸件外形设计了侧面凹坑　　图 1-66 机床底座铸件外形将侧面凹坑扩展到底部

（2）分型面尽量平直（Parting plane as straight as possible） 平直的分型面可避免操作费时的挖砂造型，机器造型时，分型面平直可方便模底板的制造。图 1-67a 所示的摇臂铸件，采用曲面分型，改为图 1-67b 所示形状后，分型面变成平面，方便了制模和造型。

（3）凸台、加强肋的设计（Raised、rib plate design） 设计铸件侧壁上的凸台、加强肋时，要考虑起模方便，尽量避免使用活块和型芯。图 1-68a、c 所示凸台均会妨碍起模，应将相近的凸台连成一片，并延长到分型面，如图 1-68b、d 所示。这样就不需要活块或型芯，便于起模。

图 1-69 所示的汽缸套，原设计外围的散热片不便于起模（图 1-69a），改进设计后（图

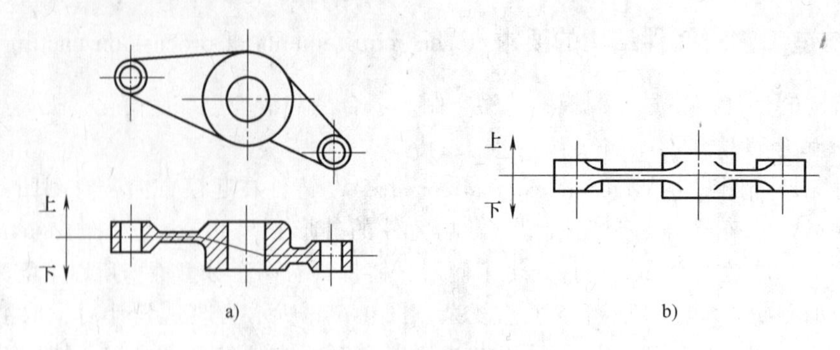

图 1-67　摇臂铸件

a）改进前　b）改进后

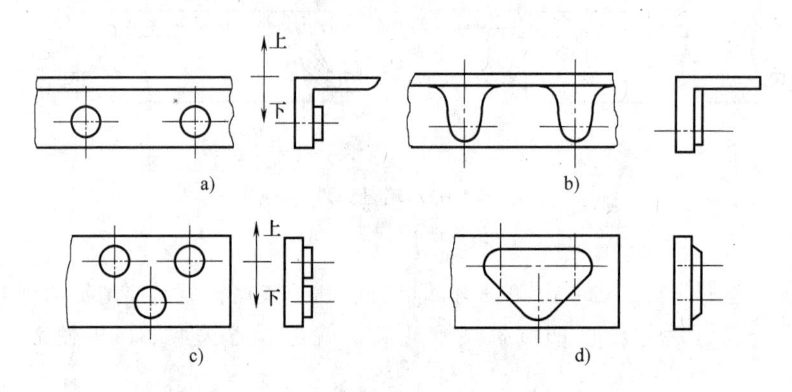

图 1-68　凸台的设计

a)、c）改进前　b)、d）改进后

1-69b)，既满足了使用要求，又便于铸造生产。

2. 铸件内腔的设计（The casting cavity design）

(1) 尽量避免或减少型芯（Avoid or reduce the core）　不用或少用型芯，可简化生产工艺过程，提高铸件的尺寸公差和品质。图 1-70a 所示内腔必须使用悬臂型芯，型芯的固定、排气和出砂都很困难；而设计成图 1-70b 所示结构则可省去型芯。图 1-71a 所示铸件内腔改为图 1-71b 所示结构后，可利用砂型“自带型芯”形成内腔。

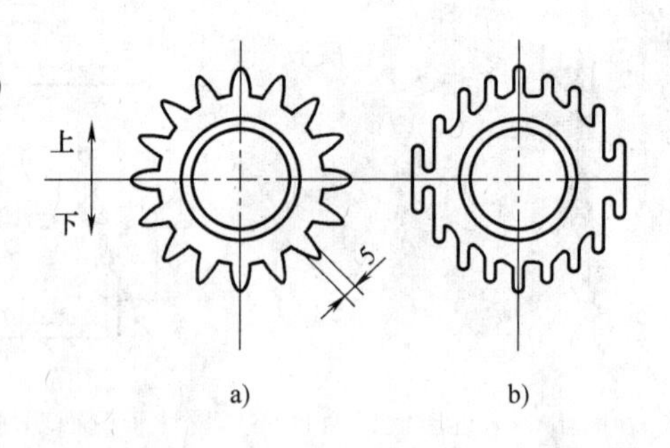

图 1-69　气缸套散热片设计的改进

a）改进前　b）改进后

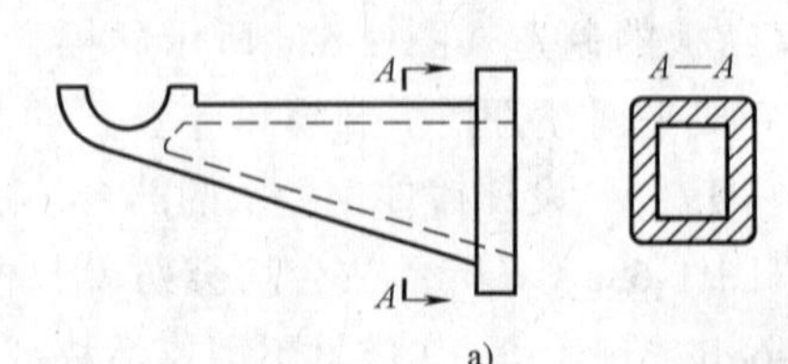

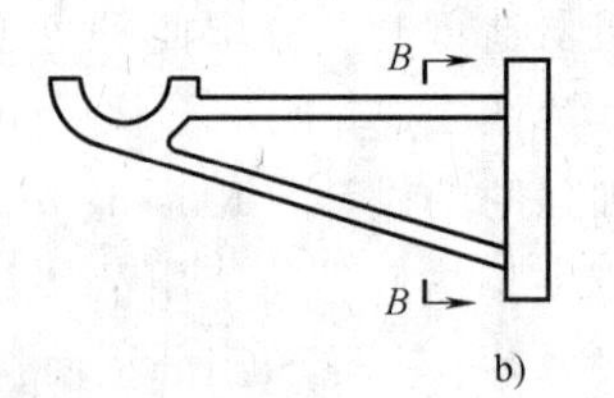

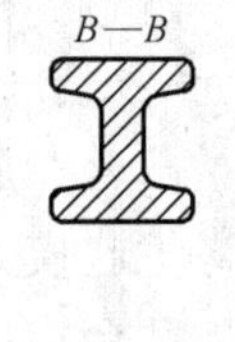

图 1-70　悬臂支架

a）改进前　b）改进后

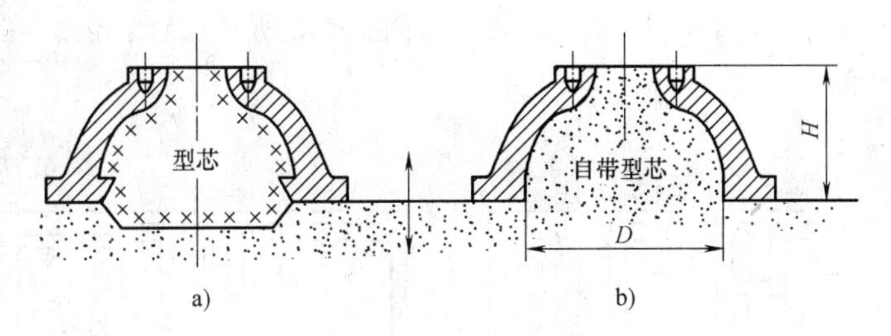

图 1-71　内腔的两种设计

a）改进前　b）改进后

（2）型芯要便于固定、排气和清理（The core should facilitate fixation，exhaust and clean-up）　图 1-72a 所示为一轴承架，其内腔采用两个型芯，其中较大的呈悬臂状，需用芯撑（图中 2）来加固。若改成图 1-72b 所示的结构，使两个型芯连为一体，型芯既能很好地固定，而且下芯、排气、清理都很方便。

图 1-73 所示为高炉风口铸件，其中心孔为热风通道，热风通道周围是循环水的水套夹层空间，其顶部有两个直径较小的孔作为循环水的进水孔与出水孔。原工艺如图 1-73a 所示，为了下芯方便，采用两个分型面、三箱造型，并用芯撑固定型芯。这样做下芯操作十分困难；芯撑不容易与铸件熔合，造成渗漏；型芯排气不畅，易使铸件产生气孔；型芯的清理也十分困难。为此改进了工艺，如图 1-73b 所示。该方案是在铸件上、下增开适当大小和数量的工艺孔，使下芯方便，也利于型芯排气和清理。但因对铸件有致密性要求，不允许有工艺孔存在，故当铸件清理后，须采取焊补等方法将工艺孔封闭，使其不渗漏。

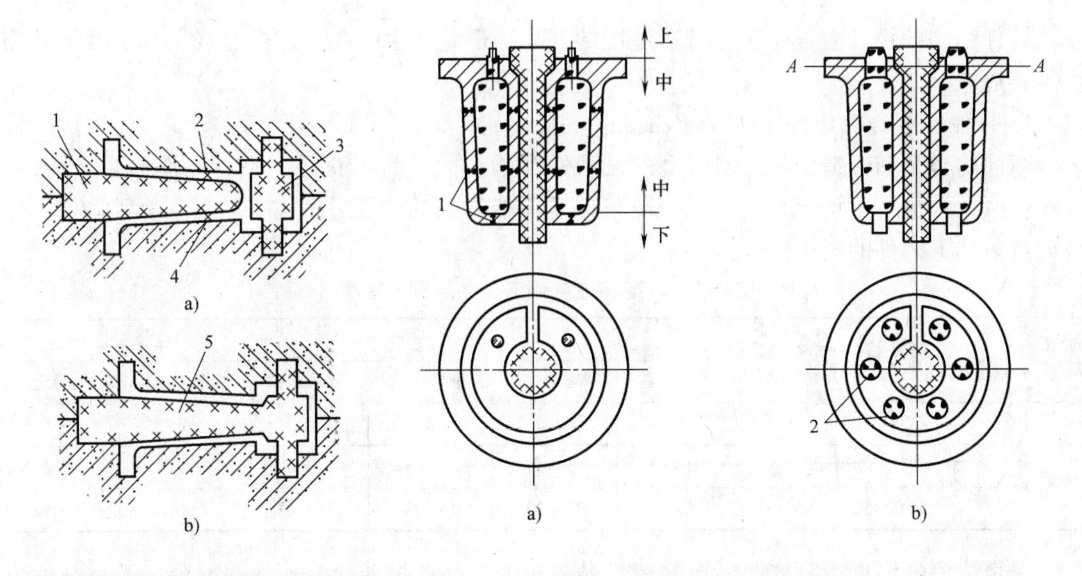

图 1-72　轴承支架结构的改进

a）改进前　b）改进后

1—型芯　2—芯撑　3—型芯　4—联体型芯

5—一个整体型芯

图 1-73　高炉风口铸件内腔结构的改进

a）无工艺孔　b）有工艺孔

1—芯撑　2—工艺孔

图 1-74 所示为内腔方向的设计案例，图 1-74a 所示左右两个内腔设计为两个不同方向，

这样一个砂芯在下箱，另一个在上箱；如果改为图 1-74b 所示设计，内腔在同一方向，这样砂芯就全部下在下箱。

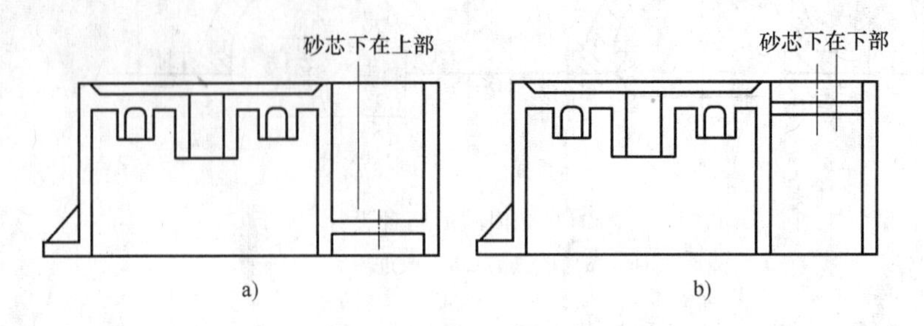

图 1-74　空腔应设计在同一侧

a）左右空腔方向相反　b）左右空腔方向相同

3. 铸件要有结构斜度（The casting should have structural draft）

铸件上垂直于分型面的不加工表面，应设计出结构斜度，图 1-73 所示高炉风口铸件的外形具有结构斜度，起模省力，铸件尺寸公差等级高。

铸件的结构斜度与起模斜度不应混淆。结构斜度是在零件的非加工面上设置的，直接标注在零件图上，且斜度值较大。起模斜度是在零件的加工面上放出的，在绘制铸造工艺图或模样图时使用。

1.5.2　合金铸造性能对铸件结构的要求（Alloy castability on the requirements of casting structure）

铸件结构的设计应考虑合金铸造性能的要求，避免产生缩孔、缩松、浇不到、变形和裂纹等铸造缺陷。

1. 铸件壁厚的设计（Design of casting thickness）

不同的合金和铸造条件，对合金的流动性影响很大。为了获得完整、光滑的合格铸件，铸件壁厚设计应大于该合金在一定铸造条件下所能得到的“最小壁厚”。表 1-3 列举了在砂型铸造条件下铸件的最小壁厚。

表 1-3　砂型铸造条件下铸件的最小壁厚　（单位：mm）

铸造方法	铸件尺寸	合金种类					
		铸钢	灰铸铁	球墨铸铁	可锻铸铁	铝合金	铜合金
砂型铸造	<200×200	8	5~6	6	5	3	3~5
	200×200~500×500	10~12	6~10	12	8	4	6~8
	>500×500	15~20	15~20	15~20	10~12	6	10~12

但是，铸件壁也不宜太厚。厚壁铸件晶粒粗大，易产生缩松、缩孔等缺陷，其承载能力并不是随截面积增大而成比例增加，因此壁厚应选择得当。为了保证铸件的承载能力，对强度和刚度要求较高的铸件，应根据载荷的性质和大小选择合理的截面形状，如图 1-75 所示。必要时可在薄弱部位设置加强肋，从而避免厚大截面，如图 1-76 所示。

2. 铸件各截面间的壁厚设计（Wall thickness design of casting sections）

铸件各部分壁厚若相差过大，厚壁处易产生缩孔、缩松等缺陷，如图 1-77 所示。同时各部分冷却速度不同，易形成热应力，使铸件薄弱部位产生变形和裂纹。如图 1-77a 所示，铸件两旁 4 个小孔不铸出，因壁厚过大而产生热节；改成图 1-77b 所示结构后，可避免产生缩孔等缺陷。此外，为了有利于铸件各部分冷却速度一致，内壁厚度要比外壁厚度小一些，加强肋厚度要比铸件壁厚小一些。

图 1-75　铸造零件常用的截面形状

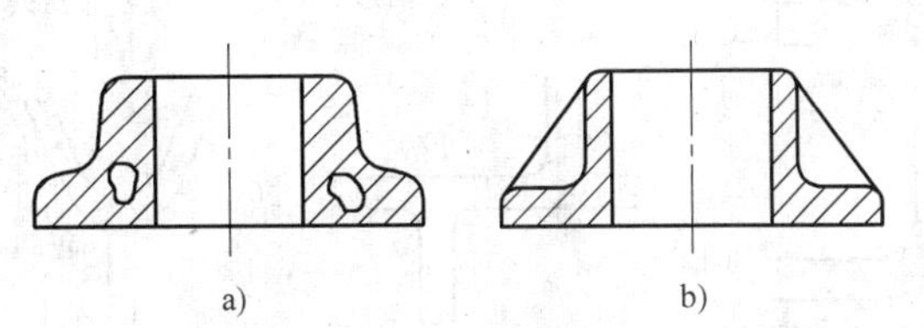

图 1-76　采用加强肋减小铸件壁厚

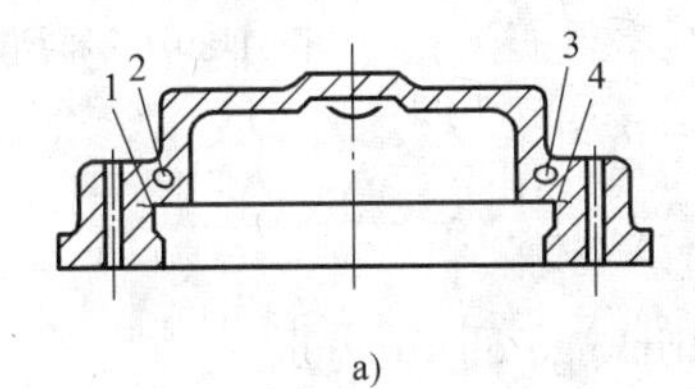

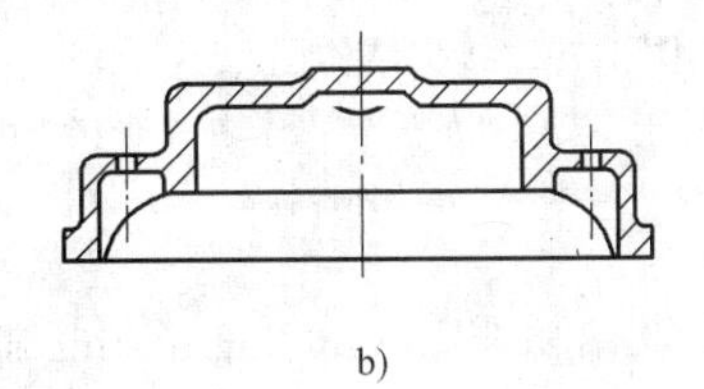

图 1-77　顶盖的设计

a）壁厚不均　b）壁厚均匀

1、4—裂纹　2、3—缩孔

3. 铸件壁的连接方式设计（Casting wall connections design）

（1）结构圆角（Structure corner）　铸件壁之间的连接应有结构圆角。如无圆角，直角处热节大，易产生缩孔、缩松，如图 1-78 所示；在内角处易产生应力集中，裂纹倾向增大；直角内角部分的砂型为尖角，浇注时容易冲垮而形成砂眼。铸件内圆角取值数据可参考表 1-4。

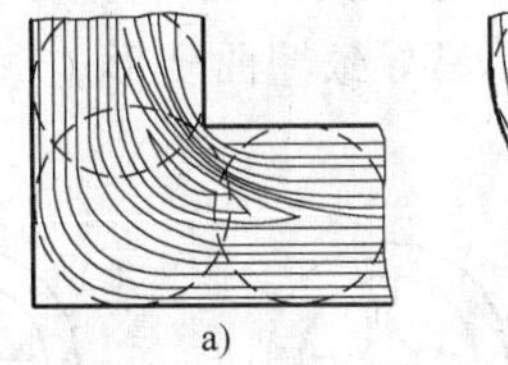

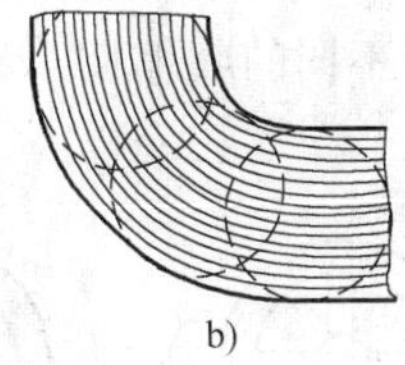

图 1-78　不同转角的热节和应力分布

a）直角　b）圆角

（2）铸件壁要避免交叉和锐角连接（To avoid cross-wall casting and the acute angle connections）　铸件壁连接时应采用图 1-79 中的正确形式。当铸件两壁交叉时，采用交错接头，当两壁必须锐角连接时，要采用图 1-79c 所示正确的过渡方式。其主要目的都是尽可能减少铸件的热节。

表 1-4　铸件的内圆角半径 *R* 值　　（单位：mm）

$a+b$（两个相交叉的壁的厚度）	≤8	8~12	12~16	16~20	20~27	27~35	35~45	45~60
铸铁	4	6	6	8	10	12	16	20
铸钢	6	6	8	10	12	16	20	25

（3）厚壁与薄壁连接（Connection of thick and thin wall）　铸件壁厚不同的部分进行连接时，应力求平缓过渡，避免截面突变，以减少应力集中，防止裂纹产生。当壁厚差别较小

时，可用圆角过渡，如图 1-79b 和 c 所示。当壁厚之比差别在两倍以上时，应采用楔形过渡，如图 1-79a 和 1-80 所示。

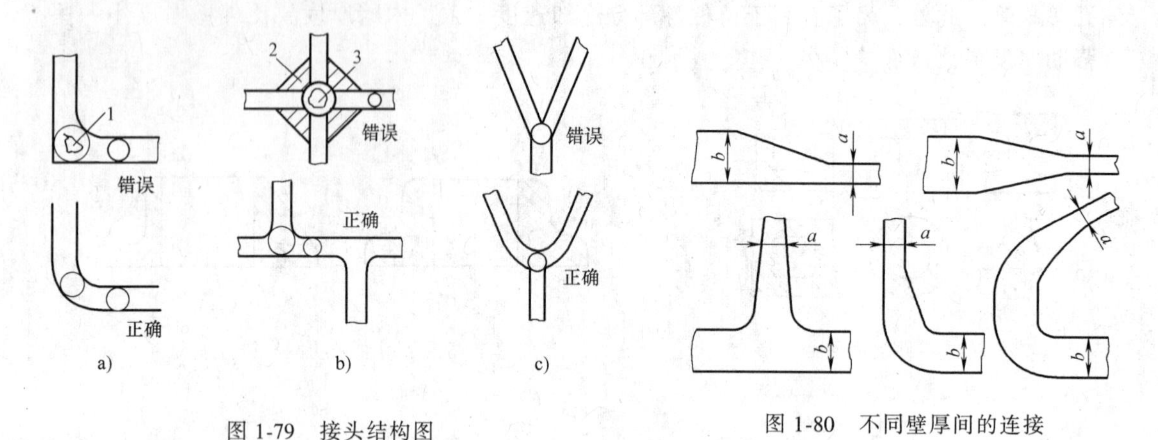

图 1-79　接头结构图

a）拐角处的热节　b）十字交叉处的热节　c）在 Y 形接头中的热节

1、3—缩孔　2—外冷铁

图 1-80　不同壁厚间的连接

4. 避免铸件收缩阻碍（Avoiding casting shrinkage obstruction）

当铸件的收缩受到阻碍，产生的铸造内应力超过合金的强度极限时，铸件将产生裂纹。因此，在设计铸件时，应尽量使其能自由收缩。特别是在产生内应力叠加时，应采取措施避免局部收缩阻力过大。图 1-81 为轮形铸件，轮缘和轮毂较厚，轮辐较薄，铸件冷却收缩时，极易产生热应力。图 1-81a 所示为对称轮辐，制作模样和造型方便，但因为轮辐对称分布且较薄，铸件冷却时，因收缩受阻易产生裂纹，应设计成图 1-81b 所示弯曲轮辐或图 1-81c 所示的立体轮辐，利用铸件微量变形来减小内应力。如图 1-82 所示应力框结构，壁厚不等，由于不同的收缩期，易导致翘曲变形。

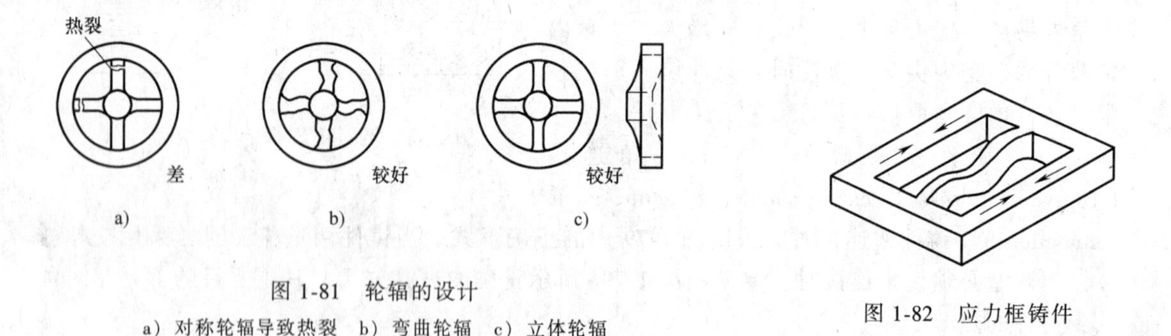

图 1-81　轮辐的设计

a）对称轮辐导致热裂　b）弯曲轮辐　c）立体轮辐

图 1-82　应力框铸件

5. 避免大的水平面（To avoid the large horizontal plane）

图 1-83 所示为罩壳铸件，大平面受高温金属液烘烤时间长，易产生夹砂；金属液中气孔、夹渣上浮滞留在上表面，产生气孔、渣孔；而且大平面不利于金属液充填，易产生浇不到和冷隔。如将图 1-83a 所示结构改为图 1-83b 所示倾斜式结构，则可以减少或消除上述缺陷。

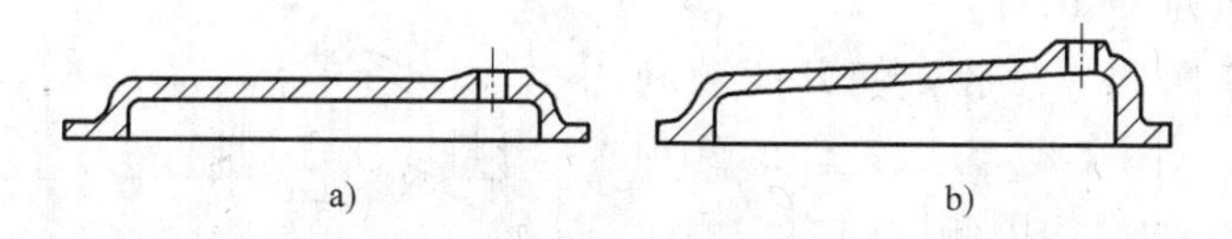

图 1-83　罩壳铸件

a）原结构　b）改进后的结构

1.5.3　不同的铸造方法对铸件结构的要求（The request of casting structure on different casting methods）

1. 熔模铸件（Lost-wax castings）

（1）便于从压铸型中抽出金属型芯　图 1-84a 所示铸件的凸缘朝内，注蜡后，成形蜡模的金属型芯无法抽出，蜡模取出困难。若改成图 1-84b 所示结构，把凸缘朝外就解决了上述问题。

（2）孔、槽不应过小、过深　为了便于浸渍涂料和撒砂，通常孔径应大于 2mm（薄件>0.5mm）。

（3）尽量避免大平面　熔模铸造的型壳高温强度较低，型壳易变形，尤其是大面积平板型壳，为防止变形，应在大平面上增设工艺肋或工艺孔，以增强型壳刚度，如图 1-85 所示。

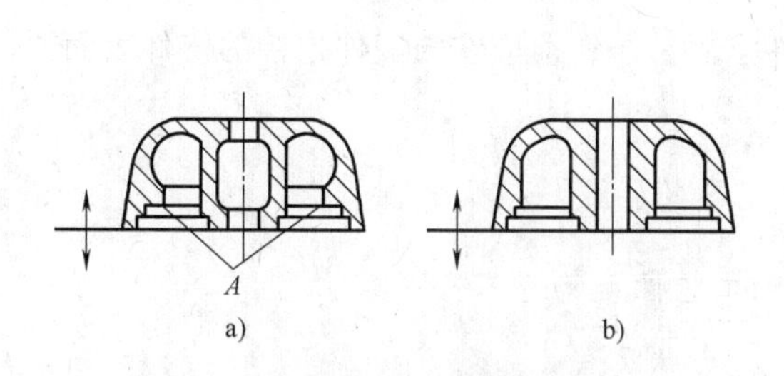

图 1-84　便于抽出蜡模型芯的设计图

a）不合理　b）合理

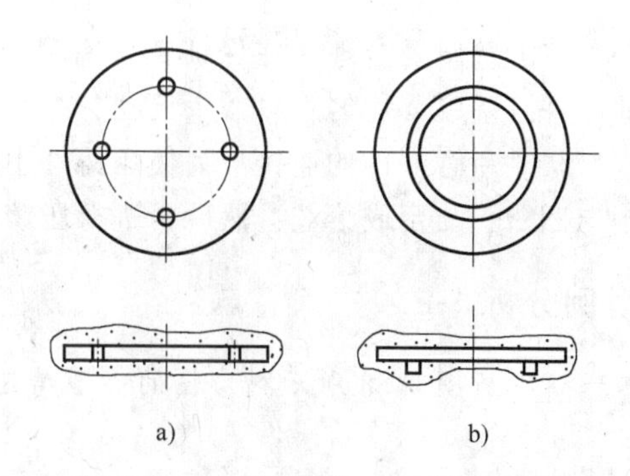

图 1-85　大平面上的工艺孔和工艺肋

a）增设工艺孔　b）增设工艺肋

（4）熔模铸造工艺上一般不用冷铁，少用冒口，多用直浇口以直接补缩，故要求铸件壁厚均匀，或使壁厚分布满足顺序凝固要求，不要有分散的热节。

2. 金属型铸件（Permanent mold castings）

1）由于金属型无退让性和溃散性，铸件结构一定要保证能顺利出型，结构斜度应较砂型大。

图 1-86a 所示铸件结构不合理，金属型芯难以抽出，应改为图 1-86b 所示铸件结构。

2）因为金属型导热快，为防止铸件出现浇不到、裂纹等缺陷，铸件壁厚差别不能太大，也不能过薄，如铝硅合金铸件的最小壁厚为 2~4mm，铝镁合金为 3~5mm。

3）为便于金属型芯的安放及抽出，铸孔的孔径不能过小、过深。通常铝合金的最小铸出孔为 8~10mm，镁合金和锌合金均为 6~8mm。

3. 压铸件（Die-castings）

（1）尽量避免侧凹、深腔，使其能顺利地从压铸型中取出　图 1-87 为压铸件的两种设计方案。图 1-87a 的结构因侧凹朝内，侧凹处无法抽芯。改为图 1-87b 结构后，使侧凹朝外，可按箭头方向抽出外型芯，这样铸件便可从压铸型内顺利取出。

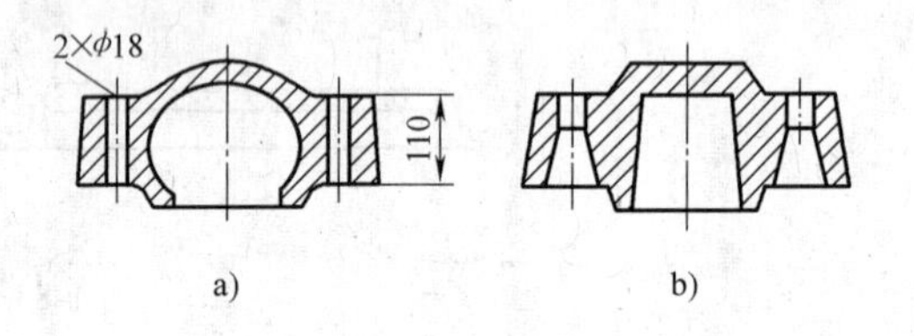

图 1-86　金属型铸件结构和抽芯的关系
a）不合理　b）合理

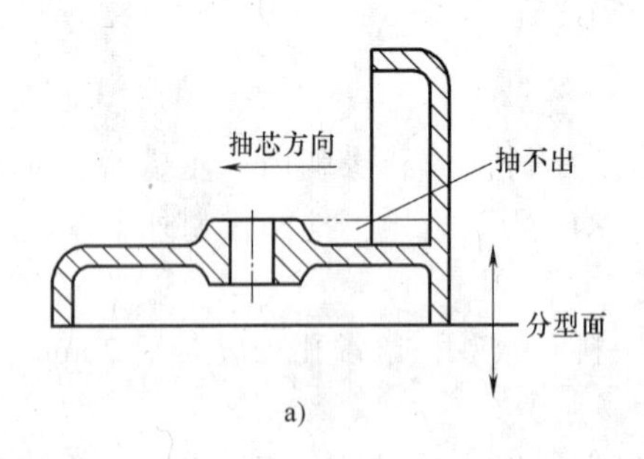

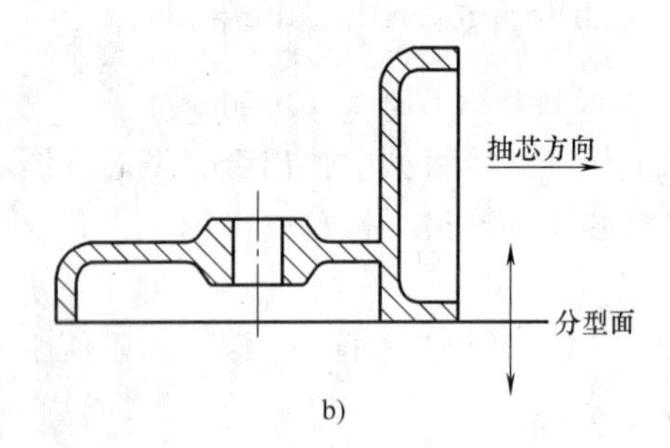

图 1-87　压铸件的两种设计方案
a）不合理　b）合理

（2）壁厚要合理　在保证铸件有足够的强度和刚度的前提下，压铸件应尽可能采用薄壁，并且壁厚要均匀，以减少气孔、缩孔等铸造缺陷。

（3）注意嵌件的连接　为使压铸件中的嵌件牢固，压铸前应在与嵌件连接的铸件表面预制出凹槽、凸台或滚花，然后再进行压铸加工。

案例分析 1-2

试分析图 1-88 所示槽形轮的砂型铸造的结构工艺性和铸造工艺方案。

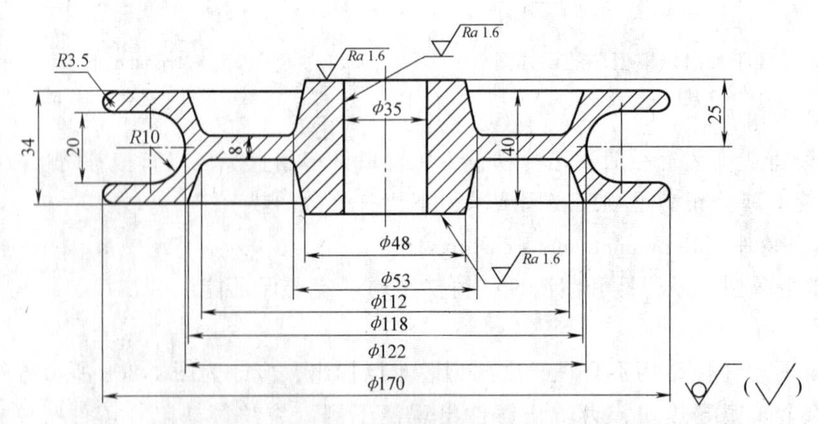

图 1-88　槽形轮零件图

1. 结构设计分析

从零件图来看，该槽形轮只有孔和轮毂需要加工，从加工的角度考虑，轮毂做高一点可以减少加工量。但从铸造工艺来看，中间高不利于造型和制芯，需要通过分模造型。芯盒也要设计为上下对开式芯盒。制造模样和芯盒比较困难。外部两个 $R3.5$mm 的圆角半径，不能造型，要通过下芯实现。如果修改为图 1-89 所示零件图，则可以实现整模造型，左右对开式外芯盒制芯。

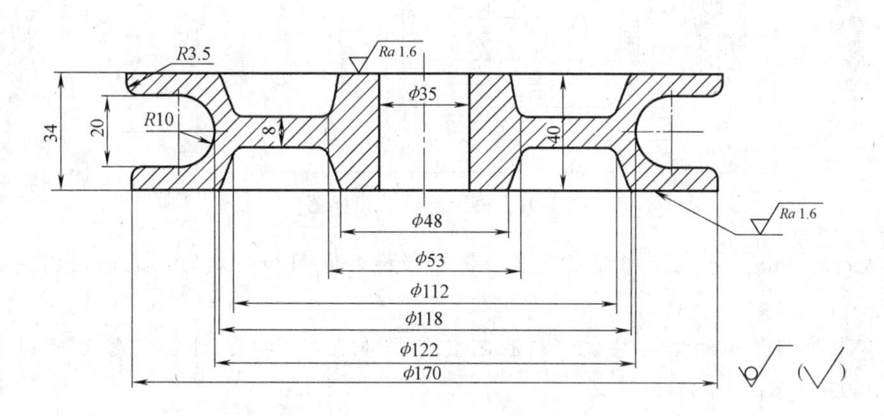

图 1-89　修改后的槽形零件图

2. 工艺设计分析

按照图 1-89 零件图，可以采用整模造型，外部凹槽用外型芯形成。铸造工艺图如图 1-90所示。

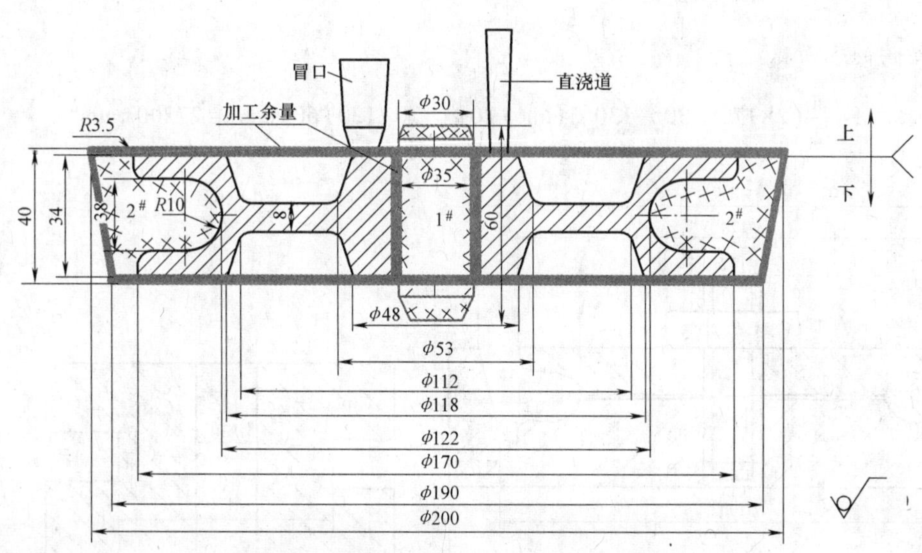

图 1-90　槽形轮砂型铸造大批量生产工艺图

3. 实施方案

根据工艺图设计模样图（图 1-91）和芯盒图（图 1-92），模样上部型芯头部分为分开模，1#砂芯芯盒为垂直对开式，2#砂芯芯盒为上下水平开合式。先采用 3D 打印获得塑料模样和芯盒，然后铸造获得铝合金模样和芯盒。

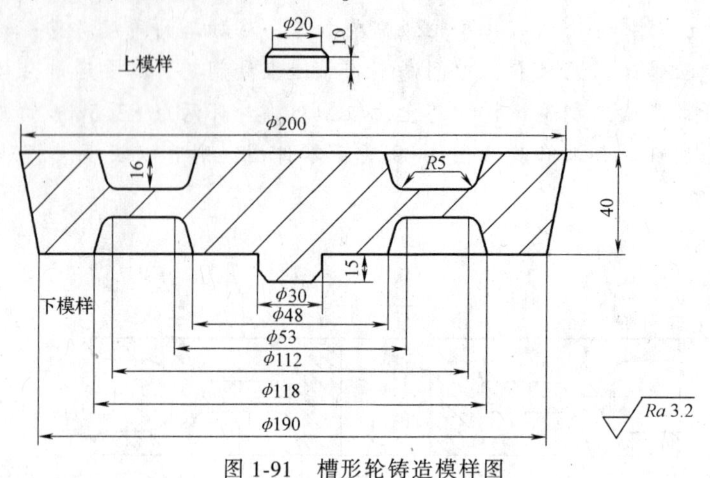

图 1-91　槽形轮铸造模样图

为了达到尺寸公差和表面粗糙度要求，铸造模样外表面和芯盒的内表面均需要进行机械加工。

芯盒有内腔芯盒和外型芯芯盒。内腔芯盒采用垂直对开式，外型芯芯盒采用水平分模式，如图 1-92 所示。

4. 冒口及浇注系统设计

冒口的设计原则就是凝固时间应该长于铸件的凝固时间。根据式（1-7），将铸件简化为图 1-93 所示结构，该结构的体积：

$$V=\frac{\pi}{4}(170^2\times40-30^2\times40-170^2\times20+130^2\times20)\,\text{mm}^3=5\pi(170^2-2\times900+130^2)\,\text{mm}^3=220000\pi\text{mm}^3$$

该结构的表面积：

$$A=\frac{\pi}{2}(2\times170^2-30^2-130^2)\,\text{mm}^2+20\pi(170+130+60)\,\text{mm}^2=27200\pi\text{mm}^2$$

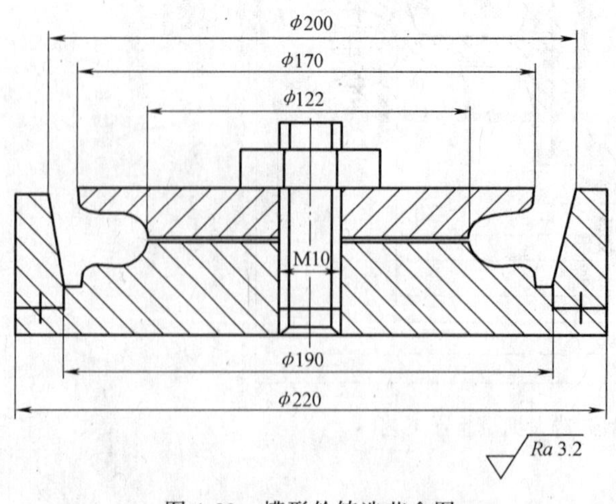

图 1-92　槽形轮铸造芯盒图

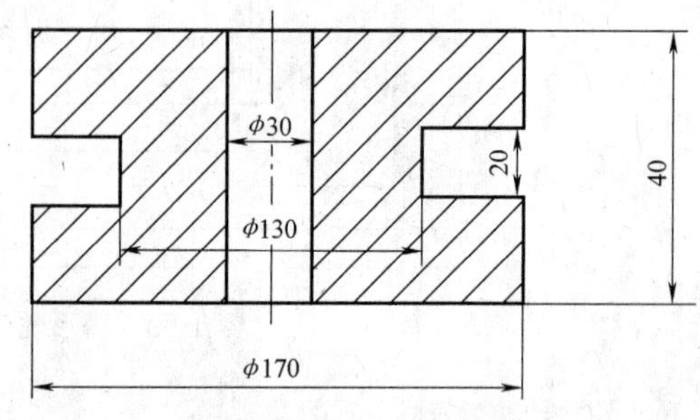

图 1-93　槽形轮铸造简化图

所以铸件的凝固时间为

$$t_s = k\left(\frac{220000\pi}{27200\pi}\right)^2 = 65.4k$$

假设冒口为圆柱体，圆柱体的高度为直径的两倍，即 $h=2d$，这样，冒口的凝固时间为

$$t_{sm} = k\left(\frac{\frac{\pi}{4}d^2h}{\frac{\pi}{2}d^2+\pi dh}\right)^2 = \frac{d^2k}{25} \geqslant 65.4k$$

由此得到：$d \geqslant 40.5\text{mm}$，取 $d=50\text{mm}$，$h=100\text{mm}$。

采用顶注式浇注系统，砂箱的高度设定为 100mm。根据经验公式：

流量：

$$Q=(7.17\sim3.9)\times10^{-4}L_m$$

式中，L_m 为铸型的简化湿周长（m）。

假设液体流经直浇道最底部的流速为 $v=(2gh)^{1/2}$，底部截面积为 πr^2，则：

$$(2gh)^{1/2}\times\pi r^2=(7.17\sim3.9)\times10^{-4}L_m$$

$$(2\times10\times0.1)^{1/2}\times\pi r^2=3\times10^{-4}\times2\pi\times0.1$$

$$1.414r^2=3\times10^{-4}\times0.2$$

$$1.414r^2=0.6\times10^{-4}$$

$$r^2=0.42\times10^{-4}$$

$r=7\text{mm}$，取 $d=15\text{mm}$，$h=100\text{mm}$，上部直径 $D=20\text{mm}$。

5. 结果分析

将上述结果进行三维设计，通过 3D 打印获得模样、芯盒、冒口和浇注系统，进行造型、制芯、浇注，清理后获得铸件。从结果来看（图 1-94），没有缺陷，表明工艺设计方案是可行的。

图 1-94　工艺设计结果

1.6 铸造金属材料的特性（Particularity of casting metallic materials）

几乎所有的合金都能用铸造成形。但不同合金的铸造特性有一定的差异，认识不同合金的特性对铸造生产有着重要的意义。

1.6.1 铸铁及铸铁件生产（Cast iron and production of cast iron parts）

1.6.1.1 铸铁的一般特性（The general characteristics of cast iron）

1. 铸铁的特点及分类（Classification and feature of cast iron）

铸铁是机械制造中应用最广的金属材料。据统计，一般机器中，铸铁件的质量常占机器总质量的50%以上。在铸造生产中，铸铁件的产量占铸件总产量的80%以上。

铸铁是碳的质量分数大于2.11%的铁碳合金。工业用铸铁除含碳之外，还含有硅、锰、硫、磷等。

铸铁按碳的存在形态不同，分为白口铸铁（White Cast Iron）、灰铸铁（Gray Iron）、麻口铸铁（Malleable iron）。

灰铸铁根据石墨形态的不同，又可分为（图1-95）：①普通灰铸铁，其石墨呈片状（图1-95b）；②可锻铸铁，其石墨呈团絮状（图1-95a）；③球墨铸铁，其石墨呈球状（图1-95c）；此外还有蠕墨铸铁，其石墨呈蠕虫状。

如果在铸铁中加入一定数量的钒、钛、铬、铜等元素，可以获得具有特殊的耐热、耐蚀、耐磨损等性能的合金铸铁。

2. 铸铁的组织（Microstructure of cast iron）

铸铁能否得到灰口组织和得到何种基体组织，主要视其石墨化过程进行得如何。影响石墨化过程的主要因素是铸铁的成分和铸件实际冷却速度。

（1）铸铁成分的影响（The effect of cast iron composition） 碳和硅是铸铁中能有效促进石墨化的元素。在一定冷却条件下，碳、硅两元素对石墨化的共同影响将导致得到不同的铸铁（如白口铸铁、麻口铸铁、灰铸铁等）。要想得到灰铸铁件，碳、硅含量应比较高。一般铸铁件的碳的质量分数为2.8%~4.0%（质量分数），硅的质量分数为1%~3%（质量分数）。

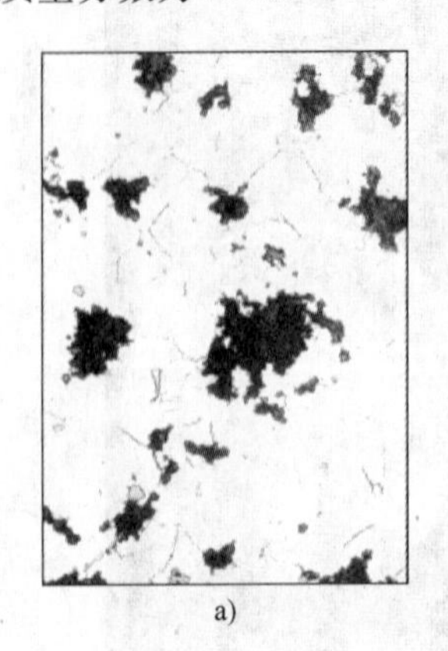
a)

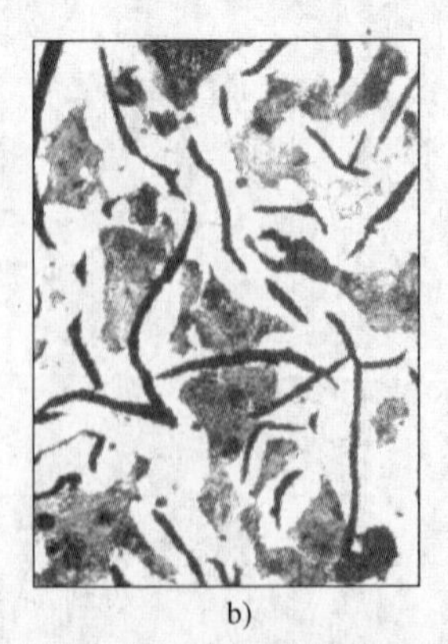
b)

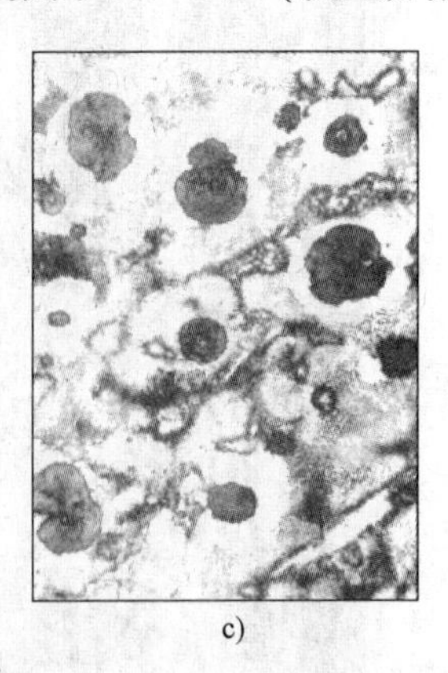
c)

图1-95 铸铁的石墨形态

a）铁素体可锻铸铁 b）铁素体+珠光体片墨铸铁 c）铁素体+珠光体球墨铸铁

除碳、硅外，促进石墨化过程的元素还有铝、钛、镍、铜等，但其作用不如碳和硅强烈，在生产合金铸铁时，常以这些元素作为合金元素。

铸铁中的硫和锰、铬、钨、钒等碳化物形成元素都是阻碍石墨化过程的。硫不仅强烈地阻止石墨化，而且还会降低铸铁的力学性能。锰与硫易形成 MnS 进入熔渣，会削弱硫的有害作用。

（2）冷却速度的影响（The effect of cooling speed）　冷却速度对铸铁石墨化过程影响很大。冷却速度越慢，越有利于石墨的形成。冷却速度过快，常会使铸件产生“白口”。

1.6.1.2　灰铸铁（Grey cast iron）

1. 灰铸铁的化学成分、组织和性能（Composition、microstructure and properties of cast iron）

普通灰铸铁的化学成分（质量分数含量）一般为：$w(\mathrm{C})=2.6\%\sim3.6\%$，$w(\mathrm{Si})=1.2\%\sim3.0\%$，$w(\mathrm{Mn})=0.4\%\sim1.2\%$，$w(\mathrm{S})<0.15\%$，$w(\mathrm{P})<0.15\%$。

灰铸铁的性能取决于基体组织和石墨的数量、形状、大小及分布状态。一般灰铸铁的化学成分和显微组织不作为验收条件，但为了达到规定的力学性能，必须以相应的化学成分和显微组织来保证。

灰铸铁的组织一般由金属基体（珠光体、铁素体）和片状石墨组成。灰铸铁的组织结构可以视为在钢的基体（珠光体、铁素体）中嵌入大量石墨片。石墨为一种非金属相，本身的强度、韧性非常低，对基体有明显的割裂作用。在石墨片的尖端，容易引起应力集中。所以灰铸铁的力学性能较差，强度仅为钢件的 20%~30%，塑性为零，韧性也极低。当基体组织相同时，其石墨越多、片越粗大，分布越不均匀，铸铁的抗拉强度和塑性越低。由于片状石墨对灰铸铁性能的决定性影响，即使基体的组织从珠光体改变为铁素体，也只会降低强度而不会增加塑性和韧性，因此珠光体灰铸铁得到广泛应用。但铸铁的抗压强度、硬度受石墨的影响较小，与钢相近。

石墨虽然降低了铸铁的力学性能，但却使铸铁获得了许多钢所不及的优良性能。灰铸铁具有良好的减磨与耐磨性能，常用来制造滑动轴承、轴套、蜗轮、机床导轨等耐磨零件；铸铁的减振性很好，所以常用灰铸铁制造机器机座、床身等受压、减振的零件；铸铁的切削性能好，缺口敏感性低；灰铸铁结晶时，由于石墨析出时的体积膨胀，减少了合金的凝固收缩，灰铸铁的收缩率小。而且，由于灰铸铁中石墨的膨胀，使合金具有一种“自补缩能力”，灰铸铁件的缩孔、缩松倾向小。灰铸铁的熔点较低，结晶温度范围较窄，灰铸铁的流动性好，故具有良好的铸造工艺性，能够铸造形状复杂的零件。

但是灰铸铁属于脆性材料，锻造性能很差，不能进行压力加工。焊接时容易产生裂纹和白口组织，焊接性能也差。此外，由于热处理无法改变石墨的大小和分布，灰铸铁热处理的改性效果很差。

2. 灰铸铁的孕育（Inoculation of grey cast iron）

孕育处理是浇注前往铁液中加入一定量的孕育剂，形成外来晶核心，促进铸铁石墨化过程，并使石墨片细小、分布均匀。生产中常用的孕育剂是硅的质量分数为 75% 的硅铁，加入量为铁液的 0.25%~0.60%（质量分数）。

孕育铸铁的组织是在致密的珠光体基体上均匀分布着细小的石墨片，其抗拉强度、硬度、耐磨性明显有所提高。但孕育铸铁中石墨仍为片状，对基体有明显的割裂作用，其塑性、韧性仍然很低，本质上仍属于灰铸铁。

孕育铸铁的另一优点是冷却速度对组织和性能的影响较小。在厚大截面上性能均匀，比较适合制造要求较高强度、高耐磨性和高气密性的铸件，特别是厚大铸件。

3. 灰铸铁的牌号及生产特点（Trademark and product feature of grey cast iron）

（1）灰铸铁的牌号（Trademark of grey cast iron） 灰铸铁的牌号是用力学性能表示的。牌号以“灰”和“铁”二字汉语拼音的字首“HT”与一组数字组成，数字表示单铸试棒的最小抗拉强度值。灰铸铁共分为HT100、HT150、HT200、HT250、HT300、HT350六个牌号。其中，HT100为铁素体灰铸铁，HT150为珠光体+铁素体灰铸铁，HT200以上牌号为珠光体灰铸铁。通常HT200以上牌号的灰铸铁需要进行孕育处理。

表1-5列出了不同壁厚灰铸铁件抗拉强度参考值。由表可见，选择铸铁牌号时必须考虑铸件的壁厚。例如，某铸件的壁厚40mm，要求抗拉强度值为200MPa，此时，应选HT250，而不是HT200。

表1-5 不同壁厚的灰铸铁的抗拉强度 （单位：MPa）

铸铁牌号 铸件壁厚/mm	HT100	HT150	HT200	HT250	HT300	HT350
2.5~10	130	175	220	270	—	—
10~20	100	145	195	240	290	340
20~30	90	130	170	220	250	290
30~50	80	120	160	200	230	260

（2）灰铸铁的生产特点（Product feature of grey cast iron） 灰铸铁多数在冲天炉中熔炼。但近年用电炉熔炼生产灰铸铁日益增多。电炉熔炼温度较高，铁液纯净度较高，也有利于孕育处理，但电炉熔炼的铁液的石墨化能力不及冲天炉的铁液高。低牌号的灰铸铁生产一般无需炉前处理便可直接浇注。HT200及以上牌号灰铸铁需要进行孕育处理。

灰铸铁有良好的铸造性能，流动性好，断面收缩率低。一般无须冒口和冷铁，可铸造较为复杂的铸件，铸造工艺较为简单。此外，灰铸铁浇注温度较低，对型砂的要求比铸钢低。

灰铸铁件一般不需进行热处理。有必要时可进行时效处理以消除内应力。

1.6.1.3 球墨铸铁（Ductile Cast Iron-ADI）

球墨铸铁是20世纪40年代末发展起来的一种重要的铸造合金，它是通过向灰铸铁的铁液中加入一定量的球化剂（如镁、钙及稀土元素等）进行球化处理，并加入少量的孕育剂以促进石墨化，在浇注后可获得具有球状石墨组织的铸铁。球墨铸铁具有优良的力学性能、切削加工性能和铸造性能，生产工艺简便，成本低廉，应用日益广泛。

1. 球墨铸铁的化学成分、组织和性能（Composition、microstructure and properties of ADI）

球墨铸铁原铁液的化学成分（质量分数含量）为：$w(\mathrm{C})=3.6\%\sim4.0\%$，$w(\mathrm{Si})=1.0\%\sim1.3\%$，$w(\mathrm{Mn})<0.6\%$，$w(\mathrm{S})<0.06\%$，$w(\mathrm{P})<0.08\%$。其特点是高碳，低硅，低锰、硫、磷。高碳是为了提高铁液的流动性，消除白口和减少缩松，使石墨球化效果好。硫与球化剂中的镁、稀土元素化合，促使球化衰退；磷可降低球墨铸铁的塑性和韧性；应尽量减少铁液中硫、磷含量。经过球化和孕育处理后，球墨铸铁中的硅含量增加（质量分数约为2.0%~2.8%），此外还有一定量的镁（质量分数约为0.03%~0.05%）、稀土元素（质量分数约为0.3%~0.6%）残留。

球墨铸铁的铸态组织由珠光体、铁素体、球状石墨以及少量自由渗碳体组成。控制化学成分，可以得到珠光体占多数的球墨铸铁（称铸态珠光体球墨铸铁），或铁素体占多数的球墨铸铁（称铸态铁素体球墨铸铁）。经过不同的热处理，可以分别获得以珠光体、铁素体、珠光体加铁素体、贝氏体、马氏体等为基体的球墨铸铁。

球墨铸铁中，由于石墨呈球状析出，对基体的割裂作用大大减小，其力学性能远远高出灰铸铁，接近于钢。球墨铸铁的抗拉强度一般为 400～900MPa，与碳钢相当；屈强比（$R_{p0.2}/R_m$）高于碳钢；塑性（A）为 1%～20%，远远高于灰铸铁；冲击韧度高于灰铸铁，但比钢低。

球墨铸铁具有较好的工艺性能，其铸造性能优于铸钢，焊接性能、热处理性能优于灰铸铁。此外，球墨铸铁还具有良好的耐磨性、减振性和低的缺口敏感性等，这些又是钢所不及的。因此，球墨铸铁在机械制造中已广泛代替灰铸铁和可锻铸铁用来制造那些性能要求较高，特别是一些受力复杂、负荷较大的重要铸件。如内燃机车和柴油发动机曲轴、凸轮轴、活塞，汽车、拖拉机的齿轮、后桥壳、吊耳，轧钢机轧辊，水压机的工作缸、缸套、活塞等。

球墨铸铁的牌号以“球铁”二字的汉语拼音字首“QT”与两组数字表示，两组数字分别表示单铸试块的最小抗拉强度值和最小断后伸长率值。表 1-6 列出了常用球墨铸铁的牌号、力学性能。

表 1-6 常用球墨铸铁的牌号、力学性能

牌号	QT400-18	QT400-15	QT450-10	QT500-7	QT600-3	QT700-2	QT800-2	QT900-2
基体组织	铁素体	铁素体	铁素体	铁素体+珠光体	珠光体+铁素体	珠光体	珠光体或回火组织	贝氏体或回火马氏体
R_m/MPa	400	400	450	500	600	700	800	900
R_e/MPa	250	250	310	320	370	420	480	600
A(%)	18	15	10	7	6	2	2	2
硬度/HBS	130～180	130～180	160～210	170～230	190～270	225～305	245～335	280～360

2. 球墨铸铁的生产（Production of ADI）

球墨铸铁的生产比灰铸铁要复杂，为保证球墨铸铁件的性能，需要从以下几个方面进行控制。

（1）铁液熔炼（Melted iron smelting）

冲天炉和电炉均可用于熔炼生产球墨铸铁的铁液。在我国以冲天炉熔炼的生产量为大，但由于电炉熔炼的铁液温度高，硫量低（冲天炉熔炼时铁液会从焦炭增硫），用电炉熔炼更易保证生产的球墨铸铁件的质量，因而在球墨铸铁生产中电炉的使用也越来越多。制造球墨铸铁所用的铁液含碳要高（质量分数为 3.6%～4.0%），为保证足够的孕育量且防止终硅含量过高，原铁液的硅含量应低（质量分数为 1.0%～1.3%），硫、磷含量要尽可能低。由于球化孕育会造成温度较大幅度的下降，为防止浇注温度过低，出炉的铁液温度必须达到 1450℃以上。

（2）球化处理和孕育处理（Spherical process and inoculation） 球化处理和孕育处理是制造球墨铸铁的关键，必须严格操作。

球化剂的作用是使石墨呈球状析出。多种元素均具有使石墨球化的作用，但以镁的作用最强。在欧美等国多使用纯镁作为球化剂，但在我国则是广泛采用稀土镁硅铁合金作为球化剂。稀土镁硅铁合金中的镁和稀土都是球化元素，其含量均小于10%（质量分数），其余为硅和铁。以稀土镁硅铁合金作为球化剂，结合了我国的资源特点，其作用平稳，减少了镁的用量，还能提高球化的稳定性，改善球墨铸铁的质量。球化剂的加入量一般为铁液重量的1.4%~1.6%。

孕育剂的主要作用是促进石墨化，防止球化元素所造成的白口倾向。以往常用的孕育剂为含硅量为75%（质量分数）的硅铁，加入量为铁液重量的0.4%~1.0%。现在，各种孕育效果更好的孕育剂正在广泛使用。

冲入法如图1-96所示。它是将稀土镁球化剂放在浇包的堤坝内，上面铺以铁屑（或硅铁粉）和覆盖剂，上压球墨铸铁板或钢板以防球化剂上浮，并使其作用缓和。开始时，先将浇包容量2/3左右的铁液冲入包内，使球化剂与铁液充分反应，而后将孕育剂放在冲天炉的出铁槽内，用剩余的1/3包铁液将其冲入包内，进行孕育。

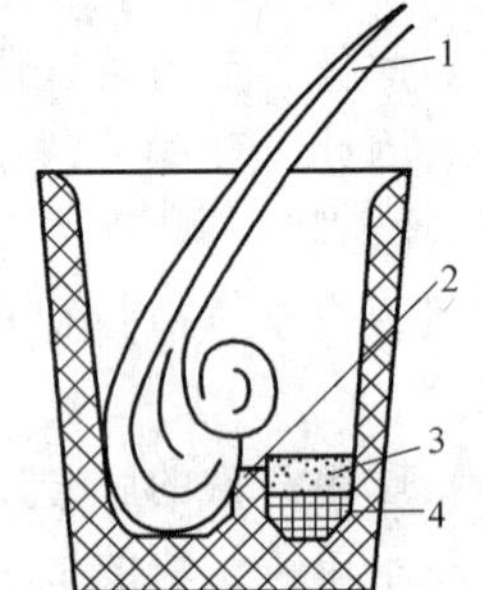

图1-96　冲入法球化处理

1—铁液　2—堤坝

3—覆盖剂+钢板　4—球化剂

球化处理的工艺方法有多种，在我国以冲入法最为常用。

（3）铸型工艺（Molding process）　球墨铸铁的共晶凝固温度范围较灰铸铁宽，呈糊状凝固特征，较灰铸铁容易产生缩孔、缩松等缺陷；球墨铸铁中含有活泼的镁、稀土等元素，易与铸型反应而生成皮下气孔，也易于氧化而产生夹渣等缺陷，因此在工艺上要采取一些针对性的措施。如在热节上安置冒口、冷铁，对铸件加强补缩，从而消除缩孔。提高球墨铸铁的含碳量，同时增加铸型刚度，可以利用石墨析出而产生的自补缩来减少球墨铸铁件的缩松。还应降低铁液的含硫量和残余镁量，以防止皮下气孔。此外，还应加强球化后的扒渣、浇注时的挡渣，在浇注系统中设置过滤网等措施，以防产生夹渣缺陷。

（4）热处理（Heat Treatment）　铸态的球墨铸铁多为珠光体和铁素体的混合基体，有时还有自由渗碳体，形状复杂件还存在较大的内应力，因此需要通过热处理以分解渗碳体，调整基体组织以及消除内应力。常用的热处理方法是退火和正火，分别用于生产铁素体基体和珠光体基体的球墨铸铁。

1.6.2　铸钢及铸钢件生产（Cast steel and production）

1. 铸钢的类别和性能（Classification and properties of cast iron）

铸钢也是一种重要的铸造合金。铸钢件的生产量曾长期仅次于灰铸铁而居第2位，但由于近年球墨铸铁生产量的迅速上升而退居第3位。

铸钢的种类很多。通常是按照其化学成分分为铸造碳钢和铸造合金钢两大类。铸造碳钢即以碳为主要强化元素的钢种，除碳以外，钢中还有少量的硅、锰元素及硫、磷等杂质。铸造碳钢是最重要的铸钢类别，其生产量占铸钢的一半以上。铸造碳钢依其力学性能的不同，又划分为5个牌号，不同牌号的铸钢之间的碳含量有明显差异，参见表1-7。

铸造合金钢是指钢中除碳以外，还有其他合金元素作为强化元素的铸钢类别。按照合金元素的含量，又可划分为合金元素总量低于5%（质量分数）的铸造低合金钢和合金元素总量大于10%（质量分数）的铸造高合金钢两类。铸造低合金钢由于其中的合金元素含量较少，其组织与铸造碳钢相似，合金元素除起固溶强化作用外，主要是提高钢的淬透性以利于进行热处理强化，其生产成本比铸造碳钢增加不多而性能比铸造碳钢高，其生产量迅速增加。

表 1-7　一般工程用铸造碳钢铸件

牌　号	主要化学成分(≤)(质量分数,%)				力学性能(≥)				
	C	Si	Mn	P、S	$R_{p0.2}$/MPa	R_m/MPa	A(%)	Z(%)	α_K/(J/cm²)
ZG200-400	0.20	0.50	0.80	0.04	200	400	25	40	30(6.0)
ZG230-450	0.30	0.50	0.90	0.04	230	450	22	32	25(4.5)
ZG270-500	0.40	0.50	0.90	0.04	270	500	18	25	22(3.5)
ZG310-570	0.50	0.60	0.90	0.04	310	570	15	21	15(3)
ZG340-640	0.60	0.60	0.90	0.04	340	640	10	18	10(2)

与铸铁相比，铸钢的力学性能较高。铸钢不仅强度较高，并有优良的塑性和韧性，因此适于制造受力大，强度和韧性要求都较高的零件。铸钢生产较球墨铸铁生产易控制，特别是在大断面铸件或大型铸件上表现得尤其明显。此外，铸钢的焊接性能好，便于采用铸焊联合结构制造巨大的构件。

因此，铸钢在重型机械制造中有着非常重要的地位。高合金铸钢还广泛应用于耐磨、耐蚀、耐热等恶劣的工作环境中，用于制造工作于特殊环境的机械设备。

2. 铸钢件的生产（Production of cast steel）

（1）铸钢的熔炼　铸钢必须采用电炉熔炼，有电弧炉和感应电炉。根据炉衬材料和所用渣系的不同，又可分为酸性熔炉和碱性熔炉。铸造碳钢和铸造低合金钢可采用任何一种熔炉熔炼，但铸造高合金钢只能采用碱性熔炉熔炼。

（2）铸造工艺（Casting process）　铸钢的熔点高，流动性差，钢液易氧化和吸气，同时，其体积收缩率约为灰铸铁的 2~3 倍，因此，铸钢的铸造性能较差，容易产生浇不到、气孔、缩孔、热裂、粘砂、变形等缺陷。为防止上述缺陷的产生，必须在工艺上采取相应措施。

生产铸钢件用型砂应有高的耐火度和抗粘砂性，以及高的强度、透气性和退让性。原砂通常采用颗粒较大、均匀的石英砂；为防止粘砂，型腔表面多涂以耐火度更高的涂料；生产大件时多采用干砂型或水玻璃砂快干型。为了提高铸型强度、退让性，型砂中常加入各种添加剂。

在浇冒系统设计上，由于铸造碳钢倾向逐层凝固，但收缩大，因此，多采用顺序凝固原则来设置浇冒口，以防止缩孔、缩松的出现。一般来说，铸钢件都要设置冒口，冷铁也应用较多。

此外，应尽量采用形状简单、截面积较大的底注式浇注系统，使钢液迅速、平稳地充满铸型。

（3）热处理（Heat treatment）　铸钢的热处理通常为退火或正火。退火主要用于 $w(C) \geq 0.35\%$或结构特别复杂的铸钢件。这类铸件塑性差，铸造应力大，铸件易开裂。正火主要用于 $w(C) \leq 0.35\%$的铸钢件，因碳含量低，塑性较好，冷却时不易开裂。

1.6.3　铝、铜合金铸件的生产（Production of aluminium and copper alloy castings）

1. 铸造铝合金（Casting aluminium-based alloy）

铝合金虽然其力学性能不及铸铁、铸钢高，但密度低，其比强度高，铝合金还具有导热性能好、表面有自生氧化膜保护等特性，应用也很广泛。近年由于节能和环保的要求，轿车向轻量化方向发展，普遍采用铸造铝合金来制造轿车发动机、铝合金轮毂等零件，铸造铝合金的产量也迅速上升。

常用铸造铝合金按合金成分不同可分为铸造铝硅合金、铸造铝铜合金、铸造铝镁合金和铸造铝锌合金等，其中应用最多的是铸造铝硅类合金。

铸造铝硅类合金一般含硅 6%~13%（质量分数），是典型的共晶型合金。铸造铝硅合金具有优良的铸造性能，如断面收缩率低、流动性好、气密性高和热裂倾向小等，经过变质处理之后，还具有良好的力学性能、物理性能和切削加工性能，是铸造铝合金中品种最多、用量最大的合金。铸造铝硅合金适用于铸造形状复杂的薄壁件或气密性要求较高的铸件，如内燃机汽缸体、化油器、仪表外壳等。

铸造铝铜类合金含铜 3%~11%（质量分数），含铜大于 5.5%（质量分数）的为共晶型合金，低于 5.5%（质量分数）的为固熔型合金。铸造铝铜合金具有较高的室温和高温力学性能，切削性能好，加工表面光洁，熔铸工艺较简单。但铸造铝铜合金耐蚀性较低，线胀系数较大，密度较大，固溶型铸造铝铜合金的铸造性能较差。铸造铝铜合金主要用做耐热和高强度铸造铝合金。其应用仅次于铸造铝硅合金，主要用于制造活塞、汽缸头等。

铸造铝镁类合金含镁 4%~11%（质量分数），是典型的固溶型合金。铸造铝镁合金具有非常优异的耐蚀性能，力学性能高，加工表面光洁美观，密度小。但铸造铝镁合金的熔炼、铸造工艺较复杂，常用于制造水泵体、航空和车辆上的耐蚀性或装饰性部件。

铸造铝锌类合金含锌 5%~13%（质量分数），由于铝在锌中的溶解度极大，所以铸造铝锌类合金均是固溶型合金。铸造铝锌合金的铸造工艺简单，形成气孔的敏感性小，在铸态时就具有较高的力学性能。但铸造铝锌类合金的铸造性能不好，热裂倾向大，特别是其耐蚀性能很差，有应力开裂倾向，所以单纯的铸造铝锌合金在工业上已不采用，现采用的是经过硅、镁等合金进行多元合金化的铸造铝锌合金。

2. 铸造铝合金铸件的生产（Production of aluminium alloy castings）

铝为活泼金属元素，熔融状态的铝极易与空气中的氧和水汽发生反应，从而造成铝液的氧化和吸气。铝氧化生成的 Al_2O_3 熔点高（2050℃），密度比铝液稍大，呈固态夹杂物悬浮在铝液中，很难清除，容易在铸件中形成夹渣。在冷却过程中，熔融铝液中析出的气体常被表面致密的 Al_2O_3 薄膜阻碍，在铸件中形成许多针孔，影响了铸件的致密性和力学性能。

为避免氧化和吸气，在熔炼时需采用密度小、熔点低的熔剂（如 NaCl、KCl、Na_3AlF_6 等）将铝液与空气隔绝，并尽量减少搅拌。在熔炼后期应对铝液进行去气精炼。精炼是向熔融铝液中通入氯气，或加六氯乙烷、氯化锌等，以在铝液内形成 Cl_2、$AlCl_3$、HCl 等气泡，使溶解在铝液中的氢气扩散到气泡内析出。在这些气泡上浮过程中，将铝液中的气体、Al_2O_3 杂物带出液面，使铝液得到净化。

铸造铝合金熔点低，一般用坩埚炉熔炼。砂型铸造时可用细砂造型，以降低铸件表面粗糙度。为防止铝液在浇注过程中的氧化和吸气，通常采用开放式浇注系统，并多开内浇道。直浇道常用蛇形或鹅颈形，使合金液迅速平稳地充满型腔，不产生飞溅、湍流和冲击。

3. 铸造铜合金（Casting copper-based alloy）

铜合金具有较好的力学性能和耐磨性能，很高的导热性和导电性，铜合金的电极电位高，在大气、海水、盐酸、磷酸溶液中均有良好的耐蚀性，因此常用作船舰、化工机械、电工仪表中的重要零件及换热器。

铸造铜合金可以分为两大类，即铸造青铜和铸造黄铜。铜与锌以外的元素所组成的合金统称青铜。其中，铜和锡的合金是最古老也是最重要的青铜，称为锡青铜。锡青铜具有很好的耐磨性能，通常作为耐磨材料使用，有耐磨铜合金之称；其次，它在蒸汽、海水及碱溶液中具有很高的耐蚀性能；同时锡青铜还具有足够的强度和一定的塑性；锡青铜的线收缩率低，不易产生缩孔，但易产生显微缩松；故适用于致密性要求不高的耐磨、耐蚀件。

黄铜是以锌为主要合金元素的铜合金。锌在铜中有很大的固溶度，随着含锌量的增加，铜合金的强度和塑性显著提高，但超过 47%（质量分数）之后其力学性能将显著下降，故黄铜的含锌量小于 47%（质量分数）。铸造黄铜除含锌外，还常含有锰、硅、铝、铅等合金元素，因而构成铸造锰黄铜、铸造铝黄铜、铸造硅黄铜、铸造铅黄铜等，它们被称为特殊黄铜。铸造黄铜的力学性能多比铸造青铜高，而价格却较铸造青铜低。铸造黄铜常用于一般用途的轴瓦、衬套、齿轮等耐磨件和耐海水腐蚀的螺旋桨及阀门等耐蚀件。

4. 铸造铜合金铸件的生产（Production of copper alloy castings）

铸造铜合金通常采用坩埚炉来熔炼。铸造铜合金在熔炼时突出的问题也是容易氧化和吸气。氧化形成的氧化亚铜（Cu_2O）因熔解在铜液内而使铜合金性能下降。为防止铜的氧化，熔化铸造青铜时应加熔剂覆盖以使铜液与空气隔离。为去除已形成的 Cu_2O，在出炉前需向铜液内加入 0.3%~0.6%（质量分数）的磷铜来脱氧。熔炼黄铜时由于锌本身就是很好的脱氧剂，锌的蒸发也会带走铜液中的气体，所以黄铜的熔炼比较简单，不用脱氧和除气。

铜的熔点低，密度大，流动性好，砂型铸造时一般采用细砂造型。铸造黄铜结晶温度范围窄，铸件易形成集中缩孔，铸造时应采用定向凝固的原则，并设置较大冒口进行补缩。锡青铜以糊状凝固方式凝固，易产生枝晶偏析和缩松，应尽量采用同时凝固。在开设浇口时，应使熔融金属流动平稳，防止飞溅，常采用底注式浇注系统。

1.7 铸造经济学（Economics of casting）

铸造有几千年的历史，到今天，铸造工艺方法从砂型铸造、金属型铸造、压力铸造、离心铸造、精密铸造到消失模铸造，应该说各具特色。一个制造企业选择什么样的铸造方法生产铸件，直接影响产品质量和企业效益。既不能一味追求质量，导致企业成本增加，使产品市场竞争力下降，也不能只追求降低成本，而不能保证产品质量。

复习思考题

1.1.1 合金的铸造性能对铸件的质量会产生什么影响？常用铸造合金中，哪种合金铸造性能较好？哪种较差？为什么？

1.1.2 某工厂铸造一批哑铃，常出现如图 1-97 所示的明缩孔，有什么措施可以防止，并使铸件的清理工作量最小？

1.1.3 某厂自行设计了一批如图 1-98 所示的铸铁槽形梁。铸后立即进行了机械加工，使用一段时间后，在梁的长度方向上发生了弯曲变形（提示：当铸件两壁间距小于等于壁厚时，可以认为无法散热）。

(1) 该梁壁厚均匀，为什么还会变形？判断梁的变形方向。

(2) 有何铸造工艺措施能减小变形？

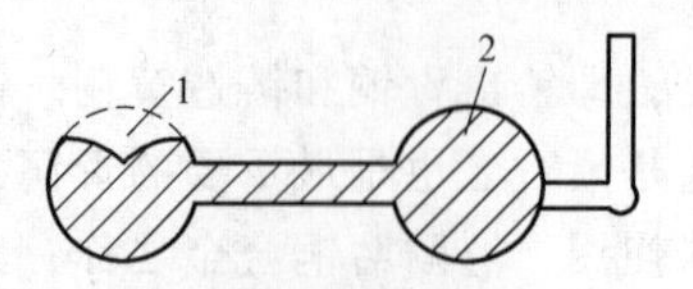

图 1-97　哑铃铸件

(3) 为防止铸件变形，请改进槽形梁的结构。

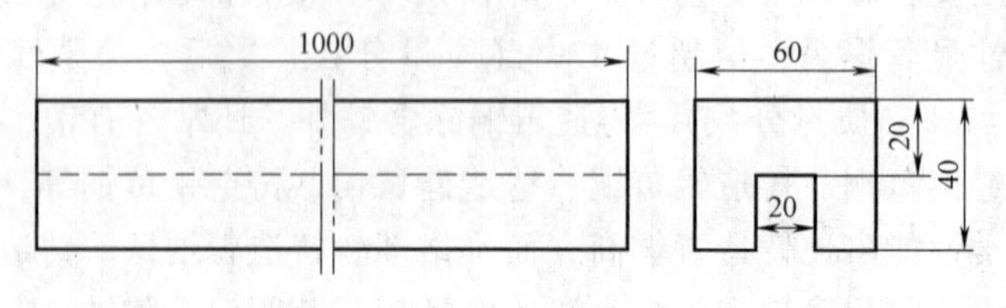

图 1-98　铸铁槽形梁

1.1.4　为什么铸造是毛坯生产中的重要方法？试从铸造的特点并结合示例分析之。

1.1.5　什么是液态合金的充型能力？它与合金的流动性有何关系？不同化学成分的合金为何流动性不同？为什么铸钢的充型能力比铸铁差？

1.1.6　既然提高浇注温度可提高液态合金的充型能力，但为什么又要防止浇注温度过高？

1.1.7　缩孔和缩松对铸件质量有何影响？为何缩孔比缩松较容易防止？

1.1.8　什么是顺序凝固原则？什么是同时凝固原则？上述两种凝固原则各适用于哪种场合？

1.1.9　用图表说明形状的变化对凝固时间的影响，以及设计冒口时应选择的合适形状。

1.1.10　某铸件时常产生裂纹缺陷，如何区分其性质？如果属于热裂纹，应该从哪些方面寻找原因？

1.2.1　试述铸造成形的实质及优缺点。

1.2.2　型砂由哪些物质组成？对其基本性能有什么要求？

1.2.3　机器造型与手工造型相比具有哪些优点？具体有哪些方法？简述震实造型机的工作过程。

1.2.4　确定图 1-99 所示铸件的铸造工艺方案，要求如下：

(1) 按大批大量生产条件分析最佳方案。

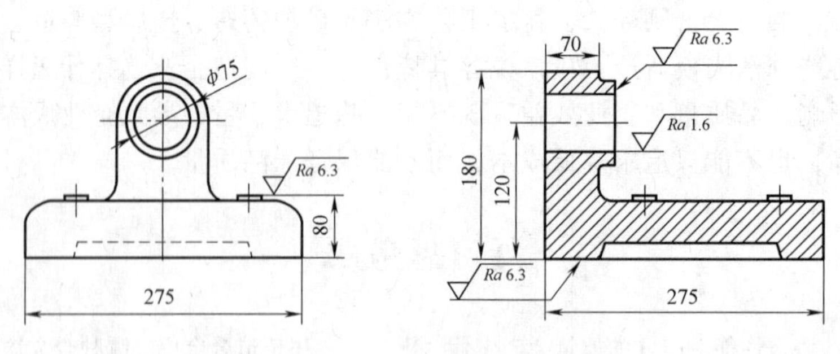

图 1-99　底座（图中次要尺寸从略）

(2) 按所选方案绘制铸造工艺图（包括浇注位置、分型面、型芯、芯头及浇注系统等）。

1.2.5　通过 Chvorinov 定律计算相对凝固时间，假设铸件的体积相等，但有不同的形状。这些形状如下：

(1) 直径为 d 的球。

(2) 高度与直径比为 $h/d=1$ 的圆柱体。

(3) 高度与直径比为 $h/d=10$ 的圆柱体。

（4）边长为 a 的立方体。

（5）高度与边长比为 $h/a=10$ 的矩形。

（6）厚度与边长比为 $h/a=3$ 的平板。

用图表说明形状的变化对凝固时间的影响，以及设计冒口时应选择的合适形状。

1.3.1　试比较消失模铸造和熔模铸造的异同点及应用范围。

1.3.2　试比较压力铸造、低压铸造、挤压铸造三种方法的异同点及应用范围。

1.3.3　什么是离心铸造？它在圆筒件铸造中有哪些优点？成形铸件采用离心铸造的目的是什么？

1.3.4　下列铸件在大批量生产时，采用什么材料、什么铸造方法为好？试从铸件的使用要求、尺寸大小及结构特点等方面进行分析。

汽车喇叭、车床床身、汽缸套、大模数齿轮滚刀、发动机活塞、摩托车汽缸体、台式电风扇底座

1.4.1　金属型铸造为什么要严格控制开型时间？在铸件结构设计方面有何要求？

1.4.2　在方便铸造和易于获得合格铸件的条件下，图 1-100 所示铸件结构有什么值得改进之处？怎样改进？

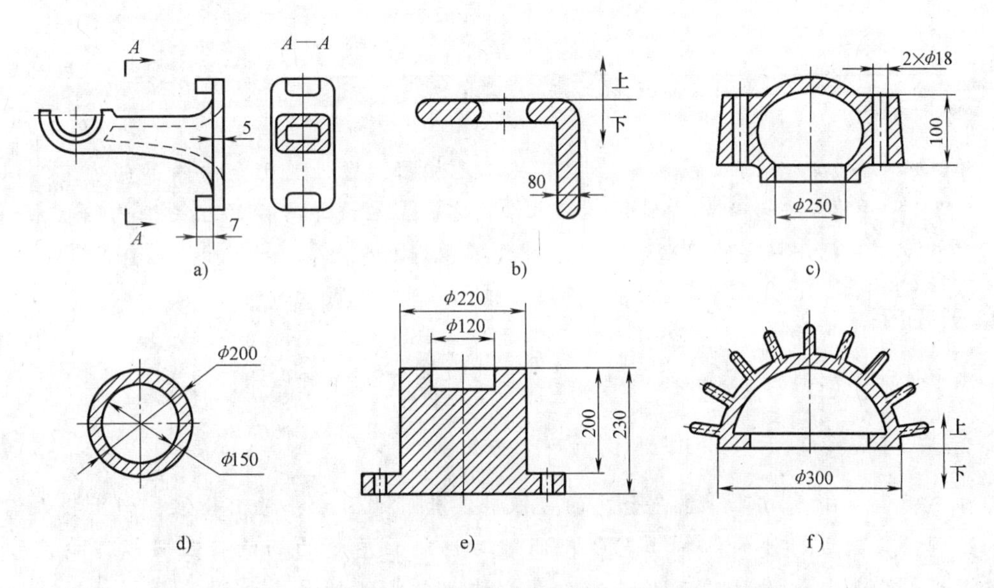

图 1-100　设计不良的铸件结构

a) 轴托架　b) 角架　c) 圆盖　d) 空心球　e) 支座　f) 压缩机缸盖

1.5.1　试从石墨的存在分析灰铸铁的力学性能特点。

1.5.2　影响铸铁石墨化的主要因素是什么？为什么铸铁的牌号不用化学成分来表示？

1.5.3　为什么球墨铸铁是“以铁代钢”的好材料？

1.5.4　生产铸铁件、铸钢件和铸铝件所用的熔炉有何不同？为什么？

1.5.5　某铸件壁厚有 5mm、20mm、52mm 三种，要求铸件各处的抗拉强度都能达到 150MPa，若选用 HT150 牌号的灰铸铁浇注，能否满足其性能要求？

1.5.6　球墨铸铁可否全部代替可锻铸铁？球墨铸铁件壁厚不均匀及截面过于厚大容易出现什么问题？

第 2 章

锻压工艺及实践(Forging & sheet-metalworking process and practice)

本章学习指导

学习本章前应预习《工程材料》中有关二元相图、塑性变形与再结晶的内容，以及《机械制图》中有关三视图的内容。学习本章内容时，应该与实操的相关工艺相联系，理论联系实践，并配合一定的习题和作业，才能够学好本章内容。

本章主要内容

热塑性加工基础，金属的可锻性，锻造工艺，冷塑性加工基础，冲压工艺。

本章重点内容

加工硬化、回复与再结晶，金属的可锻性及其影响因素，锤上模锻，锤上模锻锻件图的绘制，模锻成形件的结构工艺性，间隙对切断面质量的影响，凸凹模刃口尺寸的确定，板料成形与拉深时的变形过程，弯曲伸长与尺寸计算，拉深系数与拉深次数的计算。

2.1 热塑性加工基础（Hot-working fundamentals）

金属材料经过压力加工之后，其内部组织发生很大变化，使金属的性能得到改善和提高，为压力加工方法的广泛应用奠定了基础。为了能正确选用压力加工方法、合理设计压力加工成形的零件，必须掌握塑性变形的实质、对组织和性能的影响等内容。

金属在外力作用下，其内部会产生应力。此应力迫使原子离开原来的平衡位置，从而改变了原子间的相互距离，使金属发生变形并引起原子位能的增高。但处于高位能的原子具有返回到原来低位能平衡位置的倾向，因而当外力停止作用后，应力消失，变形也随之消失，金属的这种变形称为弹性变形。当外力增大到使金属的内应力超过该金属的屈服强度以后，外力停止作用，金属的变形也并不消失，这种变形称为塑性变形。金属塑性变形的本质是晶体内部产生滑移的结果，滑移是晶体的一部分相对另一部分沿原子排列紧密的晶面（该面称为滑移面）做相对滑动。很多晶面同时滑移累积起来就形成了滑移带，同时，晶体具有对称性，可在多方向上发生滑移。这些滑移形成了单个晶粒或单晶体的塑性变形。通常使用的金属是由大量微小晶粒组成的多晶体。其塑性变形可以看成是由组成多晶体的许多单个晶粒产生变形（称为晶内变形）的综合效果。同时，晶粒之间也有滑动和转动（称为晶间变形）。金属的塑性变形可在不同的温度下产生。由于变形时温度不同，塑性变形将对金属组织和性能产生不同的影响。

2.1.1　自由锻造认知实践（Cognition practice of hammer forging）

1. 加热的作用及温度控制

锻坯加热的目的是提高金属的塑性和降低金属的变形抗力，以利于金属的变形和得到良好的锻后组织和性能（让学生手工弯曲直径为 5mm 的低碳钢丝，感受每次弯曲的用力大小以建立加工硬化的概念。然后中间局部加热后再弯曲体会加热的作用）。但加热温度过高又易产生一些不良的缺陷。

（1）钢在加热中的化学和物理反应　钢在加热时，表层的铁、碳与炉中的氧化性气体（O_2、CO_2、H_2O 等）发生一些化学反应，形成氧化皮及表层脱碳现象。加热温度过高，还会产生过热、过烧及裂纹等缺陷。钢在加热中常见的缺陷及防止措施见表 2-1（比较感应加热与箱式电炉加热碳钢氧化皮及表层脱碳现象）。

表 2-1　钢在加热时的缺陷及其防止措施（展现典型缺陷样品）

缺陷名称	定　义	后　果	防止措施
氧化（Oxide）	金属加热时，介质中的氧、二氧化碳和水等与金属反应生成氧化物的过程	氧化使钢材损失、锻件表面质量下降，模具及加热炉使用寿命降低	快速加热，减少过剩空气量，采用少氧化、无氧化加热，采用少装、勤装的操作方法，在钢材表面涂保护层
脱碳（Decarbonization）	加热时，由于气体介质和钢铁表层碳的作用，使得表层含碳量降低的现象	当脱碳层厚度大于工件加工余量时，会降低表面的硬度和强度，严重时会导致工件报废	
过烧（Burning）	加热温度超过始锻温度过多，使晶粒边界出现氧化及熔化的现象	坯料无法锻造	控制正确的加热温度、保温时间和炉气成分
过热（Over heat）	由于加热温度过高、保温时间过长引起晶粒粗大的现象	锻件力学性能降低、变脆，严重时锻件的边角处会产生裂纹	过热的坯料通过多次锻打或锻后正火处理消除
裂纹（Crack）	大型或复杂的锻件，塑性差或导热性差的锻件，在较快的加热速度或过高装炉温度下，因坯料内外温度不一致而造成裂纹	内部细小裂纹在锻打中有可能焊合，表面裂纹在拉伸应力作用下进一步扩展导致报废	严格控制加热速度和装炉温度

（2）锻造加热温度范围及其控制　锻坯加热是根据金属的化学成分确定其加热规范，不同的金属，其加热温度也不同。为了保证质量，必须严格控制锻造温度范围。始锻温度（Start forging temperature）指锻坯锻造时所允许的最高加热温度。终锻温度（Finish forging temperature）指锻坯停止锻造时的温度。锻造温度范围（Forging temperature interval）指从始锻温度到终锻温度的区间。

一般，始锻温度应使锻坯在不产生过热和过烧的前提下，尽可能高些；终锻温度应使锻坯在不产生冷变形强化的前提下，尽可能低一些。这样便于扩大锻造温度范围，减少加热火次和提高生产率。常用金属材料的锻造温度范围见表 2-2。

表 2-2　常用金属材料的锻造温度范围

金属种类	牌号举例	始锻温度/℃	终锻温度/℃
普通碳素钢	Q195,Q235,Q235A	1280	700
优质碳素钢	40,45,60	1200	800
碳素工具钢	T7,T8,T9,T10	1100	770
合金结构钢	30CrMnSiA,20CrMnTi,18Cr2Ni4WA	1180	800
合金工具钢	12CrMoV 5CrMnMo,5CrNiMo	1050 1180	800 850
高速工具钢	W18Cr4V,W9Cr4V5	1150	900
不锈钢	12Cr13,20Cr13,10Cr18Ni9Ti,12Cr18Ni9	1150	850
高温合金	GH4033	1140	950
铝合金	3A21,5A02,2A50,2B50	480	380
镁合金	AZ61M	400	280
钛合金	TC4	950	800
铜及其合金	T1,T2,T3 H62	900 820	650 650

锻造时的测温方法有观火色法及仪表检测法，其中观火色法是通过目测钢在高温下的火色与温度关系来判断加热温度的高低，简便快捷，应用较广，表 2-3 为碳钢的加热温度与其火色的对应关系。

表 2-3　碳钢的加热温度与其火色的对应关系

加热温度/℃	1300	1200	1100	900	800	700	≥600
火色	黄白	淡黄	黄	淡红	樱红	暗红	赤褐

现代加热炉一般采用仪表测温控温，可以严格控制始锻温度，但终锻温度一般只能用火色观察法判断温度的高低。箱式电阻炉一般采用热电偶测温和控温，而感应炉采用红外测温和控温（图 2-1c）。

（3）加热设备的特点及其应用　按热源不同，加热方法可分为火焰加热和电加热两大类。表 2-4 列出了这两类加热方法的特点及应用。常用的加热设备如图 2-1 所示。

（4）锻件的冷却　锻件的冷却应做到使冷却速度不要过大和各部分的冷却收缩比较均匀一致，以防表面硬化、工件变形和开裂。锻件常用的冷却方法有空冷（Air cooling）、坑冷（Cooling in hole）和炉冷（Furnace cooling）三种。空冷适用于塑性较好的中、小型的低、中碳钢的锻件；坑冷（埋入炉灰或干砂中）适用于塑性较差的高碳钢、合金钢的锻件；炉冷（放在 500~700℃的加热炉中随炉缓冷）适用于高合金钢、特殊钢的大件以及形状复杂的锻件冷却。

2. 自由锻成形实操

自由锻成形（Open die forging shaped）主要借助锻造设备和通用的工具来实现。

表 2-4　常用加热方法的特点及应用

加热方法	加热设备	原理及特点	应用场合
火焰加热（Flame heating）	手工炉（又称明火炉）	结构简单，使用方便，加热不均，燃料消耗大，生产率不高	手工锤，小型空气锤自由锻
	反射炉（图 2-1a）	结构较复杂，燃料消耗少，热效率较高	锻工车间广泛使用
	少、无氧化火焰加热炉	利用燃料的不完全燃烧所产生的保护气氛，减少金属氧化，而炉膛上部二次进风，形成高温区向下部加热区辐射，达到少氧化、无氧化的加热目的	成批中小件的精密锻造
电加热（Electric heating）	箱式电阻炉（图 2-1b）	利用电流通过电热体产生热量对坯料加热，结构简单，操作方便，炉温及炉内气氛易于控制	用于非铁金属材料、高合金钢及精密锻造加热
	中频感应炉（图 2-1c）	需变频装置，单位电能消耗为 0.4～0.55kW·h/kg，加热速度快、自动化程度高、应用广	ϕ20～150mm 坯料模锻、热挤、回转成形

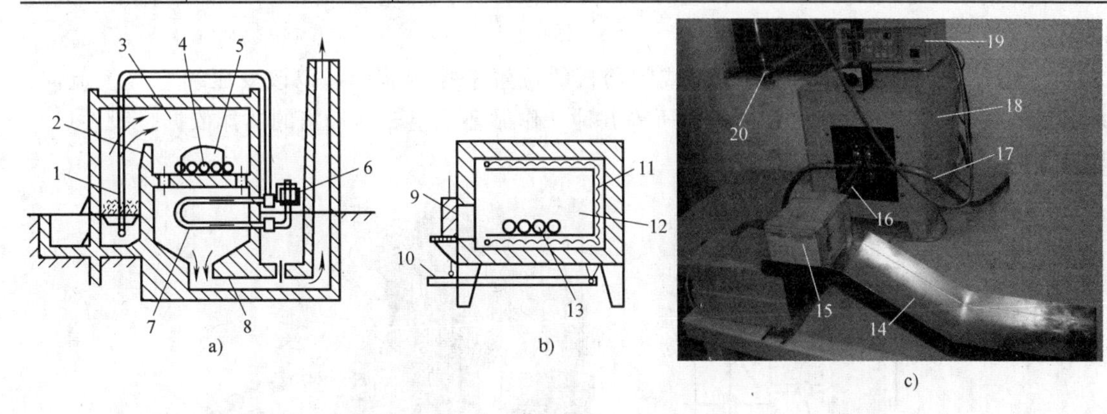

图 2-1　常用加热设备

a）反射炉结构　b）箱式电阻丝加热炉　c）感应加热炉

1—燃烧室　2—火墙　3—加热室　4—坯料　5、9—炉门　6—鼓风机　7—换热器　8—烟道　10—踏杆　11—电热元件　12—炉膛　13—工件　14—工件滑梯　15—感应加热炉体　16—电极　17—冷却水管　18—感应加热电源　19—红外控温器　20—红外传感器

（1）自由锻设备　锻造中、小型锻件常用的设备是手工锻锤（Hammer）、空气锤（Air hammer）和蒸汽-空气自由锻锤（Steam-air forging harmmer），大型锻件常用水压机（Hydraulic press）或快锻液压机。

手工锻锤有大锤子和小锤子之分，如图 2-2 所示，锻打时一般小锤子指挥大锤子，借助铁砧和火钳控制变形部位和大小，以获得所需形状。

空气锤的规格是以落下部分（包括工作活塞、锤杆与锤头）的重量来表示的。但锻锤

图 2-2　手工锻锤锻造

1—小锤　2—大锤　3—铁砧　4—火钳

产生的打击力，却是落下部分重量的 10 倍左右。例如牌号上标注 65kg 的空气锤，就是指其落下部分的重量为 65kg，打击力约为 650kN。常用的是规格为 50~750kg 空气锤。空气锤既可进行自由锻，也可进行胎模锻，它的特点是操作方便，但吨位不大并有噪声与振动，只适用于小型锻件。

空气锤（图 2-3）通过操纵手柄或脚踏板的位置来控制旋阀，以改变压缩空气的流向，来实现空转、连打、单打、上悬及下压等五种动作循环。空气锤规格的选择依据是锻件尺寸与重量，见表 2-5。

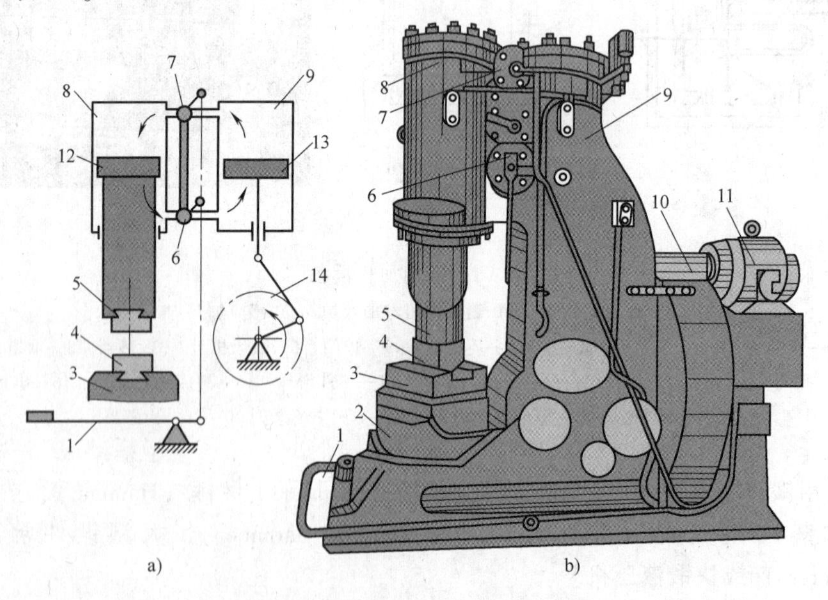

图 2-3　空气锤的结构原理及外形

a）结构原理图　b）外形图

1—操纵杆　2—机座　3—砧座　4—下砧　5—上砧　6—排气阀　7—进气阀　8—打击缸体

9—工作缸体　10—电动机轴　11—电动机　12—打击活塞杆　13—工作活塞　14—曲柄连杆

表 2-5　空气锤规格选用的概略数据

落下部分重量/kg 锻件尺寸/mm	100	150	250	300	400	500	750	1000
镦粗 (圆形 φ)	85	100	125	147	170	200	225	250
镦粗 (方形 a)	75~30	90~40	110~50	130~65	150~75	180~80	200~95	200~105
拔长 (方形 a)	100	120	150	175	180	220	250	300
锻件重量/kg(不大于)	4	6	10	17	26	45	62	84

（2）自由锻的基本工序　自由锻的基本工序有镦粗、拔长、冲孔、弯曲、错移、扭转及切割等，其中镦粗、拔长、冲孔用得较多。自由锻基本工序的定义、操作要点和应用见表2-6。

表 2-6　自由锻基本工序及应用

工序名称	定义及图例	操作要点	应用
镦粗 (Upsetting)	使毛坯高度减小，横截面积增大的锻造工序称为镦粗 在坯料上某一部分进行的镦粗称为局部镦粗 坯料在垫环上或两垫环间进行的镦粗称为垫环镦粗	1) h_0/h 应小于 2.5，否则易镦弯，镦弯锻坯应及时矫正 2) 加热应均匀，以防镦裂 3) 端面应平整，且与轴线垂直 4) 每打击一次转动一下工件，防止镦偏、镦歪 5) h_0 应不大于锤头最大行程的 0.7~0.8 倍，防止出现夹层	1) 用于制造高度小和截面大的工件，如齿轮、圆盘、叶轮等 2) 作为冲孔前的准备工序，使锻坯横截面增大和平整，并减小冲孔高度 3) 提高后续拔长工序的锻造比 4) 提高锻件横向力学性能和减小力学性能的异向性 5) 局部镦粗可以锻造凸肩直径和高度较大的饼状锻件，也可以锻造端部带有法兰的轴杆类锻件 6) 垫环镦粗可用于锻造带有单边或双边凸肩的饼状锻件

（续）

工序名称	定义及图例	操作要点	应用
拔长 (Stretching)	使毛坯横截面面积减小，长度增加的锻造工序称为拔长 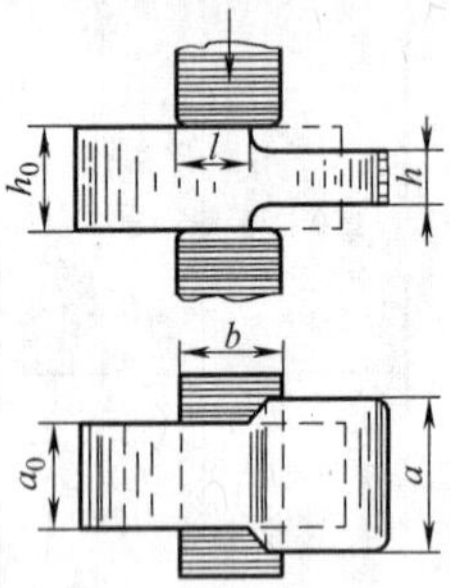 h_0 l h b a_0 a 用芯轴穿于空心毛坯的孔中进行的拔长称为芯棒拔长 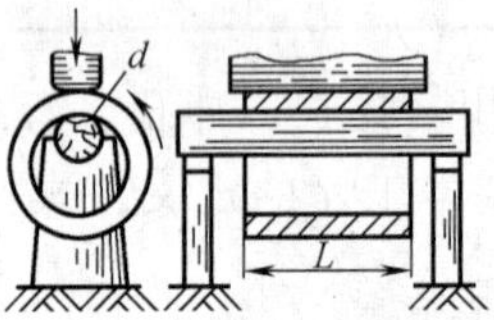 d L 用马杠对空心坯料进行的扩孔称为马杠扩孔	1) $l=(0.3\sim0.7)b$，过大，降低拔长效率，过小，易产生折叠 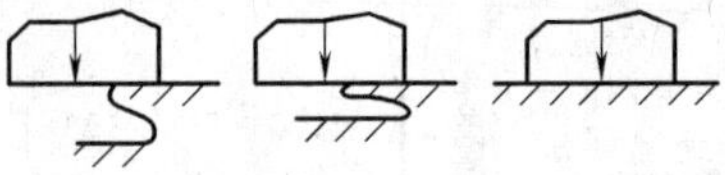 2) $a/h\leqslant 2.5$，防止产生夹层 3) 不断翻转锻件，保证温度均匀 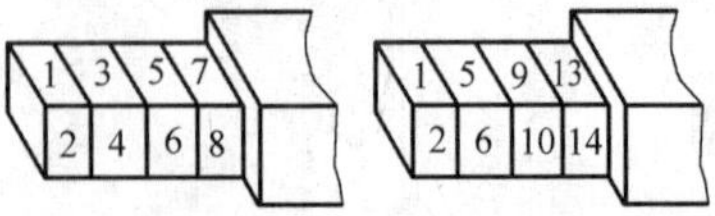 1 3 5 7 2 4 6 8　1 5 9 13 2 6 10 14 4) 拔长总是在方截面下进行，如坯料为圆形截面应按照下图方式进行 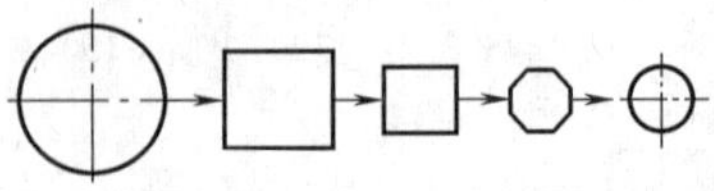 5) 局部拔长时，应先压肩，以使过渡面平直整齐  方料压肩　圆料压肩 6) 拔长工件时，表面不平整，拔后必须修整 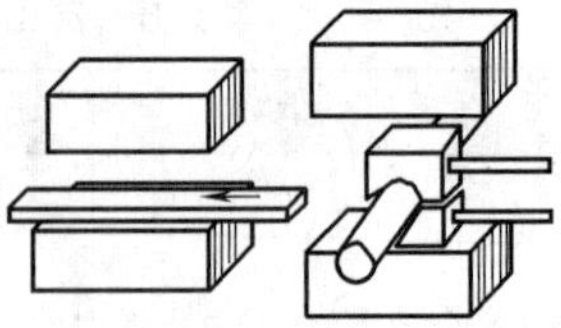	1) 用来制造长而截面小的工件，如轴、拉杆、曲轴等 2) 改善锻件内部质量 3) 制造长筒类锻件，如炮筒、透平主轴、圆环、套筒等
冲孔 (Punching)	在坯料上冲出通孔或不通孔的锻造工序称为冲孔，包括 1) 双面冲孔 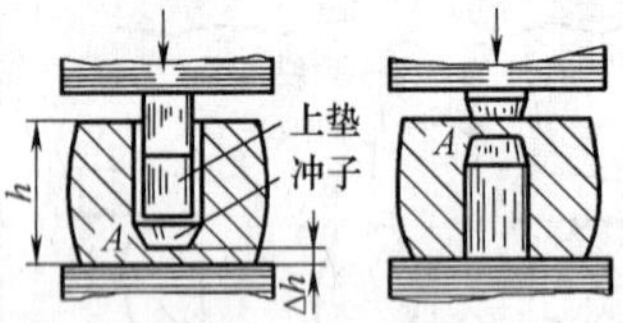 上垫 冲子 h A Δh A 2) 单面冲孔 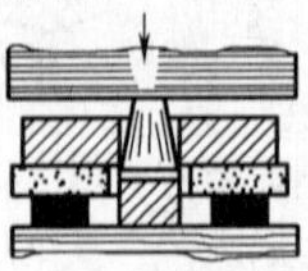 3) 冲头扩孔 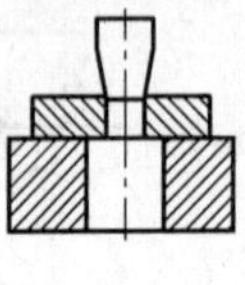	1) 冲孔前一般需将坯料镦粗，以减小冲孔高度和使冲孔面平整 2) 适当提高坯料始锻温度，提高塑性，以防止由于冲孔时坯料局部变形量过大而产生冲裂和损坏冲子 3) 冲子必须找正位置，并与冲孔面垂直。双面冲孔时先将冲头冲至约坯料高度的 2/3 深度时，翻转坯料后将孔冲通，可以避免孔的周围冲出飞边 4) 为顺利拔出冲头，可在凹痕上撒一些煤粉，冲头要经常用水冷却 5) 直径小于 25 mm 的孔，一般不冲出 6) 冲较大孔时，要先用直径较小的冲头冲出小孔，然后再用直径较大的冲头逐步将孔扩大到所要求的尺寸	1) 制造带孔件，如齿轮坯圆环、套筒等 2) 用于芯轴拔长和扩孔前的准备工作 3) 锻件质量要求高的大型空心件可以利用冲孔去除质量较差的中心部分

（3）典型锻件自由锻工艺实例　螺母坯锻件（图 2-4）分析。锻件材料：45 钢；生产数量：5 件；坯料规格：ϕ20mm×60mm；锻造设备：65kg 空气锤和锤子及大锤。其自由锻工艺过程见表 2-7。

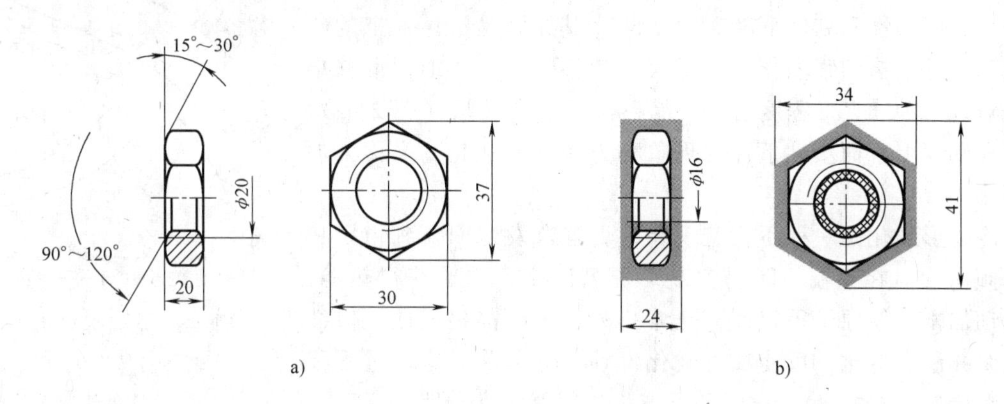

图 2-4　螺母零件与锻件图
a）零件图　b）锻件图

表 2-7　齿轮坯自由锻工艺过程卡

序号	工　序	简　　图	操作方法	使用工具
1	镦粗	ϕ43.3　24	将加热到 1200℃ 的坯料放入铁砧镦粗，为去除氧化皮用平砧镦粗到图示尺寸 坯料尺寸为 ϕ30mm×50mm	中频炉，火钳、大锤子、小锤子、铁砧
2	冲孔	16　24	双面冲孔，用 ϕ15mm 冲子先在一面冲孔深度为 16mm，然后翻过面来冲通	火钳、大锤子、小锤子、铁砧，ϕ15mm 冲子
3	二次加热		加热到 1200℃	中频炉
4	锻六方	对称平面　旋转30°　旋转30°	先用大锤锻圆柱面为一对称平面，面间距控制在 34～35mm，然后旋转 30° 再锻第二个对称平面，面间距也控制在 34～35mm，最后再旋转 30° 锻造第三个对称平面，面间距同样控制在 34～35mm	火钳、ϕ15mm 冲子，锤子、小锤子、铁砧
5	修整	—	快速用平锤修整端面和六方面	火钳、ϕ15mm 冲子，平锤，大锤子

2.1.2　加工硬化、回复与再结晶（Strain hardening, recovery and recrystallization）

金属在低温下进行塑性变形时，内部组织将发生以下变化：①晶粒沿变形最大的方向伸长；②晶格与晶粒均发生扭曲，产生内应力；③晶粒间产生碎晶。材料断面组织为沿变形方向拉长的纤维组织。

金属的力学性能随其内部组织的改变而发生明显变化。在室温下这种变化是，低碳钢随变形程度增大，金属的强度及硬度升高，而塑性和韧性下降（图 2-5）。其原因是滑移面上的碎晶块和附近晶格的强烈扭曲，增大了滑移阻力，使继续滑移难以进行。这种随变形程度增大，晶粒拉长为纤维状（图 2-6a），强度和硬度上升而塑性下降的现象称为冷变形强化，又称为加工硬化。

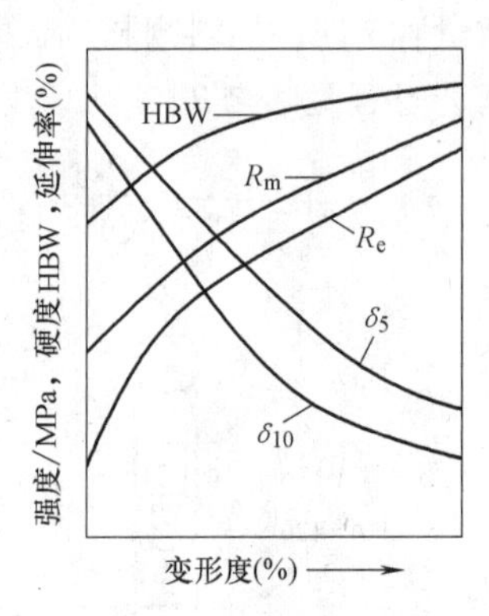

图 2-5　常温下塑性变形对低碳钢力学性能的影响

冷变形强化是一种不稳定现象，具有自发地回复到稳定状态的倾向，但在室温下不易实现。提高温度，原子获得热能，热运动加剧，使原子得以回复正常排列，消除晶格扭曲，但纤维组织并没有变化，可使加工硬化得到部分消除。这一过程称为“回复”（图 2-6b），这时的温度称为回复温度，即

$$T_{回}=(0.25\sim0.3)T_{熔}$$

式中，$T_{回}$为以热力学温度表示的金属回复温度；$T_{熔}$为以热力学温度表示的金属熔点温度。

当温度继续升高到大约该金属熔点热力学温度的 0.4 倍时，金属原子获得更多的热能，开始以某些碎晶或杂质为核心，结晶成新的晶粒，纤维组织变为等轴晶粒，从而消除了全部加工硬化现象。这个过程称为再结晶（图 2-6c），通常把再结晶开始的温度称为再结晶温度，即

$$T_{再}=0.4\ T_{熔}$$

式中，$T_{再}$为以热力学温度表示的金属再结晶温度。

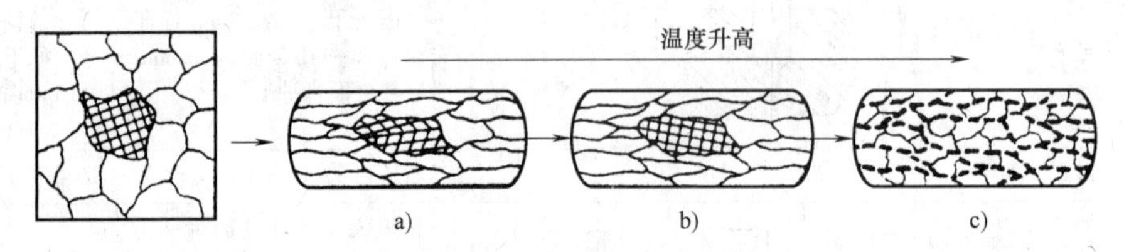

图 2-6　金属的回复和再结晶示意图

a）塑性变形后的组织　b）金属回复后的组织　c）再结晶组织

利用金属的冷变形强化可提高金属的强度和硬度，这是工业生产中强化金属材料的一种重要手段。在实际生产中，采用冷轧、冷拔和冷挤等工艺，提高了金属制品的强度和硬度。但在压力加工生产中，加工硬化给金属继续塑性变形带来困难，应加以消除。在实际生产中，常采用加热的方法使金属发生再结晶，从而再次获得良好塑性。这种工艺操作称为再结晶退火。

2.1.3　冷变形与热变形（Cold-working and hot-working）

由于金属在不同温度下的变形对其组织和性能的影响不同，因此金属的塑性变形分为冷变形和热变形两种。

在再结晶温度以下的变形为冷变形。变形过程中无再结晶现象，变形后的组织为沿变形

方向伸长的纤维组织，金属具有加工硬化现象。所以冷变形在变形过程中变形程度不宜过大，避免产生破裂。冷变形加工的产品具有表面质量好、尺寸标准公差等级高、力学性能好的特点，一般不需再切削加工。冷变形方法有冲压、冷弯、冷挤、冷镦等，这些方法多用来使金属坯料在常温下制造成各种零件或半成品；还有冷轧和冷拔等方法，多用来生产小口径的薄壁管、薄带和线材等。

在再结晶温度以上的变形叫热变形。变形后，金属具有再结晶组织而无加工硬化现象。金属只有在热变形的情况下，才能以较小的功达到较大的变形，加工尺寸较大和形状比较复杂的工件，同时获得具有高力学性能的再结晶组织。但是，由于热变形是在高温下进行的，因而在加热过程中，金属表面容易形成氧化皮，而且产品尺寸标准公差等级和表面质量较低，劳动条件较差，生产率也较低。自由锻、热模锻、热轧、热挤压等工艺都属于热变形。

2.1.4 锻造比和流线 (Forging ratio and fluid line)

金属压力加工生产时采用的原始坯料是铸锭。其内部组织很不均匀，晶粒较粗大，并存在气孔、缩松、非金属夹杂物等缺陷。铸锭加热后经过压力加工，由于塑性变形及再结晶，从而改变了粗大、不均匀的铸态结构（图 2-7a），获得细化了的再结晶组织。同时还可以将铸锭中的气孔、缩松等焊合在一起，使金属组织更加致密，力学性能得到很大提高。

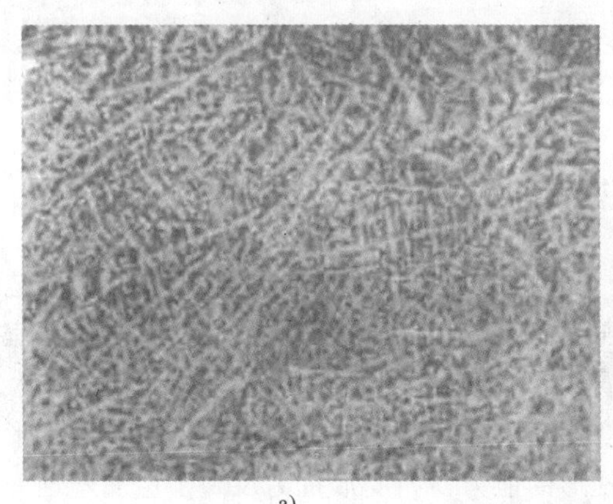

a)

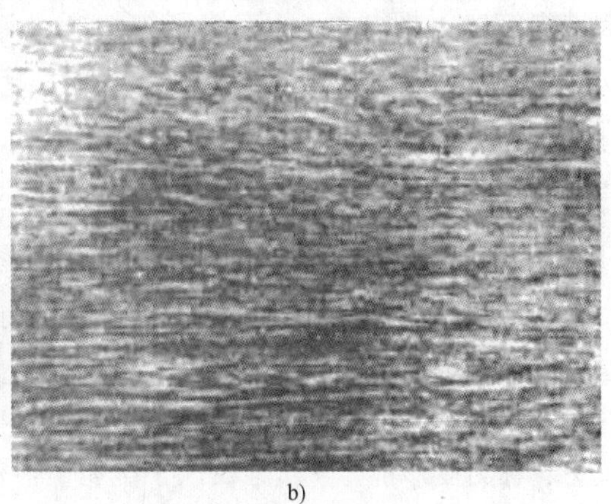

b)

图 2-7　铸锭热变形前、后的组织

a）铸态组织　b）变形后的组织

此外，在金属铸锭中还含有夹杂物，多分布在晶界上。有塑性夹杂物，如 FeS 等，还有脆性夹杂物，如氧化物等。在金属变形时，晶粒沿变形方向伸长，塑性夹杂物也随着变形一起被拉长。脆性夹杂物被打碎呈链状分布。晶粒通过再结晶后得到细化，而夹杂物却依然呈条状和链状被保留下来，形成了流线组织，如图 2-7b 所示。

流线的形成使金属的力学性能呈现方向性。流线越明显，金属在纵向（平行流线方向）上的塑性和韧性得到提高，而在横向（垂直流线方向）上塑性和韧性降低。变形程度越大，流线组织就越明显，力学性能的方向性也就越显著。

压力加工过程中，常用锻造比（Y）来表示变形程度。一般用锻造过程中典型工序的变形程度来表示，其计算公式与变形方式有关，拔长时的锻造比为

$$Y_{拔}=F_0/F$$

镦粗时的锻造比为

$$Y_{镦}=H_0/H$$

式中，H_0、F_0为坯料变形前的高度和横截面积；H、F为坯料变形后的高度和横截面积。

在一般情况下增加锻造比，可使金属组织细化，提高锻件的力学性能。但是，当锻造比过大，金属组织的紧密程度和晶粒细化程度都已达到了极限状况时，锻件的力学性能不再升高，而是增加了各向异性。

流线组织的化学稳定性强，通过热处理是不能消除的，只能通过不同方向上的锻压才能改变流线组织的分布状况。由于流线组织的存在对力学性能有影响，特别是对冲击韧度的影响，因此，在设计和制造易受冲击载荷的零件时，一般应遵守两项原则：①使流线分布与零件的轮廓相符合而不被切断；②使零件所受的最大拉伸应力与流线方向一致，最大剪应力与流线方向垂直。

例如，当采用棒料直接切削加工制造螺钉时，螺钉头部与杆部的流线被切断，不能连贯起来，受力时产生的剪应力顺着流线方向，故螺钉的承载能力较弱（图 2-8a）。当采用同样的棒料经局部镦粗方法制造螺钉时（图 2-8b），流线不被切断且连贯性好，流线方向也较为有利，故螺钉质量较好。

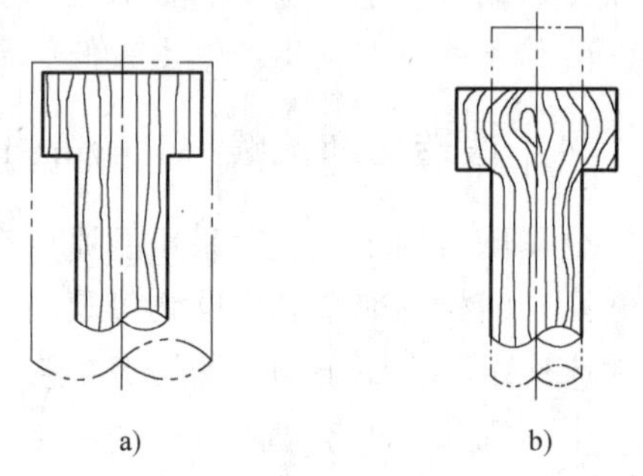

图 2-8　不同工艺方法对流线组织形状的影响

a）切削加工制造的螺钉　b）局部镦粗制造的螺钉

2.2　金属的可锻性（Workability of metals）

金属的可锻性是用来衡量金属材料在经受压力加工时获得优质制品难易程度的工艺性能。金属的可锻性好，表明该金属适合于经受压力加工成形；可锻性差，表明该金属不宜于选用压力加工方法成形。可锻性的优劣是以金属的塑性和变形抗力来综合评定的。

塑性是指金属材料在外力作用下产生永久变形而不破坏其完整性的能力。金属对变形的抵抗力，称为变形抗力。塑性反映了金属塑性变形的能力，而变形抗力反映了金属塑性变形的难易程度。塑性高，则金属变形不易开裂；变形抗力小，则锻压省力。两者综合起来，金属材料就具有良好的可锻性。金属的可锻性取决于材料的性质（内因）和加工条件（外因）。

2.2.1　材料性质的影响（Effect of material properties）

1. 化学成分的影响（Effect of composition）

不同化学成分金属的可锻性不同。一般来说，纯金属的可锻性比合金的可锻性好。钢中合金元素含量越多，合金成分越复杂，其塑性越差，变形抗力越大。例如纯铁、低碳钢和高合金钢，它们的可锻性是依次下降的。

2. 金属组织的影响（Effect of microstructures）

金属内部的组织结构不同，其可锻性有很大差别。纯金属及单相固溶体（如奥氏体）具有良好的塑性，其可锻性较好。若含有多个不同性能的组织相，则塑性降低，可锻性较差。铸态柱状组织和粗晶粒结构不如晶粒细小而又均匀的组织的可锻性好。

2.2.2　加工条件的影响（Effect of working condition）

金属的加工条件，一般指金属的变形温度、变形速度和变形方式等。

1. 变形温度的影响（Effect of deformation temperature）

随着温度升高，原子动能升高，易于产生滑移变形，从而提高了金属的可锻性，所以加热是压力加工成形中很重要的变形条件。

但是，加热要控制在一定范围内，若加热温度过高，则晶粒急剧长大，金属的力学性能降低，这种现象称为“过热”。若加热温度更高接近熔点，晶界氧化破坏了晶粒间的结合，使金属失去塑性，坯料报废，这一现象称为“过烧”。金属锻造加热时允许的最高温度称为始锻温度。在锻压过程中，金属坯料温度不断降低，当温度降低到一定程度时，塑性变差，变形抗力增大，不能再锻造，否则引起加工硬化甚至开裂，此时停止锻造的温度称为终锻温度。始锻温度与终锻温度之间的区间，称为锻造温度范围。

2. 变形速度的影响（Effect of deformation speed）

变形速度即单位时间内的变形程度。变形速度对可锻性的影响是矛盾的。一方面，随着变形速度的增大，回复和再结晶不能及时克服加工硬化，金属则表现出塑性下降、变形抗力增大（图 2-9），可锻性变坏。另一方面，金属在变形过程中，消耗于塑性变形的能量有一部分转化为热能，使金属温度升高（称为热效应现象）。变形速度越大，热效应现象越明显，使金属的塑性提高、变形抗力下降（图 2-9 中 A 点以后），可锻性变好。但热效应现象只有在高速锤上锻造时才能实现，在一般设备上都不可能超过 A 点的变形速度，故塑性较差的材料（如高速钢等）或大型锻件，还是应采用较小的变形速度为宜。

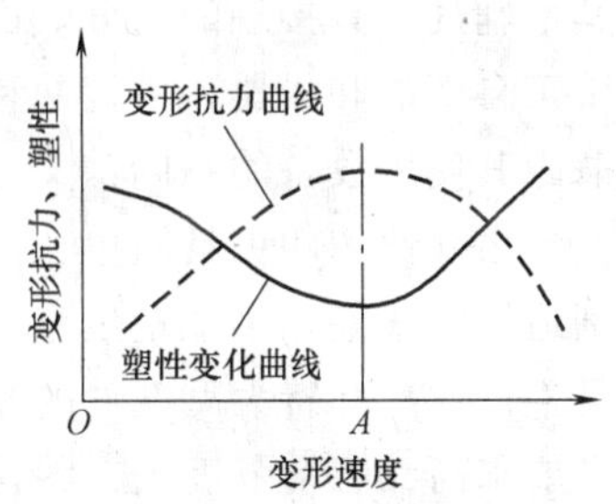

图 2-9　变形速度对塑性及变形抗力的影响

3. 应力状态的影响（Effect of stress status）

金属在经受不同的方式进行变形时，所产生的应力大小和性质（压应力或拉伸应力）是不同的。例如，挤压变形时（图 2-10）为三向受压状态，而拉拔时（图 2-11）则为两向受压、一向受拉的状态。

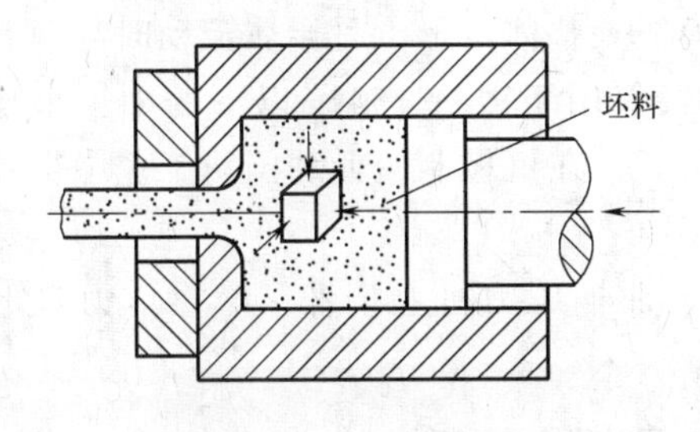

图 2-10　挤压时金属应力状态

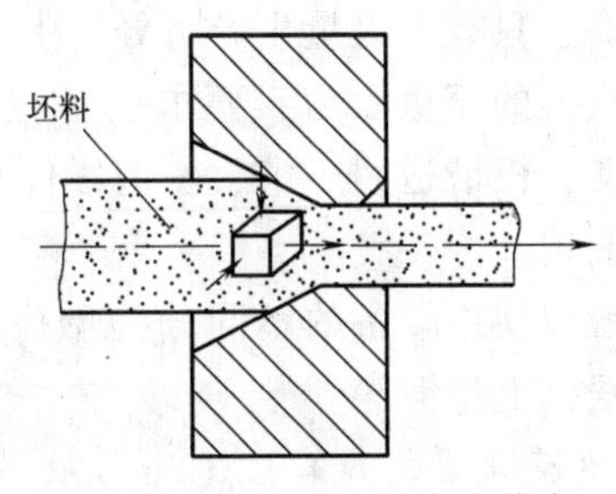

图 2-11　拉拔时金属应力状态

理论和实践证明，在三向应力状态图中，压应力的数量越多，则其塑性越好；拉应力的数量越多，则其塑性越差。其理由是在金属材料的内部或多或少总是存在着微小的气孔或裂纹等缺陷，在拉伸应力作用下，缺陷处会产生应力集中，使得缺陷扩展甚至达到破坏，从而金属失去塑性；而压应力使金属内部原子间距减小，又不易使缺陷扩展，故金属的塑性会增高。另一方面，从变形抗力来分析，压应力使金属内部摩擦增大，变形抗力也随之增大。在三向受压的应力状态下进行变形时，其变形抗力比三向应力状态不同时要大得多。

综上所述，影响金属塑性变形的因素是很复杂的。在压力加工中，要依据金属的本质和成形要求，力求创造有利的变形条件，充分发挥金属的塑性，降低变形抗力，降低设备吨位，减少能耗，使变形进行得充分，达到优质、低耗的要求。

2.3 锻造工艺（Forging process）

2.3.1 模锻工艺（Die forging process）

锻造工艺主要分为无模自由成形（也称为自由锻）和模膛塑性成形（也称为模锻）。自由锻是用冲击力或压力使金属在锻造设备的上、下砧块（或砥铁）间产生塑性变形，从而获得所需几何形状及内部质量的锻件的压力加工方法。坯料在锻造过程中，除与上、下砥铁或其他辅助工具接触的部分表面外，都是自由表面，变形不受限制，故称之为自由锻。它分为手工自由锻和机器自由锻两种。随着锻压技术的发展，手工自由锻已被逐渐淘汰。机器自由锻因其使用设备的不同，又分为锤上自由锻和液压机上自由锻。

自由锻使用的工具简单、通用，生产准备周期短，灵活性大，所以使用范围较为广泛，特别适用于单件、小批量生产。可锻造的锻件质量由不及1kg到300t。在重型机械中，自由锻是生产大型和特大型锻件的唯一成形方法。但自由锻具有生产效率低，对操作工人的技术水平要求高，劳动强度大，锻件精度差，后续机械加工量大等致命弱点，导致自由锻在锻件生产中日趋衰落。工业发达国家的中、小型自由锻件占其锻件总产量的比重只有20%~40%。

模锻是使加热到锻造温度的金属坯料在锻模模膛内一次或多次承受冲击力或压力的作用而被迫流动成形以获得锻件的压力加工方法。在变形过程中，由于模膛对金属坯料流动的限制，因而锻造终了时能得到和模膛形状相符的锻件。

与自由锻相比，模锻生产率高，可以锻出形状复杂的锻件，其尺寸精确，表面光洁，加工余量小。由于模锻件纤维分布合理，所以它的强度高，耐疲劳，寿命长。但是，模锻时锻模承受很大的冲击力和热疲劳应力，需用昂贵的模具钢制作，同时，型槽加工困难，致使锻模成本高，只有在大量生产时经济上才合算。由于模锻是整体成形，且金属流动时与模膛之间产生很大的摩擦阻力，要求设备吨位大，所以一般仅用于锻造150kg以下的中、小型锻件。因此，模锻适用于中、小型锻件的成批和大量生产，在机械制造业和国防工业中得到了广泛的应用。

模锻按使用设备的不同分为胎模锻、锤上模锻、曲柄压力机上模锻、摩擦压力机上模锻、平锻机上模锻等。

1. 胎模锻造成形工艺（Forming process of pattern match forging）

在自由锻设备上，使用可移动的胎模具生产锻件的锻造方法称为胎模锻造成形。胎模不固定在自由锻锤上，使用时才放上去，不用时取下来。锻造时，胎模放在砧座上，将加热后的坯料放入胎模，锻制成形。也可先将坯料经过自由锻预锻成近似锻件的形状，然后用胎模终锻成形。

胎模成形与自由锻成形相比，具有较高的生产率，锻件质量好，节省金属材料，降低锻件成本。与固定模膛成形相比，不需要专用锻造设备，模具简单，容易制造。但是，锻件质量不如固定模膛成形的锻件高，工人劳动强度大，胎模寿命短，生产率低。胎模成形只适用于小批量生产，多用在没有模锻设备的中、小型工厂中。胎模成形不适应当今社会化大生产的要求，也将逐步淘汰。

2. 锤上模锻（Die forging by hammer）

锤上模锻是在模锻锤上进行的模锻，由于其工艺通用性大，并能同时完成制坯工序，所以是目前最常用的模锻方法。

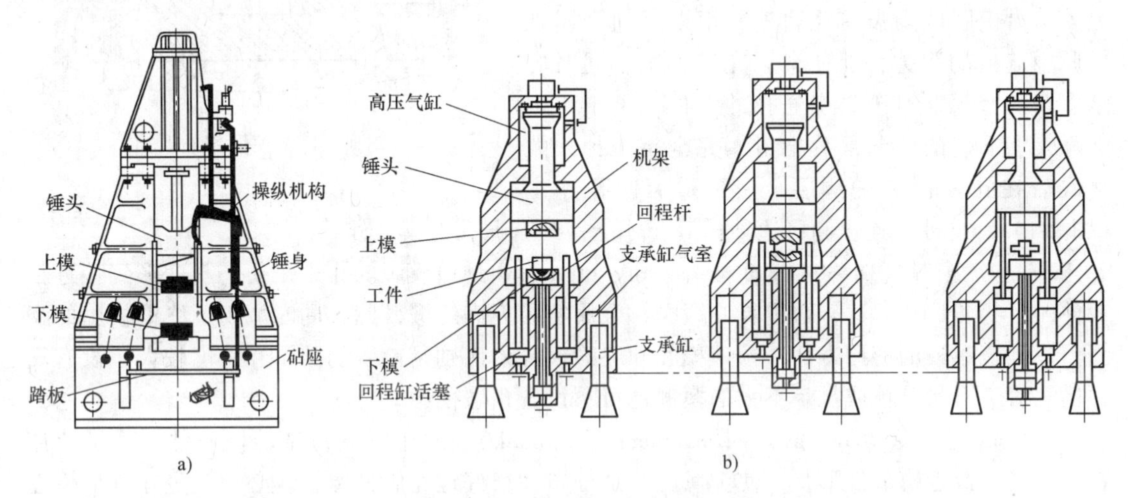

图 2-12　模锻锤的主要结构

a）蒸汽-空气模锻锤　b）高速锤的结构和原理

模锻设备有蒸汽-空气锤、无砧座锤和高速锤等。一般工厂中主要使用蒸汽-空气锤（图 2-12a），其工作原理与自由锻造用的蒸汽-空气锤基本相同。但锤头与导轨间隙较小，且机架与砧座相连，以保证上、下模准确合拢。其吨位有 1~16t，可锻制 0.5~150kg 的锻件。高速锤（图 2-12b），具有高压气室，以加速锤的运动速度。

锤上模锻分为开式模锻和闭式模锻两类（图 2-13）。开式模锻（Impression-die forging）的模膛四周有飞边槽，飞边槽可调节金属量，有利于充型，工艺简便，应用最广。无飞边槽的闭式模锻（Closed-die forging）虽然有利于塑性变形，且没有飞边消耗，但它依靠下料尺寸来控制工件高度，因不易保证锻件精度，故应用较少。

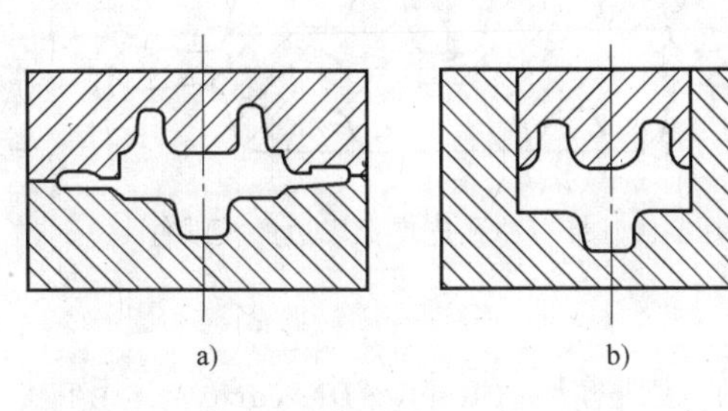

图 2-13　模锻形式

a）开式模锤　b）闭式模锻

锤上模锻用的锻模（图 2-14）是由带有燕尾的上模和下模两部分组成的。下模用紧固楔铁固定在模垫上。上模靠楔铁紧固在锤头上，随锤头一起做上、下往复运动。上、下模合在一起，其中部形成完整的模膛。

模膛根据其功用的不同可分为模锻模膛和制坯模膛两大类。

（1）模锻模膛（Die cavity of die-forging） 由于金属在此种模膛中发生整体变形，故作用在锻模上的抗力较大。模锻模膛又分为终锻模膛和预锻模膛两类。

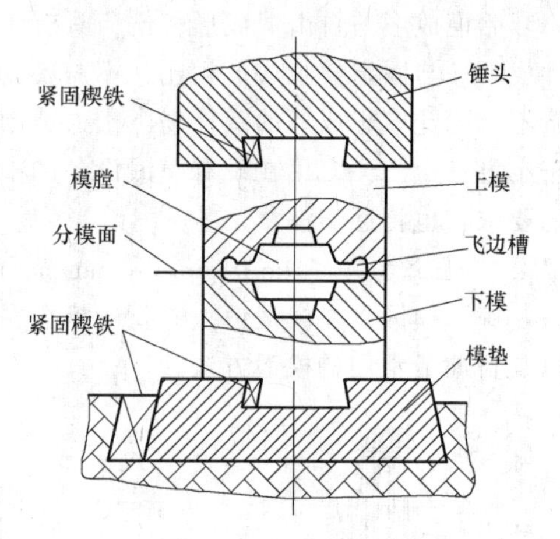

图 2-14 锤上模锻用的锻模

1）终锻模膛（Die cavity of final forging）。终锻模膛的作用是使坯料最后变形到锻件所要求的形状和尺寸，因此它的形状应与锻件的形状相同。但因锻件冷却时要收缩，终锻模膛的尺寸应比锻件尺寸放大一个收缩量。钢件的收缩量取 1.5%。另外，沿模膛四周设有飞边槽，用以增加金属从模膛中流出的阻力，促使金属充满模膛，同时容纳多余的金属。对于具有通孔的锻件，由于不可能靠上、下模的凸起部分把金属完全挤压掉，故终锻后在孔内留下一薄层金属，称为冲孔连皮（图 2-15）。把冲孔连皮和飞边冲掉后，才能得到有通孔的模锻件。

2）预锻模膛（Die cavity of preparatory forging）。预锻模膛的作用是使坯料变形到接近于锻件的形状和尺寸，这样再进行终锻时，金属容易充满终锻模膛。同时减少了终锻模膛的磨损，以延长锻模的使用寿命。预锻模膛和终锻模膛的区别是前者的圆角和斜度较大，没有飞边槽。对于形状简单或批量不大的模锻件可不设置预锻模膛。

（2）制坯模膛（Die cavity of manufacturing blank） 对于形状复杂的模锻件，为了使坯料形状基本接近模锻件形状，使金属能合理分布和很好地充满模膛，就必须预先在制坯模膛内制坯。制坯模膛有以下几种。

1）拔长模膛（Die cavity of drawing out）。用它来减小坯料某部分的横截面积，以增加该部分的长度（图 2-16）。当模锻件沿轴向横截面积相差较大时，采用这种模膛进行拔长。拔长模膛分为开式（图 2-16a）和闭式（图 2-16b）两种，一般设在锻模的边缘。操作时，坯料除送进外还需翻转。该方法一般用于长轴类锻件制坯。

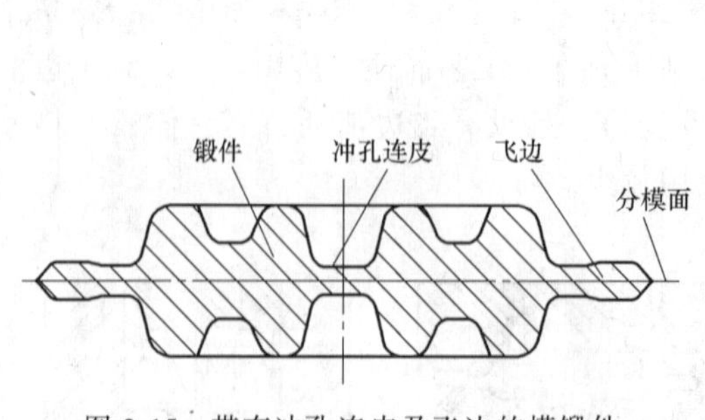

图 2-15 带有冲孔连皮及飞边的模锻件

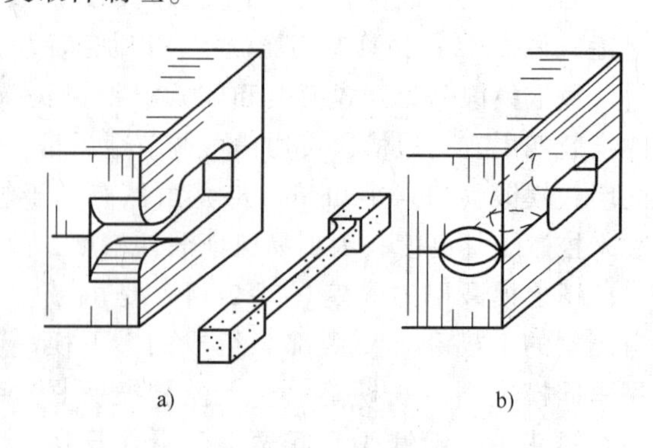

图 2-16 拔长模膛

a）开式 b）闭式

2）滚压模膛（Rolling Die cavity）。用它来减小坯料某部分的横截面积，以增大另一部分的横截面积，使坯料沿轴线的形状更接近锻件（图 2-17）。滚压模膛分为开式（图 2-17a）和闭式（图 2-17b）两种。当模锻件沿轴线的横截面积相差不大或作修整拔长后的毛坯时，

采用开式滚压模膛；当模锻件的最大和最小的横截面积相差较大时，采用闭式滚压模膛。操作时，须不断翻转坯料，但不做送进运动。该方法可用于某些变截面长轴类锻件的制坯。

3）弯曲模膛（Bending Die cavity）。对于弯曲的杆类模锻件，须用弯曲模膛来弯曲坯料（图 2-18a）。坯料可直接或先经其他制坯工步后放入弯曲模膛进行弯曲变形。弯曲后的坯料须翻转 90°再放入模锻模膛成形。

4）切断模膛（Cutting off Die cavity）。它是在上模与下模的角部组成的一对刃口，用来切断金属（图 2-18b）。单件锻造时，用它从坯料上切下锻件或从锻件上切下钳口；多件锻造时，用它来分离单个件。此外还有成形模膛、镦粗台及击扁面等制坯模膛。

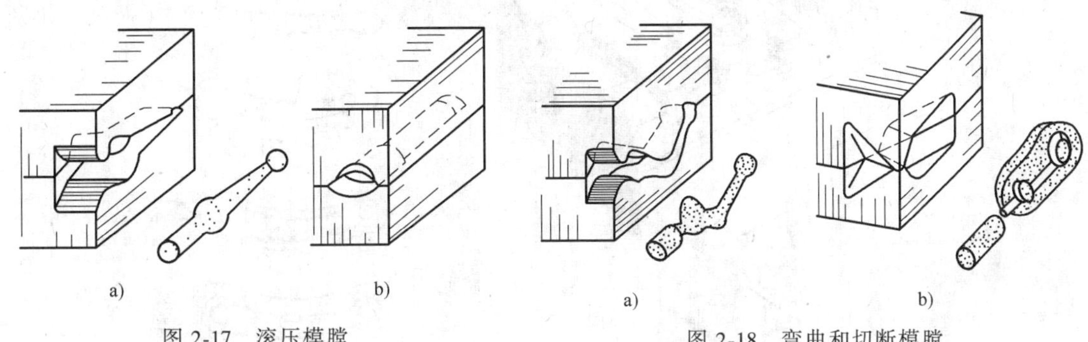

图 2-17　滚压模膛
a）开式　b）闭式

图 2-18　弯曲和切断模膛
a）弯曲模腔　b）切断模腔

根据模锻件的复杂程度不同，所需变形的模膛数量不等，可将锻模设计成单膛锻模或多膛锻模。单膛锻模是在一副锻模上只具有一个终端模膛的锻模。如齿轮坯模锻件就可将截下的圆柱形坯料直接放入单膛锻模中成形。多膛锻模是在一副锻模上具有两个以上模膛的锻模，如弯曲连杆模锻件的锻模即为多膛锻模（图 2-19）。

锤上模锻具有设备投资较少，锻件质量较好，适应性强，可以实现多种变形工步，能锻制不同形状的锻件等优点，在锻压生产中得到广泛应用。但由于锤上模锻振动大、噪声大，完成一个变形工步往往需要经过多次捶击，故难以实现机械化和自动化，生产率在模锻中相对较低，也不适于高精度锻件和某些杆类锻件的模锻。

3. 摩擦压力机上模锻（Die forging of screw presses）

摩擦压力机的工作原理如图 2-20 所示。锻模分别安装在滑块和机座上。滑块与螺杆相连，沿导轨只能上下滑动。螺杆穿过固定在机架上的螺母，上端装有飞轮。两个摩擦盘同装在一根轴上，由电动机经过带使摩擦盘在机架上的轴承中旋转。改变操纵杆位置可使摩擦盘沿轴向窜动，这样就会把某一个摩擦盘靠紧飞轮边缘，借摩擦力带动飞轮转动。飞轮与两个摩擦盘分别接触就可获得不同方向的旋转，螺杆也就随飞轮做不同方向的转动。在螺母的约束下，螺杆的转动变为滑块的上下滑动，实现模锻生产。

在摩擦压力机上进行模锻主要是靠飞轮、螺杆及滑块向下运动时所积蓄的能量来实现。吨位为 3500kN（350t）的摩擦压力机使用较多，最大的摩擦压力机吨位可达 10000kN（1000t）。

摩擦压力机工作过程中滑块速度为 0.5~1.0m/s，使坯料变形具有一定的冲击作用，且滑块行程可控，这与模锻锤的工作过程相似。坯料变形中的抗力由机架承受，形成封闭力系，这也是压力机的特点。所以，摩擦压力机具有模锻锤和压力机的双重工作特性。

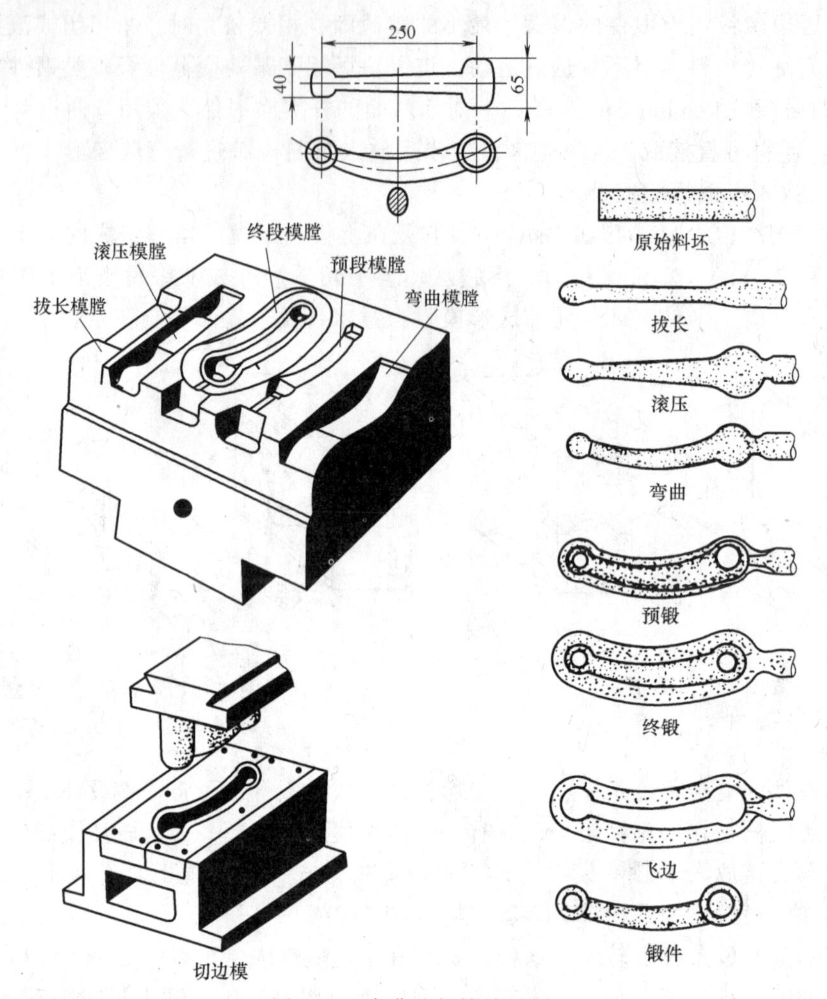

图 2-19　弯曲连杆锻造过程

摩擦压力机上模锻的特点如下：

1）摩擦压力机的滑块行程不固定，并具有一定的冲击作用，因而可实现轻打、重打，可在一个模膛内进行多次锻打。不仅能满足模锻各种主要成形工序的要求，还可以进行弯曲、压印、热压、精压、切飞边、冲连皮及矫正等工序。

2）由于飞轮惯性大，单位时间内的行程次数比其他设备低得多，金属变形过程中的再结晶现象可以充分进行，因而特别适合于锻造低塑性合金钢和非铁金属材料（如铜合金）等。但也因此其生产率较低。

3）由于滑块打击速度不高，设备本身具有顶料装置，生产中不仅可以使用整体式锻

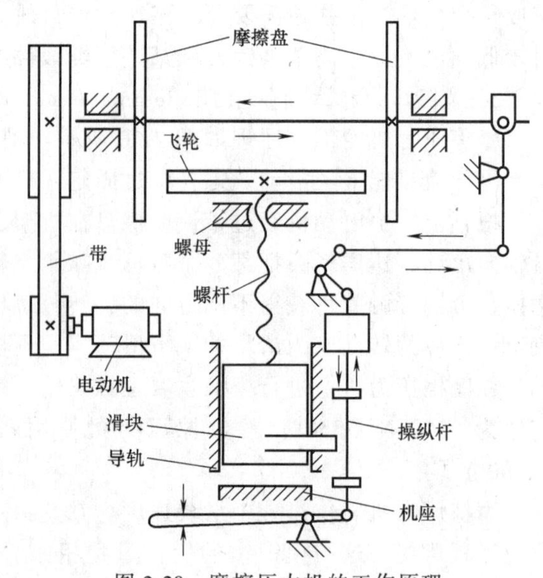

图 2-20　摩擦压力机的工作原理

模，还可以采用特殊结构的组合式模具。模具设计和制造得以简化，节约材料和降低生产成本，同时可以锻制出形状更为复杂、敷料少和模锻斜度也很小的锻件，并可将轴类锻件直立起来进行局部镦锻。

4）摩擦压力机承受偏心载荷能力差，通常只适用于单膛锻模进行模锻。对于形状复杂的锻件，需要在自由锻设备或其他设备上制坯。

摩擦压力机上模锻适合于中、小型锻件的小批和中批生产，如铆钉、螺钉、螺母、配气阀、齿轮、三通阀体等的生产。

综上所述，摩擦压力机具有结构简单、造价低、投资少、使用维修方便、基建要求不高、工艺用途广泛等优点，所以我国中、小型工厂都拥有这类设备，用它来代替模锻锤、平锻机、曲柄压力机进行模锻生产。

4. 曲柄压力机上模锻（Die forging of crank presses）

曲柄压力机为一种机械式压力机，其工作原理如图 2-21 所示。当离合器在结合状态时，电动机的转动通过小带轮、大带轮、传动轴和小齿轮、大齿轮传给曲柄，再经曲柄连杆机构使滑块做上、下往复直线运动。离合器处在脱开状态时，大带轮（飞轮）空转，制动器使滑块停在确定的位置上。锻模分别安装在滑块和工作台上。顶杆用来从模膛中推出锻件，实现自动取件。

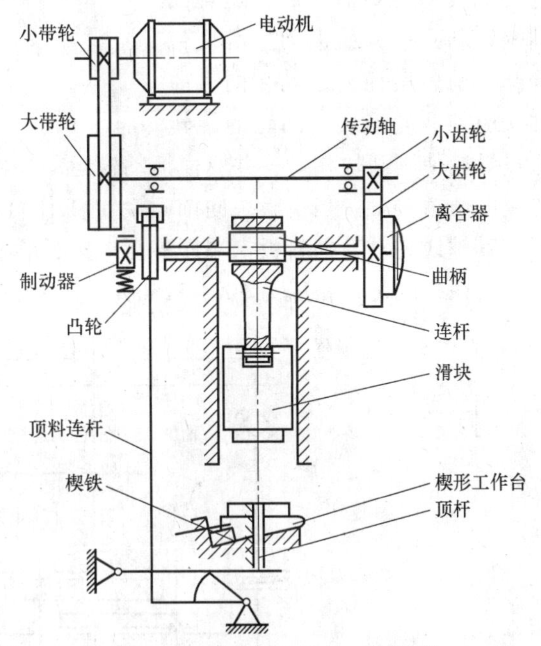

图 2-21　曲柄压力机的工作原理

曲柄压力机的吨位一般为 2000～120000kN。

曲柄压力机上模锻的特点如下：

1）曲柄压力机作用力的性质为静压力，变形抗力由机架本身承受，不传给地基。因此曲柄压力机工作时无振动，噪声小。

2）锻造时滑块的行程不变，每个变形工步在滑块的一次行程中即可完成，并且便于实现机械化和自动化，具有很高的生产率。

3）滑块运动精度高，并有锻件顶出装置，因此锻件的公差、余量和模锻斜度都比锤上模锻要小。

4）曲柄压力机上模锻所用锻模都设计成镶块式模具（图 2-22），这种组合模制造简单、更换容易、能节省贵重模具材料。

5）因为滑块行程一定，无论在什么模膛中都是一次成形，所以坯料表面上的氧化皮不易被清除，影响锻件质量。氧化问题应在加热时解决。同时，曲柄压力机上也不宜进行拔长和滚压工步。如果是横截面变化较大的长轴类锻件，可以采用周期轧制坯料或用辊锻机制坯来代替这两个工步。

综上所述，曲柄压力机上模锻具有锻件精度高、生产率高、劳动条件好和节省金属等优点，适合于大批量生产条件下锻制中、小型锻件。但由于曲柄压力机设备复杂、造价高，目前我国仅有大型工厂使用。

5. 平锻机上模锻（Die forging of multi-ram presses）

平锻机相当于卧式曲柄压力机，它沿水平方向对坯料施加锻造压力，其工作原理如图 2-23 所示。它的锻模由固定模、活动模和固定于主滑块上的凸模组成。电动机运动传到曲轴后，随着曲轴的转动，一方面推动主滑块带着凸模前、后往复运动，同时曲轴又驱使凸轮旋转。凸轮的旋转通过导轮使副滑块移动，并驱使活动模运动，实现锻模的闭合或开启。挡料板通过辊子与主滑块的轨道接触。当主滑块向前运动（工作行程）时，轨道斜面迫使辊子上升，带动挡料板绕其轴线转动，挡料板末端便移至一边，给凸模让出路来。

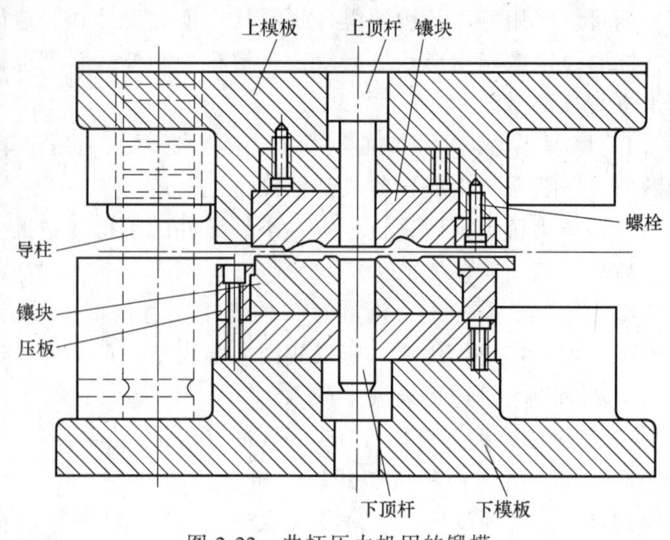

图 2-22　曲柄压力机用的锻模

平锻机的吨位一般为 500~31500kN，可加工直径为 25~230mm 的棒料。

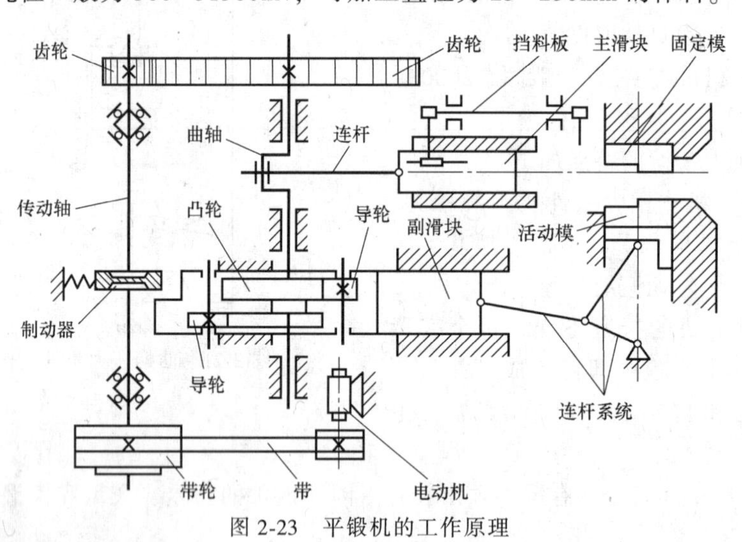

图 2-23　平锻机的工作原理

平锻机上模锻具有如下特点：

1）坯料均为棒料或管材，并且只进行局部（一端）加热和局部变形加工，因此，可以完成在立式锻压设备上不能锻造的某些长杆类锻件，也可用长棒料连续锻造多个锻件。

2）平锻模有两个分模面，扩大了模锻适用范围，可以锻出锤上和曲柄压力机上无法锻出的在不同方向上有凸台或凹槽的锻件。

3）对非回转体及中心不对称的锻件用平锻机较难锻造，且平锻机造价较高，超过了曲柄压力机。

因此，平锻机主要用于带凹槽、凹孔、通孔、凸缘类回转体锻件的大批量生产，最适合在平锻机上模锻的锻件是带头部的杆类和有孔（通孔或不通孔）的锻件。

常用锻造方法的综合比较见表 2-8。

表 2-8　常用锻造方法的比较

锻造方法	使用设备	适用范围	生产率	锻件精度及表面质量	模具特点	模具寿命	劳动条件	对环境影响
自由锻	空气锤 蒸汽-空气锤 水压机	小型锻件，单件小批生产 中型锻件，单件小批生产 大型锻件，单件小批生产	低	低	采用通用工具，无专用模具	—	差	振动和噪声大
锤上模锻	蒸汽-空气模锻锤 无砧座锤	中小型锻件，大批量生产。适合锻造各种类型模锻件	高	中	锻模固定在锤头和砧座上，模膛复杂，造价高	中	差	振动和噪声大
摩擦压力机上模锻	摩擦压力机	小型锻件，中批量生产 可进行精密模锻	中	较高	一般为单膛锻模	中	好	较小
曲柄压力机上模锻	热模锻曲柄压力机	中小型锻件，大批量生产 不易进行拔长和滚压工序	高	高	组合模，有导柱、导套和顶出装置	较高	好	较小
平锻机上模锻	平锻机	有头的杆件及有孔件，大批量	高	高	由一个凸模和两个凹模组成，有两个分模面	较高	好	较小
胎膜锻	空气锤 蒸汽-空气锤	中小型锻件，中小批量生产	中	中	模具简单，且不固定在设备上，取换方便	较低	差	振动和噪声大

2.3.2　锤上模锻工艺规程的制订（Hammer die forging process plan）

锤上模锻成形的工艺过程一般为：切断毛坯→加热坯料→模锻→切除模锻件的飞边→矫正锻件→锻件热处理→表面清理→检验→成堆存放。

锤上模锻成形的工艺设计包括制订锻件图、计算坯料尺寸、确定模锻工步（选择模膛）、选择设备及安排修整工序等。其中最主要的是锻件图的制订和模锻工步的确定。

1. 锻件图的制订（Draft of forging drawing）

锻件图是用做设计和制造锻模、计算坯料以及检查锻件的依据。制订锻件图时应考虑如下几个问题。

（1）选择模锻件的分模面（Selecting parting line of die forgings）　分模面为上、下锻模在模锻件上的分界面。锻件分模面位置选择得合适与否，关系到锻件成形、锻件出模、材料利用率等一系列问题。故制订模锻锻件图时，必须按以下原则确定分模面位置。

1）要保证模锻件能从模膛中取出。如图 2-24 所示零件，若选 *A*—*A* 面为分模面，则无法从模膛中取出锻件。一般情况下，分模面应选在模锻件最大尺寸的截面上。

2）按选定的分模面制成锻模后，应使上、下两模沿分模面的模膛轮廓一致，以便在安装锻模和生产时容易发现错模现象，及时调整锻模位置。若选图 2-24 的 $C—C$ 面为分模面，就不符合此原则。

3）最好把分模面选在模膛深度最浅的位置处。这样可使金属很容易充满模膛，便于取出锻件，并有利于锻模的制造。如图 2-24 中的 $B—B$ 面，就不适合做分模面。

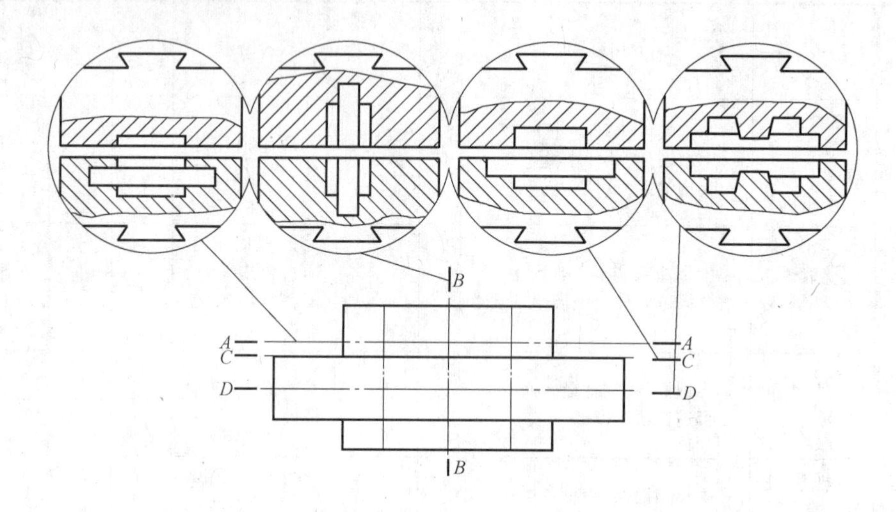

图 2-24　分模面的选择比较图

4）选定的分模面应使零件上所加的敷料最少。如图 2-24 中的 $B—B$ 面被选做分模面时，零件中间的孔锻造不出来，其敷料最多，既浪费金属，降低了材料的利用率，又增加了切削加工的工作量。所以，该面不宜选作分模面。

5）最好使分模面为一个平面，使上、下锻模的模膛深度基本一致，差别不宜过大，以便于制造锻模。

按上述原则综合分析，图 2-24 中的 $D—D$ 面是最合理的分模面。

（2）确定模锻件的机械加工余量及公差（Determining machining allowance and tolerance of die forgings）　普通模锻件是用来加工产品零件的毛坯，所以在零件的加工表面上必须留有足够的机械加工余量。模锻件也要规定锻造公差，以控制锻件由于上、下模没有闭合，金属没有充满模膛，上、下模发生错移以及模膛磨损和变形等所产生的误差。模锻时金属坯料是在锻模中成形的，因此模锻件的尺寸较精确，其公差和机械加工余量比自由锻件要小得多。机械加工余量一般为 1～4 mm，公差一般取在±(0.3～3)mm 之间。

（3）标注模锻斜度（Marking die-forging draft）　模锻件上平行于捶击方向（垂直于分模面）的表面必须具有斜度（图 2-25），以便于金属充满模膛及从模膛中取出锻件。对于锤上模锻，模锻斜度一般为 5°～15°。模锻斜度与模膛深度和宽度有关，当模膛深度（h）与宽度（b）的比值（h/b）越大时，取较大的斜度值。图 2-25 中的 α_2 为内壁（即当锻件冷却时，锻件与模壁夹紧的表面）斜度，其值比外壁（即当锻件冷却时，锻件与模壁离开的表面）斜度 α_1 大 2°～5°。

（4）标注模锻的圆角半径（Marking corner radii of die forging）　锻件上所有面与面的相交处，都必须采取圆角过渡（图 2-26）。锻件内圆角（在模膛内是凸出部位的圆角）的作用是减少锻造时金属流动的摩擦阻力，避免锻件被撕裂或纤维组织被拉断，以减少模具的磨损，提高使用寿命。锻件外圆角（在模膛内是凹入部位的圆角）的作用是使金属易于充满模膛，避免模具在热处理或锻造过程中因应力集中而导致开裂。

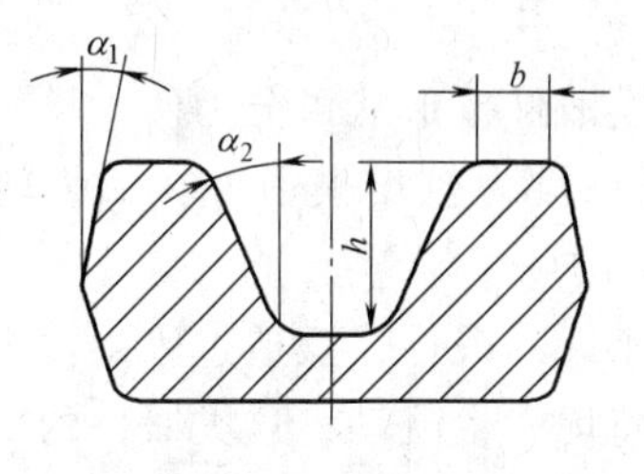

图 2-25 模锻斜度

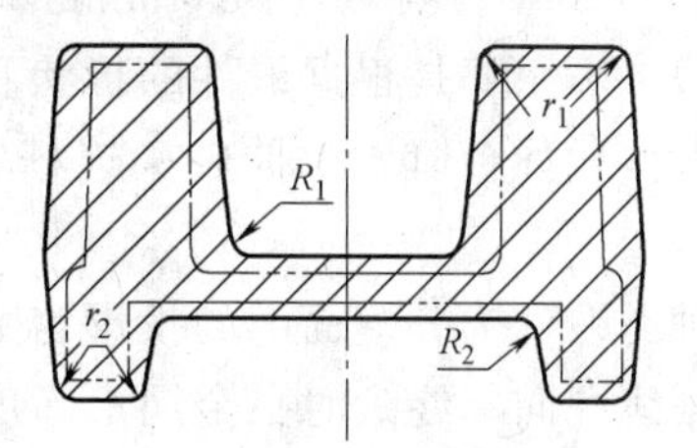

图 2-26 模锻件上的圆角半径

圆角半径的确定：

外圆角半径 r=加工余量 + 零件的圆角半径（或倒角）。

内圆角半径 $R=(2\sim3)r$。

（5）留出冲孔连皮（Setting up punching with skin） 锤上模锻不能直接锻出通孔，孔内必须留有一定厚度的金属层，称为冲孔连皮，锻后在压力机上冲除。连皮太薄，则捶击力太大，会导致模膛凸出部位加速磨损或压塌；连皮太厚，不仅浪费金属，而且冲除连皮时会造成锻件的变形。冲孔连皮的厚度 S 与孔径 d 有关，当 $d=30\sim80$mm 时，$S=4\sim8$mm。当孔径小于 25mm 或冲孔深度大于冲头直径的 3 倍时，只在冲孔处压出凹坑。

考虑以上五项后，便可绘出锻件图。绘制锻件图时，用粗实线表示锻件的形状，以双点画线表示零件的轮廓形状。图 2-27 为齿轮坯的模锻件图。分模面选在锻件高度方向的中部。

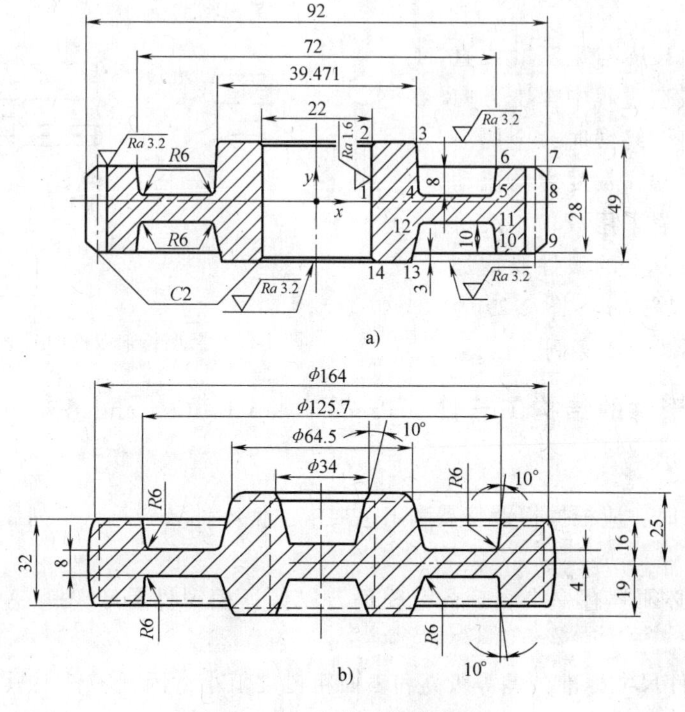

图 2-27 齿轮坯模锻件图

a）齿轮零件图 b）齿轮锻件图

零件的轮辐部分不加工，故不留加工余量。图 2-27b 中内孔中部的两条水平直线为冲孔连皮轮廓线。

2. 模锻工步的确定（Determining of die forging step）

模锻工步主要是根据锻件的形状和尺寸来确定的。模锻件按形状可分为两大类：一类是长轴类锻件，如台阶轴、曲轴、连杆、弯曲摇臂等；另一类为盘类模锻件，如齿轮、法兰盘等。

短轴类锻件为分模面上的投影为圆形或长、宽尺寸相近的锻件，锻造过程中捶击方向与坯料的轴线同向。终锻时，金属沿高度、宽度及长度方向均发生流动，这类锻件的变形工步通常是镦粗制坯和终锻成形。形状简单的锻件可下料后直接终锻成形，形状复杂的锻件则要增加成形镦粗、预锻等工步。图 2-28 所示为高毂锻件的变形工艺实例。

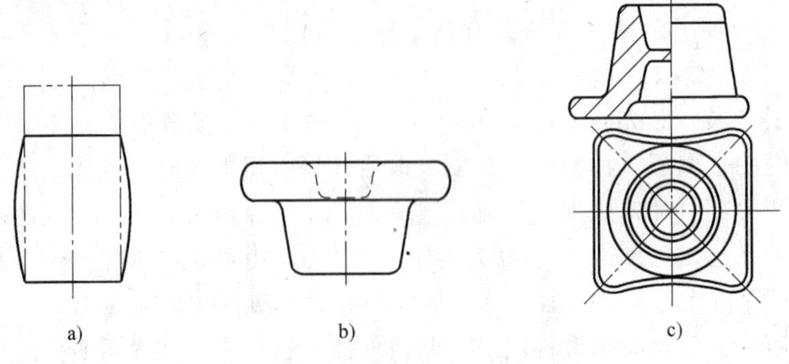

图 2-28　高毂锻件的成形工艺
a）镦粗　b）成形镦粗　c）终锻

长轴类锻件的长度与宽度（或直径）相差较大，锻造过程中捶击方向与锻件的轴线垂直。终锻时，金属沿高度和宽度方向流动，长度方向流动不显著。这类锻件需采用拔长、滚挤等工步制坯，形状复杂的锻件要增加弯曲、成形、预锻等工步。图 2-29 为叉形长轴锻件的模锻工步实例。

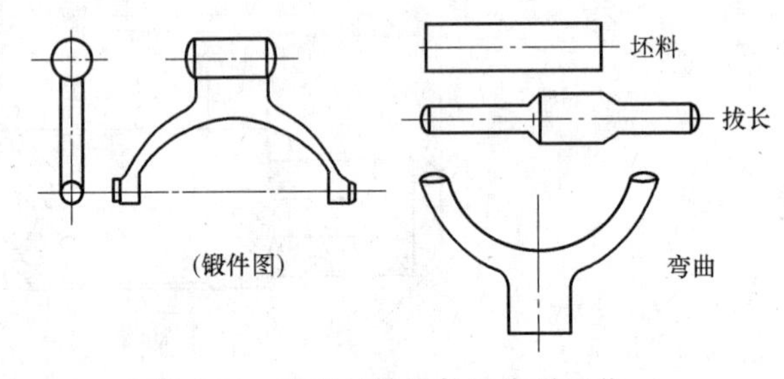

图 2-29　叉形长轴锻件的成形工艺

2.3.3　模锻成形件的结构工艺性（Process capabilities and design aspects of die-forgings）

设计模锻零件时，应根据模锻特点和工艺要求，使零件结构符合下列原则，以便于模锻生产和降低成本。

1）模锻零件必须具有一个合理的分模面，以保证模锻件易于从锻模中取出、敷料最少、锻模容易制造。

2）由于模锻件尺寸标准公差等级高和表面粗糙度值小，因此零件上只有与其他机件配合的表面才需进行机加工，其他表面均应设计为非加工表面。零件上与捶击方向平行的非加工表面，应设计出模锻斜度。非加工表面所形成的角都应按模锻圆角设计。

3）为了使金属容易充满模膛和减少工序，零件外形力求简单、平直和对称，尽量避免零件截面间的差别过大，或具有薄壁、高筋、凸起等结构。图 2-30a 所示零件的最小截面与最大截面之比如小于 0.5 就不宜采用模锻方法制造。图 2-30b 所示零件扁而薄，模锻时薄的部分金属容易冷却，不易充满模膛。图 2-30c 所示零件有一个高而薄的凸缘，金属难以充满模膛，且使锻模制造和成形后取出锻件较为困难，应改进设计成图 2-30d 所示的形状，使之易于锻制成形。

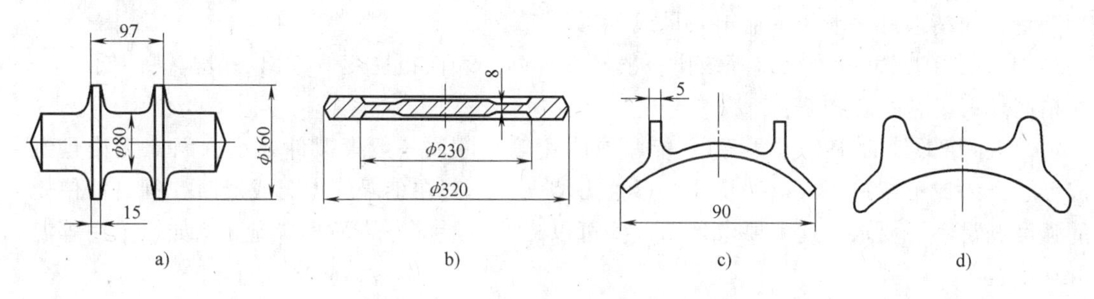

图 2-30　模锻件形状

4）在零件结构允许的条件下，设计时尽量避免深孔或多孔结构。图 2-31 所示零件上 4 个 ϕ20mm 的孔就不能锻出，只能用机加工成形。

5）模锻件的整体结构应力求简单。当整体结构在成形中需增加较多敷料时，可采用组合工艺制作。图 2-32 所示零件先采用模锻方法单个成形，然后采用焊接工艺组合成一个整体零件。

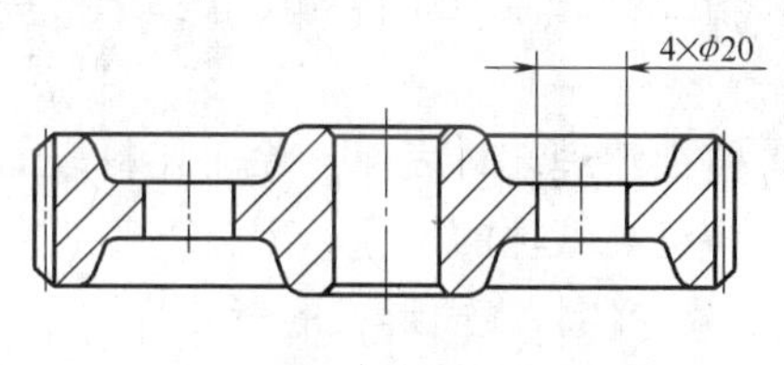

图 2-31　多孔齿轮

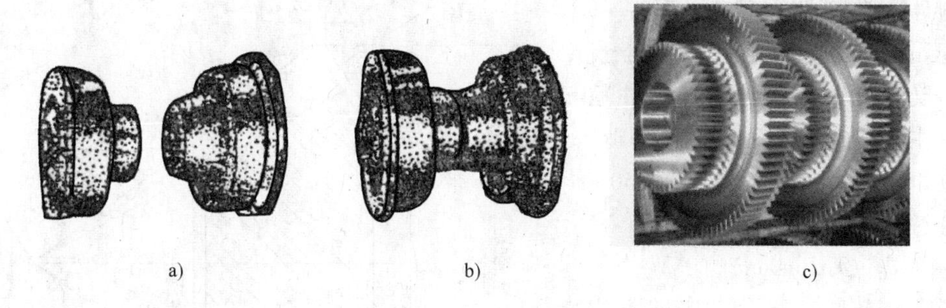

图 2-32　锻-焊结构模锻件

a）模锻件　b）模锻-焊接件　c）电子束焊接的双联齿轮

2.3.4　特种压力加工（Special pressure processing）

随着工业的不断发展，对压力加工提出了越来越高的要求，不仅应能生产各种毛坯，更需要直接生产更多的零件。为此，在传统成形工艺基础上逐渐完善和发展起来了所谓的精密成形工艺。如精密模锻、零件挤压、零件轧制和超塑性成形、高能高速成形等。

1. 精密模锻（Precision die forging）

精密模锻是在模锻设备上锻造形状复杂、锻件精度高的零件的模锻工艺。如精密模锻锤齿轮，其齿形部分可直接锻出而不必再经切削加工。精密模锻的模锻件尺寸标准公差等级可达 IT12～IT15，表面粗糙度为 Ra1.6～3.2μm。

精密模锻的精锻件与普通模锻件相比有如下特点：

1）精锻件的形状比一般模锻件复杂，一般模锻件可以通过增加余量来简化形状，而精锻件接近零件的形状。

2）精锻件的高度（厚度）、壁厚或肋宽等尺寸比一般模锻件要小，因为一般模锻件有加工余量，而精锻件一般不留加工余量或少留加工余量。

3）精锻件的尺寸标准公差等级比一般模锻件高，表面粗糙度值也比一般模锻件低。

精密模锻工艺特点如下：

1）由于精锻件的高度（厚度）、壁厚或肋宽等尺寸比一般模锻件要小，因此无论是镦粗成形、压入成形或挤压成形都将使变形抗力增大，尤其在室温或中温成形时，都可能使模具的强度满足不了要求，这就要求采用一些可以降低变形抗力的工艺措施。例如，采用等温成形新工艺。

2）精锻件的尺寸标准公差等级要求高，表面粗糙度要求低，常在初步精密成形后，还要再增加一道精整工序。

3）精确计算原始坯料的尺寸，严格按坯料质量下料。否则会增大锻件尺寸公差，降低精度。

4）精细清理坯料表面，除净坯料表面的氧化皮、脱碳层及其他缺陷等。

5）为提高锻件的尺寸标准公差等级和降低表面粗糙度值，应采用无氧化或少氧化加热法，尽量减少坯料表面形成的氧化皮。

对于齿形在端面、齿较高的差速锥齿轮（图 2-33），因这类锻件一般为钢件，变形抗力较大，故应采用高温（>1000℃）成形。由于齿较高，仅一次模压很难获得尺寸精确的锻件，因此应先初步精密锻造，经切边和清理后再进行温热（750～850℃）精压或冷精压。

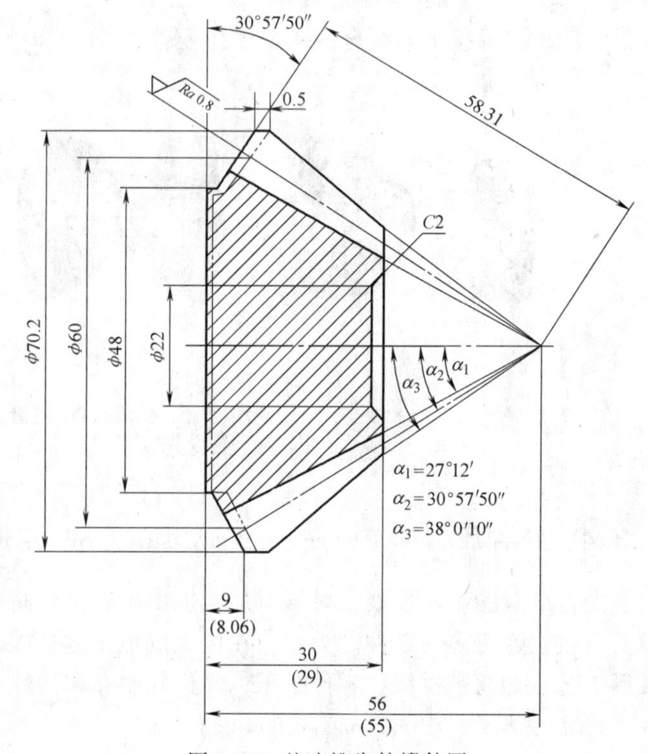

图 2-33　差速锥齿轮锻件图

2. 挤压（Extrusion）

挤压是金属在三个方向的不均匀压应力作用下，从模孔中挤压或流入模膛内以获得所需尺寸和形状的制品的塑性成形工艺。目前不仅冶金厂利用挤压的方法生产复杂截面型材，机械制造厂已广泛利用挤压方法生产各种锻件和零件。

采用挤压方法不但可以提高金属的塑性，生产出复杂截面形状的制品，而且可以提高锻件的精度，改善锻件的内部组织和力学性能，提高生产率和节约金属材料等。

挤压可以在专用的挤压机上进行，也可以在液压机、曲柄压力机、摩擦压力机、液压螺旋压力机及高速锤等设备上进行；对于较长的制件，可以在卧式水压机上进行。

根据金属的流动方向与冲头运动方向的相互关系，挤压方法可分为正挤压、反挤压、复合挤压和径向挤压，如图 2-34、图 2-35、图 2-36 所示。

挤压的变形过程大致可分为四个阶段，即：充满阶段、开始挤出阶段、稳定挤压阶段、终了挤压阶段。

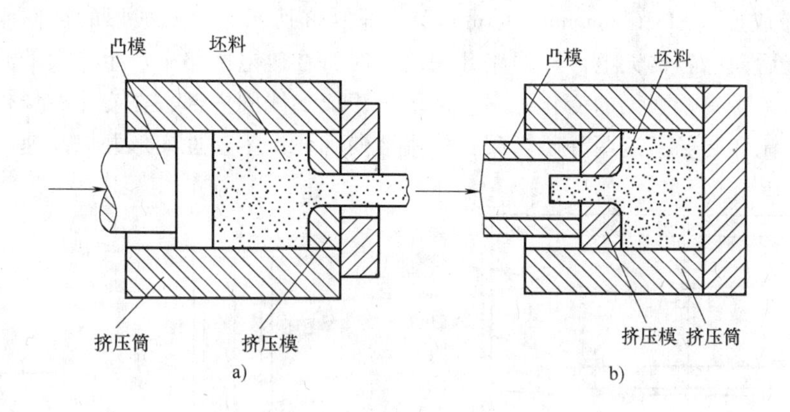

图 2-34　挤压示意图

a）正挤压　b）反挤压

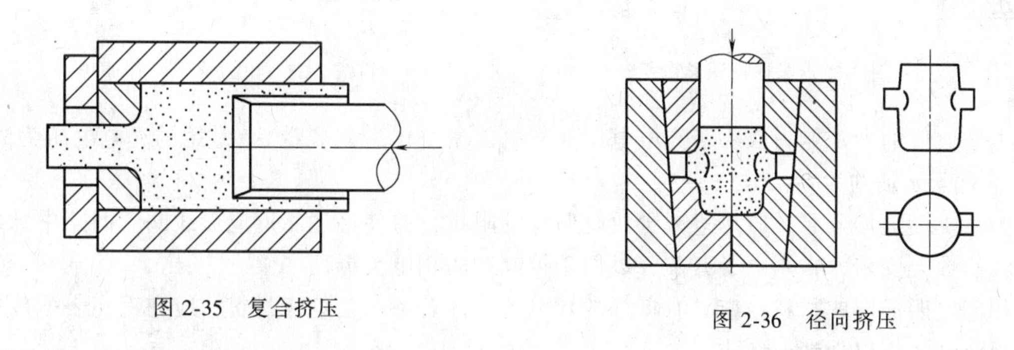

图 2-35　复合挤压

图 2-36　径向挤压

根据挤压时坯料的温度不同可分为冷挤压、温挤压和热挤压。在精密塑性成形时，多数情况下是采用冷挤压和温挤压。

冷挤压的突出优点是尺寸标准公差等级高，表面质量好。目前我国冷挤压件的尺寸标准公差等级可达 IT5，表面粗糙度值可达 $Ra0.2 \sim 0.4\mu m$。因此，挤压是一种先进的、少屑或无屑的成形工艺方法。另外，在冷挤压生产中，由于金属材料的冷作硬化特性，制件的强度与硬度有较大提高，从而可用低强度钢代替高强度钢材料。

3. 高能高速成形（High energy and high velocity forming）

高能高速成形是一种在极短时间内释放高能量而使金属变形的成形方法。高能高速成形主要包括：利用火药爆炸产生化学能的爆炸成形、利用电能的水电成形和利用磁场力的电磁成形。本节主要介绍这三种形式的高能高速成形。

（1）爆炸成形（Explosion forming） 爆炸成形是利用爆炸物质在爆炸瞬间释放出巨大的化学能对金属毛坯进行加工的高能高速成形方法。

图 2-37 所示为爆炸拉深成形示意图。板料毛坯固定在压边圈和凹模之间，整个模具埋在水中，毛坯上部放置定量炸药。启爆后，炸药爆炸产生的化学能以 2000~8000m/s 的瞬间高速高压冲击波在水中传播，使毛坯成形。成形后的零件形状取决于凹模型腔。

爆炸成形可用于板料的剪切、拉深、冲孔、翻边、胀形、矫形、弯曲、扩口和压制花纹等；此外，还可用于爆炸焊接、表面强化、构件装配和粉末压制等。

（2）电磁成形（Electromagnetic forming） 图 2-38 所示为电磁成形的工作原理。网路电流经升压整流后向电容器充电。当回路开关闭合时，在放电回路中产生强大的脉冲电流，并在其周围空间产生一个强大的变化磁场。毛坯位于成形线圈内部，在变化磁场作用下，毛坯内产生感应电流和磁场，这两种磁场相互作用会使毛坯产生塑性变形并以高速贴模。

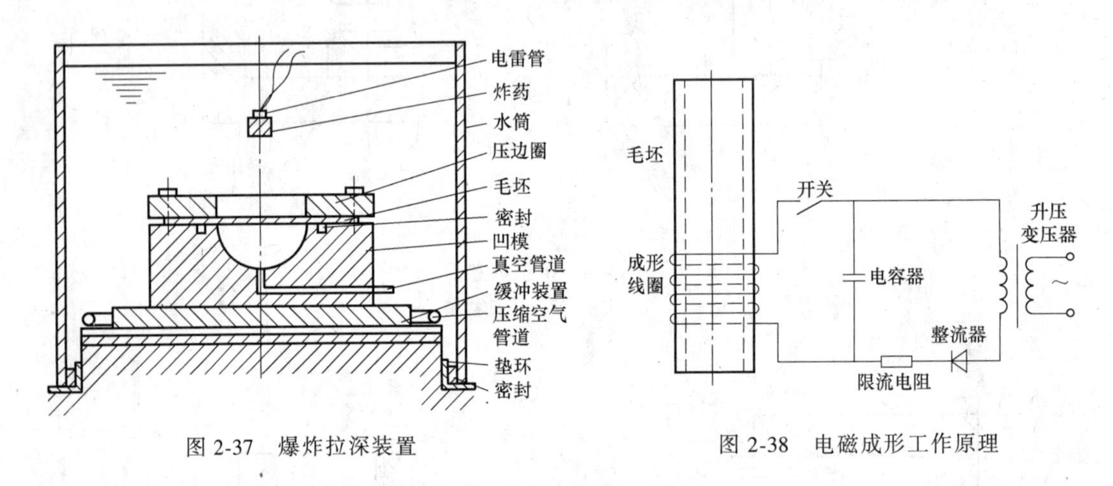

图 2-37 爆炸拉深装置

图 2-38 电磁成形工作原理

电磁成形的加工能力取决于充电电压和充电能量（电容器容量）。常用的充电电压为5~10kV，充电能量约为 5~20kJ。

为了提高成形效果，应尽量减少放电回路的阻抗，并使毛坯靠近成形线圈。回路中脉冲电流可达数万安培，常用电子开关，以便于控制和防止电流振荡产生。

用于电磁成形的材料，应具有良好的导电性能。若毛坯是绝缘材料，应在毛坯表面放置薄铝板驱动片，以带动毛坯成形。

（3）水电成形（Hydropower forming） 水电成形是利用液体中强电流脉冲放电所产生的强大冲击波对金属进行加工的一种高能高速成形方法。与爆炸成形相比，水电成形时能量易于控制，成形过程稳定，操作方便，生产率高，便于组织生产。但由于受到设备容量限制，水电成形还只限于中、小型零件的加工，主要用于板材的拉伸、胀形、翻边、冲裁等。

水电成形的工作原理如图 2-39 所示。该装置主要由两部分组成，即充电回路及放电回路。充电回路主要由升压变压器、整流器及充电电阻组成。放电回路主要由电容器、辅助开关及电极组成。

来自回路的交流电经变压器及整流器后变为高压直流电并向电容器充电。当充电电压达到所需的值时，点燃辅助间隙，高电压瞬时地加到两放电电极所形成的主间隙上，并使主间隙击穿，在其间产生高压放电，在放电回路中形成非常强大的冲击电流，结果在电极周围介

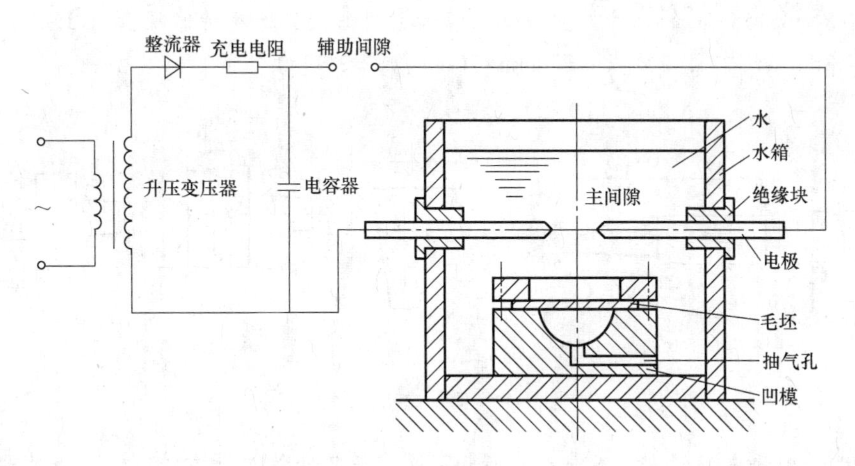

图 2-39　水电成形工作原理

质中形成冲击波及液流冲击而使金属毛坯成形。

案例分析 2-1（Case analysis 2-1）

汽车羊角转向节锻件图如图 2-40 所示。材料为 45 钢棒料 ϕ120mm×205mm，要求生产 20 件，请拟订锻造工艺和操作实践。

从锻件图和生产批量可见，为单件小批量生产，为了保证锻件尺寸，应该采用胎模锻。现有两种胎模锻造工艺方法，请比较其异同点和优缺点，并按照好的工艺方法完成胎模锻操作实践。

1. 胎膜锻造工艺规程 1

（1）第一次火（第一次加热）　将坯料用感应炉加热到 1200℃。

1）在 ϕ120mm×205mm 坯料的一端 35mm 处（图 2-41a），用卡子卡成 ϕ60mm，并拔长成带梢圆棒（图 2-41b）。

2）将拔好的一端装入漏盘，墩粗 ϕ120mm×170mm 处成 ϕ160mm×95mm（图 2-41c）。

3）ϕ160mm × 95mm 切成双面深 40mm（图 2-41d），并拔成 75mm×118mm×115mm 的形状（图 2-41e）

（2）第二次火　将上述坯件再次加热到 1200℃。

1）将坯件放在漏眼工具上，漏 75mm × 75mm×80mm 的孔（图 2-42a）。

2）斜切头部（图 2-42b）。

（3）第三次火　将上述坯件加热到 1200℃。

1）因 ϕ155mm×25mm（图 2-41d）不能充满

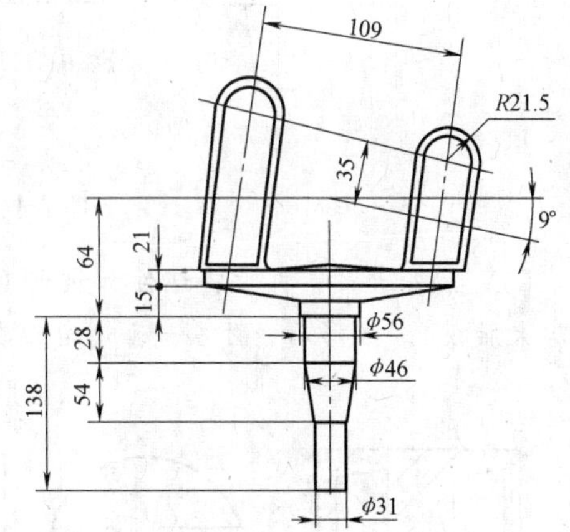

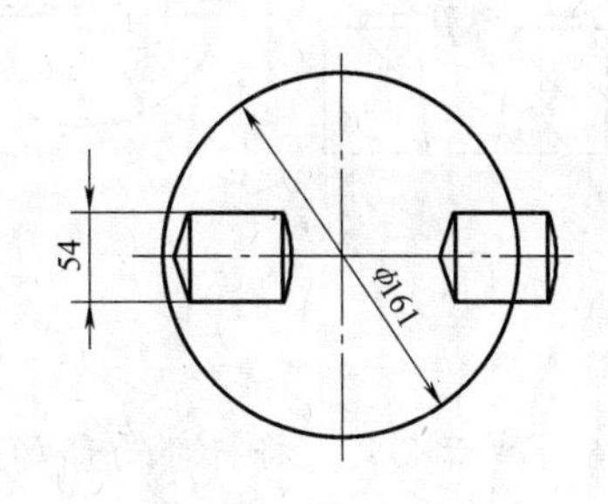

图 2-40　锻件草图

胎模，故需增加 φ155mm 的尺寸。重新放入漏盘上边凹处，压入特制漏盘（上下漏模组成胎膜）（图 2-43b），使中间部分成 φ170mm×20mm（图 2-43a）。

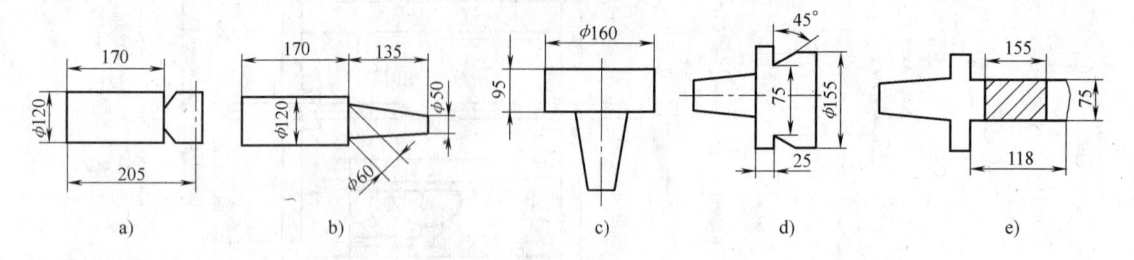

图 2-41　第一次火工序图

2）因上一工序变形较大，不易放入胎模，故需在凹处放入一方铁，把凹部打紧，圆盘成椭圆形（图 4-43c）。

（4）第四次火　将上述坯件再次加热到 1200℃，在胎模中成形。因飞边太大，要用气割去掉飞边。

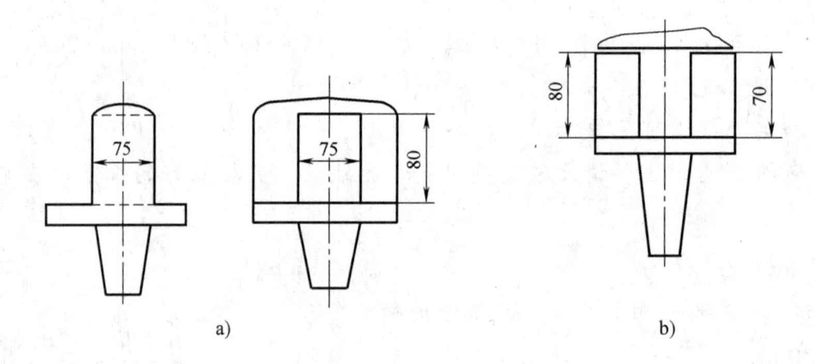

图 2-42　第二次火工序图

（5）第五次火　再次将坯件加热到 1200℃，去除氧化皮，再放入胎模闷型（胎模同第三次火胎模）。成形后，用另一套切边模在锤上切边。

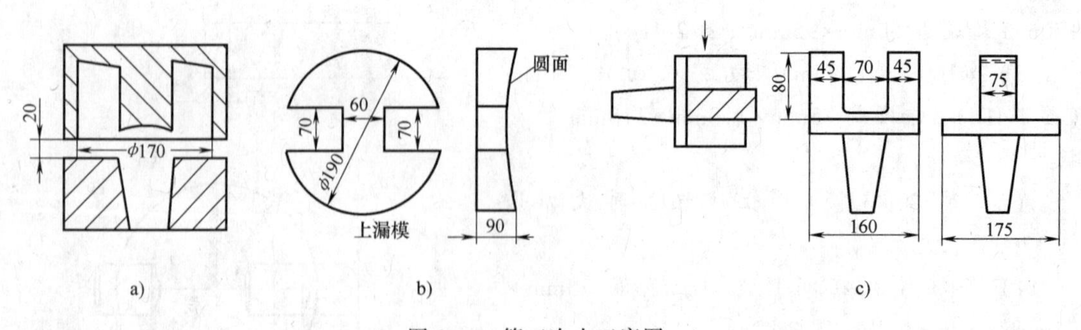

图 2-43　第三次火工序图

（6）第六次火　将杆部局部加热到 1200℃，用带有梢的摔子摔成工艺尺寸，并矫直杆部，即成羊角锻件草图形状。

2. 胎膜锻造工艺规程 2

采用的工艺方案如下。锻件根部由原来 ϕ65mm 改成 ϕ54mm，尖部仍是 ϕ31mm。

(1) 第一次火　将坯料 ϕ120mm×125mm 感应加热到 1200℃。

1）把坯料放入漏盘正中，用一圆弧胎模压入上部，用锤猛击成形（图 2-44a）。

2）转一方向，坯料仍在漏盘中，在上边用三个不同尺寸的圆压子压出凹槽（图 2-44b）。

3）在压出的凹槽上套入一个双眼漏盘，下边还在原漏盘上（图 2-44c）。

4）ϕ170mm 不易于放入胎模，在凹处放一方铁，锻成椭圆形（图 2-44d）。

(2) 第二次火　将上述坯件加热到 1200℃，胎模成形，再用切边模在锤上切边。

(3) 第三次火　将杆部局部加热到 1200℃，拔长时用一带梢的摔子，摔成工艺尺寸，再矫直，即成锻件草图形状。

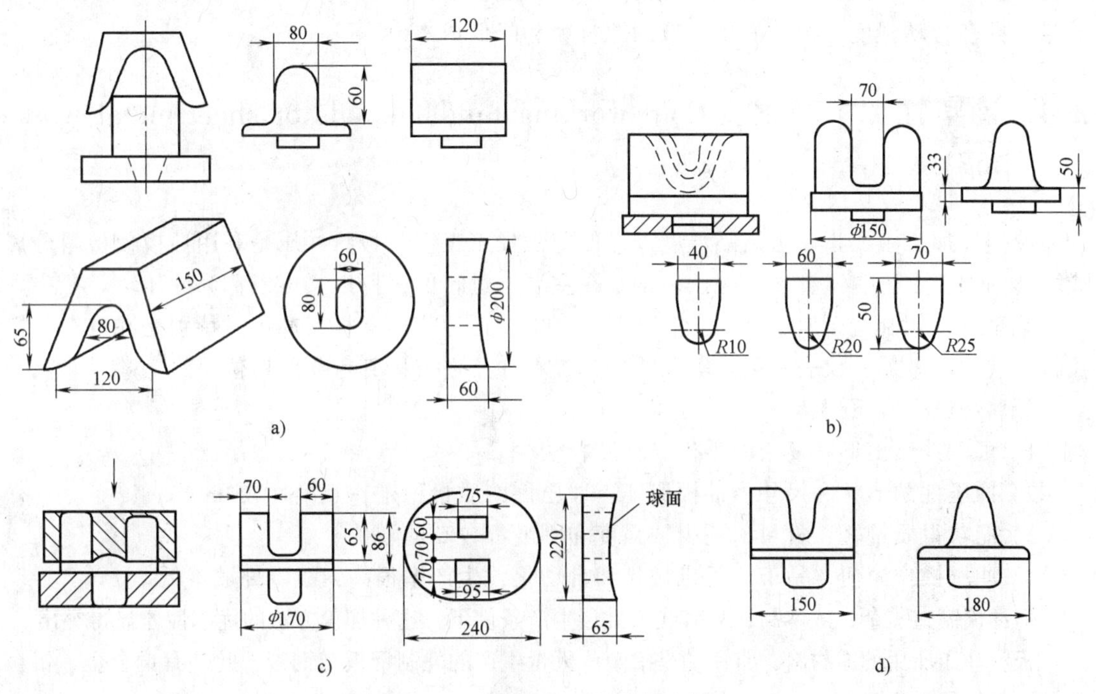

图 2-44　工艺规程 2 的锻造工序图

3. 两种工艺规程的比较

采用工艺规程 1 生产羊角转向节时，因当时矫直杆部有困难，所以把杆部直径加粗很多，而加工余量也很大。而工艺规程 2，杆部的尺寸适当改了，根部由原来 ϕ65mm 改成 ϕ54mm，3 次火即可成形。两种工艺规程的比较见表 2-9。

表 2-9　两种工艺规程的比较

项目	工艺规程 1	工艺规程 2
产量	8h 生产 20 件	8h 生产 60 件
质量	会出现裂纹，成形困难，有时有废品（合格品 90%）。	合格品 100%
材料	下料为 18kg	下料为 11kg
人员	工具重而多，加热火次达六次，需要 9~10 人	工具简单，加热三次，需要 6~7 人

从表 2-9 可见，工艺规程 2 的生产效率高，没有不合格品，节约原材料，节能，减轻劳动强度，减少操作人员的数量。很显然，工艺规程 2 比工艺规程 1 要好。

所以现在按工艺规程 2 进行实操，采用 65kg 的空气锤，50kW 中频感应炉加热。分 3 个组，第一组负责第一次火的锻造，第二组负责第二次火的锻造，第三组负责第三次火的锻造，每组 2 人。

所获得的锻件及加工后的产品，如图 2-45 所示。可见产品表面质量优良，尺寸标准公差等级高，因此，正确的制订锻造工艺规程，有利于提高锻件质量，减轻劳动强度，节约能源，节约原材料和降低成本。

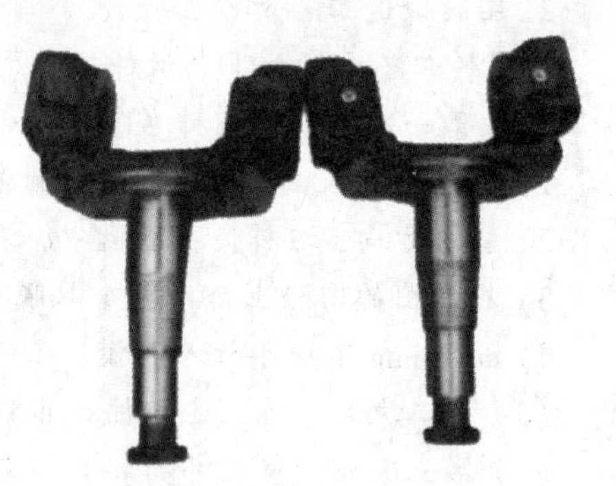

图 2-45　汽车羊角转向节

2.4　冷塑性加工基础（Cold working fundamentals or sheet-metal working）

冷塑性加工主要指在再结晶温度以下的塑性加工工艺。板料冲压是利用冲模使板料分离或变形的加工方法。这种加工方法通常是在室温下进行的，所以又可以称为冲压。

几乎在一切制造金属成品的工业部门中，都广泛地应用着板料冲压。特别是在汽车、拖拉机、航空、电器、仪表及国防等工业中，板料冲压占有极其重要的地位。

板料冲压具有下列特点：

1）可以冲压出形状复杂的零件，且废料较少。

2）冲压件的形状和尺寸由冲模保证，冲压件的质量稳定，互换性较好。

3）能获得质量轻、材料消耗少、强度和刚度都较高的零件。

4）冲压操作简便，易于实现机械化和自动化，生产率很高，故零件成本低。

但冲模制造复杂，成本高，只有在大批量生产条件下，这种加工方法的优越性才显得突出。

板料冲压所用的原材料，常用的是冶金厂大量生产的轧制钢板与钢带，此外有铜合金、铝合金、钛合金及不锈钢板等。

冲压生产中常用的设备是剪床和压力机。剪床用来把板料剪切成一定宽度的条料，以供下一步的冲压工序用。压力机用来实现冲压工序，以制成所需形状和尺寸的成品零件，压力机最大吨位已达 40000kN。

冲压生产基本工序有分离工序和成形工序两大类。分类工序是使坯料的一部分与另一部分相互分离的工序，如落料、冲孔、切断和修边。成形工序是使坯料的一部分相对于另一部分产生位移而不破坏的工序，如拉深、弯曲、翻边、胀形等。

2.4.1　冲裁变形过程（Shearing deformation procedures）

冲裁过程大致可以分成三个阶段（图 2-46）。

（1）弹性变形阶段　冲头（凸模）与板料接触后，使板料产生弹性压缩、拉伸与弯曲等变形，此时，板料中的内应力值迅速增大，但没有超过材料的弹性极限。若卸去载荷，板料则恢复原状。

(2) 塑性变形阶段 冲头继续向下运动，板料中的内应力值达到屈服强度，板料金属产生塑性变形。变形达到一定程度时，位于凸、凹模刃口处的金属硬化加剧，出现微裂纹。

(3) 断裂分离阶段 冲头继续向下运动，已形成的上、下裂纹逐渐扩展。上、下裂纹相遇重合后，板料被剪断分离。

冲裁件断面质量主要与凸凹模间隙（Z）、刃口锋利程度有关，同时也受模具结构、材料性能及板料厚度等因素的影响。

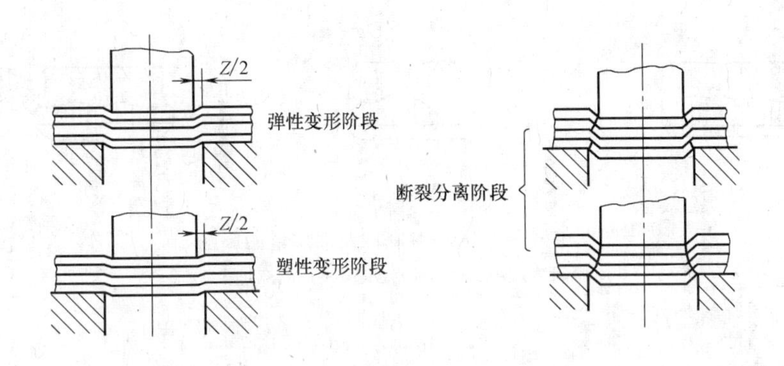

图 2-46 冲裁变形过程

2.4.2 间隙（Z）对切断面质量的影响（Effect of clearance on the cut surface quality）

冲裁模的凸模一般都小于凹模，在凸模和凹模间存在的适当空隙称为间隙。此冲裁间隙对冲裁件的切断面质量有很大的影响。

从图 2-47 中可以看到，当间隙过小时，由于上、下裂纹向内扩展时不能互相重合，将产生第二次剪切，在端面中间留下撕裂面。当间隙过大时，板料受到很大的拉伸应力和弯曲应力作用，冲裁件圆角和斜度变大，光亮带小，飞边大而厚，难以去除。只有将间隙值控制在合理范围内，上、下裂纹才能互相重合，冲裁件断面平直、光洁，质量最好。

此外，间隙的大小对模具的寿命、冲裁力、冲裁件的尺寸标准公差等级也有很大的影响，因此，正确选择合理的间隙值对冲裁生产是至关重要的。

单边间隙 c 的合理数值可按下述经验公式计算：

$$c=\frac{1}{2}Z=mS$$

式中，S 为材料厚度（mm）；m 为与材料性能及厚度有关的系数。

实际应用中，材料较薄时，m 可以选用如下数据：

低碳钢、纯铁 $m=0.06\sim0.09$。

铜、铝合金 $m=0.06\sim0.1$。

高碳钢 $m=0.03\sim0.12$。

当材料厚度 $S>3$mm 时，由于冲裁力较大，应适当把系数 m 放大。对冲裁件断面没有特殊要求时，系数 m 可放大 1.5 倍。

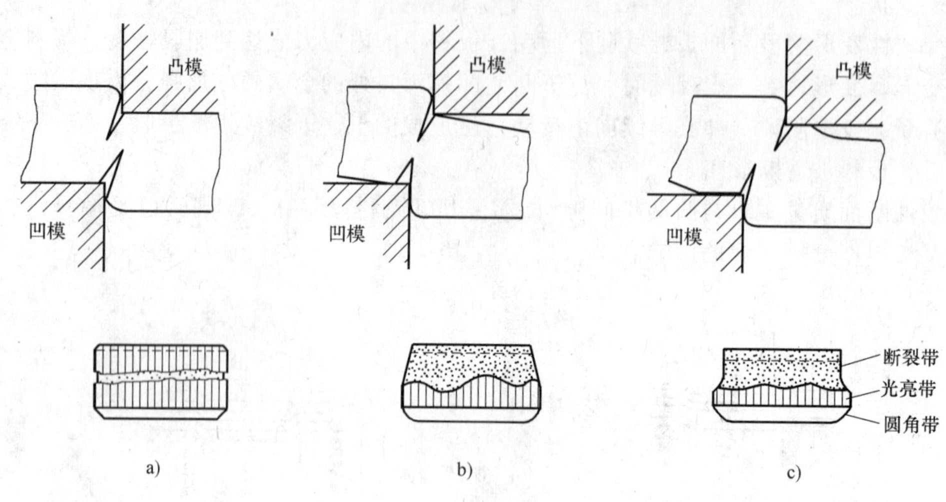

图 2-47 间隙大小对制件断面质量的影响

a）间隙过小 b）间隙合适 c）间隙过大

2.4.3 板料成形时的变形过程（The deformation process of sheet metal forming）

板料成形时只允许产生弹性变形和塑性变形，不允许产生微裂纹。因此，变形中的加工硬化达到一定程度后必须进行再结晶退火。

（1）板料的弯曲变形（Banding deformation of sheets） 图 2-48 所示为板料的 V 形弯曲过程，弯曲过程中，在凸模压力作用下，板料产生弯曲变形，随着凸模下降，弯曲部分的材料由弹性变形过渡到塑性变形，最后将板料弯曲成与凸模尺寸形状一致的工件。

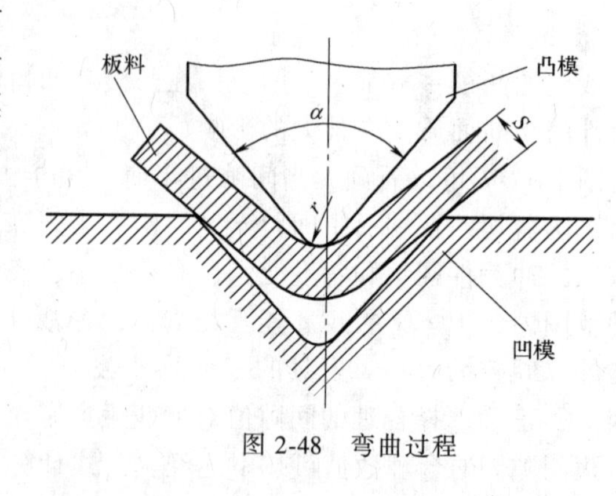

图 2-48 弯曲过程

在弯曲工序中，板料弯曲部分外层受拉伸而伸长，内层受压缩而缩短，在外层外表面，拉伸应力与拉伸应变最大。当外层纤维的伸长变形超过材料性能所允许的极限伸长时，即会造成金属破裂；板料越厚，内弯曲圆角半径越小，则拉伸应变越大，越容易弯裂。为防止弯裂，弯曲的最小圆角半径应为 $r_{min}=(0.25\sim1)\ S$（S 为金属板料的厚度）。材料塑性好，则弯曲圆角半径可小些。

（2）板料的拉深变形（Deep drawing deformation of sheets） 拉深是利用模具使冲裁后得到的平板毛坯变形成开口空心零件的工序（图 2-49）。其变形过程为：把直径为 D 的平板坯料放在凹模上，在凸模作用下，坯料被拉入凸模和凹模的间隙中，形成空心拉深件。拉探件的底部一般不变形，只起传递拉力的作用，厚度基本不变。坯料外径 D 减去与凸模直径相同的 d 的环形部分的金属，切向受压应力作用，径向受拉伸应力作用，逐步进入凸模与凹模之间的间隙，形成拉深件的直壁。直壁主要受拉伸应力作用，厚度有所减小。而直壁与底之间的过渡圆角部分的拉薄最严重。而拉深件的凸缘部分受切向压应力作用，厚度有所增大。如果需要拉深变形程度较大，应进行多次拉深。

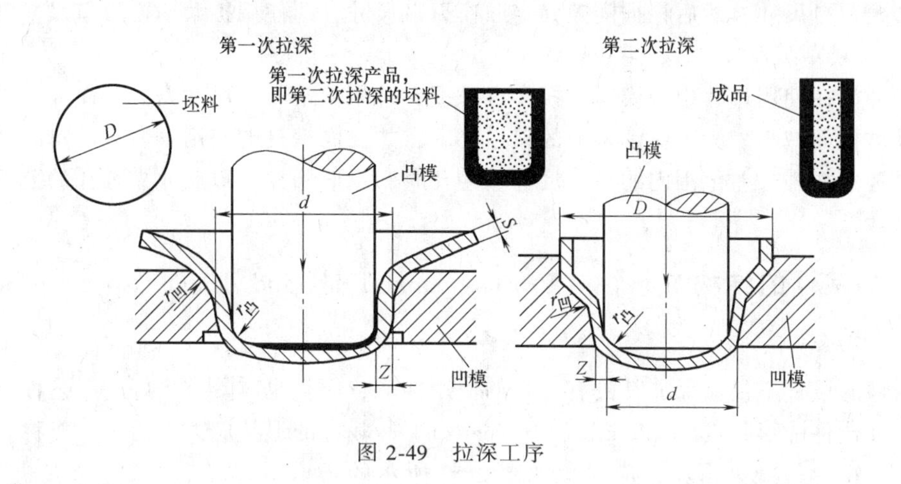

图 2-49　拉深工序

2.5　冲裁工艺（Shearing process）

冲裁是使坯料按封闭轮廓分离的工序，主要是指落料与冲孔工序。落料时，冲落部分为成品，余下的为废料；而冲孔是为了获得带孔的冲裁件，冲去的为废料。

2.5.1　普通冲裁（General shearing）

普通冲裁如图 2-50 所示。凸模和凹模的边缘都带有锋利的刃口，当凸模向下运动压住板料时，板料受剪切产生塑性变形，板料即被切离，得到平面的冲裁件（图 2-51）。

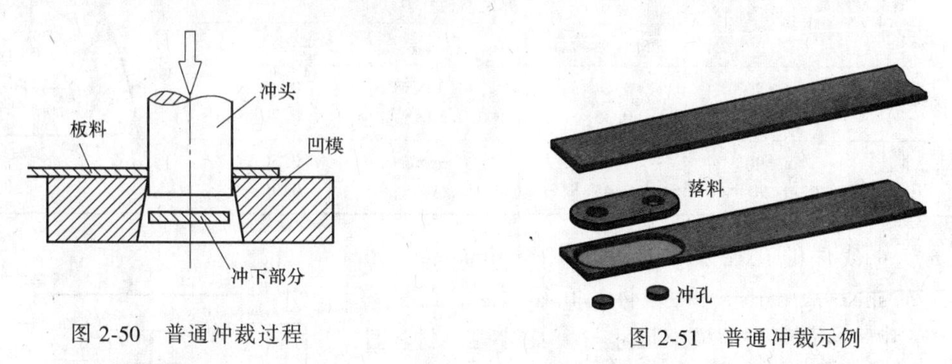

图 2-50　普通冲裁过程

图 2-51　普通冲裁示例

为了获得良好的冲裁件，凸凹模之间要有合理的冲裁间隙，冲模的合理间隙是由凸模与凹模刃口尺寸及其公差来保证的，因此必须正确确定冲模刃口尺寸。

2.5.2　凸模与凹模刃口尺寸的确定（Determining of the cutting edge size of punch and die）

冲模合理间隙是由凸模与凹模刃口尺寸及其公差来保证的，因此必须正确确定冲模刃口尺寸。

设计落料模时，以凹模为基准，按落料件先确定凹模刃口尺寸，然后根据间隙确定凸模刃口尺寸，即用缩小凸模刃口尺寸来保证间隙值。设计冲孔模时，以凸模为基准，按冲孔件先确定凸模刃口尺寸，然后根据间隙确定凹模刃口尺寸，即使用扩大凹模刃口尺寸来保证间隙值。

由于冲模在使用过程中凸模与凹模会有磨损，结果使落料件尺寸增大，而冲孔件尺寸则随凸模的磨损而减小。为了保证零件的尺寸要求，并提高模具的使用寿命，落料时凹模刃口尺寸应靠近落料件公差范围内的最小尺寸。冲孔时，选取凸模刃口尺寸靠近孔的公差范围内的最大尺寸。

2.5.3 冲裁件的结构工艺性（Process capabilities and design aspects of shearing parts）

冲裁件的设计不仅应保证其具有良好的使用性能，而且也应具有良好的工艺性能。

（1）冲裁件的形状（Shape of shearing parts） 冲裁件的形状应力求简单、对称。尽可能采用圆形或矩形等规则形状，应避免如图 2-52 所示的长槽或细长的悬臂结构。否则使模具制造困难，降低模具使用寿命。

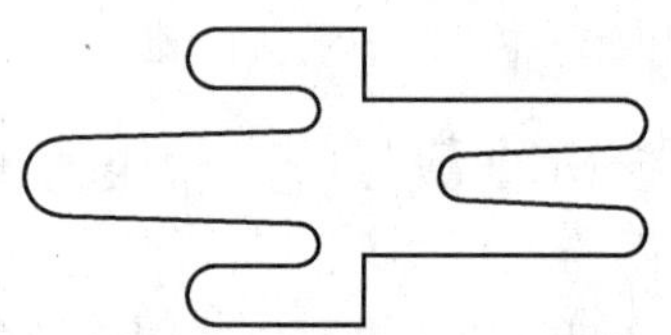
图 2-52 不合理的落料件外形

（2）冲裁件的圆角（Corner of shearing parts） 冲裁件上直线与直线、曲线与直线的交接处，均应用适宜的圆角连接。因为圆角可以大大减小应力集中，有效地消除冲模开裂现象。落料件、冲裁件的最小圆角半径见表 2-10，其中 S 为板厚。

表 2-10 落料件、冲裁件的最小圆角半径

工序	圆弧角	最小圆角半径 R_{min}		
		黄铜、纯铜、铝	低碳钢	合金钢
落料	$\alpha \geqslant 90°$ $\alpha < 90°$	$0.24 \times S$ $0.35 \times S$	$0.30 \times S$ $0.50 \times S$	$0.45 \times S$ $0.70 \times S$
冲孔	$\alpha \geqslant 90°$ $\alpha < 90°$	$0.20 \times S$ $0.45 \times S$	$0.35 \times S$ $0.60 \times S$	$0.50 \times S$ $0.90 \times S$

（3）冲裁件的孔径及孔位距（Hole diameter and distance of shearing parts） 冲裁件的孔径太小，凸模易折断和压弯，冲孔允许的最小尺寸与模具结构、材料性能及板料厚度有关，如图 2-53 所示。

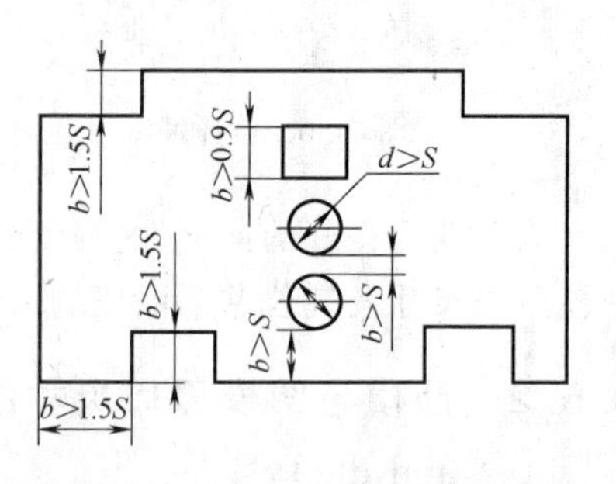

图 2-53 冲裁件的孔径及孔位距

2.5.4 精密冲裁（也称齿圈压板式冲裁）简介（Introduction of fine blanking）

为了提高冲裁件的断面质量和尺寸标准公差等级，在生产中通常应用整修、光洁冲裁或齿圈压板冲裁（精密冲裁法）等方法。其中精密冲裁法还可以与其他成形工序组合，提高了生产效率，降低了成本，因此是一项具有良好发展前景的新技术。

图 2-54 为带 V 形环齿圈压板进行冲裁的方法。其工作部分由凸模、凹模、带齿圈的强力压板及顶件器四部分组成。其工作过程是：材料被送入模具后，齿圈压板与凹模及顶件器将板料压紧，然后凸模下降开始冲切，冲切时顶件器始终压紧板料；冲切完成后，凸模回程，条料从凸模上卸下，接着顶件器将工件顶出。

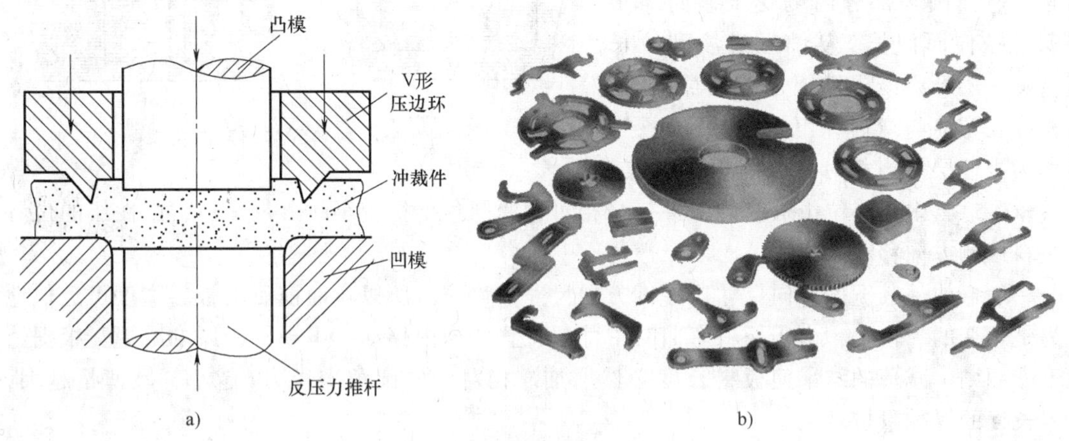

图 2-54 齿圈压板精密冲裁

a）精密冲裁示意图 b）精密冲裁件示例

由于精密冲裁法选用极小的间隙，凹模刃口带有小圆角，且有齿圈压板与顶件器的强大压力作用，使变形区材料处于三向压应力状态，抑制了裂纹产生，使其以塑性变形的方式完成分离。因此，精密冲裁法所获得的零件切断面，其光亮带可达板料厚度的 100%，断面平直，零件的尺寸标准公差等级可达 IT6~IT9，表面粗糙度值为 $Ra3.2 \sim 0.2\mu m$。

精密冲裁对材料的塑性有一定的要求，材料必须具有良好的变形特性。材料的塑性越好，越适于精密冲裁。非铁金属材料中的铝、黄铜等材料一般均能取得良好的精密冲裁效果。在钢铁材料中，含碳量小于 0.35%（质量分数），$R_m = 300 \sim 600MPa$ 的碳钢精密冲裁效果最好。含碳量在 0.35%~0.7%（质量分数）或更高的碳钢以及低合金钢经球化退火后仍可获得良好的精密冲裁效果。

2.6 成形工艺（Forming process）

2.6.1 弯曲（Bending）

弯曲是将坯料弯成具有一定角度和形状的工艺方法。弯曲可以在压力机上使用弯曲模进行，也可以使用折板机、弯管机、滚弯机、拉弯机进行。

(1) 弯曲工艺及特点 弯曲时应尽可能使弯曲线与坯料纤维方向垂直（图 2-55）。若弯曲线与纤维方向一致，则容易产生破裂，此时应增大弯曲半径。

弯曲结束后，由于弹性变形的恢复，坯料略微弹回一点，使被弯曲的角度增大，此现象称为弹复或回弹（bending spring）。一般回弹角为0°~10°。因此在设计弯曲模时，必须使模具的角度比成品件角度小一个回弹角以进行补偿，以便在弯曲回弹后得到准确的弯曲角度。

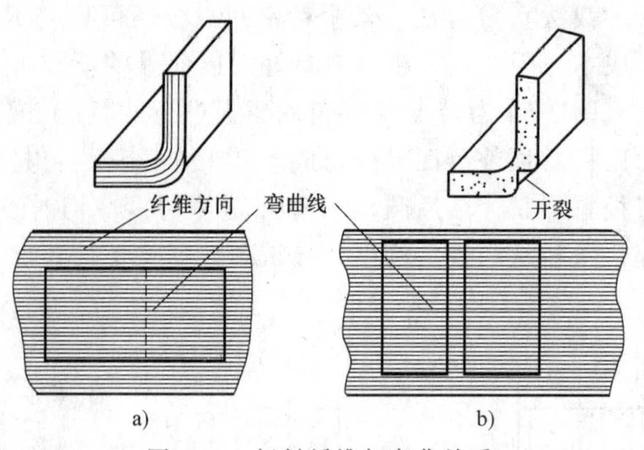

图 2-55　板料纤维与弯曲关系

（2）弯曲伸长与尺寸计算　零件在弯曲时，弯曲圆角部分内侧受压缩而缩短，外侧受拉伸而伸长。从缩短过渡到拉长，应该有一层纤维既未缩短也未拉长，即它的长度在弯前与弯后并不改变，这一层纤维称为中性层。当相对弯曲圆角半径较大时（$r/t>5$），中性层位于板厚的中央，当相对弯曲圆角半径较小时（$r/t<5$），中性层的位置向板料内侧方向移动。

一般弯曲件其宽度方向尺寸比厚度方向尺寸大得多，所以弯曲前后的板料宽度可近似地认为是不变的。但是，由于板料弯曲时中性层位置的向内移动，出现了板厚的减薄，根据体积不变原则，减薄的结果使板料长度必然增加。相对弯曲圆角半径 r/t 越小，减薄量越大，板料长度的增加量也越大。

在实际生产中，弯曲件需要计算它弯前的尺寸或展开长度。可以根据弯曲前、后中性层长度不变的原则来确定弯曲件的毛坯展开长度和尺寸。具体的计算方法是：先把零件分成直线和圆弧部分，如图 2-56 所示，零件可分为 1、2、3、4、5 五段，直线部分 1、3、5 的长度，从零件所注尺寸经过换算可得，圆弧部分 2、4 的尺寸根据中性层位置计算可得。即弯曲件的展开长度应为：

$$L_{总} = \sum L_{直边} + \sum L_{弯曲}$$

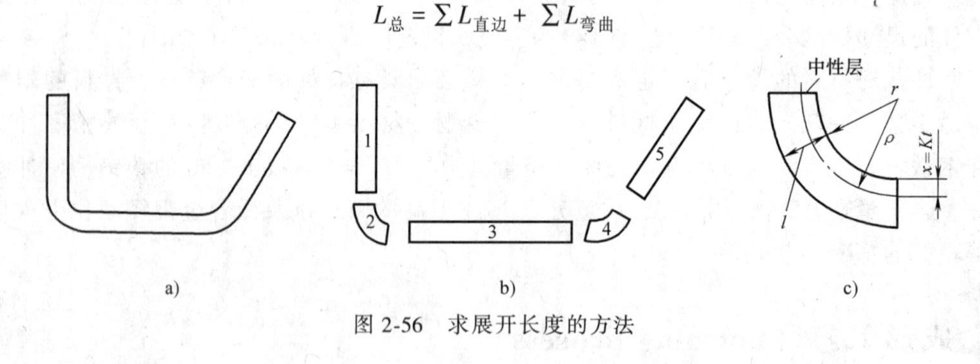

图 2-56　求展开长度的方法

各个弯曲部分中性层长度 L 弯曲计算如下：

$$L_{弯曲} = \frac{\pi\alpha}{180}\rho = \frac{\pi\alpha}{180}(r+kt) \approx 0.017\alpha(r+kt)$$

式中，L 为弯曲件的展开长度（mm）；α 为弯曲中心角（°）；r 为弯曲件内表面的圆角半径（mm）；t 为弯曲件原始厚度（mm）；k 为中性层系数，k 值随 r/t 增大而增大，一般取值范围为 0.2~0.5。

对于 r/t 值较小的弯曲件，在计算弯曲件的展开长度时，可以先用上述公式进行初步计算，经过试压后才能最后确定合适的毛坯形状和尺寸。

（3）柔性模与管子的弯曲 管子的弯曲加工，在汽车、金属结构、动力机械、石油化工、管道工程、航空航天等工业部门占有十分重要的地位。

与板材弯曲加工相比，虽然从变形性质等方面看非常相似，但由于管子为空心横断面的形状特点，使得管子弯曲在加工方法、需要解决的工艺难点等方面与板料弯曲是不同的。

管子弯曲时，在弯矩 M 的作用下（图 2-57），弯管段的外侧因受拉而伸长，使管壁减薄，内侧受压缩而使其增厚或失稳起皱，管子截面变为椭圆，甚至产生裂纹。中性轴则不受拉压。这些缺陷的产生与相对弯曲半径（R/d）有很大关系。相对弯曲半径越小，越容易产生各种缺陷。

尽可能地减小弯曲加工中产生的管子横断面畸变变形，对于管子弯曲非常重要，为此，产生了各种管子弯曲方法。按弯曲方式可分为绕弯、推弯、压弯和滚弯；按弯曲时加热与否可分为冷弯和热弯；按弯曲时有无填充物可分为有芯（填料）弯管和无芯（填料）弯管。

绕弯是最常用的弯管方法，它分为手工弯管和弯管机弯管两类。手工弯管是利用简单的弯管装置对管坯进行弯曲加工，但是劳动强度大，生产率低，仅适用于单件或小批量生产；弯管机弯管是在立式或卧式弯管机上进行弯曲加工，可以采用芯棒对管坯进行弯曲，生产效率高，弯管质量较好，故广泛用于大批量生产的场合。

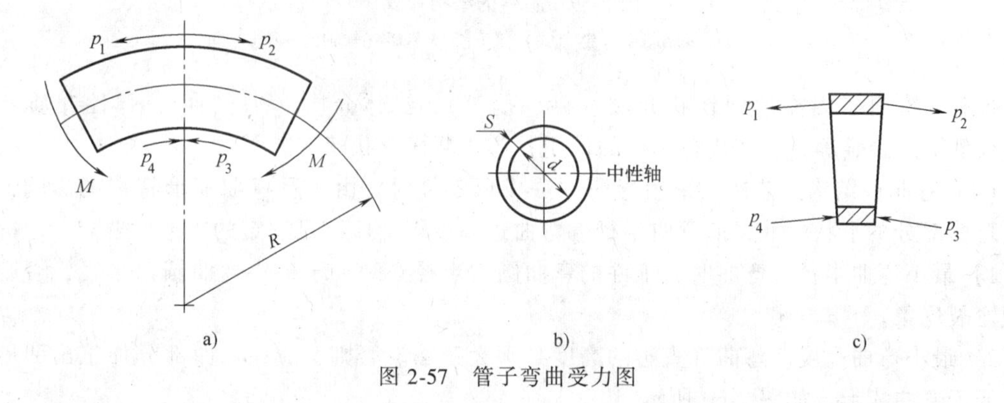

图 2-57 管子弯曲受力图

图 2-58 所示为有芯弯管方法，弯曲胎模固定在机床主轴上并随主轴一起旋转、管坯的一端由夹持块压紧在弯曲胎模上。在管坯与弯曲胎模的相切点附近，其弯曲外侧装有压块，弯曲内侧装有防皱块，而管坯内部塞有芯棒。当弯曲胎模转动时，管坯即绕弯曲胎模逐渐弯

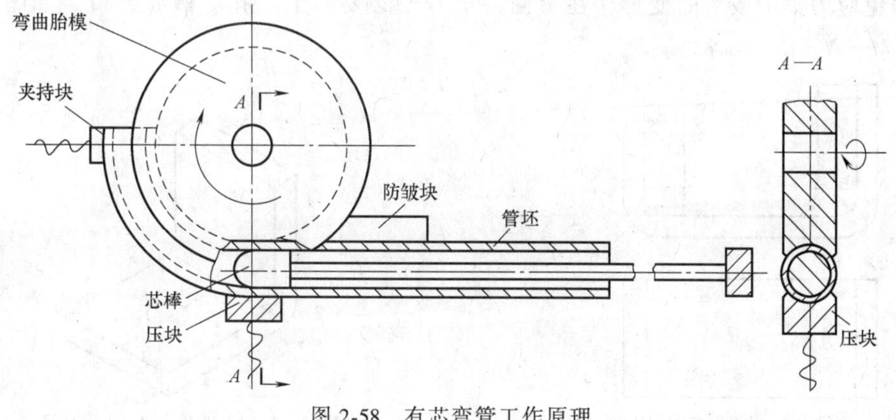

图 2-58 有芯弯管工作原理

曲成形。管件的弯曲角度由挡块（图中未示出）控制，当弯曲胎模转到管件要求的弯曲角度时，则撞击挡块，使弯曲胎模停止转动。

为了防止断面产生畸变，应在弯曲变形区采用适当形状的芯棒支撑断面。管材弯曲时，芯棒处于弯曲变形区（直线段与弯曲段相交接的位置），始终从管坯内部支撑断面。也可以采用柔性芯棒，如图 2-59 所示，这两种类型的芯棒是由多节段芯棒组装而成，各节段之间用类似于万向节结构，它在一定范围内可任意地相对转动。弯曲过程中，这种柔性芯棒可随管坯的变形而自由弯曲，故防断面畸变的效果较好，且弯曲后从管内取出也很方便，但缺点是制造麻烦。

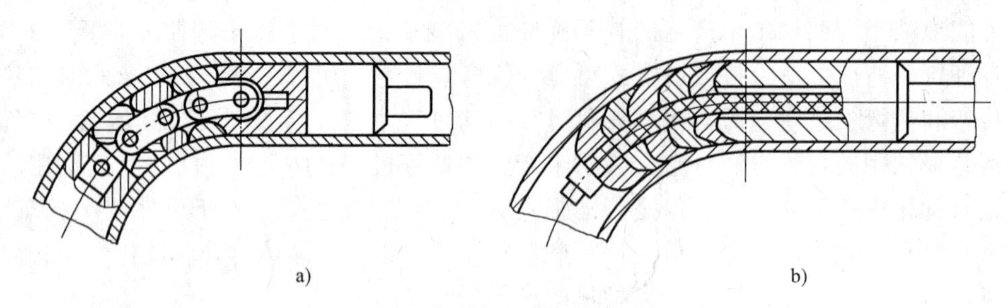

图 2-59　芯棒的结构形式

a）多球芯棒（链节式）　b）多球芯棒（软轴式）

此外，在管子内充填颗粒状介质（砂、盐等）、流体介质（水、油）、弹性介质（橡胶）或低熔点合金等，也可代替芯棒的作用，防止断面形状畸变。

（4）弯曲件结构工艺性。采用弯曲方法成形零件时，由于受弯曲变形特点的影响，零件上弯曲部分的形状尺寸，如弯曲半径、弯曲边高度等，应满足一定的工艺性要求。

1）最小弯曲半径。弯曲时，工件的弯曲圆角半径必须大于最小弯曲圆角半径，否则会出现弯裂现象。

2）最小弯曲高度。弯曲件直边的高度必须大于 $2t$。否则，应在弯曲部分加工出凹槽或孔，便于弯曲成形。如图 2-60 所示。

3）孔与弯曲处的最小距离。为了避免弯曲时孔发生变形，孔与弯曲处的距离必须大于其允许的最小距离，如图 2-61 所示，$l>2t$。否则，应先弯曲后冲孔。

4）弯曲件的形状和尺寸应对称，以避免工件偏移。在允许的情况下，应尽量采用成对弯曲。

为避免应力集中或弯曲变形，在弯曲件上开设必要的工艺孔、槽或缺口。如图 2-62 所示的 *H*、*M*、*N*、*K*、*D* 各处。

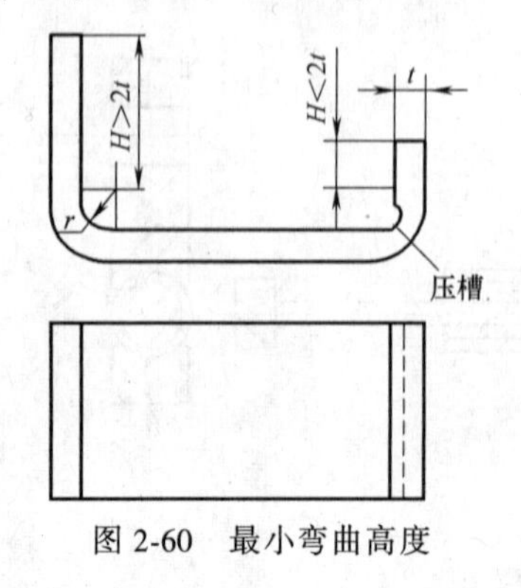

图 2-60　最小弯曲高度

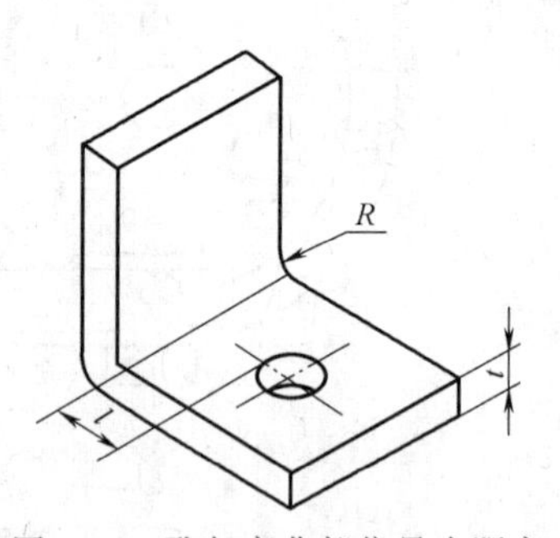

图 2-61　孔与弯曲部位最小距离

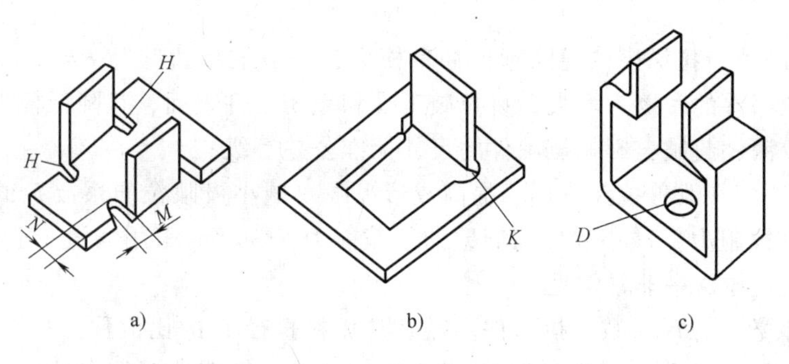

图 2-62　工艺槽、孔及定位孔

2.6.2　拉深 (Deep drawing)

（1）拉深件质量分析　圆筒形件拉深过程顺利进行的两个主要障碍是凸缘起皱和筒壁拉断。

拉深过程中，凸缘材料在周向产生很大的压应力，这一压力犹如压杆两端受压失稳似的使凸缘材料失去稳定而形成皱褶，在凸缘最外缘处，切向压应力最大，因而成为起皱最严重的地方，如图 2-63b 所示。

另外，当凸缘部分材料的变形抗力过大时，筒壁所传递的力量超过筒壁本身的极限抗拉强度，使得筒壁在最薄的凸模圆角处产生破裂，形成拉穿废品，如图 2-63b、d 所示。

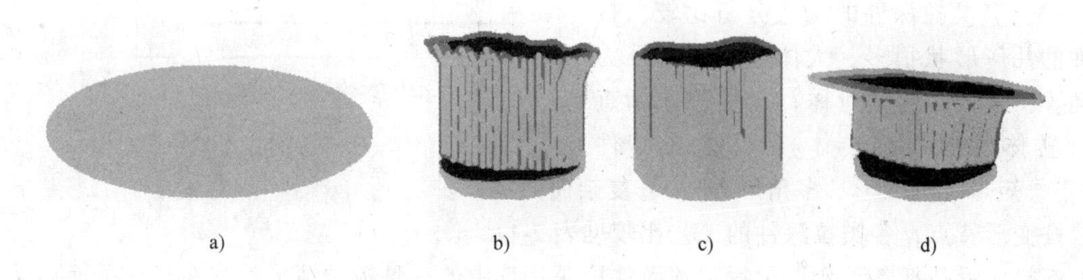

图 2-63　起皱与拉穿

a）圆形板料　b）起皱和拉裂　c）良好　d）压边力过大导致拉裂

为了防止起皱，需在凸缘上加压边力，此压边力又成为凸缘移动的阻力，此力与材料自身的变形阻力和材料通过凹模圆角时的弯曲阻力合在一起即成为拉深阻力。

对于凸缘上产生的拉深阻力，如果不施加与之平衡的拉深力，则成形是无法实现的。此拉深力由凸模给出，它经过筒壁传至凸缘部分。筒壁为了传递此力，就必须能经受它的作用。筒壁强度最弱处为凸模圆角附近（即筒壁与底部的过渡圆角处），所以此处的承载能力大小就成了决定拉深成形能否取得成功的关键。

拉深件出现破裂与下列因素有关。

1）凸凹模圆角半径。拉深模的工作部分不能是锋利的刃口，必须做成一定的圆角。对于钢的拉深件，取 $r_{凹}=10t$，而 $r_{凸}=(0.6\sim1)r_{凹}$。这两个圆角半径过小时，则容易将板料拉破。

2）凸凹模间隙。拉深模的间隙远比冲裁模大，一般取单边间隙 $c=(1.1\sim1.2)t$。间隙过小，模具与拉深件的摩擦力增大，易拉破工件和擦伤工件表面，且降低模具寿命。间隙过大，又容易使拉深件起皱，影响拉深件的尺寸标准公差等级。

3）拉深方法。在改善拉深成形、提高成形极限（减小极限拉伸系数）的时候，应使拉深阻力（包括摩擦阻力）减小和提高筒壁的承载能力。为此，采用润滑、退火、温差成形、软模成形等方法在拉深中非常常见。

（2）拉深系数与拉深次数　拉深件直径 d 与坯料直径 D 的比值称为拉深系数，用 m 表示（$m=d/D$），它是衡量拉深变形程度的指标。m 越小，表明拉深件直径越小，变形程度越大，坯料被拉入凹模越困难，越易产生拉穿废品。一般情况下，拉深系数 m 不小于材料极限拉深系数。坯料塑性越好，材料极限拉深系数越小。

如果拉深系数过小，不能一次拉深成形时，则可采用多次拉深工艺（图 2-64），但在多次拉深时，加工硬化现象严重。为保证坯料具有足够的塑性，在一两次拉深后，应安排工序间的再结晶退火处理。其次，在多次拉深中，拉深系数应一次比一次大，以保证拉深件的质量，使生产顺利进行。总拉深系数等于各次拉深系数的乘积。

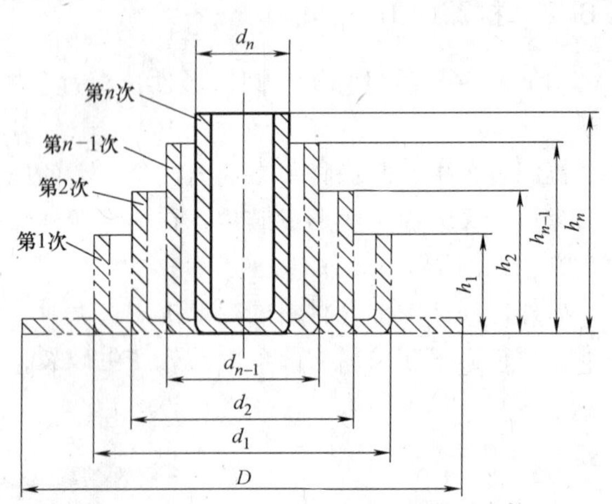

图 2-64　多次拉深时圆筒直径的变化

（3）各类拉深件的工艺分析比较　拉深件的几何形状很多，大体上可以划分为三类：①旋转体（轴对称）零件（包括直壁旋转体及曲面旋转体）。②盒形零件（方形、矩形、椭圆形、多角形等）。③复杂曲面零件。

按变形特点，各类拉深件的工艺比较见表 2-11。

板料成形包括各种变形过程，圆筒件拉深是其中的一种极端情形。它在板料平面内，一个主应力（径向拉伸应力）为正，另一个（切向压应力）为负，厚度变化很小。板料成形的另一个极端情形为双向等拉（胀形）。它的两个主应变均为拉伸，厚度变薄。其他成形工序则介于两者之间。在同一工序中，在某一区域可能是双向拉伸占优势，而在另一区域可能是拉深占优势。

（4）拉深件的结构工艺性

1）拉深件外形应简单、对称，深度不宜过大。以使拉深次数最少，容易成形。如消声器后盖（图 2-65）经改造后，冲压工序由原来的八道减少为两道工序，同时，节省材料 50%。

2）拉深件的圆角半径应取合适，其最小许可半径如图 2-66 示。否则会增加拉深次数和整形工作，也会增加模具数量，并容易产生废品和提高成本。

拉深件的尺寸标准公差等级不宜要求过高。拉深件的制造精度包括直径方向的精度和高度方向的精度。在一般情况下，拉深件的尺寸标准公差等级不应要求过高。

表 2-11　拉深件的分类（按变形特点）

拉深件名称			拉深件简图	变　形　特　点
直壁类拉深件	轴对称零件	圆筒形件 带法兰边圆筒形件 阶梯形件		1)拉深过程中,变形区是毛坯的法兰边部分,其他部分是传力区,不参与主要变形 2)毛坯变形区在切向压应力和径向拉伸应力的作用下,产生切向压缩与径向伸长的一面受拉、一面受压的变形 3)极限变形参数主要受毛坯传力区的承载能力的限制
	非轴对称零件	盒形件 带法兰边的盒形件 其他形状的零件		1)变形性质与前项相同,差别仅在于一面受拉、一面受压的变形在毛坯的周边上分布不均匀,圆角部分变形大,直边部分变形小 2)在毛坯的周边上,变形程度大与变形程度小的部分之间存在着相互影响与作用
		曲面法兰边的零件		除具有与前项相同的变形性质外,还有下边几个特点 1)因为零件各部分的高度不同,在拉深开始时有严重的不均匀变形 2)拉深过程中毛坯变形区内还要发生剪切变形
曲面类拉深件	轴对称零件	球面类零件 锥形件 其他曲面零件		拉深时毛坯的变形区由两部分组成 1)毛坯的外周是一面受拉、一面受压的拉深变形区 2)毛坯的中间部分是受两面拉伸应力作用的胀形变形区
	非轴对称零件	平面法兰边零件 曲面法兰边零件		1)拉深毛坯的变形区也是由外部的拉深变形区与内部的胀形变形区所组成的,但这两种变形在毛坯周边上的分布是不均匀的 2)曲面法兰边零件拉深时,在毛坯外周变形区内还有剪切变形

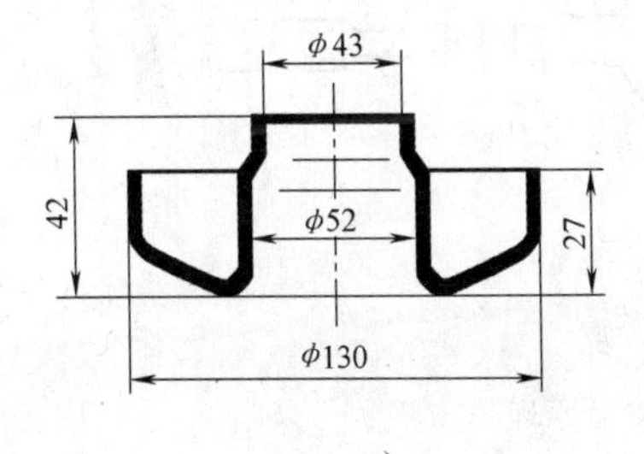

a)

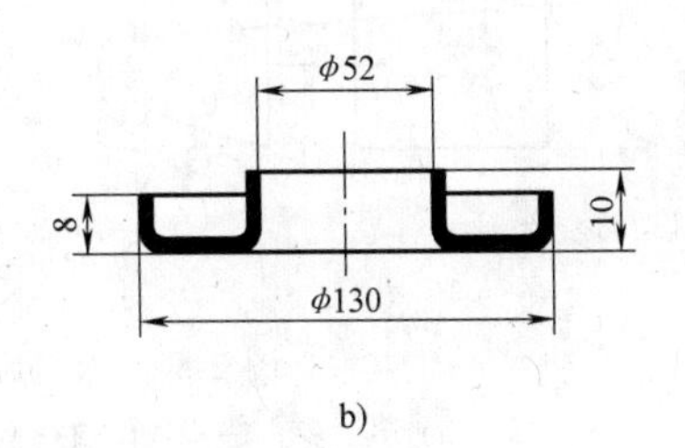

b)

图 2-65　消声器后盖零件结构

a）改进前　b）改进后

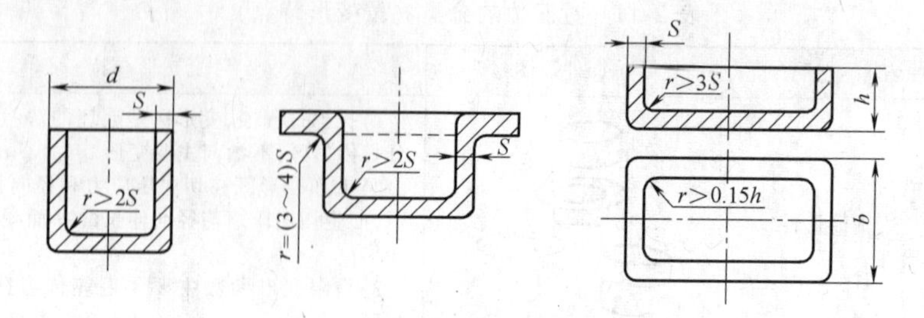

图 2-66　拉深件最小允许半径

2.6.3　旋压（Flow feeder forming）

1. 旋压成形原理

旋压是综合了锻造、挤压、拉伸、弯曲、环轧、横轧和滚压等工艺特点的少、无切削的先进加工工艺，广泛应用于回转体零件的加工成形中。旋压是根据材料的塑性特点，将毛坯装夹在芯模上并随之旋转，选用合理的旋压工艺参数，旋压工具（旋轮或其他异形件）与芯模相对连续地进给，依次对工件的极小部分施加变形压力，使毛坯受压并产生连续逐点变形而逐渐成形工件的一种先进塑性加工方法（图 2-67）。

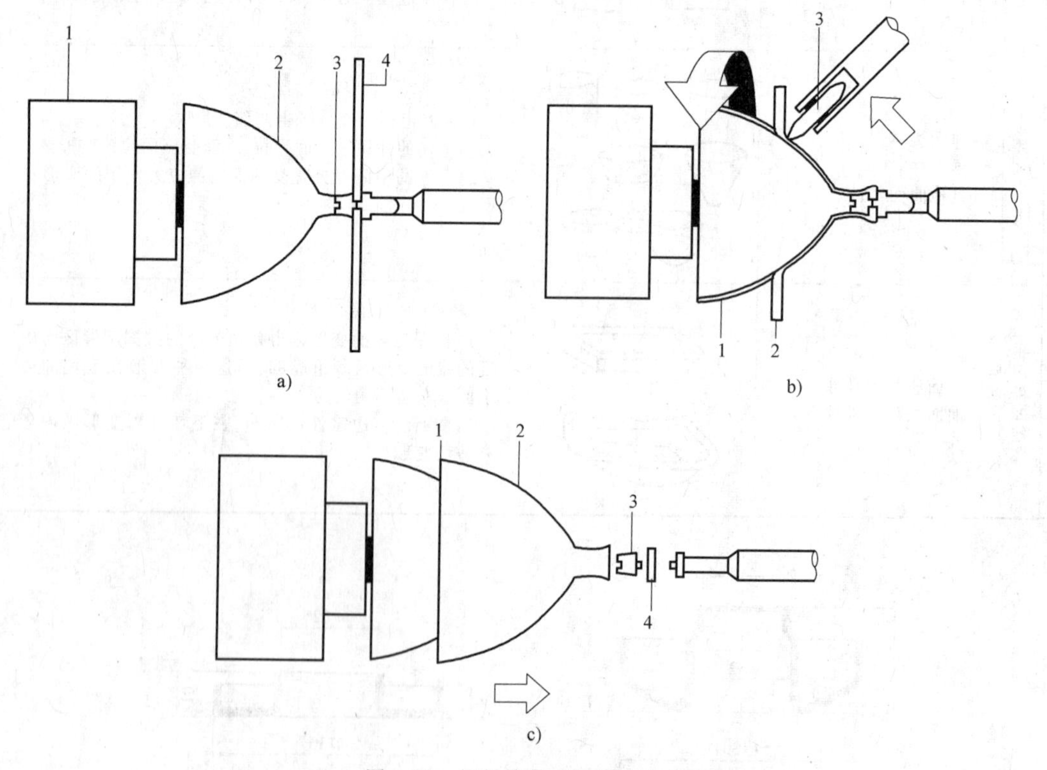

图 2-67　板料旋压成形原理与步骤

a）第 1 步　1—车床　2—芯模　3—开合夹具　4—金属板料

b）第 2 步　1—最终形状　2—进给中的工件　3—滚轮工具

c）第 3 步　1—飞边修整　2—最终零件　3—工具分离　4—切除的飞边

2. 旋压成形分类与特点

根据旋压加工过程中毛坯厚度的变化情况，一般将旋压工艺分为普通旋压和强力旋压两种。

1）普通旋压简称普旋。传统观点认为，普通旋压过程中毛坯的厚度基本保持不变，成形主要依靠坯料沿圆周的收缩及沿半径方向上的伸长变形来实现，其重要特征是在成形过程中可以明显看到坯料外径的变化。

普通旋压的基本方式有拉深旋压（图 2-68a）、缩径旋压（图 2-68b）和扩径旋压（图 2-68c）等三种。

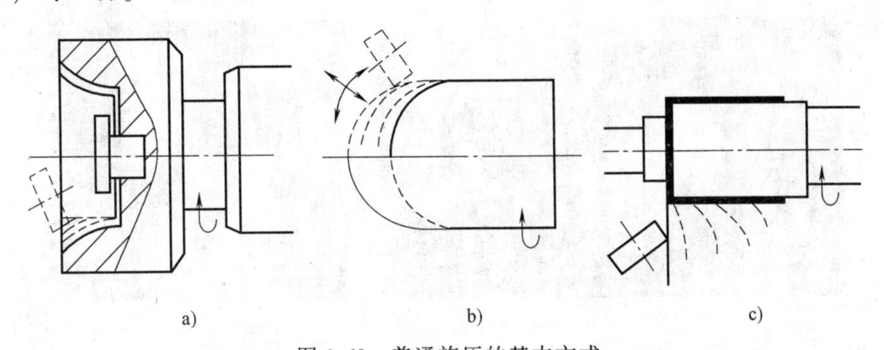

图 2-68　普通旋压的基本方式

a）拉深旋压（拉旋）　b）缩径旋压（缩旋）　c）扩径旋压（扩旋）

2）强力旋压是通过挤压变薄获得所需的形状。主要包括剪切旋压（图 2-69a）和筒形变薄旋压（图 2-69b）。典型强力旋压的应用如图 2-70 所示的曲母线回转体零件，旋压后尺寸公差等级和表面质量都很高。

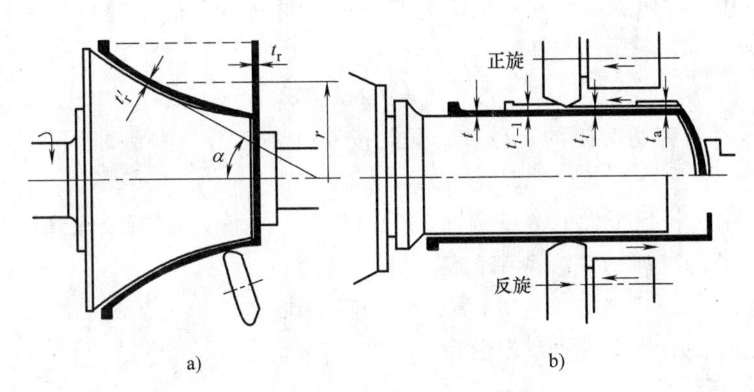

图 2-69　强力旋压的基本方式示意图

a）剪切旋压　b）筒形变薄旋压

旋压工艺的主要特点如下：

① 属无切削加工工艺，节约材料。

② 加工过程是连续局部塑性变形，功率消耗较小。

③ 坯料受三向变形，材料得到强化，为此对坯料缺陷有严格限制。

④ 制品可以达到高精度、高表面质量。

⑤ 能旋制其他工艺所不能成形的或不能达到要求的产品。

⑥ 旋压成形与冲压成形相比模具成本低，一次投资小。一般圆筒形、圆锥形和曲母线

图 2-70 剪切旋压锥形罩壳的实例

a）装料 b）粗旋 c）精旋 d）产品

回转件中等批量生产时，用旋压较为经济。

3. 旋压成形件结构工艺性

在图 2-69a 中，剪切旋压的基本规律为变形前后材料所处的半径位置不变，故半径 r 处制品的壁厚 t_r' 为

$$t_r' = t_r \sin\alpha_r$$

这个关系式称为剪切旋压的正弦律。据此按制件各部分壁厚要求可设计板坯的壁厚分布，反之亦然。

在图 2-69b 中长径比很大的薄壁圆筒就采用壁较厚的车制圆筒或无缝钢管做变薄旋压，它的最重要的参数为壁厚的总减薄率，表示为

$$\delta = [(t_0 - t)/t_0] \times 100\%$$

而第 i 道次的旋压壁厚减薄率表示为

$$\delta_i = [(t_{i-1} - t_i)/t_{i-1}] \times 100\%$$

壁厚极限减薄率主要受材料塑性影响，其次是旋压方式和制品形状所限制。某些材料不经中间退火一道次旋压而不产生破裂的最大壁厚减薄率参见表 2-12。

表 2-12 不经中间退火一次剪切旋压或筒形变薄旋压的极限变薄率

材料 \ 变薄率(%)		剪切旋压		筒形变薄旋压
		锥形件	球形件	
铝合金	2014	50	40	70
	6061	50	50	75
	5086	65	50	60.

（续）

材料 \ 变薄率(%)		剪切旋压		筒形变薄旋压
		锥形件	球形件	
钢	4130	75	50	75
	6434	70	50	75
	A286	70	55	70
钛合金(加热)	6-4Ti	55	—	75
难熔材料(加热)	钼	60	45	60
	铍	35	—	—
	钨	45	—	—

进给比是旋压另一个重要的工艺参数，以毫米每转（mm/r）表示，即坯料旋转一周旋轮进给的纵向距离。按旋轮进给方向和已成形段延伸方向的异同可分“正旋”和“反旋”，两者方向一致称正旋，反之称反旋。反旋是未成形区的进给大于旋轮进给，允许制品长度超越芯模。正旋时未成形区的实际进给小于旋轮进给，显然制品长度受芯模的限制，对软材料多采用此法。在实际应用中还有很多旋压方法，如内旋压、通用芯模旋压法、行星旋压法等（图 2-71）。

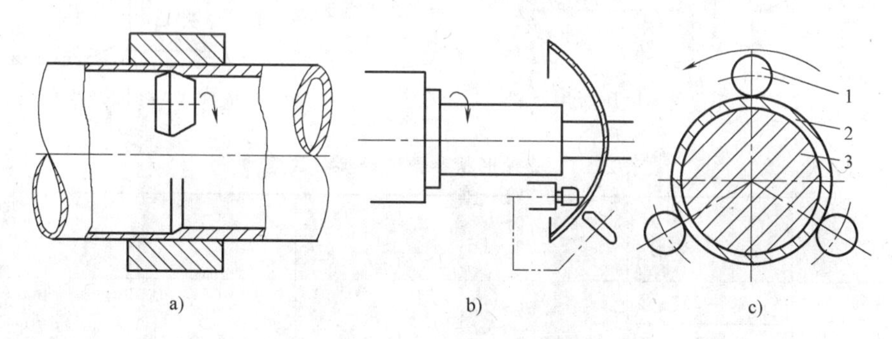

图 2-71 强力旋压的其他工艺方法

a）内旋压 b）通用芯模旋压 c）行星旋压

1—旋轮 2—工件 3—芯模

旋压方式有多种多样，按制件要求可单独应用也可复合应用，不同的方式有通用要求和各自的特殊要求。

1）毛坯的设计和获得毛坯可以是：直接用平板坯；轧制或挤压的管坯；经车削的锻件或精密铸件；经普旋或冲压等预成形坯。对于普通旋压因壁厚基本不变，毛坯设计相应较简单。对曲母线回转件的剪切旋压按照正弦律设计。筒形件变薄旋压按照内径和体积不变进行设计，其他旋压坯料设计也有专著可供参考。坯料的尺寸标准公差等级和形状公差要求视制件情况、旋压方式及旋压机精度而定。但无论何种方式，对坯料同一圆周上的壁厚均匀性（可比制件要求低些）和材质均匀性（如裂纹、夹杂等缺陷）必须予以强调。

2）芯模形状和材料。由于旋压性质决定了芯模形状必须与旋压制品的形状要求相一致（除通用芯模旋压法外），其表面承受着相当大的局部作用力，材料变形流动还受很大摩擦力，所以芯模必须有足够的强度、刚度、硬度、耐磨等。普通旋压材质可软些；强力旋压零件精度要求低的可用碳钢，零件精度要求高的用优质钢等。高级钢制造的芯模要求硬度达到56～60HRC，而且芯模的尺寸标准公差等级和形状公差应比制件高1～3级。

3）旋轮形状和材料。旋轮工作面部分的形状、精度、光洁度、硬度等直接印影在制件表面上，所以它必须选用优质工具钢或含Cr、V、W的合金钢制成，整体淬火硬度需比芯模高2～4HRC。旋轮的形状公差和尺寸标准公差等级必须比制品精度高得多，表面粗糙度值应小于0.8μm，甚至镜面抛光。

旋轮的形状设计较复杂，相关因素多。这里仅以筒形件变薄旋压为例。它一般有四种（图2-72），以c种用的最多。工作圆角ρ大，旋压力增加，工作内径易扩大，薄壁件易起皱；坯料若硬，ρ宜小，反之ρ可大些；对于壁薄的ρ取小些，反之可大些。成形角或接触角α大，易在旋轮前方产生隆起及失稳（图2-73）。α小将使旋压力增加，一般α取20°～30°。对于软质材料，可取较小值；对于不锈钢、合金钢等α取30°较宜。压光角（退出角）β对旋压表面起平整修光作用，同时也有扩径作用，借此可卸出工件。趋近角γ对旋轮前材料堆积起辗压辅助作用，有关旋轮形状参数表2-13，仅供参考。

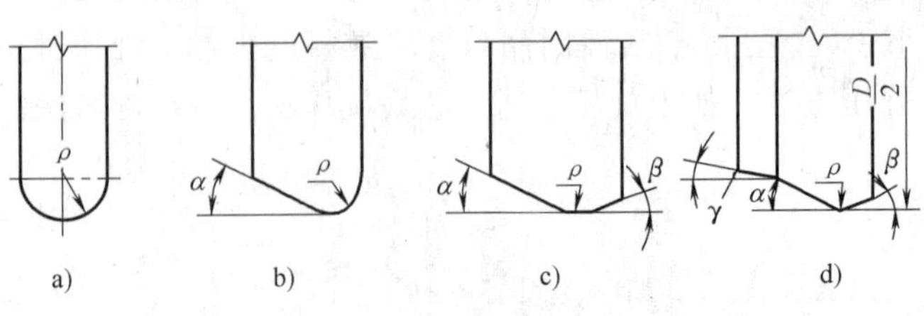

图2-72 筒形变薄旋压所用旋轮

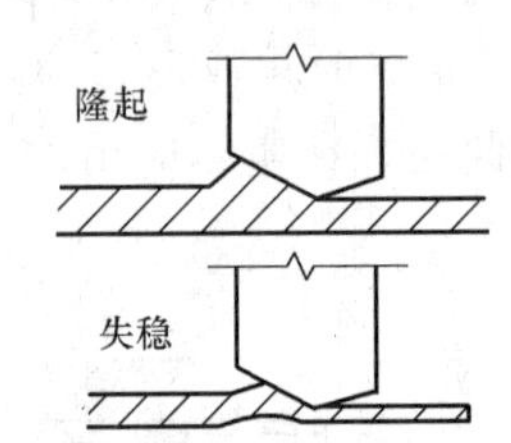

图2-73 隆起及失稳示意图

表2-13 旋轮形状参数选择参考数据

参数 被旋材料	α	β	γ	ρ/D	
软钢	20°～25°	3°～6°	3°～6°	0.015～0.03	b旋轮 $\rho=1\sim2t_0$ c,d旋轮 $\rho=0.6\sim1t_0$
不锈钢	25°～30°				
合金钢	25°～30°				
铝及铝合金	12°～15°	3°	3°	0.04～0.09	
黄铜	25°～30°	3°	3°	—	—

4. 旋轮进给比f

旋轮进给比f是每道次旋轮压入工件壁厚的深度。

旋压道次n和变薄率δ的选择。道次变薄率δ_i为15%～50%选择，壁薄时选取小值，一般为25%～35%，旋压道次由总变薄率的设计而定；中间不退火而分多道旋压的情况下，总变薄率是可超过表2-12的极限值的。当δ_i大时进给比f要小，ρ/D大，则f可适当增加；f大生产率高，但f大易产生缩颈，因此为使工件能顺利卸下，f要适当选取。

5. 其他

为了减少变形抗力，保证制件表面质量，提高模具寿命、及时带走热量，良好的润滑和冷却是不可缺少的。冷却剂应具有较大的比热容和良好的流动性，润滑剂应有较大的附着力和浸润性，一般采用机械油。

案例分析 2-2（Case Analysis 2-2）

1）制件名称：薄壁圆筒。

2）材料：18Ni 马氏体时效钢，固溶状态（固溶态 R_{eL} = 1200MPa，时效态 R_{eL} = 2400MPa）。

3）毛坯尺寸：ϕ200mm(d)×4.2mm(t_0)×170mm(l_0)。

4）制作尺寸：ϕ200mm(d)×0.3mm(t)×1600mm(l)。

5）成形旋轮：D=128mm，α=30°，β=10°，ρ=2.5mm。

6）旋压：240 旋压机，筒形变薄旋压、反旋。先旋四道次，旋轮进给比 1.4~1.6m/r，变薄率 35%~27%，割两端部，真空失效。

7）制品精度：小批量生产直径偏差±0.11mm，圆柱度 0.06~0.80mm，圆度低于 0.53mm，壁厚 0.35mm±0.10mm，圆周壁厚偏差±7.5~10μm，内壁粗糙度值 Ra 为 0.32~0.63μm，外壁粗糙度值 Ra 为 0.63~1.25μm。

复习思考题

2.1.1　锡在 20℃、钨在 1100℃ 变形，各属什么变形？为什么（锡的熔点为 232℃，钨的熔点为 3380℃）？

2.1.2　纤维组织是怎样形成的？它的存在有何利弊？试举例说明。

2.1.3　如何提高金属的塑性？最常用的措施是什么？

2.1.4　“趁热打铁”的含义何在？

2.1.5　原始坯料长 150mm，若拔长到 450mm 时，锻造比是多少？

2.1.6　在图 2-74 所示的两种砧铁上拔长时，效果有何不同？

2.1.7　为什么重要的轴类锻件在锻造过程中安排有镦粗工序？

2.2.1　为什么在模锻时所用的金属重量比充满模膛所要求的要多一些？

2.2.2　锤上模锻时，多模膛锻模的模膛可分为几种？它们的作用是什么？为什么在终锻模膛周围要开设飞边槽？

2.2.3　如何确定模锻件分模面的位置？

2.2.4　绘制模锻件图应考虑哪些问题？选择分模面与铸件的分型面有何异同？为什么要考虑模锻斜度和圆角半径？锤上模锻带孔的锻件时，为什么不能锻出通孔？

2.2.5　图 2-75 所示零件的模锻工艺性如何？为什么？应如何修改使其便于模锻？

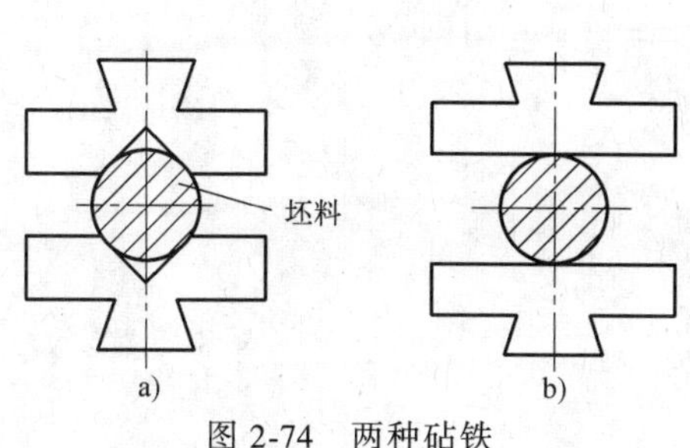

图 2-74　两种砧铁

a) V 型砧　b) 平砧

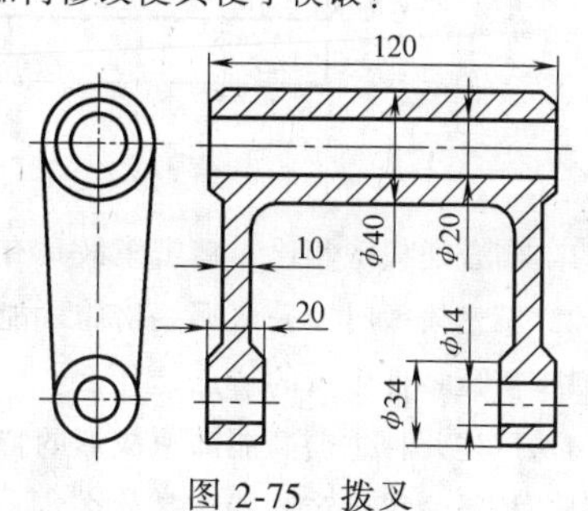

图 2-75　拨叉

2.2.6 图 2-76 所示两零件采用锤上模锻工艺成形，试选择合适的分模面。

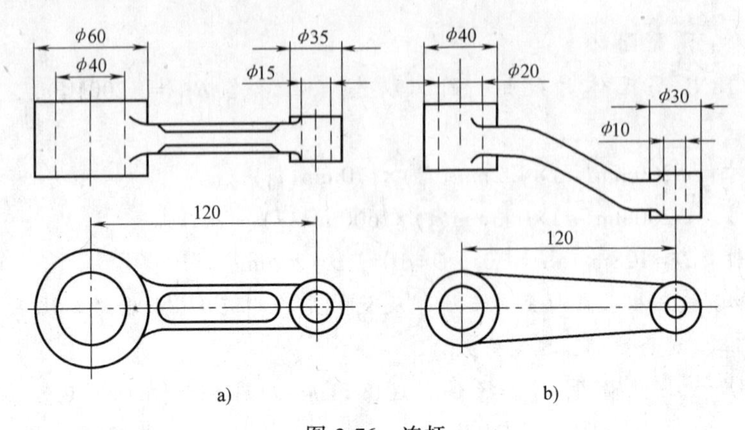

图 2-76 连杆

a）平连杆 b）弯连杆

2.2.7 图 2-77 所示零件，若分别为单件、小批、大批量生产时，应选用哪种方法锻造？试定性绘出大批量生产所需的锻件图。

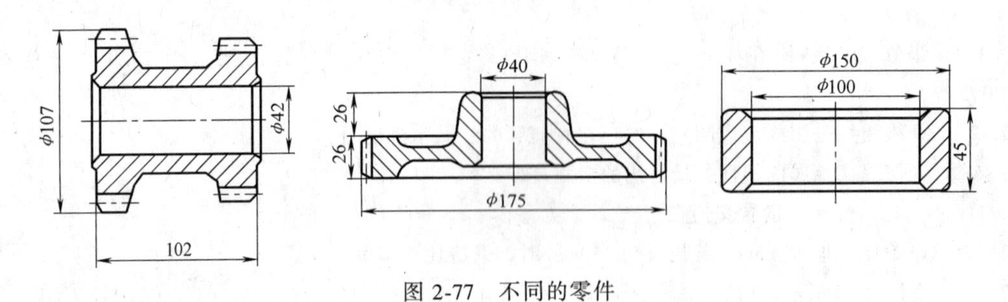

图 2-77 不同的零件

2.2.8 摩擦压力机上模锻有何特点？

2.2.9 图 2-78 所示零件采用模锻方法制坯，设计上有哪些不合理的地方？为什么？

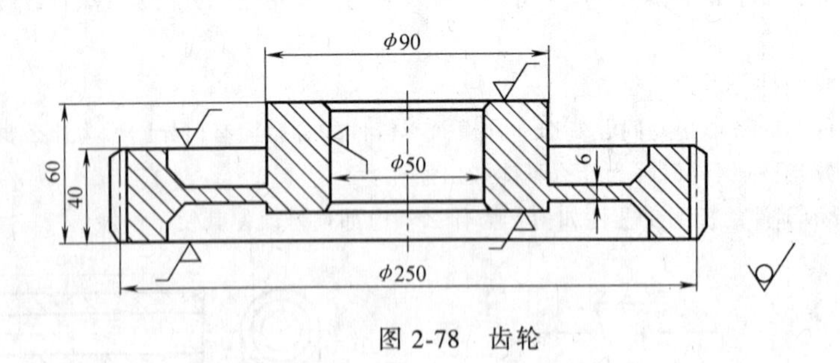

图 2-78 齿轮

2.3.1 与普通模锻相比，精密模锻具有什么特点？

2.3.2 精密模锻时需采取哪些措施才能保证产品精度？

2.3.3 挤压零件生产的特点是什么？

2.3.4 试述几种主要高能高速成形的特点。

2.4.1 板料冲压生产的特点是什么？

2.4.2 试分析冲裁间隙对冲裁件质量的影响，如何确定合理的冲裁间隙？

2.4.3　简述精密冲裁的原理及特点。

2.4.4　用 ϕ50mm 冲孔模具来生产 ϕ50mm 落料件能否保证冲压件的精度？为什么？

2.4.5　用 250mm×1.5mm 板料能否一次拉深成直径为 50mm 的拉深件？应采取哪些措施才能保证正常生产？

2.4.6　与板料弯曲加工相比，管子的弯曲加工有何特点？

2.4.7　如何利用弯曲回弹现象设计弯曲模，使工件得到准确的弯曲角度？

2.4.8　如图 2-79 所示零件的冲压工艺性如何？为什么？应如何修改使其便于冲压？

2.4.9　试述图 2-80 所示冲压件的生产过程，并计算板料的放样（毛坯）尺寸。

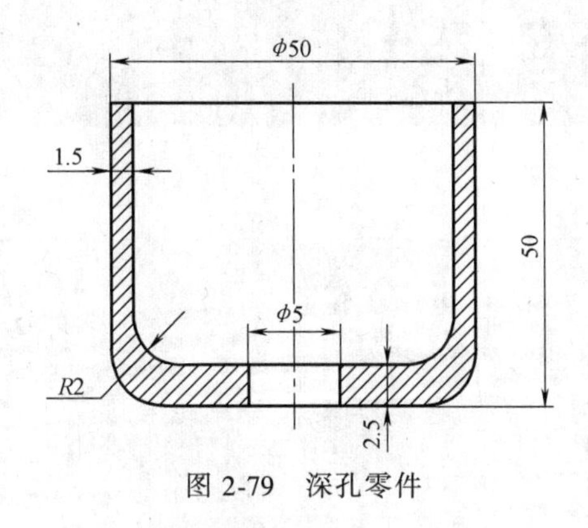

图 2-79　深孔零件

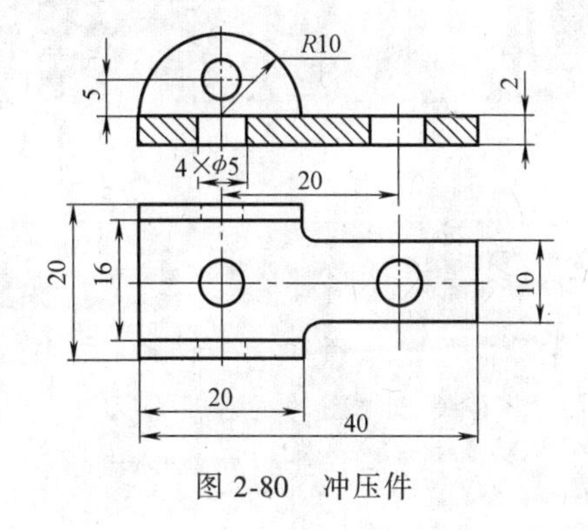

图 2-80　冲压件

2.4.10　试比较旋压成形与拉伸成形筒形件的异同点。

第 3 章

焊接工艺及实践 (Welding process)

本章学习指导

学习本章前应预习《工程材料》中有关二元相图、金属热处理的内容，以及《机械制图》中有关三视图的内容。学习本章中的内容时，应该将实际操作与理论相联系，并配合一定的习题和作业，才能够学好本章内容。

本章主要内容

焊接工艺认知实践，熔焊的基本原理，压焊的基本原理，焊接检验，埋弧焊，电阻焊，其他焊接工艺，金属焊接性，焊接结构设计与实践。

本章重点内容

熔焊焊接接头的组织与性能，焊缝成形系数，焊接应力和焊接变形，焊接热裂纹与冷裂纹形成的原理，估算钢材焊接性的方法，碳钢的焊接，焊接接头工艺设计，焊缝尺寸设计。

3.1 概述（Introduction）

3.1.1 焊接工艺的原理及特点（Principles and characteristics of welding process）

1. 焊接工艺的原理（Principles of welding process）

焊接是指用加热或加压等工艺措施，使两个分离表面产生原子间的结合与扩散作用，从而形成不可拆卸接头的材料成形方法。

2. 焊接工艺的特点（characteristics of welding process）

（1）可将大而复杂的结构分解为小而简单的坯料拼焊　图 3-1 所示为汽车车身生产过程，先分别制造出车门、底板、顶盖、后围和侧围等部件，再将各部件组装拼焊，这样简化了工艺，降低了成本。

(2) 可实现不同材料间的连接成形　如汽门杆部为 45 钢，头部为合金钢。因此，可优化设计，节省贵重材料。

(3) 可实现特殊结构的生产　例如，126×104kW 核电站锅炉，外径 6400mm，壁厚 200mm，高 13000mm，工作参数为 17.5MPa、350℃，要求无泄漏（有放射性核燃料），这种结构只有采用焊接方法才能制造出来。

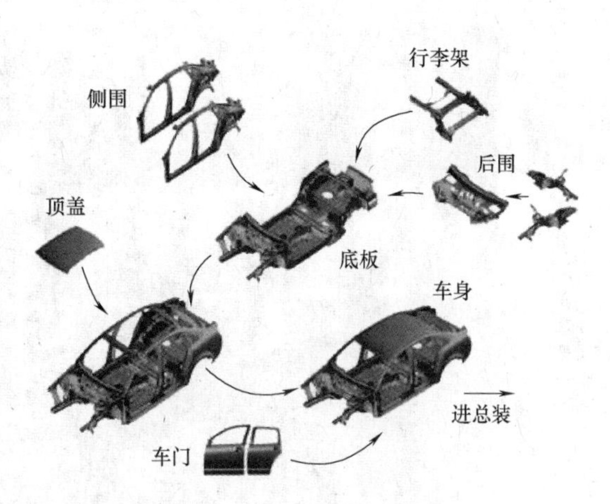

图 3-1　汽车车身装焊过程

(4) 焊接结构重量轻　采用焊接方法制造的船舶、车辆、飞机、飞船、火箭等运输工具，可以减轻自重，提高运载能力和行驶性能。但焊接结构是不可拆卸的，更换修理部分的零部件不便，焊接易产生残余应力，焊缝易产生裂纹、夹渣、气孔等缺陷，引起应力集中，降低承载能力，缩短使用寿命，甚至造成脆断。因此，应特别注意焊接质量，否则易产生恶性事故。

我国焊接技术是在中华人民共和国成立后才发展起来的，特别是在改革开放后有了巨大的发展，掌握了从焊条电弧焊到激光焊的各种焊接方法，焊接机器人的应用越来越多。焊接的零部件和结构，小到集成电路基片与引脚，大到 720t 大型水轮机的工作轮，地上的汽车，水中的万吨级远洋货轮，天上的飞机、火箭和飞船、卫星等。但与世界发达工业国家相比，焊接结构的质量和劳动生产率还有一定差距。

3.1.2　焊接工艺的分类（Classification of welding process）

根据焊接过程的工艺特点，可将焊接分为以下几种：

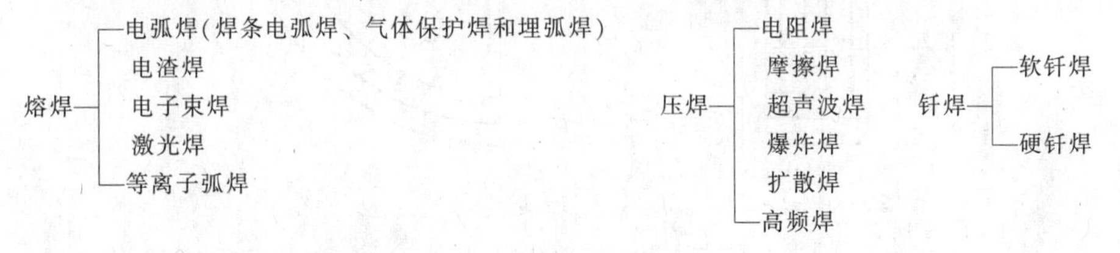

3.1.3　焊接在工业中的应用（Application of welding in industry）

1. 金属结构的焊接（Welding of metal structure）

金属结构的焊接，如锅炉、压力容器、管道、桥梁、海洋钻井平台和起重机等，以及船舶、车辆、飞机、火箭的梁架和外壳等。如锅炉锅筒的焊接结构，其他生产方法很难制造这样的大型结构。图 3-2 所示是机器人组成的汽车车身装焊生产线。

2. 机械零件的焊接（Welding of machine parts）

机械零件的焊接，如轴、齿轮、锻模和刀具等。如焊接齿轮的结构（图 3-3），是将管、板焊接而成的，简化了工艺。

单件小批生产大尺寸齿轮可以降低成本，提高效率。

图 3-2　汽车车身的机器人焊装生产线

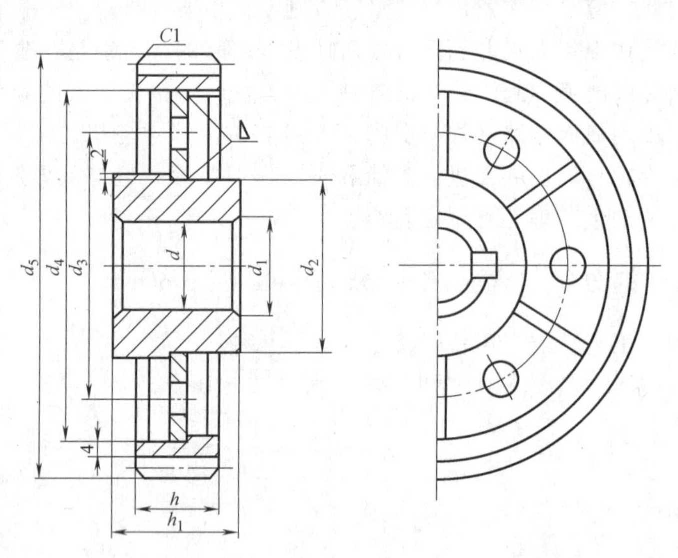

图 3-3　焊接齿轮结构

3.2　焊接工艺认知实践（Cognition practice of welding process）

焊条电弧焊（manual welding）是手工操作焊条进行焊接的电弧焊方法。焊条电弧焊所用的设备简单，操作方便、灵活，应用极广。

1. 焊接过程

焊接前，将焊钳和焊件分别接到焊机输出端的两极，并用焊钳夹持焊条。焊接时，利用焊条与焊件间产生的高温电弧做热源，使焊件接头处的金属和焊条端部迅速熔化，形成金属熔池。当焊条向前移动时，随着新的熔池不断产生，原先的熔池不断冷却、凝固，形成焊

缝，从而使两分离的焊件成为一体，如图 3-4 所示。

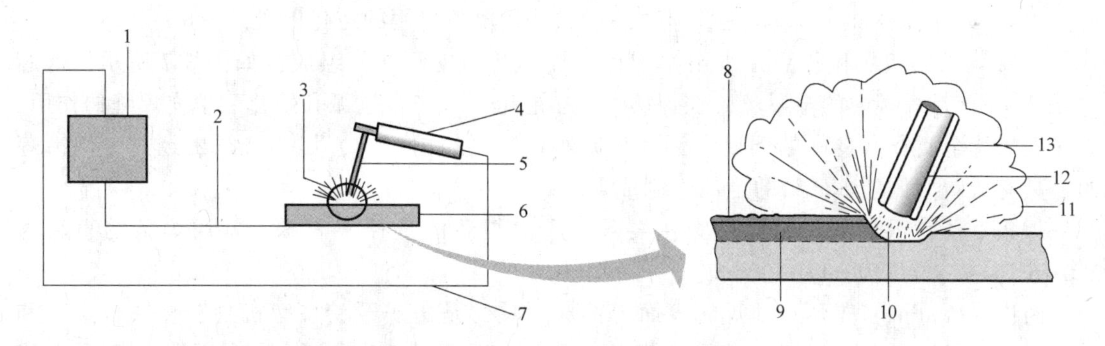

图 3-4 焊条电弧焊工艺原理示意图

1—交直流电焊机及控制器 2—工件电缆 3—电弧 4—焊条夹钳 5—焊条 6—工件
7—焊条电缆 8—凝固的焊渣 9—焊缝金属 10—电弧 11—保护气体 12—焊条 13—涂层

2. 焊条电弧焊设备

焊条电弧焊主要设备有交流弧焊机和直流弧焊机两类。GB/T 10249—2010 电焊机型号编制方法及含义如下：

产品型号编排顺序：

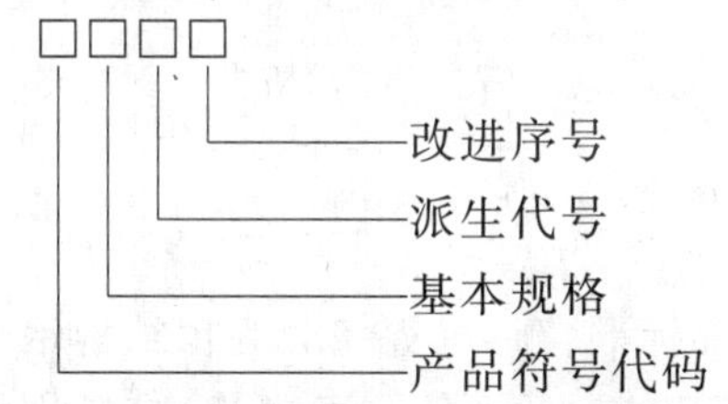

产品符号代码的编排顺序：

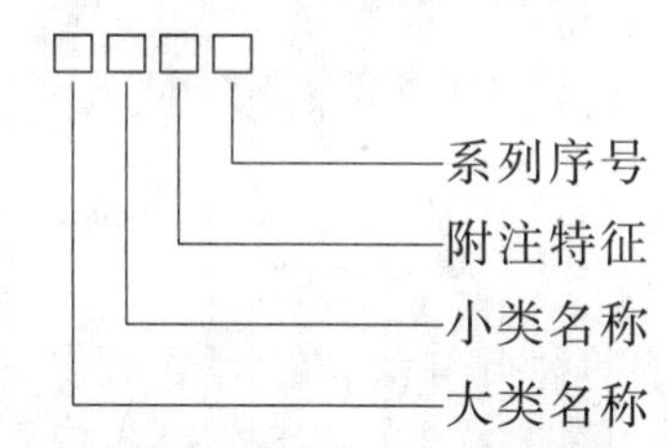

（1）交流弧焊机 交流弧焊机（AC arc welding machine）又称为弧焊变压器，具有结构简单、噪声小、成本低等优点，但电弧稳定性较差。它可将工业用的 220V 或 380V 电压降到 60~90V（焊机的空载电压），以满足引弧的需要。焊接时，随着焊接电流的增加，电压自动下降至电弧正常工作时所需的电压，一般为 20~40V。而在短路时，又能使短路电流不致过大而烧毁电路或变压器本身。

（2）直流弧焊机 直流弧焊机（DC arc welding machine）分为旋转式直流弧焊机和整流式直流弧焊机两类。旋转式直流弧焊机结构复杂，噪声较大，价格较高，能耗较大，目前已很少使用。

整流式直流弧焊机（简称弧焊整流器）通过整流器把交流电转变为直流电，既具有比旋转式直流弧焊机结构简单、造价低廉、效率高、噪声小、维修方便等优点，又弥补了交流弧焊机电弧不稳定的不足。图 3-5 所示为 ZXG-300 型硅整流式直流弧焊机。

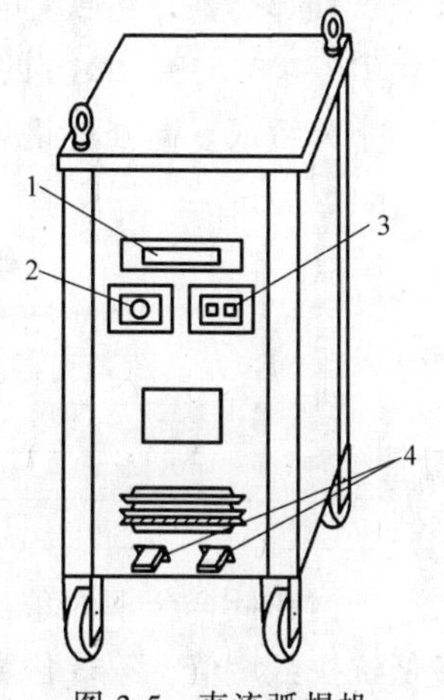

图 3-5 直流弧焊机

1—电流表 2—电流调节仪表
3—电源开关 4—输出接头

直流弧焊机输出端有正、负极之分，焊接时电弧两极极性不变。焊件接电源正极、焊条接电源负极的接线法称为正接，也称为正极性（图 3-6a）；反之称为反接，也称为反极性（图 3-6b）。

焊接厚板时，一般采用直流正接；焊接薄板时，一般采用直流反接。但在使用碱性焊条时，均采用直流反接。

3. 焊条

焊条（Covered electrode）是涂有药皮的供焊条电弧焊用的熔化电极。

(1) 焊条的组成和各部分作用　焊条由焊芯和药皮两部分组成，如图 3-7 所示。焊芯（Core wire）是焊条内的金属丝，在焊接过程中起电极、产生电弧和熔化后填充焊缝的作用。为保证焊缝金属具有良好的塑性、韧性和减小产生裂纹的倾向，焊芯必须由经过专门冶炼的，具有低碳、低硅、低磷的金属丝制成。

焊条直径表示焊条规格的一个主要尺寸，由焊芯的直径来表示，常用焊条的直径为 2.0~6.0mm，长度为 300~400mm。

药皮（Coating）是压涂在焊芯表面上的涂料层，是由矿石粉、有机物粉、铁合金粉和粘结剂等原料按一定比例配制而成。药皮的主要作用是引弧、稳弧、保护焊缝（不受空气中有害气体侵蚀）以及去除杂质等。

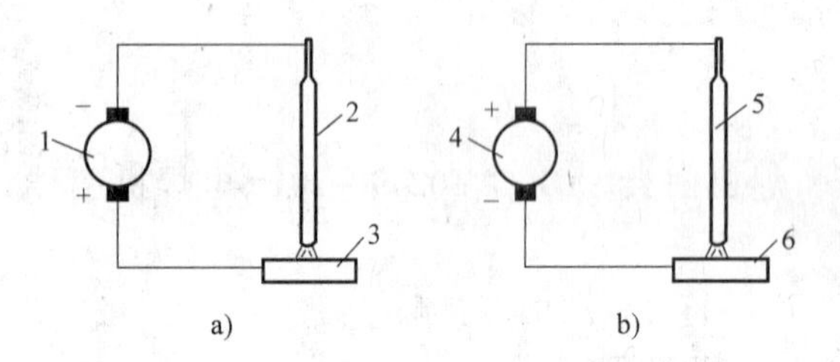

图 3-6　直流焊机的正反接法

a）正接　b）反接

1、4—发电机　2、5—焊条　3、6—焊件

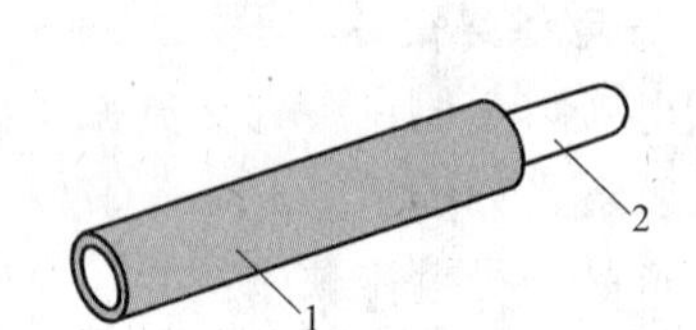

图 3-7　焊条的结构

1—药皮　2—焊芯

(2) 焊条的种类与型号　焊条牌号为原机械工业部标准，将电焊条分为：结构钢焊条(J)、耐热钢焊条（R)、不锈钢焊条（B)、堆焊焊条（D)、低温钢焊条（W)、铸铁焊条(Z)、镍和镍合金焊条（N)、铜及铜合金焊条（T)、铝及铝合金焊条（L）以及特殊用途焊条（THT)。

焊条型号为国家标准，将电焊条分为碳钢焊条、低合金钢焊条、高强度钢焊条、不锈钢焊条、堆焊焊条、铸铁焊条、铜及铜合金焊条、铝及铝合金焊条等。焊条型号的编制方法，按照 GB/T 32533—2016 的标准，首写字母为“E”，“E”表示（electrode）焊条，后面加数字和字母组成。高强度钢焊条型号示例如下所示

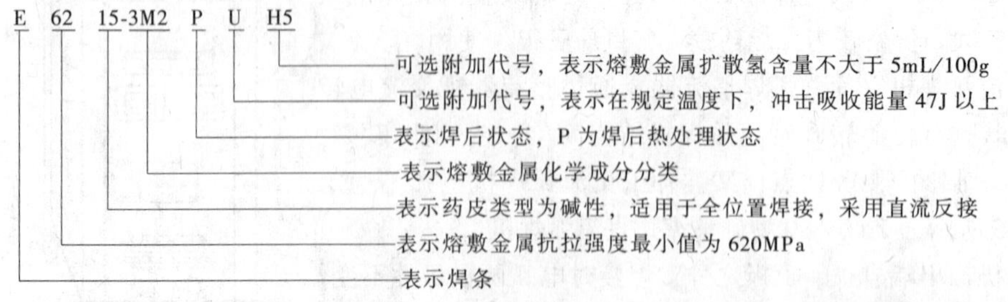

碳钢和低合金钢焊条，在字母“E”后面只有 4 位数字，前面两位数字表示熔敷金属的最低抗拉强度值。第 3 位数字表示焊接位置，“0”及“1”表示焊条适用于全位置焊接；“2”表示焊条适用于平焊或平角焊。第 3 位和第 4 位数字组合，表示焊接电流种类和药皮类型，如“03”表示钛钙型药皮，交直流两用；“05”表示低氢型药皮，只能用直流电源

(反拉法) 焊接。例如，型号 E4315（相当于牌号 J426）表示焊条的熔敷金属的最低抗拉强度为 430MPa，全位置焊接，低氢钠型药皮，直流反接使用。

焊条按药皮熔渣化学性质分为酸性焊条和碱性焊条两大类。

酸性焊条（acid electrode）的熔渣中含有较多的酸性氧化物（如 SiO_2）。酸性焊条能用于交、直流焊机，焊接工艺性能较好，但焊缝的力学性能、特别是冲击韧度较差。酸性焊条适于一般的低碳钢和相应强度等级的低合金钢结构的焊接。

碱性焊条（basic electrode）的熔渣中含有较多碱性氧化物（如 CaO 和 CaF_2）。碱性焊条一般用于直流电焊机，只有在药皮中加入较多稳弧剂后，才适于交、直流电源两用。碱性焊条脱硫、脱磷能力强，焊缝金属具有良好的抗裂性和力学性能，特别是冲击韧度很高，但工艺性能差。碱性焊条主要适用于低合金钢、合金钢及承受动载荷的低碳钢重要结构的焊接。

4. 焊条电弧焊工艺

(1) 接头形式和坡口形式　根据焊件厚度和工作条件的不同，需要采用不同的焊接接头（Welding joint）形式。常用的有对接接头（Butt）、角接接头（Corner）、T 形接头（T joint）和搭接接头（Lap）几种（图 3-8）。对接接头受力比较均匀，是用得最多的一种，重要的受力焊缝应尽量选用。

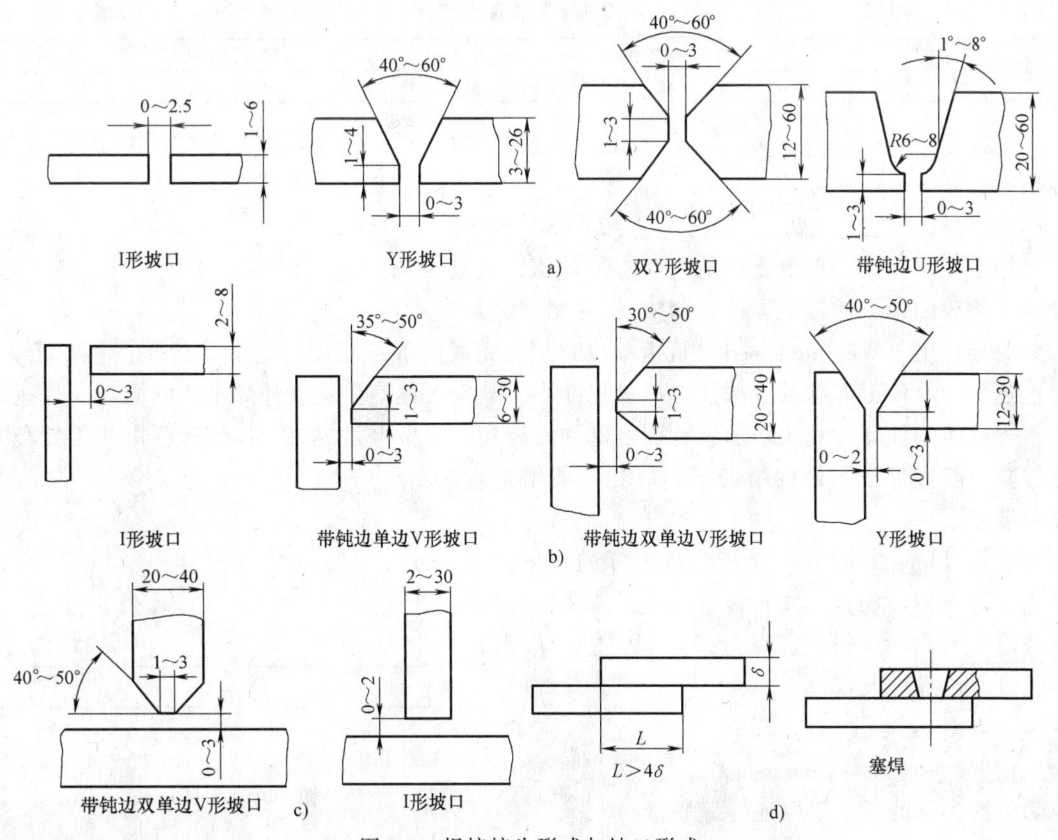

图 3-8　焊接接头形式与坡口形式

a) 对接接头　b) 角接接头　c) T 形接头　d) 搭接接头

坡口（groove）的作用是为了保证电弧深入焊缝根部，使根部能焊透，以便清除熔渣，获得较好的焊缝成形和焊接质量。

（2）焊接空间位置　按焊缝在空间的位置不同，可分为平焊（Flat）、立焊（Vertical）、横焊（Horizontal）和仰焊（Overhead）等，如图3-9所示。平焊操作方便，劳动强度小，液态金属不会流散，易于保证质量，是最理想的操作空间位置，应尽可能采用。

（3）焊接参数及其选择　为保证焊接质量而选定的诸物理量（例如焊条直径、焊接电流、焊接速度和弧长等）的总称为焊接参数（Welding condition）。

焊条直径的选择主要取决于焊件的厚度。焊件较厚，则应选较粗的焊条；焊件较薄则相反。焊条直径的选择可参见表3-1。立焊和仰焊时选择的焊条直径应比平焊时要小一些。

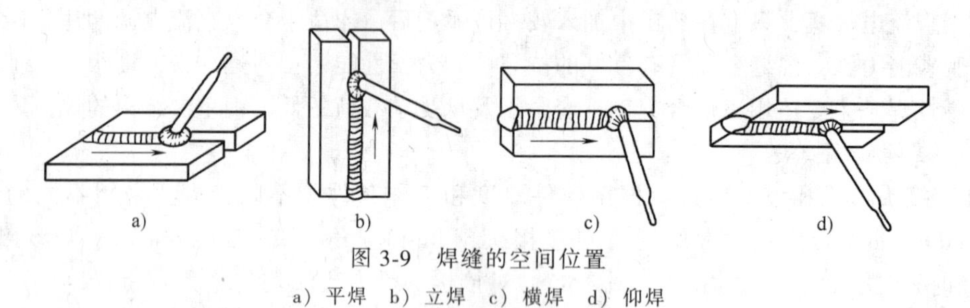

图3-9　焊缝的空间位置

a）平焊　b）立焊　c）横焊　d）仰焊

表3-1　焊条直径选择　　单位：mm

焊件厚度	2	3	4~7	8~12	>12
焊条直径	1.6~2.0	2.5~3.2	3.2~4.0	4.0~5.0	4.0~5.8

焊接电流（welding current）应根据焊条直径选取。平焊低碳钢时，焊接电流 I(A) 和焊条直径 d(mm) 的关系为：

$$I=(30\sim60)d$$

用该式求得的焊接电流只是一个初步数值，还要根据焊件厚度、接头形式、焊接位置、焊条种类等因素，通过试焊进行调整。

焊接速度（Welding speed）是指单位时间内完成的焊缝长度，它对焊缝质量影响很大。焊速过快，易使得焊缝的熔深浅，焊缝宽度小，甚至可能产生夹渣和焊不透的缺陷；焊速过慢，焊缝熔深和焊缝宽度增加，特别是薄件易烧穿。焊条电弧焊时，焊接速度由焊工凭经验掌握。一般在保证焊透的情况下，应尽可能增加焊接速度。

弧长（length of arc）是指焊接电弧的长度。弧长过长，燃烧不稳定，熔深减小，空气易侵入而产生缺陷。因此，操作时应尽量采用短弧。一般弧长不超过所选择焊条直径，多为2~4mm。

（4）焊接操作

1）接头清理（Joint cleaning）。焊接前接头处应除尽铁锈、油污，以保证焊缝质量。

2）引弧（Striking the arc）。常用的引弧方法有划擦法和敲击法，如图3-10所示。焊接时将焊条端部与焊件表面划擦或轻敲后迅速将焊条提起2~4mm的距离，电弧即被引燃。此类引弧方法的原理为短路热电子发射引燃。

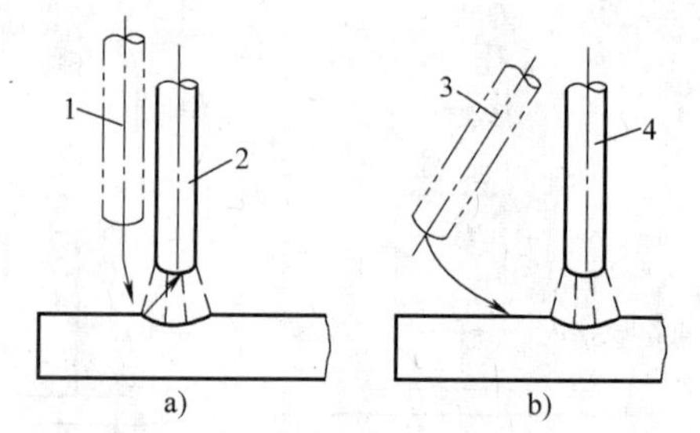

图3-10　引弧方法

a）敲击法　b）划擦法

1、3—引弧前　2、4—引弧后

3）运条（Moving electrode）。引弧后，首先必须掌握好焊条与焊件之间的角度（图 3-11），并同时完成三个基本动作（图 3-12）：焊条沿轴线向熔池送进，焊条沿焊缝纵向移动和焊条沿焊缝横向摆动（为了获得一定宽度的焊缝）。

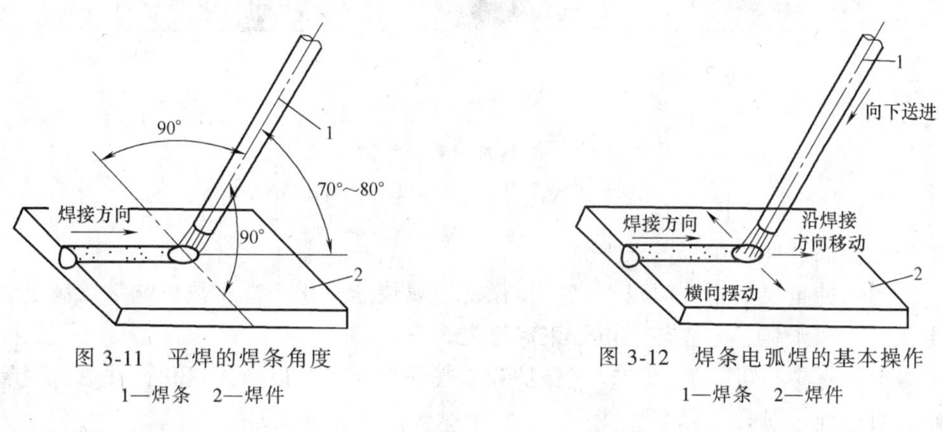

图 3-11　平焊的焊条角度
1—焊条　2—焊件

图 3-12　焊条电弧焊的基本操作
1—焊条　2—焊件

4）焊缝收尾。焊缝收尾时，要填满弧坑，为此焊条要停止前移，在收弧处画一个小圈并慢慢将焊条提起，拉断电弧。实际焊缝如图 3-13 所示。

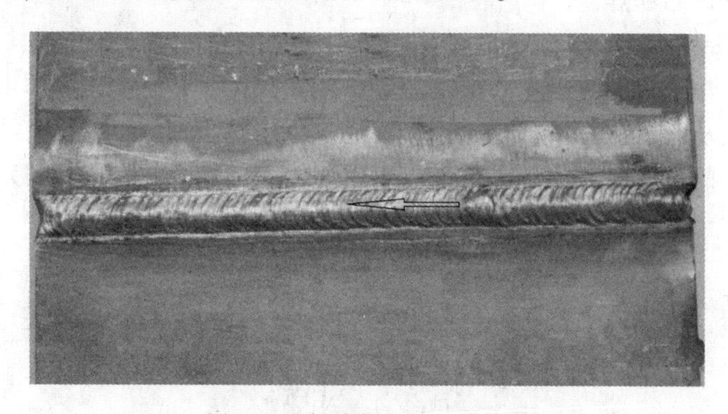

图 3-13　焊接优良的焊缝外观

3.3　焊接工艺的基本原理（General principles of welding process）

3.3.1　熔焊的基本原理（Basic principles of fusion welding）

3.3.1.1　熔焊的本质及特点（Nature and characteristics of fusion welding）

1）熔化焊的本质是小熔池熔炼与铸造，是金属熔化与结晶的过程。图 3-14 所示为熔焊加热熔化和冷却结晶的示意图。当温度达到材料熔点时，母材和焊丝熔化形成熔池（图 3-14a），熔池周围母材受到热影响，组织和性能发生变化形成热影响区，在熔池与热影响区之间一般存在半熔化区——通常称为熔合区（图 3-14b），热源移走后熔池结晶成柱状晶（图 3-14c）。

2）熔池存在时间短，温度高；冶金过程进行不充分，氧化严重；热影响区大。

3）冷却速度快，结晶后易生成粗大的柱状晶。

3.3.1.2　熔焊的三要素（Three elements of fusion welding）

由熔焊的本质及特点可知，要获得良好的焊接接头，必须有合适的热源、良好的熔池保

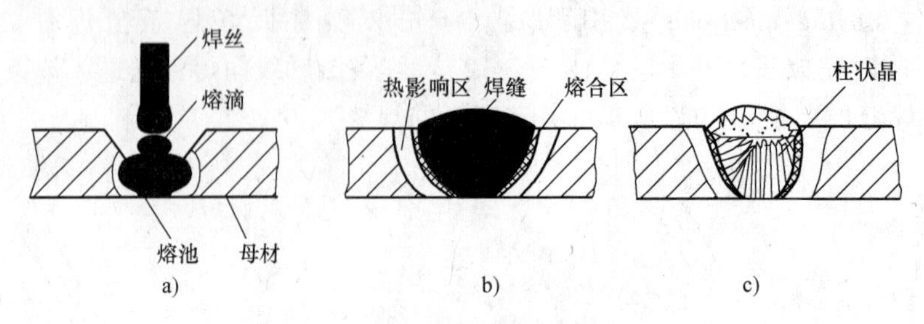

图 3-14　熔焊过程示意图

a）熔池的形成　b）热影响区形成　c）熔池结晶

护和焊缝填充金属，即为熔焊的三要素。

（1）热源　能量要集中，温度要高，以保证金属快速熔化，减小热影响区。满足要求的热源有电弧、等离子弧、电渣热、电子束和激光。

（2）熔池的保护　可用渣保护、气保护和渣气联合保护，以防止氧化，并进行脱氧、脱硫和脱磷，给熔池过渡合金元素。

（3）填充金属　保证焊缝填满及给焊缝带入有益的合金元素，并达到力学性能和其他性能的要求，主要有焊芯和焊丝。

3.3.1.3　熔池的冶金反应（Metallurgical reaction of melt pool）

熔焊从母材和焊条被加热熔化到熔池的形成、停留、结晶，在高温作用下要发生一系列的氧化还原反应，从而影响焊后的化学成分、组织和性能。

首先，空气中的氧气和氮气在电弧高温作用下发生分解，与金属和碳发生反应，如：

$$Fe+O \longrightarrow FeO$$

$$Mn+O \longrightarrow MnO$$

$$Si+2O \longrightarrow SiO_2$$

$$2Cr+3O \longrightarrow Cr_2O_3$$

$$C+2O \longrightarrow CO_2$$

这样会使 Fe、C、Mn、Si、Cr 等元素大量烧损，使焊缝金属含氧量大大增加，力学性能明显下降，尤其使低温冲击韧度急剧下降，引起冷脆等现象。

氮和氢在高温时能溶解于液态金属中，氮还能与铁反应形成 FeN 和 Fe_2N，Fe_2N 呈片状夹杂物，增加焊缝的脆性。氢在冷却时保留在金属中造成气孔，引起氢脆和冷裂纹。

3.3.1.4　熔焊焊接接头的组织与性能（Microstructures and properties of fusion welding）

1. 焊接热循环（Welding thermal cycle）

在焊接加热和冷却过程中，焊缝及附近母材上某点的温度随时间变化的过程叫焊接热循环。对低碳钢，温度在 1100℃以上为过热区，500～800℃为相变温度区，$t_{8/5}$为相应的冷却时间（图 3-15）。由此可见，焊缝及附近母材上的各点在不同时间经受的加热和冷却作用是不同的。在同一时间各点所处的温度也不同，导致组织和性能也不同。焊接热循环的特点是加热和冷却速度很快，对易淬火钢，容易导致马氏体相变；对其他材料，易产生焊接变形、应力及裂纹。受焊接热循环的影响，焊缝附近的母材组织或性能发生变化的区域，称为焊接热影响区（图 3-16）。熔焊焊缝和母材的交界线为熔合线，熔合线两侧有一个很窄的焊缝与热影响区的过渡区，叫熔合区，也叫半熔化区。因此，焊接接头由焊缝区、熔合区和热影响区组成。

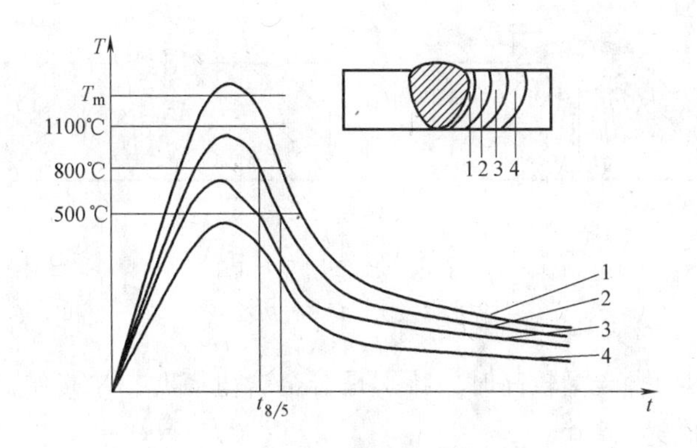

图 3-15 焊接热循环特征

曲线 1、2、3、4 为焊接接头 1、2、3、4 处的温度随时间变化曲线

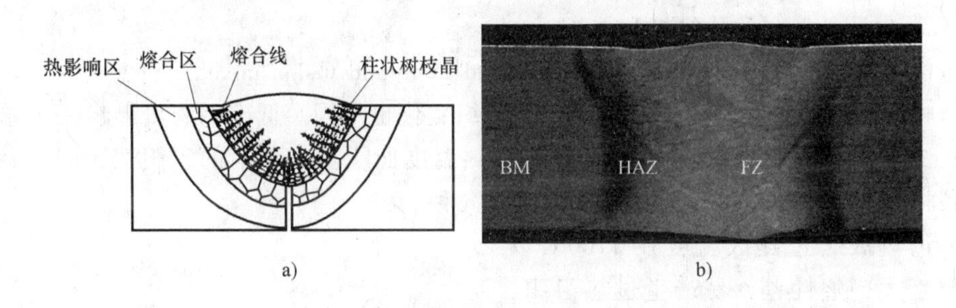

图 3-16 焊缝，熔合区及热影响区的组织

a）接头示意图 b）实际焊缝

BM—基体金属 HAZ—热影响区 FZ—焊缝区

2. 焊缝的组织和性能（Microstructure and properties of weld bead）

热源移走后，焊缝中熔池的液体金属立刻开始冷却结晶，从熔合区中许多未熔化完的晶粒开始，以垂直熔合线的方式向熔池中心生长为柱状树枝晶（图 3-17）。这样，低熔点物质将会被推向焊缝最后结晶部位，形成成分偏析。宏观偏析的分布与焊缝成形系数 B/H 有关，如图 3-18 所示。当 B/H很小时，易形成中心线偏析，产生热裂纹。

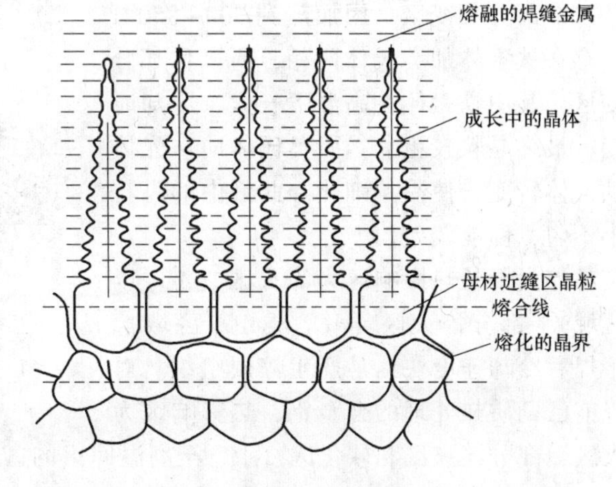

图 3-17 焊缝金属结晶凝固时熔合区的状态示意图

从熔池液体金属凝固为焊缝金属的结晶过程，称为一次结晶。如在其后的冷却过程中固态的焊缝金属继续发生组织转变，则称为二次结晶（如低碳钢一次冷却结晶形成奥氏体，二次结晶时奥氏体发生珠光体加铁素

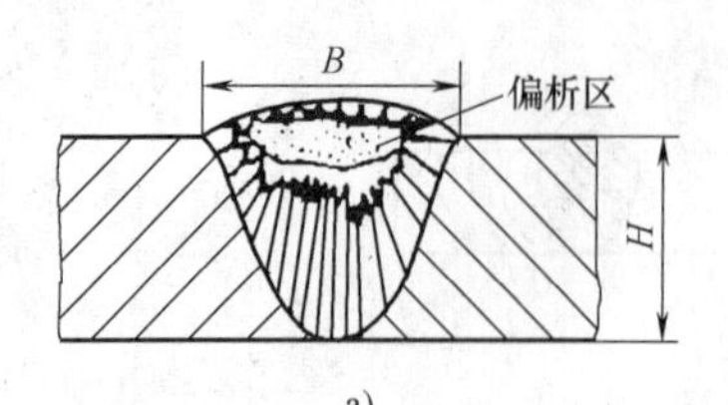

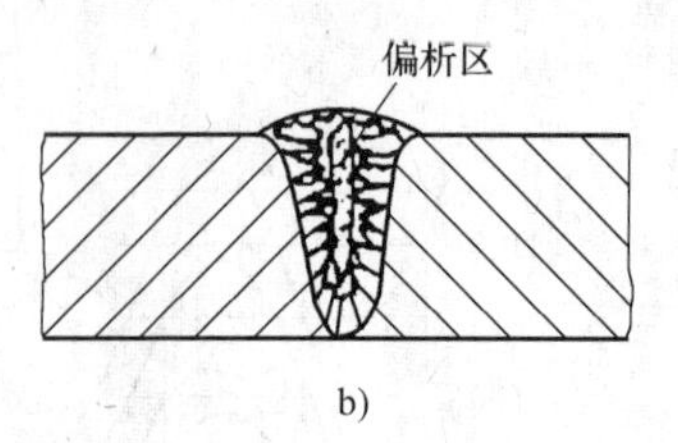

图 3-18　焊缝结晶过程

a）B/H 较大　b）B/H 较小

体的组织转变）。当钢中含碳量较高时，特别是合金含量高时，二次结晶有可能发生奥氏体向马氏体的转变，形成淬火组织。

焊缝金属的宏观组织形态是柱状晶，晶粒粗、成分偏析严重、组织不致密。但是，由于焊接是小熔池炼钢，冷却速度快，化学成分控制严格，碳、磷、硫等含量低，通过渗合金调整焊缝的化学成分，使其有一定的合金元素，这样焊缝金属的强度可与母材相当。

3. 热影响区与熔合区的组织和性能

（Microstructure and properties of heat-affected Zone and fusion mixed zone）

热影响区各点的最高加热温度不同，其组织变化也不同。低碳钢的热影响区，如图 3-19 所示，图 3-19a 所示为焊接接头各点的最高加热温度曲线及室温下的组织图，图 3-19b 为简化的铁碳相图。低碳钢的热影响区可分为以下几种。

（1）过热区　过热区温度在 1100℃ 以上，晶粒粗大，塑性差，易产生过热组织，是热影响区中性能最差的部分。

（2）正火区　正火区温度为 850～1100℃，因冷却时奥氏体向珠光体加铁素体的转变，晶粒细小，性能好。

（3）部分相变区　因加热到 700～850℃ 时，存在铁素体加奥氏体两相，所以称部分相变区。其中铁素体在高温下长大，冷却时不变，最终晶粒较粗大。而奥氏体向珠光体加铁素体转变，使晶粒细化。此区中的晶粒大小不匀，性能较差。

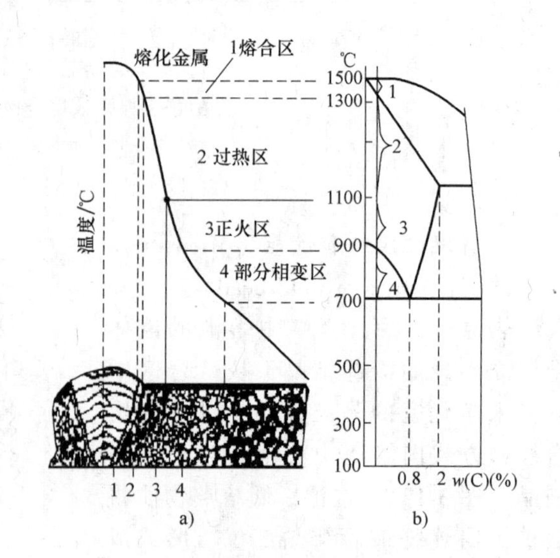

图 3-19　低碳钢焊接热影响区的组织变化

a）组织图　b）Fe-C 相图

易淬火钢的热影响区为淬火区（AC_3 以上区域）、部分淬火区（AC_1 至 AC_3 区域）。由于焊后冷却速度快，易产生淬硬组织。对于焊前已调质热处理的合金钢，热影响区为淬火区、部分淬火区和软化区（AC_1 至高温回火的区域）。其中淬火区中的金属力学性能严重下降，易引起冷裂纹。

熔合区的成分不匀，组织为粗大的过热组织或淬硬组织，是焊接接头中性能最差的部位。

3.3.1.5 焊接变形和焊接应力（Stress and distortion of welding）

1. 焊接应力与变形产生的原因（Causes of stress and distortion of welding）

当金属材料在自由状态下受到整体加热和冷却时，它可进行自由膨胀和收缩，不会产生应力和变形（图 3-20a）。但如果受到刚性拘束，则其完全不能变形（图 3-20b）。加热时，不能膨胀到自由变形 $L_0+2\Delta l$，仍然为 L_0，产生塑性压缩变形；冷却时，也不能产生 L-$2\Delta l$ 自由收缩量，这时材料内就受到拉伸应力并残余下来。这时，只有残余应力，而无残余变形。在局部约束的情况下，材料可以产生部分的膨胀和收缩（图 3-20c）。加热时，不能产生 $2\Delta l$ 的膨胀量，而只能产生 $2\Delta l''$的膨胀量。此时加热的金属受压应力，产生一定量的压缩变形。冷却时不能产生 $2\Delta l$ 的收缩量，而产生 $2\Delta l'$的收缩量，使金属受拉伸应力并残余下来，最后产生的变形 $2\Delta l''-2\Delta l'$为残余变形，也称为焊接变形，同时产生残余应力。

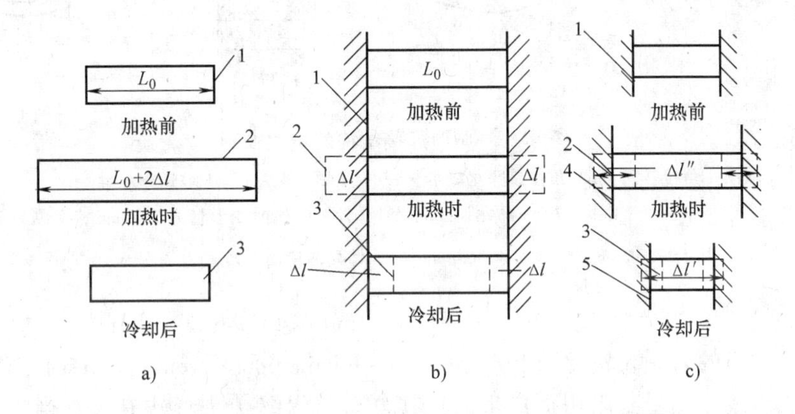

图 3-20 加热和冷却时的应力与变形

a）自由状态 b）刚性夹持 c）非刚性夹持

焊接过程的加热和冷却受到周围冷金属的约束，不能自由膨胀和收缩。当约束很大时（如大平板对接），则会产生残余应力，无残余变形。当约束较小时（如小板对接焊），既产生残余应力，又产生残余变形。

2. 对接焊缝变形的计算（Calculation of distortion for butt welds）

在焊接图 3-21 所示的对接焊逢时，焊接结构的横向收缩量与焊缝断面面积和焊根开度成正比，与焊件厚度成反比，计算公式如下：

$$S_t=0.32A_w/t+1.27d$$

式中，$S_t=B-b$ 为焊缝的横向收缩量（mm）；A_w 为焊缝断面面积（mm^2）；t 为焊件厚度（mm）；d 为焊根开度（mm）。

同理，V 形坡口对接焊缝的纵向收缩量与焊缝断面面积成正比，与焊件断面面积成反比，计算公式如下：

$$S_l=0.005LA_w/A_p$$

式中，S_l为焊缝的纵向收缩量（mm）；A_w为焊缝断面面积（mm^2）；A_p为焊件断面面积（mm^2）；L 为焊缝全长（mm）。

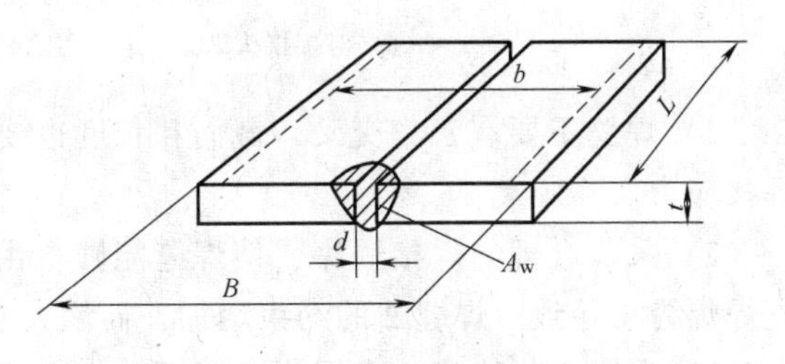

图 3-21 对接焊缝焊接结构示意图

焊件的挠曲变形量与焊缝断面面积、焊缝全长及焊缝重心到中性轴之间的距离成正比，与结构单元对中性轴的惯性矩成反比，计算公式如下：

$$\delta=0.127A_{w}L^{2}d/I$$

式中，d 为焊缝重心到中性轴之间的距离（mm）；L 为焊缝全长（mm）；I 为结构单元对中性轴的惯性矩（mm^4）；A_w 为焊缝断面面积（mm^2）。

图 3-22 所示的两种结构，用上述公式计算和实测结果如下：

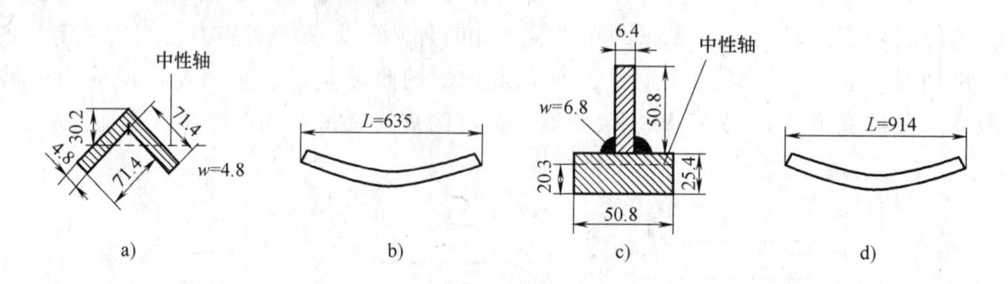

图 3-22　典型焊接结构的挠曲变形

a）角接接头　b）角接接头焊缝全长　c）T 形接头　d）T 形接头焊缝全长

1）对角接接头，当 $d=21.3$mm，$I_{min}=177314.6mm^4$ 时，计算的挠曲变形量为 2.74mm，实测为 3.05mm。

2）T 形接头，当 $d=7.34$mm，$I_{min}=554836.5mm^4$ 时，计算的挠曲变形量为 2.57mm，实测为 2.54mm。

3. 焊接应力和变形的防止（Prevent of stress and distortion of welding）

（1）焊接应力的防止及消除（Prevention and elimination of welding stress）　焊接残余应力是由于局部加热或冷却受到阻碍而产生的，其分布与焊缝接头形式有关，当采用对接焊时，残余应力的分布如图 3-23a、b、c 所示。由图可见，焊缝受热后冷却收缩时，受到周围冷金属的约束而受拉伸应力，而母材及边缘受压应力，其应力值有时能达到金属的屈服强度，因此是十分有害的。可采取以下措施以防止或消除焊接应力。

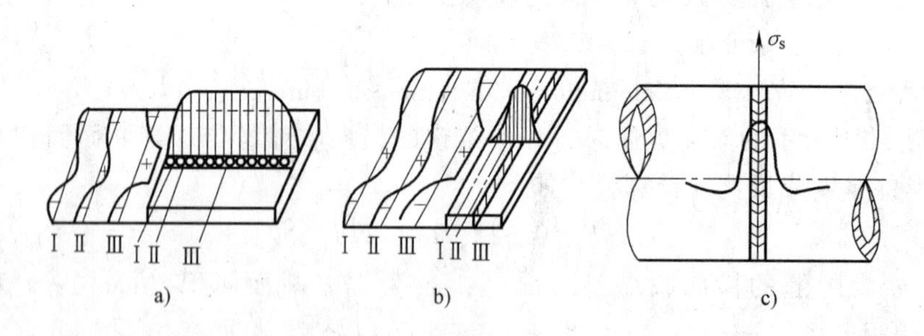

图 3-23　焊接残余应力的分布

a）对接接头纵向　b）对接接头横向　c）圆筒环焊缝纵向

1）焊缝不要有密集交叉，截面和长度也要尽可能小，以减少焊接局部加热，从而减小焊接应力。

2）采取合理的焊接顺序，使焊缝能够自由收缩，以减小应力（图 3-24a）。图 3-24b 因先焊焊缝 1 导致对焊缝 2 的约束增加，而增大残余应力。

3）采用小线能量、多层焊，也可减小焊缝应力。

4）焊前预热可以减小工件温差，也能减小残余应力。

5）当焊缝还处在较高温度时，捶击焊缝使金属伸长，也能减小焊接残余应力。

6）焊后进行消除应力的退火可消除残余应力。通常把焊件缓慢加热到 550～650℃，保温一定时间，再随炉冷却，利用材料在高温时屈服强度下降和蠕变现象而达到松弛焊接残余应力的目的。这种方法可以消除残余应力的 80%左右。

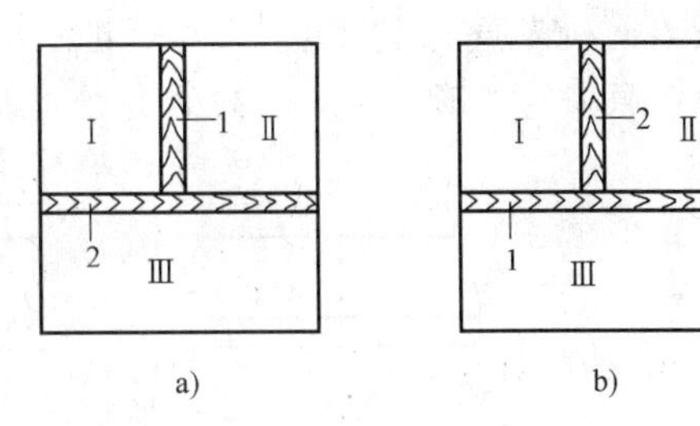

图 3-24　焊接顺序对焊接应力的影响

a）焊接应力小　b）焊接应力大

此外也可以用机械法来消除应力，如加压和振动等，利用外力使焊接接头残余应力区产生塑性变形，达到松弛残余应力的目的。

（2）焊接变形的防止和消除（Prevention and elimination of welding distortion）

1）焊缝不要有密集交叉，截面和长度也要尽可能小，以减少焊接局部加热，从而减小焊接变形。如图 3-25 所示，其中图 3-25a 为对称焊缝布置，图 3-25b 为对称双 Y 形坡口。

2）采用反变形方法（图 3-26）。按测定的检验数据估计焊接变形的方向和数量，在组装时使工件反向变形，以抵消焊接变形。

3）焊接工艺上，采用高能量密度的热源（如等离子弧、电子束等），采用小线能量，采用对称焊（图 3-27）和分段倒退焊（图 3-28），采用多层多道焊，都能减小焊接变形。

4）采用焊前刚性固定组装焊，可减小焊接变形，但这样会产生较大的焊接应力。如采用定位组装焊也可防止焊接变形。

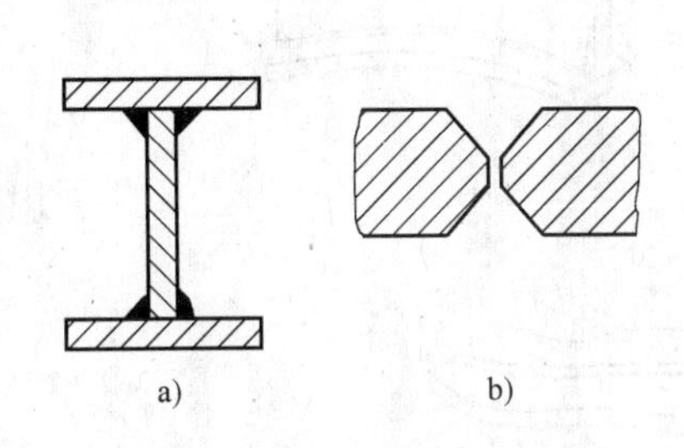

图 3-25　焊缝对称布置

a）对称焊缝　b）对称坡口

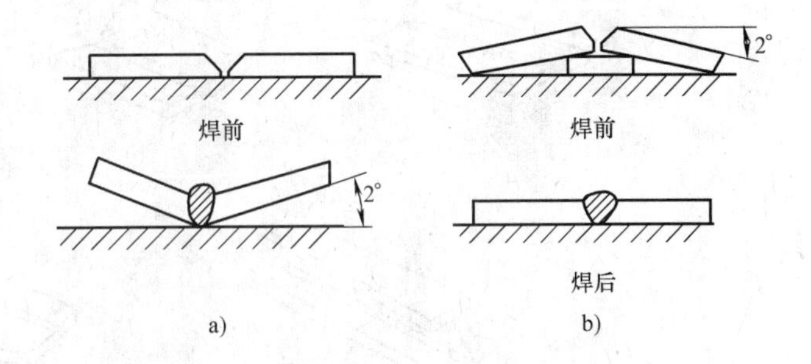

图 3-26　Y 形坡口对接焊的反变形法

a）产生角变形　b）采用反变形

5）焊前预热，焊接过程中采用散热措施（如水冷铜块散热，图 3-29c）、捶击还处在高温的焊缝等都能减小焊接变形。

焊件焊后的变形形式主要有尺寸收缩、角变形、弯曲变形、扭曲变形、翘曲变形等，如图 3-30 所示。要消除严重的焊接变形，常采用机械矫正法，以产生塑性变形来矫正焊接变形，如图 3-31 所示。机械矫正的方法因产生加工硬化，而使材料塑性下降，通常只适用于塑性

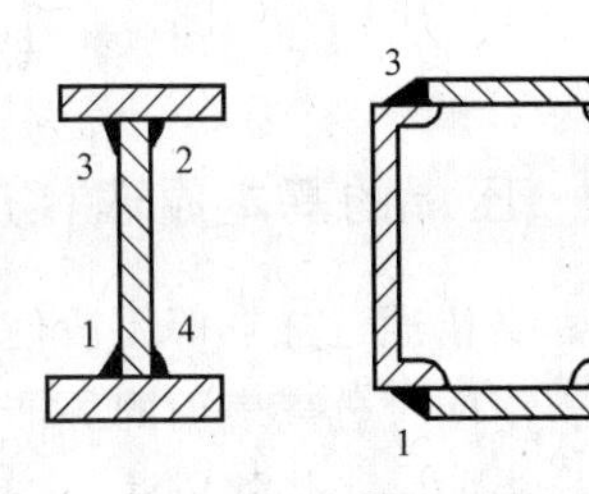

图 3-27　对称焊接方法

好的低碳钢和普通低合金钢。火焰矫正法是利用火焰加热的热变形方法，以产生新的收缩变形来矫正原来的变形，如图 3-32 所示。此法一般也仅适用于塑性好且无淬硬倾向的材料。

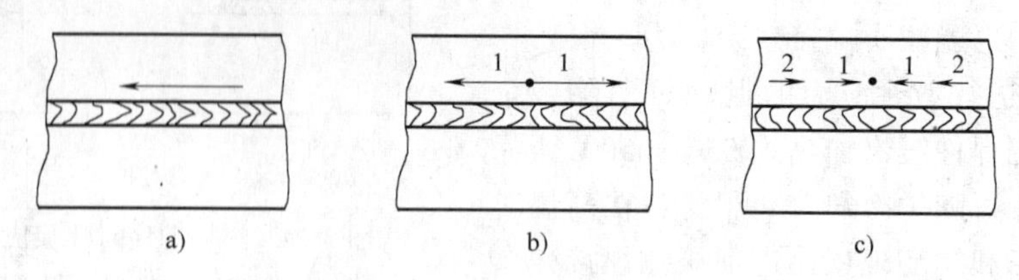

图 3-28　分段倒退焊方法在长焊缝中的应用

a）变形最大　b）变形较小　c）变形最小

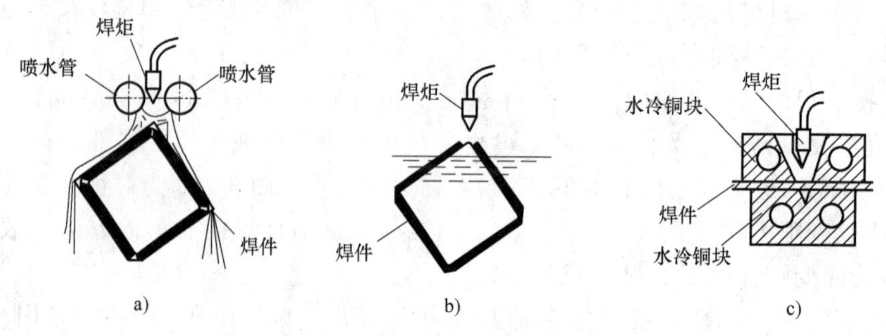

图 3-29　用散热法减小焊接变形

a）喷水冷却　b）浸入水中冷却　c）用水冷铜块冷却

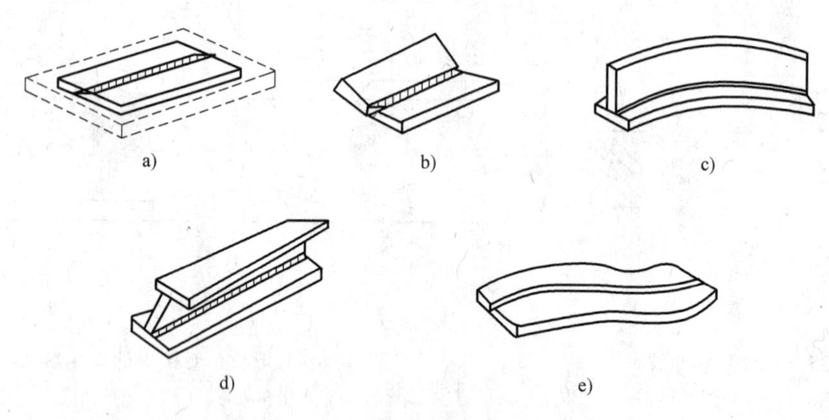

图 3-30　焊接变形的常见形式

a）尺寸收缩　b）角变形　c）弯曲变形　d）扭曲变形　e）翘曲变形

3.3.2　压焊的基本原理（Basic principles of pressure welding）

压焊是指通过加热等手段使金属达到塑性状态，加压使其产生塑性变形、再结晶和扩散等作用，使两个分离表面的原子接近到晶格距离（0.3～0.5nm）形成金属键，从而获得不可拆卸接头的一类焊接方法。

根据压力和温度的不同，压焊可分为冷压焊、扩散焊和热压焊。

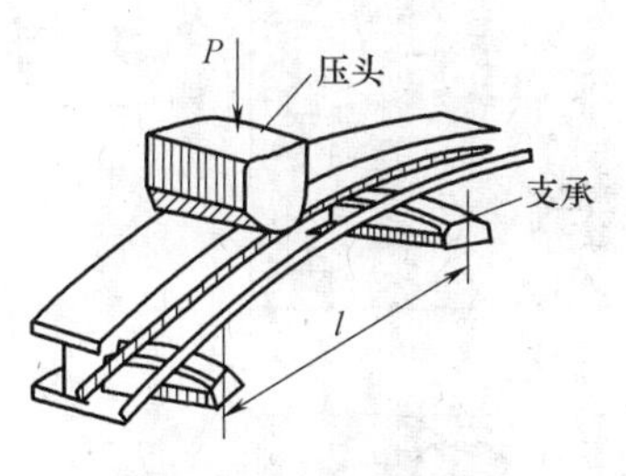

图 3-31　机械矫正法

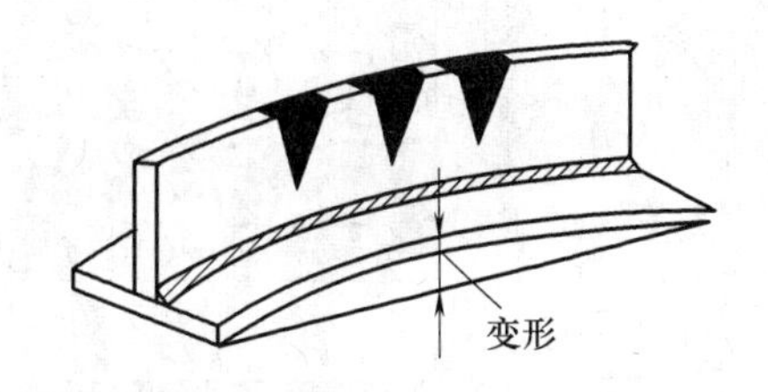

图 3-32　火焰矫正法

1. 扩散焊的热源与接头形成（Heat source and joint formation of diffusion bonding）

扩散焊通常要将焊件整体加热到低于焊件材料固相线的某一温度，并长时间加压保温，通过接触面附近的塑性变形、再结晶和扩散形成焊接接头。

（1）热源（Heat source）　扩散焊通常采用感应加热热源，其热源功率为

$$P=1.06WcT/t_1(\mathrm{kW})$$

式中，W 为加热部分质量（kg）；c 为比热容 [kW · h/(kg · K)]；T 为温度（℃）；t_1 为加热时间（h）。

加热达到温度 T 后，保温、保压，其工艺曲线如图 3-33 所示。图中，t_1 为加热时间，（t_2-t_1）为扩散时间，（$t_{p_2}-t_2$）为保压冷却时间。

（2）接头形成（Joint formation）　固态扩散焊（Solid diffusion bonding）过程如下：

1）变形-接触阶段。在压力和温度的共同作用下，工件表面的凸起部分产生塑性变形，使接触面积从 1%增大到 75%，为原子间的扩散做好准备（图 3-34a、b）。

2）扩散-界面推移阶段。因界面产生较大的晶格畸变、位错和空位，界面处的原子处于高度激活状态而很快扩散形成金属键，并经过回复和再结晶产生晶界的推移，形成固态冶金结合（图 3-34c）。

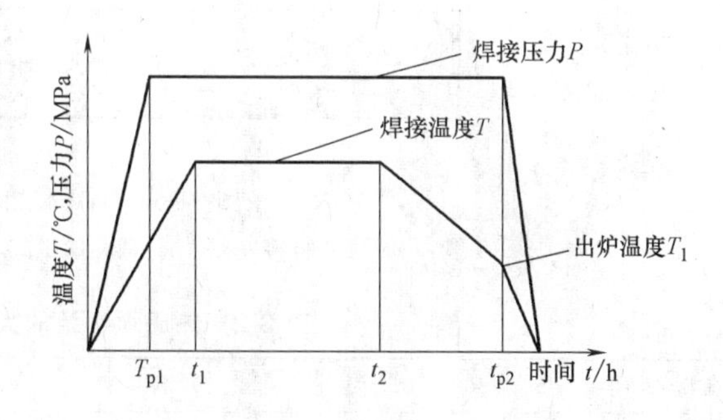

图 3-33　扩散焊的工艺曲线

3）界面和孔洞消失阶段。经过长时间保温扩散，消除孔洞，界面晶粒长大，原始界面消失（图 3-34d）。

瞬时液相扩散焊（Transient liquid phase diffusion bonding）过程如下：

1）液相生成。在一定温度下，利用中间夹层材料与两焊件接触处形成低熔点共晶液相，以填充接头间隙（图 3-35a、b）。

2）等温凝固。液相中使熔点降低的元素大量扩散至焊件母材中，而焊件母材中某些元素向液相中溶解，使液相的熔点逐渐升高而凝固形成接头（图 3-35c）。

3）均匀化，保温扩散使接头成分均匀化（图 3-35d）。

2. 热压焊的热源与接头形成（Heat source and joint formation of heat pressure welding）

热压焊通常采用的热源有电阻热源、摩擦热源、超声热源、爆炸热源等，各种热源的大小、特性和应用见表 3-2。

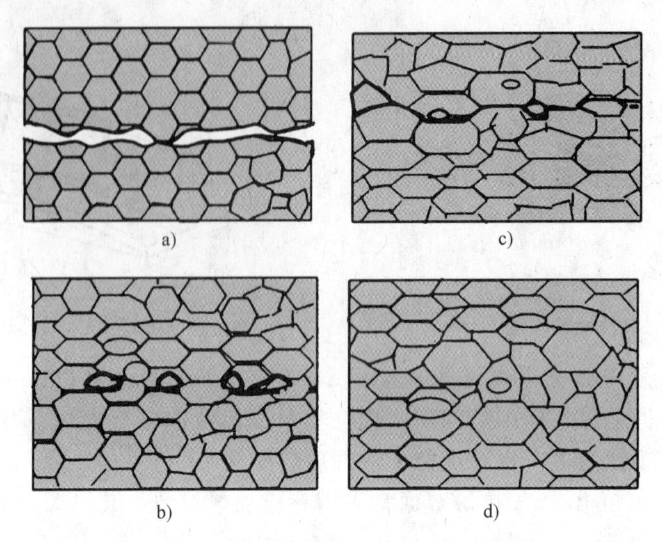

图 3-34　固态扩散焊过程示意图

a）室温装配状态　b）第一阶段　c）第二阶段　d）第三阶段

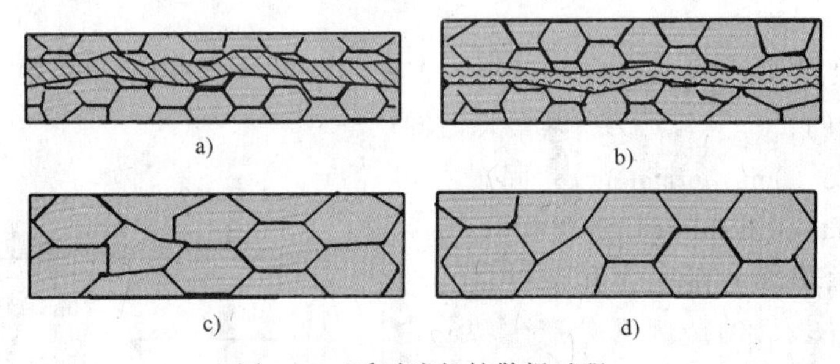

图 3-35　瞬时液相扩散焊过程

a）夹层材料装夹　b）液相的生成　c）等温凝固　d）均匀化

表 3-2　热压焊热源的大小、特性和应用

热源名称	热源大小表达式	主要影响因素	特性	应用
电阻热	$Q=0.24I^2Rt$ 式中，I 为电流；R 为焊接区电阻；t 为通电加热时间	外因是电流和通电时间；内因是电阻，包括焊件电阻和接触电阻	功率大，效率高，控制方便；热源在两焊件结合面内，隔绝了空气，无须保护焊缝	主要用于定位焊、缝焊、凸焊、对焊等。不适合电阻太小的材料
摩擦热	$Q = 2/3\pi pn\int f\mathrm{d}t$ 式中，f 为摩擦因数；p 为摩擦力；n 为摩擦速度；t 为摩擦时间	外因是摩擦力、摩擦速度和摩擦时间，内因是焊接材料的摩擦因数	节能、效率高，有清理待焊部位的作用，不适合摩擦因数太小的材料	主要用于惯性摩擦焊、搅拌摩擦缝焊
超声热	$E=63H^{3/2}t^{3/2}$ 式中，H 为材料显微硬度；t 为材料厚度	外因是超声频率、振幅和时间，内因是焊件的硬度和厚度	节能、效率高，热源在两焊件结合面内，隔绝了空气，无须保护焊缝	主要用于定位焊、缝焊非导电材料和硬度较高及脆性较大的材料的焊接
爆炸热	$Q=\eta CGV$ 式中，η 为炸药热效率；C 为焊件材料密度；G 为单位体积装载量；V 为焊接金属的体积	外因是炸药装载量，内因是焊件材料密度和焊接部位金属的体积	节能、效率高，热源在两焊件结合面内，冲击变形塑性流动量大，隔绝了空气，无须保护焊缝	主要用于异种材料的大面积焊接，复合板和管的制造

尽管热压焊所用热源不同，但接头的形成过程基本上都是一样的，即在固态下通过塑性变形和再结晶获得统一晶粒，如图 3-36 所示。

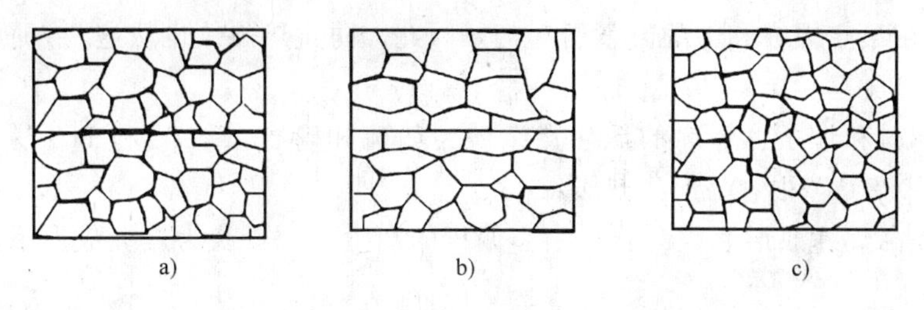

图 3-36 热压焊的接头形成过程

a）初始接触阶段 b）塑性变形阶段 c）再结晶形成统一晶粒

3. 扩散焊和热压焊接头的组织与性能（Microstructures and properties of diffusion bonding and heat pressure welding）

扩散焊接头的组织为与母材一致的等轴晶粒，无热影响区。因此，接头的性能与母材完全一样。

热压焊接头的组织为再结晶组织，接触面附近晶粒细小；热影响区通常为正火区，晶粒细小。因此，这种接头的性能优于母材。

3.3.3 焊接缺陷（Defects of welding）

焊接接头的不完整性称为焊接缺陷，主要有焊接裂纹、未焊透、夹渣、气孔和焊缝外观缺陷等，如图 3-37 所示。这些缺陷减小了焊缝截面积，降低承载能力，产生应力集中，引起裂纹；降低疲劳强度，易引起焊件破裂导致脆断。其中危害最大的是焊接裂纹和气孔。

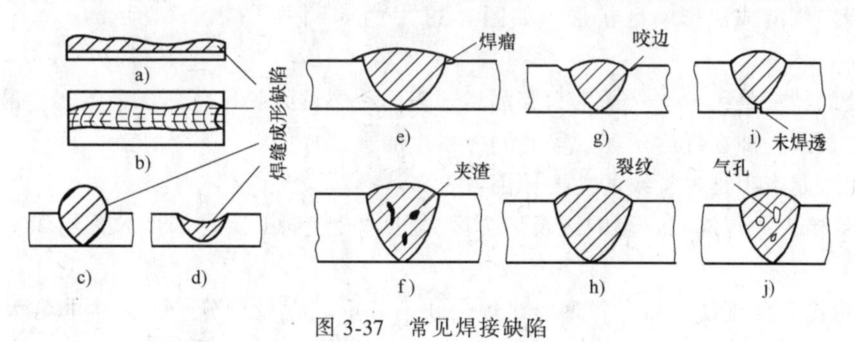

图 3-37 常见焊接缺陷

1. 焊接裂纹（Welding cracks）

（1）热裂纹（Thermal cracks） 热裂纹如发生在焊缝区，在焊缝结晶过程中形成，叫结晶裂纹。如发生在热影响区，在加热到过热温度时因晶间低熔点杂质发生熔化而形成，叫液化裂纹。热裂纹的微观特征是沿晶界开裂，所以又称晶间裂纹。因热裂纹在高温下形成，所以有氧化色彩。

一般认为，产生热裂纹的原因有以下两个：

1）晶间存在液态薄膜。在焊接过程中，焊缝结晶的柱状晶形态，会导致低熔点杂质偏析，从而在晶间形成液态薄膜。在热影响区的过热区，如晶界存在较多的低熔点杂质，则形成晶间液态薄膜。

2）接头中存在拉伸应力。由于液态薄膜还未建立起强度，在拉伸应力的作用下很易开裂，从而产生热裂纹。

热裂纹是由冶金因素和力的因素引起的。因此，防止热裂纹也从这两方面考虑，主要采取下列措施：

1）限制钢材和焊条、焊剂的低熔点杂质，如硫和磷含量。Fe 和 FeS 易形成低熔点共晶，其熔点为 988℃，很容易产生热裂纹。

2）适当提高焊缝成形系数，防止中心偏析的产生。一般认为焊缝成形系数为 1.3~2 较合适。

3）调整焊缝化学成分，避免低熔点共晶，缩小结晶温度范围，改善焊缝组织，细化焊缝晶粒，提高塑性，减少偏析。一般认为含碳量控制在 0.10%（质量分数）以下，热裂纹敏感性大大降低。

4）采用减小焊接应力的工艺措施，如采用小线能量、焊前预热、合理焊缝布置等。

5）施焊时填满弧坑，以减小应力。

（2）冷裂纹（Cold cracks） 焊缝区和热影响区都可能产生冷裂纹，常见冷裂纹的形态有三种，如图 3-38 所示。

1）焊道下裂纹。在焊道下的热影响区内形成的焊接冷裂纹，常平行于熔合线扩展，如图 3-38 中的 a 所示。

2）焊趾裂纹。沿应力集中的焊趾处形成的焊接冷裂纹，在热影响区扩展，如图 3-38 中的 b 所示。

3）焊根裂纹。沿应力集中的焊缝根部所形成的焊接冷裂纹，向焊缝或热影响区扩展，如图 3-38 中的 c 所示。

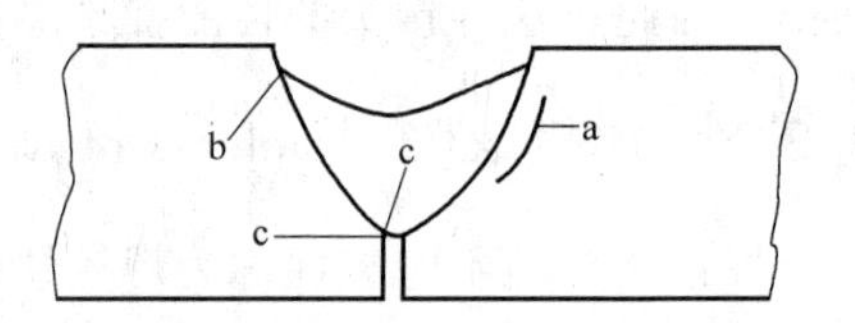

图 3-38 焊接冷裂纹的形态

冷裂纹的特征是无分支，通常为穿晶型。表面冷裂纹无氧化色彩。最主要、最常见的冷裂纹是延迟裂纹，即在焊后延迟一段时间才发生的裂纹。

下列因素是产生延迟裂纹的主要原因：

1）焊接接头（焊缝和热影响区及熔合区）的淬火倾向严重，产生淬火组织，导致接头性能脆化。

2）焊接接头含氢量较高，并聚集在焊接缺陷处形成大量氢分子，产生非常大的局部压力，使接头脆化。

3）存在较大的拉伸应力。因氢的扩散需要时间，所以冷裂纹在焊后需延迟一段时间才出现。由于是氢诱发的，故也叫氢致裂纹。

防止延迟裂纹可采取以下措施：

1）选用碱性焊条或焊剂，减少焊缝金属中氢的含量，提高焊缝金属塑性。

2）焊前清理一定要严格，焊条、焊剂要烘干，焊缝坡口及附近母材要去油、去水、除锈，减少氢的来源。

3）工件焊前预热，焊后缓冷，可降低焊后冷却速度，避免产生淬硬组织，并可减小焊接残余应力。

4）采取减小焊接应力的工艺措施，如对称焊、小线能量的多层多道焊等。

5）焊后立即进行去氢（后热）处理，加热到 250℃，保温 2~6h，使焊缝金属中的扩散氢逸出金属表面。

6）焊后进行清除应力的退火处理。

2. 气孔（Blowhole）

焊缝气孔的产生是由于在熔池液体金属冷却结晶时，原来高温下溶解在焊缝液体金属中的大量气体，随温度的下降溶解度降低而析出。氢和氮在室温下几乎不溶入铁，但在 1500℃以上的高温下，氮、氢在铁中的溶解度增大约 40 倍。这样在焊缝快速冷却下，气体来不及逸出熔池表面，由此导致气孔的产生。

焊缝气孔有以下三种。

（1）氢气孔 高温时，氢在液体中的溶解度很大，大量的氢溶入焊缝熔池中，而焊缝熔池在热源离开后快速冷却，氢的溶解度急速降低，析出氢气，产生氢气孔。

（2）一氧化碳（CO）气孔 当熔池氧化严重时，熔池存在较多的 FeO，在熔池温度下降时，将发生如下反应：

$$FeO+C \longrightarrow Fe+CO\uparrow$$

此时，若熔池已开始结晶，则 CO 将来不及逸出，便产生 CO 气孔。熔池氧化越严重，含碳量越高，越易产生 CO 气孔。

（3）氮气孔 熔池保护不好时，空气中的氮溶入熔池而产生。

防止气孔的方法（Methods of prevention blowhole）：

1）焊条、焊剂要烘干，焊丝和焊缝坡口及两侧的母材要清除锈、油和水。

2）焊接时采用短弧焊，采用碱性焊条。

3）采用 CO_2 气体保护电弧焊时，采用药芯焊丝。

4）采用低碳材料，也可减少和防止气孔的产生。

3.3.4 焊接检验（Welding inspect）

为了保证焊接接头质量，防止有缺陷焊件投入使用，对焊接过程进行严格的检验是十分必要的。

1. 焊接检验过程（Procedure of welding inspect）

焊接质量检验是焊接结构生产过程的重要组成部分。焊前检验是防止缺陷产生的必要条件，主要指焊接原材料检验、设计图样与技术文件的论证检查和焊接工人的培训考核等。其中，焊前原材料检验特别重要，应对原材料进行化学分析、力学性能试验和必要的焊接性试验。必须注意原材料的保管与发放，不许借用材料或混料，否则就可能造成大的焊接缺陷或事故。因一块钢板错用而造成严重缺陷与重大事故的，在国内外已发生过多起。

焊接生产中的检验是生产工序之间的检验，以便及时发现问题予以补救。通常贯彻自检制，由每个工序的焊工在焊后自己认真检验，主要是外观检验，合格后打上焊工的代号钢印。

成品检验是焊接产品制成后的最后质量评定检验。例如，按设计要求的质量标准，经 X 射线检验、水压试验等有关检验合格以后，产品才能出厂，以保证以后的安全使用性能。至于哪种产品应该适用哪一级的焊接质量标准，或采取哪种焊接检验方法，应由产品设计部门按有关产品技术标准与规程来决定。

2. 外观检验（Appearance Inspection）

用肉眼或低倍数（小于20倍）放大镜检查焊缝区有无可见的缺陷，如表面气孔、咬边、未焊透、裂纹等，并检查焊缝外形及尺寸是否合乎要求。外观检验合格以后，才能进行下一步的其他方法检验。

3. 无损检验（Non-destructive testing）

（1）磁粉检验（Magnetic particle inspection） 磁粉检验原理是在工件上外加一磁场，当磁力线通过完好的焊件时，它是直线进行的。当有缺陷存在时，磁力线就会发生扰乱。在焊缝表面撒上铁粉时，磁力线扰乱部位的铁粉就吸附在裂纹等缺陷之上，其他部位的铁粉并不吸附。所以，可通过焊缝上铁粉吸附情况，判断焊缝中缺陷的所在位置和大小。

（2）着色检验（Shader test） 将工件表面加工打磨到表面粗糙度值小于 $Ra12.5\mu m$，用清洗剂除去杂质污垢。先涂上渗透剂，渗透剂呈红色，具有很强的渗透性能，可通过工件表面渗入缺陷内部。隔10min以后，将表面的渗透剂擦掉，再一次清洗，而后涂上白色的显示剂，借助毛细管作用，缺陷处的红色渗透剂即显示出来，可用4~10倍放大镜形象地看出缺陷的位置与形状。

（3）超声波检验（Ultrasonic inspection） 超声波的频率≥20000Hz，具有透入金属材料深处的特性，而且由一种介质进入另一种介质截面时，在界面发生反射波，因此检测焊件时，在荧光屏上可看到始波和底波。若焊接接头内部存在缺陷，将另外发生脉冲反射波形，介于始波与底波之间，根据脉冲反射波形的相对位置及形状，即可判断出缺陷的位置、种类和大小。

（4）X射线和γ射线检验（X-ray and γ-ray inspection） X射线和γ射线都是电磁波，都能不同程度地透过金属。当经过不同物质时，会引起不同程度的衰减，从而使在金属另一面的照相底片得到不同程度的感光。若焊缝中有未焊透、裂缝、气孔与夹渣等缺陷，则通过缺陷处的射线衰减程度小。因此，相应部位的底片感光较强，底片冲出后，就在缺陷部位上显示出明显可见的黑色条纹和斑点。

射线探伤质量检验标准按GB 3323《金属熔化焊焊接接头射线照相-附录C焊接接头射线照相缺陷评定》来评定，共分四级，数量超过三级者为四级。各级焊缝不允许哪种缺陷和允许哪种缺陷达到什么程度，在标准中都有详细的规定，可由检验人员或微型计算机进行评定。

3.4 焊接工艺方法及实践（Methods and practice of welding process）

3.4.1 熔焊的方法及实践（Methods and practice of fusion welding）

有关焊条电弧焊的工艺和特点请参阅参考文献［1］中的焊接中的内容。

1. 埋弧焊（Submerged arc welding）

（1）埋弧焊的原理及特点 埋弧焊是用焊剂进行渣保护，焊丝为一电极，在焊剂层下引燃电弧燃烧。因电弧在焊剂包围下燃烧，所以热效率高；焊丝为连续的盘状焊丝，可连续馈电；焊接无飞溅，可实现大电流高速焊接，生产率高（图 3-39）；金属利用率高，焊接质量好，劳动条件好。埋弧焊适用于平直长焊缝和环焊缝的焊接。

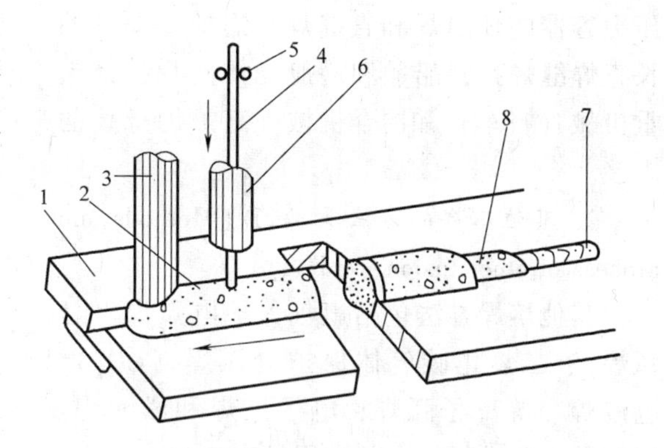

图 3-39　埋弧焊的工艺过程

1—焊件　2—焊剂　3—焊剂斗　4—焊丝
5—送丝滚轮　6—导电嘴　7—焊缝　8—焊渣

（2）埋弧焊的工艺

1）焊前准备。板厚小于 14mm 时，可不开坡口；板厚为 14~22mm 时，应开 Y 形坡口；板厚为 22~50mm 时，可开双 Y 形或 U 形坡口。Y 形和双 Y 形坡口的角度为 50°~60°（图 3-40）。焊缝间隙应均匀。焊直缝时，应安装引弧板和引出板（图 3-41），以防止起弧和熄弧时产生的气孔、夹杂、缩孔、缩松等缺陷进入工件焊缝之中。

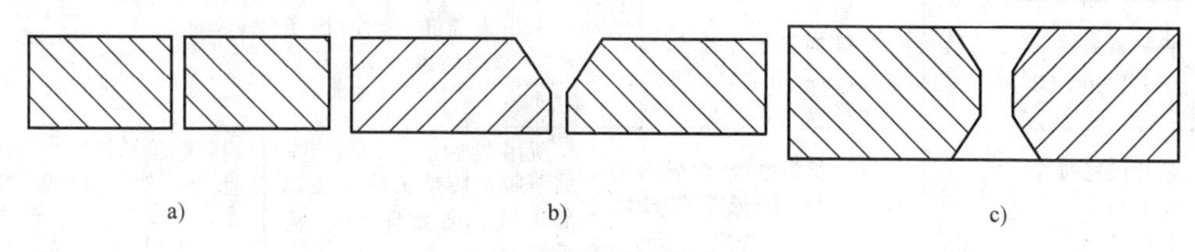

图 3-40　坡口形式

a）I 形坡口　b）Y 形坡口　c）双 Y 形坡口

2）平板对接焊。一般采用双面焊，可不留间隙直接进行双面焊接，也可采用打底焊或加焊剂垫（或垫板）的方法。为提高生产率，也可采用水冷铜板进行单面焊双面成形（图 3-42）。

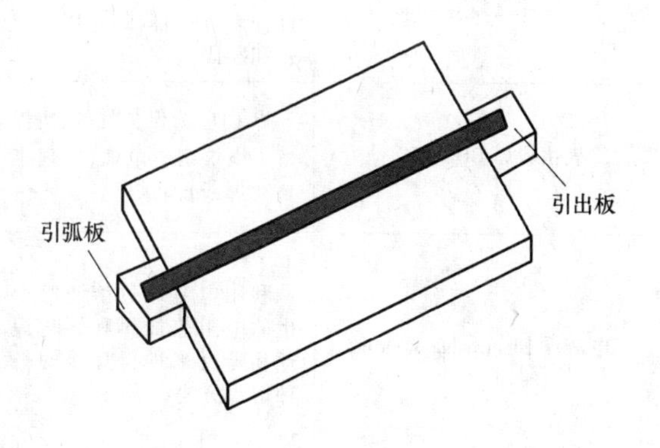

图 3-41　引弧板和引出板

3）环焊缝。焊接环焊缝时，焊丝起弧点应与环的中心线偏离一段距离 e（图 3-43），以防止熔池金属的流淌。一般偏离距离为 20~40mm，直径小于 250mm 的环缝一般不采用埋弧焊。

（3）埋弧焊的应用　埋弧焊主要应用于

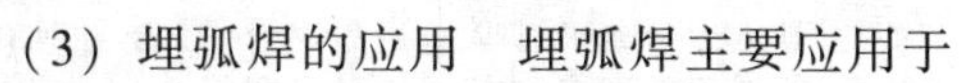

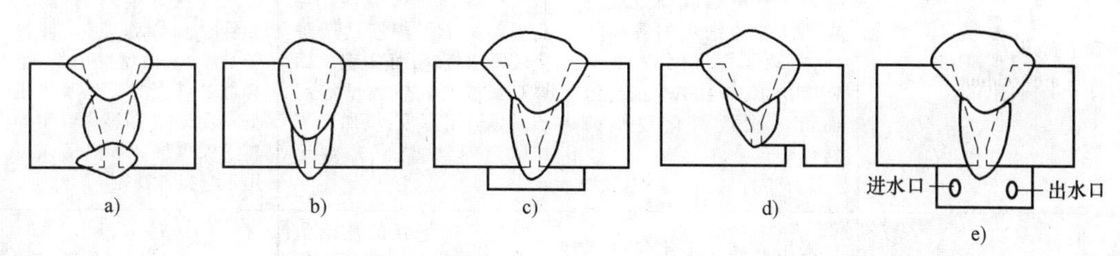

图 3-42　平板对接焊工艺

a）双面焊　b）打底焊　c）采用垫板　d）采用锁底坡口　e）水冷铜板

压力容器的环缝焊和直缝焊，锅炉冷却壁的长直焊缝焊接，船舶和潜艇壳体的焊接，起重机械（行车）和冶金机械（高炉炉身）的焊接。

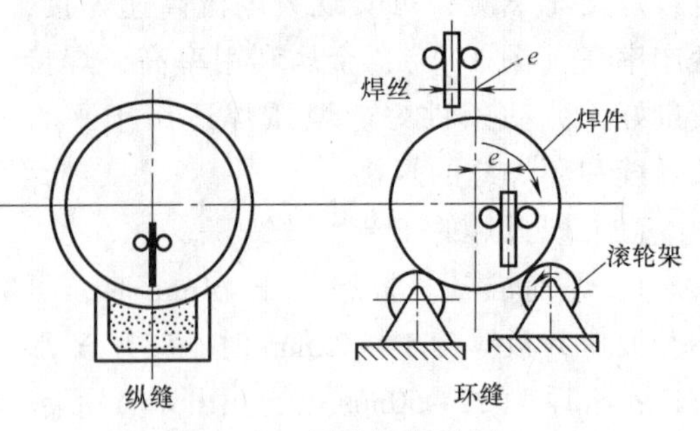

图 3-43 圆形件埋弧焊

2. *其他熔焊的方法及工艺*（Methods and process of other fusion welding）

其他熔焊方法包括氩气保护电弧焊（氩弧焊）、二氧化碳气体保护电弧焊（CO_2）、电渣焊、等离子弧焊、电子束焊和激光焊。它们的工艺过程特点及应用见表 3-3。

表 3-3 其他熔焊方法和工艺特点及应用

焊接方法名称		工艺过程	工艺特点	应用
氩弧焊	钨极氩弧焊 Gas-W arc(TIG)	阴极为钨钍合金和钨铈合金，形成不熔化极氩弧焊	采用直流正接，阴极产热少，钨合金熔点高，钨极寿命长。通常用来焊薄板	非铁金属材料和合金钢的焊接，如铝、钛和不锈钢等。焊接铝时，可采用交流氩弧焊，利用负半周消除氧化皮
	熔化极氩弧焊 Gas-metal arc (MIG)	以焊丝为电极、焊丝熔化进入熔池，形成熔化极氩弧焊	所用电流比较大，生产率高。通常适用于焊接较厚的工件。通常采用直流反接	
	脉冲氩弧焊 Plus TIG	在钨极氩弧焊中，将电流波形调制成脉冲形式，用高脉冲来焊接，低脉冲用来维弧和凝固	可控制焊缝的尺寸与焊接质量。通常用来焊非常薄的薄板	
二氧化碳焊 CO_2 MIG		以 CO_2 为保护气体，用焊丝为电极引燃电弧，实现半自动焊或自动焊	CO_2 气体密度大，高温体积膨胀大，保护效果好。易产生合金元素的氧化、熔池金属飞溅和 CO 气孔	CO_2 焊成本低，生产率高，焊缝质量较好，主要用于低碳钢和低合金结构钢薄板焊接
电渣焊 Electroslag Welding		利用电流通过熔渣时产生的电阻热加热和熔化焊丝和母材来进行焊接的一种熔焊方法	热输入大，加热和冷却速度低，高温停留时间长，焊缝晶粒为粗大的树枝状组织，热影响区也严重过热。为了改善焊接接头的力学性能，焊后要进行正火处理	厚大工件的直缝电渣焊和环缝电渣焊，焊接生产率高。用于锅炉制造、重型力学和石油化工等行业
等离子弧焊 Plasma arc welding		利用机械压缩效应、热压缩效应和电磁收缩效应将电弧压缩为细小的等离子体，等离子弧温度高，能量密度达 105~106W/cm^2，因而可一次性熔化较厚的材料	可以采用穿孔型等离子弧焊接、熔入型等离子弧焊和微束等离子弧焊接。穿孔型等离子弧焊接适于焊接较厚的板料，可实现单面焊双面成形。熔入型等离子弧焊适用薄板，填加或不加填充焊丝，优点是焊速较快	国防工业及尖端技术所用的铜合金、合金钢、钨、钼、钴、钛等金属的焊接。如钛合金导弹壳体、波纹管及膜盒、微型继电器、电容器的外壳封焊以及飞机上一些薄壁容器均可用等离子弧焊接。等离子弧可用于焊接和切割
等离子弧切割 Plasma arc cutting		采用氮和压缩空气做离子气，将切口金属熔化并吹除	空气等离子弧的热焓值高，加上氧和金属相互作用过程中放热，切割速度提高，切口质量也很好	等离子弧切割低碳钢的厚度为 0.6~80mm

（续）

焊接方法名称	工艺过程	工艺特点	应用
电子束焊 Electron Beam welding	电子束焊是利用高速运动的电子撞击工件时，将动能转化为热能的熔焊方法。当阴极被灯丝加热到2600K时，发出大量电子。电子在阴极与阳极间的高电压作用下，经电磁透镜聚焦成电子流束，以160000km/s射向焊件表面，将动能转变为热能	当电子束能量密度较小时，加热区集中在工件表面，这时与电弧焊相似；而电子束能量高时，将产生穿孔效应，熔深可达200mm。保护效果好，焊缝质量高，适用范围广。能量密度大，穿透能力强，可焊接厚大截面工件和难熔金属。加热小，焊接变形小	主要用于微电子器件焊装、导弹外壳的焊接、核电站锅炉锅筒和精度要求高的齿轮等的焊接。电子束焊一般不加填充金属，如要求有堆高可在接缝预加垫片。对接缝间隙为0.1倍的板厚，一般不能超过0.2mm
激光焊 Laser welding	光学系统将激光聚焦成微小光斑，使其能量密度达1013W/cm^2，从而使材料熔化焊接。激光焊分为脉冲和连续激光焊 脉冲激光焊主要用于微电子工业中的薄膜、丝、集成电路内引线和异材焊接 连续激光焊可焊较厚的板材，接缝间隙很小	高能高速焊，无焊接变形；灵活性大；生产率高，材料不易氧化，焊缝性能好；设备复杂，目前主要用于薄板和微型件的焊接。激光还可用于切割和打孔等加工，简化工艺过程、节省材料、加工质量高	冲压薄钢板的对接焊、微电子器件焊装、航空航天零部件的焊接。微型线路板、集成电路、微电池上的引线等，也能焊接金-硅、锗-金、镍-钛、铜-铝等异种复合金属

案例分析 3-1

现有工字型结构件如图3-44所示。生产批量为中批量，原材料为Q235钢板，板材尺寸为2000mm×800mm×20mm。请按照技术要求制订焊接工艺方案、接头与坡口设计、下料尺寸设计、焊接参数设计，以及焊接操作过程。

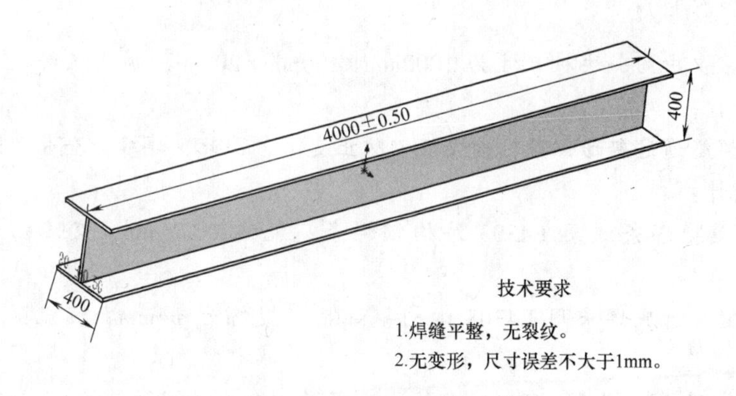

图3-44　工字型结构件

焊接工艺方案：对接焊缝采用焊条电弧焊焊接，角焊缝采用埋弧焊。

对接接头设计：上下横板和中间竖板采用三块板对接接头，但焊缝应错开，防止密集交叉；接头设计如图3-45所示。

对接接头坡口设计：采用Y形坡口，坡口尺寸如图3-46所示。

角接接头坡口设计：采用双边角焊缝，船形位置焊接，坡口尺寸如图3-47所示。

下料尺寸设计：由于对接接头焊缝长度为400mm，所以纵向收缩可以不计，但由于板

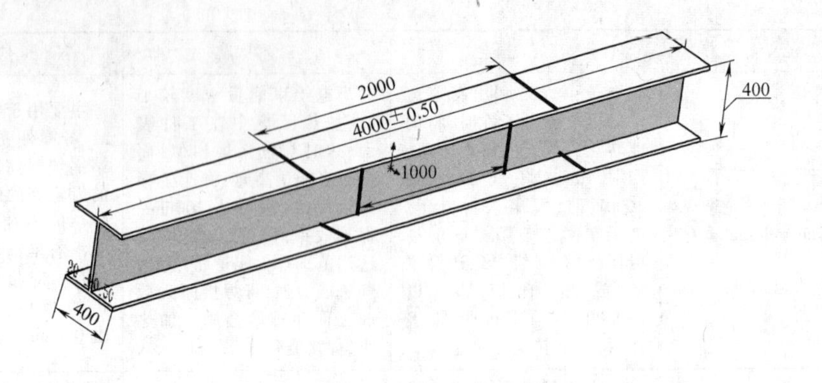

图 3-45　板拼焊接头设计

厚为 20mm，而且开有坡口，横向收缩需要计算，按照如下公式：

横向收缩量为：$S_t=0.32A_w/t+1.27d=0.32\times12.6\text{mm}+1.27\times2\text{mm}=6.57$（mm）

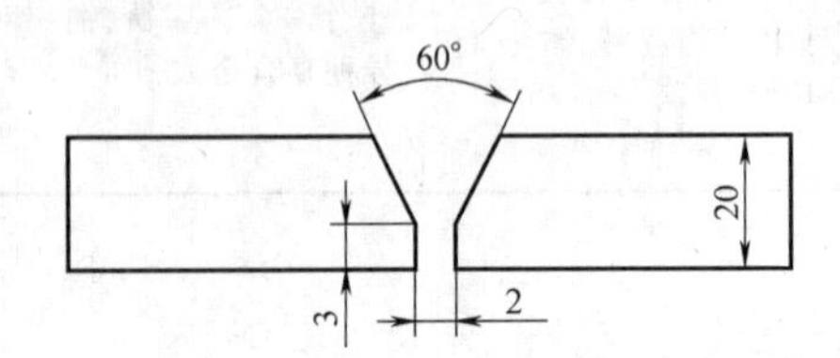

图 3-46　对接接头坡口设计

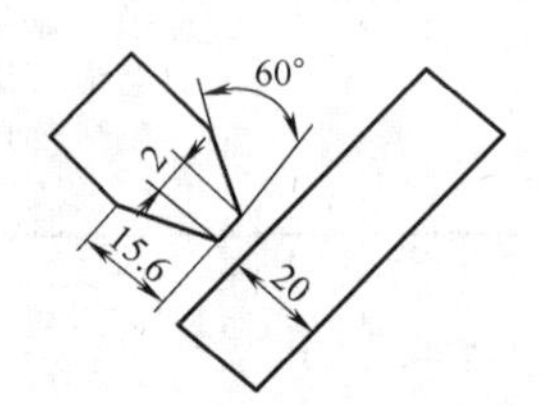

图 3-47　角接接头坡口设计

为弥补横向收缩，板料实际下料尺寸设计为：

1）上下横板：中间一块板尺寸为 2000mm×400mm×20mm，两头板料尺寸为 1007mm×400mm×20mm。

2）中间竖板：中间一块板尺寸为 1000mm×400mm×20mm，两头板料尺寸为 1507mm×400mm×20mm。

3）四条角焊缝通过船形位置对称焊可以防止变形，因此，焊缝为全长角焊缝。

焊接参数设计：

1）对接焊缝：焊条选用 E4303 结构钢焊条，规格为 ϕ5mm，交流弧焊机，焊接电流 260A。

2）角接焊缝：打底焊采用 E4303 结构钢焊条，规格为 ϕ4mm，交流弧焊机，焊接电流 240A。

3）埋弧焊采用 301 焊剂，H08A 焊丝，直径为 ϕ4mm。埋弧焊电流 450A，焊接速度 350～400mm/min。

焊接操作过程：

1）下料：2000mm×400mm×20mm 每件 2 块，1007mm×400mm×20mm 每件 4 块，1000mm×400mm×20mm 每件 1 块，1507mm×400mm×20mm 每件 2 块。

2）拼焊对接焊缝：用铣床加工坡口，用风铲铲除焊接部位的锈和污渍。采用点定位焊装配，三层焊接（图 3-48），每层间应清理焊渣。

3）角接焊缝：用铣床加工坡口，用风铲铲除焊接部位的锈和污渍。采用点定位焊装配，船形位置对称焊接（图 3-49）。单层焊接完成任务，起弧和收弧处要加装引弧板和引出板，焊后立即割除，最后工字形焊件结构如图 3-50 所示。

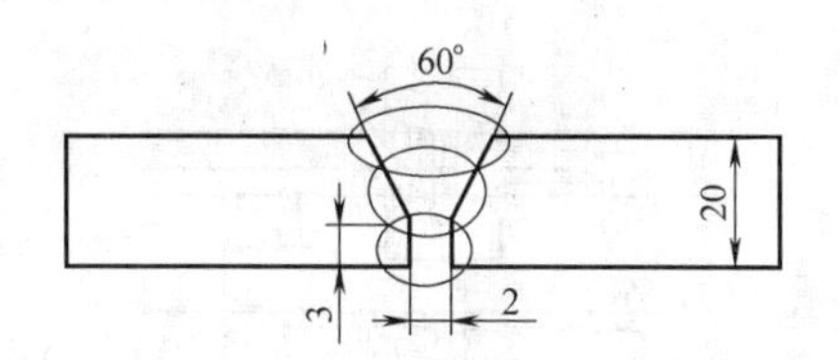

图 3-48 对接接头多层焊接

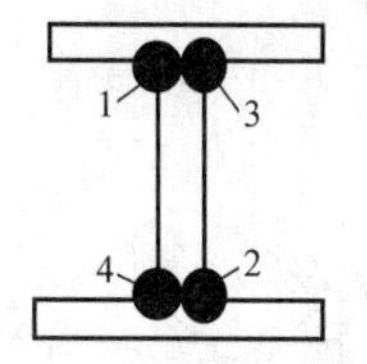

图 3-49 角接接头对称焊接

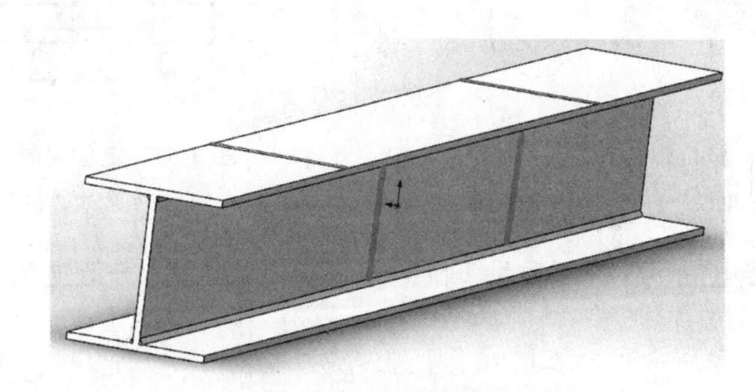
图 3-50 工字形焊件图

3.4.2 压焊的方法及实践（Methods and practice of pressure welding）

（1）电阻焊（Resistance welding）

1）电阻定位焊（Resistance spot welding-RSW）

① 定位焊过程。电阻定位焊是用圆柱电极压紧工件，通电、保压获得焊点的电阻焊方法（图 3-51）。

② 定位焊焊缝设计。定位焊焊缝设计包括焊点直径 d、焊点数 n 等，见表 3-4。

表 3-4 定位焊焊缝设计

焊缝名称	焊缝形式	基本符号	标注方法
定位焊	d　e　d	○	d ○ n×(e)

序号	经验公式	简图	备注
1 2 3 4 5	$d=2\delta+3$ $A=30\sim70$ $C'\leqslant0.2\delta$ $e>8\delta$ $S>6\delta$	c　h　δ　d s　s　e　s　s	d—熔核直径(mm) A—焊透率(%) C'—压痕深度(mm) e—点距(mm) S—边距(mm) δ—焊件厚度(mm)

③ 定位焊时的分流。已焊点形成导电通道，在焊下一点时，焊接电流一部分将从已焊点流过，使待焊点电流减小，这种现象称为分流（图 3-52）。

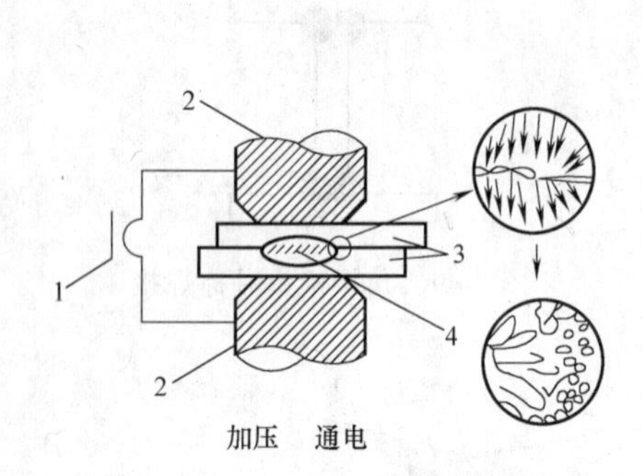

图 3-51 定位焊过程

1—焊接变压器 2—电极 3—焊件 4—熔核

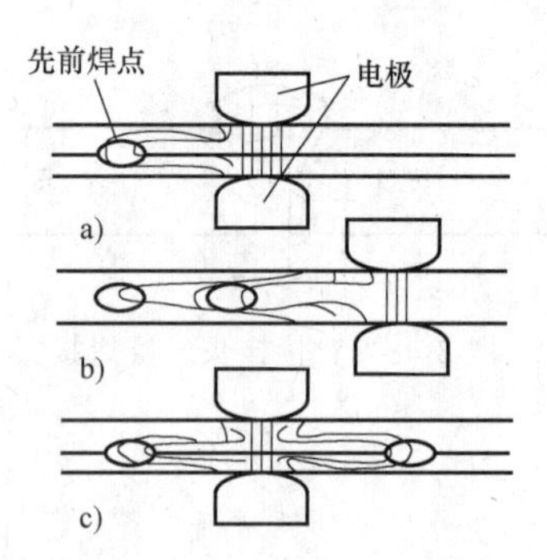

图 3-52 定位焊时分流示意图

分流量 c)>b)>a)

分流减小了焊接电流，使焊点质量下降。如焊接电流为 I，分流电流为 I_1，流过待焊点的电流为 I_2，则

$$I=I_1+I_2$$

$$I_1=K\delta/e$$

式中，K 为比例系数；δ 为板厚；e 为点距。

从上式可见，工件越厚，导电性越好，点距越小，分流越严重。因此，对一定的材料和板厚，为防止分流应满足最小点距的要求。常用板材定位焊时的最小点距见表 3-5。

表 3-5 常用板材定位焊时的最小点距

材料	板厚 S/mm	最小点距 L/mm
低碳钢或低合金钢	0.5	10
	1.0	12
	2.0	18
	4.0	32
铝合金	0.5	11
	1.0	14
	2.0	25

④ 定位焊时的熔核偏移。焊接不同厚度或不同材料时，薄板或导热性好的材料吸热少而散热快，导致熔核偏向厚板或导热性差的材料的现象（图 3-53）称为熔核偏移。熔核偏移易使焊点减小，导致接头性能下降。可通过采用特殊电极和工艺垫片等措施，防止熔核偏移，如图 3-54 所示。图 3-54a 为在薄板处用加黄铜套的电极减少薄板散热。图 3-54b 为在薄件上加一工艺垫片，加厚薄件。

⑤ 定位焊工艺参数。定位焊的工艺参数为电流、压力和时间。大电流、短时间称为强规范，主要用于薄板和导热性好的金属的焊接，也可用于不同厚度或不同材料及多层薄板的定位焊。小电流、长时间称为弱规范，主要用于厚板和易淬火钢的定位焊。

电极压力分为平压力、阶梯形压力和马鞍形压力，以马鞍形压力最好。因它有预压、焊接压力和顶锻压力，从而可改善通电状况、调整接触电阻的大小、防止缩松和缩孔的产生和细化晶粒。定位焊主要用于汽车、飞机等薄板结构的大批量生产。

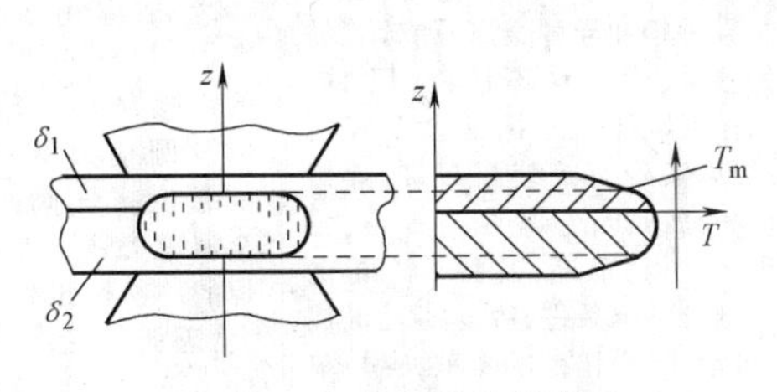

图 3-53　定位焊的熔核偏移

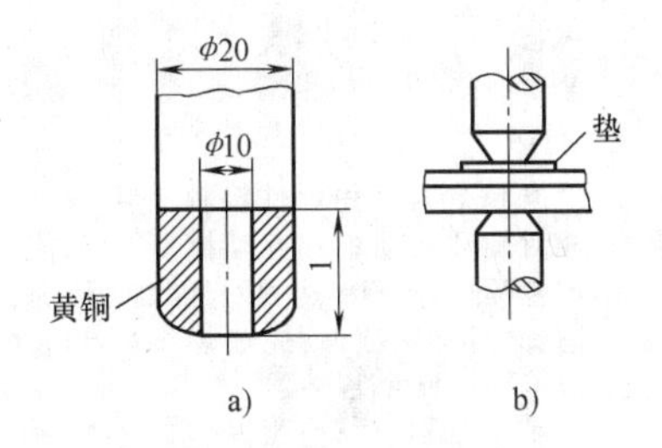

图 3-54　特殊电极和工艺垫片示例

a）特殊电极　b）工艺垫片

2）电阻缝焊（Resistance seam welding）。缝焊是连续的定位焊过程，它用连续转动的盘状电极代替柱状电极，焊后获得相互重叠的连续焊缝（图 3-55）。缝焊分流严重，通常采用强规范焊接，焊接电流比定位焊大 1.5~2 倍。缝焊主要用于低压容器，如汽车、摩托车的油箱、气体净化器等的焊接。

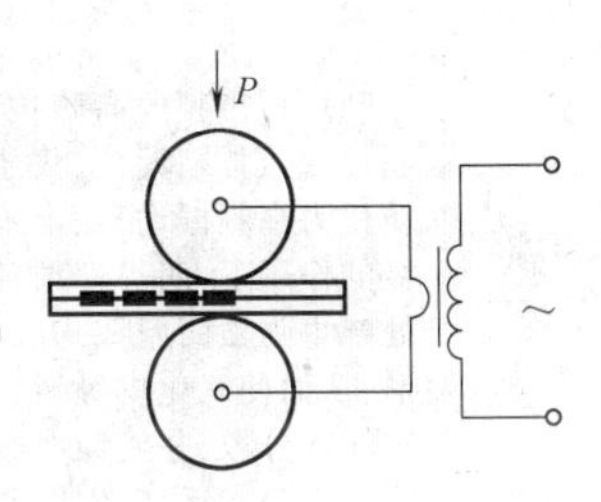

图 3-55　电阻缝焊

3）对焊（Butt welding）。对焊是利用电阻热将工件断面对接焊接的一种电阻焊方法。

① 电阻对焊（Resistance butt welding）。将工件夹紧并加压，然后通电使接触面温度达到塑性温度（950~1000℃）。工件在压力下塑变和再结晶形成固态焊接接头（图 3-56a）。电阻对焊要求对接处焊前严格清理，所焊截面积较小，一般用于钢筋的对接焊。

② 闪光对焊（Flash butt welding）。先通电，后接触，因个别点接触，个别点通过的电流密度很高，可使其瞬间熔化或汽化，形成液态过梁。过梁上存在的电磁收缩力和电磁引力及斥力使过梁爆破飞出，形成闪光（图 3-56b）。闪光一方面排除了氧化物和杂质，另一方面使对接口处的温度迅速升高。

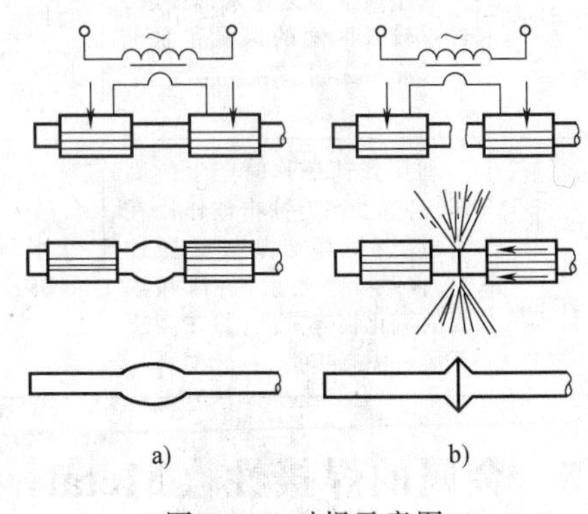

图 3-56　对焊示意图

a）电阻对焊　b）闪光对焊

当温度分布达到合适的状态后，立刻施加顶锻力，将对接口处所有的液态物质全部挤出，使纯净的高温金属相互接触，在压力下产生塑性变形和再结晶，形成固态连接接头。

闪光对焊主要用于钢轨、锚链、管子等的焊接，也可用于异种金属的焊接。因接头中无过热区和铸态组织，所以性能高。

(2) 其他压焊的方法及工艺（Methods and process of other pressure welding）其他压焊包括摩擦焊、超声波焊、扩散焊和爆炸焊，它们的工艺原理、方法、特点及应用见表 3-6。

表 3-6 其他压焊的工艺原理、方法、特点及应用

压焊名称	工艺原理	方法	特点	应用
摩擦焊 Friction welding	摩擦焊是利用焊件接触面相对旋转运动中相互摩擦所产生的热，使端部达到塑性状态，然后迅速顶锻，完成焊接的一种压焊方法	旋转摩擦对接焊，摩擦凸焊和缝焊	接头的焊接质量好、稳定，其废品率是闪光对焊的1%左右；适于焊接异种钢和异种金属，如碳素结构钢-高速钢、铜-不锈钢、铝-铜、铝-钢等；焊件尺寸标准公差等级高，可以实现直接装配焊接；焊接生产率高，是闪光焊的4~5倍；三相负载均衡，节能，改善了三相供电电网的供电条件；容易实现机械化、自动化；操作技术简单，容易掌握。加工成本显著降低；一些摩擦因数特别小的和易碎的材料，很难进行摩擦焊	主要应用于汽车、拖拉机工业中的焊接结构、产品以及圆柄刀具等。内燃机排气阀，双金属电磁阀。摩擦焊的一次性投资较大，因此，不适于单件生产，而更适于大批量集中生产
超声波焊 Ultrasonic welding	利用超声频的高频振荡能，通过磁致伸缩元件，将超声频转化为高频振动，在上下振动极的作用下，两焊件局部接触处产生强烈的摩擦、升温和变形，从而使氧化皮等污物得以破坏或分散，并使纯净金属的原子充分靠近，形成冶金结合	超声波定位焊和缝焊	超声波焊接过程中，没有电流流经焊件，也没有火焰或弧光等热源的作用，是一种摩擦、扩散、塑性变形综合作用的焊接过程；接头中无铸态组织或脆性金属间化合物，也无金属的喷溅；接头的力学性能比电阻焊好，且稳定性高；可焊的材料范围广，特别适合于高熔点、高导热性和难熔金属的焊接及异种材料的焊接；可焊接厚薄悬殊及多层箔片等特殊结构；工件表面清理简单，电能消耗少，仅为电阻焊的5%	主要用于微小的薄件焊接，焊件变形小。微电子器件中的IC、LSC等集成电路的引线焊接。铝线圈、铜线圈与铝导线的焊接。聚氯乙烯、聚乙烯、聚氯乙炔尼龙和有机玻璃焊接
扩散焊 Diffusion welding	将两工件压紧在一起并置于真空或保护气氛中加热，使两焊件表面微观凸凹不平处产生塑性变形达到紧密接触，经过较长时间的保温和原子扩散而形成固态冶金连接	固态扩散焊和瞬时液相扩散焊	焊接温度低(0.4~0.8倍的焊件熔点)，可焊熔焊难焊接的材料，如高温合金及复合材料；可焊结构复杂、精度要求高的焊件；可焊各种不同材料；焊缝可与母材成分和性能相同，无热影响区；要求焊件表面十分平整和光洁	高温合金蜗轮叶片，钛合金构件的焊接，钛-陶瓷静电加速管的焊接，异种钢的焊接，铝及铝合金、复合材料、金属与陶瓷等的焊接
爆炸焊 Explosive Welding	利用炸药爆炸时产生的高压、高温及高速冲击波作用在覆板上，使其与基板猛烈撞击，接触处产生射流，清除表面的氧化物等杂质，并在高压下形成固态接头	平行法和角度法	撞击速度较低，结合面无熔化发生，形成平坦界面，接头性能较差；撞击速度较高，结合面有熔化发生，结合面为波浪形，接头性能高；撞击速度过高，结合面产生连续的熔化层，接头性能也较差	主要用于铝-钢-铜、钛-钢和锆-铌等复合板和复合管的焊接

3.5 金属的焊接性 (Metal weldability)

3.5.1 焊接性的概念和估算方法 (Weldability of concept and estimation method)

1. 焊接性的概念 (Concept of weldability)

金属材料的焊接性，是指被焊金属在采用一定的焊接方法、焊接材料、工艺参数及结构形式条件下，获得优质焊接接头的难易程度，即金属材料在一定的焊接工艺条件下，表现出“好焊”和“不好焊”的差别。

金属材料的焊接性不是一成不变的，同一种金属材料，采用不同的焊接方法、焊接材料与焊接工艺（包括预热和热处理等），其焊接性可能有很大的差别。例如化学活泼性极强的钛的焊接是比较困难的，曾一度认为钛的焊接性很不好，但自从氩弧焊应用比较成熟以后，钛及其合金的焊接结构已在航空等工业部门广泛应用。由于新能源的发展，等离子弧焊接、真空电子束焊接、激光焊接等新的焊接方法相继出现，钨、钼、钽、铌、锆等高熔点金属及其合金的焊接都已成为可能。

焊接性包括两个方面：一是工艺焊接性，主要是指焊接接头产生工艺缺陷的倾向，尤其是出现各种裂纹的可能性；二是使用焊接性，主要是指焊接接头在使用中的可靠性，包括焊接接头的力学性能及其他特殊性能（如耐热、耐蚀性能等）。金属材料这两方面的焊接性通过估算和试验来确定。

根据目前的焊接技术水平，工业上应用的绝大多数金属材料都是可焊的，只是焊接时的难易程度不同而已。当采用新材料（指本单位以前未应用过的材料）制造焊接结构时，了解及评价新材料的焊接性，是产品设计、施工准备及正确制订焊接工艺的重要依据。

2. 估算钢材焊接性的方法（Estimation method of steel weldability）

实际焊接结构所用的金属材料绝大多数是钢材，影响钢材焊接性的主要因素是化学成分。各种化学元素加入钢中以后，对焊缝组织性能、夹杂物的分布以及对焊接热影响区的淬硬程度等影响不同，产生裂纹的倾向也不同。在各种元素中，碳的影响最明显，其他元素的影响可折合成碳的影响，因此可用碳当量的方法来估算被焊钢材的焊接性。硫、磷对钢材焊接性能影响也很大，在各种合格钢材中，硫、磷都要受到严格限制。

碳钢及低合金结构钢的碳当量经验公式为

$$w(C_E)=\left[w(C)+\frac{w(Mn)}{6}+\frac{w(Cr)+w(Mo)+w(V)}{5}+\frac{w(Ni)+w(Cu)}{15}\right]\times100\%$$

式中，$w(C)$、$w(Mn)$、$w(Cr)$、$w(Mo)$、$w(V)$、$w(Ni)$、$w(Cu)$ 分别为钢中该元素含量。

根据经验：

1）$w(C_E)<0.4\%$时，钢材塑性良好，淬硬倾向不明显，焊接性良好。在一般的焊接工艺条件下，焊件不会产生裂纹，但对厚大工件或低温下焊接时应考虑预热。

2）$w(C_E)=0.4\%\sim0.6\%$时，钢材塑性下降，淬硬倾向明显，焊接性较差。焊前工件需要适当预热，焊后应注意缓冷，要采取一定的焊接工艺措施才能防止裂纹。

3）$w(C_E)>0.6\%$时，钢材塑性较低，淬硬倾向很强，焊接性不好。焊前工件必须预热到较高温度，焊接时要采取减小焊接应力和防止开裂的工艺措施，焊后要进行适当的热处理，才能保证焊接接头质量。

利用碳当量法估算钢材焊接性是粗略的，因为钢材焊接性还受结构刚度、焊后应力条件、环境温度等影响。例如，当钢板厚度增加时，结构刚度增大，焊后残余应力也较大，焊缝中心部位将出现三向拉伸应力，这时实际允许的碳当量值将降低。因此，在实际工作中确定材料焊接性时，除初步估算外，还应根据情况进行抗裂试验及焊接接头使用焊接性试验，为制订合理工艺规程与规范提供依据。

3.5.2　碳钢的焊接（Welding of carbon steel）

1. 低碳钢的焊接（Welding of low carbon steel）

低碳钢含碳量不大于0.25%（质量分数），塑性好，一般没有淬硬倾向，对焊接热过程不敏感，焊接性良好。焊这类钢时，不需要采取特殊的工艺措施，通常在焊后也不需要进行热处理（电渣焊除外）。

厚度大于 50mm 的低碳钢结构，需用大电流多层焊，焊后应进行消除应力退火。低温环境下焊接较大刚度结构时，由于焊件各部分温差较大，变形又受到限制，焊接过程容易产生大的内应力，可能导致构件开裂，因此应焊前预热。

低碳钢可以用各种焊接方法进行焊接，用得最广泛的是焊条电弧焊、埋弧焊、电渣焊、气体保护焊和电阻焊。

采用各种熔焊法焊接低碳钢结构时，焊接材料及工艺的选择主要应保证焊接接头与母材的强度。用焊条电弧焊焊接一般低碳钢结构时，可根据情况选用 E4313、E4303 或 E4320 焊条。焊接承受动载结构、复杂结构或厚板结构时，应选用 E4316、E4315 或 E5015 焊条。采用埋弧焊时，一般选用 H08A 或 H08MnA 焊丝配焊剂 431 进行焊接。

低碳钢结构也不许用强力进行组装，装配定位焊应使用选定的焊条，定位焊后应检验焊道是否有裂纹与气孔。焊接时，应注意焊接规范，焊接次序，多层焊的熄弧和引弧处应相互错开。

2. 中、高碳钢的焊接（Welding of medium and high carbon steel）

中碳钢含碳量在 0.25%~0.6%（质量分数）之间，随含碳量的增加，淬硬倾向越发明显，焊接性逐渐变差。在实际生产当中，主要是焊接各种中碳钢的铸钢件与锻件。中碳钢的焊接特点如下。

（1）热影响区易产生淬硬组织和冷裂纹　中碳钢属于易淬火钢，热影响区被加热到超过淬火温度的区段时，受工件低温部分的迅速冷却作用，将出现马氏体等淬硬组织。图 3-57 为易淬火钢与低碳钢的热影响区组织比较。如焊件刚性较大或工艺不恰当时，就会在淬火区产生冷裂纹，即焊接接头焊后冷却到相变温度以下或冷却到常温后产生裂纹。

（2）焊缝金属热裂纹倾向较大　焊接中碳钢时，因母材中的含碳量以及硫、磷杂质远高于焊条钢芯，母材熔化后进入熔池，使焊缝金属含碳量增加，塑性下降，加上硫、磷低熔点杂质的存在，焊缝及熔合区在相变前就可能因内应力而产生裂纹。因此，焊接中碳钢构件，焊前必须进行预热，使焊接时工件各部分的温差减小，以减小焊接应力，同时减慢热影响区的冷却速度，避免产生淬硬组织。一般情况下 35 钢和 45 钢的预热温度可选为 150~250℃，结构刚度较大或钢材含碳量更高时，可将预热温度再提高些。

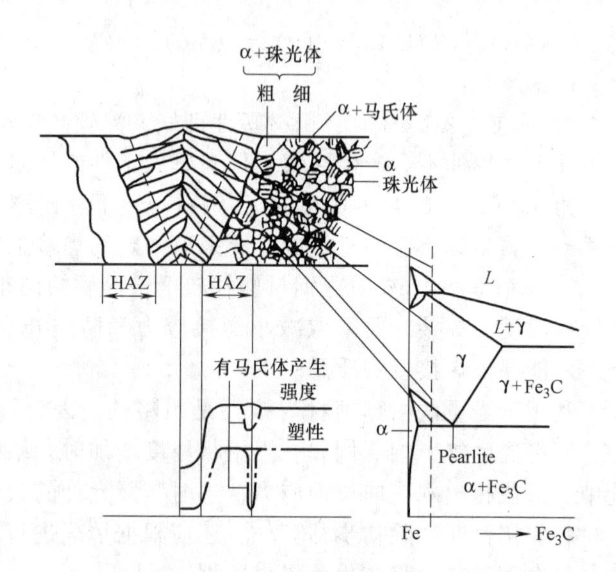

图 3-57　热影响区的组织示意图

焊接时，应选用抗裂能力较强的低氢型焊条。要求焊缝与母材等强度时，可根据钢材强度选用 E5016、E5015，或 E6016、E6015 焊条，如不要求等强度，可选择 E4315 型等强度低些的焊条，以提高焊缝的塑性。不论用哪种焊条焊接中碳钢，均应选用细焊条、小电流、开坡口进行多层焊，以防止母材过多地溶入焊缝，同时减小焊接热影响区的宽度。

焊接中碳钢一般都采用焊条电弧焊，但厚件可考虑应用电渣焊，因为电渣焊焊接过程可减轻焊接接头的淬硬倾向，能提高生产效率，但焊后要进行相应的热处理。

高碳钢的焊接特点与中碳钢基本相似，由于含碳量更高，使焊接性变得更差，应采用更高的预热温度，更严格的工艺措施（包括焊接材料的选配）才可进行焊接。实际上，高碳钢的焊接只限于修补工作。

3.5.3 非铁金属材料的焊接（Welding of non-ferrous metals）

1. 铜及铜合金的焊接（Welding of copper and copper alloys）

铜及铜合金的焊接比低碳钢要困难得多，其原因如下：

1）铜的导热性很高（纯铜约为低碳钢的8倍），焊接时热量极易散失。因此，焊前工件要预热，焊接时要选用较大电流或火焰，否则容易造成焊不透缺陷。

2）液态铜易氧化，生成的氧化亚铜（Cu_2O）与铜组成低熔点共晶，分布在晶界形成薄弱环节；又因铜的膨胀系数大，凝固时断面收缩率也大，容易产生较大的焊接应力。因此，焊接过程中极易引起开裂。

3）在液态铜时吸气性强，特别容易吸氢。凝固时气体从熔液中析出，来不及逸出就会生成气孔。

4）铜的电阻极小，不适于电阻焊接。

5）铜合金中的合金元素有的比铜更易氧化，使焊接的困难增大。例如黄铜（铜锌合金）中的锌沸点很低，极易烧蚀蒸发并生成氧化锌（ZnO）。锌的烧损不但改变接头化学成分、降低接头性能，而且形成氧化锌烟雾易引起焊工中毒。铝青铜中的铝，焊接时易生成难熔的氧化铝，增大熔渣黏度，生成气孔和夹渣。

铜及铜合金可用氩弧焊、氧乙炔焊、碳弧焊、钎焊等方法进行焊接。

采用氩弧焊是保证纯铜和青铜焊接质量的有效方法。氩弧焊时，焊丝应选用特制的纯铜焊丝和磷青铜焊丝，此外还必须使用焊剂来溶解氧化铜与氧化亚铜以保证焊接质量。焊接纯铜和锡青铜所用焊剂的主要成分是硼砂和硼酸，焊接铝青铜时应采用由氯化盐和氟化盐组成的焊剂。

2. 铝及铝合金的焊接（Welding of aluminium and aluminium alloys）

工业上用于焊接的主要是纯铝（熔点658℃）、铝锰合金、铝镁合金及铸铝。铝及铝合金的焊接也比较困难，其焊接特点如下：

1）铝与氧的亲和力很大，极易氧化生成氧化铝（Al_2O_3）。氧化铝组织致密，熔点高达2050℃，它覆盖在金属表面，能阻碍金属熔合。此外，氧化铝密度大，易使焊缝夹渣。

2）铝的热导率较大，要求使用大功率或能量集中的热源，厚度较大时应考虑预热。铝的膨胀系数也较大，易产生焊接应力与变形，并可能导致裂纹的产生。

3）液态铝能吸收大量的氢，铝在固态时又几乎不溶解氢，因此在熔池凝固时易生成气孔。

4）在高温时铝的强度及塑性很低，焊接时常由于不能支持熔池金属而引起焊缝塌陷，因此常需采用垫板。

目前焊接铝及铝合金的常用方法有氩弧焊、氧乙炔焊、定位焊、缝焊和钎焊。

氩弧焊是焊接铝及铝合金较好的方法，由于氩气的保护作用和氩离子对氧化膜的阴极破碎作用，焊接时可不用焊剂，但氩气纯度要求大于99.9%。

3.5.4 异种金属的焊接性分析（Weldability analysis of dissimilar metal）

异种金属焊接通常要比同种金属焊接要困难，因为除了金属本身的物理化学性能对焊接有影响外，两种金属材料性能的差异会更大程度地影响它们之间的焊接。

1. 结晶化学性的差异（Crystal chemical differences）

结晶化学性的差异，也就是通常指的“冶金学上的不相容性”。它包括晶格的类型，晶格参数、原子半径、原子的外层电子结构等差异。两种被焊金属在冶金上是否相容取决于它们在液态和固态时的互溶性以及在焊接过程中是否会产生金属间化合物（脆性相）。

两种金属或合金在液态时不能互溶时，采用熔焊方法进行焊接是很困难的。如纯铅和铜、铁与镁、铁与铅等。这类异种金属的组元由于其不相容性，将使被熔金属从熔化到凝固的过程中极易产生分层脱离而使焊接失败。因此，在选择材料搭配时，首先要满足互溶性。

影响结晶化学性的因素有：①组元的晶体结构；②原子半径。

2. 物理性能的差异（Physical properties differences）

金属的物理性能主要是熔化温度、膨胀系数、热导率和电阻率等。它们的差异将影响焊接的热循环过程和结晶条件，增加焊接应力，降低接头质量，使焊接困难。

3.5.5 异种金属的焊接方法（Welding method of dissimilar metal）

异种金属的焊接方法与同种金属焊接方法一样，按其热源的性质可分为熔焊、压焊、熔焊、钎焊等。下面分别介绍不同焊接方法焊接异种金属时的特点。

1. 熔焊（Fusion welding）

异种金属焊接中应用较多的是熔焊方法，常用的熔焊方法有焊条电弧焊、埋弧焊、气体保护电弧焊、电渣焊、等离子弧焊、电子束焊、激光焊等。熔焊的最大特点是可控制稀释率和金属间化合物的产生。因此，为了减小稀释率，降低熔合比或控制不同金属母材的熔化量，常选用热源能量密度较高的电子束焊、激光焊、等离子弧焊等方法。为了减小熔深，可以采取间接电弧、摆动焊丝、带状电极、附加不同焊丝等工艺措施。但无论如何，只要是熔焊，总有部分母材熔化进入焊缝而引起稀释，很多情况下还会形成诸如金属间化合物、共晶体等新的组分。为了减轻这类不利影响，必须控制和缩短金属在液态或高温固态下的停留时间。为了解决母材金属稀释问题，可采用堆焊隔离层的方法，如图 3-58 所示。

对一些熔合不理想的金属，可通过增加过渡层金属，使其能更好地熔合在一起。

2. 压焊（Pressure welding）

大多数压焊方法都以将被焊金属加热至塑性状态或不加热而施加一定压力为基本特征。与熔焊相比，当焊接异种金属接头时，压焊具有一定的优越性，只要接头形式允许，采用压焊往往是比较合理的选择。压焊时，异种金属交界表面可以熔化（闪光焊和摩擦焊），只有少数情况下压焊后还保留了曾经熔化的金属（定位焊）。压焊由于不加热或加热温度很低，可以减轻或避免热循环对金属性能的不利影响，防止产生脆性的金属间化合物，某些形式的压焊甚至能将已产生的金属间化合物从接头挤压去除（如闪光焊、摩擦焊）。此外，压焊不存在因稀释而引起的焊缝金属性能变化的问题。

不过，大多数压焊方法对接头形式具有一定的要求。例如，定位焊、缝焊、超声波焊必须用搭接接头，摩擦焊时至少有一个工作面必须是具有旋转体的截面，爆炸焊只适于较大截

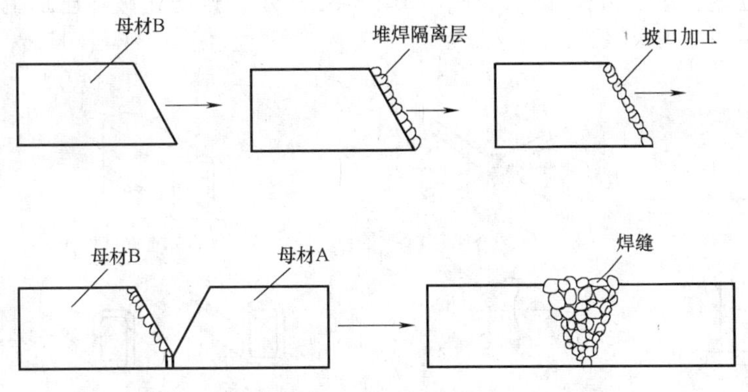

图 3-58 隔离层的应用

面的连接等。压焊设备也不普及，这些无疑限制了压焊的应用范围。

3.6 焊接结构设计（Welding structure design）

3.6.1 焊件材料的选择（Choice of welding materials）

（1）尽量选用焊接性好的材料 优先选用 w(C)<0.25%的低碳钢或 w(CE)<0.4%的低合金钢，因这类钢淬硬倾向小，塑性高，焊接工艺简单。尽量选用镇静钢，镇静钢含气量低，特别是含 H_2 和 O_2 量低，可防止气孔和裂纹等缺陷。

（2）异种金属焊接时焊缝应与低强度金属等强度，而工艺应按高强度金属设计。

（3）尽量采用工字钢、槽钢、角钢和钢管等型材，以简化工艺过程。

3.6.2 焊接方法的选择（Choice of welding methods）

1. 生产单件钢结构件

1）板厚为 3～10mm，强度较低，且焊缝较短，应选用焊条电弧焊。

2）板厚>10mm，焊缝为长直焊缝或环焊缝，应选用埋弧焊。

3）板厚<3mm，焊缝较短，应选用 CO_2 焊。

2. 生产大批量钢结构

1）板厚<3mm，无密封要求，应选用电阻定位焊，有密封要求应选用缝焊。

2）板厚为 3～10mm，焊缝为长直焊缝或环焊缝，应选用 CO_2 自动焊。

3）板厚>10mm，焊缝为长直焊缝和环焊缝隙，应选用埋弧焊或电渣焊。

3.6.3 焊接接头工艺设计（Process design of welding jiont）

1. 焊缝的布置

（1）焊缝应尽可能分散，如图 3-59 所示，以便减小焊接热影响区，防止粗大组织的出现。

（2）焊缝的位置应尽可能对称分布，如图 3-60 所示，以抵消焊接变形。

（3）焊缝应尽可能避开最大应力和应力集中的位置，如图 3-61 所示，以防止焊接应力与外加应力相互叠加，造成过大的应力和开裂。

（4）焊缝应尽量避开机械加工表面，如图 3-62 所示，以防止破坏已加工面。

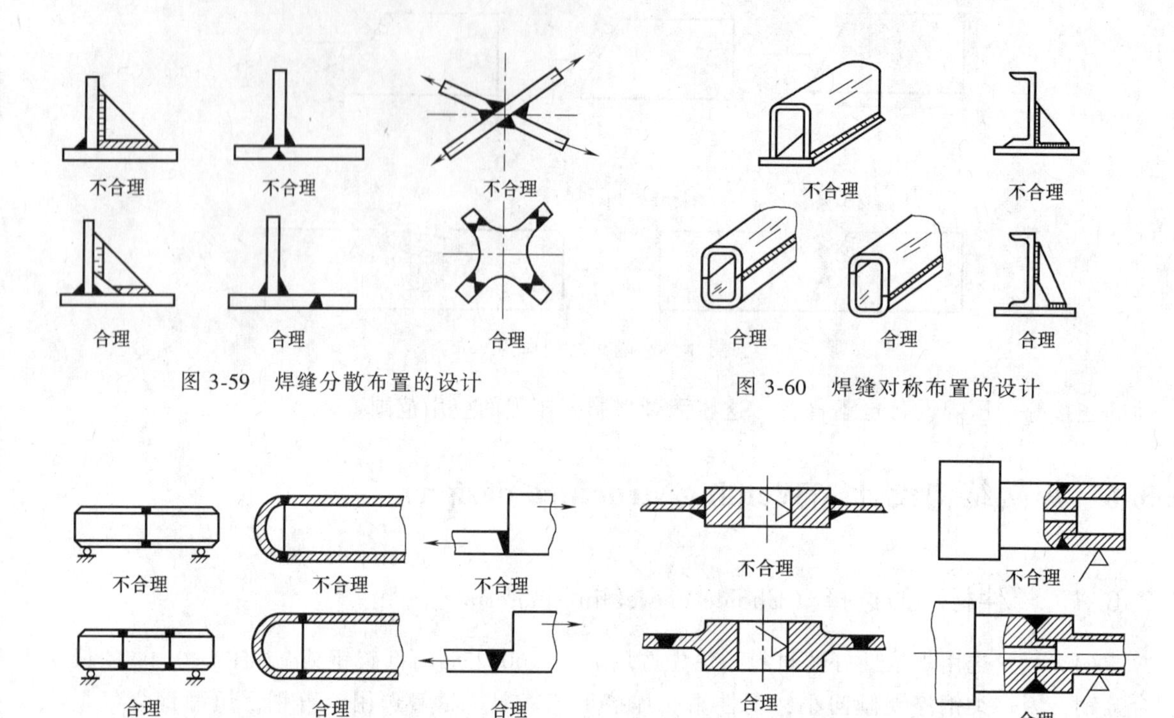

图 3-59　焊缝分散布置的设计

图 3-60　焊缝对称布置的设计

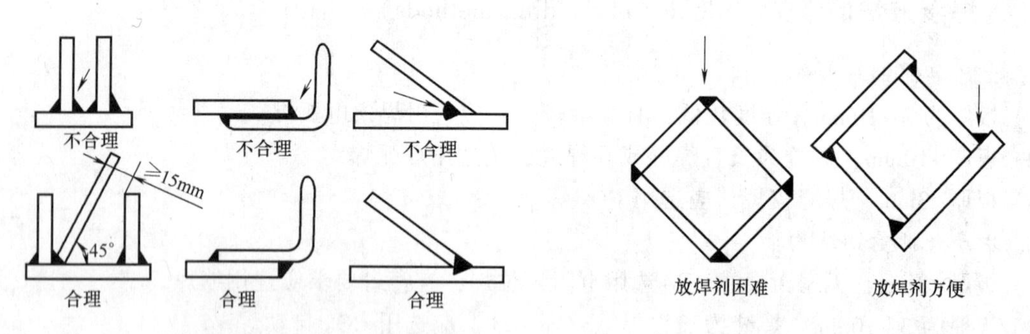

图 3-61　焊缝避开最大应力集中位置的设计

图 3-62　焊缝远离机械加工表面的设计

（5）应便于焊接操作，如图 3-63、图 3-64、图 3-65 所示，焊缝位置应使焊条易到位、焊剂易保持、电极易安放。

图 3-63　焊缝位置便于焊条电弧焊的设计

图 3-64　焊缝位置便于自动焊的设计

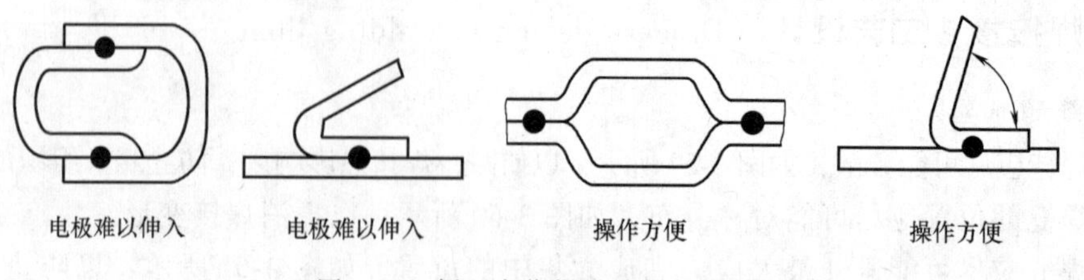

图 3-65　便于定位焊及缝焊的设计

2. 接头形式的选择与设计

接头形式应根据结构形状、强度要求、工件厚度、焊后变形大小、焊条消耗量、坡口加工难易程度等各个方面因素综合考虑决定。根据 GB/T 985.1—2008《气焊、焊条电弧焊、气体保护焊和高能束焊的推荐坡口》规定，焊接碳钢和低合金钢的接头形式可分为对接接头、角接接头、丁字接头及搭接接头四种，常用接头形式公称尺寸如图 3-8 所示。

对接接头受力比较均匀，是用得最多的接头形式，重要受力焊缝应尽量选用这种接头。搭接接头因两工件不在同一平面，受力时将产生附加弯矩，而且金属消耗量也大，一般应避免采用。但搭接接头无需开坡口，装配时尺寸要求不高，对某些受力不大的平面连接与空间架构，采用搭接接头可节省工时。角接接头与 T 形接头的受力情况比对接接头要复杂些，但接头成直角或一定角度连接时，必须采用这类接头形式。

焊条电弧焊板厚在 6mm 以下对接时，一般可不开坡口直接焊成。板厚较大时，为了保证焊透，接头处应根据工件厚度预制各种坡口，坡口角度和装配尺寸可按标准选用。厚度相同的工件常有几种坡口形式可供选择，Y 形和 U 形坡口只需一面焊，可焊到性较好，但焊后角变形较大，焊条消耗量也大些。双 Y 形和双面 U 形坡口两面施焊，受热均匀，变形较小，焊条消耗量较少，但必须两面都可焊到，所以有时受到结构形状限制。U 形和双面 U 形坡口的根部较宽，允许焊条深入与运条，容易焊透，而且焊条消耗量也较小；但因坡口形状复杂，需用机械加工准备坡口，成本较高，一般只在重要的受动载的厚板结构中采用。

设计焊接结构最好采用相等厚度的金属材料，以便获得优质的焊接接头。如果采用两块厚度相差较大的金属材料进行焊接，则接头处会造成应力集中，而且接头两边受热不匀，易产生焊不透等缺陷。根据生产经验，不同厚度金属材料对接时，允许的厚度差见表 3-7。如果（$\delta_1-\delta$）超过表中规定值，或者双面超过 $2(\delta_1-\delta)$ 时，应在较厚板料上加工出单面或双面斜边的过渡形式，如图 3-66 所示。

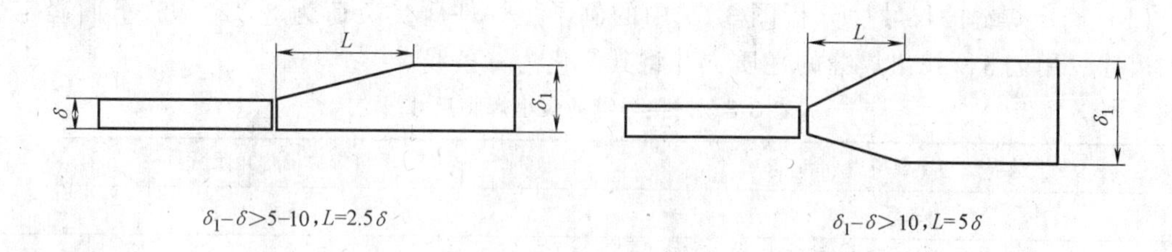

图 3-66　不同厚度金属材料对接的过渡形式

表 3-7　不同厚度金属材料对接时允许的厚度差

较薄板的厚度/mm	2~5	6~8	9~11	≥12
允许厚度差($\delta_1-\delta$)/mm	1	2	3	4

3.6.4　焊缝尺寸设计（Welds design）

1. 搭接焊缝的应力计算（Stress calculations of lap weld）

搭接焊缝的应力计算公式为

$$\sigma=\frac{P}{2LT}$$

式中，σ 为单位焊缝截面的应力大小（MPa）；P 为焊件所受的外部载荷（N）；L 为焊缝长度（或焊件宽度，mm）；T 为焊脚三角形高度（mm），$T=\frac{\sqrt{2}}{2}S$，其中，S 为角焊缝单边长度（mm），如图 3-67 所示。

2. 焊缝尺寸设计（Design of welding size）

设计的假设条件：填角焊缝在板的两边；填角焊缝充满板的全长；当两板厚度不一致时，薄板是控制因素。

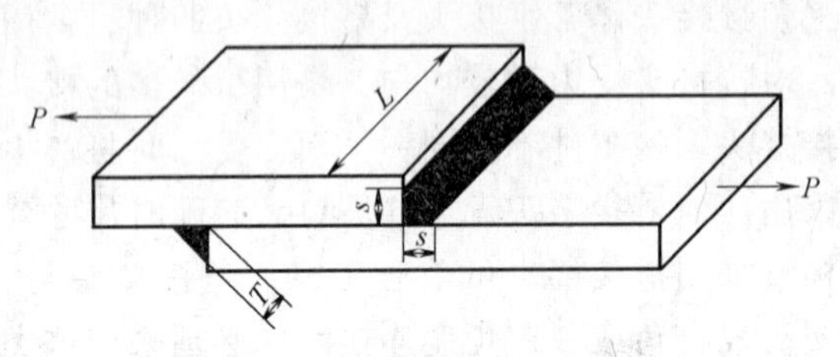

图 3-67　搭接焊缝示意图

如图 3-68 所示的焊脚尺寸的一般关系如下：

$$S=3.75B$$

式中，S 为焊脚长度（mm）；B 为厚板焊件的厚度（mm）。

设计参数见表 3-8，但焊脚长度一般应小于薄板焊件的厚度。

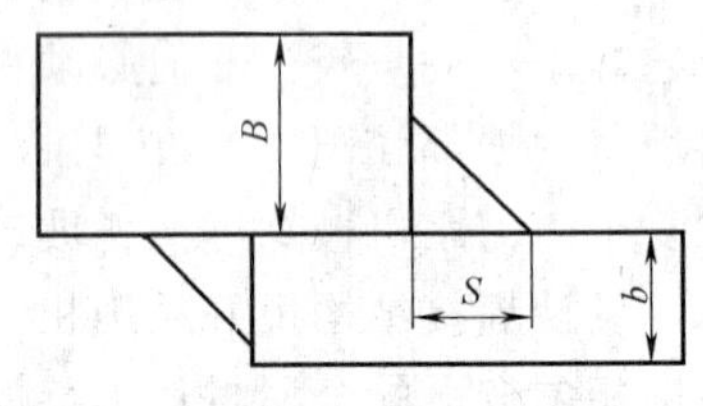

图 3-68　角焊缝截面示意图

通过将焊缝认作一条线来决定焊缝尺寸：将焊缝认为是没有横截面积的一条线，有确定的长度，外观如图 3-69 所示，然后使用表 3-9 的信息就可以求出焊缝的性能。标准应力公式为

$$\sigma=P/A, 或 f=P/A_w$$

式中，σ 为正应力（MPa）；f 为单位长度焊缝所受负荷（N/mm）；A 为在水平剪切中焊缝材料的横截面积（mm^2）；A_w 为沿焊缝轮廓所测量的长度（mm）。

（1）确定焊缝的尺寸　分析图 3-69 中的例子，焊件所受负荷为 81720 N，下面确定焊缝的尺寸。用表 3-9 找出焊缝的性质，并将其简化为一条线。

表 3-8　搭接焊缝的最小焊脚尺寸

被焊接的厚板厚度/mm	最小填角焊缝的焊角尺寸/mm
<12	5
12~18	6
18~36	8
36~54	10
54~150	12
>150	15

在图 3-69 中：N_y 为边缝材料的重心与整个截面中性轴之间的距离（mm）；C 为从重心到最外面的焊缝线的距离（mm）；其中 C_v 代表垂直方向，C_h 代表水平方向。

在表 3-9 中，b 为接缝的宽度（mm）；d 为接缝的深度（mm）；S_w 为焊缝截面模量（mm^2）；J_w 为焊缝极性惯性矩（mm^3）；N_x 为 x 轴到焊缝重心间的距离（mm）；N_y 为 y 轴到焊缝重心间的距离（mm）。

对本例中的焊缝可以计算如下：

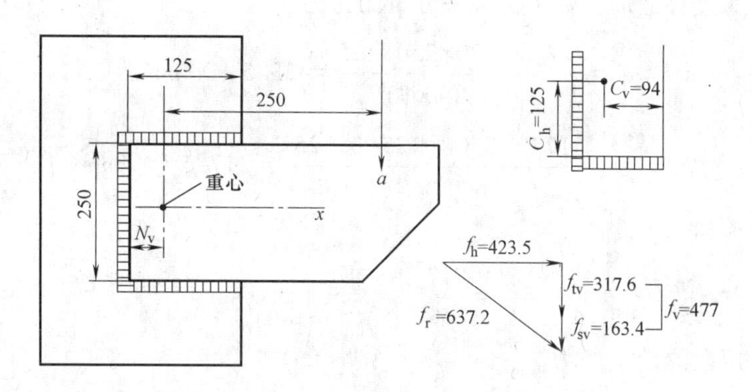

图 3-69 将焊缝看作一条线的处理过程示意图

表 3-9 焊缝作为线处理时的性质

焊接接头的外形 b-宽度，d-深度	弯矩（对水平轴 x-x）/mm²	扭矩/mm³
	$S_w = d^2/6$	$J_w = d^3/12$
	$S_w = d^2/3$	$J_w = d(3b^2+d^2)/6$
	$S_w = bd$	$J_w = (b^3+3bd^2)/6$
$N_y = b^2/2(b+d)$ $N_x = d^2/2(b+d)$	$S_w = 4bd+d^2/6 = d^2(4b+d)/6(2b+d)$ 顶部 底部	$J_w = [(b+d)^4-6b^2d^2]/12(b+d)$
$N_y = b^2/(2b+d)$	$S_w = bd+d^2/6$	$J_w = (2b+d)^3/12-b^2(b+d)^2/(b+2d)$
$N_x = d^2/(b+2d)$	$S_w = (2bd+d^2)/3 = d^2(2b+d)/3(b+d)$ 顶部 底部	$J_w = (b+2d)^3/12-d^2(b+d)^2/(b+2d)$

$$N_y = \frac{b^2}{2b+d} = \frac{125^2}{2\times125+250} = 31.25\text{mm}$$

$$J_w = \frac{(2b+d)^3}{12} - \frac{b^2\ (b+d)^2}{2b+d} = 6.03\times10^6\text{mm}^3$$

$$A_w = 125\text{mm}+250\text{mm}+125\text{mm} = 500\text{mm}$$

（2）找出作用在焊缝上的各种力 a 点的力是最大的，每 1mm 焊缝的扭力被分解为水平和垂直分量。通过合适的参数 C，水平分量的扭力：

$$f_{th}=\frac{T_{ch}}{J_w}=\frac{81720\times250\times125}{6.03\times10^6}=423.5\ (\text{N/mm})$$

$$f_{tv}=\frac{T_{cv}}{J_w}=\frac{81720\times250\times(125-31.25)}{6.03\times10^6}=317.6\ (\text{N/mm})$$

垂直方向的剪切力：

$$f_{sv}=\frac{P}{A_w}=\frac{81720}{500}=163.4\ (\text{N/mm})$$

(3) 决定作用在焊缝上的力。

$$f_r=\sqrt{f_{th}^2+(f_{tv}+f_{sv})^2}=632.7\ (\text{N/mm})$$

式中，f_r为单位长度焊缝所受合力；f_{th}为单位长度焊缝所受水平分力；f_{tv}和f_{sv}为单位长度焊缝所受垂直分力。

(4) 用表 3-10 和表 3-11 数据求出连接这个支架的填角焊缝的尺寸。

W = 实际焊缝受力/材料许用应力 = 632.7/67.6 = 9.36mm

表 3-10 作用在焊缝上的力

受力简图	负荷类型	标准设计应力公式/MPa	线状焊缝应力公式/(N/mm)
P	拉压	$\sigma=P/A$	$f=P/A$
V	垂直剪切	$\sigma=V/A$	$f=V/A$ 式中 V—剪切力
M	弯曲	$\sigma=M/S$	$f=M/S$
T	扭曲	$\sigma=T_c/J$	$f=T_c/J$ 式中 T_c—转矩

表 3-11 线状焊缝许用负荷 (单位：N/mm²)

填角焊缝	对接焊缝	部分焊透对接焊缝
平行负荷		
10~20 钢:67.6		10~20 钢:95.7
30~40 钢:78.8	$\tau=0.4\sigma_y$(母材金属的剪切应力)	30~40 钢:111.2
交叉负荷		
10~20 钢:78.8		10~20 钢:95.7
30~40 钢:92.2	$\tau=0.6\sigma_y$(母材金属的拉伸应力)	30~40 钢:111.2

案例分析 3-2　典型焊件的工艺设计案例（Process design case of typical welding）

产品名称：中压容器（图 3-70）。

材料：Q345（原材料尺寸为 1200mm×5000mm）。

件厚：筒身 12mm；封头 14mm；人孔 20mm；管接头 7mm。

生产数量：小批生产。

工艺设计要点：筒身用钢板冷卷，按实际要素分为三节，为避免焊缝密集，筒身纵焊缝可相互错开 180°，封头应采用热压成形，与筒身连接处应有 30~50mm 的直段，使焊缝让开转角应力集中位置。人孔圈如卷板机功率有限，可加热卷制。其工艺设计如图 3-71 所示。

其中，筒身共分 Ⅰ、Ⅱ、Ⅲ、Ⅳ、Ⅴ 部分，焊接次序为筒身纵缝 1-2-3，互相错开 180°；然后，筒身环缝 4-5-6，再焊人孔圈 7，管接头 8，最后焊接环缝 9。

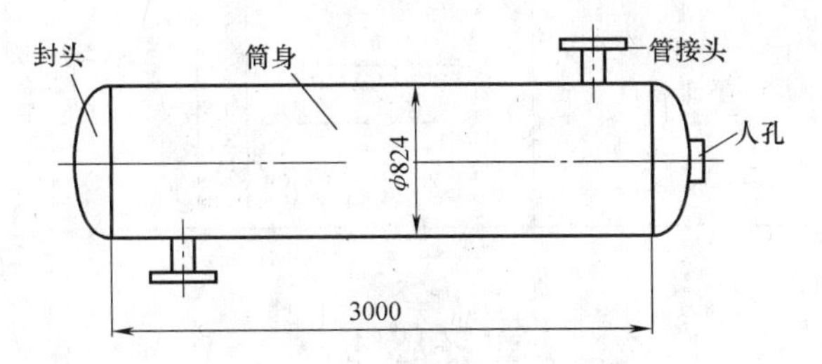

图 3-70　中压容器外形图

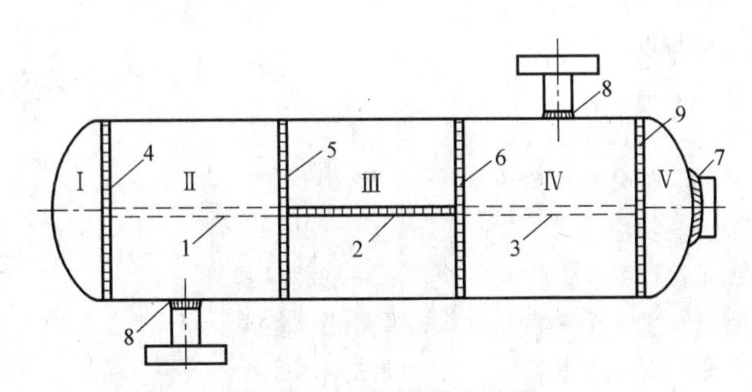

图 3-71　中压容器工艺图

根据各条焊缝的不同情况，可选用不同的焊接方法、接头形式、焊接材料与工艺，见表 3-12。

表 3-12　中压容器焊接工艺设计

序号	焊缝名称	焊接方法选择与焊接工艺	接头形式	焊接样
1	筒身纵缝 1、2、3	因容器质量要求高，又小批生产，采用埋弧焊双面焊，先内后外。因材料为 Q345，应在室内焊接（以下同）		焊丝：H08MnA 焊剂：431 焊条：E5015
2	筒身环缝 4、5、6、9	采用埋弧焊，顺序焊 4、5、6 焊缝先内后外。9 装配后先在内部用焊条电弧焊封底，再用埋弧焊焊外环缝		焊丝：H08MnA 焊条：E5015 焊剂：431

（续）

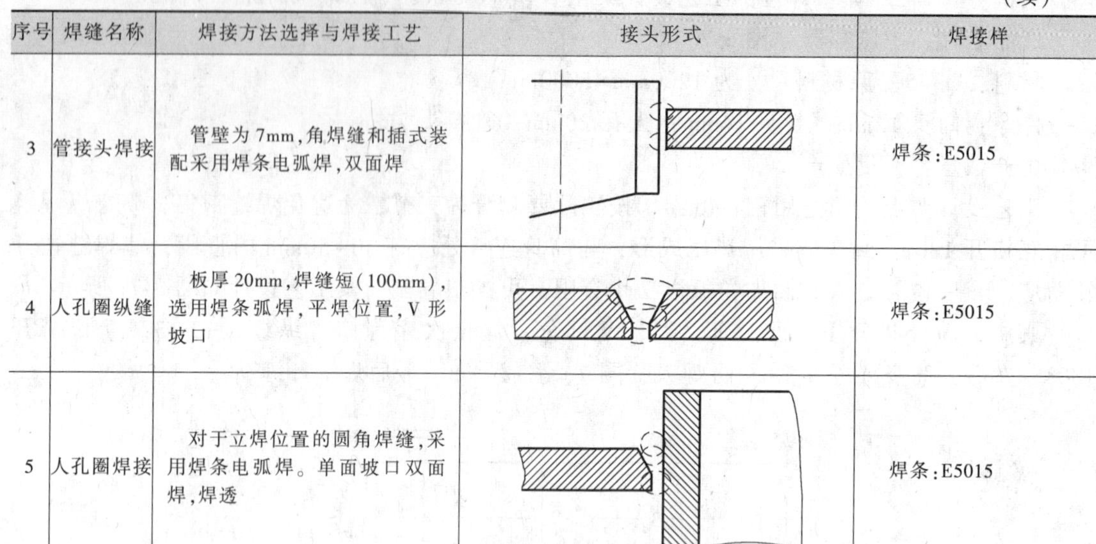

序号	焊缝名称	焊接方法选择与焊接工艺	接头形式	焊接样
3	管接头焊接	管壁为7mm，角焊缝和插式装配采用焊条电弧焊，双面焊		焊条：E5015
4	人孔圈纵缝	板厚20mm，焊缝短（100mm），选用焊条弧焊，平焊位置，V形坡口		焊条：E5015
5	人孔圈焊接	对于立焊位置的圆角焊缝，采用焊条电弧焊。单面坡口双面焊，焊透		焊条：E5015

复习思考题

3.1.1　简述焊接工艺的原理。

3.1.2　简述焊接工艺的特点。

3.1.3　简述焊接工艺的分类。

3.2.1　简述焊条电弧焊接的过程。

3.2.2　简述焊条的结构、牌号和作用。

3.2.3　简述弧焊机的分类和应用。

3.2.4　简述焊条电弧焊操作要点，以及影响焊缝质量的因素。

3.3.1　熔焊的三要素是指哪三个要素？对每一要素要求怎样？

3.3.2　压焊的两要素是指哪两个要素？对每个要素要求怎样？

3.3.3　焊接接头由哪几个部分组成？各部分的组织和性能特点怎样？

3.3.4　焊接接头系数对宏观偏析和结晶裂纹有何影响？一般应选择多大的焊接接头系数才比较合适？

3.3.5　指出低碳钢和合金钢（退火态）的热影响区的组织有何异同，怎样防止合金钢的焊接裂纹？

3.3.6　常见焊接缺陷有哪几种？其中对焊接接头性能危害最大的为哪几种？

3.3.7　试述热裂纹及冷裂纹的特征、形成原因及防止措施。

3.3.8　试述 H_2、N_2 和 CO 气孔的形成原因及防止措施。

3.3.9　对焊接裂纹进行无损检测的有效方法是哪种？

3.3.10　常用无损检测方法有哪几种？其基本原理是什么？各自的适用范围如何？

3.3.11　产生焊接应力与变形的原因是什么？焊接过程中和焊后，焊缝区纵向受力是否一样？清除和防止焊接应力有哪些措施？

3.3.12　按如图3-72所示拼接大块钢板是否合理？

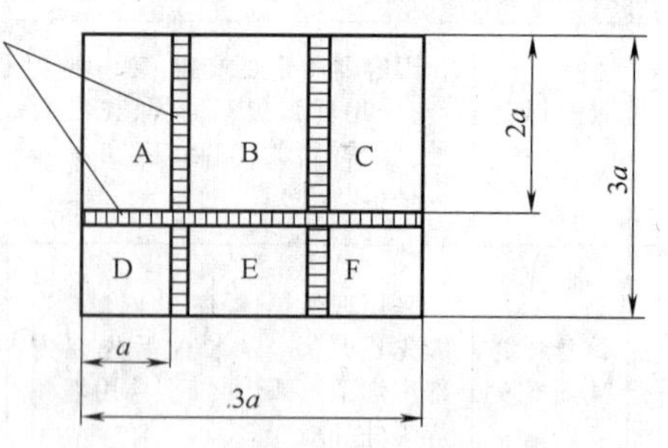

图3-72　焊缝设计及焊接次序

为什么？要否改变？怎样改变？为减小焊接应力与变形，其合理的焊接次序是什么？

3.3.13　厚件多层焊时，为什么有时要用圆头小锤子敲击红热状态的焊缝？

3.4.1　埋弧焊为什么要安装引弧板和引出板？

3.4.2　等离子弧焊焊接与普通焊条电弧焊焊接比较有何异同？各自的应用范围如何？

3.4.3　电渣焊的焊缝组织有何特点？焊后需要热处理吗？怎样处理？

3.4.4　电子束焊接和激光焊接的特点及适用范围怎样？

3.4.5　定位焊的热源是什么？为什么会有接触电阻？接触电阻对定位焊熔核的形成有什么影响？怎样控制接触电阻的大小？

3.4.6　什么是定位焊的分流和熔核偏移？怎样减小和防止？

3.4.7　试述电阻对焊和闪光对焊过程，为什么闪光对焊为固态下的连接接头？

3.4.8　试述摩擦焊的过程和特点及适用范围。

3.4.9　什么叫扩散焊？扩散焊的应用场合如何？

3.4.10　固相扩散焊与瞬时液相扩散焊有什么不同？

3.4.11　什么叫超声波焊？超声波焊有何特点？适用于什么场合？

3.4.12　什么类型的爆炸焊接头是理想的连接接头？

3.5.1　什么叫焊接性？怎样评定或判断材料的焊接性？

3.5.2　综合考虑应采取哪些措施来防止高强度、低合金结构钢焊后产生冷裂纹？

3.5.3　用下列板材制作圆筒形低压容器，试分析其焊接性，并选择焊接方法与焊接材料。

（1）Q235 钢板，厚 20mm，批量生产；

（2）20 钢板，厚 2mm，批量生产；

（3）45 钢板，厚 6mm，单件生产；

（4）纯铜板，厚 4mm，单件生产；

（5）铝合金板，厚 20mm，单件生产；

（6）镍铬不锈钢板，厚 10mm，小批生产。

3.6.1　如图 3-73 所示三种焊件，其焊缝布置是否合理？若不合理，请加以改正。

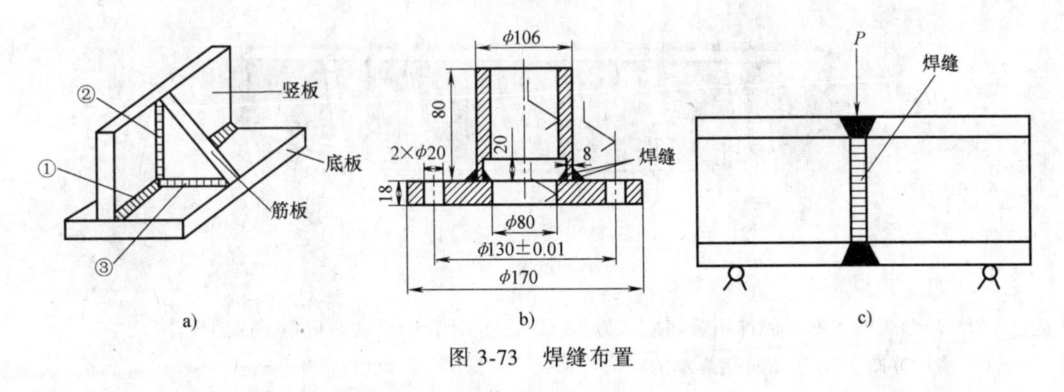

图 3-73　焊缝布置

3.6.2　图 3-74 所示为焊接式齿轮工艺图，采用管-板焊接方式生产，如批量生产，请选择焊接方法，并对接头形式与焊接材料提出工艺要求。

3.6.3　焊接梁尺寸如图 3-75 所示，材料为 15 钢，现有钢板最大长度为 2500mm。要求：决定腹板与上、下翼板的焊缝位置，选择焊接方法，画出各条焊缝接头形式并制订各条焊缝的焊接次序。

3.6.4　怎样选择焊接材料、工艺及方法实现下列异种材料的焊接：

（1）铝与低碳钢；（2）铜与铝；（3）钛合金与不锈钢；（4）铝与不锈钢。

3.6.5　双面填角的搭接接头长度为 254mm，作用在其上的拉伸力为 5448N。板厚足以保证破断发生在

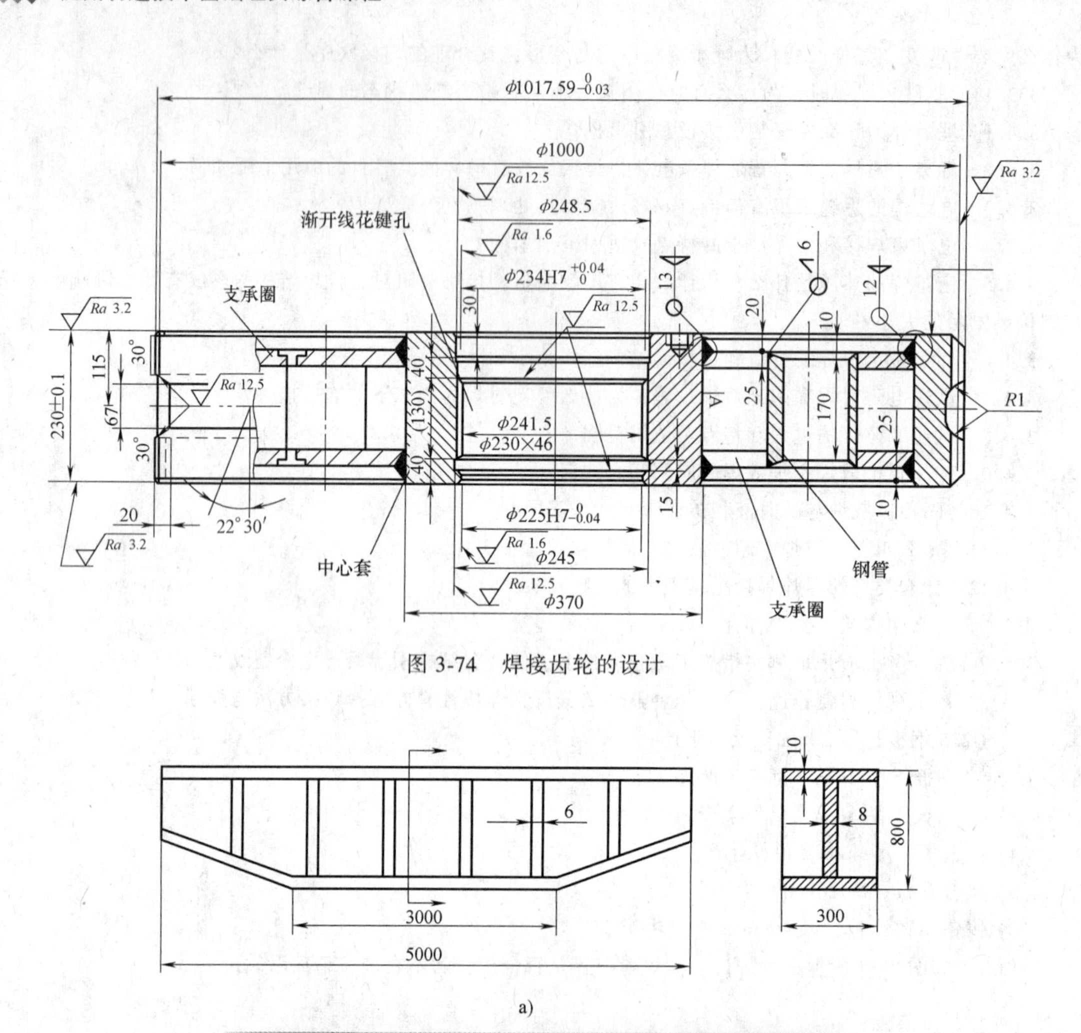

图 3-74 焊接齿轮的设计

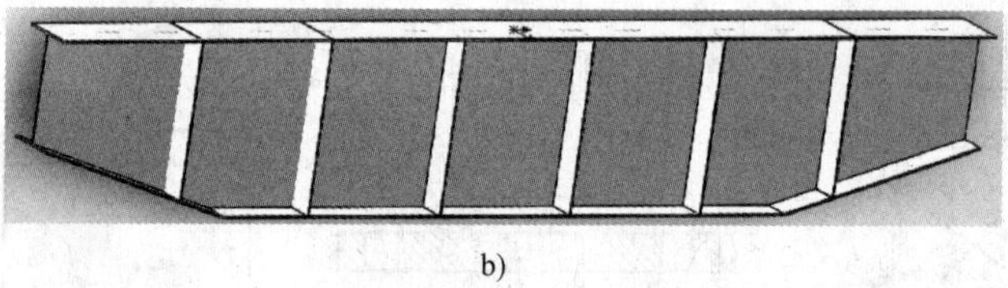

b)

图 3-75 焊接工艺设计

a）工程图 b）三维图

焊缝上。如果填角焊缝正断面的许用剪切应力为 96 MPa，请计算所要求的填角焊缝的尺寸。

3. 6. 6 请计算图 3-76 所示对接焊缝的横向收缩量。

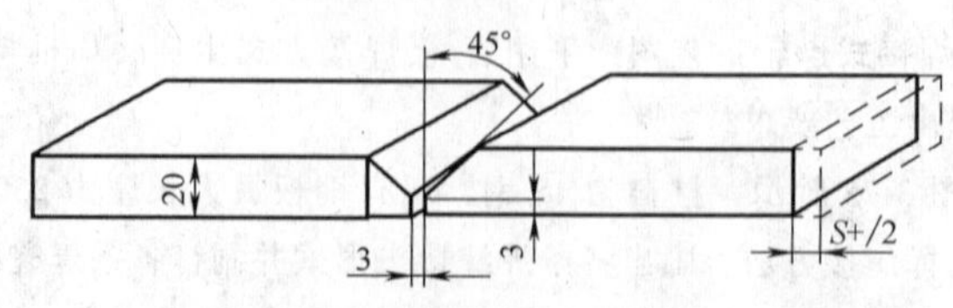

图 3-76 对接焊缝装配示意图

第 4 章

材料切削加工基础（Fundamental of the materials cutting process）

本章学习指导

学习本章前应预习《工程材料》中有关合金钢与工具钢金属热处理的内容，《机械制图》中有关三视图的内容，以及《互换性与技术测量》中有关尺寸标准公差等级、几何公差和表面粗糙度的内容。学习本章内容时，应该与实际操作的相关工艺相联系，理论联系实践，并配合一定的习题和作业，才能够学好本章内容。

本章主要内容

金属切削加工概述，金属切削加工的基础理论，切削加工的技术经济评价。

本章重点内容

切削用量的选择，车刀切削部分的几何参数，切屑种类，积屑瘤的产生、防止与利用，切削力与切削功率，刀具的磨损与耐用度，材料的切削加工性，基本切削加工工艺时间的计算。

4.1 概述（Introduction）

4.1.1 金属切削加工的特点及应用（Characteristics and application of the metal-cutting process）

在现代机械制造业中，加工机器零件的方法有多种，如铸造、锻造、焊接、切削加工和特种加工等。其中金属切削加工是利用切削刀具与工件的相对运动，从工件（毛坯）上切去多余的金属层，从而获得符合一定质量要求的零件的加工过程。金属切削加工可分为钳工和机械加工（简称机工）两大类。

钳工一般是通过工人手持工具来进行切削加工的，常用的方法有画线、錾削、锯削、锉削、刮研、钻孔、铰孔、攻螺纹、套螺纹等。虽然钳工的劳动强度大、生产效率低，但在机器装配或修理中，对某些配件的锉削、对笨重机件上的小型螺孔的攻螺纹、对复杂型面上某些难加工部位的刮研等工作，使用钳工作业却是非常经济和方便的，有时甚至是唯一的方法。因此，钳工加工有其独特的价值，在现代机械制造中仍占有一定的比重。随着技术的进步，已经涌现了一些新型的钳工工具，使得钳工本身逐渐实现机械化，有效降低了钳工工人的劳动强度，并提高了劳动生产率。

机工是由工人操纵机床来进行切削加工的，其基本加工方法有车、铣、刨、磨、钻等，另外还有电火花、超声波、激光、等离子等特种加工方法。一般所讲的切削加工多指基本的机械加工。

在机器的生产制造过程中，组成机器的大部分零件都有较高的加工质量要求。因此，除了少部分零件可以由精密铸造或精密锻造的方法直接获得外，其余的大部分零件都要由切削加工来获得。切削加工在机械制造中所担负的工作量，约占机械制造总工作量的 40%~60%。切削加工的技术水平直接影响机械制造工业的产品质量和劳动生产率。机械制造工业肩负着为国民经济各部门提供现代化技术装备的任务，即为工业、农业、交通运输、科研和国防等部门提供各种机器、仪器和工具。为适应现代化建设的需要，必须大力发展机械制造工业。作为机械制造业的基础，切削加工技术必须向着不断提高劳动生产率和自动化程度的方向发展。

近年来，数控加工已成为切削加工的主流，数控加工技术的应用可全面提高机械制造业的技术水平。我国虽然在数控技术的应用方面有了极大的进步，但与发达国家相比，仍存在较大的差距，主要表现在：大部分高精度和超精密切削加工机床的性能还不能满足要求，精度保持性也较差，特别是高效自动化和数控化机床的产量、技术水平及质量等方面都明显落后。因此，要使我国的切削加工技术赶上或超过世界先进水平，在先进数控系统的开发和研制方面还需做进一步的努力。

4.1.2 零件的加工精度和表面粗糙度（Precision and surface roughness of the parts）

切削加工的目的是得到符合一定质量要求的零件。零件质量包括加工精度与表面质量两个方面。所谓表面质量，是指零件表面粗糙度、加工硬化层、表面残余应力及金相组织结构等，它们对零件的使用性能有很大影响。一般来说，零件切削加工的表面质量的主要指标是零件的表面粗糙度。下面分别介绍零件质量的这两个主要指标，即加工精度、表面粗糙度。

4.1.2.1 加工精度（Precision）

加工精度是指工件加工后，尺寸、形状和位置等参数的实际数值与它们绝对准确的理论数值之间相符合的程度。相符合的程度越高，即加工误差越小，加工精度越高。加工精度主要包括尺寸精度、形状公差、位置公差。

1. 尺寸精度（Grade of tolerance）

尺寸精度是指加工后的零件的尺寸与理想尺寸相符合的程度。尺寸精度包含两个方面：一是表面本身的尺寸精度，如圆柱面的直径；二是表面间的尺寸精度，如孔间距。零件加工时，要想使其公称尺寸与理想尺寸完全相符是不可能实现的。因此，在保证零件使用要求的前提下，应允许尺寸有一定的变动，尺寸允许变动的最大范围即为尺寸公差（Dimensional tolerances）。公差越小，则精度越高。国家标准 GB/T 1800.2—2009 规定，标准公差分为 20 级，分别用 IT01、IT0、IT1、IT2、…、IT18 表示。其中，IT 表示公差，数字表示等级。

IT01 的公差值最小，精度最高。其他的等级中，数字越大，则公差等级越低，相应的精度也就越低。一般 IT01～IT13 用于配合尺寸，其余的用于非配合尺寸。

当加工条件一定时，对于不同尺寸的零件，达到某一公差等级的公差值是不同的，即零件的公差值取决于零件的公称尺寸与公差等级。标准公差值、标准公差等级、公称尺寸三者之间的关系见表 4-1。

表 4-1　标准公差数值

公称		公差等级																			
尺寸/mm		IT01	IT0	IT1	IT2	IT3	IT4	IT5	IT6	IT7	IT8	IT9	IT10	IT11	IT12	IT13	IT14	IT15	IT16	IT17	IT18
大于	至	μm													mm						
—	3	0.3	0.5	0.8	1.2	2	3	4	6	10	14	25	40	60	0.1	0.14	0.25	0.4	0.6	1	1.4
3	6	0.4	0.6	1	1.5	2.5	4	5	8	12	18	30	48	75	0.12	0.18	0.3	0.48	0.75	1.2	1.8
6	10	0.4	0.6	1	1.5	2.5	4	6	9	15	22	36	58	90	0.15	0.22	0.36	0.58	0.9	1.5	2.2
10	18	0.5	0.8	1.2	2	3	5	8	11	18	27	43	70	110	0.18	0.27	0.43	0.7	1.1	1.8	2.7
18	30	0.6	1	1.5	2.5	4	6	9	13	21	33	52	84	130	0.21	0.33	0.52	0.84	1.3	2.1	3.3
30	50	0.6	1	1.5	2.5	4	7	11	16	25	39	62	100	160	0.25	0.39	0.62	1	1.6	2.5	3.9
50	80	0.8	1.2	2	3	5	8	13	19	30	46	74	120	190	0.3	0.46	0.74	1.2	1.9	3	4.6
80	120	1	1.5	2.5	4	6	10	15	22	35	54	87	140	220	0.35	0.54	0.87	1.4	2.2	3.5	5.4
120	180	1.2	2	3.5	5	8	12	18	25	40	63	100	160	250	0.4	0.63	1	1.6	2.5	4	6.3
180	250	2	3	4.5	7	10	14	20	29	46	72	115	185	290	0.46	0.72	1.15	1.85	2.9	4.6	7.2
250	315	2.5	4	6	8	12	16	23	32	52	81	130	210	320	0.52	0.81	1.3	2.1	3.2	5.2	8.1
315	400	3	5	7	9	13	18	25	36	57	89	140	230	360	0.57	0.89	1.4	2.3	3.6	5.7	8.9
400	500	4	6	8	10	15	20	27	40	63	97	155	250	400	0.63	0.97	1.55	2.5	4	6.3	9.7
500	630	4.5	6	9	11	16	22	32	44	70	110	175	280	440	0.7	1.1	1.75	2.8	4.4	7	11
630	800	5	7	10	13	18	25	36	50	80	125	200	320	500	0.8	1.25	2	3.2	5	8	12.5
800	1000	5.5	8	11	15	21	28	40	56	90	140	230	360	560	0.9	1.4	2.3	3.6	5.6	9	14
1000	1250	6.5	9	13	18	24	33	47	66	105	165	260	420	660	1.05	1.65	2.6	4.2	6.6	10.5	16.5
1250	1600	8	11	15	21	29	39	55	78	125	195	310	500	780	1.25	1.95	3.1	5	7.8	12.5	19.5
1600	2000	9	13	18	25	35	46	65	92	150	230	370	600	920	1.5	2.3	3.7	6	9.2	15	23
2000	2500	11	15	22	30	41	55	78	110	175	280	440	700	1100	1.75	2.8	4.4	7	11	17.5	28
2500	3150	13	18	26	36	50	68	96	135	210	330	540	860	1350	2.1	3.3	5.4	8.6	13.5	21	33

注：公称尺寸小于或等于 1mm 时，无 IT14 至 IT18。

由于加工过程中有多种因素影响加工精度，所以，同一加工方法在不同的条件下，所能达到的精度是不同的。有时在相同的条件下，采用同样的加工方法，如果多费一些工时，也能提高加工精度。但这样做降低了生产率，增加了生产成本，是不经济的。通常所说的精度，是指采用某加工方法在正常情况下所能达到的精度，称为经济精度。

零件的精度越高，则加工过程越复杂，加工成本也就越高。设计零件时，应在满足技术要求的前提下，选用较低级别的公差，以降低生产成本。各种公差等级的使用范围详见表 4-2。

2. 形状公差（Form tolerances）

形状公差是指零件上的实际形状要素与理想形状要素的符合程度。当零件的尺寸标准公差等级满足要求时，并不意味着其形状也符合要求。如加工一个 $\phi25\pm^{0.2}_{0.1}$ 的轴，其实际要素为 24.95mm，符合精度要求。但轴的某一截面的实际形状不是理想的圆形，故其形状不一定满足要求。在实际加工中，要使零件形状完全达到理想值是不现实的，应允许有一定的误差。关于形状误差方面，国家标准 GB/T 1182—2008、GB/T 4249—2009、GB/T 16671—2009 规定了 6 种标准公差，其表达符号、相应的含义和检测方法请参阅参考文献［1］中的加工质量内容。

表 4-2　公差等级使用范围

公差等级	应　　用	加　工　方　法
IT01～IT1	量块	研磨
IT1～IT7	量规	研磨、珩磨、精磨
IT5～IT13	一般配合尺寸	磨、拉、车、镗、铣、钻孔、铰孔、粉末冶金
IT2～IT5	特别精密零件的配合	研磨、珩磨、精磨、精车、精镗、拉
IT12～IT18	用于非配合尺寸	冲压、铸造、锻造
IT8～IT14	原材料的尺寸公差	粗车、粗镗、粗铣、粗刨、钻孔

3. 位置公差（Position of related features）

位置公差是指零件上的表面、轴线等的实际位置与理想位置相符合的程度。零件加工时允许有一定的误差，国家标准 GB/T 1182—2008、GB/T 4249—2009、GB/T 16671—2009 规定了 6 种标准位置公差，其表达符号、相应的含义和检测方法请参阅参考文献［1］中的加工质量内容。

4.1.2.2　表面粗糙度（Surface roughness）

无论用何种方法加工，在零件表面上总会留下微细的凹凸不平的刀痕，出现交错起伏的现象。粗加工后的表面用肉眼就能看到，精加工后的表面用放大镜或显微镜仍能观察到。表面上微小峰谷间的高低程度称为表面粗糙度，也称为微观不平度。

国家标准 GB/T 1031—2009 规定了表面粗糙度的评定参数和评定参数允许数值系列。常用参数是轮廓算术平均偏差 Ra 和微观不平度十点高度 Rz，其含义和检测方法请参阅参考文献［1］中的加工质量内容。

表面粗糙度对零件的疲劳强度、耐磨性、耐蚀性及配合性能等方面均有很大的影响。表面粗糙度的值越小，零件的表面质量越高，但零件的加工也越困难，加工成本也越高。因此在设计零件时，应根据实际情况合理选用，即在满足技术要求的条件下，尽可能选用较大的值。表 4-3 列出了不同加工方法所能达到的表面粗糙度，供选用时参考。

表 4-3　各种加工方法所能达到的表面粗糙度值

加 工 方 法	表面粗糙度值 $Ra/\mu m$	表面状况	应 用 举 例
粗车、镗、刨、钻	100	明显可见的刀痕	如粗车、粗刨、切断等粗加工后的表面
	25		粗加工后的表面，焊接前的焊缝、粗钻的孔壁等
粗车、铣、刨、钻	12.5	可见刀痕	一般非结合表面，如轴的端面、倒角等

（续）

加工方法	表面粗糙度值 $Ra/\mu m$	表面状况	应用举例
车、镗、刨、铣、钻、锉、磨、粗铰、铣齿	6.3	可见加工痕迹	不重要零件的非配合表面，如支柱、支架、外壳等的端面，紧固件的自由表面、紧固件通孔的表面等
车、镗、刨、铣、拉、磨、锉、滚压、铣齿、刮 12 点/cm^2	3.2	微见加工刀痕	与其他零件连接，但不形成配合的表面，如箱体、外壳等的端面
精车、镗、刨、铣、拉、磨、铰、滚压、铣齿、刮 12 点/cm^2	1.6	看不清加工刀痕	安装直径超过 80mm 的 G 级轴承的外壳孔、普通精度齿轮的齿面、定位销孔等重要表面
精车、镗、拉、磨、立铣、滚压、刮 3 ~ 10 点/cm^2	0.8	可辨加工痕迹的方向	要求保证定心及配合特性的表面，如锥销与圆柱销的表面，磨削的轮齿表面、中速转动的轴颈表面等
铰、磨、镗、拉、滚压、刮 3~10 点/cm^2	0.4	微辨加工痕迹的方向	要求长期保持配合性质稳定的配合表面，如 IT7 级的轴、孔配合表面，精度较高的轮齿表面等
砂带磨、磨、研磨、超级加工	0.2	不可辨加工痕迹的方向	工作时受变应力作用的重要零件的表面，保证零件的疲劳强度、耐蚀性和耐久性，并在工作时不破坏配合性质的表面
超级加工	0.1	暗光泽面	工作时承受较大变应力作用的重要零件的表面，保证精确定心的锥体表面等
	0.05	亮光泽面	保证高度气密性接合的表面，如活塞、柱塞的外表面和汽缸的内表面等
	0.025	镜状光泽面	高压柱塞泵中的柱塞与柱塞套的配合表面等精密表面
	0.012	雾状光泽面	仪器的测量表面和配合表面，尺寸超过 100mm 的表面
	0.008	镜面	量块的工作表面，高精度测量仪器的测量表面及其量规的工作表面摩擦机构的支承表面

4.1.3　切削用量及选用（Cutting parameters and choice）

4.1.3.1　零件表面形状及切削运动（Surface shape of the parts and cutting movement）

切削加工所得到的零件表面形状虽然多种多样，但通过分析可知，这些表面都由一些基本表面元素组合而成。只要能对这几种基本表面元素进行加工，就能对所有表面进行加工。这些基本表面元素分别是平面、直线成形面、圆柱面、圆锥面、球面、圆环面和螺旋面，如图 4-1 所示。

基本表面元素都可看成是一条线（称为母线）沿另一条线（称为导线）运动的轨迹。图 4-1a 中，为得到平面，必须使直线 1 沿直线 2 移动；图 4-1b 中，为得到直线成形面，必须使直线 1 沿曲线 2 移动。因此，使刀具获得母线（或导线）的形状，同时使工件获得导线（或母线）的形状，当两者做一定的相对运动时，就可得到所需形状的表面。刀具与工件之间的相对运动，即为切削运动。切削运动主要包括主运动与进给运动。

主运动是切下切屑所需要的最基本的运动，其特点是速度快、消耗功率大。任何切削加工都必须有且只能有一种主运动。进给运动是使金属层不断进入切削中，从而获得所需几何

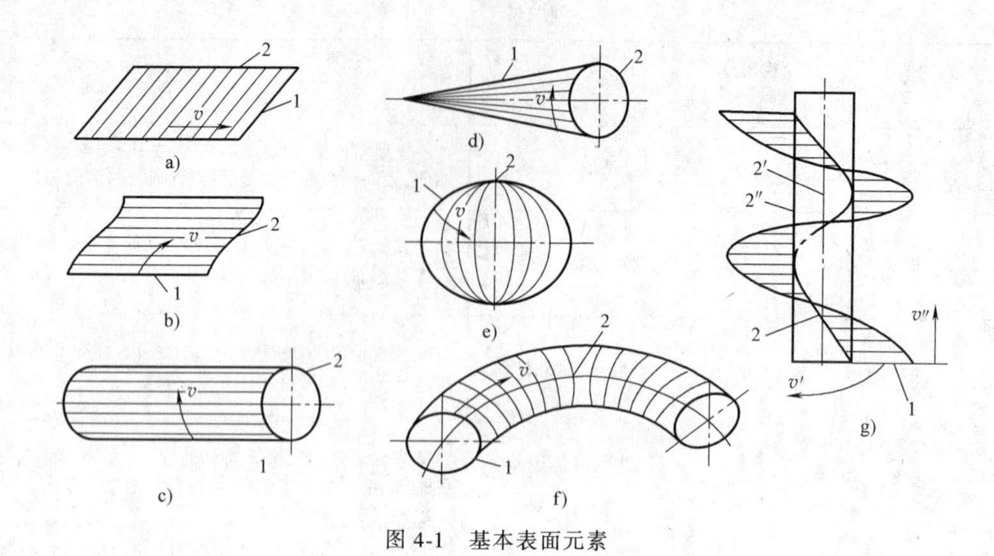

图 4-1　基本表面元素

特性的已加工表面的运动，其特点是速度较低、消耗功率小。切削加工中可能有一种或多种进给运动，但也可能一种进给运动也不需要。

4.1.3.2　切削要素（Cutting elements）

切削要素包括切削用量三要素和切削层几何参数。

切削用量三要素是指切削速度（Cutting Speed）v_c、进给量（Feed）f、背吃刀量（Depth of Cut）a_p，其数值的大小反映了切削运动的快慢和刀具切入工件的深浅。有关定义和计算方法请参阅参考文献［1］中切削运动与切削用量的内容。

4.1.3.3　切削用量的选择原则（Choice principle of cutting parameters）

切削用量的大小直接影响切削加工的生产率、零件加工质量、刀具寿命等，从而影响切削加工的成本。因此必须合理选择切削用量，以达到切削加工的最优化。切削用量的选择主要是依据机床、刀具等工艺系统的性能和工件的加工精度、表面粗糙度等技术要求。

从提高生产率的角度看，应采用较大的切削用量，即在工艺系统允许的条件下，切削速度、进给量、背吃刀量尽可能取大值。从刀具寿命的角度看，切削速度应尽量取小值，以提高刀具寿命。从加工精度的角度看，背吃刀量应尽量取小值，以减小加工时的切削力，避免工件加工时因受力变形过大而造成加工误差。从加工表面质量的角度看，进给量应尽量取小值，以降低加工表面的粗糙度值。

从这里我们可以看出，切削用量三要素是互相关联的，不能都取较大值，也不能都取较小值。切削用量选择时必须根据具体的情况，以某一参数为主，然后再考虑其他参数。一般的选择原则是，在粗加工阶段，以提高生产率为主，因此应尽可能多地切除加工余量，在选择合理的刀具寿命后，把背吃刀量选得大些，其次选择较大的进给量，最后确定合适的切削速度；对于有硬皮的铸件、锻件的第一刀加工，其背吃刀量应大于硬皮厚度；在精加工阶段，为保证工件获得需要的尺寸标准公差等级和表面粗糙度，应选择较小的进给量和背吃刀量，以及选择较高的切削速度，只有在受到刀具等工艺条件限制不能使用较高切削速度时，才考虑选用较低的切削速度。

以上是切削用量选用的一般原则。在实际应用中，应综合考虑工件材料、刀具材料、机床的功率、工艺系统的刚度、加工质量要求等因素，首先选尽可能大的背吃刀量，其次选尽可能大的进给量，最后选尽可能大的切削速度。

(1) 背吃刀量的选择　无论是粗加工还是精加工，最佳方法是一次进给就能完成切削加工。但当切削余量较大时，切削力较大，这时就会由于机床功率、工艺系统刚度、刀具强度等方面的不足而无法一次完成。因此，生产中往往需要多次进给，第一次进给的背吃刀量，应在机床工艺系统的承受能力范围内尽可能取大值，其后的背吃刀量相对地可取小些。

(2) 进给量的选择　当选定背吃刀量后，切削力的大小主要受进给量的影响。因此，粗加工时，由于对加工表面质量的要求不高，可在工艺系统允许的范围内尽可能取大值。精加工时，为减小切削力，同时保证较高的表面质量，宜选择较小数值。

(3) 切削速度的选择　在选定了背吃刀量及进给量后，可根据合理的刀具寿命，用计算法或查表法选择切削速度。粗加工时，若所选的切削速度较大，使得切削功率超过机床的承受能力，这时应适当降低切削速度。

实际生产中，选择切削用量时，具体数值可参照有关手册和资料推荐的数据。

4.1.4　切削刀具及认知实践（Cutting tools）

4.1.4.1　刀具的分类（Classification of tools）

刀具种类很多，为便于认识各种刀具的基本特征，有必要对刀具进行分类。按刀具切削加工的类型，可以将刀具分为如下几类，如图 4-2 所示。

(1) 切刀类　包括普通切刀（车刀、刨刀、插刀等）、成形插刀等。

(2) 孔加工类　如钻头、铰刀、镗刀、复合孔加工刀具等。

(3) 铣刀类　按用途分，铣刀有圆柱铣刀、平面铣刀、立铣刀、面铣刀、成形铣刀等；按齿背形式分，有尖齿铣刀、铲齿铣刀。

(4) 拉刀类　如圆孔拉刀、花键拉刀、平面拉刀等。

(5) 螺纹刀具类　如螺纹车刀、螺纹铣刀、丝锥、板牙等。

(6) 齿轮刀具类　如成形齿轮铣刀、齿轮滚刀、插齿刀、剃齿刀等。

(7) 磨具类　如砂轮、磨头、油石等。

(8) 其他类　自动生产线和数控机床上所用的刀具。

图 4-2　刀具结构与种类

除上述分类方法外，还可按刀具材料分为碳素钢刀具、高速钢刀具、硬质合金钢刀具和陶瓷刀具等；若按刀具结构分，则有整体式、镶片式和复合式刀具等。

4.1.4.2 刀具材料（Tools materials）

金属切削过程中，直接完成切削工作的是刀具。无论哪种类型的刀具，一般都是由切削部分与夹持部分组成的。刀具依靠夹持部分固定在机床上，夹持部分的作用是保证刀具具有正确的工作位置、传递切削所需要的运动与动力。这一部分对切削加工的性能影响不大，因此对它的基本要求是夹持可靠牢固、装卸方便。切削部分是刀具直接参加切削工作的部分，刀具是否具有良好的切削性能，主要取决于刀具切削部分的材料、几何形状、几何角度及其结构。

1. 对刀具切削部分材料的基本要求（Basic requirement for the materials of cutting tools）

在切削过程中，刀具切削部分要承受很大的切削力、摩擦力、冲击力和很高的温度，因此，切削部分应具有以下基本的性能。

1）硬度必须大于工件材料的硬度，以便刀具能切入工件。常温下，刀具材料的硬度一般要求在60HRC以上。

2）足够的强度和韧性，以便承受切削力和切削时的冲击。

3）高的耐磨性，使刀具有足够长的寿命，以满足加工的需要。

4）高的耐热性，在高温下刀具仍有足够的硬度和耐磨性，以保持切削的连续进行。

此外，还要求刀具材料有良好的工艺性、导热性、抗黏结性及热处理性能等。

2. 常用刀具切削部分的材料（Common materials of cutting tools）

目前机械加工中常用的刀具切削部分的材料主要有：碳素工具钢、合金工具钢、高速钢、硬质合金及陶瓷材料等。

（1）碳素工具钢（Carbon tool steel） 碳素工具钢是一种含碳量较高的优质钢（w(C)一般为0.7%~1.3%）。其优点是淬火后硬度较高，可达60~66 HRC，刃磨容易，价格低廉，但不能耐高温，在200~250℃时即开始失去原来的硬度，所以切削速度不能太高；热处理时，淬透性差、变形大、易产生裂纹，所以不宜用来制造复杂的刀具。常用的碳素工具钢主要有T10A、T12A等，多用于制造锯条、锉刀等手工工具。

（2）合金工具钢（Alloy tool steel） 在碳素工具钢中加入一定的铬（Cr）、钨（W）、锰（Mn）等合金元素，能够提高材料的耐热性、耐磨性和韧性，同时还可减小热处理时的变形，淬火后具有较高的硬度（60~66HRC）。其w(C)一般为0.85%~1.5%，能耐350~400℃的高温，常用的合金工具钢为9SiCr、CrWMn等。由于合金工具钢具有刃磨容易、热处理性能好、工艺性能好等优点，常用于制造丝锥、板牙、铰刀等形状复杂、切削速度较低（$v_c<0.15$m/s）的刀具。

（3）高速钢（High speed steel-HSS） 高速钢又称锋钢、白钢，含有较多的钨、铬、钼、钒等合金元素。常用的高速钢为W18Cr4V和W6Mo5Cr4V2，能耐550~600℃的高温。与合金工具钢相比，高速钢的耐磨性、耐热性有显著的提高。与硬质合金相比，高速钢具有较高的抗弯强度和抗冲击韧性，工艺性能、热处理性能也较好，容易刃磨锋利，因此常用于制造钻头、铣刀、拉刀和齿轮刀具等形状复杂的刀具。由于高速钢的耐热性不高，多用于切削速度不高的场合（$v_c<0.5$m/s），是目前使用最广的刀具材料之一。

（4）硬质合金（Cemented carbides） 硬质合金由耐磨性和耐热性都很高的碳化物（WC、TiC等）粉末，用Co、Mo、Ni等做粘结剂烧结而成，硬度可达74~82HRC或85~93HRA，耐高温达850~1000℃，故可用于高速切削（3~8m/s）。

但与高速钢相比，其抗弯强度较低、承受冲击能力较差、刃口也不能太锋利。硬质合金也是目前国内使用最广泛的刀具材料之一，常制成各种形式的刀片，焊接或夹固在车刀、刨刀等刀具的刀柄上使用。

根据国家标准 GB/T 18376.1—2008，切削工具用硬质合金牌号分为 P、M、K、N、S、H 六类：①由 TiC 和 WC 为基体，以 Co(Ni+Mo；Ni+Co) 做粘结剂组成的合金（P 类，主要有 P01，P10~40 等 5 种）；②WC 为基体，以 Co 作粘结剂，添加少量的 TiC（TaC、NbC）组成的合金（M 类，主要有 M01，M10~40 等 5 种）；③WC 为基体，以 Co 作粘结剂，或添加少量的 TaC、NbC 组成的合金（K 类，主要有 K01，K10~40 等 5 种）；④WC 为基体，以 Co 作粘结剂，或添加少量的 TaC、NbC 或 CrC 组成的合金（N 类，主要有 N01，N10~30 等 4 种）；⑤WC 为基体，以 Co 作粘结剂，或添加少量的 TaC、NbC 或 TiC 组成的合金（S 类，主要有 S01，S10~30 等 4 种）；⑥WC 为基体，以 Co 作粘结剂，或添加少量的 TaC、NbC 或 TiC 组成的合金（H 类，主要有 H01，H10~30 等 4 种）。

M 类和 K 类硬质合金抗弯强度高，韧性较好，适于难切削的冷作硬化材料（不锈钢、高锰钢），以及铸铁、青铜等脆性和短切屑材料的加工。牌号中数字越大表示 Co 含量越高。Co 含量少，则较脆、耐磨性好，适用于精加工，如 M01 和 M10、K01 和 K10。粗加工时宜选用 Co 含量较多的牌号，如 M30 和 M40，K30 和 K40。

P 类硬质合金比 M 类和 K 类硬质合金硬度高，耐热性好，适于加工长切屑的低碳钢等塑性材料。其牌号有 P01、P10、P20、P30、P40 等，其中数字越大代表 TiC 含量越低。TiC 含量越高，则韧性越低、耐磨性越高，适用于精加工。粗加工时则应选用 TiC 含量少的硬质合金，如 P40。

N 类硬质合金，主要用于加工铝、铜等塑性软材料，以及塑料、木材等非金属材料的加工，可采用高速加工。

S 类硬质合金，主要用于耐热和优质合金材料的加工，如耐热钢，含 Ni、Co 和 Ti 等合金材料的加工。

H 类硬质合金，主要用于硬材料的加工，如淬火硬化的钢，冷硬铸铁的加工。

各类常用的刀具材料的主要性能和用途详见表 4-4。

（5）金属陶瓷（Cermets）　金属陶瓷是由 TiC 或 Ti(C，N) 粉末与金属 Ni-Mo 粉末经粉末冶金而获得的新型材料。通常 Ni-Mo 含量为（20~40)wt%，硬度可达 89~94HRA，耐高温达 1000~1300℃，故可用于高速切削（3.5~8m/s）。

但与硬质合金相比，其脆性较大、承受冲击能力较差、刃口也不能太锋利。主要用于制造干式高速切削软材料的刀具、高温使用的模具、复合轧辊和耐高温磨损的发动机零件。

表 4-4　刀具材料的主要性能和用途

种类	硬度	承受最高温度/℃	抗弯强度/(MN/m^2)	工艺性能	用途
碳素工具钢	60~66HRC (81.5~84.5HRA)	约 200	2500~2800	可冷、热加工成形，刃磨性能好，需热处理	用于手动工具，如锯条、锉刀等
合金工具钢	60~66HRC (81.5~84.5HRA)	250~300	2500~2800	同上	用于低速、成形刀具，如丝锥、板牙等

（续）

种类	硬度	承受最高温度/℃	抗弯强度/（MN/m²）	工艺性能	用途
高速工具钢	63~70HRC（83~87HRA）	550~600	2500~4500	同上，但淬火性差	用于钻头、铣刀、车刀等
硬质合金	89~94HRA	800~1000	1000~2500	压制烧结后使用，不能冷、热加工，镶片使用	用于车刀刀头、铣刀等
金属陶瓷	89~94HRA	1000~1300	1000~2200	压制烧结后使用，不能冷、热加工，镶片使用	用于车刀刀头、铣刀等
陶瓷材料	94HRA	900~1200	500~700	同上	用于车刀刀头，适合于连续切削
立方氮化硼	8000~9000HV	1400~1500	约 300	压制烧结而成，可用金刚石砂轮磨削	用于硬度、强度极高材料的精加工，在空气中保持 1000~1100℃
金刚石	10000HV	700~800	约 300	用天然金刚石刃磨极困难	用于非铁金属材料的高精度、低表面粗糙度切削

4.1.4.3 刀具的几何形状及参数（Geometry and parameters of tools）

金属切削刀具的种类虽然很多，具体结构也各不相同，但其切削部分的结构要素和几何形状却有着许多共同的特点。如图 4-3 所示的各种刀具，它们的一个刀齿的作用都类似一把车刀，与车刀的切削部分有着共同的特点。因此，只要掌握了车刀的几何结构及其参数特征，就可了解其他刀具。有关车刀的结构和刀具角度请参阅参考文献［1］中的车刀内容。车刀角度示意图如图 4-4 所示。

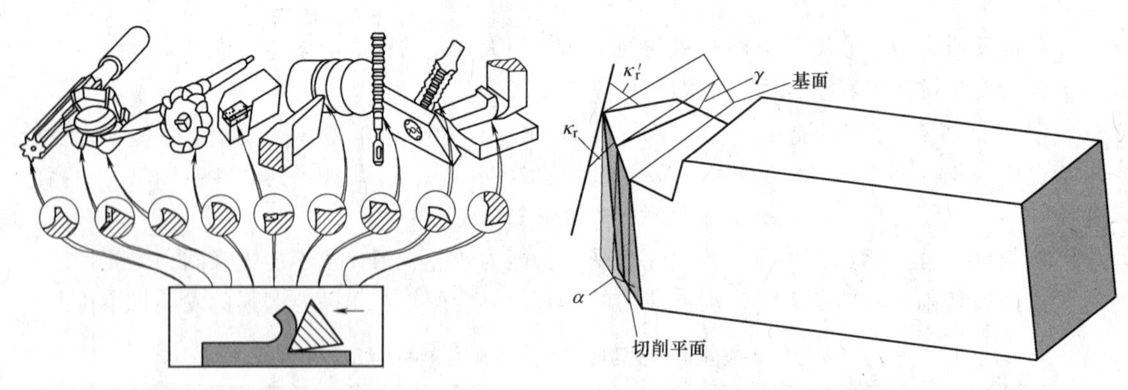

图 4-3 刀具的切削部分　　图 4-4 车刀角度示意图

1. 车刀各参数的作用及选择（Effect and selection of turning tool parameters）

（1）前角（γ-Back rake angle） 前角较大时，切屑的塑性变形较小，同时切屑与前刀面间的摩擦也较小，利于降低切削温度、减轻刀具磨损等。但前角过大时，将导致切削刃强度下降，刀头散热体积减小，影响刀具使用寿命。前角大小的选择主要考虑工件材料、刀具材料和加工性质。若工件的强度、硬度都不高，前角可取较大值，反之则取小值；加工塑性材料或韧性材料时，前角可取大值，反之则应取小值；精加工时由于切屑较薄，前角可取大值，而粗加工时则可取小值。

一般硬质合金车刀前角在-5°~20°选取，高速钢在相应条件下取大些。

(2) 后角（α-End flank angle）　后角的大小影响到已加工表面的质量及主后刀面的磨损。较大的后角可减小主后刀面与工件已加工表面间的摩擦，但后角过大时，会影响切削刃强度，并减小刀头的散热体积。所以须选择合适的后角。

工件材料的硬度、强度较高时，宜选取较小的后角，反之则应取大些；加工脆性材料时，由于刀屑较短，后角宜取小些，反之，加工塑性材料时，宜取大些；粗加工时，切削厚度较大，对表面质量要求也较低，后角宜取小些，而精加工时，后角就应取大些。

硬质合金车刀的后角一般在 6°~12°选取，高速钢可相应选大些。

(3) 主偏角（κ_r-Side cutting-edge angle）　在背吃刀量和进给量相同的情况下，改变主偏角的大小可以改变切削厚度与切削宽度，即改变切削刃的工作长度。

主偏角较小，则主切削刃参加切削的长度较长，使切削刃单位长度上的受力减小，刀具寿命较长。但过小的主偏角，使得刀具切削时的径向分力加大，从而增大工件已加工表面的弹性回复量及加工时的振动。所以加工细长轴时，一般要取较大的主偏角。

通常，加工细长轴时，宜选用 75°~90°，甚至大于 90°的主偏角；单件或小批生产时，选用通用性好的 45°车刀及 90°偏刀。

(4) 副偏角（κ_r'-End cutting-edge angle）　取较大值时，可减小副后刀面与已加工表面间的摩擦。但当主偏角选定后，副偏角增大时，加工残余面积也会增大，已加工表面也就越粗糙。一般粗加工时副偏角取 5°~10°，精加工时副偏角取 0°~5°。

(5) 刃倾角 ε_r(Inclination angle)　刃倾角主要影响刀头强度与加工时的排屑方向。

刃倾角一般取-10°~5°。由于负的刃倾角可使远离刀尖的切削刃先接触工件，故可避免刀头受到冲击，增强刀头强度，所以粗加工时一般取负值。精加工时，为避免切屑划伤已加工表面，刃倾角常取正值。

上面分别介绍了车刀的主要角度，从上面的介绍可以看出，车刀几何参数之间是相互影响、相互制约的。在选择车刀几何参数时，应将车刀作为一个整体，根据切削过程的具体情况综合考虑。例如，前角与后角都影响切削刃强度及刀具的散热面积，它们之间可以相互补偿。粗加工时，采用较大的前角，适当减小后角，此时就可在不改变切削刃强度的情况下，减轻刀具的负荷。精加工时，采用较大的后角，适当减小前角，就可在不改变切削刃强度的情况下，减小后刀面与已加工表面间的摩擦，从而提高已加工表面质量。此外，前角、主偏角、刃倾角之间也有一定的关系。采用负的刃倾角、小的主偏角，都能增强刃尖强度，提高刀具寿命。因此，在切削较硬的材料或有冲击作用存在时，可采用较小的主偏角和负的刃倾角，而不必明显地减小前角。

2. 车刀的工作参数（Work parameters of turning tool）

以上介绍的车刀角度是车刀处于理想状态下的标注角度。在实际切削中，由于车刀的装夹位置变化，将会影响基面、主切削面、正交平面的实际位置，从而使刀具的实际角度发生变化，影响车刀的工作。刀具工作时的实际角度称为工作角度，工作角度与标注角度往往是不相等的。

如图 4-5a 所示，当车刀刀尖与工件轴线等高时，其工作前角与标注前角相等，工作后角与标注后角相等。如图 4-5b 所示，当车刀刀尖高于工件旋转轴线时，工作前角大于标注前角，工作后角小于标注后角。反之如图 4-5c 所示，工作前角小于标注前角，工作后角大于标注后角。

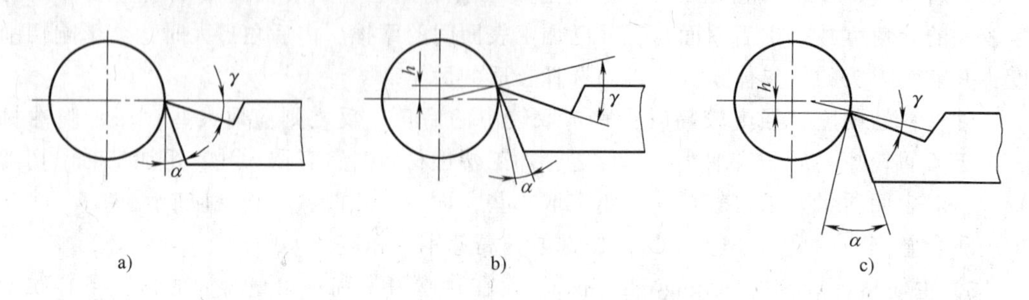

图 4-5　车刀装夹高度对前角及后角的影响

如图 4-6 所示，车刀装夹时，若刀杆轴线与工件旋转轴线不垂直，会引起主偏角及副偏角的变化。图 4-6a 中，刀杆向右偏移，主偏角增大、副偏角减小。图 4-6c 中，刀杆向左偏移，主偏角减小、副偏角增大。

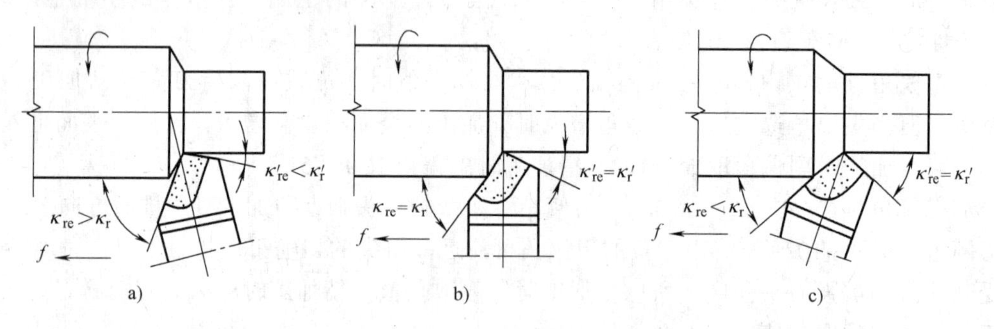

图 4-6　刀杆安装偏斜对主、副偏角的影响

3. *车刀的结构形式*（Structure fashion of turning tool）

车刀的结构形式有整体式、焊接式、机夹重磨式、机夹可转位刀片式。

（1）整体式（Monolithic tools）　刀杆与刀头为一整体，对较贵重的刀具材料消耗量较大，经济性较差。早期的刀具大多为这种结构，现在较少使用。

（2）焊接式（Brazed tools）　这种结构的刀头是焊接到刀杆上的。与机床重磨式和机床可转位刀片式两种结构相比，其结构简单、紧凑、刚性好，可以根据加工条件和加工要求方便地磨出所需角度。但经过高温焊接和刃磨后，硬质合金刀片会产生内应力和裂纹，使切削性能降低。

（3）机夹重磨式（Clamped reground tools）　刀片与刀杆是两个相互独立的元件，工作时靠夹紧装置将它们固定在一起，图 4-7 所示为机夹重磨式切断刀的一种典型结构。机夹重磨式切断刀避免了焊接式的内应力缺陷，提高了刀具寿命，同时还可使刀杆多次重复使用。

（4）机夹可转位刀片式（Clamped turning tool inserts）　如图 4-8 所示，将压制有一定几何参数的多边形刀片，用机械夹固的方法，装夹在标准的刀杆上。使用时，刀片上一个切削刃用钝后，只需将夹紧机构松开，将刀片转位换成另一个新的切削刃，便可继续切削。

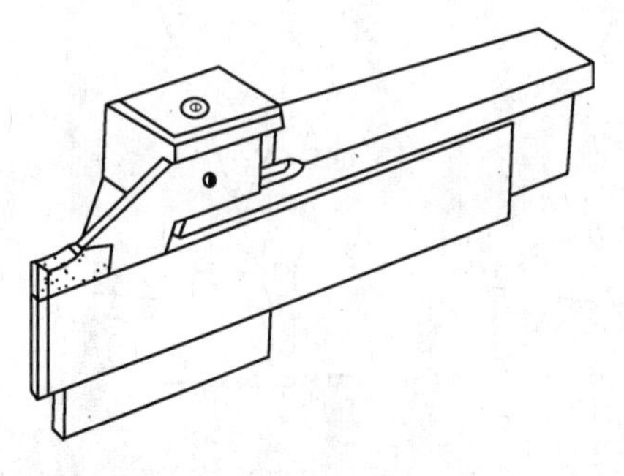

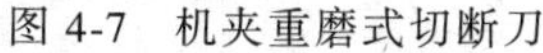

图 4-7 机夹重磨式切断刀

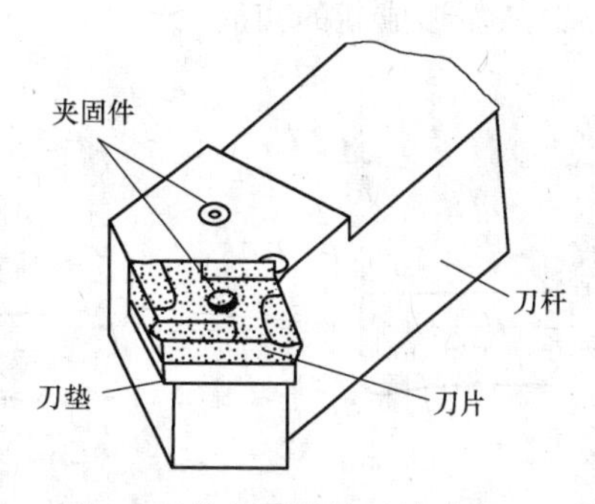

图 4-8 机夹可转位刀片式车刀

近年来，由于数控机床等柔性自动化加工设备的发展，使得产品质量及加工效率都得到大幅度提高。但无论是焊接式车刀，还是机夹重磨式车刀，由于在加工过程中都需换刀、调刀，其所造成的停机时间，会极大地降低自动化设备所带来的优势。因此，只有机夹可转位刀片式车刀，才能适应自动化设备的需要。机夹可转位刀片式车刀的优点可归纳为如下几点。

1）由于避免了因焊接而引起的缺陷，所以在相同的切削条件下，刀具寿命大为提高。

2）在一定条件下，卷屑、断屑稳定可靠。

3）刀片转位换成另一个切削刃时，不会改变切削刃与工件的相对位置，从而保证加工尺寸，减少了对刀时间。

4）由于刀片一般不需重磨，有利于涂层、陶瓷等新型刀片的推广使用。

5）刀杆使用寿命长，故可节约大量刀杆材料及制造刀杆的费用。

6）刀片和刀杆可以标准化，有利于减少刀具制造成本，减少工具库存量，提高了加工的经济性。

4.2 金属切削加工的基础理论（Basic theory of metal-cutting）

金属切削过程是指刀具从工件上将多余的金属切下的过程，其实是一种挤压过程。在切削过程中出现的许多物理现象，如切削热、刀具磨损等，都是与切屑形成过程有关的。生产实践中出现的许多问题，如振动、卷屑、断屑等，都同切屑的变形规律有着密切的关系。因此，研究金属切削过程，对保证加工质量、降低生产成本、提高劳动生产率等都有着十分重要的意义。

4.2.1 切削过程与切屑种类（Metal-cutting process and type of chips）

金属切削过程实质上就是切屑的形成过程。如图 4-9 所示，被切削金属层受到刀具的挤压作用力时，开始产生弹性变形（图 4-9a）。随着切削的继续进行，刀具继续给被切削金属层施加挤压力，金属内部产生的应力与应变也随之不断地加大。当应变达到材料的屈服强度时，被切削金属层产生塑性变形（图 4-9b）。此时切削仍在继续进行，金属内部产生的应力与应变继续加大，当应力达到材料的断裂韧度极限时，被切金属层就会断裂而形成切屑（图 4-9c）。此时，金属内部的应力迅速下降，又重新开始弹性变形→塑性变形→断裂变形的循环，从而形成新的切屑。

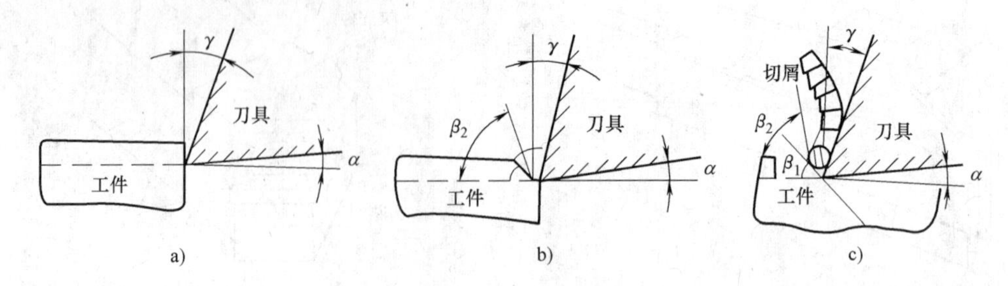

图 4-9　切屑形成过程

由于工件材料不同，切削加工条件各异，因此切削过程中的变形程度就不一样，所产生的切屑也不一样。生产中一般有带状、节状、单元、崩碎四类切屑（图 4-10）。

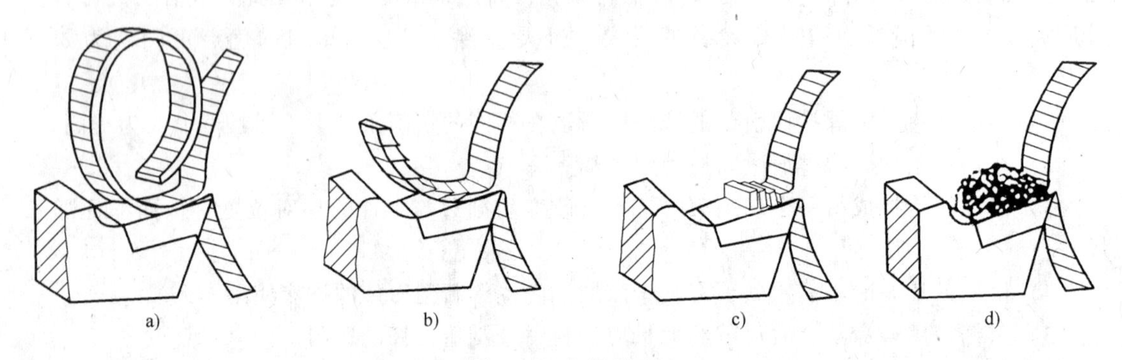

图 4-10　切屑类型

（1）带状切屑（Continuous chips）　如图 4-10a 所示，切屑的内表面光滑，外表面呈微小的锯齿形。用较大的前角、较快的切削速度和较小的进给量切削塑性材料时，多获得此类切屑。有带状切屑的切削过程一般较平稳，切削力波动小，已加工表面较光滑。但由于切屑连绵不断，有可能刮伤已加工表面或操作人员，故不太安全，须采取断屑措施。

（2）节状切屑（Continuous chip with bue）　如图 4-10b 所示，切屑的外表面呈较大的锯齿形，并有较深的裂纹。用较小的前角、较低的切削速度、较大的切削厚度加工中等硬度的塑性材料时，容易获得此类切屑。

（3）单元切屑（Unit chips）　如果在挤裂切屑的剪切面上，裂纹扩展到整个面上，则整个单元被切离，成为梯形的单元切屑，如图 4-10c 所示。

以上三种切屑只有在加工塑性材料时才可能得到。其中，带状切屑的切削过程最平稳，单元切屑的切削力波动最大。生产中最常见的是带状切屑，有时得到挤裂切屑，单元切屑则很少见。假如改变挤裂切屑的条件，如进一步减小刀具前角，降低切削速度，或加大切削厚度，就可以得到单元切屑。反之，则可以得到带状切屑。这说明切屑的形态是可以随切削条件而转化的。掌握了它的变化规律，就可以控制切屑的变形、形态和尺寸，以达到卷屑和断屑的目的。

（4）崩碎切屑（Discontinuous chip）　如图 4-10d 所示，切屑为一块一块的碎片。在切削铸铁、青铜等脆性材料时，由于材料塑性小，当切削层金属发生弹性变形后，一般在发生

塑性变形前就被挤裂或崩断，从而形成不规则的碎块状切屑。工件材料越脆硬、刀具前角越小、切削厚度越大时，越容易形成此类切屑。

在金属切削过程中，经过滑移变形而形成的切屑，其外形与原来的切削层不同。如图 4-11 所示，切屑厚度 h 通常大于切削层厚度 h_D，而切屑长度 l 却小于切削层长度 l_D。这种现象称为切屑收缩。切屑厚度与切削层公称厚度之比称为切屑厚度压缩比。由定义可知：$\delta = h/h_D$。一般情况下，$\delta>1$。

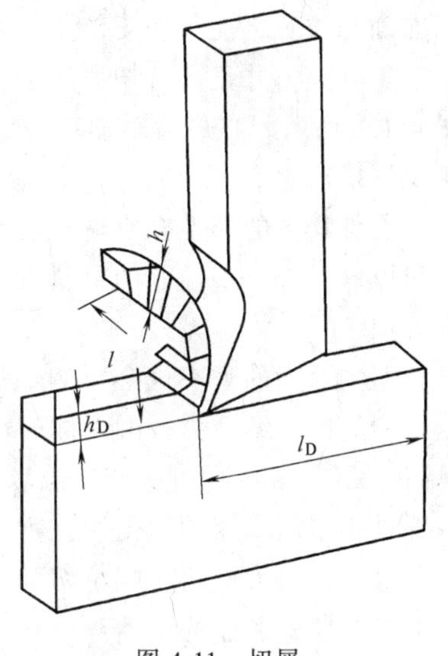

图 4-11 切屑

切屑厚度压缩比反映了切削过程中材料塑性变形程度的大小。对切削力、切削温度和表面粗糙度有重要影响。

在其他条件不变时，切屑厚度压缩比越大，则切削力越大、切削温度越高、已加工表面也越粗糙。因此，在切削加工过程中，可根据具体情况，采取相应措施来减小变形程度，改善切削过程，例如，切削前对工件进行适当的热处理，以降低被加工材料的塑性，使切屑变形减小。

4.2.2 积屑瘤（Built-Up-Edge-BUE）

在一定速度下切削塑性材料时，前刀面上经常会黏附一小块很硬的金属，这块金属就是积屑瘤，它是由于前刀面与切屑间的剧烈摩擦而产生的。

如图 4-12a 所示，当切屑沿前刀面流出时，在一定的温度与压力的作用下，与前刀面接触的切屑底层会受到很大的摩擦阻力。当摩擦阻力超过切屑的分子间的结合力时，切屑底层的金属就会被从切屑上撕下而留在前刀面上，在切削刃附近形成积屑瘤。

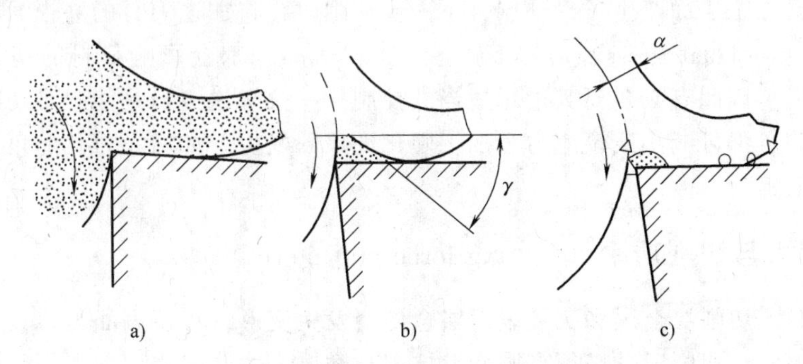

图 4-12 积屑瘤及其对切削过程的影响

随着切削的继续进行，积屑瘤逐渐长大；当长大到一定程度后，就容易破裂而被工件或切屑带走，然后又形成新的积屑瘤，此过程反复进行。

如图 4-12b 所示，由于积屑瘤的存在，增大了刀具的工作前角。另外，在形成积屑瘤的过程中，金属材料因塑性变形而产生硬化，因此积屑瘤的硬度比被切材料要高很多，可代替切削刃进行切削。由于积屑瘤可以保护切削刃、减小切削力，粗加工时希望积屑瘤存在。

由于积屑瘤时大时小、时有时无，会影响切削过程的平稳性。积屑瘤使刀尖的位置偏离了准确的位置，使得加工产生尺寸误差，零件的加工精度降低。另外，积屑瘤会在已加工表面产生划痕，并且部分切屑还会黏附在已加工表面上，因此，积屑瘤会影响表面粗糙度，如图 4-12c 所示。积屑瘤对加工表面质量及零件加工精度有不利的影响，因此，精加工中应避免积屑瘤产生。

工件材料的塑性会影响积屑瘤的形成，塑性越好，越容易产生积屑。因此，若要避免产生积屑瘤，应对塑性好的材料进行正火或调质处理，提高其硬度和强度，降低塑性，然后再进行加工。

切削速度的大小也会影响积屑瘤的形成。切削速度很低（$v<0.1\text{m/s}$）时，切削温度较低，切屑内部结合力较大，同时前刀面与切屑间的摩擦力较小，积屑瘤不易形成。切削速度很高（$v>1.5\text{m/s}$）时，切削温度很高，摩擦力较小，也不会产生积屑瘤。因此，一般精车、精铣时，采用高速切削；而拉削、铰削时，均采用低速切削，都可避免积屑瘤产生。

另外，增大前角、减小切削厚度、降低前刀面表面粗糙度值、合理使用切削液等，都可减少或避免积屑瘤的产生。

4.2.3 残余应力与冷硬现象（Residual stress and strain hardening）

切削加工时，剧烈摩擦会产生大量的热，该热量以及加工时的切削力都会使工件产生一定的内应力和裂纹。大部分的内应力和裂纹会随着切屑的分离而消失，但仍会有一小部分内应力和裂纹残留在工件已加工表面的表层金属，从而影响零件的表面质量和使用性能。若已加工表面各部分的残余应力分布不均匀，便会使零件发生变形，从而影响尺寸标准公差等级和形状公差。这一点在细长零件或扁薄零件加工时表现得更为明显。

切削加工时，由于前刀面的推挤与后刀面的挤压与摩擦，工件已加工表面层的晶粒发生很大的变形，致使其硬度比原有的硬度有显著的提高，这种现象称为冷硬现象或加工硬化。切削加工所造成的加工硬化，常伴随着表面裂纹，因而降低了零件的疲劳强度与耐磨性。另一方面，由于已加工表面产生了冷硬层，下一步切削时，将加速刀具的磨损。

残余应力（Residual Stress）与加工硬化（Hardening）都会影响材料的切削性能，降低工件的加工质量，因此有必要对其进行适当的控制。一般来说，凡是能减小切削变形、摩擦和切削热的措施，都可减小残余应力和加工硬化现象的发生。如增大刀具前角、提高切削速度、使用切削液等。

4.2.4 切削力与切削功率（Cutting force and power）

金属切削时，切削层金属和工件表面层金属会发生变形，工件表面与刀具、切屑与刀具会发生摩擦。因此，切削刀具必须克服变形抗力与摩擦力才能完成切削工作。变形抗力和摩擦力就构成了实际的切削力。

在切削过程中，切削力会使由机床、工件、刀具、夹具等构成的工艺系统发生变形，从而影响加工精度。如图 4-13 所示，由于切削力的作用，磨削后工件会变成一个腰鼓形。切削力还会影响切削热的大小、刀具寿命、加工表面质量等。由于切削力是切削过程中需要消耗的主要动力，因此，它也是工艺系统设计的主要依据。

生产中常常只需要知道切削力在某个方向上的分力大小，没必要知道总切削力的大小与

方向。因此，为了适应工艺分析、机床设计及使用的需要，常将切削力分解为三个互相垂直的分力。以车削外圆为例，其总切削力的三个分力如图 4-14 所示。

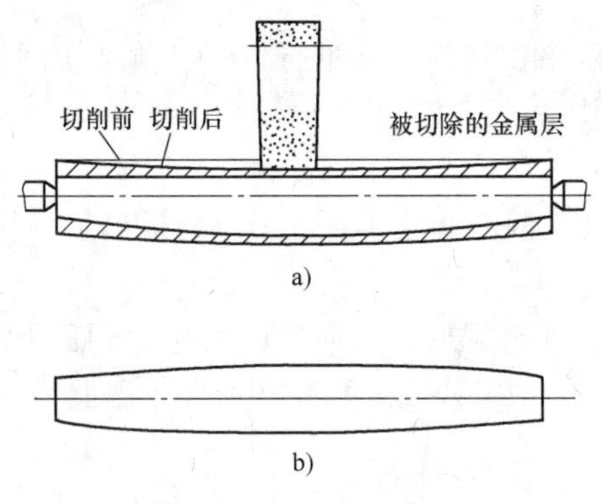

图 4-13　磨削受力变形

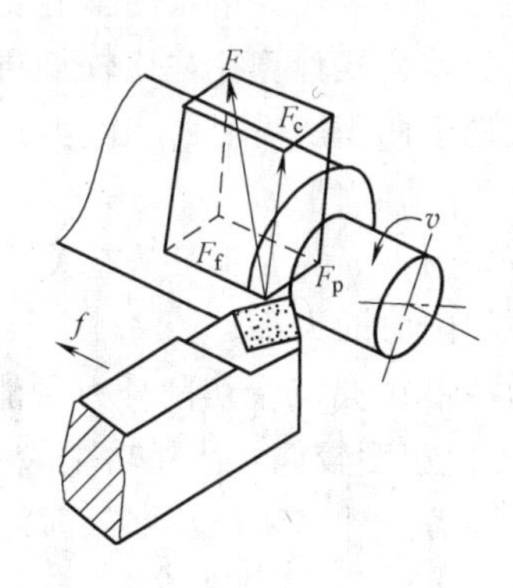

图 4-14　外圆车削力的分解

（1）主切削力 F_c　总切削力在主运动方向上的正投影为主切削力。主切削力的大小约占总切削力的 80%～90%，消耗的功率约占车床总功率的 90%以上。因此，主切削力是各分力中最大的，是机床主要的受力。计算机床动力、校核主传动系统零件的强度和刚度、分析刀具和夹具受力情况时，均是以主切削力为计算依据的。主切削力过大时，会使刀具发生崩刃或使机床发生"闷车"现象。

（2）进给力 F_f　总切削力在进给运动方向上的正投影，称为进给力。进给力主要作用在进给机构上，是设计和校核进给机构的主要参数。

（3）背向力 F_p　总切削力在垂直于工作平面上的分力，又称径向力或吃刀抗力。车削时刀具沿径向运动的速度为 0，因此该力不做功。但它作用在工件刚性较差的部位时，会使工件发生变形。如图 4-13a 所示，磨削轴类零件时，背向切削力引起轴的弯曲变形，使得轴上各处的实际背吃刀量各不相同。变形越大，实际背吃刀量越小；变形越小，实际背吃刀量越大。因此，在轴的中间，也就是变形最大处，实际切削量最小；在轴的两端，也就是变形最小处，实际切削量最大。磨削后的工件实际形状就变成了两头小、中间大的腰鼓形，如图 4-13b 所示。

背向力除了可能使工件产生变形外，还有可能引起切削振动。因此，背向力对工件的加工精度影响很大，应采取措施减少或消除背向力的影响。如车细长轴时，常使用 $\phi=90°$ 的偏刀，就是为了减少背向力。

切削力的大小是由很多因素决定的，其中最主要的因素是工件材料和切削用量。材料的强度、硬度越高，则切削力越大；材料的塑性越好，切削力也越大；当背吃刀量与进给量增大时，切削力也会随之增大。由于进给量对切削力的影响比背吃刀量要小，因此，单从切削力和切削功率的角度考虑，通过加大进给量比加大背吃刀量来提高生产率更有利。

切削力的大小可根据经验公式进行计算。经验公式是在实验的基础上，综合了影响切削力的各个因素而推导出来的。例如车外圆时，计算主切削力 F_c 的经验公式为

$$F_c = C a_p^x f^y K \quad (\mathrm{N})$$

式中，C 为与工件材料、刀具材料等有关的系数；a_p 为背吃刀量（mm）；f 为进给量（mm/r）；x、y 为指数；K 为切削条件不同时的修正系数。

有关的系数和指数，可从有关手册中查得。例如，当硬质合金车刀前角为10°、主偏角为45°，车削结构钢件外圆时，可查得：$C=1470$，$x=1$，$y=0.75$。该系数值表明背吃刀量对主切削力的影响比进给量的影响要大。

由于经验公式计算往往比较复杂，因此目前常用单位切削力来进行估算。单位切削力 p 是指单位切削面积所需要的切削力，与主切削力的关系为：

$$F_c = p\alpha_p f$$

单位切削力 p 的大小可从有关手册中查得，因此，只要知道了背吃刀量与进给量，便可估算出主切削力的大小。

切削功率 N 是三个切削分力所消耗功率的总和。车外圆时，径向速度为0，所耗功率为0；进给方向速度较低，所耗功率较小，约占总功率的1%～2%，可忽略不计；因此，一般可用主切削力来计算切削功率，即

$$N = F_c v \times 10^{-3}$$

由上式可知，切削功率的大小是由主切削力和切削速度决定的，而主切削力又与背吃刀量和进给量有关，因此，直接影响切削功率的是切削用量三要素。

4.2.5　切削热（Cutting Heat）

在切削过程中，由于绝大部分的切削功都转化为热，所以有大量的热产生，这些热称为切削热。切削热的来源主要有以下三方面：

1）切削层金属在切削过程中的变形所产生的热，这是切削热的主要来源。

2）切屑与刀具前刀面之间的摩擦所产生的热。

3）工件与刀具后刀面之间的摩擦所产生的热。

切削热产生后，由切屑、工件、刀具及周围的介质（如空气等）传出。各部分传出的比例取决于工件材料、切削速度、刀具材料及刀具几何形状。根据车削实验的结果，用高速钢车刀及与之相适应的切削速度切削钢材，不用切削液时，切削热传出的比例是：切屑传出的热占50%～80%，工件传出的热为10%～40%，刀具传出的热为3%～9%，周围介质传出的约为1%。

由实验结果可知，切削热主要是由切屑传出的。传入切屑及介质中的热对加工没有影响。传入刀具的热量虽不多，但由于刀具切削部分体积小，散热条件又较差，因此切削过程中刀具的温度可能很高（高速切削时可达1000℃以上）。温度升高后，会降低刀具的切削性能，加速刀具的磨损。传入工件的热会使工件发生热变形，从而产生形状及尺寸误差。因此，在切削加工中，应设法减少切削热的产生，改善散热条件以及减小切削热对刀具和工件的不良影响。

切削热的产生无疑会使切削温度升高，切削温度一般是指切削区的平均温度。生产实践中，一般不用仪器测量切削温度的高低，而是通过观察切屑的颜色来估计。这主要是因为随着切削温度的升高，金属内部组织结构会发生相应变化，这一变化会反映到切屑的颜色上。

切削温度的高低取决于切削热的产生和传出情况，它受切削用量、工件材料、刀具材料及几何形状等因素的影响。

在切削用量三要素中，切削速度对切削温度的影响最大。切削速度增加时，单位时间内产生的热量随之增加，使得切削温度升高。进给量和背吃刀量增加时，切削力增大，摩擦也

会随着增大，从而导致切削热增加，切削温度也会升高。在保持切削面积相同的条件下，增大背吃刀量对切削温度的影响比增大进给量要小。因此，若单从降低切削温度的角度考虑，应通过增加背吃刀量来提高生产效率。

工件材料的强度及硬度越大，切削中消耗的功越多，切削热产生的也越多，切削温度会随之升高。这就是切削钢材时的切削温度比切削铸铁时的温度高很多的原因。

导热性好的工件材料和刀具材料，可以降低切削温度。主偏角减小时，切削刃参与切削的长度增加，传热条件较好，也可降低切削温度。前角大时，切削过程中的变形和摩擦都较小，产生的热较少，切削温度低。但前角过大时，会使刀具的传热条件变差，反而不利于切削温度的降低。

4.2.6 切削液的作用（Effect of cutting fluids）

合理选用切削用量、刀具材料及几何参数，可以降低切削温度，但其降温作用十分有限。有效降低切削温度的方法是使用切削液。

在切削过程中连续大量地使用切削液，一方面，切削液充当润滑剂，可以减小切屑与刀具、工件与刀具之间的摩擦，从而有效地降低由于摩擦而产生的切削热；另一方面，切削液吸收并带走切削区的大量热量，使刀具与工件在加工中能得到及时的冷却，从而降低切削区的温度。故合理选用切削液，可以有效地降低切削力和切削温度，提高刀具寿命和零件加工质量。

生产中常用的切削液主要有以下几类：

（1）水基类 如水溶液、乳化液等，这类切削液的热容量大，流动性好，可以吸收大量的热量，因此冷却效果极佳。由于润滑作用不是很明显，对工件的加工质量改进不大，故多用于粗加工，以便能提高刀具的寿命或切削速度。

（2）油基类 如植物油、矿物油等，这类切削液的热容量小，流动性比前者稍差，但润滑效果非常好。因此，常用于精加工或某些成形表面的加工中，以提高加工表面的质量。

4.2.7 刀具的磨损与寿命（Tool wear and tool life）

在切削加工过程中，刀具与工件、刀具与切屑之间的剧烈摩擦会使刀具产生一定的磨损。随着刀具切削量的不断增多，这种磨损不断地加大，最终将使刀具无法继续进行切削工作。对于可重磨刀具，重新刃磨后，切削刃会恢复锋利而继续使用，一段时间后又会被磨损而无法使用。不论是可重磨刀具还是不可重磨刀具，最终都会完全报废。刀具从开始切削到最终完全报废，实际用于切削的所有时间之和称为刀具的寿命。

在正常情况下，刀具的磨损按发生部位的不同，可分为三种形式：后刀面磨损、前刀面磨损、前刀面与后刀面同时磨损（图 4-15）。

在切削厚度较大且切削速度较高时，切削塑性材料的刀具前刀面会被逐渐磨出一个小的月牙洼，这就是前刀面磨损（图 4-15b）。前刀面的磨损量用月牙洼的深度 KT 表示。当切削脆性材料时，或用较小的切削速度和较小的背吃刀量切削塑性材料时，在后刀面毗邻切削刃的部分磨损成小棱面，即后刀面磨损（图 4-15a）。后刀面的磨损高度用 VB 表示。在一般的加工条件下，常会出现前、后刀面同时磨损（图 4-15c）。

刀具的磨损一般经历三个阶段。如图 4-16 所示，第一阶段为初期磨损阶段（OA 段），第二阶段为正常磨损阶段（AB 段），最后是急剧磨损阶段（BC 段）。由图可知，正常磨损

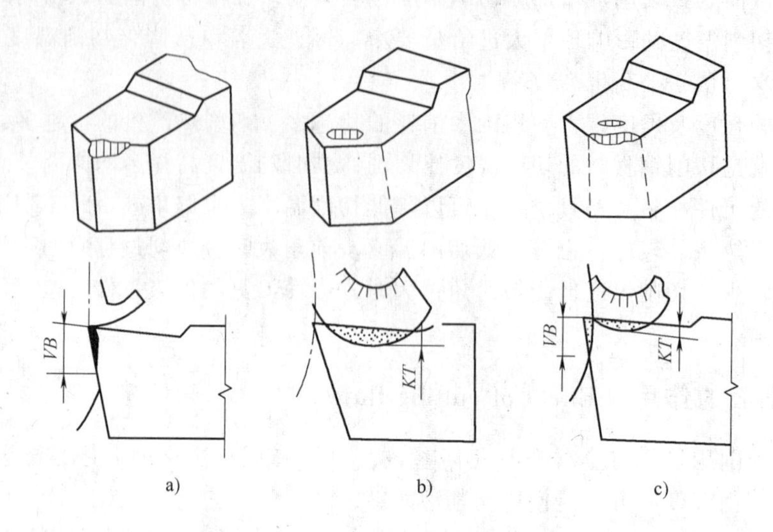

图 4-15　刀具磨损的形式

阶段的刀具尺寸变化较小，这一阶段是刀具工作的有效时间。使用刀具时，应在正常磨损阶段的后期、急剧磨损阶段之前更换刀具或重磨刀具，这样既可以保证加工质量，又能避免刀具软化或崩刃，从而充分利用刀具材料。

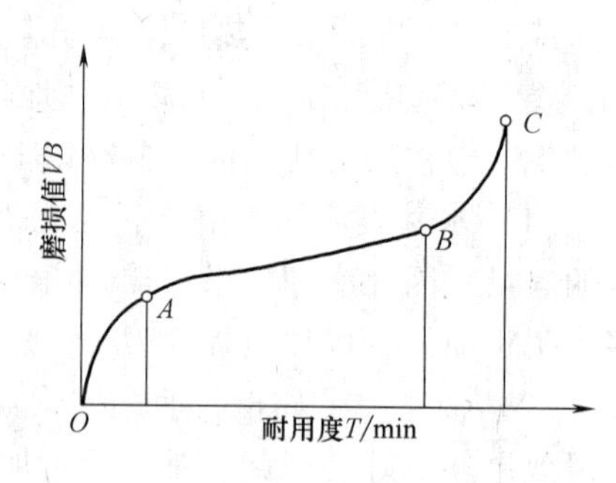

图 4-16　刀具磨损过程

刀具磨损到一定程度，就应重磨刀刃，以保持切削刃锋利。由于各类刀具都有后刀面磨损，而且容易测量，故通常用后刀面磨损值 VB 到达一定数值作为磨钝标准。例如：用硬质合金车刀切削碳钢时，粗车时 $VB=0.6\sim0.8$，精车时 $VB=0.4\sim0.6$；若切削铸铁，粗车时 $VB=0.8\sim1.2$，精车时 $VB=0.6\sim0.8$。实际操作中，刀具是否磨钝，常以观察切屑的形状、颜色、工件表面粗糙度的变化以及加工过程中的声音是否正常来判断。

刃磨后的刀具由开始切削到磨损量达到磨钝标准，经历的所有切削时间之和称为刀具的寿命，用 T 表示。粗加工时，多以切削时间表示刀具寿命。如目前硬质合金焊接车刀的寿命为 60min，高速钢钻头的寿命为 80~120min，齿轮刀具的寿命为 200~300min 等。精加工时，常以走刀次数或加工零件个数来表示刀具寿命。

通过实验得知，切削速度对刀具的寿命影响最大，其次是切削厚度，切削宽度的影响最小。刀具寿命与切削用量和生产效率密切相关。如果刀具寿命定得过高，则要选取较小的切削用量，从而降低生产效率；反之如果定得过低，虽然可用较大的切削用量以提高生产效率，但增加了换刀、磨刀等辅助生产时间，从而抵销了提高切削用量的效果。生产中常用的是使加工成本最低的寿命，即经济寿命。

4.2.8　材料切削加工性（Machinability of materials）

材料切削加工性是指材料被切削加工的难易程度。某种材料切削加工性的好坏往往是相对于另一种材料而言的，具有一定的相对性。另外，具体的加工条件和要求不同，加工的难易程度也有很大的差别。如纯铁切除余量很容易，而使表面粗糙度值很小则很困难；不锈钢在普通机床上加工较容易，但在自动化机床上，由于断屑问题不好解决，属于较难加工材料。因此，在不同的情况下要用不同的指标来衡量，常用的指标如下：

（1）一定刀具寿命下的切削速度 v_T。即刀具寿命为 T 时，切削某种材料所允许的切削速度。该值越大，则材料的切削加工性越好。通常取 $T=60\text{min}$，则 v_T 可记作 v_{60}，若取 $T=30\text{min}$，则记作 v_{30}。

（2）相对加工性 K_r　以正火处理后的 45 钢的 v_{60} 值作为基准，将其他材料的 v_{60} 值与其比较，所得比值即为该材料的 K_r。常用材料的相对加工性可分为 8 级，详见表 4-5。凡 $K_r>1$ 的材料，其切削加工性比 45 钢好，反之较差。

表 4-5　材料切削加工性

加工性等级	名称和种类		相对加工性 K_r	代表性材料 R_m/MPa
1	很容易切削	一般非铁金属材料	>3	铝镁合金，铝铜合金
2 3	容易切削材料	易切削钢 较易切削钢	2.5~3.0 1.6~2.5	15Cr 退火 $R_m=380\sim450$ 20 钢正火 $R_m=400\sim500$ 30 钢正火 $R_m=450\sim560$
4 5	普通材料	一般钢及铸铁 稍难切削材料	1.0~1.6 0.65~1	45 钢，灰铸铁 20Cr13 调质 $R_m=850$ 85 钢 $R_m=900$
6	难切削材料	较难切削材料	0.5~0.65	45Cr 调质 $R_m=1050$ 65Mn 调质 $R_m=950\sim1000$
7		难切削材料	0.15~0.5	50CrVA 调质，某些钛合金
8		很难切削材料	<0.15	某些钛合金，铸造镍基高温合金

（3）已加工表面质量　凡较容易获得较好的表面质量的材料，其切削加工性较好，反之较差。精加工时常以此作为指标。

（4）切屑控制或断屑的难易　凡切屑较容易控制或易于断裂的材料，其切削加工性较好，反之较差。在自动机床上加工时，常以此为主要指标。

（5）切削力　在相同的条件下，凡切削力较小的材料，其切削加工性较好，反之较差。在粗加工中，当机床的动力或刚度不足时，常以此为主要指标。

在以上所有的这些指标中，前两者是最常用的指标，对于不同的加工条件都适用。材料的使用要求经常与切削加工性相矛盾，因此，生产中应在保证零件使用性能的前提下，通过各种途径来提高材料的切削加工性。

直接影响材料切削加工性的主要因素是其物理、力学性能。若材料的强度、硬度高，则切削力大，切削温度高，刀具磨损快，切削加工性较差。若材料的塑性大，则断屑困难，不易获得较高的表面质量，切削加工性也就较差。若材料的导热性差，切削热不易散失，会导致切削温度高，其切削加工性也就不好。

通过适当的热处理，可以改变材料的力学性能，从而达到改善其切削加工性的目的。如对高碳钢进行球化退火处理以降低其硬度，对低碳钢进行正火处理以降低其塑性，对铸铁进行退火处理以降低其表层硬度等，都可达到改善切削加工性的目的。

除热处理外，还可通过适当调整材料的化学成分来改善其切削加工性。如在钢中添加硫、铅等元素，可使其切削加工性得到显著改善，这样的钢称为“易切削钢”。

案例分析 4-1

刀具寿命的泰勒公式为 $vT^n=C$，式中 v 为切削速度，T 为在一定深度的主后刀面磨损时的刀具使用时间——刀具寿命。n 和 C 为常数，其中 n 与刀具材料有关，而 C 与工件材料有关。假设 $n=0.5$，$C=120$，试分析当切削速度减小 50% 时，刀具寿命的变化。

分析：$V_1T_1^{0.5}=V_2T_2^{0.5}$，$V_2=0.5V_1$，$T_2/T_1=4$，所以，$(T_2-T_1)/T_1=T_2/T_1-1=4-1=3$。因此，当速度减小 50% 时，刀具寿命增加 300%。这样，在实际生产中，如果刀具磨损过快，常采用适当减小切削速度的方法来提高刀具寿命。

4.3 切削加工的技术经济评价（Technical and economic review of cutting）

在考虑机械加工的方案时，最终的目标是在保证加工质量的同时，尽可能降低产品的生产成本。生产过程中的许多因素都会影响到生产成本，这些因素主要有：切削用量的选择、工件材料的可加工性、刀具材料和角度的合理选择等。其对生产成本的影响主要是通过生产率与材料消耗成本这两个指标反映出来的。全面分析各有关因素与生产率和材料消耗成本之间的关系是一个复杂的问题，需要时可查阅关于“技术经济分析”的资料。

4.3.1 主要的技术经济指标（Main technical and economic factors）

1. 产品质量（Quality of parts）

零件经切削加工后的质量主要包括加工精度与表面质量。

通常所说的某种加工方法所能达到的加工精度，是指正常操作情况下所能达到的经济精度（即保证生产成本最低的精度）。设计零件时，首先应根据零件尺寸的重要性来决定选择哪一级尺寸标准公差等级；其次应考虑本厂的设备条件和加工费用的高低，即在保证能达到技术要求的条件下，尽可能地降低尺寸标准公差等级。

表面质量包括表面粗糙度、表层加工硬化的程度和深度、表层残余应力的性质和大小。在一般情况下，零件的尺寸标准公差等级要求越高，其形状和位置公差要求也越高，表面粗糙度的值也越小。但有些零件的表面，出于某种需要，其表面要求光洁而精度要求并不高，如机床操作手柄、面板等。

对于重要的零件，除限制零件表面粗糙度值外，还要控制其表层加工硬化的程度和深度，以及表层残余应力的性质和大小。对于一般零件，则主要规定其表面粗糙度的数值范围。

2. 生产率（Productivity）

切削加工中，常以单位时间内生产的零件数量来表示生产率，如：

$$R_0 = \frac{1}{t_w}$$

式中，R_0为生产率；t_w为生产一个零件所需的时间。

t_w由三个部分组成：①基本工艺时间 t_m，即加工一个零件所需的总切削时间，也称为机动时间；②辅助时间 t_c，即除切削时间之外，与加工直接有关的其他时间，它是工人为了完成切削加工而消耗于各种操作上的时间，如调整机床、刀具等；③其他时间 t_0，即除切削时间之外，与加工没有直接关系的时间，如擦拭机床、清扫切屑等。

由上式可知，提高切削加工生产率的方法，就是减少基本工艺时间、辅助时间及其他时间。采用自动化生产线或自动加工机床，使用先进的工夹具等设备，可有效地减少辅助时间。改进车间管理，妥善安排和调度生产，可以有效地减少其他时间的消耗。而减少基本工艺时间则有多种途径，如图 4-17 所示，车削外圆时的基本工艺时间可用下式计算：

$$t_m = \frac{l}{nf}\frac{h}{a_p} = \frac{\pi d_w lh}{1000vfa_p}$$

式中，l 为车刀行程长度（mm）；d_w为工件待加工表面直径（mm）；h 为外圆面切削加工余量（mm）；v 为切削速度（m/s）；f 为进给量（mm/s）；a_p为背吃刀量（mm）；n 为工件转速（r/s）。

从车削的计算公式可知，减少基本工艺时间的主要方法有以下几种。

1）在可能的条件下，采用先进的毛坯制造工艺和方法，减少切削加工余量。

2）合理地选择切削用量，粗加工时可采用强力切削以增大 f、a_p 值，精加工时宜用高速切削以增大 v 值。

3）改善其他切削条件，如使用切削液等。

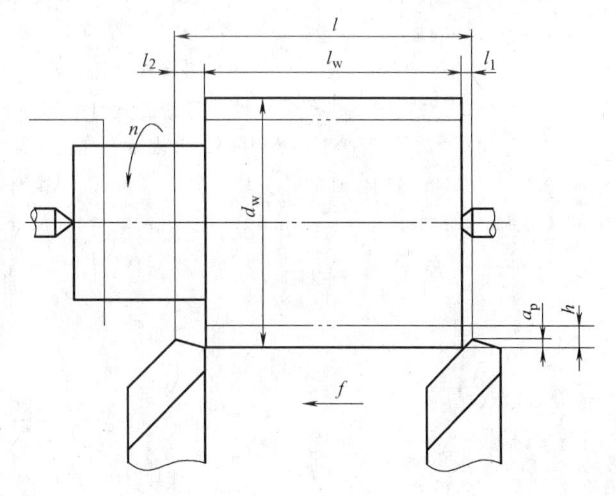

图 4-17　基本工艺时间计算

4.3.2　经济性分析（Analysis of economics）

零件切削加工的成本，包括工时成本和刀具成本两部分。工时成本受基本工艺时间、辅助工艺时间及其他时间的影响，刀具成本受刀具寿命的影响。显然，若要在保证加工质量的条件下降低切削加工的成本，主要有通过提高劳动生产率与降低刀具成本两条途径。

案例分析 4-2

当粗车 45 钢轴件外圆时，如果毛坯直径 $d_w = 66$mm，粗车后直径 $d_m = 60$mm，被加工外圆表面长度 $l_w = 80$mm，切入、切出长度 $l_1 = l_2 = 3$mm，切削用量 $v_c = 120$m/min，$f = 0.2$mm/r，$a_p = 3$mm，试求基本工艺时间 t_m。

分析：$t_m=\frac{l}{nf}\frac{h}{a_p}=\frac{\pi d_w lh}{1000vfa_p}=\frac{\pi\times66\times86\times3}{1000\times2\times0.2\times3}\text{s}=44.7\text{s}\approx45$（s）。

复习思考题

4.1.1　对刀具材料的性能有哪些基本要求？

4.1.2　图示并简述车刀前角、后角、主偏角、副偏角、刃倾角及其作用。

4.1.3　什么是切削用量？切削用量各要素对加工质量有何影响？

4.1.4　用高速钢制造锯刀，用碳素工具钢制造拉刀，是否合理？为什么？

4.1.5　说明下列加工方法的切削运动：车端面孔、钻孔、刨平面、磨内孔。

4.2.1　积屑瘤是如何形成的？对加工有何影响？

4.2.2　试说明切削热的主要来源。

4.2.3　切削液的主要作用是什么？如何选择切削液？

4.2.4　车刀有哪几种结构形式？大批量自动化生产中宜选用哪一种结构？

4.2.5　材料的切削加工性的含义是什么？如何衡量一种材料的切削加工性？

4.2.6　如何改善材料的切削加工性？

4.2.7　什么是刀具的寿命？如何提高刀具的寿命？

4.2.8　车刀安装时，若刀尖与工件轴线不在同一高度上，会产生什么后果？

4.2.9　零件的加工质量包括哪些内容？

4.2.10　切屑是怎样形成的？常见的切屑有哪几种？

4.2.11　刀具磨损的形式有哪几种？对加工有何影响？

4.3.1　切削加工的生产率一般用什么来表示？如何提高生产率？

4.3.2　粗车45钢轴件外圆，毛坯直径 $d_w=86$mm，粗车后直径 $d_m=80$mm，被加工外圆表面长度 $l_w=50$mm，切入、切出长度 $l_1=l_2=3$mm，切削用量 $v_c=120$m/min，$f=0.2$mm/r，$a_p=3$mm，试求基本工艺时间 t_m。

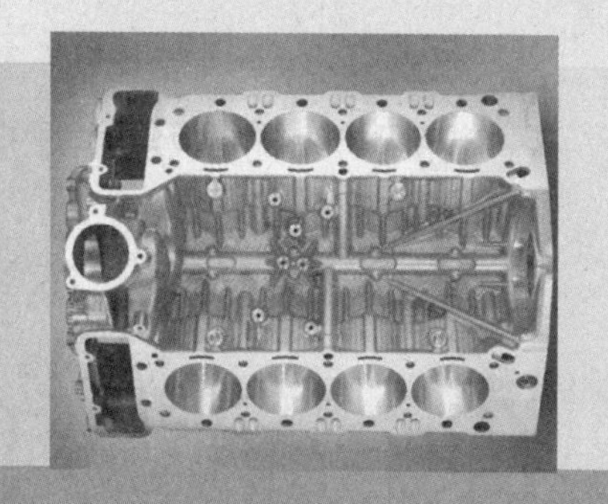

第 5 章

切削加工工艺及实践 (Machining process and practice)

本章学习指导

学习本章前应预习《机械制图》中有关三视图、形面构造与建模的内容,《互换性与技术测量》中有关尺寸标准公差等级、几何公差和表面粗糙度的内容。学习本章中的内容时,应该与实际操作的相关工艺相联系,理论联系实际,并配合一定的习题和作业,才能够学好本章内容。

本章主要内容

外圆面的加工、孔的加工、平面加工、齿形表面的加工工艺。

本章重点内容

细长轴外圆的车削加工,外圆表面的磨削方法,钻孔和镗孔的工艺特点,孔的分类和加工方法及选择,铣削的工艺特点,铣削方式,直齿圆柱齿轮的铣削。

零件表面通常都可看成是一条线(母线)沿另一条线(导线)运动的轨迹。母线和导线统称为表面的发生线。切削加工时,实现这两条发生线的是刀具的切削刃与工件的相对运动,并通过此运动将工件的表面切削成形。图 5-1 中的表面是将直线或曲线 1 视为母线,将绕轴心旋转所形成的圆或按一定方向移动所形成的直线或曲线 2 视为导线。

需要指出的是:虽然母线相同,导线也相同,但两者间的原始相对位置不同,则所形成的表面也就不同,如图 5-1a、b、c 所示。

不同的加工运动、不同的切削刃形状,形成发生线的方式不同,成形零件表面的加工方法也不同,可归纳为以下四种。

(1) 轨迹法　工件表面的发生线(母线和导线)均由轨迹运动生成。如图 5-2a 所示,切削刃为切削点 1,它按照一定的规律做轨迹运动 3 生成母线 2,工件绕自身轴线作回转运动,形成导线,最终获得回转表面。

(2) 成形法　工件的一条发生线是通过切削刃的形状直接获得的。如图 5-2b 所示,切削刃 1 的形状与工件母线 2 的相同,工件绕自身的轴线做回转运动,形成导线,最终获得回

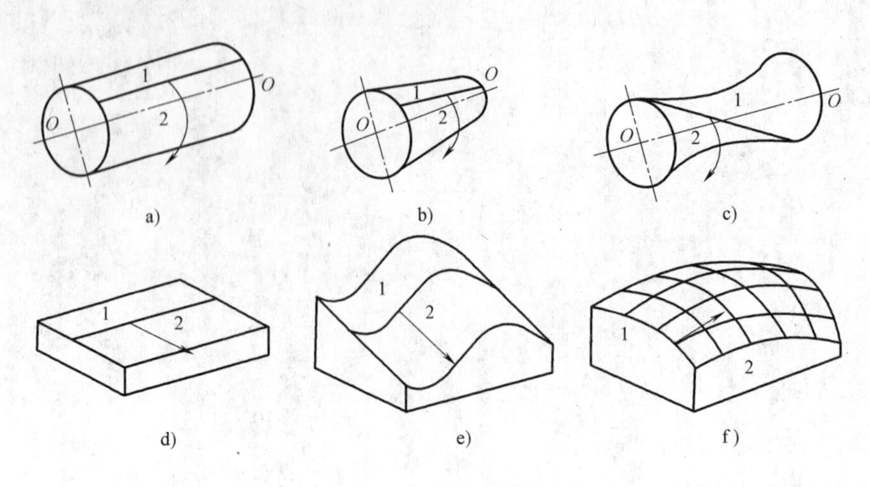

图 5-1　表面成形

转表面。

（3）相切法　工件的一条发生线是通过切削刃运动轨迹的包络线。如图 5-2c 所示，切削刃（点 1）做回转运动，其回转轴线按照一定的规律做轨迹运动 3，切削刃切削点运动轨迹的包络线形成发生线 2。

（4）展成法　其工件的一条发生线也是切削刃运动轨迹的包络线，且包络线需要通过

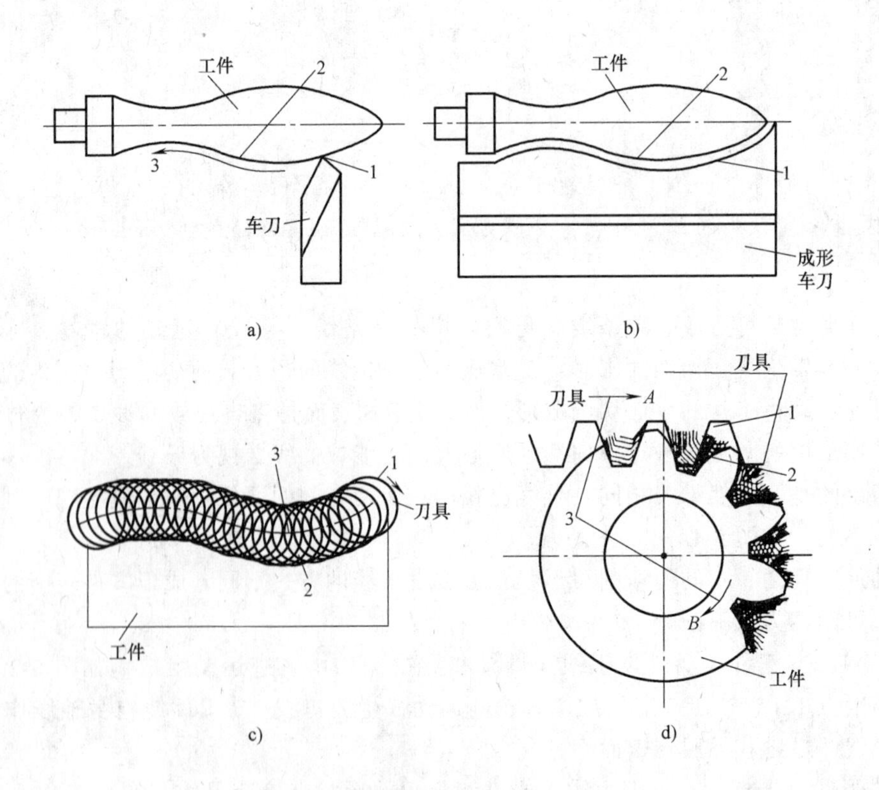

图 5-2　形成零件表面的四种方法

刀具与工件之间的展成运动来生成。如图 5-2d 所示，刀具切削刃的形状为一条直线 1，通过刀具的运动与工件的运动组合而成的展成运动 3，使切削线 1 相对于工件的位置按确定的规律变化，形成共轭发生线 2，共轭发生线 2 是切削线 1 的包络线。各种形式的齿轮、链轮大多数采用展成法加工。

加工时，除了获得零件的形状外，还需保证一定的加工精度。

获得尺寸标准公差等级的方法有如下几种：

(1) 试切法　就是通过试切、调整、再试切、再调整，反复进行，直到达到尺寸要求为止的加工方法。这种方法的效率低，操作者的技术要求高，主要适用于单件、小批量生产。

(2) 调整法　先调整好刀具和工件在机床上的相对位置，并在一批零件的加工过程中保持这个位置不变，以保证被加工尺寸的方法。这种方法广泛用于各类半自动、自动机床和自动线上，适用于成批、大量生产。

(3) 定尺寸刀具法　用刀具的相应尺寸来保证加工部位的尺寸的方法，如铰孔、拉孔等。这种方法的加工精度主要取决于刀具的制造、刃磨质量和切削用量。其优点是生产率高，但刀具制造较复杂，常用于孔、螺纹和成形表面的加工。

(4) 自动控制法　这种方法是用度量装置、进给机构和控制系统构成加工过程的自动循环，即自动完成加工中的切削、量度、补偿调整等一系列的工作，当工件达到要求的尺寸时，机床自动退刀停止。

此外，零件的位置精度主要由机床的精度、夹具精度和工件装夹精度来保证。

5.1　外圆表面的加工及实践（Cylindrical surface machining and practice）

轴、套、盘类零件的主要表面或辅助表面常由外圆表面组成，外圆表面加工占有很大的比重。

外圆表面的技术要求有以下几种：

(1) 尺寸标准公差等级　包括外圆表面直径和长度的尺寸标准公差等级。

(2) 形状公差和方向公差　包括圆度、圆柱度、轴线的直线度和垂直度等。

(3) 位置公差和跳动公差　包括与其他外圆表面（或孔）间的同轴度，以及圆跳动等。

(4) 表面质量　包括表面粗糙度、表面层的加工硬化、金相组织变化和残余应力等。

车削、磨削及光整加工是外圆表面的主要加工方法。

5.1.1　车削加工认知实践（Cognizing practice of turning）

车削是外圆表面粗加工、半精加工和精加工的主要方法。单件、小批生产中常采用普通卧式车床；成批、大量生产中多采用高生产率的多刀半自动车床、液压仿形车床或数控车床等。

1. 外圆车削的工艺范围（Process limits of cylindrical turning）

(1) 粗车　外圆表面粗车的主要目的是去掉零件大部分的加工余量以达到较高的生产率，为后续加工做准备。一般粗车的加工尺寸标准公差等级可达 IT10~IT13，表面粗糙度值为 $Ra6.3 \sim 12.5\mu m$。粗车外圆表面也可以作为不重要表面或次要表面的最终工序。

（2）半精车　半精车的加工尺寸标准公差等级可达 IT9～IT10，表面粗糙度值为 Ra3.2～6.3μm。外圆表面的半精车的主要目的是为零件的精加工做准备，也可以作为外圆表面的最终加工工序。

（3）精车　精车的加工尺寸标准公差等级可达 IT7～IT8，表面粗糙度值为 Ra0.8～3.2μm。外圆表面的精车可作为表面加工的最终工序或光整加工的预加工。

（4）精细车　精细车的加工尺寸标准公差等级可达 IT6～IT7，表面粗糙度值为 Ra0.2～0.8μm，因此常作为最终加工工序。对于小型非铁金属材料零件，高速精细车是主要加工方法，并可获得比加工钢件和铸铁件更低的表面粗糙度值（Ra0.1～0.4 μm）。精细车所使用的车床应具备较高的精度和刚度。

为了提高外圆车削的生产率，常选用新型刀片材料。如采用含有添加剂（碳化钽或碳化铌）的新型硬质合金、新型陶瓷（加入碳化钛及其他添加剂的复合陶瓷及氮化硅陶瓷）及立方氮化硼等，或使用涂层硬质合金（涂覆碳化钛、氮化镍等），可以提高切削速度或刀具寿命。

车削是在车床上用车刀对工件进行切削加工的方法，是机械加工中最基本、最常用的加工方法。在种类繁多、形状及大小各异的机器零件中具有回转表面的零件所占比例最大，车削加工特别适用于加工回转表面，因此，大部分具有回转表面的工件都可以用车削方法加工。如加工内外圆柱面，内外圆锥面，端面，沟槽，螺纹成形面以及滚花等。此外还可在车床上进行钻孔、铰孔和镗孔。车床可加工的零件类型如图 5-3 所示，可完成的工作如图 5-4 所示。在各类机床中，车床约占机床总数的 50%，是应用最广泛的一类机床。

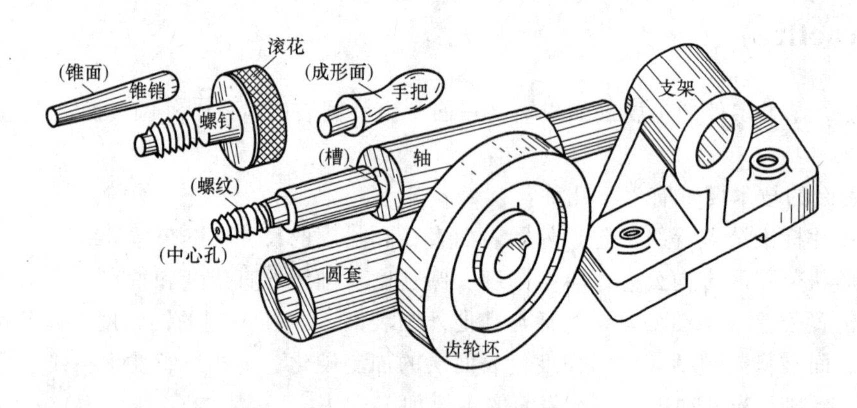

图 5-3　车削加工的零件举例

2. 车床的类型

车床的种类很多，有卧式车床、立式车床、落地车床、转塔车床、自动和半自动车床、数控车床等。以下主要介绍卧式车床。

在所有车床中，卧式车床（General accuracy machine tools）应用最为广泛，卧式车床的台数占车床总台数的 60%左右。卧式车床的特点是通用性强，但自动化程度较低，适合各类机械制造企业及中小企业的机修车间。图 5-5 所示为 C6132 型卧式车床，本节以卧式车床为主进行实践操作。

1）车床的型号及主要技术规格。现以卧式车床 C6132（图 5-5）为例进行介绍。C6132

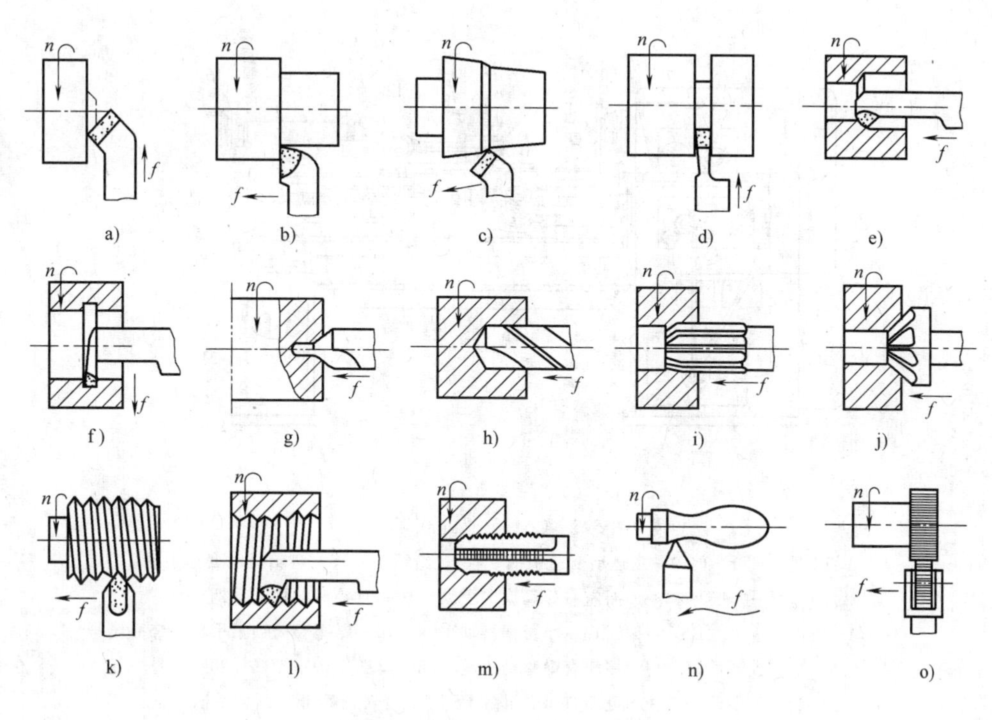

图 5-4 车床可完成的主要工作

a）车端面 b）车外圆 c）车外锥面 d）切槽、切断 e）镗孔 f）切内槽 g）钻中心孔 h）钻孔 i）铰孔 j）锪锥孔 k）车外螺纹 l）车内螺纹 m）攻螺纹 n）车成形面 o）滚花

型卧式车床型号中的字母与数字的含义如下：

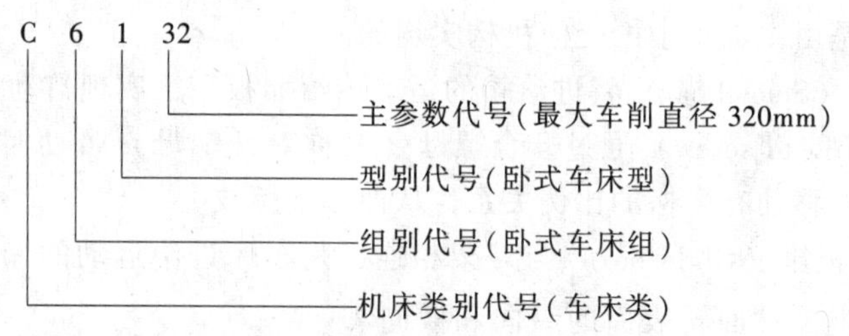

C6132 型车床的电动机功率为 4.5kW，转速为 1440r/min，车削工件的最大直径为 320mm，两顶尖间最大距离为 750 mm，主轴有 12 级转速，纵向、横向进给量范围较大，可车削米制、寸制螺纹。

2）车床的组成部分及其作用

① 变速箱。变速箱（Gearbox）内有滑移齿轮变速机构，改变手柄的位置，可向主轴箱输出不同的转速。

② 主轴箱。主轴箱（Spindle head）又称床头箱，内装主轴及变速齿轮，变速箱的运动通过带传动输入主轴箱，通过主轴箱的进一步变速，可使主轴获得 12 级转速。主轴通过另一些齿轮，又将运动传入进给箱。

主轴的前端装有外螺纹和锥孔，外螺纹用来安装卡盘、花盘等夹具，内锥孔用来安装顶尖。主轴是空心轴，以便穿入长棒料，方便工件装夹和加工。

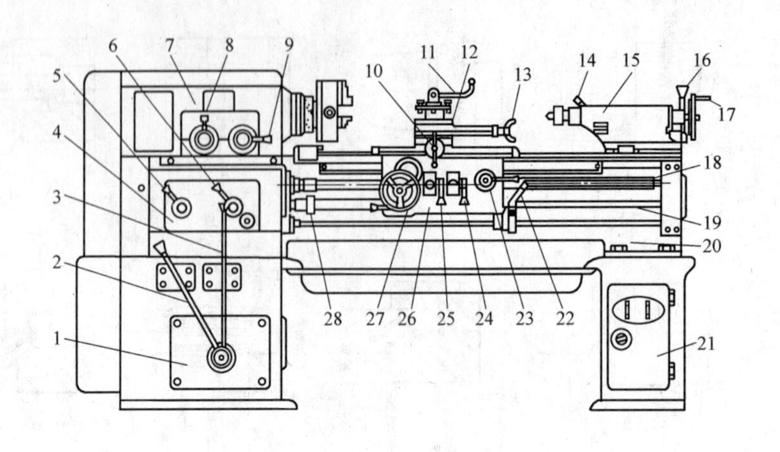

图 5-5　C6132 型卧式车床

1—变速箱　2、3、9—主运动变速手柄　4—进给箱　5、6—进给运动变速手柄
7—主轴箱　8—刀架左右移动换向手柄　10—刀架横向移动手柄
11—方刀架锁紧手柄　12—刀架　13—小刀架移动手柄　14—尾座套筒锁紧手柄　15—尾座
16—尾座锁紧手柄　17—尾座套筒移动手轮　18—丝杠　19—光杠　20—床身
21—床腿　22—主轴正反转及停止手柄　23—“对开螺母” 开合手柄
24—刀架横向自动手柄　25—刀架纵向自动手柄　26—溜板箱
27—刀架纵向移动手轮　28—光杠、丝杠更换使用的离合器

③ 进给箱。进给箱（Feed box）也叫走刀箱，内装进给运动的变速齿轮。它可把主轴的旋转运动传给丝杠或光杠，改变箱外手柄的位置，可把 20 种进给速度输入到丝杠或光杠。进给运动的正反向是由主轴箱中的变向机构实现的。

④ 光杠。光杠（Smoothbar）将进给箱的运动传给溜板箱，实现自动走刀。

⑤ 丝杠 丝杠（Lead screw）通过开合螺母（又称对开螺母）带动溜板箱，使得主轴的转动与刀架上刀具的移动有严格的比例关系，从而车削螺纹。

⑥ 溜板箱。溜板箱（Glide box）与刀架相连，是车床进给运动的操纵箱。当接通光杠时，可实现无螺纹类工件回转表面的纵向和横向进给；当接通丝杠时，可车削螺纹。

⑦ 刀架。刀架（Tool post）用来夹持车刀，可做纵向、横向或斜向进给运动。刀架由床鞍、中滑板、转盘、小滑板和方刀架组成，如图 5-6 所示。

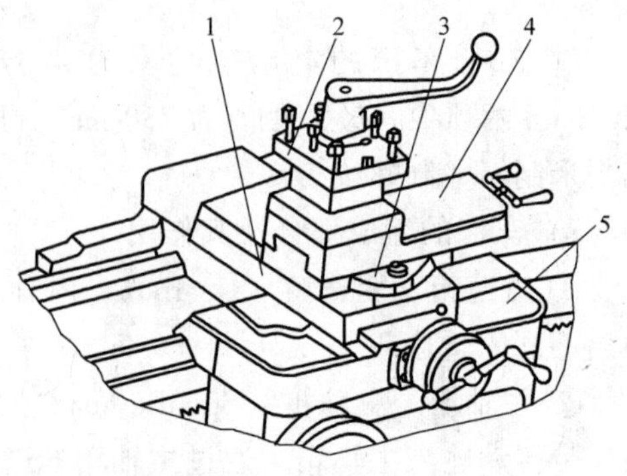

图 5-6　刀架的组成

1—中滑板　2—方刀架　3—滑座
4—小滑板　5—床鞍

⑧ 尾座。尾座（Tailstock）位于床身导轨上，其位置可以根据工作需要沿导轨移动。加工长工件时，可用尾座内装的顶尖来支承工件的一端，若把顶尖取出，装上钻头、铰刀等就能进行钻孔或铰孔加工。尾座的上部可沿底板的导轨做垂直于机床导轨的横向移动，用来找正中心或偏

移一定距离车削小角度锥面。尾座的结构及横向调节机构如图 5-7 所示。

⑨ 床身。床身（Bed）是车床的基础零件，用以保证安装在它上面的各个部件和机构之间的正确相对位置。床身上有平直、平行的导轨，用以引导滑板和尾座相对主轴进行移动。

⑩ 底座。底座（Base）支承床身，并与地基连接。C6132 车床底座的左边内安放变速箱和电动机，底座右边内安放电器。

3）C6132 型车床手柄的操作　车床的操作手柄可分为变速手柄、锁紧手柄、启停手柄及换向手柄四类（图 5-5）。每台车床配备有使用车床的操作说明书，可对照说明书进行操作练习。

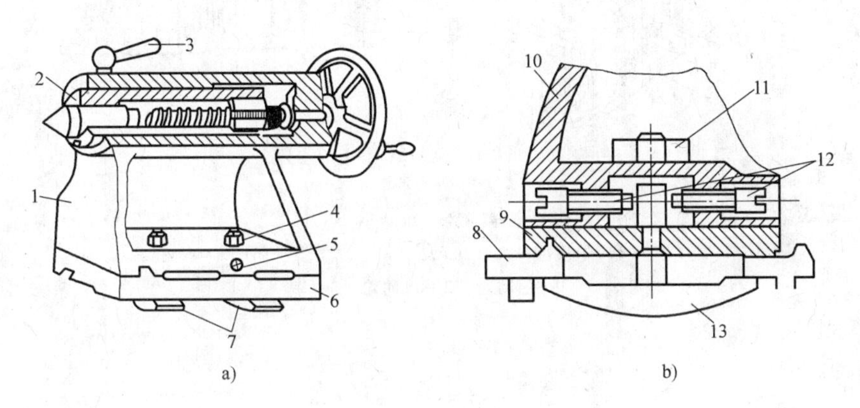

图 5-7　尾座

a）尾座的结构　b）尾座体横向调节机构

1、10—尾座体　2—套筒　3—套筒锁紧手柄　4、11—固定螺钉

5、12—调节螺钉　6、9—底座　7、13—压板　8—床身导轨

4）C6132 型车床的传动系统

① 机床的机械传动方式。机床传动有机械、液压、气压、电气传动等多种形式，其中最常见的是机械传动和液压传动。C6132 型车床的传动系统为机械传动，主要有带传动、齿轮传动、齿轮齿条传动、蜗轮蜗杆传动及丝杠螺母传动。

a. 带传动。带传动（Strap drive）是利用带与带轮之间的摩擦作用，将主动轮上的动力与运动传递到从动轮上。常用的传动带为 V 带（图 5-8），其传动比为：

$$i=\frac{n_2}{n_1}=\frac{d_1}{d_2}$$

式中，n_1，n_2分别为主动轮、从动轮的转速（r/min）；d_1，d_2分别为主动轮、从动轮的直径（mm）。

带传动能缓冲、吸振，从而使传动平稳。当过载时，带在带轮上打滑，可防止其他零件损坏，起安全保护作用，适用于中心距较大的场合。因此，一般用于机床电动机和传动轴之间的传动。

b. 齿轮传动。齿轮传动（Gear drive）是最常用的传动方式之一，其中以直齿圆柱齿轮传动（图 5-9）和斜齿圆柱齿轮传动用得最多。在机床传动系统中，齿轮传动形式有三种：固定齿轮、滑移齿轮和交换齿轮，滑移齿轮和交换齿轮用来改变机床部件的运动速度。齿轮

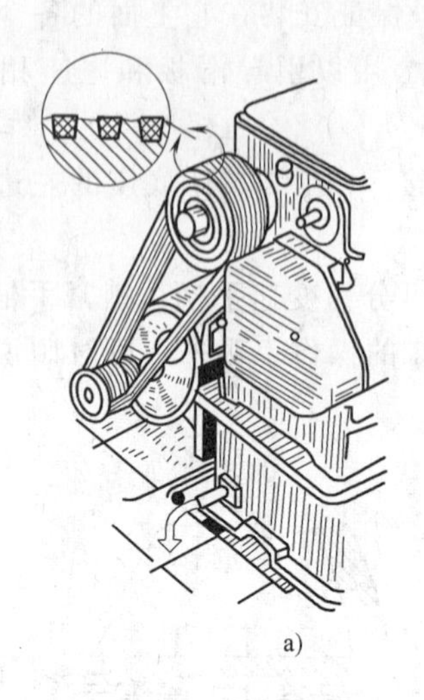
a)

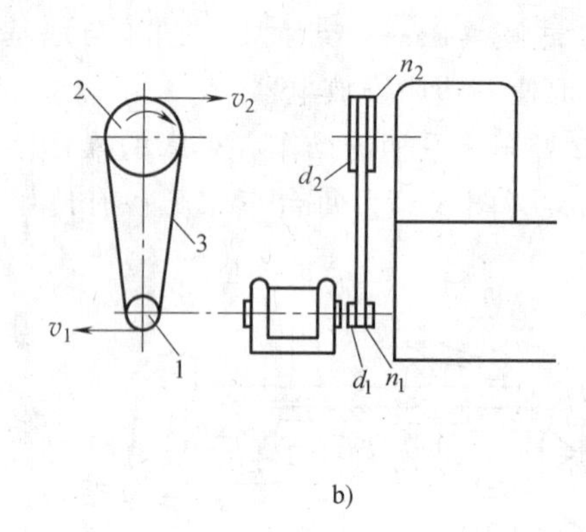

b)

图 5-8　带传动
a）带传动在车床上的应用　b）带传动简图
1—主动轮　2—从动轮　3—带

传动的传动比为：

$$i_{12}=\frac{n_1}{n_2}=\frac{z_2}{z_1}$$

式中，n_1，n_2分别为主动齿轮、从动齿轮的转速（r/min）；z_1，z_2分别为主动齿轮、从动齿轮的齿数。

c. 齿轮齿条传动。齿轮齿条传动（Gear and rack drive）是将旋转运动转换为直线运动或直线运动转换为旋转运动的一种传动形式（图 5-10）。在机床传动系统中，齿轮齿条传动用于将溜板箱输出轴的转动转换成床鞍的纵向直线移动，齿轮转动一周，床鞍移动量为πd_1。d_1为齿轮分度圆直径。

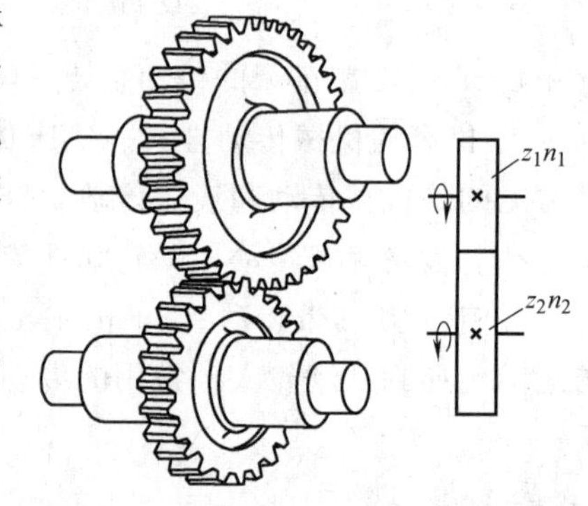

图 5-9　齿轮传动

设齿轮齿数为z，齿条的齿距为t，当齿轮转动n转时，齿条直线移动距离L为：

$$L=tzn\ (\text{mm})$$

d. 蜗轮蜗杆传动。蜗杆传动装置（Worm drive）由蜗杆和蜗轮组成（图 5-11），用于传递空间两交错轴之间的运动和动力，两轴间的交错角通常为 90°，蜗杆为主动轮。蜗杆若为单线螺纹，其转动

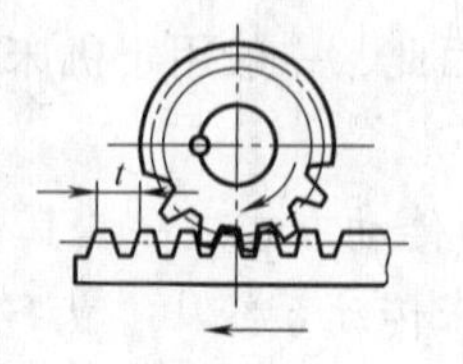

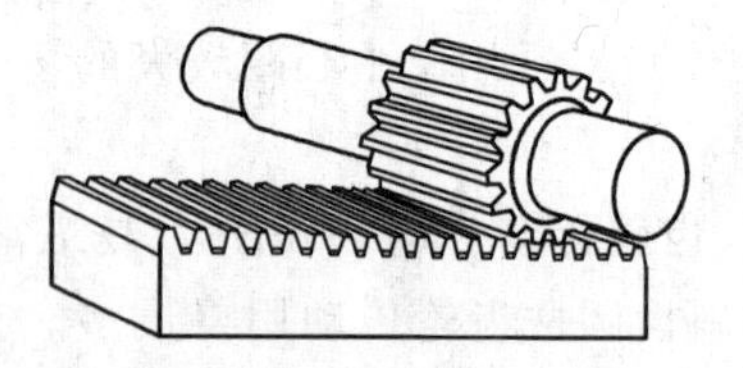

图 5-10　齿轮齿条传动

一周，蜗轮转动一个齿；若蜗杆为多线螺纹（头数为 z_1），则蜗杆每转动一周蜗轮转过 k 个齿。因而蜗杆传动具有传动比大、结构紧凑、运动平稳、噪声低等特点，用于改变机床光杠的转动方向，直角交错地将运动传入溜板箱，同时将运动减速，其减速比为

$$i_{12}=\frac{n_1}{n_2}=\frac{z_2}{z_1}$$

式中，n_1，n_2分别为蜗杆、蜗轮的转速（r/min）；k 为蜗杆的头数；z_2为蜗轮的齿数。

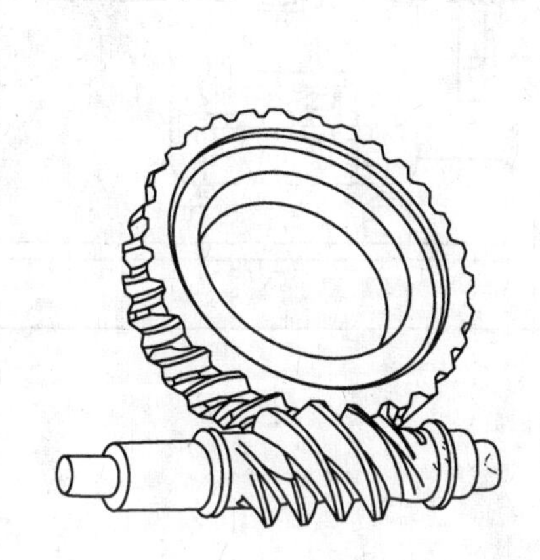

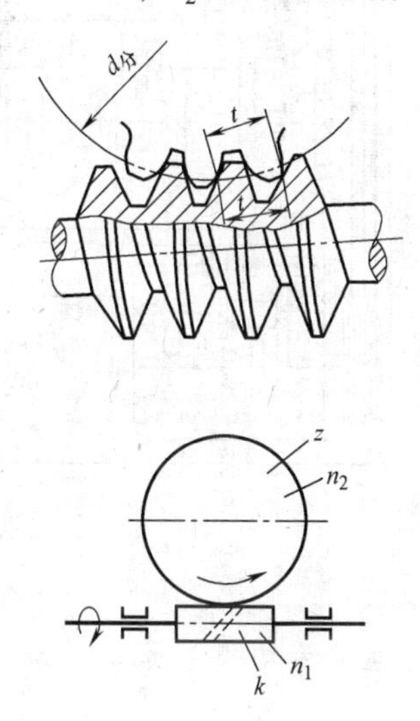

图 5-11　蜗杆传动

e. 丝杠螺母传动。丝杠螺母传动（Lead screw nut drive）如图 5-12 所示，它多用于机床传动系统中。它以丝杠作为主动件，将丝杠的旋转运动转换为螺母的直线运动，带动床鞍纵向移动。丝杠每转动一周，螺母移动一个螺距 t，则螺母（床鞍）沿轴向（纵向）移动的速度 v 为：

$$v=nt\ (\mathrm{mm/min})$$

式中，n 为丝杠转速（r/min）。

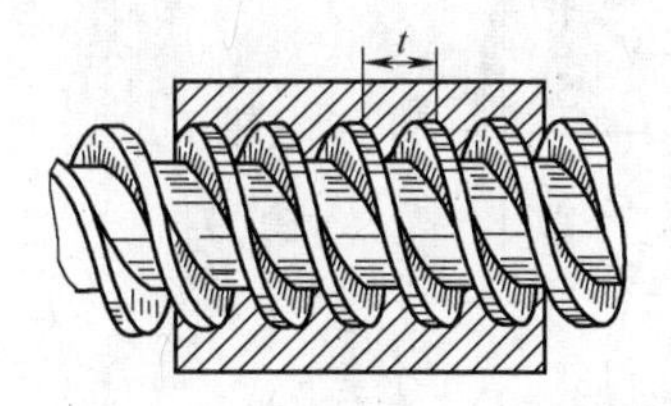

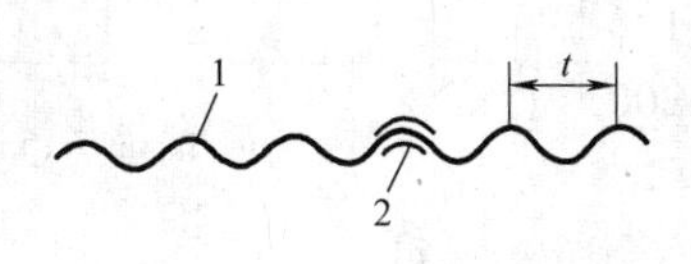

图 5-12　丝杠螺母传动

1—丝杠　2—螺母

② C6132 型车床主运动传动系统分析。C6132 型车床主运动传动系统如图 5-13 所示。主运动的运动传递顺序为：电动机→变速器→带轮→主轴箱。电动机以 1440 r/min 的转速将运动传入变速箱中的Ⅰ轴，经滑移齿轮变速机构，可使Ⅲ轴获得 6 种不同的转速。再经带轮传动副将运动传入主轴箱，操纵主轴箱的内齿离合器，可使主轴（即Ⅵ轴）获得 12 级转速，分别为 45r/min、66r/min、94r/min、120r/min、173r/min、248r/min、360r/min、530 r/min、750r/min、958r/min、1380r/min、1980r/min。主轴反转由电动机反转实现。

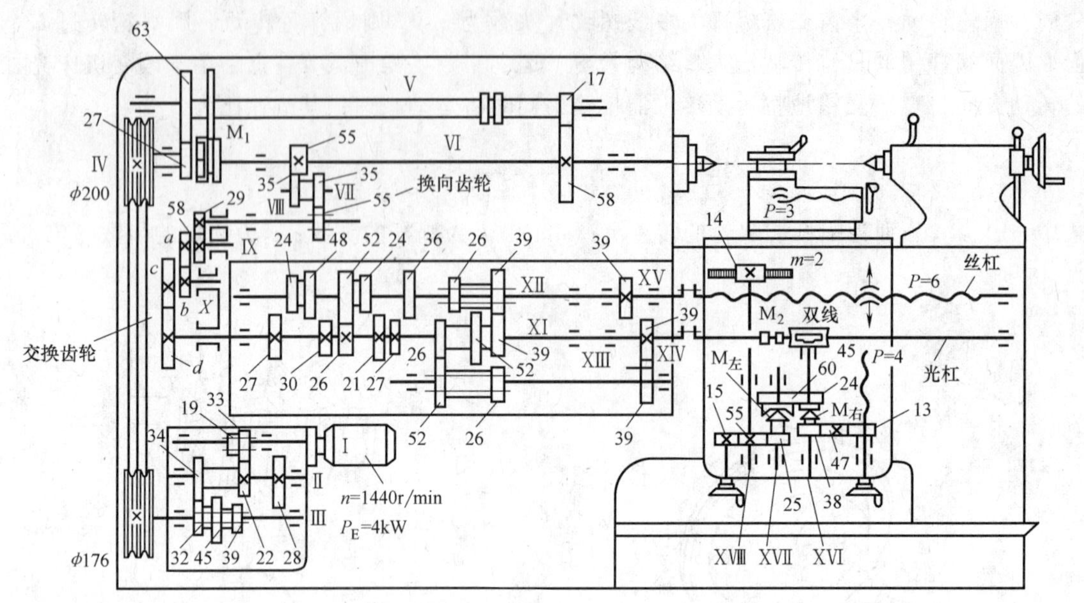

图 5-13　C6132 型车床主运动传动系统

（图中数值表示齿轮的齿数）

a. 主运动传动链 主运动传动链如下所示：

$$\text{电动机（1400 r/min）}—\text{Ⅰ}—\begin{bmatrix}\dfrac{19}{34}\\[2mm]\dfrac{33}{22}\end{bmatrix}—\text{Ⅱ}—\begin{bmatrix}\dfrac{34}{32}\\[2mm]\dfrac{22}{45}\\[2mm]\dfrac{28}{29}\end{bmatrix}—\text{Ⅲ}$$

变速箱

$$\text{带传动}—\frac{\phi176}{\phi200}—\text{Ⅳ}—\begin{bmatrix}\text{M}_1\text{（离合器）脱开}\dfrac{27}{63}-\text{V}-\dfrac{17}{58}\\ \hline \text{M}_1\text{（离合器）合上}\dfrac{27}{17}\cdots\cdots\end{bmatrix}—\text{Ⅵ（主轴）}$$

主轴箱

根据传动链可以计算出主轴的任一级转速。如主轴的最高转速为

$$v_{\text{Ⅵ}\max}=1440\times\frac{33}{22}\times\frac{34}{32}\times\frac{176}{200}\times0.98\times\frac{27}{27}\text{r/min}=1979.21\text{r/min}=1979\text{r/min}$$

式中，0.98 为带与带轮间的滑动率；

分式数字为啮合齿轮的齿数。

b. 进给传动链。传动系统的传动路线为：主轴→换向齿轮→交换齿轮→丝杠（光杠）→溜板箱→刀架。进给运动有 20 级进给速度，纵向进给量 $f_{纵}=0.06\sim3.34$ mm/r，横向进给量 $f_{横}=0.04\sim2.45$mm/r。进给运动链如下所示：

$$\text{主轴}(\text{Ⅵ})-\left[\frac{55}{35}\times\frac{35}{55}\right]-\text{Ⅷ}-\frac{29}{58}-\frac{a}{b}\times\frac{c}{d}-\text{Ⅹ}-\begin{bmatrix}27/24\\30/48\\26/52\\21/24\\27/36\end{bmatrix}-\text{Ⅶ}-\begin{bmatrix}26/52\times26/52\\26/52\times52/26\\39/39\times26/52\\39/39\times52/26\end{bmatrix}-\text{Ⅷ}-\begin{bmatrix}\frac{39}{39}\\\frac{39}{39}\end{bmatrix}$$

$$-\left[\begin{array}{l}\text{XV(丝杆)-合上开合螺母(车螺纹)}\text{-----------------------}\\ \text{XⅣ(光杆)}-\dfrac{2}{45}-\text{XⅣ}\left[\begin{array}{l}\dfrac{24}{60}-\text{离合器(左)}-\text{XⅦ}-\dfrac{25}{55}-\text{XⅧ}-\text{齿轮齿条(纵向进给)}\\ \qquad\text{离合器(右)}-\dfrac{38}{47}\times\dfrac{47}{13}-\text{丝杆螺母(横向进给)}\end{array}\right]\end{array}\right]$$

脱开溜板箱内的左、右离合器，可进行纵向或横向的手动进给。调整主轴箱内的换向机构，可实现刀架纵向和横向的反向进给。

3. 车刀

车刀 (Turning tools) 的种类及形状多种多样 (图 5-14)，但其组成、角度、刃磨及装夹基本相似。

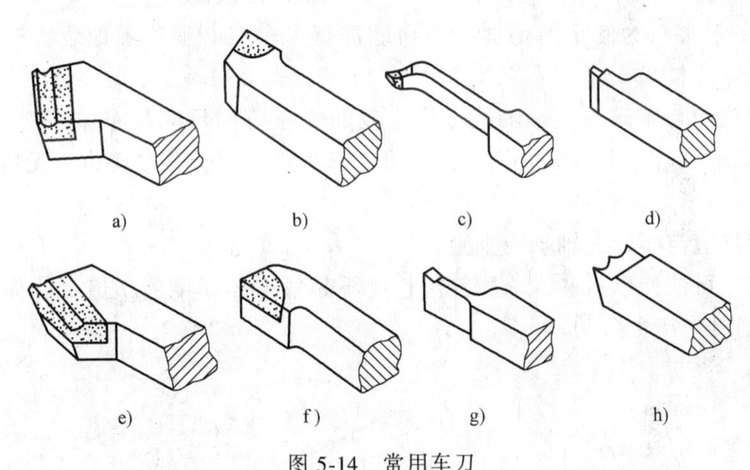

图 5-14 常用车刀

a) 45°外圆刀 b) 左偏刀 c) 镗孔刀 d) 外螺纹车刀

e) 75°外圆刀 f) 右偏刀 g) 切断刀 h) 样板刀

(1) 车刀的组成 车刀由刀体和刀头两部分组成 (图 5-15)。刀头是刀具上夹持刀条或刀片的部分，或直接由它形成切削刃的部分，常用高速钢或硬质合金等刀具材料制成。刀体用于装夹。目前广泛使用的车刀是在碳素结构钢的刀体上焊接硬质合金刀片。

车刀的切削部分是由三面 (前刀面、主后刀面、副后刀面)、两刃 (主切削刃、副切削刃) 和一尖 (刀尖) 组成。

1) 前刀面 (face)。刀具上切屑流经的表面。

2) 主后刀面 (major flank)。与工件切削表面相对的表面。

3) 副后刀面 (minor flank)。与工件已加工表面相对的表面。

4) 主切削刃 (tool major cutting edge)。前刀面与主后刀面相交形成的切削刃，它担负着主要的切削工作。

5）副切削刃（tool minor cutting edge）。前刀面与副后刀面相交形成的切削刃，担负着少量的切削工作，起一定的修光作用。

6）刀尖（corner）。主切削刃和副切削刃相交处很短的一段切削刃，也称为过渡刃。常用刀尖有三种形式，即交点刀尖、圆弧刀尖和倒棱刀尖，如图 5-16 所示。

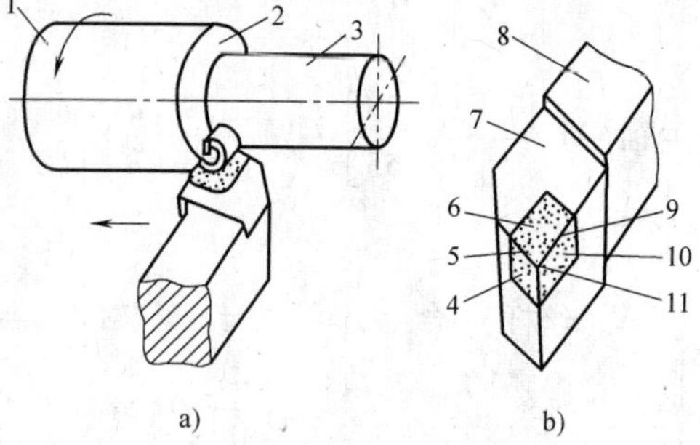

图 5-15　外圆车刀的组成

a）工作图　b）结构图

1—待加工表面　2—过渡表面　3—已加工表面

4—副后刀面　5—副切削刃　6—前刀面

7—刀头　8—刀体　9—主切削刃

10—主后刀面　11—刀尖

（2）车刀的刃磨　当车刀用钝后，需要重新刃磨（Knife edge grinded），以恢复其原来的形状和角度，使刃口锋利。刃磨高速钢车刀宜选用韧性较好的白刚玉砂轮，而刃磨硬质合金刀具则要用绿色碳化硅砂轮。

车刀重磨时，往往根据车刀磨损情况，刃磨有关的磨损刀面。车刀刃磨后，还要用油石加润滑油将各面磨光，以使车刀耐用和提高被加工工件的表面质量。

（3）车刀的装夹　为使车削正常、顺利地进行，车刀必须正确地装夹于方刀架上，如图 5-17 所示。其基本要求如下：

1）车刀刀尖应与车床的主轴轴线等高。判断方法可用尺测量车床床面与刀尖的距离，也可用尾座顶尖来校对车刀刀尖的位置，还可试车工件端面，若端面中心无残留台，则装夹合适，反之应调整车刀高度。

2）车刀刀杆应与车床主轴轴线垂直。

3）车刀应尽可能伸出短些，一般伸出长度不超过刀体厚度的 2 倍。若伸出过长、刀体刚度减弱，切削时易产生振动。

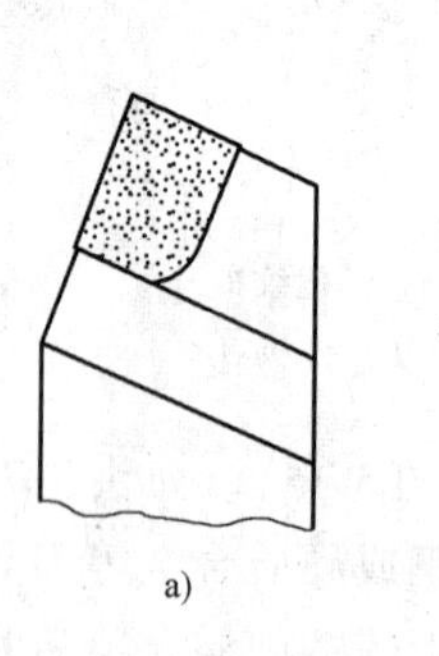

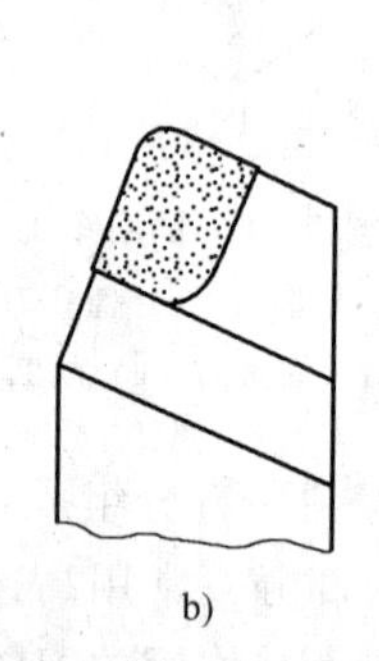

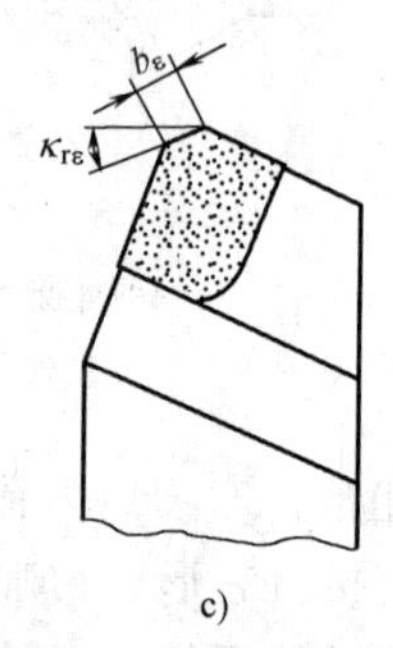

图 5-16　刀尖形状

a）交点刀尖（切削刃实际交点）　b）圆弧刀尖　c）倒棱刀尖

4）刀体高度调整垫片，应安放平整，垫片数量不宜过多，一般不超过 3 片。

5）车刀位置找正后，应拧紧刀架紧固螺钉，一般用两个螺钉并交替逐个拧紧。

4. 工件的装夹及所用附件

（1）自定心卡盘

1）用自定心卡盘装夹工件。自定心卡盘的结构如图 5-18a 所示，当用卡盘扳手转动小锥齿轮时，大锥齿轮也随之转动，在大锥齿轮背面平面螺纹的作用下，三爪同时向心移动或

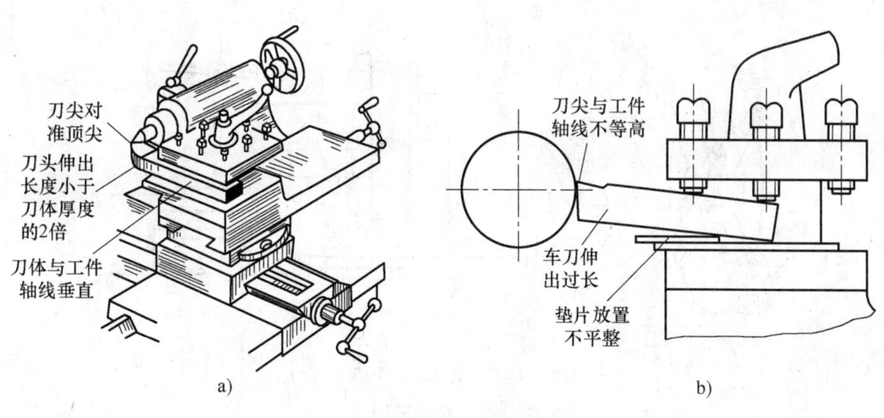

图 5-17　车刀的装夹

a）正确装夹　b）错误装夹

退出，以夹紧或松开工件。自定心卡盘的特点是对中性好，自动定心精度可达到 0.05 ~ 0.15mm。可以装夹直径较小的工件，如图 5-18a 所示。当装夹直径较大的外圆工件时可用三个反爪进行，如图 5-18b 所示。但自定心卡盘由于夹紧力不大，所以一般只适宜于重量较轻的工件，当对重量较重的工件进行装夹时，宜用单动卡盘或其他专用夹具。

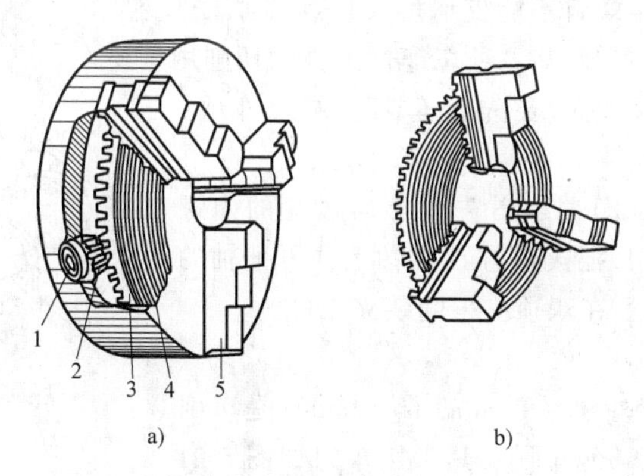

图 5-18　自定心卡盘

a）工作原理及正爪　b）反爪

1—卡盘扳手孔　2—小锥齿轮　3—大锥齿轮　4—平面螺纹　5—卡爪

2）用一夹一顶装夹工件。对于一般较短的回转体类工件，较适用于用自定心卡盘装夹，但对于较长的回转体类工件，用此方法装夹则刚性较差。所以，对一般较长的工件，尤其是加工精度较高的工件，不能直接用自定心卡盘装夹，而要用一端夹住，另一端用后顶尖顶住的装夹方法。

这种装夹方法能承受较大的轴向切削力，且刚性大大提高。

（2）单动卡盘　单动卡盘（四爪卡盘）如图 5-19a 所示。它的四个爪通过四个螺杆可独立移动，能装夹形状比较复杂的非回转体，如方形、长方形工件等。而且夹紧力大，由于其装夹后不能自动定心，装夹时必须用划针盘或指示表找正，使工件回转中心与车床主轴中心重合，所以装夹效率较低。图 5-19b 为用指示表找正外圆的示意图。

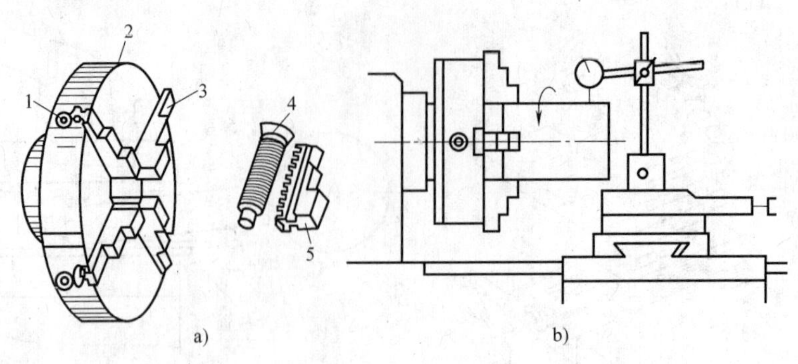

图 5-19　单动卡盘装夹工件

a）单动卡盘　b）用指示表找正

1、4—调整螺杆　2—卡盘体　3、5—卡爪

（3）顶尖　对同轴度要求比较高且需要调头加工的轴类工件，常用双顶尖装夹工件，如图 5-20 所示，其前顶尖为普通顶尖，装在主轴孔内，并随主轴一起转动，后顶尖为活动顶尖，装在尾座套筒内。工件利用中心孔被顶在前后顶尖之间，并通过拨盘和卡箍随主轴一起转动。

用顶尖装夹工件应注意：

1）卡箍上的支承螺钉不能支承得太紧，以防工件变形。

2）由于靠卡箍传递转矩，所以车削工件的切削用量要小。

3）钻两端中心孔时，要先用车刀把端面车平，再用中心钻钻中心孔。

4）安装拨盘和工件时，首先要擦净拨盘的内螺纹和主轴端的外螺纹，把拨盘拧在主轴上，再把轴的一端装在卡箍上。最后在双顶尖中间装夹工件。

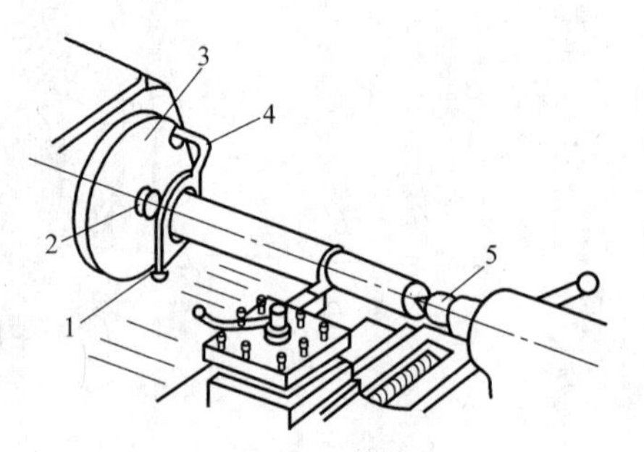

图 5-20　用顶尖装夹工件

1—支承螺钉　2—前顶尖　3—拨盘

4—卡箍　5—后顶尖

5. 车削加工方法

（1）车外圆　车外圆（Turning outround）是车削中最基本的加工方法。车外圆及其常用车刀如图 5-21 所示。车外圆常须经过粗车和精车两个步骤。

1）粗车外圆。粗车（Rough turning）加工精度及表面质量不高，主要目的是尽快从毛坯上切去大部分加工余量，使工件接近于最后形状和尺寸。粗车时，背吃刀量应大些，一般可取 a_p = 1. 5 ~ 3mm，进给量取 f= 0. 3 ~ 1. 2mm/r。一般应使留给本工序的加工余量一次切除，以减少走刀次数，提高生产率。当余量太大或工艺系统刚度较差时，则可经两次或更多次走刀去除。若分两次走刀，则第一次走刀所切除的余量应占整个余量的 2/3 ~ 3/4，这就要求切削刀具能承受较大切削力。因此，应选用较小的刀具前角、后角和负的刃倾角。尖头刀和弯头刀切削部分的强度高，一般用于粗加工。

粗车铸件、锻件时，因表面有硬皮，可先车端面，或者先倒角，然后选择大于硬皮厚度的背吃刀量，以免刀尖被硬皮过快磨损，如图 5-22 所示。

在车削过程中，切削速度 v_c 的选择与背吃刀量、进给量、刀具和工件材料等因素有关。

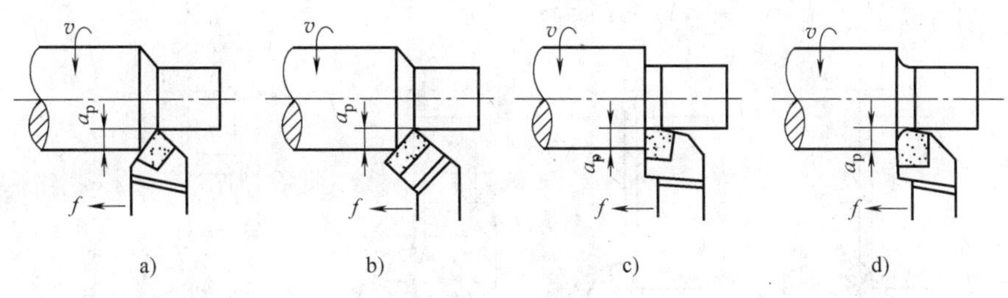

图 5-21　车外圆及车刀

a）尖刀车外圆　b）45°弯头刀车外圆　c）右偏刀车外圆　d）圆弧刀车外圆

例如，用高速钢车刀切削钢料时，$v_c = 0.1 \sim 0.2$m/s；切削铸铁件时，$v_c = 0.2 \sim 0.4$m/s。而用硬质合金刀具切削钢料时，$v_c = 0.8 \sim 3.0$m/s；切削铸铁件时，$v_c = 0.5 \sim 1.3$m/s。可见，车削硬钢时，切削速度比车削软钢时要低些；车削铸铁件时，切削速度比车削钢件时低些；不用切削液时，切削速度也要低些。

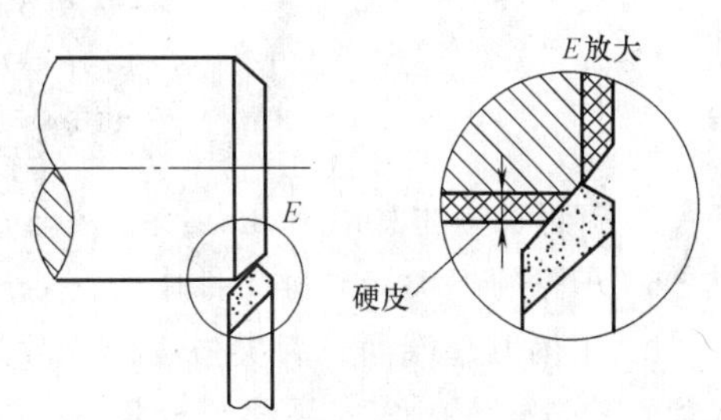

图 5-22　车铸件、锻件表面

根据切削速度大小，可按下式计算主轴转速：

$$n = 60 \times 1000 v_c / \pi D$$

式中，n 为主轴转速（r/min）；v_c 为切削速度（m/s）；D 为工件待加工表面最大直径（mm）。

2）精车外圆

精车（Extractive turning）的目的是要保证工件的尺寸标准公差等级和表面质量，在此前提下，尽量提高生产率。

精车可达到的尺寸标准公差等级为 IT6～IT8，半精车可达到的尺寸标准公差等级为IT9～IT10，此外，精车时要注意，工件的热变形会影响其公称尺寸。所以，粗车后不可立即进行精车，应等工件冷却后再精车；在测量时，要考虑热变形对公称尺寸的影响，尤其是大尺寸的零件更要注意。

精车的表面粗糙度值为 Ra0.8～3.2μm，半精车的表面粗糙度值为 Ra3.2～6.3μm。精车时，为降低表面粗糙度值，可采取如下措施：

a. 合理选择车刀角度。加大前角使刃口锋利，适当减小副偏角或刀尖磨有小圆弧，减小已加工表面的残留面积。改善前后刀面的表面粗糙度，对提高加工表面质量也有一定的效果。

b. 合理选择切削用量。可用较小的进给量以减小残留面积；采用较高的切削速度或很低的切削速度，都可获得较小的表面粗糙度值。非铁金属材料零件的精车一般可采用较高的切削速度。

c. 合理选择切削液。低速精车钢件时可用乳化液，低速精车铸件时用煤油润滑。用硬质合金车刀进行切削时，一般不需使用切削液，如需使用，必须连续喷注。

（2）车端面和台阶

1）车端面。端面往往是零件长度方向尺寸的量度基准，要在工件上钻中心孔或钻孔时，一般也应先车端面（Turning front）。

端面车削方法及所用车刀如图 5-23 所示。

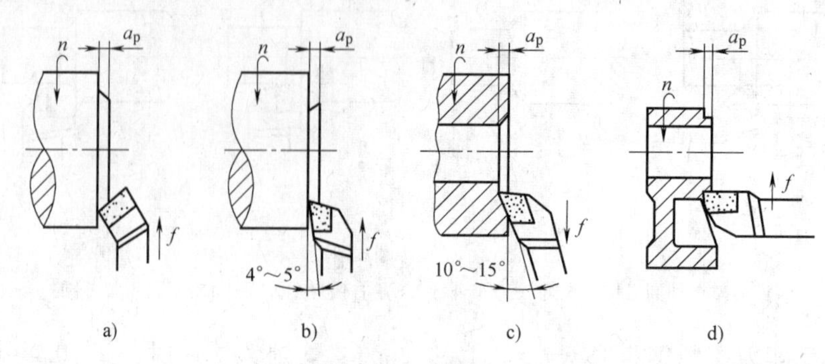

图 5-23 车端面用车刀

a）弯头刀车端面 b）右偏刀车端面（由外向中心） c）右偏刀车端面（由中心向外） d）左偏刀车端面

车端面时应注意以下几点：

a. 车刀的刀尖应对准工件中心，否则将在端面中心处留有小凸台，如图 5-24 所示。

b. 用偏刀车端面，刀尖强度低，散热差，刀具不耐用，切近中心时，应放慢进给速度。当背吃刀量较大时，容易扎刀（图 5-23b），而用弯头车刀车端面，凸台是逐渐车掉的，所以较为有利（图 5-23a）。

c. 端面的切削直径从外到内是变化的，切削速度也在改变，从而会影响端面的表面质量，因此工件转速比车外圆时应选择得大些。

d. 对于有孔的工件端面，车削时常采用图 5-23c 所示的右偏刀由中心向外进给，此时切削厚度小，刀削刃有较大的前角，切削速度随进给逐渐增大，可降低端面粗糙度。当零件结构不允许用右偏刀时，可用图 5-23d 所示的左偏刀车端面。

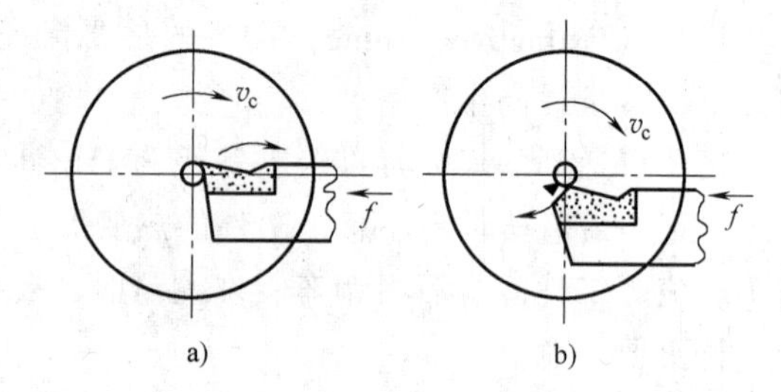

图 5-24 车端面产生凸台现象

a）刀尖装得高 b）刀尖装得低

e. 车削直径较大端面时，若出现凹心或凸面，应检查车刀和刀架是否锁紧以及中滑板的松紧程度。此外，为使车刀准确地横向进给而无纵向松动，应将床鞍锁紧在床身上，用小滑板来调整背吃刀量。

2）车台阶。车台阶（Turning step）与车外圆没有显著的区别，唯需兼顾外圆的尺寸和台阶的位置。为使车刀的主切削刃垂直于工件轴线，装刀时用直角尺对刀，有时为使台阶长度符合要求，可用刀尖预先刻出线痕，作为加工的界限。台阶长度一般用钢直尺测量，长度要求精确的台阶常用游标深度卡尺来测量，如图 5-25 所示。

根据相邻两圆柱直径之差，台阶可分为低台阶（高度小于 5mm）与高台阶（高度大于 5mm）两种。低台阶可一次走刀车出，应按台阶形式选用相应的车刀。高台阶一般与外圆成直角，需要用偏刀分层进行切削。在最后一次纵向进给后应转为横向进给，将台阶面精车一次，如图 5-23 所示，偏刀主切削刃与纵向进给方向应成 95°左右。

（3）孔加工 在车床上可用钻头、镗刀、扩孔钻和铰刀分别进行钻孔 、镗孔、扩孔和铰孔。

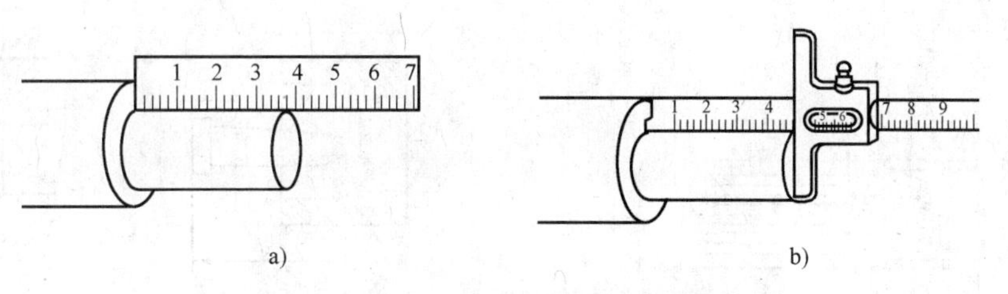

图 5-25　用钢直尺和游标深度卡尺测量长度

a）用钢直尺　b）用游标深度卡尺

1）钻孔。在车床上钻孔（Drill）如图 5-26 所示，工件旋转为主运动，摇动尾座手柄使钻头纵向移动为进给运动。钻孔的尺寸标准公差等级一般为 IT12，表面粗糙度值为 Ra12. 5μm。

钻孔时为防止钻偏，便于钻头定中心，应先将工件端面车平，而且最好在端面处车出小坑或用中心钻钻出中心孔作为钻头的定位孔。

当所钻的孔径 D 小于 30mm 时，可一次钻成。若孔径大于 30mm，可分两次钻成。第一次取钻头直径为（0. 5 ~ 0. 7）D，第二次取钻头直径为 D。钻削过程中，须经常退出钻头排屑。钻削碳素钢时，须加切削液。孔将钻通时，应降低进给速度，以防折断钻头。

2）扩孔。扩孔（enlarged hole）是在钻孔后用扩孔钻进行半精加工（图 5-27）。扩孔的尺寸标准公差等级为 IT9 ~ IT10，表面粗糙度值为 Ra3. 2 ~ 6. 3μm，加工余量为 0. 5 ~ 2. 0mm。

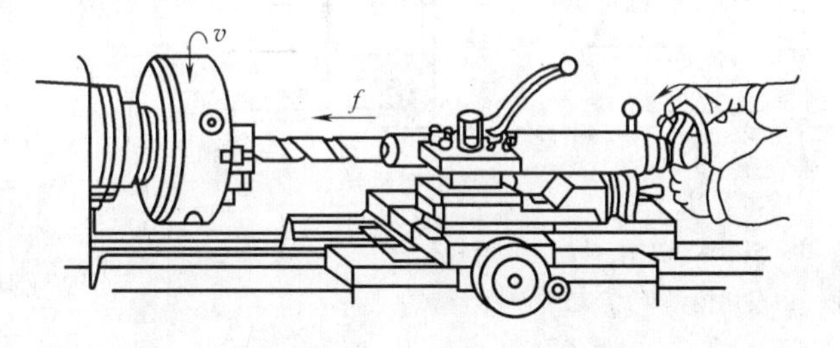

图 5-26　在车床上钻孔

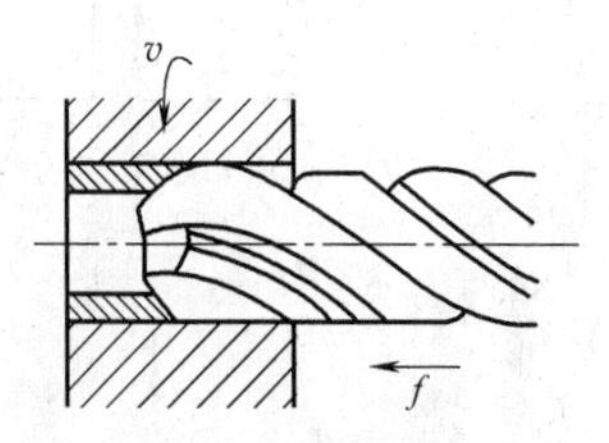

图 5-27　车床扩孔的方法

3）铰孔。铰孔（reaming　hole）是在扩孔或半精镗后用铰刀进行的精加工（图 5-28）。铰孔的尺寸标准公差等级为 IT7 ~ IT8，表面粗糙度为 Ra0. 8 ~ 1. 6 μm，加工余量为 0. 1 ~ 0. 3mm。

4）镗孔。镗孔（boring）是用镗刀对已经铸出、锻出和钻出的孔做进一步加工，以扩大孔径，提高尺寸标准公差等级，降低表面粗糙度和纠正原孔的轴线偏斜。镗孔可分为粗镗、半精镗和精镗。精镗的尺寸标准公差等级为 IT6 ~ IT8，表面粗糙度值为 Ra0. 8 ~ 1. 6μm。镗孔及所用的镗刀如图 5-29 所示，刀杆的长度 d 应稍大于孔深。

镗刀杆应尽可能粗，伸出刀架的长度应尽可能小，以免颤动。刀杆中心线应大致平行于纵向进给方向。镗孔时因刀杆细、刀头散热体积小且不加切削液，所以切削用量应比车外圆时小。

（4）切槽与切断

1）切槽。在车床上可加工外槽、内槽和端面槽，统称切槽（Grooved），如图 5-30 所示。

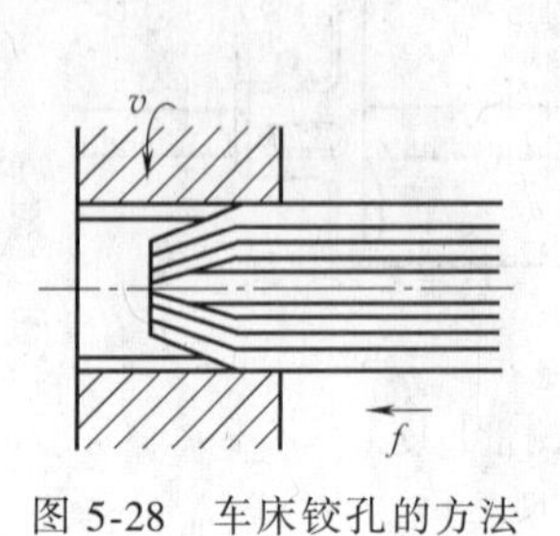

图 5-28 车床铰孔的方法

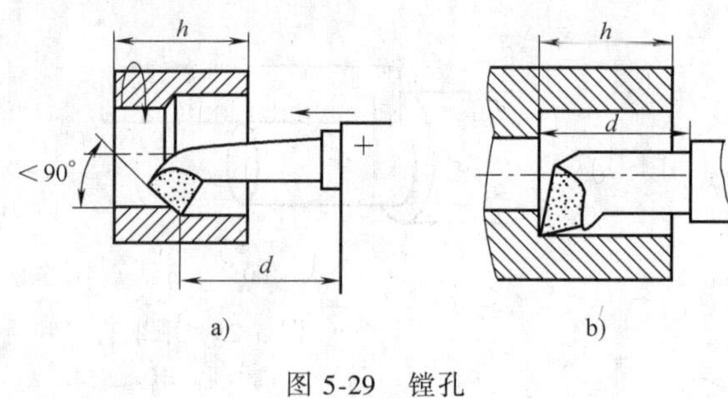

图 5-29 镗孔

a）镗通孔 b）镗不通孔

切槽与车端面很相似，切槽如同左、右偏刀同时车削左、右两个端面。因此，切槽刀具有一个主切削刃、两个副切削刃、两个刀尖和两个副偏角。为避免刀具与工件摩擦，应刃磨出 $\kappa_r = 1° \sim 2°$的副偏角和 $a_0 = 0.5° \sim 1°$。切槽刀形状如图 5-31 所示。

切削槽宽小于 5mm 的窄槽时，主切削刃宽度等于槽宽，在横向进给中一次切出。切削宽槽时，可进行几次横向进给，最后一次横向进给后，再纵向进给精切槽底，如图 5-32 所示。

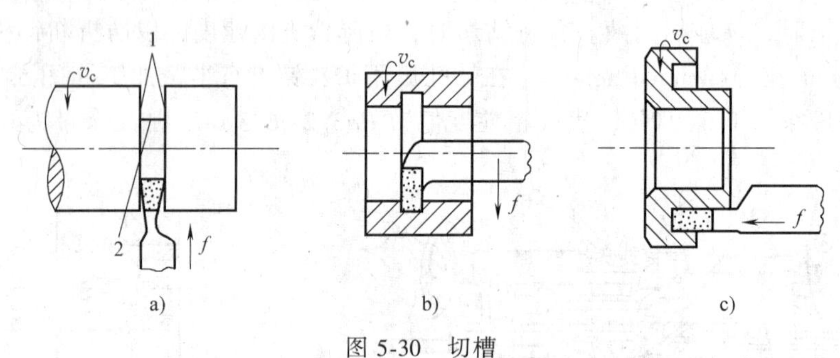

图 5-30 切槽

a）切外槽 b）切内槽 c）切端面槽

1—已加工表面 2—过渡表面

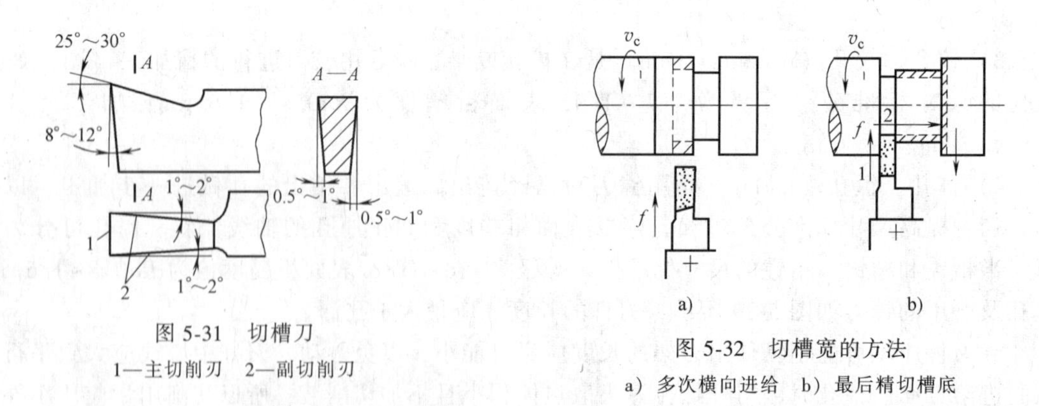

图 5-31 切槽刀

1—主切削刃 2—副切削刃

图 5-32 切槽宽的方法

a）多次横向进给 b）最后精切槽底

2）切断。切断（Breaking）与切槽类似，但是，切断刀具必须横向进给至工件的回转中心。当切断工件的直径较大时，切断刀刀头较长，散热条件差，强度低，排屑困难，刀具易折断。因此，往往将切断刀刀头的高度加大，以增加强度；将主切削刃两边磨出斜刃，以利于排屑。

切断时应降低切削速度，进给量选择适当，手动进给要均匀，即将切断时，须放慢进给速度，以免折断刀头。切断铸铁件时一般不加切削液；切断钢件时最好使用切削液，以减小刀具磨损。

（5）车圆锥面　圆锥面分外锥面和内锥面。锥面配合紧密，拆卸方便，而且多次拆卸仍能保证精确的对中性。因此，圆锥面配合广泛用于要求定位准确，能传递一定转矩和经常拆卸的配合件上，如车床主轴锥孔与顶尖的配合，钻头锥柄与车床尾座筒锥孔的配合等。

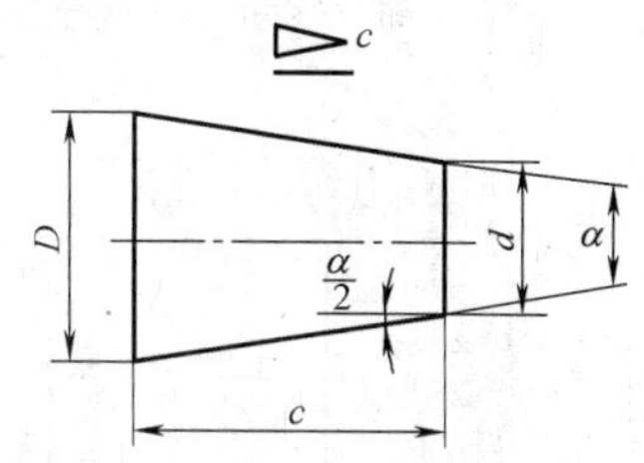

图 5-33　圆锥面的尺寸和参数

圆锥面的尺寸和参数如图 5-33 所示。

常用的车圆锥面（Turning taper face）的方法有以下几种。

1）小滑板转位法。小滑板转位法（Small dragboard indexing method）的操作过程是：将刀架小滑板绕转盘轴线转 $\alpha/2$ 角（$\alpha/2$ 角为圆锥面的斜角），然后用螺钉固紧，加工时，转动小滑板手柄，将车刀沿圆锥面的母线移动，即可加工出圆锥面（图 5-34）。

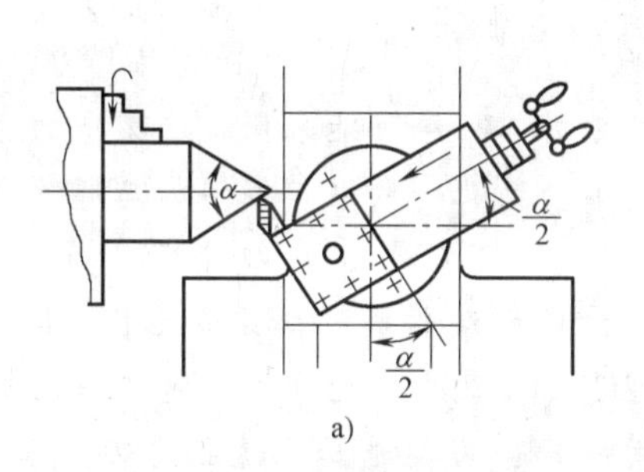

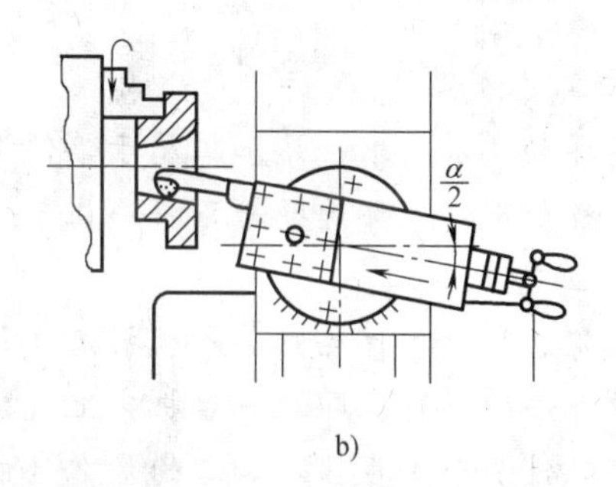

图 5-34　小滑板转位法车内外圆锥面

a）车外圆锥面　b）车内圆锥面

2）偏移尾座法。偏移尾座法（Shift tailstock method）的操作过程是：调整尾座顶尖使其偏移一个距离 s，工件的旋转轴线与机床主轴轴线相交成斜角 $\alpha/2$，利用车刀的自动纵向进给，车出所需圆锥面（图 5-35）。

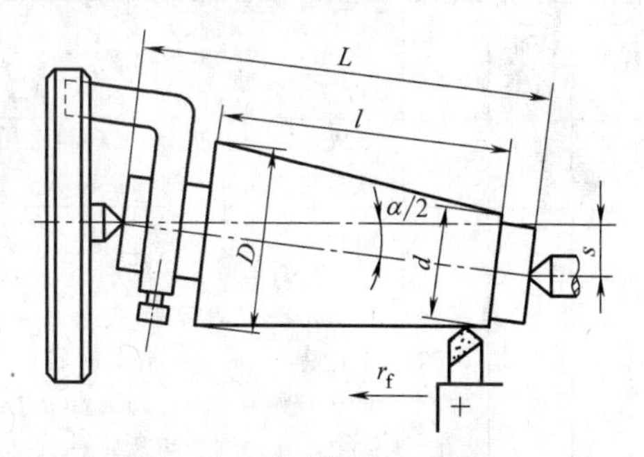

图 5-35　偏移尾座车圆锥面

尾座偏移量为　　$s=L\sin\alpha$

当 α 较小时，$s=L\tan\alpha=L(D-d)/(2l)$

此法能车削较长的圆锥面。由于受到尾座偏移量的限制，一般只能加工锥面斜角较小的外圆锥面，不能加工内圆锥面。精确调整尾座偏移量比较耗费工时。此法加工的工件表面粗糙度值为 $Ra1.6\sim6.3\mu m$。

案例分析 5-1

通过练习车削加工工艺方法，学生已经学会车外圆、车端面、车台阶面、车圆锥面、钻孔、车螺纹、滚花等基本操作。现在的目的是通过具体零件的加工，学习机械加工的工艺过程，同时巩固车削加工工艺方法。

1. 加工任务与零件图样

现需要加工如图 5-36 所示的零件 10 件， 材料 2A12 铝合金，请按照加工工艺流程，工艺卡和工步内容进行加工。

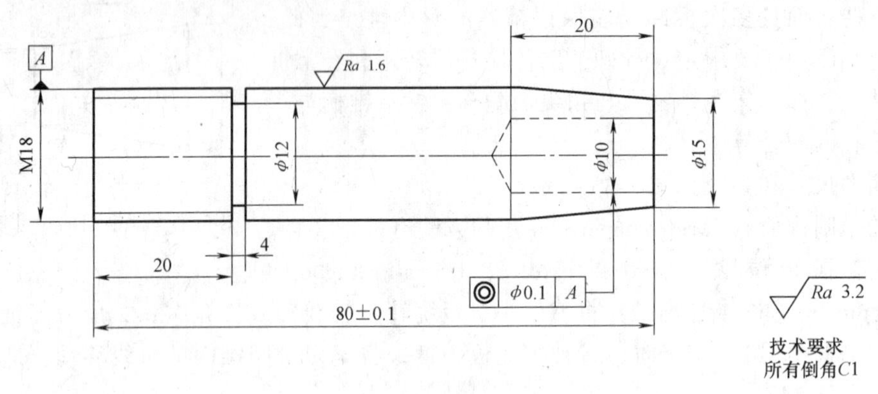

图 5-36 零件图

2. 加工工艺流程

根据图样和技术要求，该加工属于单件小批量加工，尽可能采用工序集中的原则。确定加工工艺流程如下：毛坯选择与下料→粗车→精车→钻孔→切退刀槽→加工螺纹。

3. 加工工艺卡与工步

按照工艺流程和单件生产特点，将工序与工步内容编制成表，见表 5-1。其中工序尽可能采用集中工序的原则，即在一台机床上，尽可能一次装夹连续完成尽可能多的工作。一个工序内可以安排多个工步，粗加工的基准只能用一次，刀具选择高速钢车刀，前角大一些，为 15°~20°。

表 5-1 小轴零件单件加工工艺卡

序号	工序名称	工步名称	工步内容	定位基准与夹具	工具与量具	设备
1	下料	切断	从 ϕ20mm 的毛坯或棒料上用切断刀切取长 85mm 的加工料	外圆面 自定心卡盘	4mm × 20mm 切断刀，150 型游标卡尺一把	C6132 车床一台
2	车外圆	平端面钻中心孔	换端面车刀平一端面，粗车端面采用 500r/min 的转速，背吃刀量 1mm，进给量 0.3mm/r；精车时转速不变，背吃刀量 0.5mm，进给量 0.1mm/r，钻中心孔。调头切断另一端，车端面至长度尺寸 80mm±0.1mm，钻中心孔	外圆面 自定心卡盘	90° 右偏刀一把，$\gamma = 15°$，$\kappa_r = 75°$，$\kappa_{r'} = 30°$；$\alpha = 8°$。150 型游标卡尺及 ϕ5mm 中心钻各一把	C6132 车床一台
		粗车	换外圆车刀，粗车一端外圆到 ϕ18.4mm，长度 50mm。采用一头夹一头顶方式，夹持深度 20mm。调头车另一端外圆到 ϕ18.4mm，长度 40mm 采用 600r/min 的转速，背吃刀量 0.8mm，进给量 0.2mm/r	轴线 自定心卡盘 回转顶尖	20mm×20mm 外圆车刀一把，$\gamma = 15°$，$\kappa_r = 75°$，$\kappa_{r'} = 30°$；$\alpha = 8°$。150 型游标卡尺一把	C6132 车床一台

（续）

序号	工序名称	工步名称	工步内容	定位基准与夹具	工具与量具	设备
2	车外圆	精车	采用一头夹一头顶方式，夹持深度20m。精车一端外圆到 ϕ18.05mm，长度 50mm。调头车另一外圆到 ϕ18.05mm，长度 40mm。精车时转速不变，背吃刀量 0.2mm，进给量 0.1mm/r	轴线 自定心卡盘 回转顶尖	同上	C6132 车床一台
3	车圆锥面	半精车	半精车锥面到长度 20mm。采用小滑板转位法，偏转 4.3°。夹持深度 40mm 半精车转速不变，背吃刀量 0.65mm，进给量 0.1mm/r	轴线 自定心卡盘	同上	C6132 车床一台
4	钻孔	粗钻孔	用 ϕ10 麻花钻钻孔到深度 20mm	轴线 自定心卡盘	60mm×ϕ10mm 麻花钻一把，150 型游标卡尺一把。尾座一个	C6132 车床一台
5	车螺纹	切槽	调头夹持深度 50mm，用 4mm×20mm 的切槽刀，在距离端面 20mm 处加工深度为 3mm 的退刀槽	轴线 自定心卡盘	4mm×20mm 的切槽刀一把，150 型游标卡尺一把	C6132 车床一台
		粗车螺纹	用 60°螺纹车刀粗车螺纹至深度 1mm，反车退刀	轴线 自定心卡盘	60°螺纹车刀，前角 10°，后角 5°。螺纹量规 1	C6132 车床一台
		精车螺纹	换 0°前角的螺纹车刀精车螺纹至深度 1.5mm	轴线 自定心卡盘	60°螺纹车刀，前角 0°，其他同上	C6132 车床一台

4. 加工操作过程

（1）下料或切断　该工序将 ϕ20mm 棒料用切断刀切取长 85mm 的加工料。采用毛坯外圆面为粗基准，用自定心卡盘定位装夹，用游标卡尺测量尺寸。所用切断刀如图 5-37 所示。采用 500r/min 的转速，进给量通过手控小滑板进行。

图 5-37　切断刀外形

（2）加工端面、钻中心孔、车外圆。

1）工序简图。如图 5-38 所示，将零件按图样要求加工至尺寸。

2）车外圆时的装夹方式。由于工件长度较长，可采用一夹一顶的方式进行加工。将毛坯一头 20mm 处夹至自定心卡盘，用回转顶尖固定另一头的中心孔。实现以轴线定位的基准

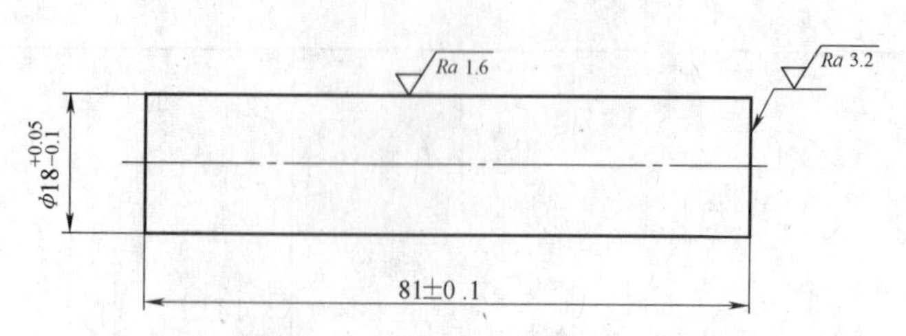

图 5-38　车端面、外圆和钻中心孔的加工工序简图

统一原则。如图 5-39 所示。

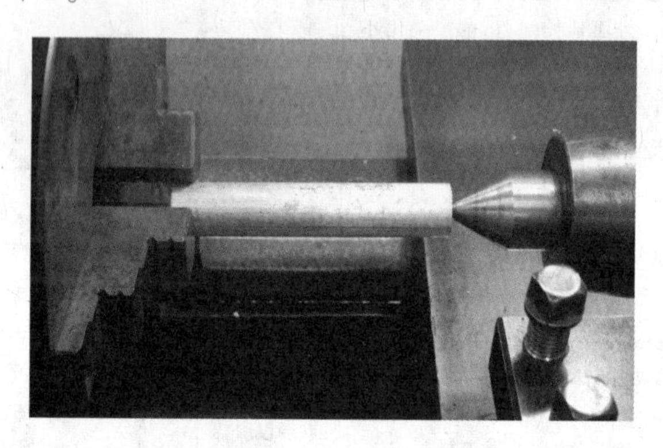

图 5-39　夹顶装夹方式

3）刀具的选择。根据该工序的加工工艺要求，可采用外圆车刀同时加工外圆和端面，用中心钻加工中心孔。如图 5-40a、b 所示。

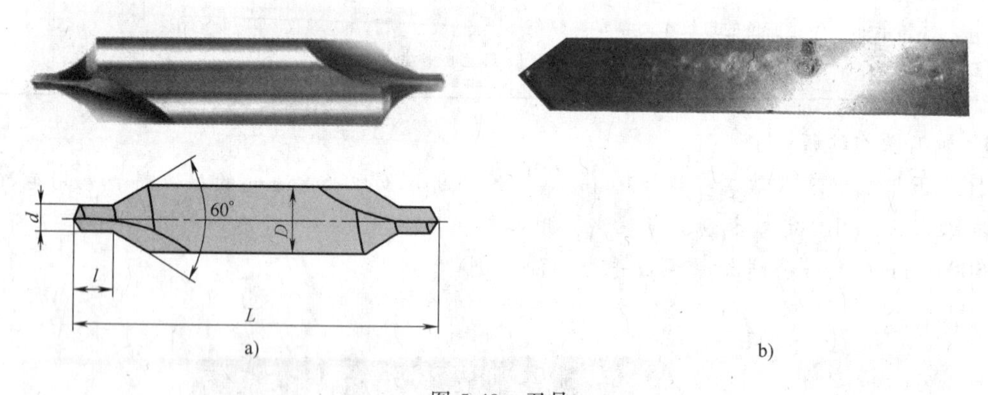

图 5-40　刀具

a）中心钻　b）外圆刀

4）所需量具。根据图样的精度要求，在检验中需要采用游标卡尺、千分尺、表面粗糙度比较样块进行检测，如图 5-41 所示。

5）加工步骤

① 加工端面、中心孔。将毛坯夹持在自定心卡盘中，用外圆车刀切削端面，使平面光滑平整（图 5-42）；再换中心钻加工中心孔（图 5-43）。

② 粗车外圆。先将外圆粗加工至 ϕ19mm，长度为 85mm。预留精车余量 1mm。

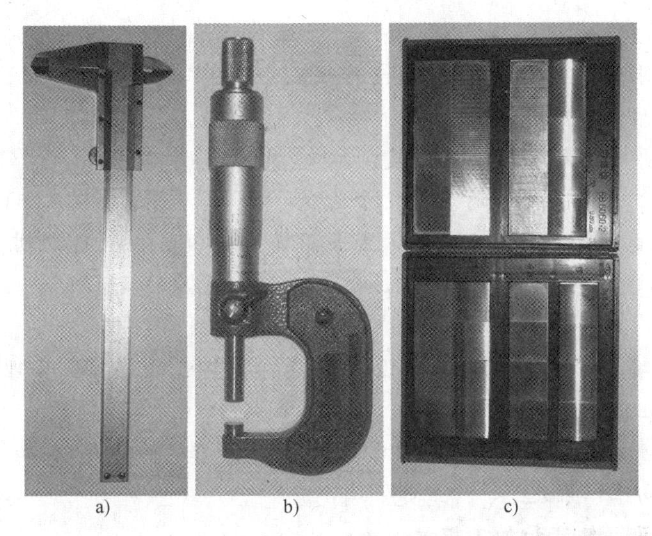

a)　　b)　　c)

图 5-41　各种量具

a）游标卡尺　b）千分尺　c）表面粗糙度比较样块

图 5-42　加工端面

图 5-43　加工中心孔

③ 精车外圆。将粗加工后的外圆尺寸加工至 ϕ18mm，长度 85mm。如图 5-44 所示。

④ 切断。换切断刀将零件切断并控制尺寸至 80mm 长度，外圆车到 ϕ18mm。如图 5-45 所示。

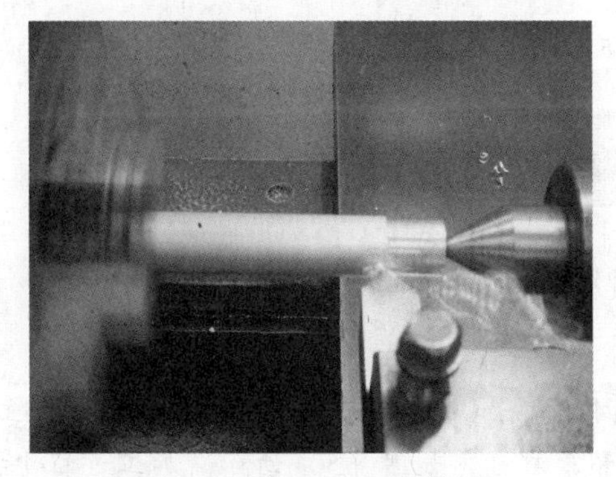

图 5-44　加工 ϕ18mm 外圆

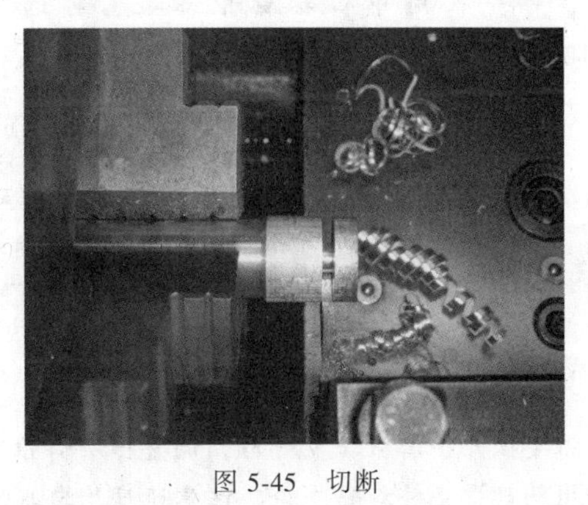

图 5-45　切断

⑤ 检验

a. 按照图样要求用千分尺检测 ϕ18mm 外径尺寸。

b. 用游标卡尺检测 80mm 的长度。

c. 用表面粗糙度样板检测表面粗糙度。

⑥ 分析。在加工过程中可能存在的几个问题：

a. 外径尺寸锥度。由于加工时装夹方式采用夹一头顶一头进行切削，尾座的偏移容易引起加工外径出现锥度的情况，因此，在加工前应进行尾座的找正工作，以确保加工外径的尺寸标准公差等级。

b. 表面粗糙度难以保证。在加工时没有很好的调整进给速度，合理运用切削三要素，可能造成表面比较粗糙。

c. 进刀与退刀有时无法控制好。当加工操作还不是很熟练时，在加工过程中偶尔会出现进刀与退刀的方向难以确定。

（3） 车削圆锥面、钻孔和加工螺纹

1） 检查零件图。如图 5-36 所示，主要包括加工 ϕ10mm 的孔、20mm×ϕ15mm 的圆锥面，M18 的外螺纹。

2） 装夹方式。根据图样要求加工圆锥面、钻孔及车螺纹，分两次装夹完成，用自定心卡盘夹持工件 ϕ18mm，伸出长度 40mm。为确保装夹过程中不破坏已加工表面，可用纯铜皮包裹进行装夹，以保证零件的精度要求。如图 5-46 所示。

3） 刀具的选择。根据该步骤的加工工艺要求，需采用外圆车刀加工圆锥面和端面，ϕ10mm 麻花钻钻孔，螺纹车刀加工 M18 的螺纹。如图 5-47 所示。

4） 所需量具。根据图样的精度要求，在检验中需要采用游标卡尺、表面粗糙度样板、M18 螺母进行检测。其中 M18 螺母如图 5-48 所示。

图 5-46 装夹方式

5） 加工步骤。

①钻孔时为使钻孔不会漂移，保证同心，可先采用中心钻钻中心孔，再选用 ϕ10mm 麻花钻钻孔，将孔钻至 20mm 深度。如图 5-49 所示。

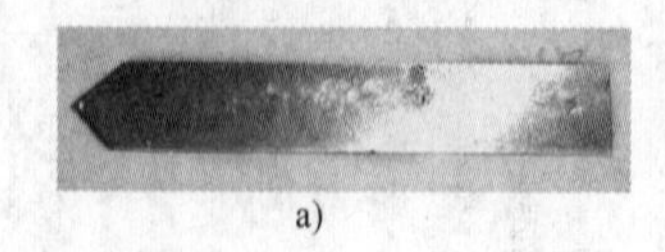

a)

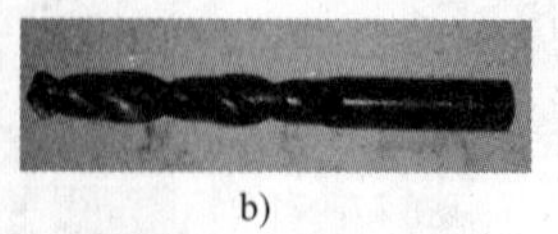

b)

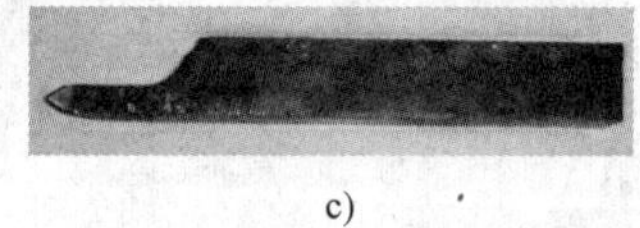

c)

图 5-47 所用刀具

a）外圆刀 b）麻花钻 c）螺纹刀

② 车圆锥面。使用外圆车刀按图样要求加工圆锥面，加工过程采用小滑板手动方式加工，首先要松开小滑板转盘螺母，调整出所需锥度，再锁紧螺母，如图 5-50a 所示。加工过程中需要用两只手交替旋转手轮，注意速度均匀缓慢，以控制表面粗糙度。如图 5-50b 所示。

③ 加工螺纹。调头装夹。与前一步骤的加工方式一致，夹持 ϕ18mm，伸出长度 30mm。加工螺纹前，先用切槽刀距离端面 20mm 处，加工一深 3mm 的退刀槽。换螺纹刀加工螺纹。加工螺纹过程中需要采用丝杆螺母的移动方式进行加工，第一次加工 1mm 深，进给量按照螺距确定。加工到退刀槽退刀后，反向进给回到起点，进行精加工。如图 5-51 所示。

图 5-48 螺母量具

6）检验

① 用游标卡尺按图样要求测量锥面尺寸、孔径尺寸。

② 用螺纹环规检测螺纹质量。

a)

b)

图 5-49 加工 ϕ10mm 孔

a）钻中心孔 b）钻孔

a)

b)

图 5-50 圆锥面加工过程

a）调整锥度 b）加工锥度

③ 用表面粗糙度样板检验表面粗糙度。

7）分析。此次加工对于初学者有一定难度：正常加工条件下可以得到如图 5-52 所示的加工成品。

图 5-51 螺纹加工

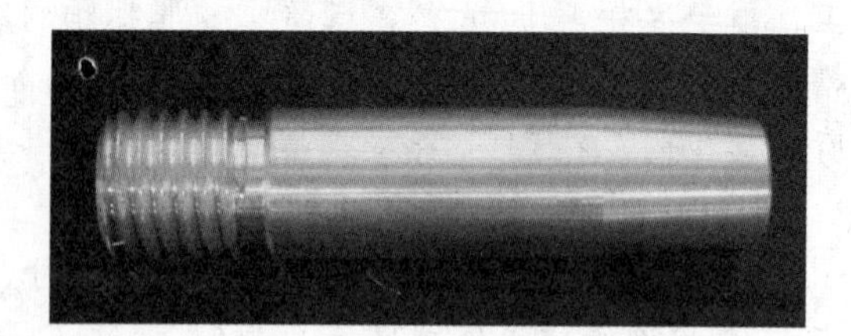

图 5-52 成品展示

① 加工圆锥面使用小滑板手动加工方式，手摇速度一定要均匀缓慢，否则表面会很粗糙。

② 锥度是由小滑板下面的转盘来进行调整的，在调整过程中精度会受到机床精度影响，因此，在加工过程中要经常进行测量和调整，使加工的锥度尽量符合图样要求。

④ 由于圆锥面难以测量，因此测量时一定要仔细耐心，特别是测量小径尺寸的时候。

⑤ 螺纹加工是一个非常紧张的加工过程，走刀速度较快，因此加工过程中应思想集中。

5.1.2 外圆车削的工艺特点（Process feature of cylindrical turning）

1. 生产率较高

外圆车刀结构简单，刚性好，制造、刃磨、装夹方便，且车削过程是连续的，比较平稳，故可进行高速切削或强力切削。

2. 应用广泛

不仅轴和盘套类零件上的外圆可进行切削，而且其他能在车床上装夹的零件，其外圆也可进行车削。

3. 加工的材料范围较广

钢、铸铁、非金属和某些金属均可车削。当非铁金属材料加工精度很高和表面粗糙度要求很低时，可在精车之后进行精细车，以代替磨削。

5.1.3 细长轴外圆的车削加工

我们常将长径比 L/D 在 5~10 的轴称为细长轴，其刚度很差，车削时容易弯曲和振动，产生腰鼓形或竹节形误差而不能保证加工质量。因此，必须采取有效措施来解决车削时的变形、振动等问题。

1. 改进装夹方式

车削细长轴时，工件的装夹采用一端在卡盘中夹紧，另一端支承在顶尖中。如图 5-53 所示，为了避免工件因切削热而膨胀伸长，从而引起弯曲变形，尾顶尖采用弹性尾座顶尖，因它能自动伸缩。

在车床卡盘中夹紧工件常用的形式有两种：一是在工件的左端绕上较细的钢丝，以减小接触面积，使工件在卡盘内能自由调节其位置，可避免被卡爪卡死而引起弯曲变形；二是在卡盘一端的工件上车出一个缩颈部分（图 5-54），缩颈直径 $d=D/2$（D 为工件的坯料直径），因而增加了工件的柔性，起到与万向接头类似的作用，缓解了由于坯料本身的弯曲而在卡盘强制夹持下轴线歪斜的影响。

此外，可采用如图 5-55 所示的跟刀架。跟刀架有三个铸铁支承块，其圆弧面 R 经过与工件配研贴合紧密，宽度 B 常取工件直径的 1.2~1.5 倍。切削时工件外圆被限制在刀具和三个支承块之间，能有效提高工件的刚性，减小切削振动和加工误差。粗车时跟刀架的支承块装在刀尖后面 1~2mm 处（图 5-56a）；精车时支承块则装在刀尖前面（图 5-56b），以防止划伤已精车的工件表面。

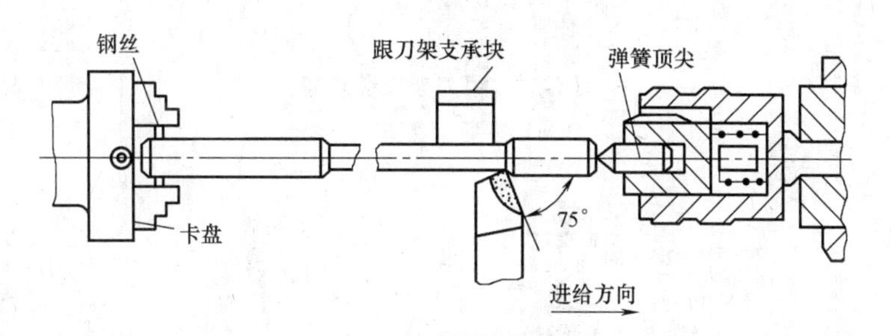

图 5-53 改进工件中的装夹

2. 选择合理的切削方法

车削细长轴时，宜采用由车头向尾座走刀的反向切削法（图 5-56）。这时在轴向切削力 F_f 的作用下，从卡盘到车刀区段内，工件受拉；利用可伸缩的回转顶尖，不会把工件顶弯。同时选择了较大的进给量和主偏角，增大了进给力，工件在大的轴向拉力作用下，能有效消除径向颤动，使切削过程平稳。

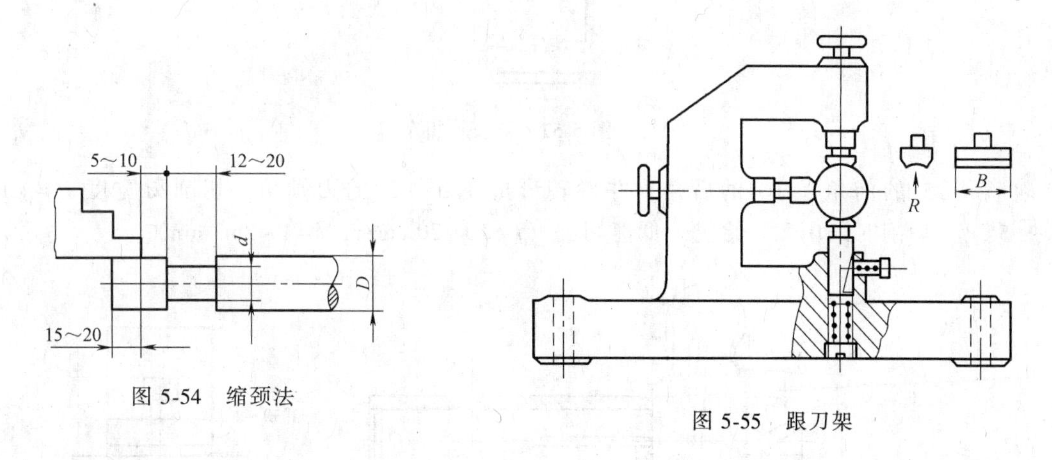

图 5-54 缩颈法

图 5-55 跟刀架

3. 合理选择刀具

粗车刀（图 5-57）常用较大的主偏角（75°）。以增大进给力而减小背向力，可以防止工件的弯曲变形和振动。选用较大的前角（15°~20°）和较小的后角（3°），既可减小切削力又可加强刃口强度。通过磨出卷屑槽和选用 5°的刃倾角，以控制切屑的顺利排出。刀片材料宜采用强度和耐磨性较好的硬质合金，如 YW1 或 YG6A。

精车刀常用宽刃、高速钢刀片，装在图 5-58 所示的弹性可调节刀排内。刀片装入刀排

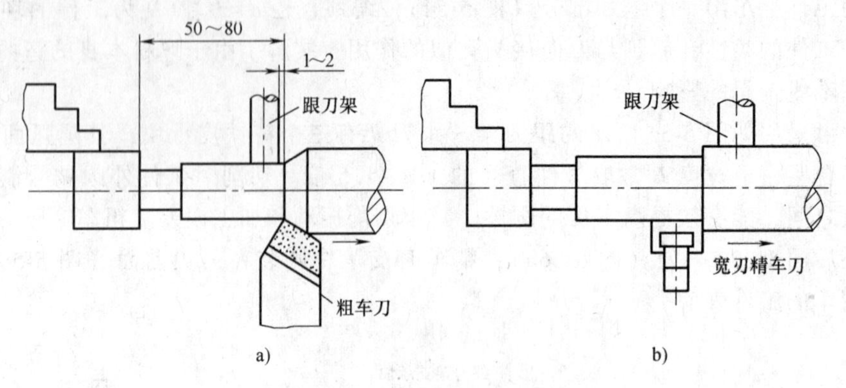

图 5-56 跟刀架安装位置

a）粗车 b）精车

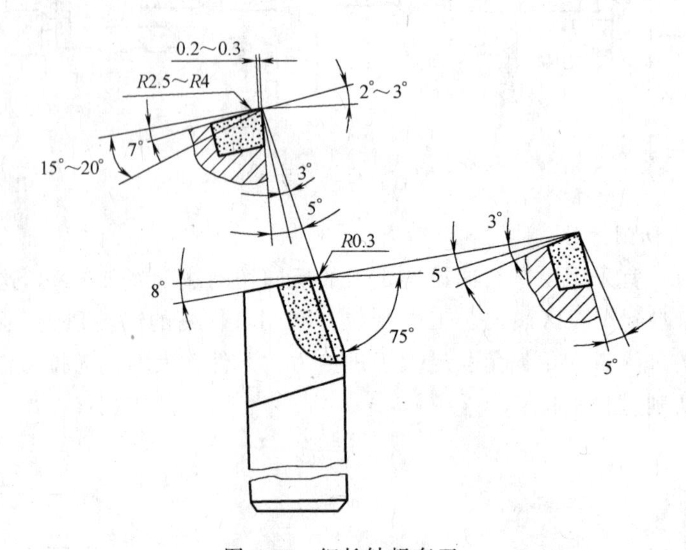

图 5-57 细长轴粗车刀

内形成 25°的前角和 10°的后角，并旋转形成 1.5°～2°的刃倾角，切削刃宽度 $B=(1.3\sim1.55)f$。切削时采用大进给量、低速切削（$f=10\sim20\text{mm/r}$，$v=1\sim2\text{m/min}$）。

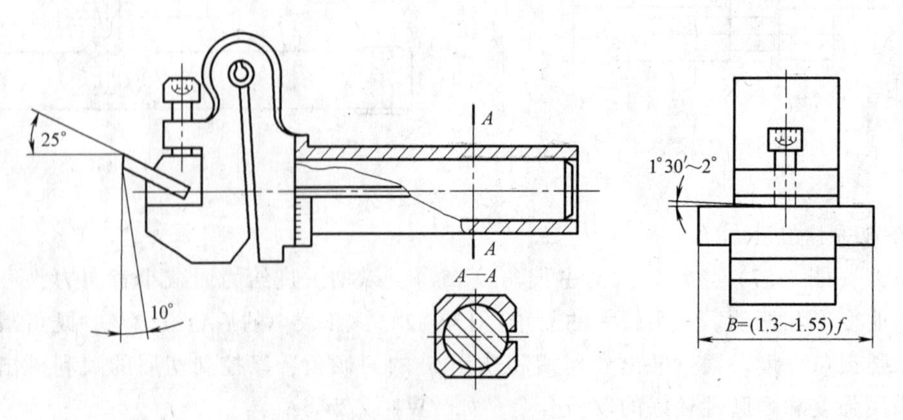

图 5-58 精车刀具

这种大前角、无倒棱的宽刀，切削刃易于切入工件，切下很薄的切屑，便于消除粗车时留在工件上的形状误差。小刃倾角（1.5°~2°）和弹性切杆使得切入平稳，并防止振动和啃刀，低速切削时可以避免积屑瘤和振动，且宽平切削刃可以修光工件表面，因此可以获得良好的加工质量。

此外，粗车刀安装时，刀尖可比工件中心高 0.1~0.15mm，使刀尖部分的后刀面压住工件，车刀此时相当于跟刀架的第四个支承块，有效增强了工件的刚度。精车时刀具装夹高度低于工件中心 0.1~0.15mm，以增大后角减少刀具磨损，并可使弹性刀杆振动时切削刃不会啃入工件。

5.1.4　外圆表面的磨削加工及实践（Grinding and practice of cylindrical surface）

磨削加工是用砂轮做切削工具，是外圆精加工的主要方法。它既能加工淬火的钢铁材料零件，也能加工不淬火的钢铁材料零件和非铁金属材料零件。外圆磨削分为粗磨、精磨、光整加工。

1. *砂轮*（Grinding wheel）

关于砂轮的结构请参阅参考文献［1］中的磨削加工。砂轮是由磨粒-结合剂-空隙组成，其比例以及磨粒的粒度大小决定了砂轮的特性。

（1）粒度（Granularity）　粒度是指磨料颗粒的大小，通常分为磨粒（颗粒尺寸>40μm）和微粉（颗粒尺寸≤40μm）两类。磨粒用筛选法确定粒度号，如粒度 60#的磨粒，表示其大小正好能通过 1in（1in=2.54cm）长度上孔眼数为 60 的筛网。粒度号越大，表示磨粒颗粒越小。微粉按其颗粒的公称尺寸分组，如 W20 是指用显微镜测得的公称尺寸为 20μm 的微粉。

粒度对加工表面粗糙度和磨削生产率影响较大。见表 5-2，一般来说，粗磨用粗粒度（30#~46#），精磨用细粒度（60#~120#）。当工件材料硬度低、塑性大和磨削面积较大时，为了避免砂轮堵塞，也可采用粗粒度的砂轮。

表 5-2　砂轮的粒度及适用范围

类别	粒度号	适用范围
磨粒	8# 10# 12# 14# 16# 20# 22# 24#	粗磨
	30#　36#　40#　46#	一般磨削，加工表面粗糙度值可达 *Ra*0.8μm
	54#　60#　70#　80#　90#　100#	半精磨、粗磨和成形，加工表面粗糙度值可达 *Ra* 0.8~1.6μm
	120#　150#　180#　220#　240#	精磨、精密磨、超精磨、成形磨、刀具刃磨、珩磨
微粉	W63　W50　W40　W28	精磨、精密磨、超精磨、珩磨、螺纹磨
	W20　W14　W10 W7　W5　W3.5 W2.5　W1.5　W1.0　W0.5	超精密磨、镜面磨、精研，加工表面粗糙度值可达 *Ra*0.012~0.05μm

（2）硬度（Hardness）　砂轮的硬度是指砂轮工作表面的磨粒在磨削力的作用下脱落的难易程度。它反映磨粒与结合剂的粘固强度。磨粒不易脱落，砂轮硬度高；反之，则砂轮硬度低。

砂轮的硬度从低到高分为超软、软、中软、中、中硬、硬、超硬 7 个等级（表 5-3）。

表 5-3 砂轮硬度及适用范围

等级	超软			软			中软		中		中硬			硬		超硬
代号	D	E	F	G	H	J	K	L	M	N	O	P	R	S	T	Y
选择	磨未淬硬钢选用L~N,磨淬火合金钢选用H~K,高表面质量磨削时选用K~L,刃磨硬质合金刀具时选用H~J															

工件材料较硬时，为使砂轮有较好的自锐性，应选用较软的砂轮；工件与砂轮的接触面积大、工件的导热性差时，为减少磨削热，避免工件表面烧伤，应选用较软的砂轮；对于精磨或成形磨削，为了保持砂轮的廓形精度，应选用较硬的砂轮；粗磨时应选用较软的砂轮，以提高磨削效率。

（3）结合剂（Bond） 结合剂是将磨料黏结在一起，使砂轮具有必要的形状和强度的材料。结合剂的性能对砂轮的强度、抗冲击性、耐热性、耐蚀性，以及对磨削温度和磨削表面质量都有较大的影响。

常用结合剂的种类有陶瓷、树脂、橡胶及金属等。陶瓷结合剂的性能稳定，耐热、耐酸碱，价格低廉，应用最为广泛；树脂结合剂强度高，韧性好，多用于高速磨削和薄片砂轮；橡胶结合剂适用于无心磨的导轮、抛光轮、薄片砂轮等；金属结合剂主要用于金刚石砂轮（表 5-4）。

表 5-4 砂轮结合剂种类

名称	代号	特 性	适 用 范 围
陶瓷	V	耐热,耐油和耐酸、碱,强度较高,但性能较脆	除薄片砂轮外,能制成各种砂轮
树脂	B	强度高,富有弹性,具有一定抛光作用,耐热性较差,不耐酸、碱	荒磨砂轮,磨窄槽、切断用砂轮,高速砂轮,镜面磨砂轮
橡胶	R	强度高,弹性更好,抛光作用好,耐热性差,不耐油和酸,易堵塞	磨削轴承沟道砂轮,无心磨导轮,切割薄片砂轮,抛光砂轮

（4）组织（Structures） 砂轮的组织是指砂轮中磨料、结合剂和气孔三者间的体积比例关系（图5-59）。按磨料在砂轮中所占体积的不同，砂轮的组织分为紧密、中等和疏松三大类（表 5-5）。

组织号越大，磨粒所占体积越小，表明砂轮越疏松。这样，气孔就越多，砂轮不易被切屑堵塞，同时可把切削液或空气带入磨削区，使散热条件改善。但过分疏松的砂轮，磨粒含量少，容易密钝，砂轮廓形也不容易保持长久。生产中最常用的是中等组织（组织号 4~7）的砂轮。

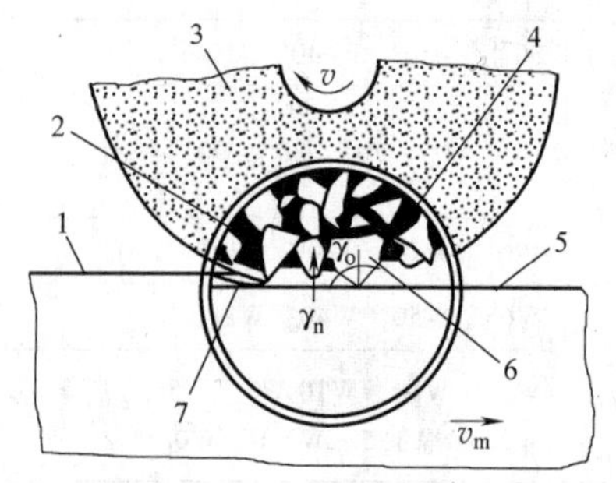

图 5-59 砂轮的组织

1—待加工表面 2—空隙 3—砂轮 4—结合剂 5—已加工表面 6—磨粒 7—过渡表面

2. 磨削过程（Grinding procedures）

从本质上来看，磨削也是一种切削，砂轮表面上的每一个磨粒，可以近似地看成一个微小刀齿。砂轮上比较锋利而凸出的磨粒可以切下切屑；不太凸出或磨钝的磨粒，只在工件表面上刻画出细小的沟痕；比较凹下的磨粒，只从工件表面上滑擦而过。比较锋利且凸出的磨粒，其切削过程大致可分为三个阶段（图 5-60）。

表 5-5　砂轮的组织及选用

组织号	0	1	2	3	4	5	6	7	8	9	10	11	12	13	14
磨粒率(%)	62	60	58	56	54	52	50	48	46	44	42	40	38	36	34
用途	成形磨削，精密磨削				磨削淬火钢，刀具刃磨				磨削韧性大而硬度不高的材料					磨削热敏感性大的材料	

（1）滑擦阶段　磨粒从工件表面上滑擦而过，只有弹性变形而无切屑。

（2）刻划阶段　随着挤入深度逐步增大，表面金属由弹性变形逐步过渡到塑性变形，就表示磨削过程进入刻划阶段。此时磨粒切入金属表面，磨粒的前方及两侧出现表面隆起现象，在工件表面刻划成沟纹。

（3）切削阶段　随着切削厚度逐步增加，在达到临界值时，被磨粒推挤的金属明显地滑移而形成切屑。

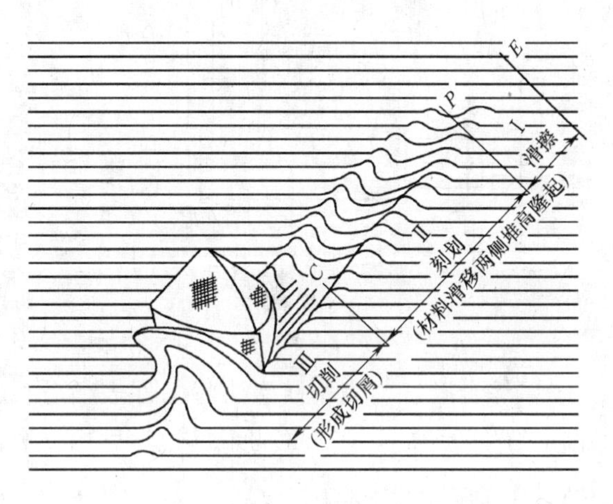

图 5-60　磨粒切削过程的三个阶段

3. 磨削工艺特点（Process feature of grinding）

（1）精度高、表面粗糙度小　砂轮表面有极多的切削刃，并且刃口圆弧半径 r_n 小。磨粒上锋利的切削刃，能够切下一层很薄的金属，切削厚度可以小到数微米。

磨床有较高的精度和刚度，并有实现微量进给机构，可以实现微量切削。磨削的切削速度高，磨削时有很多切削刃同时参加切削，每个磨刃只切下极细薄的金属，残留表面的高度很小，有利于形成光洁的表面。

（2）砂轮有自锐作用　在磨削过程中，磨粒的破碎产生新的、较锋利的棱角，以及由于磨粒的脱落而露出一层新的锋利磨粒，能够部分恢复砂轮的切削能力，这种现象叫作砂轮的自锐作用，也是其他切削刀具所没有的。在实际生产中，可利用这一原理进行强力连续切削，提高生产力。

（3）磨削的径向磨削力 F_p 大　F_p 作用在工艺系统刚性较差的方向上。因此，加工刚性较差的工件时，应采取相应的措施，提高工艺系统的刚性。

（4）磨削温度高　磨削时切削速度高，再加上磨粒多为负前角，挤压和摩擦严重，产生的切削热多，加上砂轮的导热性很差，大量的磨削热在磨削区形成瞬时高温，容易造成工件表面烧伤和微裂纹。因此，磨削时应采用大量的切削液以降低磨削温度。

4. 外圆表面的磨削方法（Grinding methods of cylindrical surface）

粗磨后工件的尺寸标准公差等级可达 IT8 ~ IT9，表面粗糙度值为 $Ra0.8 \sim 1.6\mu m$，精磨后工件的尺寸标准公差等级可达 IT6 ~ IT7，表面粗糙度值为 $Ra0.2 \sim 0.8\mu m$。

（1）有心磨法

1）纵磨法。磨削时，砂轮高速旋转（主运动），工件低速旋转（圆周进给）并和工作台一起做往复直线运动（纵向进给），如图 5-61 所示。每当工件一次往复行程终了时，砂轮做周期性的横向进给。每次磨削深度很小，一般为 0.005~0.01mm，磨削余量是在多次往复行程中切除的。纵磨法的特点是可用同一砂轮磨削长度不同的各种工件，广泛用于单件小批生产零件的精磨，特别适用于细长轴的磨削。

2）横磨法。横磨法又称径向磨法或切入磨法。磨削时，工件不纵向移动，而由砂轮以慢速做连续的横向进给，直至磨去全部磨削余量，如图 5-62 所示。横磨法的特点是生产率高，适合在成批、大量生产中加工短而粗及带台阶的轴类工件的外圆。

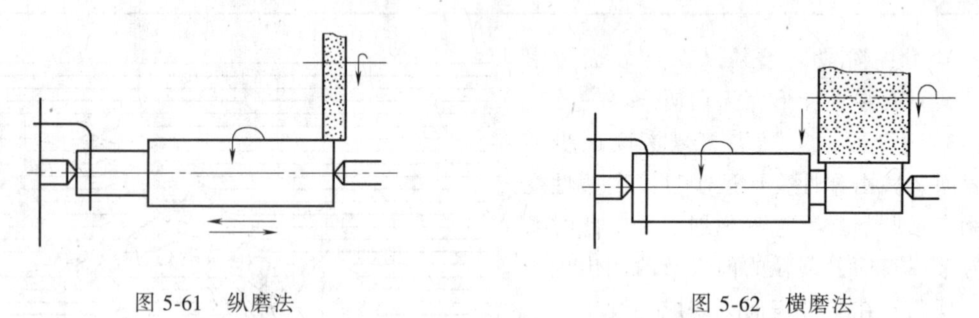

图 5-61　纵磨法　　　　图 5-62　横磨法

3）综合磨法。先用横磨法将工件表面分段进行粗磨，相邻两段间有 5~10mm 的搭接，工件上留下 0.01~0.03mm 的余量，然后用纵磨法进行精磨。此法综合了横磨法和纵磨法的优点。

4）深磨法。磨削时，用较小的纵向进给量（一般取 1~2mm/r），较大的磨削深度，一般为 0.03mm 左右，在一次行程中切除全部余量。其特点是生产率较高，只适合成批、大量生产中加工刚度较大的工件。工件的被加工表面两端有较大的距离，允许砂轮切入和切出。

（2）无心磨削法（Centerless grinding）　图 5-63 所示为无心磨床的加工原理图。无心磨

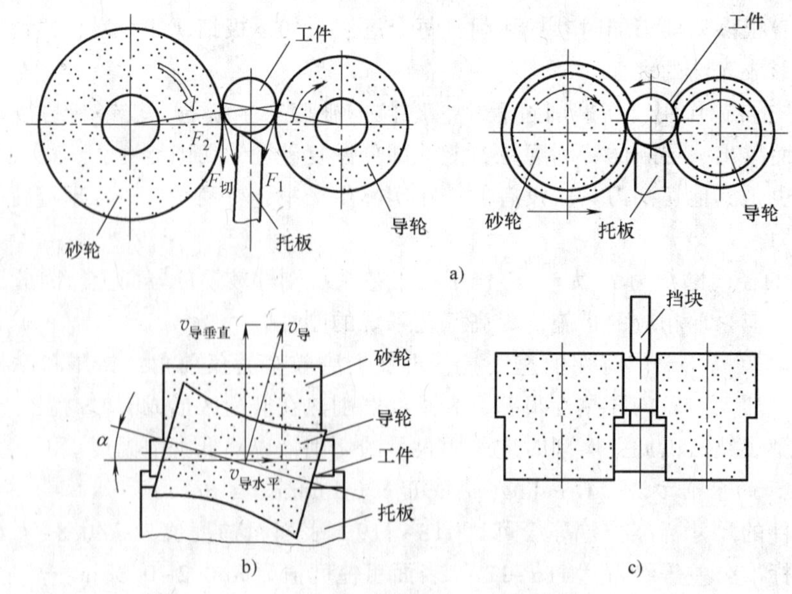

图 5-63　无心磨床的加工原理图

床磨削外圆时，工件不是用顶尖或卡盘定心，而是直接由托板和导轮支承，用被加工表面本身定位。图 5-63 中，磨削砂轮高速旋转做切削主运动，导轮是用树脂或橡胶为结合剂的砂轮，它与工件之间的摩擦因数较大，当导轮以较低的速度带动工件旋转时，工件的线速度与导轮表面的线速度相近。工件由托板与导轮共同支承，工件中心一般应高于砂轮与导轮的连心线，以免工件加工后出现棱圆形。

无心外圆磨削有两种方法：贯穿磨削法（纵磨法）和切入磨削法（横磨法）。用贯穿磨削法时，将工件从机床前面放到托板上并推至磨削区。导轮轴线在垂直平面内倾斜一个角度，导轮表面经修整后为一回转双曲面，其直母线与托板表面平行。工件被导轮带动回转时产生一个水平方向的分速度（图 5-63b），从导轮与磨削砂轮之间穿过。用贯穿磨削法时，工件可以一个接一个地连续进入磨削区，生产率高且易于实现自动化。用贯穿磨削法可以磨削圆柱形、圆锥形、球形工件，但不能磨削带台阶的圆柱形工件。

用切入磨削法时，导轮轴线的倾斜角很小，仅用于使工件产生小的轴向推力，顶住挡块而得到可靠的轴向定位（图 5-63c），工件与导轮向磨削轮做横向切入进给，或由磨削轮向工件进给。

5.1.5　外圆表面的精加工及光整加工（Finishing of cylindrical surface）

1. 砂带磨削（Grinding of sand belt）

砂带磨削是用粘满细微、尖锐砂粒的砂布带作为磨削工具的一种加工方法。砂带磨削可以根据工件的几何形状，用相应的接触方式，在一定的工作压力下与工件接触，并做相对运动，对工件表面进行磨削和抛光。这种多切削刃连续切削的高效加工工艺，近年来获得极大的发展。它具有以下特点。

（1）磨削效率高　砂带磨削效率是铣削的 10 倍，是目前金属切削机床中效率最高的一种，功率利用率达 95%。

（2）磨削表面质量好　砂带与工件柔性接触，磨粒所受的载荷小且均匀，能减振，属于弹性磨削。加上工件受力小、发热少、散热好，因而可获得好的加工质量，表面粗糙度可达 $Ra0.02\mu m$，特别适宜加工细长轴和薄壁套筒等刚度较差的零件。

（3）磨削性能好　由静电植砂制作的砂布，磨粒有方向性，尖端向上，摩擦生热少，砂布不易堵塞，切削时不断有新磨粒进入磨削区，磨削条件稳定。

（4）适用范围广　可用于内、外圆及成形表面的磨削。图 5-64 给出了几种常见的砂带磨削方式。

2. 研磨（Lapping）

图 5-65 所示为外圆表面研磨示意图。研磨时工件转动，研具做轴向往复运动。在工件和研具之间放置研磨剂。

研磨剂通常由磨料（氧化铝、碳化硅等）与煤油、润滑油等组成。为了存留研磨剂，工件和研具之间应有 0.02~0.05mm 的间隙。研磨速度一般为 0.3~1m/s。研具通常由铸铁或硬木制成，研具磨损后可通过调整研具夹的开口间隙来补偿。研磨后表面粗糙度值可达 $Ra0.01\sim0.1\mu m$。

3. 珩磨（Honing）

图 5-66 所示为双砂轮珩磨外圆的工作原理图。工件安装在机床两顶尖之间。工件两侧

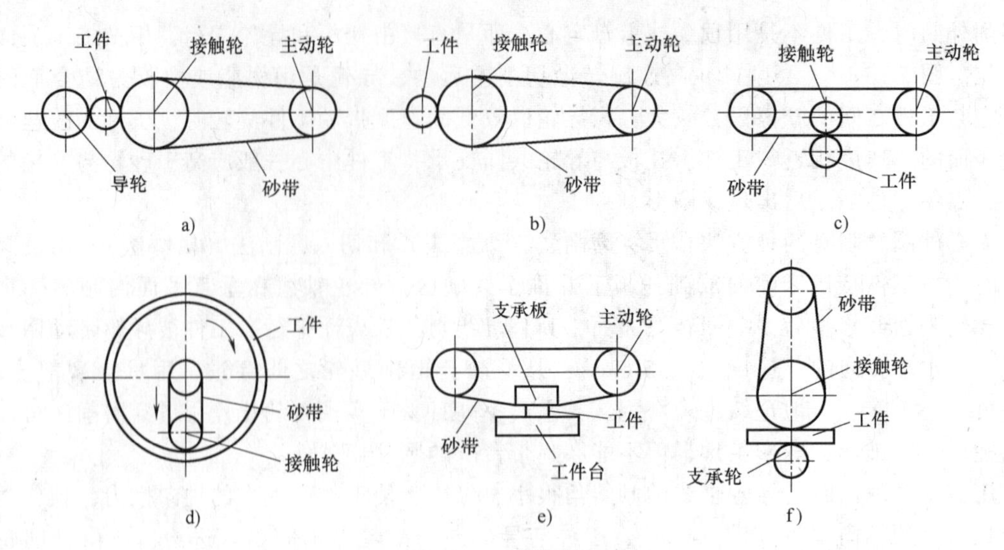

图 5-64 砂带磨削

a）砂带无心外圆磨削（导轮式） b）、c）砂带定心外圆磨削（接触轮式） d）砂带内圆磨削（回轮式）
e）砂带平面磨削（支承板式） f）砂带平面磨削（支承轮式）

各安装一外表面修整成双曲面的珩磨轮，各与工件轴线倾斜成 α 角，在弹簧力的作用下，珩磨轮压向工件加工表面。当工件以 $n_{工}$ 的转速回转时，通过摩擦力带动两个珩磨轮以 $n_{珩}$ 转速转动。由于 α 角的存在，故珩磨轮在被工件带动的同时，还相对于工件加工表面以速度 $v_{切}$ 滑动，从而产生切削作用。珩磨轮结构如图 5-67 所示。

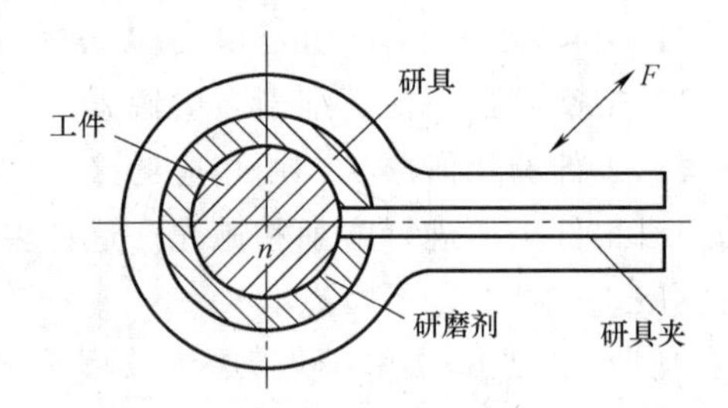

图 5-65 外圆表面研磨示意图

进行外圆表面的双砂轮珩磨加工时，磨粒对工件具有切削、挤压和抛光作用，珩磨轮与工件间的接触面积小，脱落的磨粒易被切削液带走，故加工表面的表面粗糙度稳定，一般可达

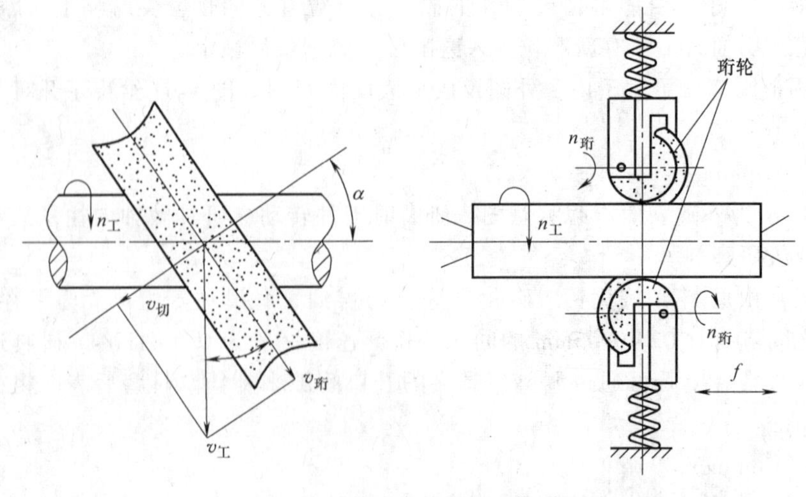

图 5-66 双砂轮珩磨外圆的工作原理图

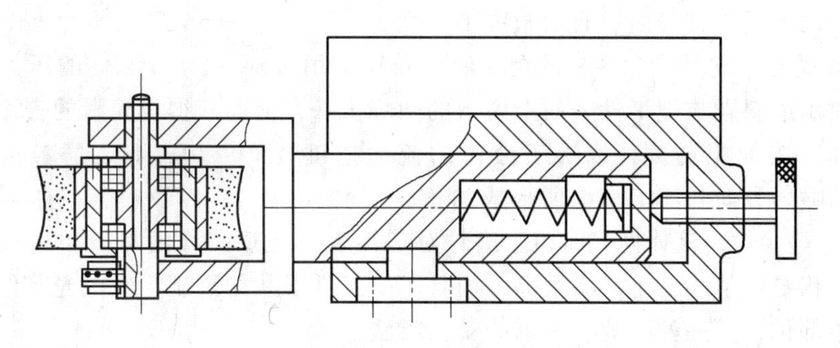

图 5-67　珩磨轮结构图

Ra0.025μm，尺寸标准公差等级可达 IT6～IT7，同时还可以修正工件外圆母线的直线度误差，但不能修正工件的圆度和位置误差。

4. 滚压（Rolling）

滚压加工是用硬度比工件高的滚压工具（滚轮或滚珠），对半精加工后的零件表面在常温下加压，使受压点产生弹性及塑性变形，将表面的凸起部分压下去，凹下部分向上挤，以修正零件表面的微观几何形状，减小表面粗糙度（图 5-68）。由于工件表面层金属受挤压产生加工硬化现象，使晶粒沿金属流动方向呈纤维状，工件表面层产生残余应力，从而大大提高零件的物理力学性能，使工件表面层的强度极限和屈服强度增大，显微硬度提高 20%～40%，同时使零件的疲劳强度、耐磨和耐蚀性都有显著改善。

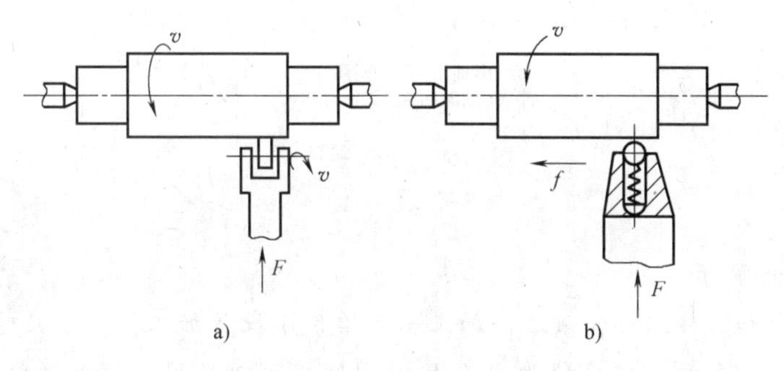

图 5-68　滚压加工示意图

a）滚轮滚压　b）滚珠滚压

5. 抛光（Polishing）

抛光是用微细磨粉或软膏磨料的布轮、布盘或皮轮、皮盘等软质工具，靠机械滑擦和化学作用来减小加工表面的粗糙度。抛光对尺寸误差和形状误差没有修正能力。抛光后工件表面粗糙度值可达 Ra0.008～0.0125μm，还可以提高零件的疲劳强度、抗磨性能和耐蚀能力，但不能提高零件的精度。此外，抛光也用于镀铬前的准备和表面装饰加工。下面主要介绍机械抛光和液体抛光两种方法。

（1）机械抛光　使用涂有抛光膏的高速旋转的软轮对工件表面进行加工。抛光膏用油脂和磨料（氧化铬、氧化铁等）混合制成。软轮用毛毡、橡胶、帆布或皮革等叠制而成。抛光时，由于金属表层与油脂发生化学作用而形成软的氧化膜，故可以用软磨料来加工工件，而不会划伤工件表面。由于抛光的工作速度很高，高温使工件表面出现很薄的熔流层，产生塑性流动而填平工件表面原有的微观平面度。

(2) 液体抛光　它是将含磨料的抛光液，经喷嘴用 $(6\sim8)\times10^2$kPa 的压力，高速喷向加工表面，喷出磨料颗粒把工件表面上留下的凸峰击平，从而获得极光滑的表面。液体抛光的生产率和加工表面粗糙度，取决于液体的流动速度（50~70m/s）、磨粒大小（100#~W5）、液流的喷射方向与加工表面所形成的角度（40°~60°），以及喷嘴与加工表面的距离（50~100mm）等参数。液体抛光时由于磨粒对工件表面微观凸峰做高频和高压冲击，不仅使加工的表面粗糙度值小，生产率很高，而且不受工件形状的限制，能抛光其他光整加工方法难以加工的部位，是一种高效、先进的工艺方法。

案例分析 5-2　小轴磨削加工

现需要 10 件如图 5-69 所示的小轴，材料为 45 钢，已经过车削加工和热处理，现要求将长度为 50mm 一段的外圆面进行磨削加工，达到尺寸标准公差等级和表面粗糙度的要求。请制订工艺流程、工艺卡和工步内容，并按照工艺文件进行加工。

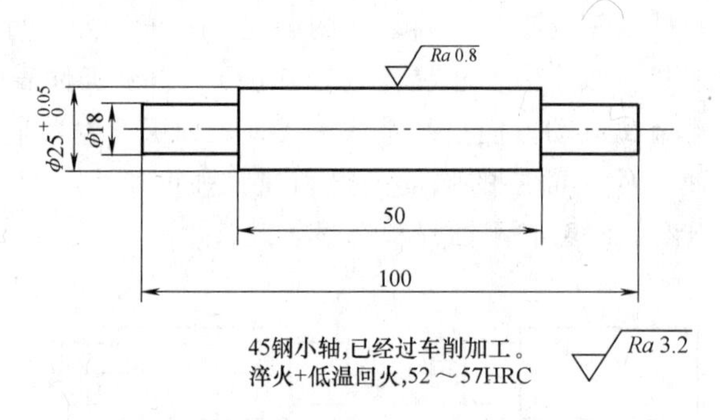

图 5-69　小轴零件图

分析与设计制造：

1. 工艺流程的制订

根据加工要求和零件图样，该零件加工属于单件小批量加工，由于尺寸公差为 0.05mm（相当于 IT8~IT9），表面粗糙度值为 Ra0.8μm，所以可以采用粗磨—精磨的工艺流程完成加工。

2. 工艺卡和工步内容的制订

按照工艺流程，本加工工艺只有一道磨削工序，工步主要包括修研中心孔→粗磨→半精磨→精磨→检验。工艺卡和工步内容见表 5-6。

3. 加工操作过程

(1) 定位基准的确定　用车工完成后留下的中心孔作为定位基准，采用磨床上的两个固定顶尖为定位元件，以保证定位精度。在磨削加工前先用清洗液将两中心孔清洗，然后上润滑油用锥形砂轮研磨中心孔。

(2) 磨床型号、砂轮型号的选择　磨床型号：M1420。1 表示第一类磨床；4 表示万能外圆磨床；最大加工直径为 200mm，最大加工长度为 500mm。

砂轮型号：1-400×50×203WA60L5V35m/s。1 表示砂轮形状为平形；400 表示砂轮直径为 400mm；50 表示砂轮厚度为 50mm；203 表示砂轮内径 203mm；WA 表示白刚玉磨料；60

表示砂轮粒度；L 表示砂轮硬度为低硬；5 表示砂轮组织号，此数字越大砂轮表面气孔越大；V 表示指陶瓷图 3-2-2 M1420 外圆磨床砂轮；35m/s 表示砂轮的线速度。如图 5-70 所示。

(3) 测量量具 选择 25~50 量程的千分尺，如图 5-71 所示，用于尺寸标准公差等级测量。便携式表面粗糙度仪如图 5-72 所示，用于表面粗糙度的测量。

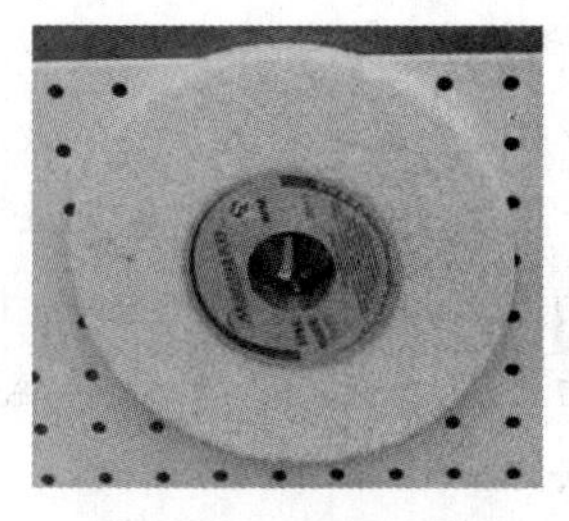

图 5-70 砂轮外形

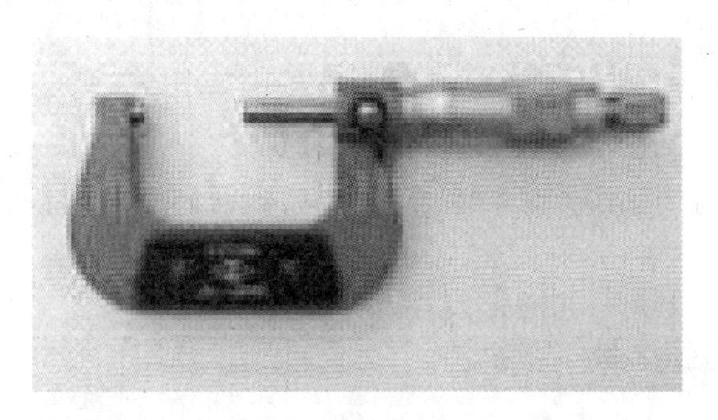

图 5-71 千分尺外形结构

图 5-72 便携式表面粗糙度仪外形结构

表 5-6 小轴外圆磨削工艺卡及工步内容

工序名称	工步名称	工步内容	工具或量具	定位基准	机床
小轴外圆磨削	修研中心孔	清洗中心孔，抹黄油，用研具研磨中心孔，以便消除热处理时产生的变形和氧化皮	锥形砂轮研具	大外圆面	M1420A/H 万能外圆磨床
	粗磨外圆	用两整体式顶尖装夹定位中心孔，测得加工部位直径为 25.52mm，加工到 25.22mm，留余量 0.17mm。切削用量为：砂轮线速度 v_s：35m/s；工件转速 N_w：100r/min；径向进给量 F_r：0.01mm/st；轴向进给量 F_a：0.8Bmm/min（B 代表砂轮的宽度）	1-400×50×203WA60L5V35m/s	两中心孔	
	半精磨外圆	同粗磨加工，但径向进给量 F_r：0.005mm/st。留余量 0.08mm			
	精磨外圆	同半精磨加工，但轴向进给量 F_a：0.01Bmm/min。加工至轴达到图样尺寸			
	检验	检验尺寸公差是否为 0.05mm，表面粗糙度值为 Ra0.8μm	千分尺便携式表面粗糙度仪	外圆面	

(4) 主要切削参数

1) 粗磨。为了提高生产率，粗磨时选择较大的径向和轴向进给量，其中径向进给量 F_r 为 0.01mm/st，轴向进给速度 F_a 为 4mm/min。砂轮转速为 1670r/min，工件转速为 100 r/min。留下 0.17mm 的余量给半精磨。

2) 半精磨。为了保证尺寸标准公差等级，同时保证一定的生产率，半精磨时采用较低

的径向进给量 F_r：0.005mm/st，而轴向进给速度保持为 F_a：4mm/min。砂轮转速为1670r/min，工件转速为100r/min。留0.08mm的余量给精磨。

3）精磨。主要保证尺寸标准公差等级和表面粗糙度，所以应该选择小的径向和轴向进给量，径向进给量 F_r：0.005mm/st，轴向进给速度为 F_a：0.5mm/min。砂轮转速为1670r/min，工件转速为100r/min。直到尺寸标准公差等级和表面粗糙度达到图样要求。

（5）操作过程

1）起动液压泵，装夹并检查工件是否正确。

2）调整两撞块，确定工作台的纵向运行行程。

3）顺时针转动横向进给手轮，使砂轮与工件的间距大于25mm。

4）起动砂轮架快进按钮，再顺时针转动横向进给手动手轮使砂轮与工件的间距为1mm左右。

5）起动砂轮和工件的连续旋转旋钮，并切掉材料总量的2/3。

6）停止机床。按砂轮架快退按钮，并停止砂轮和工作台。

7）测量工件两端上下极限尺寸。

8）再次装夹零件并检查。

9）再次起动机床并切掉剩余总量的2/3。

10）停止机床并测量尺寸。

11）根据机床的磨削误差规律，计算出较小一端最后实际能进给多少并再次加工。

12）停止机床并测量小端尺寸，直到小端加工到图样尺寸。

13）修复大端，至图样尺寸。

（6）质量检查　工件直径为25.008mm，在误差范围之内，表面粗糙度值为 $Ra0.8\mu m$，成品如图5-73所示。

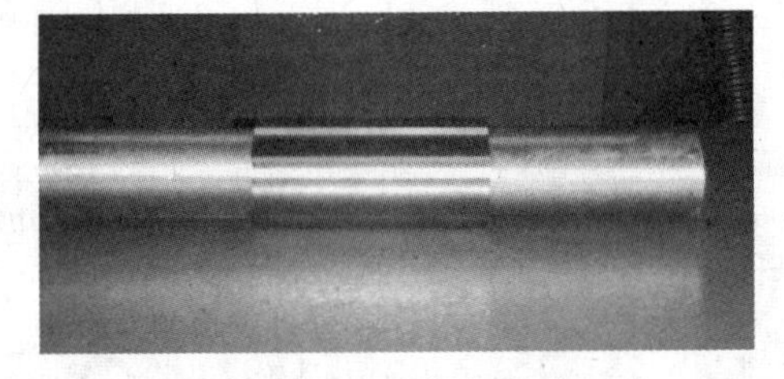

图5-73　零件产品图

（7）结果分析。按照工艺步骤严格执行工艺参数，就可以保证成品质量。

5.2　孔的加工（Hole processing）

孔是轴套类、盘盖类和箱体类零件的主要表面（如轴承孔、定位孔等），也可能是这些零件的辅助表面（如油孔、紧固孔等）。孔加工的方法较多，常用的有钻、扩、铰、镗、拉、磨、珩磨等。

5.2.1　钻孔及实践（Drilling and practice）

孔是组成零件的基本表面之一。钻头做回转运动和轴向进给运动，从工件实体上切去切屑、加工出孔的工序称为钻孔。钻孔是孔加工的一种基本方法。钻孔经常在钻床和车床上进行，也可以在镗床或铣床上进行。常用的钻床有台式钻床、立式钻床和摇臂钻床。

1. 麻花钻（Twist drill）

钻孔常用的刀具是麻花钻，如图 5-74 所示。麻花钻的前端称为切削部分，如图 5-75 所示。切削部分有两条对称的主切削刃，两主切削刃的夹角 $2\kappa_r$ 称为顶角，标准麻花钻的顶角为 118°。导向部分边缘有两条副切削刃，在钻头的顶部，两主后面的交线形成横刃，横刃的前角为负角，因此在钻削时，横刃在挤压、刮削工件，切削条件很差。切屑都是从钻头的螺旋槽中排出，因此容易刮伤已加工表面。由于螺旋槽的存在，钻头的实心部分较小、刚度较差，如果顶角刃磨得不对称，形成的背向力易使钻头“引偏”，造成孔的位置误差，因此麻花钻钻孔的精度较差，表面质量较低。

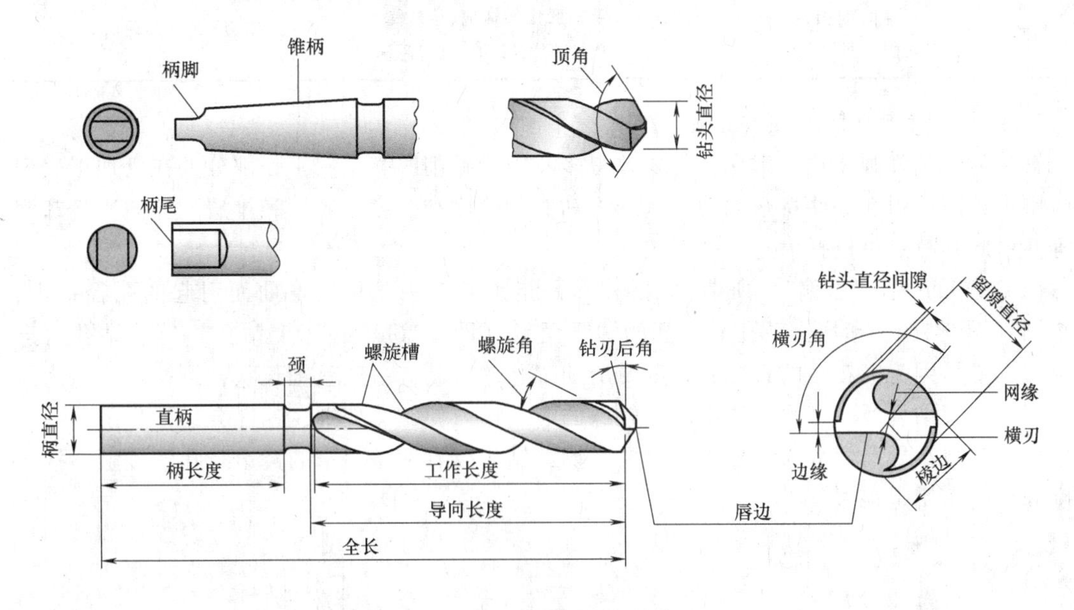

图 5-74 麻花钻的结构

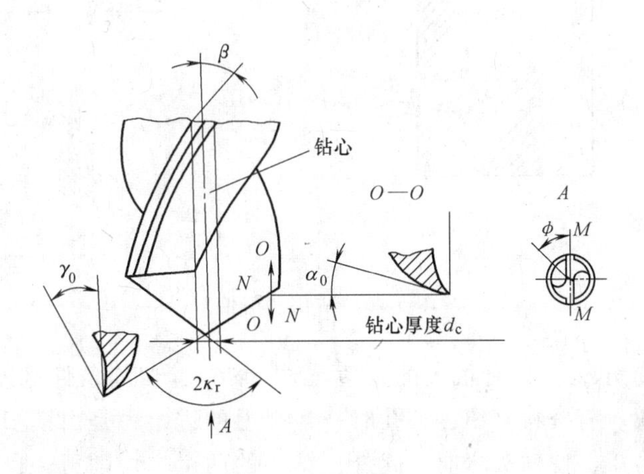

图 5-75 麻花钻的几何参数

γ_0—前角 α_0—后角 β—螺旋角 $2\kappa_r$—顶角 ϕ—横刃斜角

2. 麻花钻的几何参数（Geometric parameters of twist drill）

麻花钻的主要几何参数见表 5-7。

表 5-7　麻花钻的主要几何参数

几何参数	定　义	特　点	标准值
螺旋角 β	棱边切线与钻头轴线的夹角	β 越大，切削越方便，但钻头强度下降	$\beta=18°\sim30°$
顶角 $2\kappa_r$	两个主切削刃的夹角	$2\kappa_r$ 越小，主切削刃越长，进给力越小	$2\kappa_r=118°$
前角 γ_o	正交平面 $N—N$ 内前刀面与基面的夹角	从外缘至中心 γ_o 逐渐减小，切削条件变差	横刃处 $\gamma_o=-54°$
后角 α_o	轴向剖面 $O—O$ 内刀面与切削平面的夹角	与 γ_o 变化相适应，从外缘至中心，α_o 增大，切削刃的强度等越高	外缘处 $\alpha_o=8°\sim10°$

3. 钻削的特点（Drilling feature）

钻孔与车削外圆相比，工作条件要差得多。因为钻削时，钻头工作部分处在已加工表面的包围中，因而引起一些特殊问题。例如，钻头的刚度和强度、容屑和排屑、导向和冷却润滑等。由此其特点可概括为：

（1）容易产生“引偏”　所谓“引偏”，是指加工时由于钻头弯曲而引起的孔径扩大、孔不圆（图 5-76a，车床上钻孔）或孔的轴线歪斜（图 5-76b，钻床上钻孔）等。钻孔时产生引偏主要是因为麻花钻的直径和长度受所加工孔的限制，一般呈细长状，刚性较差。为形成切削刃和容纳切屑，必须制作出两条较深的螺旋槽，使钻心变细，这样会进一步削弱钻头的刚性。为减小导向部分与已加工孔壁的摩擦，钻头仅有两条很窄的棱边与孔壁接触，接触刚度和导向作用也很差。

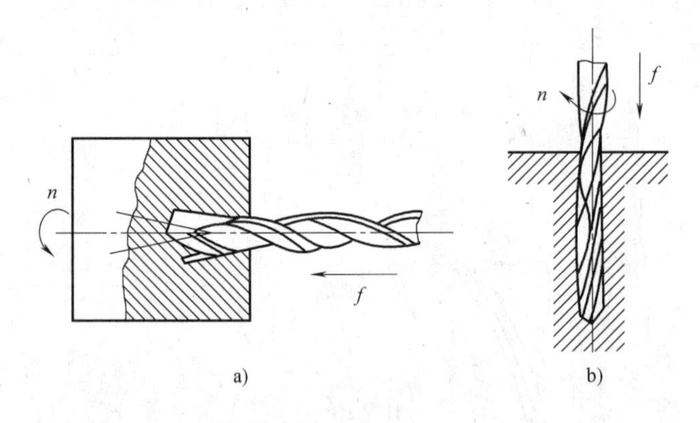

图 5-76　钻孔“引偏”

钻头横刃处的前角 γ_o，具有很大的负值（图 5-76），切削条件极差，实际上不是在切削，而是在挤刮金属。有资料介绍，钻孔时一半以上的进给力是由横刃产生的，稍有偏斜，将产生较大的附加力矩，使钻头弯曲。此外，钻头的两个主切削刃，也很难磨得完全对称，加上工件材料的不均匀性，钻孔时的背向力不可能完全抵消。

因此，在钻削力的作用下，刚性很差且导向性不好的钻头，很容易弯曲，致使钻出的孔产生“引偏”，降低了孔的加工精度，甚至造成废品。在实际加工中，常采用如下措施来减少“引偏”。

1）预钻锥形定心坑（图 5-77a）。先用小顶角（$2\kappa_r=90°\sim100°$）大直径短麻花钻预先钻一个锥形坑，然后再用所需的钻头钻孔。由于预钻时钻头刚性好，锥形坑不易偏，以后再用所需的钻头钻孔时，这个坑就可以起定心作用。

2）用钻套为钻头导向（图 5-77b）。这样可减少钻孔开始时的“引偏”，特别是在斜面或曲面上钻孔时，更为必要。

3）钻头的两个切削刃刃磨得对称。尽量把钻头的两个主切削刃刃磨得对称一致，使两主切削刃的径向切削力互相抵消，从而减少钻头的“引偏”。

（2）排屑困难　钻孔时，由于切屑较宽，容屑槽尺寸又受到限制，因而，在排屑过程中，往往与孔壁发生较大的摩擦，挤压、拉毛和刮伤已加工表面，降低表面质量。有时切屑可能阻塞在钻头的容屑槽里，卡死钻头，甚至将钻头扭断。

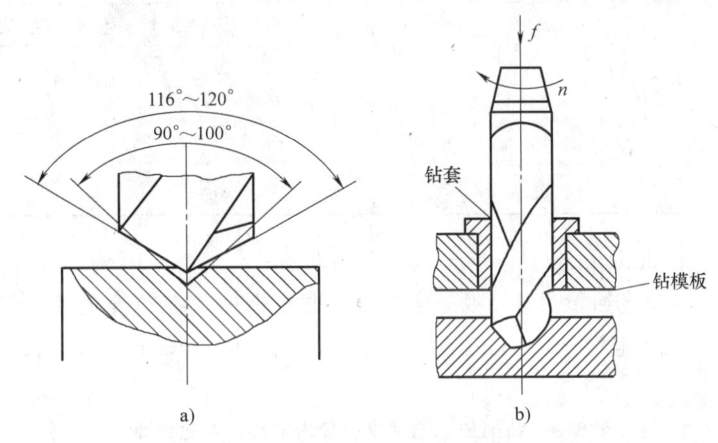

图 5-77　减少“引偏”的措施

因此，排屑问题成为钻孔时要妥善解决的重要问题之一。尤其是用标准麻花钻加工较深的孔时，要反复多次把钻头退出排屑，很麻烦。为了改善排屑条件，可在钻头上修磨出分屑槽（图 5-78），将宽的切屑分成窄条，以利于排屑。当钻深孔（$L/D>5\sim10$）时，应采用合适的深孔钻进行加工。

（3）切削热不易传散　由于钻削是一种半封闭式的切削，钻削时所产生的热量，虽然也由切屑、工件、刀具和周围介质传出，但它们之间的比例却与车削大不相同。如用标准麻花钻，不加切削液钻钢件时，工件吸收的热量约占 52.5%，钻头约占 14.5%，切屑约占 28%，而介质仅占 5%左右。

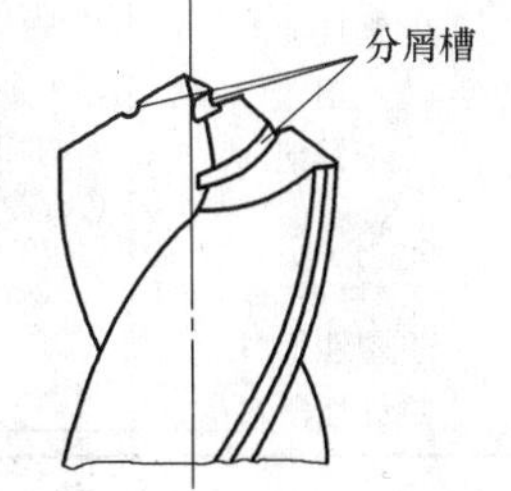

图 5-78　分屑槽

钻削时，大量的高温切屑不能及时排出，切削液难以注入切削区，切屑、刀具与工件之间的摩擦很大。因此，切削温度较高使刀具磨损加剧，这就限制了钻削用量和生产效率的提高。

4. 钻削的加工精度和粗糙度（Precision and surface roughness of drilling）

在各类机器零件上，经常需要进行钻孔，因此，钻削的应用还是很广泛的。但是，由于钻削的工艺特点，钻孔的直径一般不大于 80mm，钻削的精度较低，可达到的尺寸标准公差等级为 IT11～IT13，表面粗糙度值为 $Ra12.5\sim25\mu m$，生产效率也比较低。因此，钻削主要用于粗加工，例如加工精度和粗糙度要求不高的螺钉孔、油孔等一些内螺纹，在攻螺纹之前，需要先进行钻孔；加工精度和粗糙度要求较高的孔，也要以钻孔作为预加工工序。

5. 钻削材料去除率及转矩（Material-removeal rate and torque in drilling）

钻削材料去除率是指单位时间内被切除材料的体积。对于一个直径为 D 的钻头，所钻孔的横截面积为 $\pi D^2/4$，钻头垂直于工件的移动速度为进给速度 f（主运动每转 1 转，钻头移动的距离，单位为 mm/r），转速为 $N=v/\pi D$（r/min）（v 为线速度）。这样材料去除率 $MRR=\pi fND^2/4$（mm^3/min）。

钻削转矩是评定所需功率大小的基础，但由于影响因素太多，无法直接计算。可以通过查表 5-8 后，根据功率与转矩和转速的关系进行计算，即 $P=T\omega$，得到 $T=P/\omega=60P/2\pi N$（N·m）。

表 5-8　在切削操作中机床电动机的能量要求

被切材料	比能量/（$W\cdot s/mm^3$）	被切材料	比能量/（$W\cdot s/mm^3$）
铝合金	0.4~1	镍合金	4.8~6.7
铸铁	1.1~5.4	难熔合金	3~9
铜合金	1.4~3.2	不锈钢	2~5
高温合金	3.2~8	钢	2~9
镁合金	0.3~0.6	钛合金	2~5

6. 钻削实践（Drilling practice）

推荐的钻削速度和进给量见表 5-9，这里的速度是指钻头在边缘的表面速度。比如直径 12.7mm 的钻头，当转速为 300r/min 时，它的表面速度 $v=2\pi\times300\times12.7/(2\times1000)=12m/min$。

表 5-9　钻削加工通常推荐使用的转速与进给量

工件材料	表面速度/（m/min）	进给量/（mm/r）		转速/（r/min）	
		钻头直径/mm			
		1.5	12.5	1.5	12.5
铝合金	30~120	0.025	0.30	6400~25000	800~3000
镁合金	45~120	0.025	0.30	9600~25000	1100~3000
铜合金	15~60	0.025	0.25	3200~12000	400~1500
钢	20~30	0.025	0.30	4300~6400	500~800
不锈钢	10~20	0.025	0.18	2100~4300	250~500
钛合金	6~20	0.010	0.15	1300~4300	150~500
铸铁	20~60	0.025	0.30	4300~12000	500~1500
热塑性塑料	30~60	0.025	0.13	6400~12000	800~1500
热固性塑料	20~60	0.025	0.10	4300~12000	500~1500

5.2.2　扩孔和铰孔及实践（Bearizing & reaming and practice）

1. 扩孔（Bearizing）

扩孔是利用扩孔钻对已有的孔进行加工以扩大孔径，并提高孔的精度和降低表面粗糙度值。扩孔时的背吃刀量 $a_p=(d_m-d_w)/2$，比钻孔时（$a_p=d_m/2$）的小很多，因而刀具的结构和切削条件比钻孔时好很多。有关扩孔的特点请参阅参考文献［1］中的扩孔加工。

扩孔常作为孔的半精加工，一般加工尺寸标准公差等级可达 IT9~IT10，表面粗糙度值

为 $Ra3.2 \sim 6.3\mu m$。当孔的尺寸标准公差等级和表面粗糙度要求再高时，则要采用铰孔。

2. 铰孔（Reaming）

铰孔是用铰刀对孔进行精加工的方法，一般加工尺寸标准公差等级可达 IT7～IT9，表面粗糙度值为 $Ra0.4 \sim 0.6\mu m$。

钻、扩、铰只能保证孔本身的精度，而不易保证孔与孔之间的尺寸标准公差等级及位置公差。为了解决这一问题，可以利用夹具（如钻模）进行加工，或者镗孔。

5.2.3 镗孔（Boring）

用镗刀对已有的孔进行再加工，称为镗孔。对于直径较大的孔（一般 $D>80mm$）、内成形面或孔内环槽等，镗削是唯一合适的加工方法。一般镗孔尺寸标准公差等级达 IT7～IT8，表面粗糙度值为 $Ra0.8 \sim 1.6\mu m$；精细镗孔时，尺寸标准公差等级可达 IT6～IT7，表面粗糙度值为 $Ra0.2 \sim 0.8\mu m$。

1. 镗削的工艺特点（Process features of boring）

镗削加工的工艺特点如下：

1）镗削的适应性广。镗削可在钻孔、铸孔和锻孔的基础上进行，可达尺寸标准公差等级和表面粗糙度 Ra 值的范围较广，除直径很小且较深的孔以外，各种直径及各种结构类型的孔均可镗削。

2）镗削可有效地修正前道工序所造成的孔轴线的弯曲、偏斜等形状误差和位置误差。但由于镗刀杆直径受孔径限制，一般刚性较差，易弯曲变形和振动，故镗削质量的控制（特别是细长孔）不如铰削方便。

3）由于镗刀杆的长径比大，悬伸距离长，切削稳定性差，易产生振动，故切削用量很小，生产率低。为减小镗杆的弯曲变形，必须采用较小的背吃刀量和进给量进行多次走刀。镗床和铣床镗孔，需调整镗刀头在刀杆上的径向位置，操作复杂、费时。

4）由于镗刀在内孔里面工作，难于观察，故只能凭切屑的颜色、出现的振动等情况来判断切削过程是否正常。

2. 镗孔的方式及应用（Mode and application of boring）

镗孔可以在多种机床上进行，回转体类零件上的孔多在车床上加工；而箱体类零件上的孔或孔系（即要求相互平行或垂直的若干个孔）则常用镗床加工。镗孔的方式按其主运动和进给运动的形式可分为以下三种（图 5-79）。

（1）工件旋转、刀具做进给运动　在车床类机床上加工盘类零件属于这种方式（图 5-79a）。其特点是加工后孔的轴线和工件的回转轴线一致，孔轴线的直线度好，能保证在一次装夹中加工的内孔有较高的同轴度，并与端面垂直。当刀具进给方向不平行于回转轴线或不呈直线运动时，都不会影响轴线的位置和直线度，也不影响孔在任何一个截面内的圆度，仅会使孔径发生变化，产生锥度、鼓形、腰形等缺陷。

（2）工件不动、刀具做旋转和进给运动　这种加工方式是在镗床类机床上进行（图 5-79b）。这种方式能基本保证镗孔的轴线和机床主轴轴线一致，但随着镗杆伸出长度的增加，镗杆变形加大会使孔径逐步减小。此外，镗杆及主轴自重引起的下垂变形，也会导致孔轴线弯曲。如果镗削同轴线的多孔时，则会减小这些孔的同轴度，故这种方式适于加工孔深不大而孔径较大的壳体孔。

(3) 刀具旋转、工件做进给运动　适于镗削箱体两壁相距较远的同轴孔系，易于保证孔与孔、孔与平面间的位置公差（图 5-79c）。镗孔时进给运动方向发生偏斜或非直线性都不会影响孔径。但镗孔的轴线相对于机床主轴轴线会产生偏斜或不成直线，使孔的横截面形状呈椭圆形。镗杆与机床主轴间多用浮动连接，以减小主轴误差对加工精度的影响。

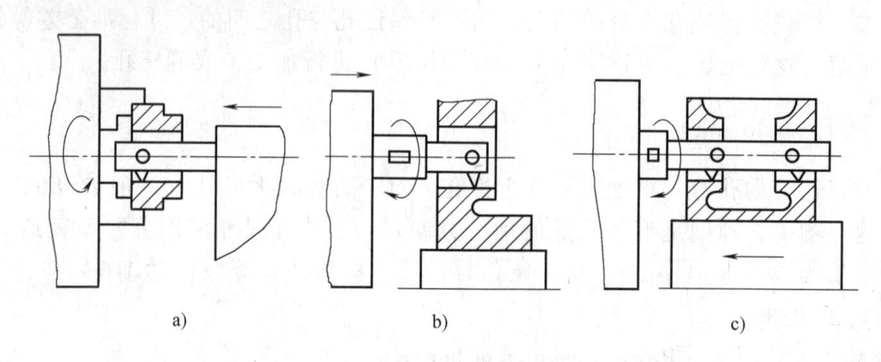

图 5-79　镗孔方式

3. 浮动镗孔的特点及应用（Features and application of float boring）

镗刀有单刃镗刀和多刃镗刀两种。在多刃镗刀中，有一种可调浮动镗刀片（图 5-80）。调节镗刀片的尺寸时，先松开螺钉 1，再旋紧螺钉 2，将刀齿的径向尺寸调好，拧紧螺钉 1 把刀齿固定即可。镗孔时，镗刀片不是固定在镗杆上，而是插在镗杆的长方孔中，并能在垂直于镗杆轴线的方向上自由滑动，由两个对称的切削刃产生的切削力，自动平衡其位置。因此，用它镗孔时，具有如下特点：

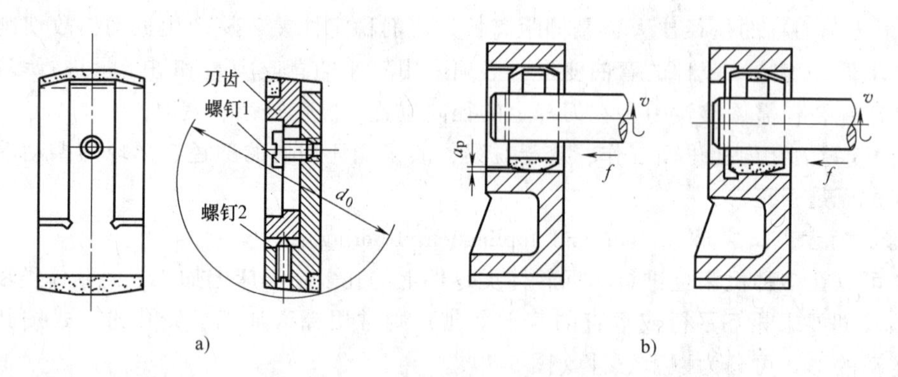

图 5-80　浮动镗刀片及其工作情况

a）可调浮动镗刀片　b）浮动镗刀片工作情况

(1) 加工质量较高　由于镗刀片在加工过程中的浮动，可抵偿刀具装夹误差或镗杆偏摆所引起的不良影响，提高了孔的加工精度。较宽的修光刃，可修光孔壁，减小表面粗糙度值。但是它与铰孔类似，不能矫正原有孔的轴线歪斜或位置偏差。

(2) 生产率较高　浮动镗刀片有两个主切削刃同时切削，并且操作简便，所以可提高生产率。

(3) 刀具成本比单刃镗刀高　由于浮动镗刀片的结构比单刃镗刀要复杂，且刃磨要求高，故成本较高。

由于以上特点，浮动镗刀片镗孔主要用于批量生产、精加工箱体类零件上直径较大

的孔。

4. 高速精镗的工艺特点（Process character of high speed fine boring）

在大批量生产的镗孔加工中，采用高速精镗是提高加工质量和生产率的有效措施。高速精镗一般是在专门的镗床上进行的。高速精镗的工艺特点如下：

1）它的切削速度快而切削面积很小，因此能获得较高的加工精度和表面质量，也有较高的生产率。

2）它的生产率比内圆磨削高得多，而且也容易适应不同结构的零件上的各种精密孔的加工，如发动机的汽缸孔、连杆孔、活塞销孔及车床主轴箱上的主轴孔等。

5.2.4 磨孔（Grinding holes）

1. 磨孔方式（M anner of grinding holes）

孔的磨削可以在内圆磨床上进行，也可以在万能外圆磨床上进行。目前应用的内圆磨床多是卡盘式的，它可以加工圆柱孔、圆锥孔和成形内圆面等。纵磨圆柱孔时，工件装夹在卡盘上（图 5-81），在其旋转的同时，沿轴向作往复直线运动（即纵向进给运动）。装在砂轮架上的砂轮高速旋转，并在工件往复行程终了时，做周期性的横向进给。

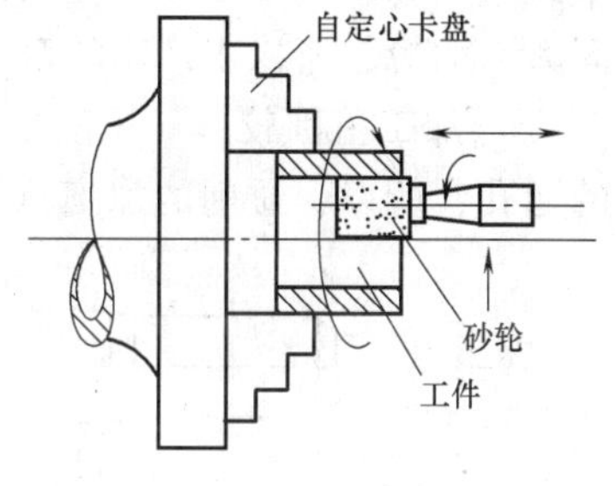

图 5-81　磨圆柱孔

若磨圆锥孔，只需将磨床的头架在水平方向偏转半个锥角即可。

与外圆磨削类似，内圆磨削也可以分为纵磨法和横磨法。鉴于砂轮轴的刚性很差，横磨法仅适用于磨削短孔及内成形面，且一般情况下更难以采用深磨法，所以，多数情况下采用纵磨法。

2. 磨孔加工的特点及应用（Features and application of grinding holes）

磨孔与铰孔或拉孔比较，有如下特点：

1）可以加工淬硬工件的孔。

2）不仅能保证孔本身的尺寸标准公差等级和表面质量，还可以提高孔的位置公差和轴线的直线度。

3）用同一个砂轮，可以磨削不同直径的孔，灵活性较大。

4）生产率比铰孔低，比拉孔更低。

磨孔与磨外圆比较，存在如下主要问题：

（1）表面粗糙度值较大　由于磨孔时砂轮直径受工件孔径限制，一般较小，磨头转速又不可能太高（一般低于 20000r/min），故磨削速度较磨外圆时低。加上砂轮与工件的接触面积大，切削液不易进入磨削区，所以磨孔的表面粗糙度值比磨外圆时大。

（2）生产率较低　磨孔时，砂轮的轴细、悬伸长，且刚性很差，不宜采用较大的磨削深度和进给量，故生产率较低。由于砂轮直径小，为维持一定的磨削速度，转速要快，增加了单位时间内磨粒的切削次数，故磨损快；磨削力小，降低了砂轮的自锐性，且易堵塞。因此，需要经常修整砂轮和更换砂轮，增加了辅助时间，使磨孔的生产率进一步降低。

由于以上的原因，磨孔一般仅适用于淬硬工件孔的精加工，如滑移齿轮、轴承环以及刀具上的孔等。但是，磨孔的适应性较好，不仅可以磨削通孔，还可以磨削阶梯孔和不通孔等，因而在单件小批生产中应用较多，特别是对于非标准尺寸的孔，其精加工用磨削更为合适。

大批大量生产中，精加工短工件上要求与外圆面同轴的孔时，也可以采用无心磨法（图 5-82）。

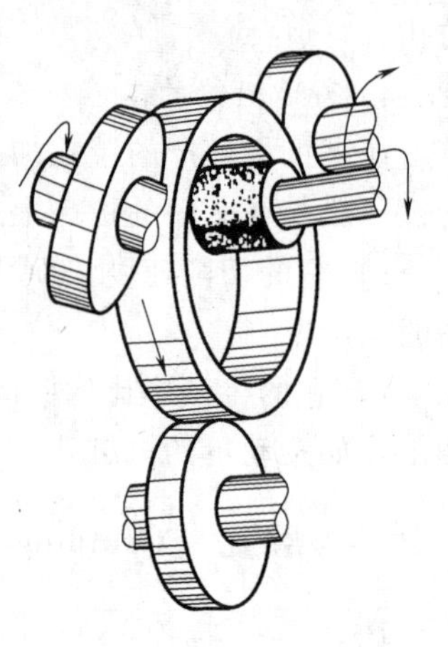

图 5-82　无心磨轴承环内孔

5.2.5　拉削（Broaching）

拉削是一种高效率的加工方法。它是利用特制的拉刀（图 5-83）逐齿依次从工件上切下很薄的金属层，使表面达到较高的精度和粗糙度要求。拉削所用的机床，称为拉床。

拉削加工的主要特点如下：

（1）生产率较高　由于拉刀是多齿刀具，同时参加工作的刀齿数较多，使总的切削宽度增大；并且拉刀的一次行程中，能够完成粗加工、半精加工和精加工，使基本工艺时间和辅助时间大大缩短，所以生产率较高。

（2）加工范围较广　拉削不但可以加工平面和没有障碍的外表面，还可以加工各种形状的通孔，所以，拉削的加工范围较广。图 5-84 所示为拉孔的示意图。

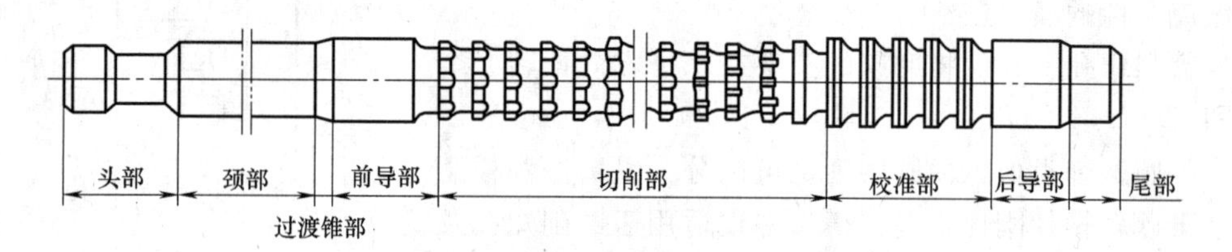

图 5-83　圆孔拉刀

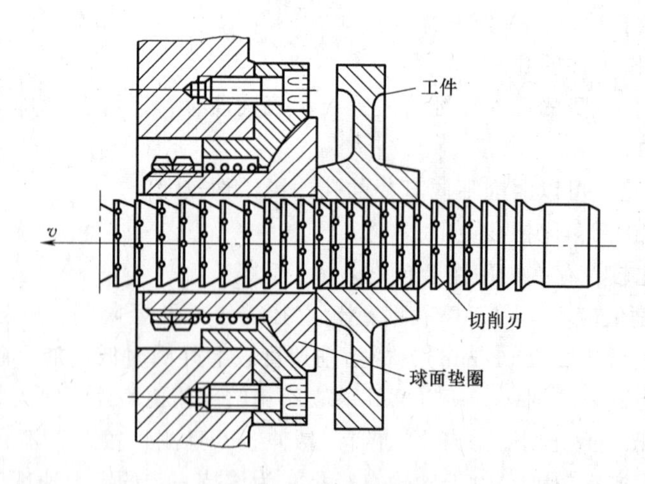

图 5-84　拉孔示意图

（3）加工精度较高、表面粗糙度较小　如图 5-84 所示，拉刀具有校准部分，其作用是校准尺寸，修光表面，并可作为精切齿的后备刀齿。校准齿的切削量很小，只切去工件材料的弹性恢复量。另外，拉削的切削速度一般较低（v<18m/min），每个切削齿的切削厚度较

小，因而切削过程比较平稳，并可避免积屑瘤的不利影响。所以，拉削加工可以达到较高的尺寸标准精度等级和较小的表面粗糙度。一般拉孔的尺寸标准精度等级为 IT7～IT8，表面粗糙度值为 Ra0.4～0.8μm。

（4）拉床简单　拉削只有一个主运动，即拉刀的直线运动，进给运动是靠拉刀的后一个刀齿高出前一个刀齿来实现的，刀齿的高出量称为齿升量 a_f。所以，拉床的结构简单，操作也较方便。

（5）拉刀寿命长　由于拉削时切削速度较低，刀具磨损慢，刃磨一次，可以加工数以千计的工件；一把拉刀又可以重磨多次，故拉刀的寿命长。

虽然拉削具有以上优点，但是由于拉刀的结构比一般孔加工刀具复杂，制造困难，成本高，所以仅适用于成批或大量生产。在单件小批生产中，对于某些精度要求较高、形状特殊的成形表面，用其他方法加工困难时，也有采用拉削加工的；但对于不通孔、深孔、阶梯孔和有障碍的外表面，则不能用拉削加工。

5.2.6　孔的珩磨（Honing of holes）

1. 孔的珩磨原理（Honing principle of holes）

珩磨是利用安装于珩磨头圆周的油石，采用特定结构推出油石做径向扩张，直至与工件孔壁接触；在加工过程中，油石不断做径向进给运动，珩磨头做旋转运动及直线往复运动，从而实现对孔的低速磨削。图 5-85a 所示为珩磨加工示意图，珩磨时，珩磨头上的油石以一定压力压在被加工表面上，由机床主轴带动珩磨头旋转并沿轴向做往复运动（工件固定不动）。在相对运动的过程中，油石从工件表面切除一层极薄的金属，加之油石在工件表面上的切削轨迹是交叉而不重复的网纹（图 5-85b），故可获得很高的精度和很小的表面粗糙度值。

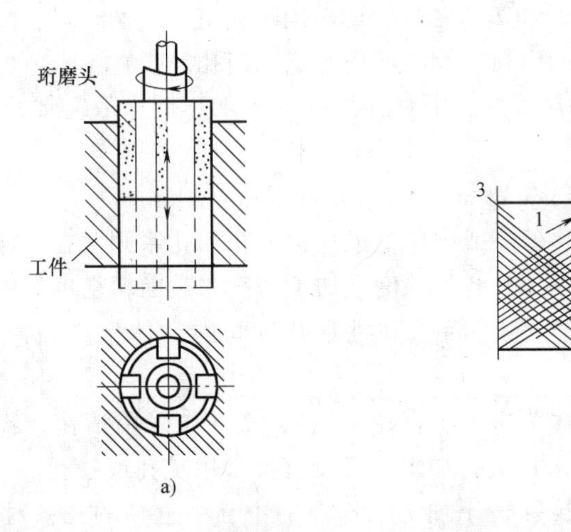

图 5-85　珩磨示意图

1、2、3、4—不同珩磨方向的痕迹

2. 珩磨的特点和应用（Features and application of honing）

与其他光整加工方法相比，珩磨具有如下特点：

（1）加工精度高　加工小孔，圆度公差可达 0.5μm，圆柱度公差可达 1μm；加工中等孔，圆度公差可达 3μm 以下，孔长 300~400mm 时，圆柱度公差在 5μm 以下。尺寸公差：小孔为 1~2μm；中等孔可达 10μm 以下。加工尺寸的分散性误差为 1~3μm。

（2）表面质量好　珩磨是一种表面接触低速切削，磨粒的平均压力小、发热量小、变质层小，加工表面粗糙度值为 *Ra*0.04~0.4μm。

（3）加工表面使用寿命长　珩磨加工的表面具有交叉网纹，有利于油膜的形成和保持，其使用寿命比其他加工方法高一倍以上，特别适用于相对运动精度高的精密零件的加工。

（4）切削效率高　因珩磨是面接触加工，同时参加切削的磨粒多，故切削效率高。在批量生产时，加工中等孔的材料切除率可达 80~90mm³/s。

（5）加工范围广　珩磨主要用于加工各种圆柱形通孔、径向间断的表面孔、不通孔和多台阶孔等，加工圆柱的孔径范围为 1~2000mm 或更大，长径比 $L/D \geqslant 46$。几乎对所有金属材料均能加工。

珩磨不仅在大批大量生产中应用极为普遍，而且在单件小批生产中应用也较广泛。对于某些零件的孔，珩磨已成为典型的光整加工方法，例如对飞机、汽车、拖拉机的发动机的汽缸、缸套、连杆以及液压油缸、炮筒等的加工。

5.2.7　孔的分类和加工方法的选择（Classification and choice of machining methods of holes）

1. 孔的分类（Classification of holes）

孔是组成零件的基本表面之一，零件上有多种多样的孔，常见的有以下几种：

紧固孔（如螺钉孔等）和其他非配合的油孔等。

箱体类零件上的孔，如主轴箱箱体上的主轴和传动轴的轴承孔等。这类孔往往构成“孔系”。

深孔，即 $L/D>5\sim10$ 的孔，如车床主轴上的轴向通孔等。

圆锥孔，如车床主轴前端的锥孔以及装配用的定位销孔等。

这里仅讨论圆柱孔的加工方案，由于对各种孔的要求不同，故需要根据具体的生产条件，拟订较合理的加工方案。

2. 孔加工方法的选择（Choice of machining methods of holes）

孔加工可以在车床、钻床、镗床或磨床上进行，大孔和孔系则常在镗床上加工。选择孔的加工方法时，除考虑孔径的大小和孔的深度、加工精度和表面粗糙度等的要求外，还应考虑工件的材料、形状、尺寸（直径）、重量和批量及车间的具体生产条件（如现有加工设备）等。

若在实体材料上加工孔（多为中、小直径的孔），必须先采用钻孔。若是对已经铸出或锻出的孔（多为中、大直径的孔）进行加工，则可直接采用扩孔或镗孔。

至于孔的精加工，铰孔和拉孔适于加工未淬硬的中、小直径的孔；对中等直径以上的孔，可以采用精镗或精磨；对淬硬的孔，只能采用磨削。

在孔的光整加工方法中，珩磨多用于直径稍大的孔，研磨则对大孔和小孔都适用。

孔的加工条件与外圆面加工有很大不同，刀具的刚度差，排屑、散热困难，切削液不易进入切削区，刀具易磨损。因此，加工同样精度和表面粗糙度值的孔，要比加工外圆面困难，成本也较高。

图 5-86 给出了孔加工方法的选择框图，可以作为选择孔加工方法的参考依据。

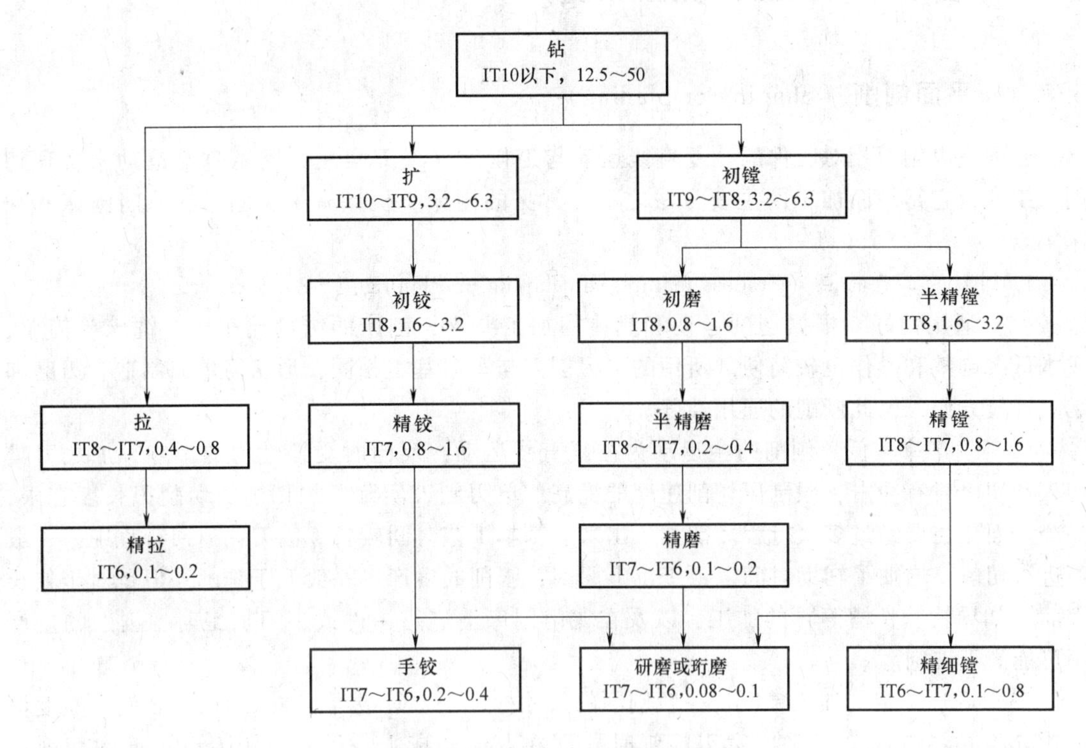

图 5-86　孔加工方法的选择框图

（1）在实体材料上加工孔的方法

1）钻。用于加工 IT10 以下低精度的孔。

2）钻→扩（或镗）。用于加工 IT9 精度的孔，当孔径小于 30mm 时，钻孔后扩孔；若孔径大于 30mm，则采用钻孔后镗孔。

3）钻→铰。用于加工直径小于 20mm、IT8 精度的孔。

4）钻→扩（或镗）→铰（或钻→粗镗→精镗，或钻）→拉。用于加工直径大于 20mm、IT8 精度的孔。

5）钻→粗铰→精铰。用于加工直径小于 12mm、IT8 精度的孔。

6）钻→扩（或镗）→粗铰→精铰（或钻→拉→精拉）。用于加工直径大于 12mm、IT7 精度的孔。

7）钻→扩（或镗）→粗磨→精磨。用于加工 IT7 精度并已淬硬的孔。

IT6 精度孔的加工方法与 IT7 精度的孔的加工方法基本相同，其最后工序要根据具体情况，分别采用精细镗、手铰、精拉、精磨、研磨或珩磨等精细加工方法。

（2）对已铸出或锻出孔的加工方法

对于铸（或锻）件上已铸（或锻）出的孔，可直接进行扩孔或镗孔；对于直径大于 100mm 的孔，用镗孔比较方便。至于半精加工、精加工和精细加工，可参照在实体材料上加工孔的方法，例如，粗镗→半精镗→精镗→精细镗，扩→粗磨→精磨→研磨（或珩磨）等。

5.3 平面加工（Plane machining）

5.3.1 平面刨削（Shaping or planing）

刨削是以刨刀相对工件的往复直线运动与工作台（或刀架）的间歇进给运动来实现切削加工的，它是平面加工的主要方法之一。常见的刨床类机床有牛头刨床、龙门刨床和插床等。

1. 刨削的工艺特点（Process features of Shaping or Planing）

（1）通用性好　根据切削运动和具体的加工要求，刨床的结构比车床、铣床等简单，成本低，调整和操作也较简便。所用的单刃刨刀与车刀基本相同，形状简单，制造、刃磨和装夹皆较方便，因此刨削的通用性好。

（2）生产率较低　刨削的主运动为往复直线运动，反向时受惯性力的影响，加之刀具切入和切出时有冲击，限制了切削速度的提高。单刃刨刀实际参加切削的切削刃长度有限，一个表面往往要经过多次行程才能加工出来，基本工艺时间较长。刨刀在返回行程中，一般不进行切削，增加了辅助时间。由于以上原因，刨削的生产率一般低于铣削。但是对于狭长表面（如导轨、长槽等）的加工，以及在龙门刨床上进行多件或多刀加工时，刨削的生产率可能高于铣削。

（3）可达一定的加工精度　一般刨削的尺寸标准公差等级可达IT7~IT8，表面粗糙度值可达Ra1.6~6.3μm。当采用宽刃精刨时（即在龙门刨床上，用宽刃刨刀以很低的切削速度，切去工件表面上一层极薄的金属），平面度公差小于0.02mm^2/m^2，表面粗糙度值可达Ra0.4~0.8μm。

2. 强力刨削和精刨（Powerful planing and fine planing）

刨削的主运动是直线往复运动，因此加工的平面平直性较好，而且刨刀结构简单，机床调整方便，通用性好。在龙门刨床上可以利用几个刀架，在一次装夹中完成工件上几个表面的加工，能方便保证这些表面间的相互位置公差。但是，由于刨削时刨刀在回程中不切削，空程时间约占刨削过程时间的1/3，并且往复主运动速度受惯性力的限制而较低，如一般牛头刨床的刨削速度不大于22m/min，龙门刨床的刨削速度不大于90m/min，因此，刨削的生产率低，多用于单件小批生产中。为了提高刨平面的生产率，在龙门刨床上可采用多刀刨削和多件加工的方法。也可以通过改进刀具的结构和几何角度，来增加背吃刀量和进给量，进行“强力刨削”，都可以取得较好的效果。

用精细刨平面来代替刮削能有效地提高生产率，对于定位表面与支承表面间接触面积较大的导轨、机架、壳体，常采用宽刃精细刨刀（图5-87）。在精刨平面的基础上，以很低的切削速度在工件表面上切下极薄的一层金属，以提高平面的精度和减小表面粗糙度。刨削速度一般为2~12m/min，预刨时背吃刀量取0.08~0.12mm，终刨时背吃刀量取0.03~0.05mm，加工铸铁时常用煤油（加0.03%质量分数的重铬酸钾）做切削液。由于切削力小，工件的发热和变形小，精细刨削加工的精度高（直线度可达0.02mm/m），粗糙度小（Ra0.4~0.8μm），生产率也高。应用宽刃精细刨削时，要求机床有足够的精度和刚性，并且运动平稳；刀具具有足够的刚度，并经仔细地刃磨，刀面的表面粗糙度值应不大于

Ra0.1μm，切削刃的平直度误差不大于 0.05mm，不得有锯齿形。装夹刨刀时，必须保持刃口的水平。工件在精细刨之前，要进行一次时效处理，以消除内应力。工件装夹时也应尽量减小夹紧力，避免夹紧变形。

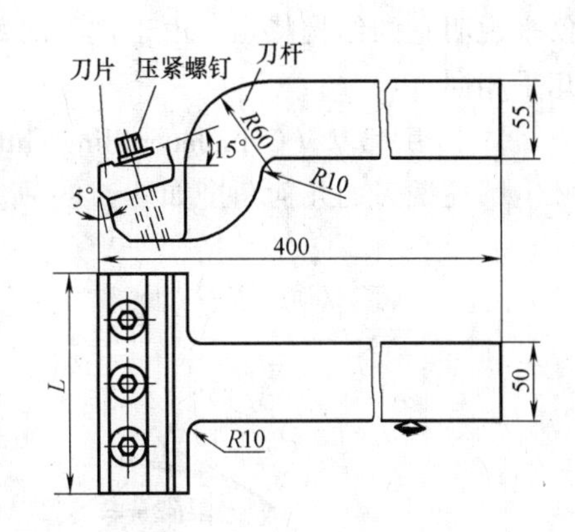

图 5-87 宽刃精细刨刀

3. 薄板零件刨削的特点（Character of planing of sheet parts）

薄板零件的刚性差，散热困难，加工时很容易发生翘曲变形，刨削这类薄板零件有以下特点。

（1）装夹应稳定可靠 常采用撑板来进行装夹（图 5-88）。工件夹紧时，既有水平方向又有垂直向下的夹紧力，增加了装夹的可靠性。但夹紧力不可过大，否则工件会变形而中间凸起。

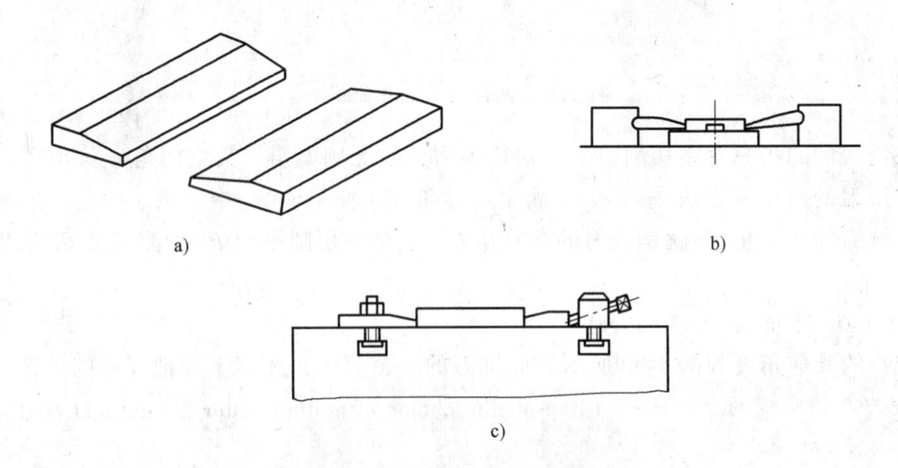

图 5-88 用撑板装夹薄板零件

a）撑板 b）在机用虎钳中装夹 c）在工作台上装夹

（2）一般选用高速钢刀具 所用刨刀的前角、后角较大，修光刃较短，以减小切削力；主偏角较小，以增加背向力，利于压紧工件；减小进给力，以减小工件变形。

（3）刨削用量不宜过大 加工时宜用较小的背吃刀量（不大于 0.3~0.5mm）和进给量（约为 0.1~0.25mm/双行程），以减小切削力，并使用适当的切削液。

（4）一般应先刨好四周，再刨削顶面 但对于薄而宽的工件，可从中间开始刨削，再向外扩展，这样加工变形较小。

5.3.2 平面铣削及实践（Milling plane and practice）

铣削也是平面的主要加工方法之一。铣床的种类很多，常用的是升降台卧式和立式铣床。

5.3.2.1 平面铣刀的结构特点（Structure feature of milling tools）

平面铣刀主要有圆柱铣刀和面铣刀两种，前者轴线平行于被加工表面，后者轴线垂直于被加工表面。铣刀刀齿虽多，但每个刀齿的形状和几何角度相同，所以可以用一个刀齿为对象来说明它的结构特点。由于铣刀的每一个刀齿相当于一把车刀，故铣刀的结构特点与车刀几乎相同。

1. 圆柱铣刀（Cylinder milling cutter）

圆柱铣刀的几何角度如图 5-89 所示。

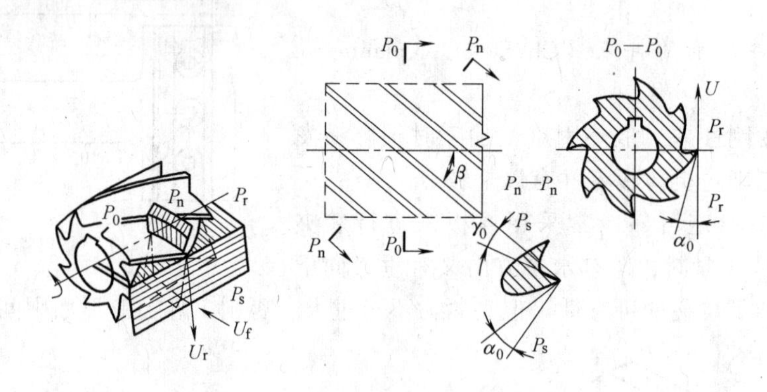

图 5-89　圆柱铣刀的几何角度

圆柱铣刀的刀齿只有主切削刃，无副切削刃，故无副偏角，其主偏角 $\kappa_r = 90°$。

圆柱铣刀的前角 γ 在法平面 P_n 中测量，后角在正交平面 P_0 中测量。

圆柱铣刀的刃倾角 λ_s 就是铣刀的螺旋角 β，它是在切削平面 P_s 中测量的切削刃与基面的夹角。

2. 面铣刀（Face milling cutter）

面铣刀的几何角度如图 5-90 所示。面铣刀的一个刀齿，相当于一把普通的外圆车刀。

3. 铣刀几何角度的合理选择（Reasonable choice of milling cutter geometrical angles）

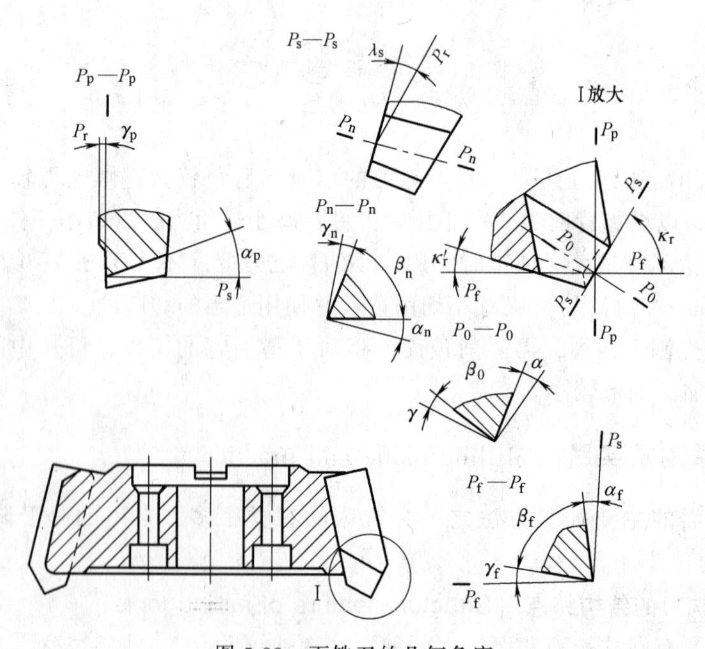

图 5-90　面铣刀的几何角度

（1）前角 γ　铣刀的前角也是根据工件材料的性质来选择的，其选择原则与车刀前角选择原则基本相同。由于铣削时有冲击，为保证切削刃强度，铣刀前角一般小于车刀前角，硬质合金铣刀前角小于高速钢铣刀前角。硬质合金面铣刀切削时冲击大，前角应取更小值或负值。

（2）后角 α　铣刀的后角 α 主要根据进给量（即切削厚度）的大小来选择，因铣刀进给量小，α 取大值，一般比车刀后角大。

（3）主偏角 κ_r 和副偏角 κ_r'　硬质合金面铣刀的主偏角 κ_r 和副偏角 κ_r' 推荐值如下：铣钢件时，$\kappa_r=60°\sim75°$，$\kappa_r'=0°\sim5°$；铣铸铁件时，$\kappa_r=45°\sim60°$，$\kappa_r'=0°\sim5°$。

（4）刃倾角 λ_s　圆柱铣刀的螺旋角 β 就是刃倾角 λ_s，它会影响铣刀同时工作的齿数、铣削过程的平稳性、实际的工作前角等。

5.3.2.2　铣削力（Force of milling）

1. 铣刀上的合力与分力（Resultant and contribute on the milling cutter）

铣削时，每个工作刀齿都受到一定的切削力，铣削合力应是各刀齿所受切削力之和。但由于每个工作刀齿的切削位置和切削面积随时在变化，因而每个刀齿所受的切削力的大小和方向也在不断变化。为便于分析，假定铣削力的合力 F_r 作用在某个刀齿上，并将铣削合力分解为三个互相垂直的分力，如图 5-91a 所示。

切削力 F_c 为在铣刀圆周切线方向的分力，又称切向力。它消耗功率最多，是主切削力。背向力 F_p 为在铣刀半径方向上的分力，又称径向力，它一般不消耗功率，但会使刀杆弯曲变形。

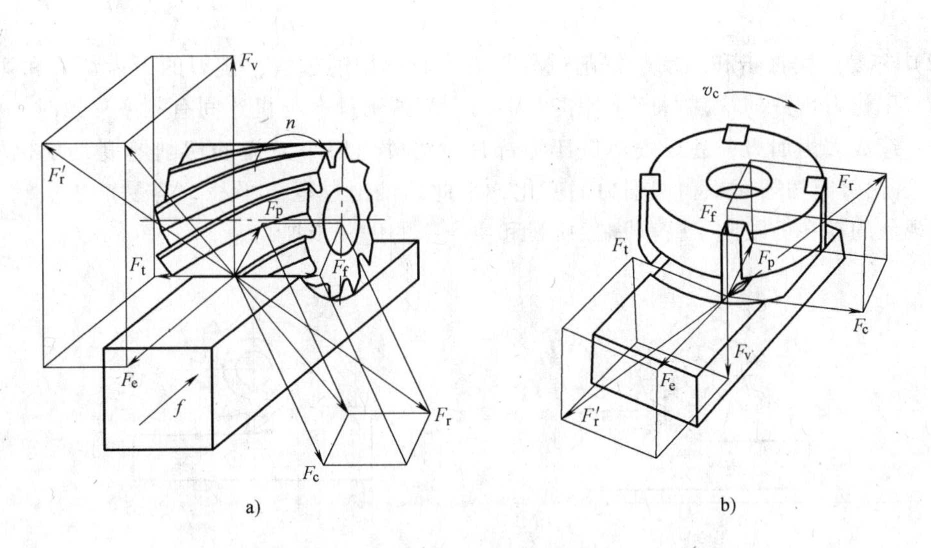

图 5-91　铣削力

a）圆柱铣刀的铣削力　b）面铣刀的铣削力

进给力——F_f 为在铣刀轴线方向上的分力。

圆柱铣削时，F_p 和 F_f 的大小与螺旋圆柱铣刀的螺旋角 β 有关；而面铣削时，与面铣刀的主偏角 κ_r 有关。

作用在工件上的切削合力 F_r' 应与 F_r 大小相等、方向相反，可按铣床工作台运动方向来分解，如图 5-91b 所示。

2. 工件所受的切削力（Cutting force on workpiece）

纵向分力 F_e 为与纵向工作台运动方向一致的分力。它作用在铣床纵向进给机构上。

横向分力 F_c 为与横向工作台运动方向一致的分力。

垂直分力 F_v 为与铣床垂向进给方向一致的分力。

一般情况下，各铣削分力与切向分力之间有一定的比例关系，见表 5-10。如果求出 F_y，便可计算出 F_c、F_e 和 F_v。

表 5-10　各铣削分力之间的比值

铣削条件	比值	逆铣	顺铣
面铣削	F_e/F_c	0.6~0.9	0.15~0.30
$\alpha_e=(0.4\sim0.3)d_0$	F_t/F_c	0.45~0.7	0.9~1.00
$\alpha_f=0.1\sim0.2$mm/齿	F_v/F_c	0.5~0.55	0.5~0.55
圆柱铣削	F_e/F_c	1.0~1.20	0.8~0.90
$\alpha_e=0.05d_0$	F_v/F_c	0.2~0.3	0.75~0.80
$\alpha_f=0.1\sim0.2$mm/齿	F_t/F_c	0.35~0.40	0.34~0.40

5.3.2.3 铣削的工艺特点（Process fvatures of milling）

铣削加工具有以下特点：

（1）生产率较高　铣刀是一种多刃刀具，铣削时有多个刀齿同时参加工作，总的切削宽度较大。铣削的主运动是铣刀的旋转，利于采用高速铣削，所以铣削的生产率一般比刨削高。

（2）容易产生冲击和振动　铣削过程是一个断续切削过程，铣刀的刀齿切入和切出时，由于同时工作刀齿数的增减而产生冲击和振动。当振动频率与机床固有频率一致时，将会发生共振，造成刀齿崩刃，甚至毁坏机床零部件。另外，每个刀齿的切削厚度是变化的（图 5-92），这就引起切削面积和切削力的变化，因此，铣削过程不平稳，容易产生振动。冲击和振动现象的存在，限制了铣削加工质量和生产率的进一步提高。

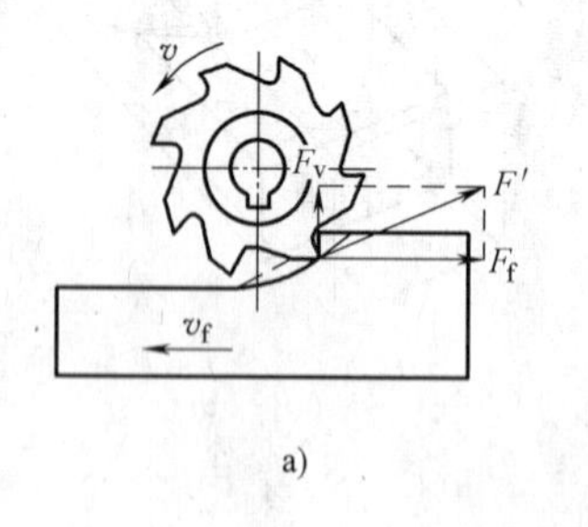

a)

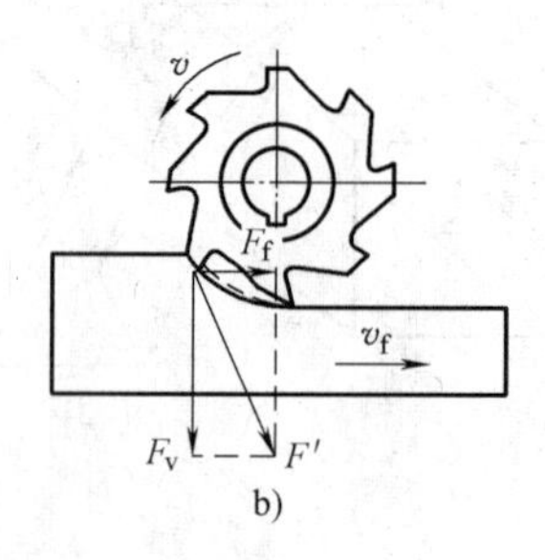

b)

图 5-92　铣削背吃刀量的变化

a）逆铣　b）顺铣

（3）刀齿散热条件较好　铣刀刀齿在切离工件的一段时间内，可以得到一定的冷却，散热条件较好。但是，受切入和切出时热量和力的冲击，将加速刀具的磨损，甚至可能引起硬质合金刀片的碎裂。

（4）切削方式多样化　铣削时，可根据不同材料的可加工性和具体加工要求，选用顺铣和逆铣方法来提高刀具寿命和加工生产率。

当用铣削方式加工平面时，用圆柱铣刀加工的方法叫柱铣法（也叫周铣法）；用面铣刀加工的方法叫面铣法。

5.3.2.4 高速精铣的工艺特点（Process features of high speed fine milling）

高速精铣是提高生产率和加工精度的重要手段。与一般切削的工艺特点相比，高速精铣具有以下工艺特点：

（1）对刀具材料要求更高　要求刀具具有较好的抗热冲击性、耐磨性及有抗崩齿的特点，这样刀具才可以对断续切削时的温度变化有较好的适应性，铣削时不易产生裂纹。

（2）对刀具工作角度要求更高　精铣时，为了保证加工表面较低的粗糙度和较高的直线度的要求，尽量选择副偏角为0°，并且使铣刀主轴轴线与进刀方向偏斜一定角度。

（3）生产率比一般铣削更为提高　高速精铣由于其刀具材料的保证，使切削速度高、切削余量大，因此适合于进行批量加工。

（4）可进行特种零件加工　对于薄壁零件（如飞机机翼上的结构筋）采用小进给量的高速精加工，可得到无变形的截面。

5.3.3 平面磨削（Plane grinding）

用砂轮或其他磨具加工工件，称为磨削，这里主要讨论平面磨削。

1. 平面磨削方式及其比较（Comparison and methods of plane grinding）

（1）平面磨削方式　平面磨削主要有两种方式：用回转砂轮周边磨削叫周磨（图5-93a）；用回转砂轮端面磨削叫端磨（图 5-93b）。工件随工作台做直线往复运动，或随圆形工作台做圆周运动，磨头做间歇进给运动。

（2）周磨与端磨的比较　周磨平面时，砂轮与工件的接触面积小，散热、冷却和排屑情况较好，因此加工质量较高。端磨平面时，磨头伸出长度较短，刚性较好，允许采用较大的磨削用量，故生产率较高；但是，砂轮与工件的接触面积较大，发热量大，冷却较困难，故加工质量较低。所以，周磨多用于加工质量要求较高的工件，而端磨则适用于加工质量要求不很高的工件，或者用它代替铣削作为精磨前的预加工。

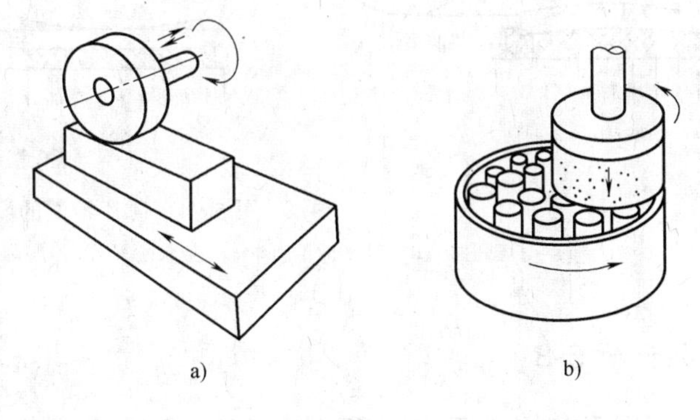

图 5-93　平面磨削方式
a）周磨　b）端磨

周磨平面用卧式平面磨床，端磨平面用立式平面磨床。它们都有矩形工作台（简称矩台）和圆形工作台（简称圆台）两种形式。卧式矩台平面磨床适用性好，应用最广；立式矩台平面磨床多用于粗磨大型工件或同时加工多个中小型工件。圆台平面磨床则多用于成批大量生产中小型零件的加工，如活塞环、轴承环等的加工。

磨削铁磁性工件（钢、铸铁件等）时，多利用电磁吸盘将工件吸住，装卸很方便。对于某些不允许带有磁性的零件，磨完平面后应进行退磁处理，为此，平面磨床附有退磁器，可以方便地将工件的磁性退掉。

2. 薄片零件的磨削特点（Grinding features of slice workpiece）

垫圈、摩擦片及镶钢导轨等较薄或狭长零件，因磨削前，其表面的平面度较差，磨削时也易受热变形和受力变形，因此磨削此类平面有以下特点：

（1）改善磨削条件　选用软的砂轮、采用较小的磨削深度和较高的工作台纵向进给速度，供应充分的磨削液等措施。

（2）合理的装夹　因磨削平面常采用电磁工作台来装夹工件，而磨削薄片工件时，由于工件刚性较差，很容易产生夹紧变形，如图5-94所示。合理的装夹常常是保证薄片平面磨削质量的关键。生产中有多种行之有效的措施。其中之一是在工件与电磁工作台之间垫上一层薄橡胶，厚度约0.5mm，以减小工件被吸紧时的弹性变形。

（3）适当的加工工艺　对于薄片总是先将工件的翘曲部分磨去（图5-94d），磨完一面再翻过来磨另一面（图5-94e）。如此反复几次就可以消除工件上原来的翘曲，得到较平的平面。

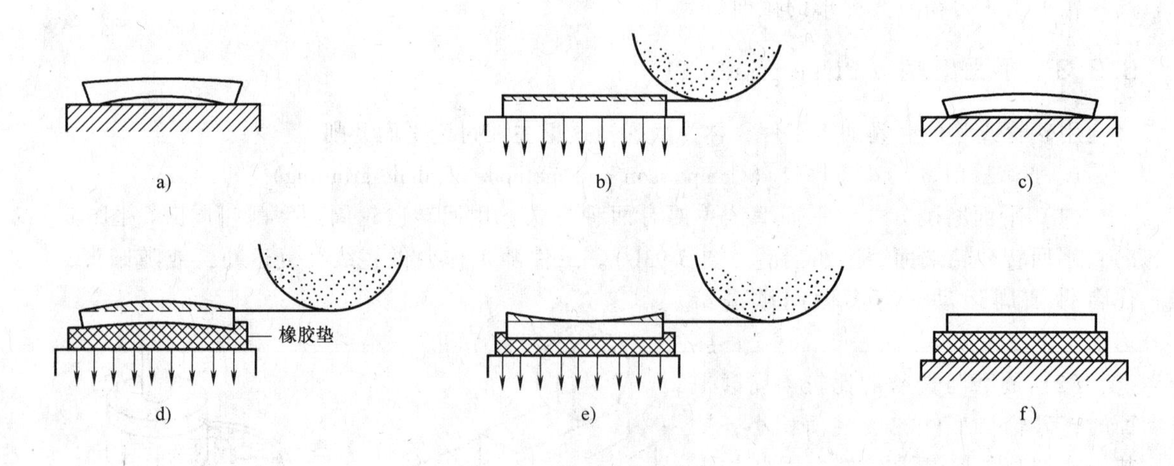

图5-94　薄片零件的磨削

a）毛坯翘曲　b）吸平时磨削　c）磨后松开　d）磨削凸面　e）磨削凹面　f）磨后松开

案例分析 5-3

现需要10件如图5-95所示的螺母，材料为45钢圆棒，现要求加工六方外形，外形尺寸如图5-95b所示。主要加工任务为厚度18mm，32mm的六方和35mm的对角。35mm的对角尺寸可以由32mm的六方尺寸确定。要求32mm的三个方位尺寸应一致，表面粗糙度应达到设计要求。请制订工艺流程、工艺卡和工步内容，并按照工艺文件进行加工。

工艺流程的制订

根据加工要求和零件图样，该零件加工属于单件小批量加工，由于尺寸标准公差等级不高，表面粗糙度值为$Ra3.2\mu m$，所以可以采用粗铣—精铣的工艺流程完成加工。

工艺卡和工步内容的制订

按照工艺流程，本加工工艺只有一道铣削工序，工步主要包括下料—粗铣两端平面—精铣两端平面—粗铣六方平面—精铣六方平面—检验。工艺卡和工步内容见表5-11。下料用如

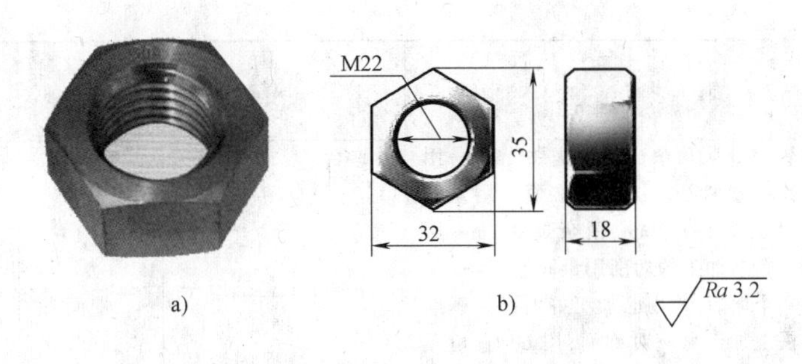

图 5-95　六角螺母零件图
a）成品零件　b）外形零件图

图 5-96 所示的卧式铣床，铣削平面用如图 5-97 所示的立式铣床。

图 5-96　卧式铣床

图 5-97　立式铣床

表 5-11　六角螺母的外形加工工艺卡

工序名称	工步名称	工步内容	工具或量具	基准与夹具	机床
下料	锯片铣刀锯切下料	将 ϕ35mm 的圆棒装夹在卧式铣床的机用虎钳中，伸出 30mm，用锯片铣刀锯切 22mm	ϕ100mm 的锯片铣刀一把，100mm 量程游标卡尺一把	外圆面机用虎钳、垫铁	卧式铣床 X6132
铣平面	粗精铣端面	用垫铁将下好的 22mm 的料垫出机用虎钳 8mm，用机用虎钳装夹外圆面，粗铣背吃刀量 1.8mm，留余量 0.2mm。精铣背吃刀量 0.2mm。翻面装夹加工另一端面。切削用量为：刀具转速 600r/min 进给量 F_z：0.2mm/z，精铣时改为 0.05mm/z	ϕ50mm 立铣刀一把，刀片数量 4 个。100mm 量程的游标卡尺一把。表面粗糙度样板一套	端面垫铁、机用虎钳和 60°直角三角尺	立式铣床 X5032

（续）

工序名称	工步名称	工步内容	工具或量具	基准与夹具	机床
铣平面	粗精铣六方面	用垫铁将外圆面垫出机用虎钳 15mm，用机用虎钳夹紧两已加工好的端面。用立铣刀粗铣背吃刀量 1.3mm，留余量 0.2mm 用于精铣。粗精加工的切削用量同上 加工一个面后，再用已加工好的面为基准放在垫铁上加工另一对称面，用 60°直角三角形尺的斜边靠近已加工的两个六方面中任意一个，直角边与垫铁靠近，机用虎钳夹紧两个端面，加工另一对六方面。以此类推。也可以通过将主轴偏转 60°的方法加工其他六方面，但一般批量小时建议用多次装夹工件的方法进行加工	ϕ50mm 立铣刀一把，刀片数量 4 个。100mm 量程的游标卡尺一把。表面粗糙度样板一套	端面垫铁、机用虎钳和 60°直角三角尺	立式铣床 X5032
	检验	检验厚度尺寸和六方面尺寸，表面粗糙度	游标卡尺、粗糙度样板	平面	—

加工操作过程：

1. 定位基准的确定

下料时，以棒料外圆面为定位基准；端面加工时以另一端面为定位基准，六方面加工时，以外圆面和已加工的面为定位基准。定位元件为垫铁、机用虎钳和三角尺。如图 5-98。

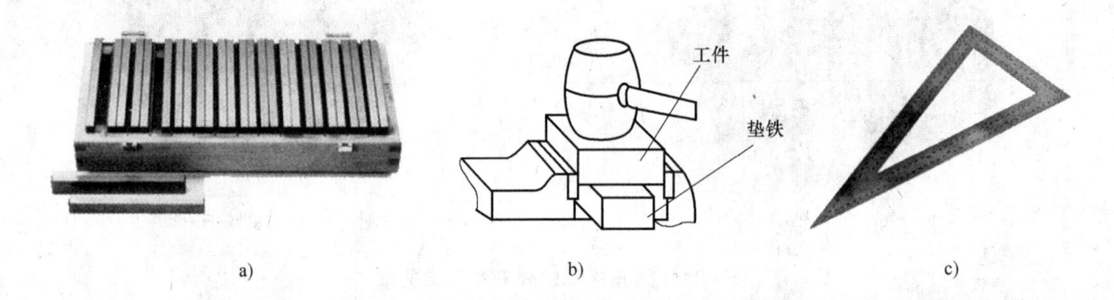

图 5-98　定位装夹元件

a）垫铁套件　b）工作在机用虎钳与垫铁上装夹　c）直角三角形

2. 机床型号与刀具的选择

下料采用锯切方式，因此应该选择卧式铣床 X6132（图 5-96），配合锯片铣刀（图 5-99）进行下料加工。端面和六方面进行铣削加工，因零件尺寸较小，可以采用立式铣床 X5032（图 5-97），用 ϕ50mm 的立铣刀（图 5-100）进行加工。

3. 测量量具选择

根据零件特点，采用 0~100mm 的游标卡尺和表面粗糙度样板可以满足测量要求。

4. 主要切削参数的选择

（1）锯切下料　主轴转速 450r/min，背吃刀量 3mm；每齿进给量 0.01mm/z。

（2）端面与六方面铣削加工

粗铣：主轴转速 600r/min；每齿进给量 0.2mm/z；背吃刀量 1~2mm。

图 5-99 ϕ100mm 高速钢锯片铣刀

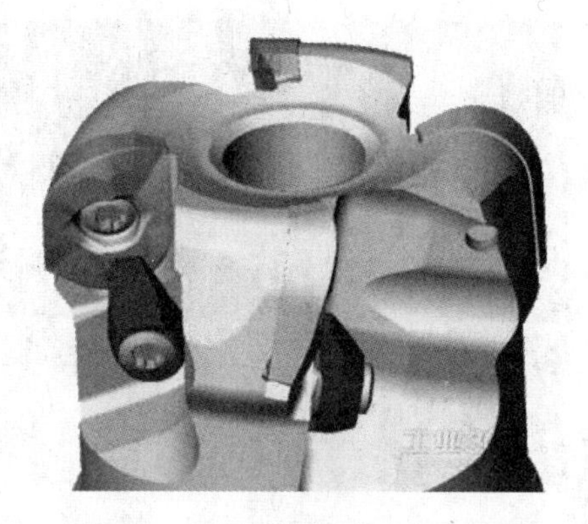
图 5-100 ϕ50mm 机夹 4 齿立铣刀

精铣：主轴转速 600r/min；每齿进给量 0.05mm/z；背吃刀量 0.2mm。

5. 操作过程

首先认真审查零件图样，了解各部位的尺寸标准公差等级和表面粗糙度要求。根据零件图 5-95，螺母的外形尺寸标准公差等级按照自由公差进行控制，表面粗糙度全部为 $Ra3.2$，因此需要经过精铣才能达到。加工前先清理锯切毛坯表面的飞边。然后测量毛坯的尺寸，如图 5-101 所示。以便明确加工余量、选择定位基准面。

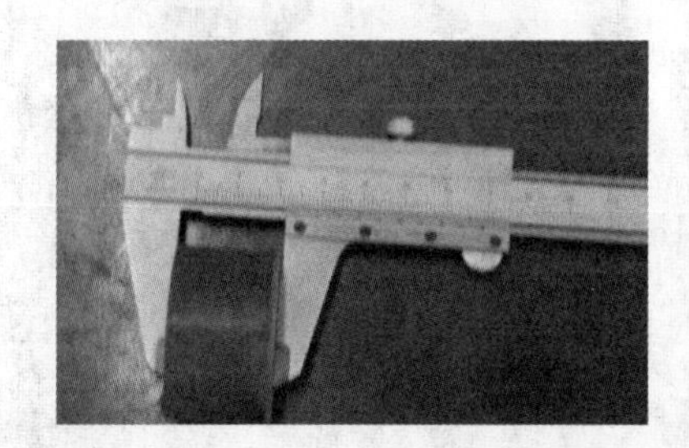

图 5-101 用游标卡尺测量毛坯厚度和外圆尺寸

(1) 装夹零件（图 5-102） 装夹零件时，要注意清扫干净机用虎钳，不能有铁屑和渣子留在机用虎钳装夹面上，否则零件放置不平会影响零件的尺寸标准公差等级和平行度。通常用铁刷和油布进行刷、擦清理。首先将垫铁放在机用虎钳中，然后将毛坯较平整的端面放在垫铁上，调整垫铁高度，使工件端面伸出机用虎钳上表面 8mm。在保证铣刀在加工时不会接触机用虎钳面的前提下，尽量使工件处于机用虎钳中，以保证装夹定位准确和牢固。

(2) 对刀 首先打开机床的主轴开关，使刀具旋转。然后手动纵向移动工作台，使得零件移动到刀具的下方，缓慢手动升降工作台，当看到零件表面有切痕出现时，表明刀具和零件已经接触（图 5-103a），刀具和零件什么时候接触到升降手柄就停在什么地方。接着手动纵向移动工作台让零件退出（图 5-103b）。

图 5-102 端面定位与装夹

(3) 确定加工余量 手动操纵升降手柄，

a)

b)

图 5-103　对刀的操作过程

a）刀具与工件端面接触　b）工件退出刀具下方

调正需要切削的加工量（刻度盘上的刻度每一小格是 0.05mm），粗铣加工量为 1.8mm。

（4）粗铣端面　按照粗铣工艺参数，将机床手柄调整到合适的刻度位置。把纵向工作台机动手柄推向零件加工需要移动的方向（图 5-104），工作台开始自动走刀运动，刀具开始切削零件，这时操作者应与机床保持一定距离，避免被铁屑飞出时烫伤。

（5）精铣端面　粗铣完后，先把工作台机动操作手柄推回原位，然后选择 0.2mm 的背吃刀量，按照精铣工艺参数，将机床手柄调整到合适的刻度位置。把纵向工作台机动手柄推向零件加工需要移动的方向，工作台开始自动走刀运动，直到刀具切削完零件的全部端面，关停刀具（图 5-105a），接着取下零件，再把工作台退回加工前的位置，到此第一面加工完成。注意第一面的毛刺必须用平锉去除干净（图 5-105b）。

图 5-104　自动走刀的操作过程

a)

b)

图 5-105　端面铣削加工过程

a）加工完端面　b）取出工件修整毛刺

（6）加工另一端面　测量零件，按照（4）和（5）的方法加工另一端面至图样要求的尺寸。

（7）加工六方面　测量零件外圆尺寸，以实测尺寸减去图样要求的尺寸再除以 2，所得数值就是六方面的总加工余量。以刚才加工的两大面作为装夹面，用垫铁调整使工件大部分位于机用虎钳中，以保证装夹的稳固（图 5-106），对刀后，机床升降手柄直接进给粗加工的加工余量 1.3mm。纵向走刀加工完后，选择精加工参数，加工剩余的 0.2mm 的加工余量。

a)

b)

图 5-106　第一个六方面的加工过程

a）定位装夹工件　b）对刀与加工第一个六方面

（8）第二个六方面加工　第二个面为第一个面的对立面，可以将已加工好的第一个六方面作为定位基准，将其放在垫铁的表面上，然后夹紧、对刀。按照加工第一面相同的方法加工，就可以完成第二面的加工。

（9）第三个六方面加工　选择 60°直角三角形尺一把，使斜边紧靠已加工的第一或第二面，直角边紧靠垫铁表面，用机用虎钳夹紧两端面。这样已经定位好第三个需要加工的六方面。接下来按照第一个六方面加工的方法进行加工，如图 5-107。

（10）第四面的加工　该面与第三面相对，测量零件，以实测尺寸减去图样要求的尺寸即为加工余量。按照加工第二面一样的方法装夹好零件后，进行对刀加工，直到零件切削到图样要求的尺寸。切削完要测量是否符合图样要求，如达不到要求则继续加工这个面直到符合图样要求。

（11）第五和六面的加工　与三、四面加工一样，不需要调整机床，直接装夹加工即可，这样可以保证六边形的尺寸一致。加工后的零件如图 5-108 所示。

图 5-107　六方面加工定位装夹

6. 质量检验

加工完毕后用游标卡尺分别测量厚度和三对六方面的尺寸，测量前注意清理工件毛刺和脏污。只要尺寸在零件图规定的自由公差范围内就可以满足要求，否则需要进行修整。同时用表面粗糙度样板比对表面粗糙度。

7. 结果分析

（1）当零件毛刺清理不干净、机用虎钳没有清理干净时，会导致零件的尺寸加工不到位，平行面的平行度无法保证。

（2）六方面在加工的过程中如果余量不是平均分配，会导致六棱边的边长不对称。

图 5-108　加工完的零件

5.4　齿形加工（Gear making）

5.4.1　概述（Introduction of gear making）

1. 齿轮的技术要求（Technical requirement of the gears）

齿轮传动可以用来传递空间任意两轴间的运动，且传动准确可靠、结构紧凑、寿命长、效率高，是应用最广泛的一种传动机构。在各种机械、仪表、运输、农机等设备中大都使用齿轮来传递运动和动力。常见的齿轮传动类型如图 5-109 所示。

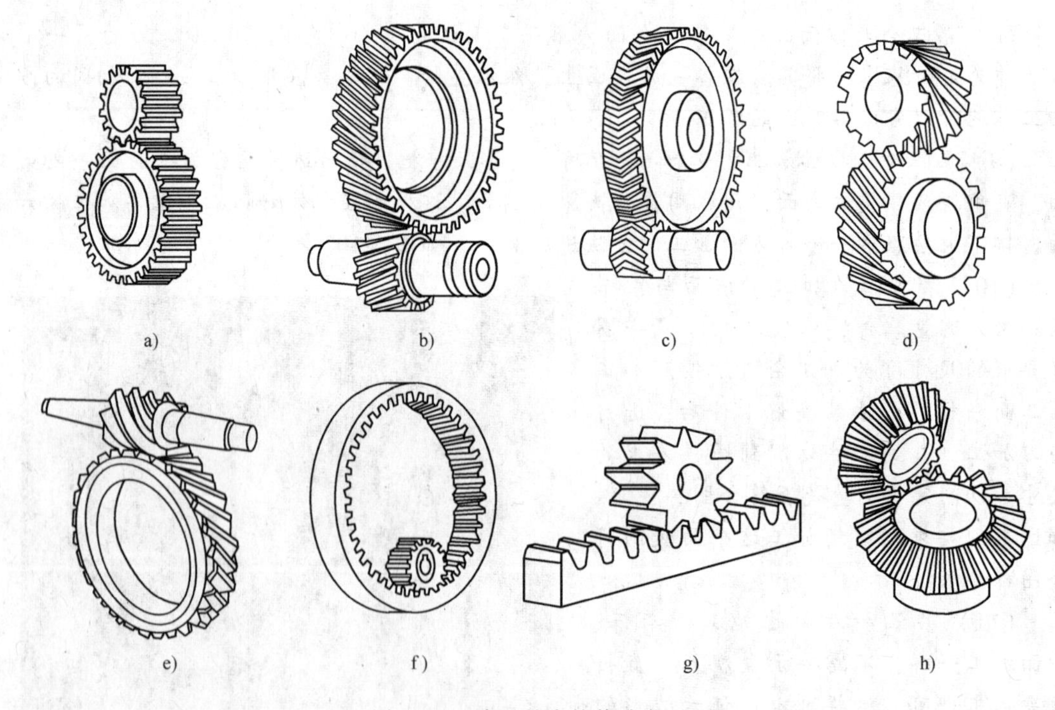

图 5-109　常见的齿轮传动类型

a）直齿圆柱齿轮传动　b）斜齿圆柱齿轮传动　c）人字齿圆柱齿轮传动　d）螺旋齿轮传动　e）蜗轮蜗杆传动　f）内啮合齿轮传动　g）齿轮齿条传动　h）直齿锥齿轮传动

在 GB/T 10095—2008 标准中，对齿轮精度规定了 13 个等级。根据目前加工方法所能达到精度水平来划分，0~2 级为远景级精度，3~5 级为高级精度，6~8 级为中级精度，9~12 级为低级精度。

齿轮及齿轮副的使用要求主要包括：①齿轮的运动精度；②齿轮的工作平稳性；③齿面接触精度；④齿侧间隙。对于分度传动用的齿轮，主要的要求是齿轮运动精度，使传递的运动准确可靠；对于高速动力传动用的齿轮，必须工作平稳，没有冲击和噪声；对于重载、低速传动用的齿轮，则要求齿轮的接触精度高，使啮合齿的接触面积最大，以提高齿面的承载能力和减少齿面的磨损；对于换向传动和读数机构，齿侧间隙就十分重要，必要时必须消除间隙。

2. 齿轮齿形的加工方法 (Making methods of gear teeth)

按齿形形成的原理不同，齿形加工可以分为两类方法：一类是成形法，用与被切齿轮齿槽形状相符的成形刀具切出齿形，如铣齿（用盘状或指形齿轮铣刀)、拉齿和成形磨齿等；另一类是展成法（包络法)，齿轮刀具与工件按齿轮副的啮合关系做展成运动，工件的齿形由刀具的切削刃包络而成，如滚齿、插齿、剃齿、磨齿和珩齿等。

齿形常用的加工方法见表 5-12。

表 5-12 齿形常用的加工方法

加工方法	加工原理	加工质量		生产率	设备	应用范围
		公差等级 IT	齿面粗糙度值 $Ra/\mu m$			
铣齿	成形法	9	3.2~6.3	较插齿、滚齿低	普通铣床	单件修配生产中，加工低精度外圆柱齿轮、锥齿轮、蜗轮
拉齿	成形法	7	0.4~1.6	高	拉床	大批量生产 7 级精度的内齿轮，因齿轮拉刀制造很复杂，故少用
插齿	展成法	7~8	1.6~3.2	一般较滚齿低	插齿机	单件成批生产中，加工中等质量的圆柱齿轮、多联齿轮
滚齿	展成法	7~8	1.6~3.2	较高	滚齿机	单件成批生产中，加工中等质量的内、外圆柱齿轮及蜗轮
剃齿	展成法	6~7	0.4~0.8	高	剃齿机	精加工未淬火的圆柱齿轮
珩齿	展成法	6~7	0.4~0.8	很高	珩齿机	光整加工已淬火的圆柱齿轮，适用于成批和大量生产
磨齿	成形法 展成法	5~6	0.2~0.8	成形法高于展成法	磨齿机	精加工已淬火的圆柱齿轮

5.4.2 铣齿 (Milling gear)

1. 铣削直齿圆柱齿轮（简称直齿轮) (Milling of spur gear)

如图 5-110 所示的铣削直齿圆柱齿轮，铣削时齿轮坯紧固在芯轴上，并将芯轴安装在分度头和尾座顶尖之间，铣刀旋转，工件随工作台做纵向进给运动。每铣完一个齿槽，纵向退刀进行分度，再铣下一个齿槽。

模数 $m \leqslant 20mm$ 的齿轮，一般用盘状齿轮铣刀在卧式铣床上加工；模数 $m>20mm$ 的齿轮，在专用铣床或立式铣床上加工（图 5-111)。

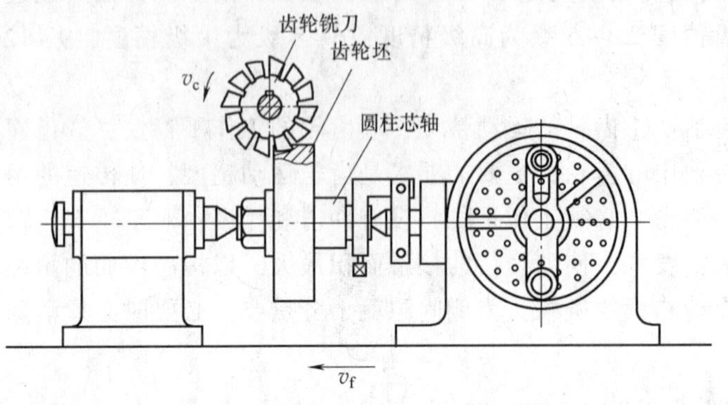

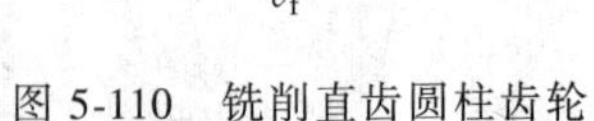

图 5-110 铣削直齿圆柱齿轮

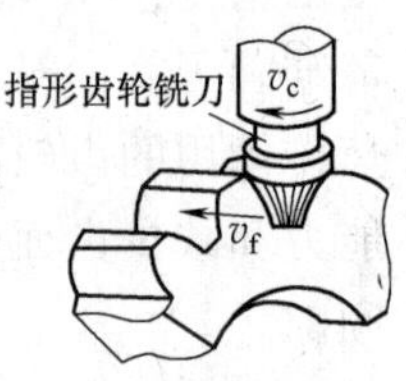

图 5-111 盘状和指形齿轮铣刀

选用的齿轮铣刀，除模数 m 和压力角 α 应与被切齿轮的模数、压力角一致外，还需根据齿轮的齿数 z 选择相应的刀号。

因为渐开线的形状与基圆直径大小有关，基圆直径越小，渐开线的曲率越大；基圆直径越大，渐开线的曲率越小；当基圆直径无穷大时，渐开线便成为一条直线，即为齿条的齿形曲线。由于相同模数而齿数不同的齿轮，其分度圆直径（$d=mz$）、基圆直径均不相同。如果为每一个模数的每一种齿数的齿轮制备一把相应的齿轮铣刀，既不经济也不便于管理。为此，同一模数的齿轮铣刀，一般只制作 8 把，分为 8 个刀号，分别用于铣削一定齿数范围的齿轮，见表 5-13。为了保证铣削的齿轮在啮合运动中不会卡住，各号铣刀的齿形应按该号范围内最小齿数齿轮的齿槽轮廓制作，以便获得最大齿槽空间。为此，各号铣刀加工范围内的齿轮除最小齿数的齿轮外，其他齿数的齿轮，只能获得近似的齿形。

表 5-13 盘状齿轮铣刀的刀号及加工的齿数范围

刀号	1	2	3	4	5	6	7	8
加工的齿数范围	12~13	14~16	17~20	21~25	26~34	35~54	55~134	135 以上

2. 铣削螺旋齿圆柱齿轮（简称螺旋齿轮）（Milling of helical gear）

铣削螺旋齿轮不能直接根据实际齿数 z 选择齿轮铣刀的刀号。如图 5-112 所示，螺旋齿轮只有在某齿 A 的法向截面内，才能使齿 A 得到正确的渐开线齿形，这一齿形相当于分度圆直径为 d 的直齿轮的齿形。此直齿轮称为当量齿轮，其齿数 z_d 称为当量齿数。实际齿数 z 与当量齿数 z_d 的关系为

$$z_d = z/\cos^3\beta$$

式中，β 为螺旋齿轮的螺旋角。

若 z_d 的计算结果为小数，则四舍五入取整数即可。铣削螺旋齿轮，要按法向模数 m_n 和当量齿数 z_d 选择齿轮铣刀。

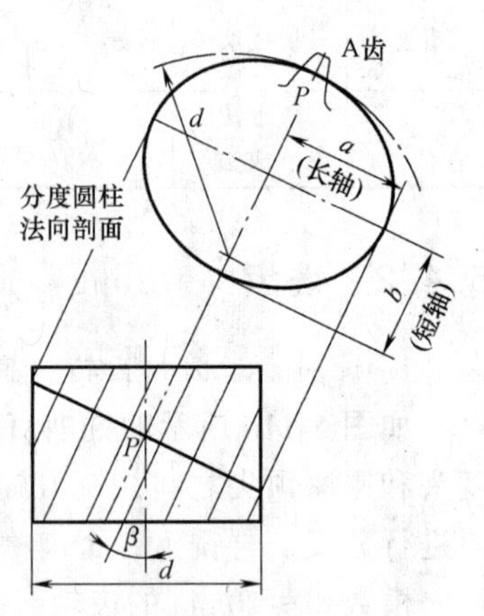

图 5-112 螺旋齿轮法向齿形

铣削螺旋齿轮可看成是铣削一般螺旋槽和铣削直齿轮两种方法的综合运用。使用圆盘铣刀时，为使铣刀的旋转平面与螺旋槽的切线方向一致，需将万能卧式铣床工作台由原来

位置扳转一个角度（螺旋槽的螺旋角）。螺旋槽为右旋时，工作台逆时针扳转；螺旋槽左旋时，则顺时针扳转，如图 5-113 所示。为了铣出螺旋槽，工件必须在沿轴向移动一个导程 L 的同时，绕自身旋转轴线旋转一周。为此，必须在纵向工作台丝杠末端与分度头挂轮轴之间选择交换齿轮 z_1、z_2、z_3、z_4，如图 5-114 所示。其交换齿轮的计算公式如下：

$$\frac{z_1 \times z_3}{z_2 \times z_4}=\frac{40P}{L}=\frac{40P\sin\beta}{\pi m_{\mathrm{n}} z}$$

式中，P 为螺距。

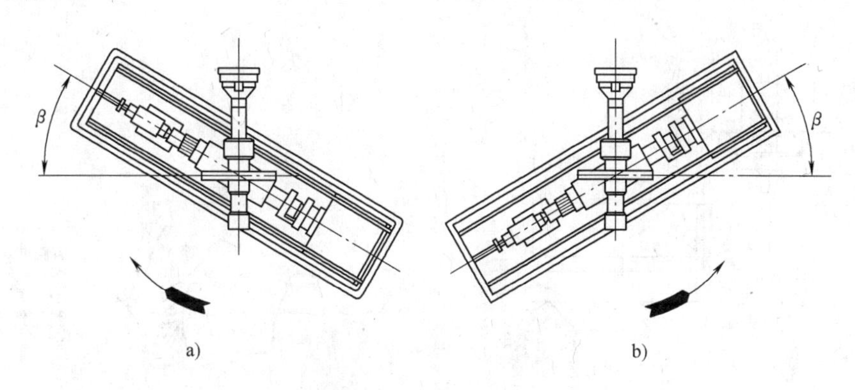

图 5-113　铣螺旋槽时卧式铣床工作台的转向

a）铣左螺旋槽　b）铣右螺旋槽

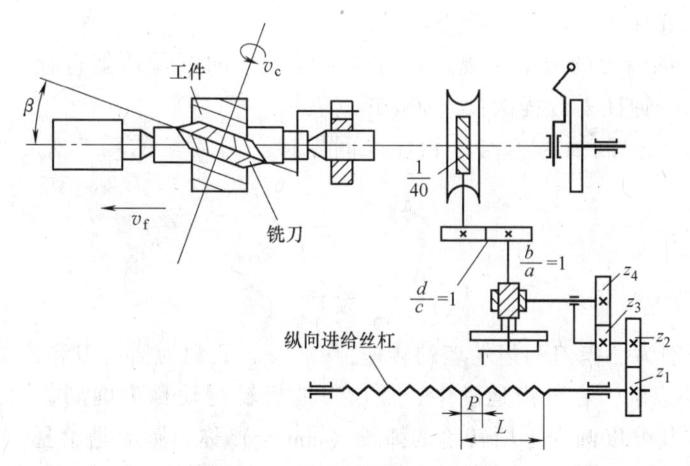

图 5-114　铣削螺旋槽的示意图

3. 铣齿的工艺特点（Process features of milling gear）

（1）生产成本低　齿轮铣刀的结构简单，在普通铣床上即可完成铣齿工作。

（2）加工精度低　齿形的准确性完全取决于齿轮铣刀，而一个刀号的铣刀要加工一定齿数范围的齿轮，将会使齿形误差较大。此外，在铣床上采用分度头分齿，分齿误差也较大。

（3）生产率低　每铣一齿都要重复耗费切入、切出、吃刀和分度的时间。

5.4.3　插齿（Gear shaping）

插齿是在插齿机上进行的一种切削方式。插齿刀很像一个直齿圆柱齿轮，只需齿顶呈圆锥形，以形成顶刃后角；端面呈凹锥面，以形成顶刃前角；齿顶高比标准圆柱齿轮大 0.25 m，以保证插削后的齿轮在啮合时有顶隙。

1. 插齿原理和插齿运动（Principle and motion of gear shaping）

插齿加工相当于一对无啮合间隙的圆柱齿轮传动（图 5-115）。插齿时，插齿刀与齿轮坯之间严格按照一对齿轮的啮合速比关系强制传动，即插齿刀转过一个齿，齿轮坯也转过相当一个齿的角度。与此同时，插齿刀做上下往复运动，以便进行切削。其刀齿侧面运动轨迹所形成的包络线，即为被切齿轮的渐开线齿形（图 5-116）。

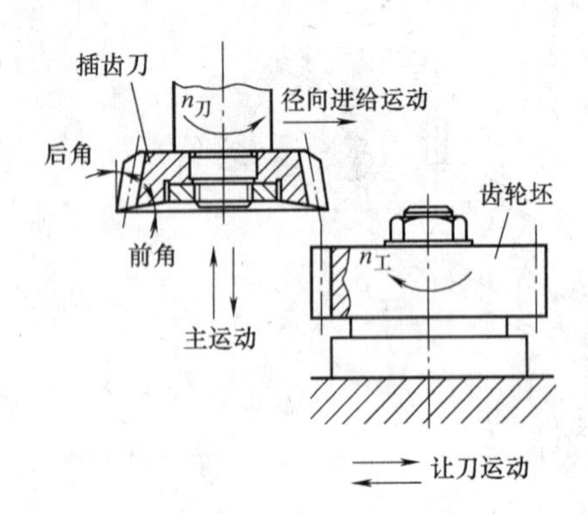

图 5-115 插齿刀与插齿加工

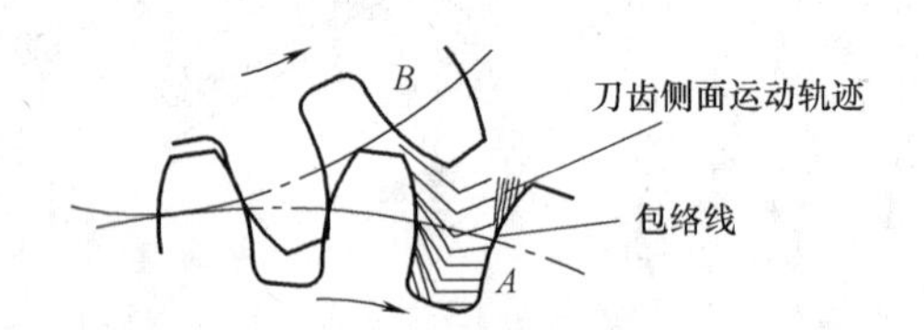

图 5-116 插齿时渐开线齿形的形成
A—被切齿轮 B—插齿刀

插齿需要下列五种运动：

（1）主运动 插齿刀的上下往复运动称为主运动。向下是切削行程，向上是返回空行程。插齿速度用每分钟往复行程次数（st/min）表示。

（2）分齿运动 强制插齿刀与齿轮坯之间保持一对齿轮的啮合关系的运动称为分齿运动。

其运动关系为：

$$\frac{n_{刀}}{n_{工}}=\frac{z_{工}}{z_{刀}}$$

式中，$n_{刀}$、$n_{工}$ 分别为插齿刀和齿轮坯的转速；$z_{刀}$、$z_{工}$ 分别为插齿刀和被切齿轮的齿数。

（3）圆周进给运动 在分齿运动中，插齿刀的旋转运动称为圆周进给运动。插齿刀每往复行程一次，在其分度圆周上所转过的弧长（mm/st）称为圆周进给量，它决定每次行程中金属的切除量和形成齿形包络线的切线数目，直接影响着齿面的表面粗糙度。

（4）径向进给运动 在插齿开始阶段，插齿刀沿齿轮坯半径方向的移动称为径向进给运动。其目的是使插齿刀逐渐切至全齿深，以免开始时金属切除量过大而损坏刀具。径向进给量是指插齿刀每上下往复一次径向移动的距离（mm/st）。径向进给运动是由进给凸轮控制的，当切至全齿深后即自动停止。

（5）让刀运动 为了避免插齿刀在返回行程中擦伤已加工表面和加剧刀具的磨损，应使工作台沿径向让开一段距离；当切削行程开始前，工作台需回复原位。工作台所做的这种短距离的往复运动，称为让刀运动。

2. 齿轮坯的装夹（Installation of gear blanks）

插齿时，齿轮坯常用的装夹方法有以下两种：

(1) 内孔和端面定位　如图 5-117a 所示，依靠齿轮坯内孔与芯轴之间的正确配合来决定齿轮坯的轴线位置。这种装夹方法适用于大批大量生产。

(2) 外圆和端面定位　如图 5-117b 所示，将齿轮坯套在芯轴上（内孔与芯轴之间留有较大的间隙），用指示表找正外圆，以决定齿轮坯轴线位置。这种装夹方法适用于单件小批生产。

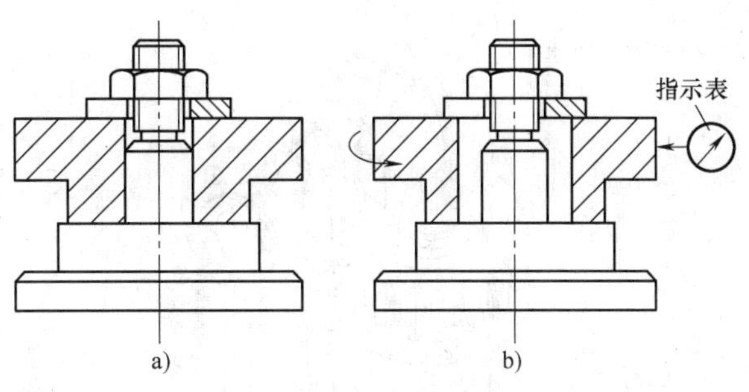

图 5-117　齿轮坯的装夹定位方法

a) 内孔和端面定位　b) 外圆和端面定位

5.4.4　滚齿（Gear hobbing）

1. 滚刀（Hob）

滚齿是在专用的滚齿机上进行的。滚切齿轮所用的齿轮滚刀如图 5-118 所示。其刀齿分布在螺旋线上，且多为单线右旋，其法向剖面呈齿条齿形。当螺纹升角 $\psi>5°$ 时，沿螺旋线法向铣出若干沟槽；当 $\psi<5°$ 时，则沿轴向铣槽。铣槽的目的是形成刀齿和容纳切屑。刀齿顶刃前角 γ_p 一般为 0°。滚刀的刀齿需要铣削，形成一定的后角 α_p，以保证在重磨前刀面后，齿形不变。通常 $\alpha_p=10°\sim12°$。

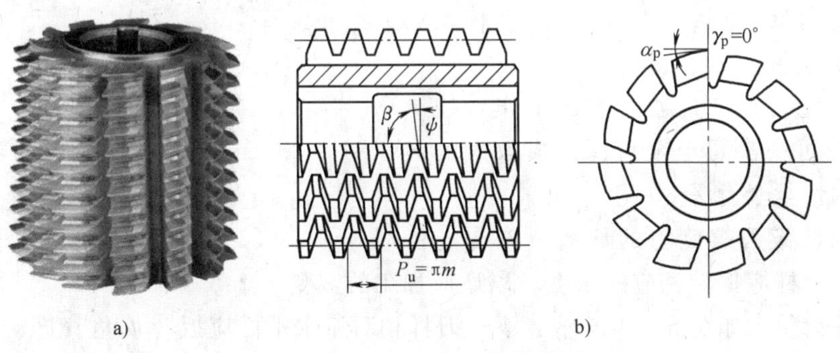

图 5-118　齿轮滚刀

a) 涂层滚刀结构　b) 滚刀角度

2. 滚齿原理和滚齿运动（Principle and motion of gear hobbing）

滚切齿轮也属于展成法切削的一种方法，如图 5-119 所示。可将其看成无啮合间隙的齿轮与齿条传动。当滚刀旋转一周时，相当于齿条在法向移动一个刀齿，滚刀的连续转动，犹如一根无限长的齿条在连续移动。当滚刀与齿轮坯之间严格按照齿轮与齿条的传动比强制啮合传动时，滚刀刀齿在一系列位置上的包络线就形成了工件的渐开线齿形，如图 5-120 所示。随着滚刀的垂向进给，即可滚切出所需的渐开线齿廓。

滚切直齿齿轮须有以下三种运动：

(1) 主运动　滚刀的旋转运动称为主运动，用转速 $n_{刀}$（r/min）表示。

(2) 分齿运动　强制齿轮坯与滚刀保持齿轮与齿条的啮合运动关系的运动称为分齿运动（n），即

$$\frac{n_{刀}}{n_{工}}=\frac{z_{工}}{K}n$$

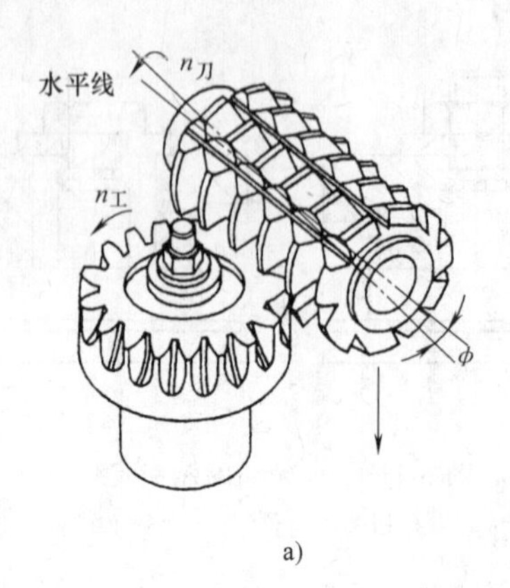

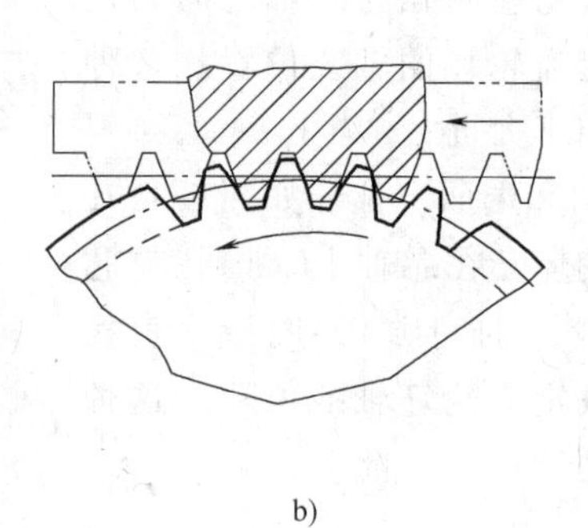

a)　　b)

图 5-119　滚切齿轮

a）滚齿　b）滚刀的法向剖面为齿条齿形

式中，$n_刀$、$n_工$为滚刀和被切齿轮的转速（r/min）；$z_工$为被切齿轮的齿数；K为滚刀螺旋线的线数。

（3）垂向进给运动　为了在整个齿宽上切出齿形，滚刀须沿被切齿轮的轴向向下移动，即为垂向进给运动。工作台每转一周，滚刀垂直向下移动的距离（mm/r），称为垂向进给量。

滚齿的径向背吃刀量，是通过手摇工作台控制的。模数小的齿轮可一次切至全齿深，模数大的齿轮可分两次或三次切至全齿深。

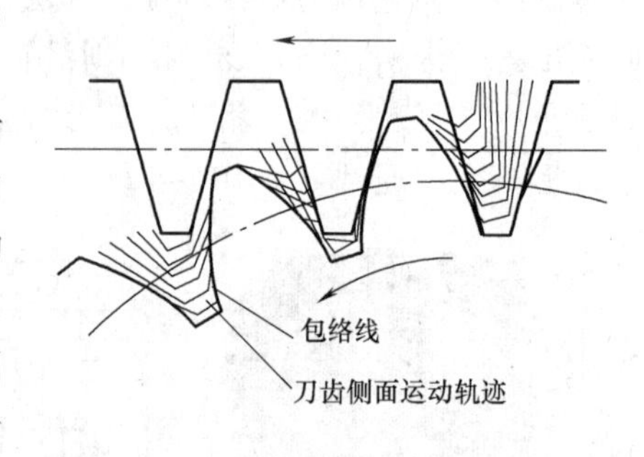

图 5-120　滚齿过程中渐开线

滚齿时，为保证滚刀螺旋齿的切线方向与轮齿方向一致，滚刀的刀杆应扳转相应的角度，以适应加工的需要。

滚切直齿圆柱齿轮，如图 5-121 所示，滚刀刀杆相对于水平面应扳转ψ角（即滚刀的螺纹升角）。

3. *滚切螺旋齿圆柱齿轮*（Hobbing of the helical gear）

根据滚刀与被切齿轮的旋向、滚刀螺纹升角ψ和被切齿轮的螺旋角β确定刀杆扳转的角度。图 5-122 所示为右旋滚刀滚切右旋齿轮，刀杆反转β-ψ角；图 5-123 所示为右旋滚刀滚切左旋齿轮，刀杆扳转$\beta+\psi$角。

滚切过程中滚刀垂向向下进给，由a点切入，b点切出。但轮齿为ac方向，为使滚刀由a点到达b点时，工件上c点也同时到达b点，被切齿轮还须有一个附加转动n'。根据螺旋线的形成原理可知，若

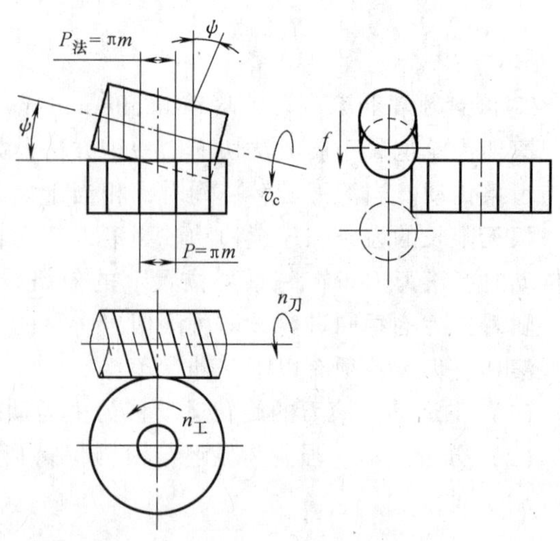

图 5-121　右旋滚刀滚切直齿圆柱齿轮

被切齿轮的导程为 L，在滚刀垂向进给 L 距离的同时，被切齿轮应多转或少转一周。附加转动 n'就是根据这一关系，通过调整滚齿机内部有关交换齿轮得到的。

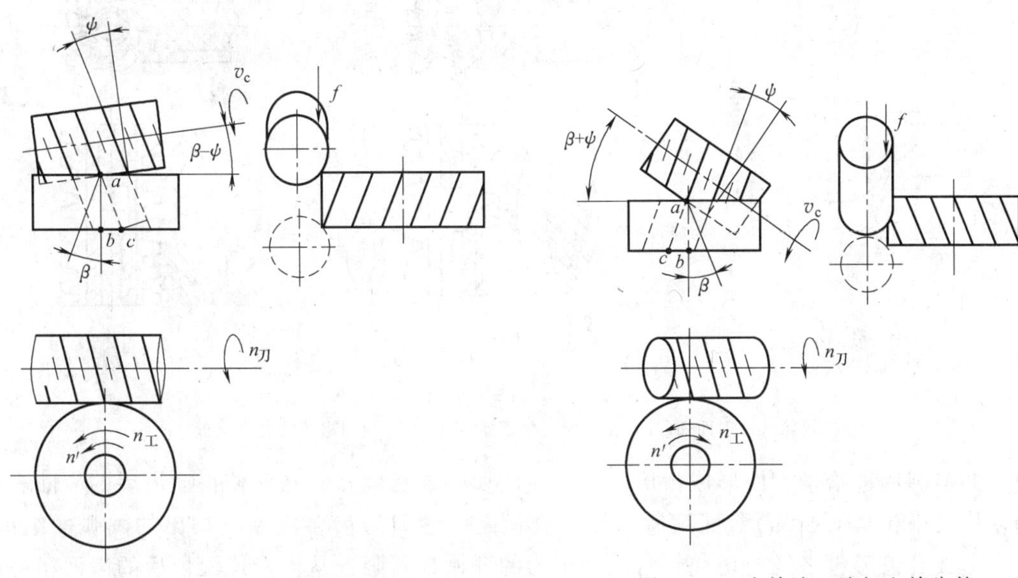

图 5-122　右旋滚刀滚切右旋齿轮　　图 5-123　右旋滚刀滚切左旋齿轮

4. 滚切蜗轮（Worm gear hobbing）

滚切蜗轮需用蜗轮滚刀。滚切时，相当于一对无啮合间隙的蜗轮蜗杆传动。滚刀相当于蜗杆，如图 5-124 所示，但是沿轴向或法向铣出沟槽，以形成切削刃。在强制啮合运动的过程中，包络出蜗轮轮齿的相应齿形。

蜗轮滚刀的模数 m、压力角 α、螺纹升角 ψ 以及螺旋齿的旋向与被切蜗轮相啮合的蜗杆一致，只是外径比蜗杆顶圆直径 d_a 大 0.4m，以保证切出的蜗轮与蜗杆啮合时有 0.2m 的顶隙。

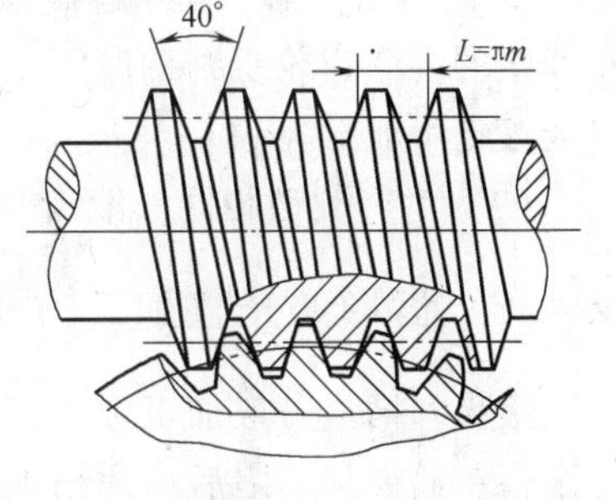

图 5-124　蜗杆齿形

滚切蜗轮的方法如图 5-125 所示，蜗轮滚刀应水平放置，其轴线应处于蜗轮的中间平面内。蜗轮滚刀由蜗轮齿顶开始切削，被切蜗轮做径向运动，以逐渐切至全齿深。

5. 滚齿与插齿分析比较（Analysis and comparison between gear hobbing and shaping）

（1）加工原理相同　滚齿与插齿均属于展成法切削。因此，选择刀具时，只要求刀具的模数和压力角与被切齿轮一致，与齿数无关（最少齿数 $z \geqslant 17$）。

（2）加工精度与齿面粗糙度基本相同　精度为 7～8 级，而表面粗糙度值为 $Ra1.6\mu m$ 左右。

（3）插齿的分齿精度略低于滚齿，而滚齿的齿形精度略低于插齿　这是由于插齿刀的制造误差、装夹误差以及刀杆旋转误差等因素，导致插齿刀在旋转一周的过程中引起被加工齿轮的分齿不均匀；滚刀的制造误差、装夹误差以及刀杆旋转误差等因素，容易使滚刀在旋转一周的过程中造成被加工齿轮的齿形误差。

（4）插齿后的齿面粗糙度略优于滚齿　这是由于插齿刀沿轮齿的全长是连续切削，且

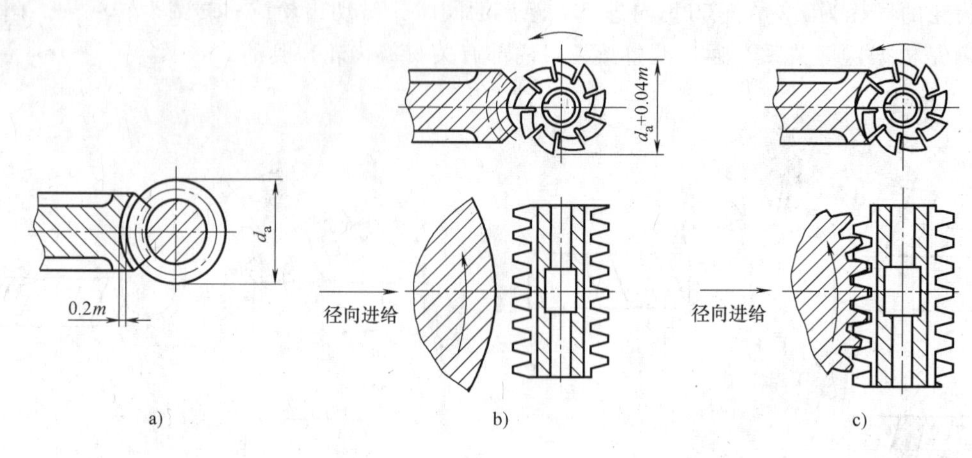

图 5-125 滚切蜗轮

a）蜗轮蜗杆剖面图 b）滚切蜗轮的起始位置 c）滚切蜗轮的终止位置

插齿可调整圆周进给量，使形成齿形的包络线的切线数目较多，从而使得插齿后的齿面表面粗糙度值较小（Ra1.6μm）；而滚齿的轮齿全长是由滚刀刀齿多次断续切出的圆弧面组成，且滚齿形成的齿形包络线的切线数目又受滚刀的开槽数所限，从而造成滚齿后的齿面粗糙度较大（Ra1.6~3.2μm）。

（5）滚齿的生产效率高于插齿 滚齿为连续切削，插齿不仅有返回空行程，而且插齿刀的往复运动，使切削速度的提高受到限制。

（6）加工范围不同 螺旋齿轮在滚齿机上加工比插齿机加工要方便且经济；内齿轮和小间距的多联齿轮受结构所限，只能插齿不能滚齿，而对于蜗轮和轴向尺寸较大的齿轮轴，只能滚齿不能插齿。

（7）生产类型相同 滚齿和插齿在单件小批及大批大量生产中均被广泛应用。

5.4.5 齿形的光整加工方法（Finishing methods of the gears）

滚齿和插齿一般加工中等精度（7~8 级）的齿轮。对于 7 级精度以上或经淬火的齿轮，在滚齿、插齿加工之后尚须精加工，以进一步提高齿形的精度。常用的齿形精加工方法有剃齿、珩齿、磨齿和研齿。

1. 剃齿（Gear shaving）

剃齿是用剃齿刀在剃齿机上进行的。主要用于加工滚齿或插齿后未经淬火（35HRC 以下）的直齿和螺旋齿圆柱齿轮。剃齿精度可达 6~7 级，表面粗糙度值可达 Ra0.4~0.8μm。

剃齿刀的形状类似一个高精度、高硬度的螺旋齿圆柱齿轮，齿面上开有许多小沟槽以形成切削刃（图 5-126）。在与被加工齿轮啮合运动的过程中，剃齿刀齿面上许多切削刃从工件齿面上剃下细丝状的切屑，提高了齿形精度并减小

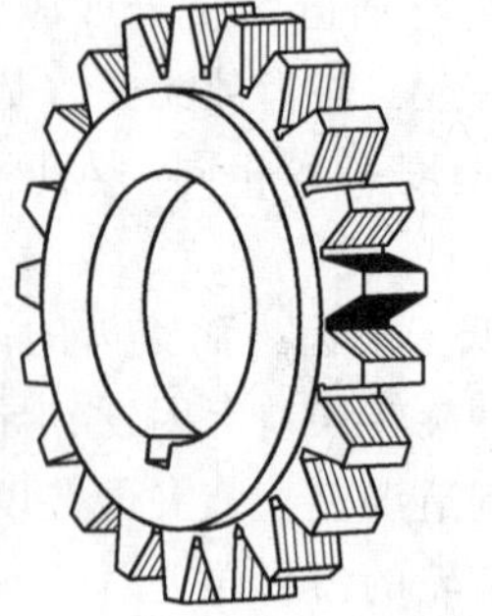

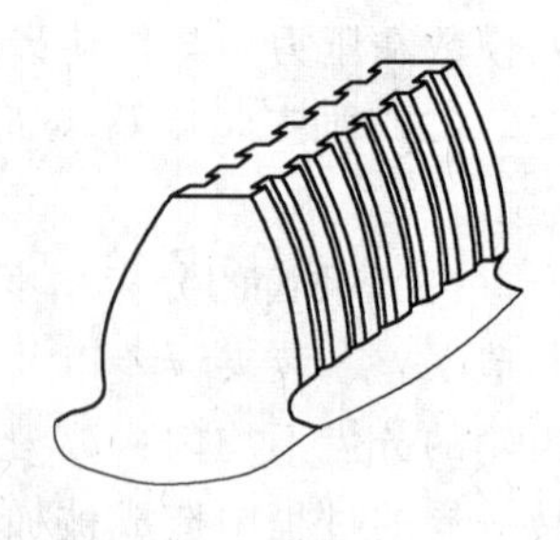

图 5-126 剃齿刀

了齿面表面粗糙度值。

剃削直齿圆柱齿轮的原理和方法如图 5-127 所示，它属于一对螺旋齿轮“自由啮合”的展成法加工。齿轮固定在芯轴上，并安装在剃齿机的双顶尖间，由剃齿刀带动，时而正转，时而反转，正转时剃削轮齿的一个侧面，反转时剃削轮齿的另一个侧面。由于剃齿刀的刀齿呈螺旋状（螺旋角为 β），当它与直齿轮啮合时，其轴线应偏斜 β 角。剃齿刀高速旋转时，在 A 点的圆周速度 v_A 可分解为沿齿轮圆周切线方向的分速度 v_{An} 和沿齿轮轴线方向的分速度 v_{At}。v_{An} 使工件旋转，v_{At} 为齿面相对滑动速度，即剃削速度。为了剃削轮齿的全齿宽，工作台需带动齿轮做纵向往复直线运动。为了剃去全部余量，工作台在每往复行程终了时，剃齿刀需做径向进给运动。进给量一般为 0.02~0.04mm/st。

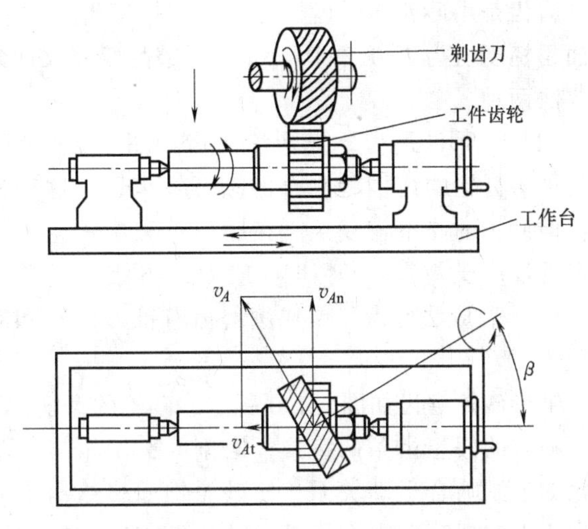

图 5-127　剃齿方法

剃齿的目的主要是提高齿形精度和齿向精度，降低齿面粗糙度。由于剃齿加工时没有强制性的分齿运动，故不能修正被切齿轮的分齿误差。因此，剃齿前的齿轮多采用分齿精度较高的滚齿加工。剃齿的生产效率很高，多用于大批大量生产，剃齿余量一般为 0.08~0.12mm，模数小的取小值，反之取大值。

2. 珩齿（Gear honing）

珩齿是用珩磨轮在珩齿机上进行的一种齿形精加工方法，其原理和方法与剃齿相同。被加工齿轮的齿面表面粗糙度值可达 $Ra0.2 \sim 0.4\mu m$。

珩磨轮（图 5-128）是用金刚砂或白刚玉磨料与环氧树脂等材料合成后浇注而成的，可视为具有切削能力的“螺旋齿轮”。当模数 $m>4mm$ 时，采用带齿芯的珩磨轮；当模数 $m<4mm$ 时，珩磨轮则不带齿芯。

珩磨时，珩磨轮的转速比剃齿刀要高得多，一般为1000~2000r/min。当珩磨轮以高速带动被珩齿轮旋转时，在相啮合的轮齿齿面上产生相对滑动，从而实现切削加工。珩齿具有磨削、剃削和抛光的综合作用。

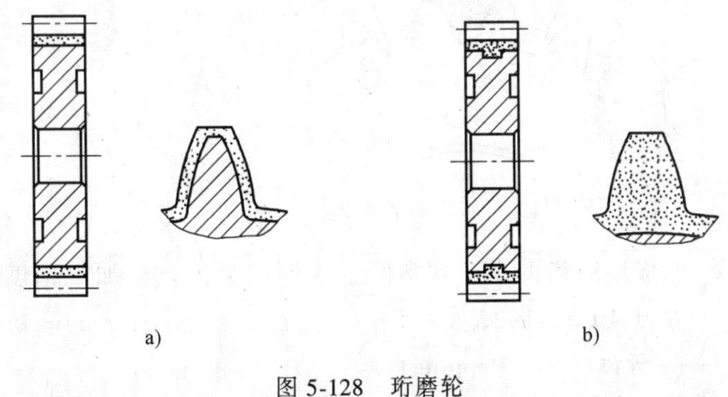

图 5-128　珩磨轮

a）带齿芯　b）不带齿芯

珩齿主要用于消除淬火后的氧化皮和轻微磕碰而产生的齿面毛刺与压痕，可有效降低齿面粗糙度。对修整齿形和齿向误差的作用不大。珩齿可作为 7 级或 7~6 级淬火齿轮的“滚→剃→淬火→珩”加工工艺的最后工序，一般可不留加工余量。

3. 磨齿（Gear grinding）

磨齿是用砂轮在磨齿机上加工高精度齿形的一种精加工方法，精度可达 4~6 级，齿面表面粗糙度值为 $Ra0.2 \sim 0.4\mu m$。可磨削经淬火或未经淬火的齿轮，磨齿的方法有成形法和展成法两种。

（1）成形法磨齿　成形法磨齿如图 5-129 所示，其砂轮要修整成与被磨齿轮的齿槽相吻合的渐开线齿形。这种方法的生产效率较高，但砂轮的修整较复杂。在磨齿过程中砂轮磨损不均匀，会产生一定的齿形误差，加工精度一般为 5~6 级。

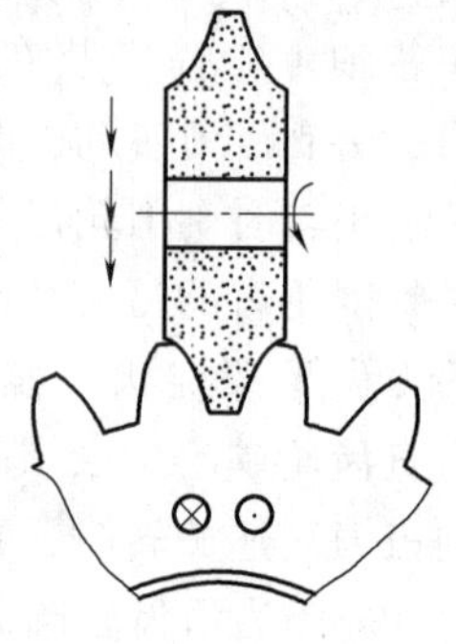

图 5-129　成形法磨齿

（2）展成法磨齿　展成法磨齿有锥形砂轮和双碟形砂轮磨削两种形式。

锥形砂轮磨齿如图 5-130 所示，砂轮的磨削部分修整成与被磨齿轮相啮合的假想齿条的齿形。磨削时，砂轮与被磨齿轮保持齿条与齿轮的强制啮合运动关系，使砂轮锥面包络出渐开线齿形。为了在磨齿机上实现这种啮合运动，砂轮做高速旋转，被磨齿轮沿固定的假想齿条向左或向右做往复纯滚动，以实现磨齿的展成运动，分别磨出齿槽的两个侧面 1 和 2；为了磨出全齿宽，砂轮沿齿向还要做往复的进给运动。每磨完一个齿槽，砂轮自动退离工件，工件自动进行分度。

双碟形砂轮磨齿如图 5-131 所示，将两个碟形砂轮倾斜一定的角度，构成假想齿条的两个齿的外侧面，同时对两个齿槽的侧面 1 和 2 进行磨削。其原理与锥形砂轮磨齿相同。为了磨出全齿宽，被磨齿轮沿齿向做往复进给运动。

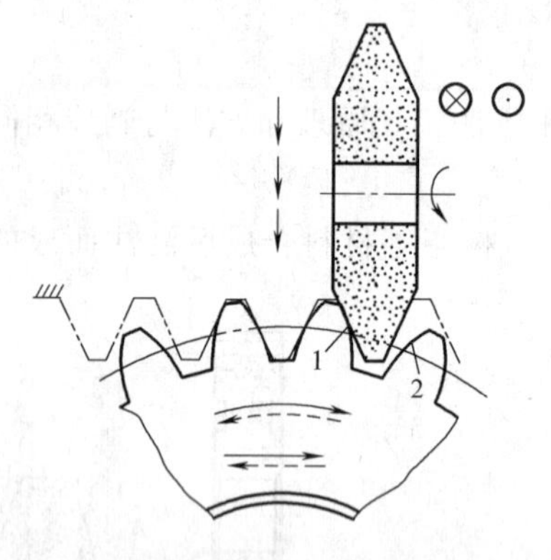

图 5-130　锥形砂轮磨齿

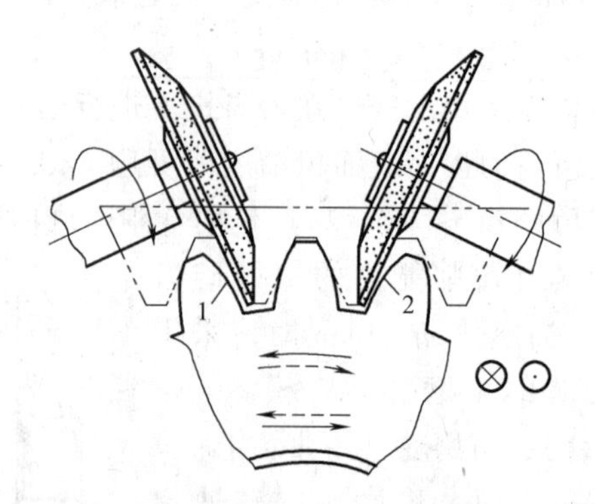

图 5-131　双碟形砂轮磨齿

展成法磨齿的生产效率低于成形法磨齿，但加工精度高，可达 4~6 级，表面粗糙度值小于 $Ra0.4\mu m$。在实际生产中，它是齿面要求淬火的高精度齿轮常采用的一种加工方法。

4. 研齿（Gear lapping）

研齿在研齿机上进行，其加工原理如图 5-132 所示。被研齿轮安装在三个研轮中间，并相互啮合，在啮合的齿面加入研磨剂，电动机驱动被研齿轮，带动三个略带负载（或轻微制动状态）的研轮，做无间隙的自由啮合运动。若被研齿轮为直齿轮，则三个研轮中要有两个螺旋齿轮，一个直齿轮。由于直齿轮与螺旋齿轮啮合时，齿面产生相对滑动，加上研磨剂的作用，在齿面产生极轻微的切削，以降低齿面粗糙度。在研齿过程中，为能研磨全齿宽，被研齿轮除旋转外，还应轴向快速短距离移动。研磨一定时间后，改变被研齿轮的转向，研磨齿的另一侧面。

研齿一般只降低齿面表面粗糙度值（包括去除热处理后的氧化皮），可达 $Ra0.2 \sim 1.6\mu m$，不能提高齿形精度，其齿形精度主要取决于研齿前齿轮的加工精度。

研齿机结构简单，操作方便。研齿主要用于没有磨齿机、珩齿机或不便磨齿、珩齿（如大型齿轮）的淬硬齿轮的精加工。在实际生产中，如果没有研齿机，对于淬火后的齿轮可采用一种简易的研齿方法，将被研齿轮按工作状态装配好，在齿面间放入研磨剂，运行磨合一段时间，然后拆卸清洗即可。

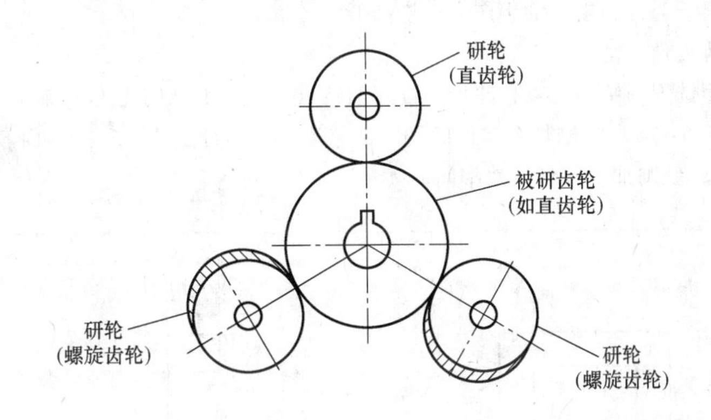

图 5-132　研齿原理图

复习思考题

5.1.1　一般情况下，车削的切削过程为什么比刨削、铣削等要平稳？对加工有何影响？

5.1.2　试拟订图 5-133 所示锤子手柄车削加工的工艺流程、工艺卡和工步内容及简图，为防止加工中产生弯曲变形，在工艺上要采取哪些措施？请按照工艺卡完成加工，分析加工产品的质量、效率和成本间的关系。

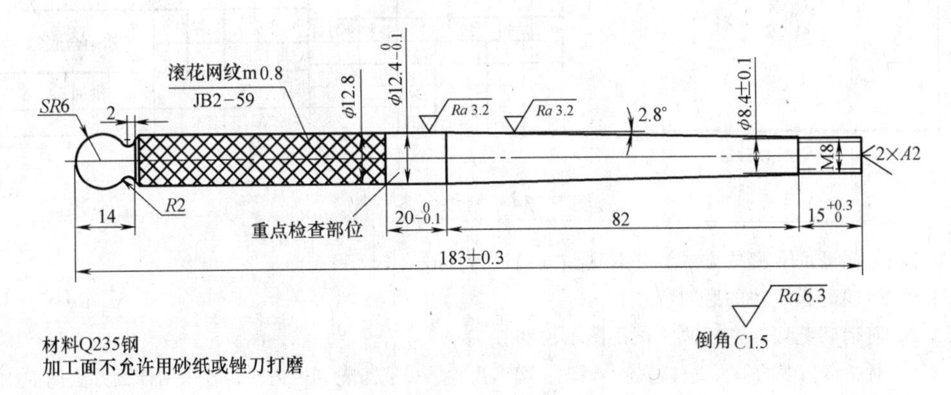

图 5-133　锤子手柄零件图

5.1.3　加工要求精度高、表面粗糙度值小的纯铜或铝合金轴件的外圆时，应选用哪种加工方法？为什么？

5.1.4　研磨、珩磨和抛光的作用有何不同？为什么？

5.2.1　试用简图说明麻花钻的结构特点和几何参数特点。

5.2.2　为什么钻孔时会出现“引偏”？并给出几种减小“引偏”的方法。

5.2.3　钻孔有哪些工艺特点？钻孔后进行扩孔、铰孔为什么能提高孔的加工质量？

5.2.4　镗孔有哪几种方式？各自具有什么样的特点？

5.2.5　试说明浮动镗孔的特点及其应用。

5.2.6　简述高速精镗的加工特点。

5.2.7　拉削加工有哪些特点？适合什么场合？

5.2.8　试说明珩孔的加工原理，珩孔适合什么场合？

5.2.9　试说明孔的种类以及孔有几种加工方法，并简述孔加工方法的选择原则。

5.3.1　一般情况下为什么刨削的生产率比铣削低？

5.3.2　试说明薄板件的刨削特点。

5.3.3　简述平面铣刀的结构特点，并根据铣刀的特点归纳平面铣削的工艺特点。

5.3.4　试分析图5-134所示蜡烛台零件的铣削工艺流程，制订工艺卡和工步内容及简图，分析面铣刀与立铣刀加工的特点，铣削加工质量与效率间的关系。

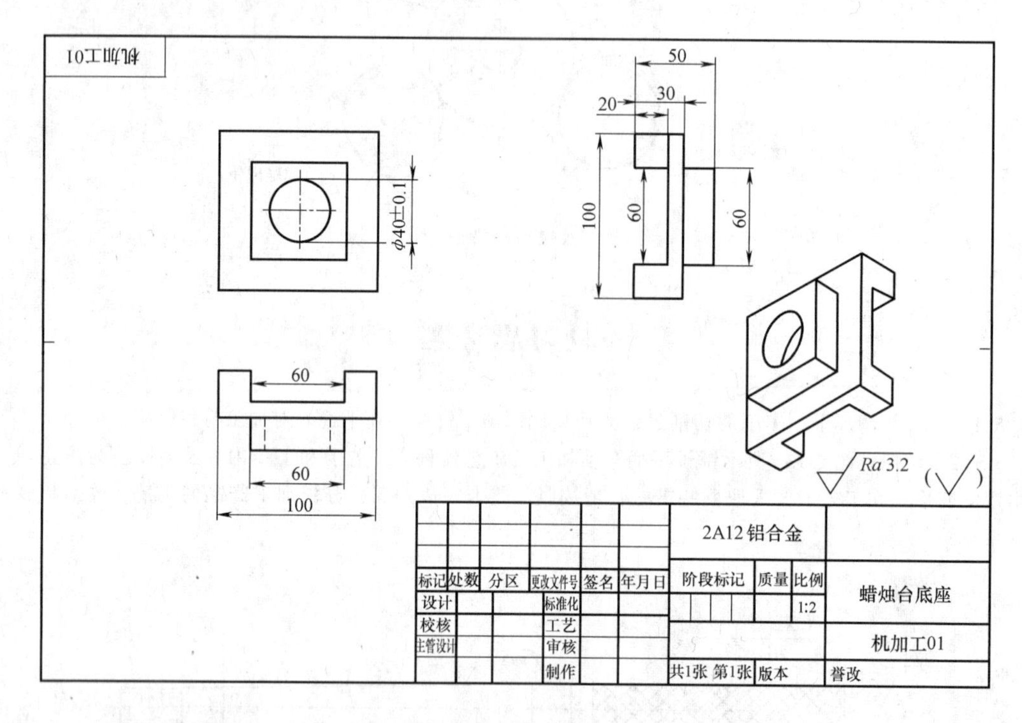

图5-134　蜡烛台零件图

5.3.5　平面磨削有哪些方式？并对这些方式进行比较。

5.3.6　简述薄板零件的磨削特点。

5.3.7　何谓顺铣法和逆铣法，试用图示说明。

5.4.1　对7级精度的斜齿圆柱齿轮、蜗轮、扇形齿轮、多联齿轮和内齿轮，各采用什么方法加工比较合适？

5.4.2　对齿面淬硬和齿面不淬硬的6级精度直齿圆柱齿轮，其齿形的精加工应当采取什么方法？

5.4.3　试比较插齿和滚齿的加工原理、加工质量和加工范围。

5.4.4　剃齿能够提高齿轮的运动精度和工作平稳性吗？为什么？

第6章

特种加工及材料成形新工艺 (Special machining and new process of material forming)

本章学习指导

学习本章前应预习《机械制图》中有关三视图、形面构造与建模的内容，《互换性与技术测量》中有关尺寸标准公差等级、几何公差和表面粗糙度的内容。学习本章中的内容时，应该与“金工实习”中实际操作的相关工艺相联系，理论联系实践，并配合一定的习题和作业，参考参考文献［1］中的有关章节，才能够学好本章内容。

本章主要内容

特种加工，材料成形新工艺。

本章重点内容

电火花加工，激光加工，粉末冶金，快速成形的原理、特点及应用。

6.1 特种加工简介（Introduction of special machining）

随着生产发展的需要和科学技术的进步，具有高熔点、高硬度、高强度、高脆性、高韧性等的难切削材料不断出现，各种复杂结构与特殊工艺要求的零件越来越多，使用普通的切削加工方法往往难以满足要求，于是发展出了特种加工。特种加工是直接利用电能、化学能、声能和光能来进行加工的方法，它的种类很多，在生产上应用较多的主要是电火花加工、电解加工、激光加工、超声波加工，其他还有化学加工、电铸、电子束加工和离子束加工等。

特种加工在对硬质合金、软合金、耐热钢、不锈钢、淬火钢、金刚石、宝石、陶瓷等材料的加工中，对各种模具上特殊断面的型孔、喷油器、喷丝头上的小孔、窄缝，以及高精度细长零件、薄壁零件和弹性元件等低刚度零件的加工中，均已在加工质量和生产效率上取得了理想的效果。

当然，在科学技术日新月异的发展中，特种加工同样也会得到更大的发展。

6.1.1 电火花加工（Electrical discharge machining-EDM）

1. 电火花加工的原理（Principle of EDM）

（1）加工过程及原理 电火花加工是利用两电极间脉冲放电时产生的电蚀现象对材料（毛坯）进行加工的。如图 6-1 所示，加工时工具电极和工件电极浸入煤油（绝缘介质）中。当脉冲电压加至两电极，并使工具电极向工件电极不断移动，且两电极间达到一定距离时，极间电压将在某一“最靠近点”使绝缘介质击穿而电离。电离后的负电子和正离子在电场力作用下，向相反极性的电极做加速运动，最终轰击电极（工件），形成放电通道，产生大量热能，使放电点周围的金属迅速熔化和汽化，并产生爆炸力，将熔化的金属屑抛离工件表面，这就是放电腐蚀。被抛离的金属屑由工作液带走，于是工件表面就形成一个微小的、带凸边的凹坑，如图 6-2 所示，单个脉冲就完成了一次脉冲放电。在脉冲间隔时间内，介质恢复绝缘，等待下一个脉冲的到来。如此不断进行放电腐蚀，工具电极不断向工件进给，只要维持一定的放电间隙，就能在工件表面加工出与工具电极相吻合的型面、型腔来。

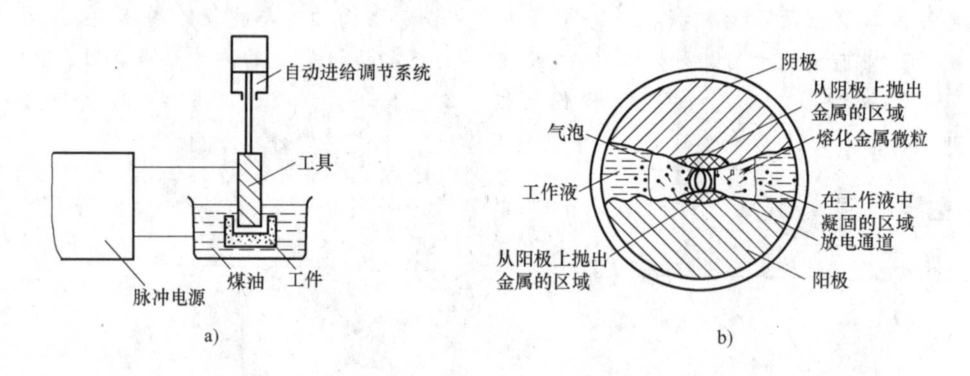

图 6-1 电火花加工原理图

a）加工组成部分 b）加工微观过程

放电腐蚀时，工具和工件两极，由于正、负极接法不同而蚀除量不同，这种现象称为“极性效应”。产生极性效应的原因在于，在电火花放电过程中，正、负电极表面分别受到负电子和正离子的撞击和瞬时热源的作用，在两电极表面所分配到的能量不一样，因而熔化、汽化、抛出的金属数量也就不一样。一般而言，短脉冲（例如脉宽 <30μs）加工时，负极的蚀除量小于正极，这是因为每次通道中电火花放电时，负电子的质量和惯性较小，容易获得加速度和速度，很快奔向正极，电能、动能转换成热能蚀除金属；而正离子由于质量和惯性较大，起动、加速较慢，有一大部分尚未来得及到达负极表面，脉冲便已结束，所以正极的蚀除量大于负极，此时工件应接正极，称为“正极性加工”。反之，当用较长脉冲（例如脉宽 >300μs）加工时，则负极的蚀

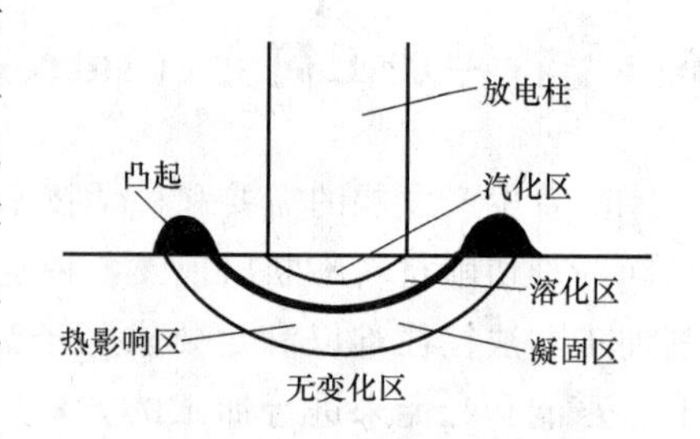

图 6-2 电蚀过程

除量将大于正极，此时工件应接负极，称为“负极性加工”，这是因为随着脉冲宽度（即放电时间）的加长，质量和惯性较大的正离子也逐渐获得了加速，陆续地都撞击在负极表面上。正是由于正离子的质量较大，因此它对阴极的撞击破坏作用也比负电子的大而显著。显而易见，正极性加工用于精加工，而负极性加工用于粗加工。

（2）电火花加工参数

1）必须使工具电极和工件被加工表面之间经常保持一定的放电间隙，这一间隙随加工条件而定。如果间隙过大，极间电压不能击穿极间介质，因而不会产生火花放电；如果间隙过小，很容易短路，同样也不会产生火花放电。一般放电间隙控制在 1~100μm，与放电电流脉冲大小有关。

2）必须采用脉冲电源。这样才能使放电所产生的热量来不及传导扩散到其余部分，把每一次的放电点分别局限在很小的范围内；否则，像持续电弧放电那样，使表面烧伤而无法用做模具电极加工。脉冲宽度一般为 $10^{-7}\sim10^{-3}$s，脉冲间隔时间一般为 $5\times10^{-8}\sim5\times10^{-4}$s。

3）火花放电必须在绝缘的液体介质中进行。液体介质必须具有较高的绝缘强度，以有利于产生脉冲性的火花放电。同时，液体介质还能把电火花加工过程中产生的金属屑、炭黑等电蚀产物从放电间隙中悬浮排除出去，并且对电极和工件表面有较好的冷却作用。通常采用煤油作为放电介质。

4）放电点的功率密度足够高，这样，放电时所产生的热量才足以使工件电极表面的金属瞬时熔化，一般电流密度为 $10^5\sim10^6$A/cm^2。

2. 电火花加工设备的主要组成部分（Main components of EDM equipment）

若将电火花腐蚀原理用于尺寸加工，则电火花加工设备必须具备四大组成部分（图 6-1）：①脉冲电源；②自动进给调节系统；③工具电极；④液体介质（如煤油）。

（1）脉冲电源　目前电火花加工用的脉冲电源很多，用于小功率精加工时，常采用 RC 线路脉冲电源。如图 6-3 所示，它由两个回路组成：一个是充电回路；一个是放电回路。电容器时而充电，时而放电，一弛一张，故称弛张式脉冲电源。

除 RC 线路脉冲电源外，在大功率电火花加工设备中则采用独立式脉冲电源，如闸流管式和电子管式或晶闸管、晶体管式等脉冲电源。

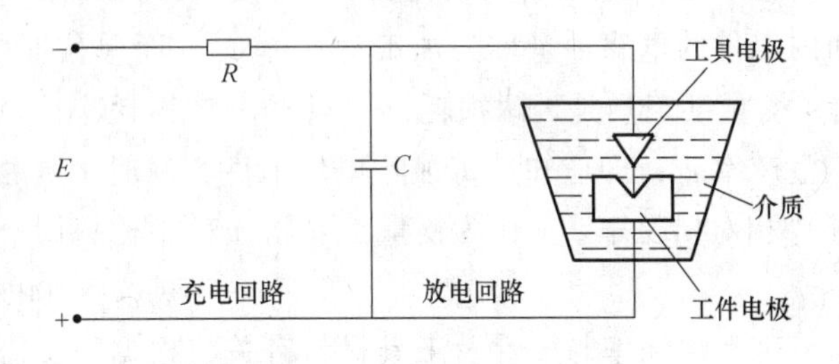

图 6-3　RC 线路脉冲电源

（2）自动进给调节系统　从电火花加工原理可以看出，若要使两电极不断地进行火花放电，就必须保持两电极间有一定的间隙。间隙一般为 0.01~0.2mm，若间隙过大，电火花不能连续工作；若间隙过小，会引起电弧或短路。若要保持 0.01~0.2mm 的间隙，就必须依靠自动进给调节系统来完成。

图 6-4a 所示为伺服电动机自动进给调节系统。它直接由桥式测量环节送来的电压和电流双信号带动执行电动机 M，使其调速及换向。图 6-4b 所示为等效电路图。其中，R 为 RC 线路脉冲电源的限流电阻，电位器 $r=r_1+r_2$ 为平衡电桥两臂，R_k 为放电间隙的等效平均电阻。当电极间隙为合理值，亦即正常加工时，电桥四个臂的电阻之间的关系为 $r_1:r_2=$

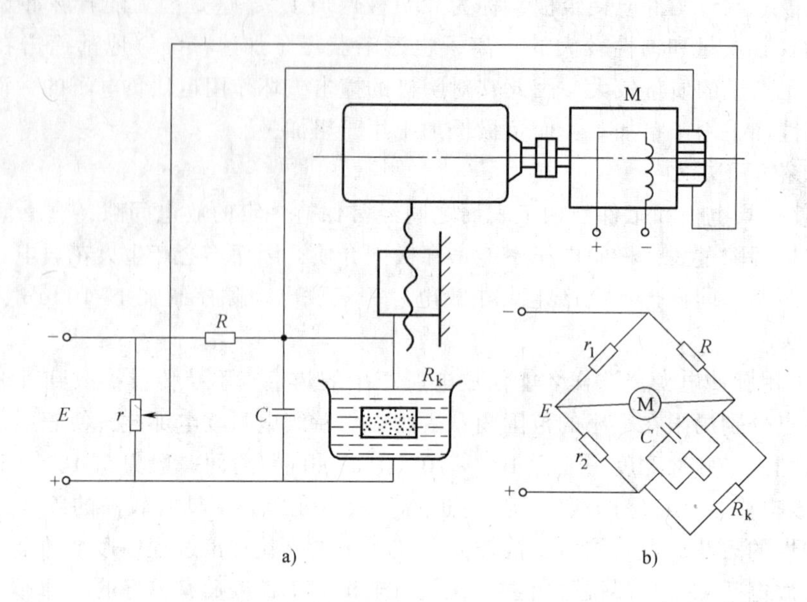

图 6-4 伺服电动机自动进给调节系统

$R:R_k$，电桥处于平衡状态，电动机 M 两端电位差为零，工具不动。当两极间隙增大时，放电间隙电阻 R_k 相应增大，电桥逐渐失去平衡；电动机 M 左端电位升高，电流自左向右流动，使工具电极进给。当电极开路时，R_k 为无穷大，此时电极进给最快；反之，当电极间隙减小或接近短路状态时，R_k 大大减小，或趋近于零，电桥失去平衡，电动机 M 右端的电位升高，电流自右向左流动，电动机 M 反转而使工件电极离开工件，达到自动调节间隙的目的。

（3）工具电极　电火花加工时，工具与工件两极同时受到不同程度的电腐蚀，单位时间内工件的电腐蚀量称为加工生产率 v_g，而单位时间内工具的电腐蚀，则称为工具损耗率 v_d，衡量某工具是否耐损耗，不只看工具损耗率 v_d 的绝对值大小，还要看同时能达到的加工生产率 v_g，即应知道每蚀除单位工件金属时工具相对损耗多少，因此常用“相对损耗比”或“相对损耗率”γ 作为衡量工具耐损耗指标，即

$$\gamma=v_d/v_g\times100\%$$

工具损耗率与极性及工具材料有关，根据加工需要确定极性之后，正确选用工具材料是至关重要的。

一般常用黄铜和纯铜作为工具材料，但有时为了尽量减小电极的蚀耗，最好采用铜基石墨（如碳化钨硬质合金）。采用铜基石墨作为工具电极的原因是：在工具尖端的纯铜基体迅速蚀耗的同时，由于石墨熔点很高，会阻止它进一步蚀耗，于是工具电极其余部分的纯铜基体会受到保护。这样就保证了工具电极的形状和尺寸，使用寿命延长，加工精度也较高。加工很小的深孔时，经常使用钼丝，它能较好地承受由于火花放电时所产生的冲击波。

选择工具材料时，需要考虑工件材料，各种材料的相对损耗率见表 6-1。

表6-1 相对损耗率

工具材料 \ 工件材料	黄铜	硬碳钢	碳化钨硬质合金
黄铜	0.5	≈1	3

如果工具与工件材料选择好，则相对损耗率可达0.1，可见在选择工具电极材料时，必须考虑工件材料，进行全面衡量。

(4) 液体介质　火花放电必须在有一定绝缘强度的液体介质（如煤油）中进行。

1) 液体介质的作用。

① 使两极绝缘，造成火花放电的条件。

② 能把电火花加工后的微小电蚀产物从放电间隙中悬浮排除出去。

③ 加工中对两极起冷却作用，防止工件发生热变形。

2) 对液体介质的要求。

① 汽化潜热要高，即比热容要大，保证在两电极间隙内的液体蒸发，其他部分仍处于液体状态，以保证两电极及其他部分冷却。

② 液体介质黏度要低，易于流动，以便于带走金属颗粒，并对其冷却。

③ 液体介质消电离作用要快，即恢复绝缘强度要快，以减少放电后残留的离子，避免电弧放电。

3) 常用液体介质。根据上述对液体介质的要求，常用的液体介质是煤油或润滑油，也可用变压器油，它们都是碳氢化合物，电离后的离子（H^+）有助于恢复液体绝缘性能。由国外资料可知，使用极性有机化合物的水溶液（如酒精、乙醚等）更好，因为从这些化合物中逸出的电子所需的能量较少，容易得到放电时的离子，即液体电离消耗能量少，因而相对用于腐蚀金属的能量就更多一些，效率也更高些。但这种液体成本太高，而且易于挥发。

3. 电火花加工的特点及加工质量（Features and quality of EDM）

(1) 加工特点

1) 两极不接触，无明显切削力，故工件变形小。

2) 可以加工任何难切削的硬、脆、韧、软和高熔点的导电材料。

3) 直接利用电能加工，便于实现自动化。

(2) 加工质量

1) 加工精度。

① 通孔加工精度可达0.01~0.05mm，型腔加工精度可达0.1mm。

② 有圆柱度误差，原因是孔壁上段产生附加放电的机会多，受电蚀的时间长，上部尺寸变大，而产生锥度。

③ 得不到清晰的棱角，如图6-5所示。

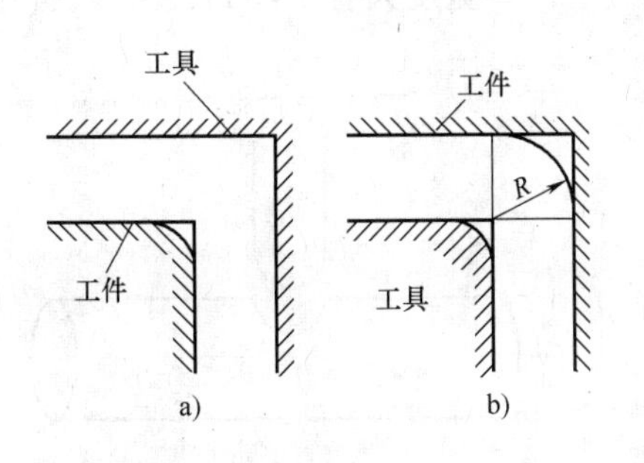

图6-5　电火花加工尖角变圆情况

导致工件尖角变圆的原因是：①工件和工具的尖角处都存在蚀除量大的问题；②放电间隙的等距性，使工件上只能被加工出以R为半径的圆弧。目前采用前沿很陡的高频短脉冲加工，已对复制尖角精度有所提高，可获圆角半径为 0.1mm 的尖棱。

2）表面质量

① 粗加工在 Ra80μm 左右，精加工可达 Ra0.8~1.6μm，若精度要求在 Ra0.8μm 以上，则生产率将会成 10 倍地下降，这时一般应采用人工研磨或电解修磨来获得小粗糙度的表面。

② 电火花加工后的表面，易存润滑油，因而提高了表面的润滑和耐磨性，相同粗糙度等级下，优于机械加工的表面。

（3）适用范围

1）各种型孔、曲线孔、小孔和微孔的加工，例如各种冲模、拉丝模、喷嘴和异形喷丝孔等。

2）型腔加工，例如各种锻模、压铸型、挤压模、塑料模及整体叶轮、叶片等曲面零件。

3）线电极切割，例如切割各种复杂型孔（冲裁模）。

4）可加工螺纹、齿轮等成形面。

5）电火花磨削、表面强化、刻印及取出折断的钻头、丝锥等。

（4）应用实例　图 6-6 所示为 35mm 电影胶片冲孔模，其材料为硬质合金，方孔尺寸为 2.8mm×2mm，孔公差为±0.01mm，孔距公差为±0.05mm，刃口表面粗糙度值 Ra0.4μm，冲孔模的 12 个方孔、4 个圆孔用电火花加工，只要 4.5h 就可完工。

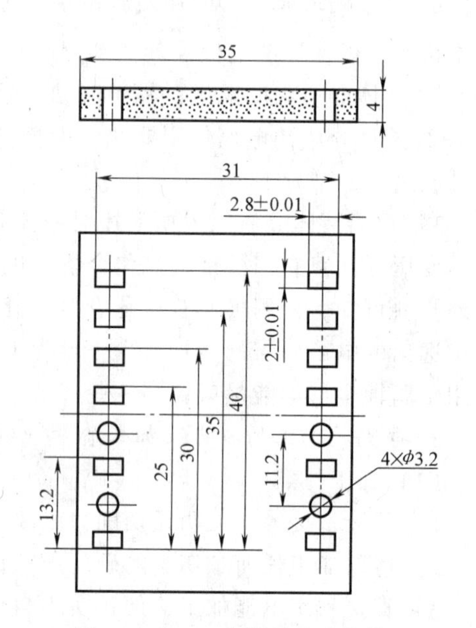

图 6-6　35mm 电影胶片冲孔模

图 6-7 所示为电火花加工薄壁孔示意图。波导管直径为 12mm，壁厚为 0.4mm，材料为黄铜。在管壁加工直径为 12mm 的孔，以便两波导管相接。如用钻床钻孔，则易使钻头折断或钻偏，工件变形，且钻孔有毛刺。若采用电火花加工，不但工件质量好（加工精度为±0.02mm，表面粗糙度值为 Ra1.6μm），且无钻头折断等问题。

图 6-8 所示为窄流道整体叶轮及加工用电极。其流道出口宽度只有 2~6mm，一般机械加工很困难，采用电火花加工就很容易。

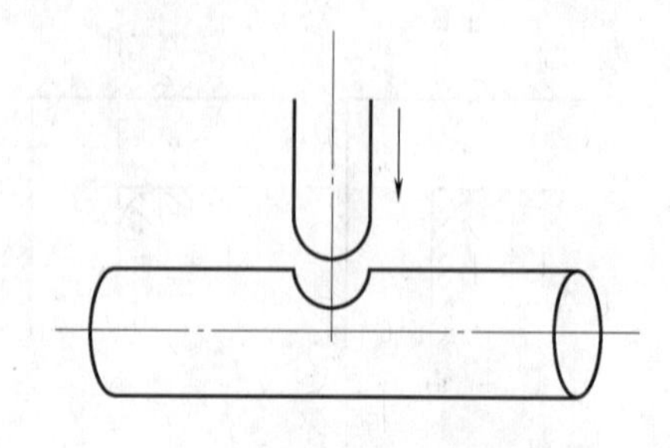
图 6-7　波导管穿孔加工

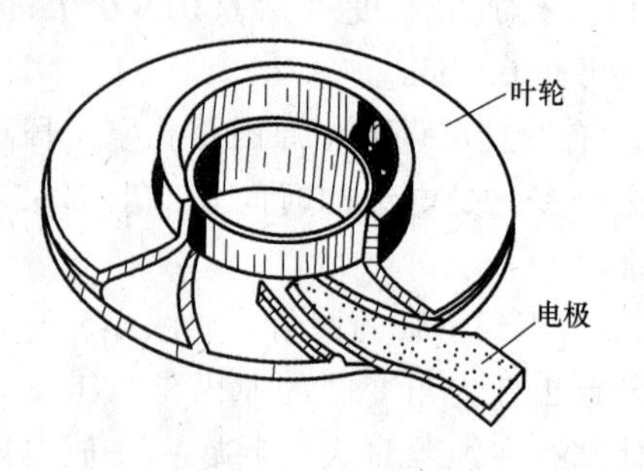

图 6-8　整体叶轮及电极

图 6-9 所示为发动机喷油器。其喷油孔直径为 0.33mm，尺寸偏差为 −0.04 ~ +0.01mm，表面粗糙度值为 Ra0.2 ~ 0.8μm，孔深 2mm，材料为铬钨钢。用直径为 0.3mm 的纯铜丝做电极，加工后的孔径为 0.33 ~ 0.34mm，表面粗糙度值为 Ra0.2μm。

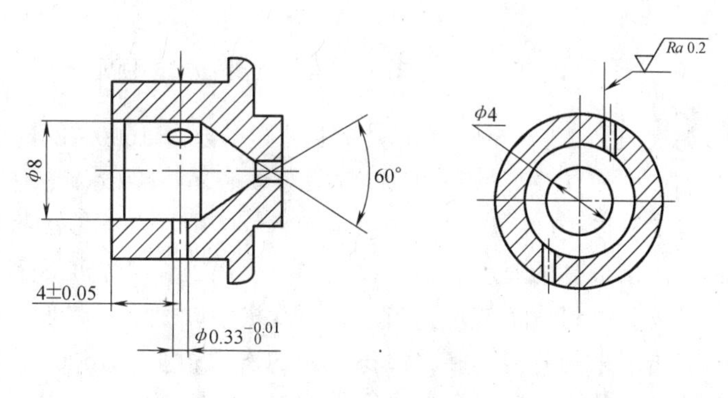

图 6-9　发动机喷油器

4. 电火花线切割加工 [Wire EDM (WEDM)]

电火花线切割加工是利用一根运动着的金属丝（直径为 0.02 ~ 0.3mm 的纯铜丝或黄铜丝）作为工具电极，在工具电极和工件电极之间通以脉冲电流，使之产生放电腐蚀。控制工作台使其按确定的轨迹运动，工件就被切割成所需要的形状，如图 6-10 所示。

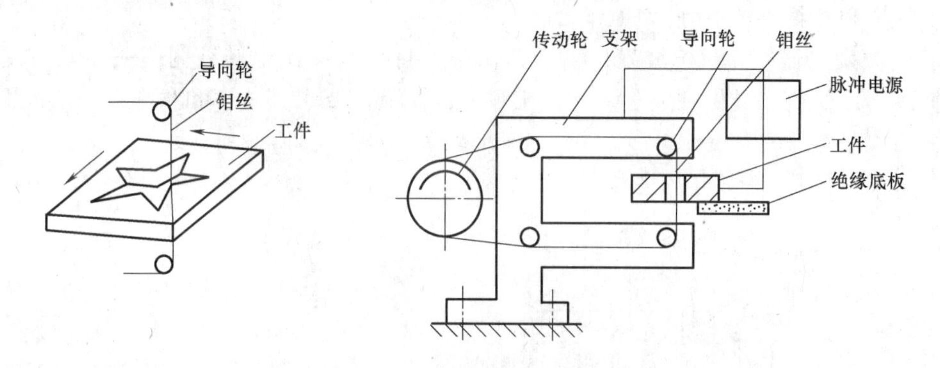

图 6-10　电火花线切割加工原理

与电火花成形加工相比，线切割加工只需制造成形电极。一般采用数控线切割，自动化程度高，成本低。

电火花线切割加工适合于加工各种形状的冲裁模、拉丝模、冷拔模和粉末冶金模等。图 6-11 所示为电动机转子冲裁模，厚度为 5mm，采用线切割加工，可一次成形。线切割加工还可加工各种微细孔、槽、窄缝及曲线，图 6-12 所示为固体电路冲裁模。试制某些新产品时，应用线切割加工，直接在板料上切割零件，就可以省去模具制作过程，如图 6-13 所示。

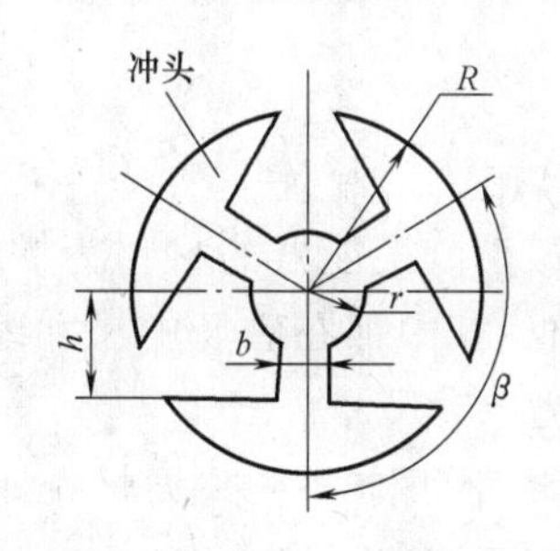

图 6-11　电动机转子冲裁模

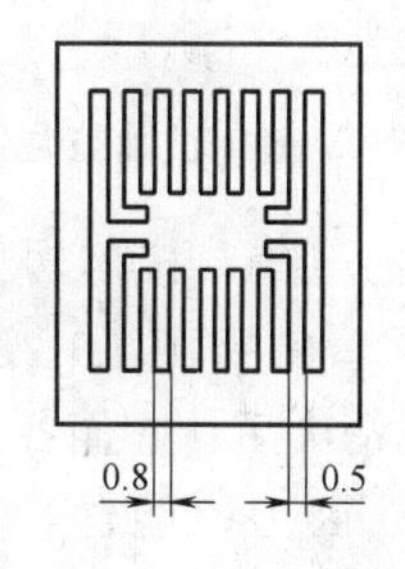

图 6-12　固体电路冲裁模

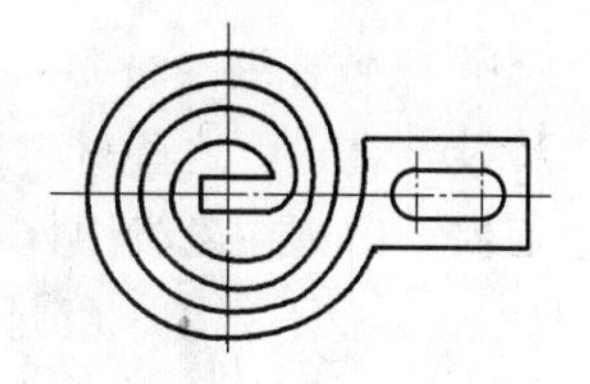

图 6-13　螺旋形簧片

6.1.2 超声波加工（Ultrasonic machining-UM）

超声波加工（UM）就是利用振动频率超过16000Hz的工具头，通过悬浮液磨料对工件进行加工，使其成形的一种加工方法，如图6-14所示。

当工具以16000Hz以上的振动频率、0.01~0.1mm的振幅作用于悬浮液磨料时，悬浮液磨料将会以极高的速度，强力冲击加工表面，在被加工表面造成很大的局部单位面积压力，使工件局部材料发生变形，当达到强度极限时，材料将发生破坏而成粉末被打击下来。虽然每次打击下来的材料不多，但每秒钟的次数很多（16000次以上），这是超声波加工工件的主要作用。其次，还有悬浮液磨料在工具头高频振动下对工件表面的抛磨作用，以及工作液进入被加工材料间隙裂纹处，加速机械破坏的作用。在上述作用下工件表面将按工具截面形状逐渐被加工成形。

1. 超声波加工装置（Equipment of UM）

超声波加工装置（图6-14）的基本组成部分包括：高频发生器、磁致伸缩换能器、变幅杆、工具头和磨料悬浮液等。

（1）高频发生器　即超声波发生器，其作用是将低频交流电转变为有一定功率输出的超声频振荡，以供给工具做往复运动和加工零件的能量。要求其功率和频率在一定范围内连续可调。

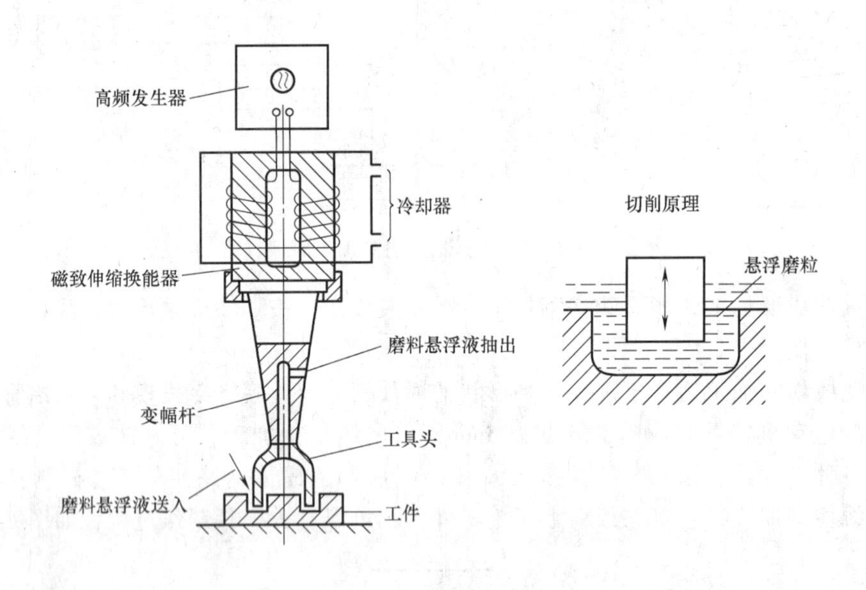

图6-14　超声波加工装置

（2）磁致伸缩换能器　其作用是把超声频振荡转换成机械振动。换能器的材料为铁、铬、镍及其合金，这些材料的长度能随着磁场强度的变化而伸缩，其中镍在磁场中尺寸缩短，而铁、铬则在磁场中伸长，当磁场消失后，它们各自又恢复为原有尺寸。

（3）变幅杆　其作用是放大振幅。因为换能器材料伸缩变形都很小，在共振情况下（频率在16000~25000Hz），其伸缩量不超过0.005~0.01mm，而超声波加工需0.01~0.1mm的振幅，所以，必须通过上粗下细（按指数曲线设计）的变幅杆进行振幅扩大。由于通过变幅杆的每一截面的振动能量是不变的，截面小的地方能量密度大，振幅就会增大。

(4) 工具头 工具头与变幅杆相连（螺纹联接或焊在一起），并以放大后的机械振动作用于悬浮液磨料，对工件进行冲击。工具材料应选硬度和脆性不是很大的韧性材料，例如常用 45 钢制作工具，能减少工具的相对磨损。工具的尺寸及形状取决于被加工表面的尺寸和形状，它们相差一个加工间隙值（稍大于磨料直径）。

(5) 磨料悬浮液 磨料悬浮液是工作液和磨料混合成的，常用的磨料有碳化硼、碳化硅、氧化锆或氧化铝等，而常用的工作液是水，有时用煤油或润滑油。磨料的粒度大小取决于加工精度、表面粗糙度及生产率的要求。

2. 超声波加工的特点及应用 (Character and application of UM)

超声波加工的特点如下。

1) 适合加工硬材料和非金属材料。

2) 宏观作用力小（因为工件加工时只受磨料瞬时的局部撞击压力与横向摩擦力），适合加工薄壁或刚性较差的工件。

3) 加工精度高（0.01~0.05mm），表面粗糙度小（Ra0.01~0.04μm），工件表面无残余应力、组织变化及烧伤等现象。

4) 工件上被加工出的形状与工具形状一致，可以加工型孔、型腔及成形面的表面修饰加工，如雕刻花纹和图案等。

5) 加工机床、工具均比较简单，操作维修方便。

超声波加工的缺点是生产率较低。

目前，超声波加工主要用于硬脆材料的加工、套料、切割、雕刻和研磨金刚石拉丝模等。

6.1.3 激光加工 (Laser process-LP)

1. 激光加工的原理及微观过程 (Principle and micro process of LP)

激光是一种能量高、方向性强、单色性好的相干光，通过光学系统的作用，可以把激光束聚焦为一个极小的光斑，这个光斑的直径仅有几微米到几十微米；而其能量密度可达 $1\times10^7\mathrm{W/m^2}$；温度达 10000℃以上，因此，能在几分之几秒甚至更短的时间内使各种坚硬及难熔材料熔化和汽化。在激光加工区内，由于金属蒸气迅速膨胀，压力突增，熔融物以极高速度被喷出，喷出的熔融物又产生了一个反向的强烈的冲击力继而作用于熔化区，这样就在高温熔融和冲击波的同时作用下，在工件上打出了一个孔。激光加工就是通过这种原理及微观过程进行打孔和切割的。图 6-15 所示为固体激光器的工作原理图。当工作物质（如红宝石、钕玻璃等具有亚稳态能级结构的物质）受到光泵（激励光源）的激发后，便产生受激辐射跃迁，造成光放大，并通过由两个反射镜（全反射镜和部分反射镜）组成的谐振腔产生振荡，使谐振腔输出激光。通过透镜将激光束聚焦到工件加工部位，就可以进行打孔、切割等各种加工。

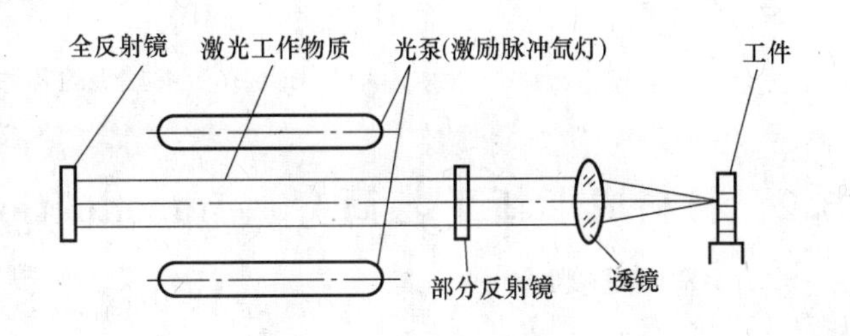

图 6-15 固体激光器加工原理示意图

2. 激光加工的特点（Features of LP）

1）不需要工具，不存在工具损耗，更没有更换、调整工具等问题，适合自动化连续操作。

2）不受切削力的影响，易于保证精度。

3）几乎能加工所有的材料，如各种金属材料、非金属材料（陶瓷、石英、玻璃、金刚石、半导体等）；如果是透明材料，只要采取一些表面打毛等措施，也可加工。

4）加工速度快，效率高，热影响区小。

5）适合加工深的微孔（直径小至几个微米，其深度与直径之比可达 10 以上）及窄缝。

6）可透过玻璃对工件进行打孔，这在某些情况下是非常便利的（如工件需要在真空中加工）。

3. 激光加工的应用（Application of LP）

（1）激光打孔　激光打孔不需要工具，这有利于微型小孔及自动化连续打孔。如钟表行业的宝石轴承加工，对于直径 0.12~0.18mm、深 0.6~1.2mm 的小深孔，采用工件自动传送，每分钟可连续加工几十个工件。又如生产化纤用的喷丝板，是用硬质合金制成的，一般要在 100mm^2 喷丝板上打 12000 多个直径为 60μm 的小孔。过去用机械加工方法加工，需要熟练工人工作一个月，现在采用数控激光打孔，不到半天即可完成，其质量也比机械加工要好。激光打孔孔径可小到 10μm，且深度与孔径之比可达 5 以上。

（2）激光切割　激光切割的工作原理与激光打孔的工作原理基本相同。所不同的是，工件与激光束要相对移动，在生产实践中，一般都是移动工件。如果是直线切割，还可借助于柱面透镜将激光束聚焦成线，以提高切割速度。

激光切割已成功应用于半导体切片，将 1cm^2 的硅片切割成几十个集成电路块或上百个晶体管管芯，还可用于画线、雕刻等工艺。激光切割用于切割钢板、铁板、石英、陶瓷及布匹、纸张等也都获得了良好的效果。

图 6-16 所示为化纤喷丝头的型孔，出丝口的窄缝宽度为 0.03 ~ 0.07mm，长度为 0.8mm，喷丝板厚度为 0.6mm，这些微型型孔均可用激光束切割而成。

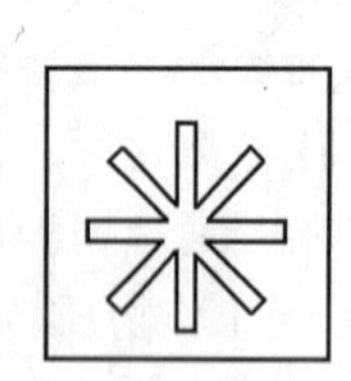

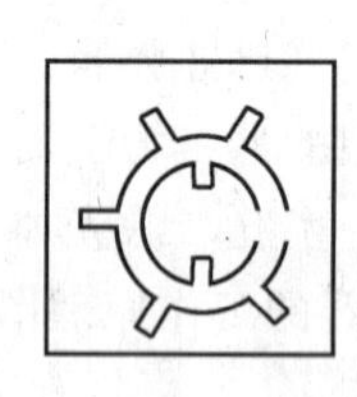

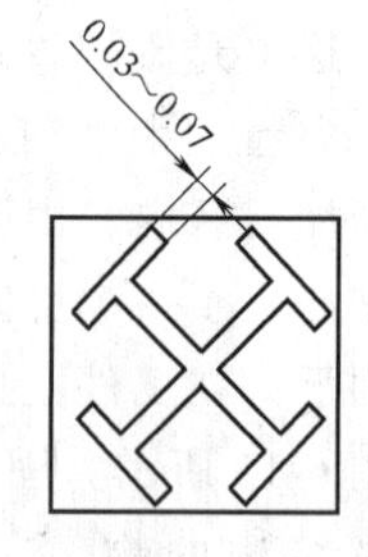

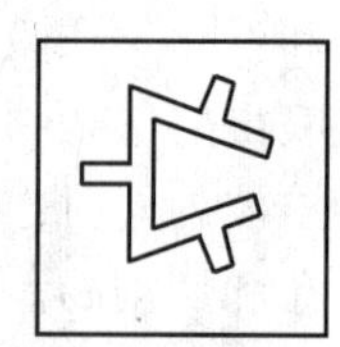

图 6-16　喷丝头的几种型孔

6.2　材料成形新工艺简介（Introduction of new process of material forming）

材料、能源和信息是当代科学技术的三大支柱，材料成形与加工是现代材料科学的组成要素之一。近年来，随着机械工业，尤其是汽车工业的飞速发展与国际竞争的激化，零部件的设计及生产过程的高精度、高性能、高效率、低成本、低能耗、省资源已成为提高产品竞争力的唯一途径。常规切削加工技术和完全拘泥于传统的粗放型的材料成形工艺已难以满足要求，因此发展以生产尽量接近零件最终形状的产品，甚至是以完全提供成品零件为目标的材料成形新技术、新工艺已是必然趋势和发展方向。

6.2.1 粉末冶金 (Powder metallurgy，PM)

1. 概述 (Introduction)

粉末冶金技术是一门研究制造各种金属粉末和以粉末为原料通过成形、烧结和必要的后续处理，制取金属材料和制品的科学技术。由于粉末冶金的生产工艺与陶瓷的生产工艺在形式上类似，故这种工艺方法又称为金属陶瓷法。

粉末冶金工艺能够生产许多用其他方法不能生产的材料和制品。例如，许多难熔材料，至今还只能用粉末冶金方法来生产。还有一些特殊性能的材料，也只能用粉末冶金方法生产如由互不溶解的金属或金属与非金属组成的假合金（铜-钨、银-钨、铜-石墨），这种假合金具有高的导电性能和高的抗电蚀稳定性，是制造电器触头制品不可缺少的材料。再如，粉末冶金多孔材料，通过控制其孔隙度和孔径大小，能获得优良的使用特性等。

粉末冶金技术还是一门制造各种机械零件的重要而又经济的成形技术。由于粉末冶金工艺能够获得具有最终尺寸和形状的零件，实现了少切削、无切削加工，因此，可以节省大量金属材料和加工工时，具有突出的经济效益。

综上所述，粉末冶金成形工艺既是制造具有特殊性能材料的技术，又是一种能降低成本、大批量制造机械零件的少切削、无切削加工工艺。典型的粉末冶金工艺过程是：原料粉末的制备；粉末物料在专用压模中加压成形，得到一定形状和尺寸的压坯；压坯在低于基体金属熔点的温度下加热，使制品获得最终的物理力学性能。

现代粉末冶金工艺的发展已经远超上述加工范围而日趋多样化，如同时实现粉末压制和烧结的热压及热等静压法，粉末轧制，粉末锻造，多孔烧结制品的浸渍处理、熔渗处理，精整或少量切削加工处理，热处理等。

目前采用粉末冶金工艺可以制造板、带、棒、管、丝等各种型材，以及齿轮、链轮、棘轮、轴套类等各种零件；可以制造重量仅百分之几克的小制品，也可以用热等静压法制造近 2t 重的大型坯料。对粉末冶金工艺的研究，已成为当今世界各工业发达国家都十分重视的课题。

2. 粉末冶金工艺 (Process of PM)

粉末冶金法与金属熔炼法、铸造法有根本的不同。其工艺过程包括粉料制备、成形、烧结，以及烧结后的处理等工序。

将处理过的粉末经过成形工序，得到具有既定形状与强度的粉末体，叫作压坯。粉末成形可以用普通模压法或特殊成形法成形。普通模压法是将金属粉末或混合粉末装在压模内，通过压力机使其成形；而特殊成形法是指各种非模压成形，其中应用最广泛的是普通模压法成形。

普通模压法成形是指在常温下，粉料在封闭的钢模中（指刚性模），按规定的单位压力，将粉料制成压坯的方法。图 6-17 所示为压制模具示意图。

这种成形过程通常由下列工步组成：称粉、装粉、压制、保压及脱模。

(1) 称粉与装粉　称粉就是称量成形一个压坯所需粉料的重量或容量。采用非自动压模和小批量生产时，多用重量法；大量生产和自动化压制成形时，一般采用容量法，且是用压模型腔来进行定量的。但是，在生产贵金属制品时，称量的精度很重要，因此大量生产时也采用重量法。

(2) 压制　压制是按一定的单位压力，将装在型腔中的粉料，集聚成达到一定密度、形状和尺寸要求的压坯的工步。

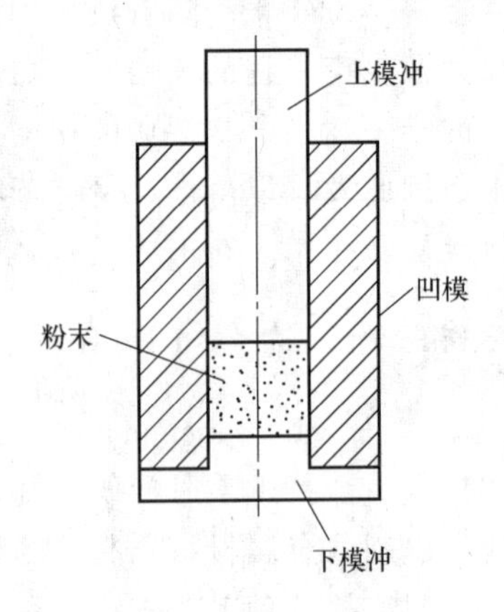

图 6-17　压模示意图

在封闭钢模中冷压成形时，最基本的压制方式有三种，如图 6-18 所示。其他压制方式或是基本方式的组合，或是用不同结构来实现的。

1) 单向压制。单向压制时，凹模和下模冲不动，由上模冲单向加压。在这种情况下，因摩擦力的作用使制品上、下两端密度不均匀。即压坯直径越大或高度越小，压坯的密度差就越小。单向压制的优点是模具简单，操作方便，生产效率高；缺点是只适于压制高度小或壁厚大的制品。

2) 双向压制。双向压制时，凹模固定不动，上、下模冲以大小相等、方向相反的压力同时加压。这种压坯，中间密度低，两端密度高，而且相等。正如两个条件相同的单向压坯，从尾部连接起来一样。所以，双向压制的压坯，允许高度比单向压坯高一倍，适于压制较长的制品。双向压制的另一种方式是：在单向压制结束后，在密度低的一端再进行一次反向单向压制，以改善压坯密度的均匀性，这种方式又称为后压。

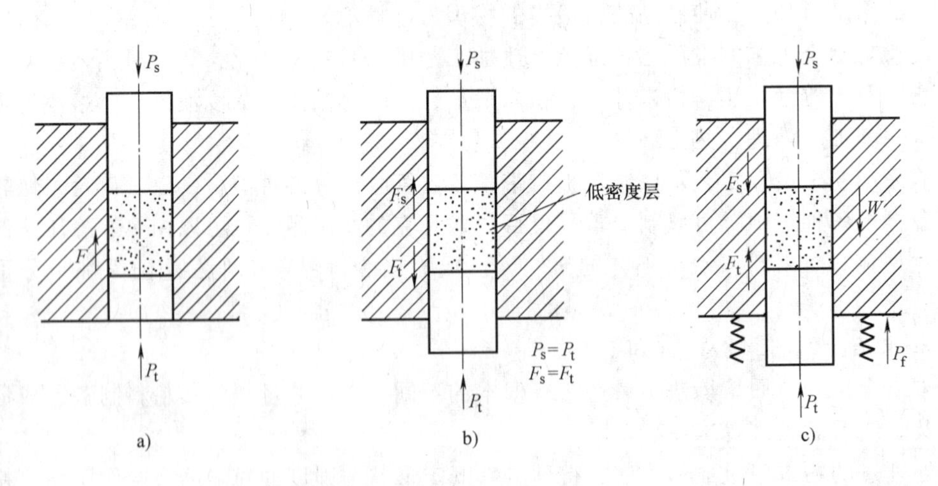

图 6-18　三种基本压制方式

a) 单向压制　b) 双向压制　c) 浮动压制

3) 浮动压制。下模冲固定不动，凹模用弹簧、气缸、液压缸等支承，受力后可以浮动。当上模冲加压时，由于侧压力作用而使粉末与凹模壁之间产生摩擦力 F_s，当凹模所受摩擦力大于浮动压力 P_f 时，弹簧压缩，凹模与下模冲产生相对运动，相当于下冲头反向压

制。此时，上模冲与凹模没有相对运动。当凹模下降，压坯下部进一步压缩时，在压坯外径处产生阻止凹模下降的摩擦力 F_t。当 $F_t=F_s$ 时，凹模浮动停止，上模冲又单向加压，与凹模产生相对运动。如此循环，直到上模冲不再增加压力时为止。此时，低密度带在压坯的中部，其密度分布与双向压制相同。浮动压制是最常用的一种压制方式。

不同的压制方式，压坯密度不均匀程度会有较大差别。但无论哪一种方式，不仅密度沿高度分布不均匀，而且沿压坯断面的分布也是不均匀的。造成压坯密度分布不均匀的原因是粉末颗粒与模腔壁在压制过程中产生的摩擦。

粉末装在模腔中，形成许多大小不一的拱洞。加压时，粉末颗粒产生移动，拱洞被破坏，孔隙减少，随之粉粒从弹性变形转为塑性变形，颗粒间从点接触转为面接触。由于颗粒间的机械啮合和接触面增加，原子间的引力使粉体形成具有一定强度的压坯。

压坯从模具型腔中脱出是压制工序中重要的一步。压坯从模腔中脱出后，会产生弹性恢复而胀大，这种胀大现象，叫作回弹或弹性后效，可用回弹率来表示，即线性相对伸长的百分比。回弹率的大小与模具尺寸计算有直接的关系。

（3）烧结　金属粉末的压坯，在低于基体金属熔点下进行加热时，粉末颗粒之间产生原子扩散、固溶、化合和熔接，致使压坯收缩并强化的过程，叫作烧结。粉末冶金制品因都需要经过烧结，故也叫作烧结制品（或零件）。

烧结与制粉、成形一样重要，是粉末冶金最基本的三道工序，缺一就不能称其为粉末冶金。影响烧结的因素有加热速度、烧结温度、烧结时间、冷却速度和烧结气氛。对于烧结工序的要求主要是：制品的强度要高，物理、化学性能要好，尺寸、形状及材质的偏差要求适合于大规模生产，烧结炉易于管理和维修等。

为了达到所要求的性能和尺寸标准公差等级，需要烧结炉能调节并控制升温速度、烧结温度与时间、冷却速度，以及炉内保护气氛等因素。烧结炉种类较多，按照加热方式，可分为燃料加热烧结炉和电加热烧结炉，根据作业的连续性，可分为间歇式和连续式两类烧结炉。

间歇式烧结炉中有坩埚炉、箱式炉、高频或中频感应炉等。图 6-19 所示为高频真空烧结炉的示意图。

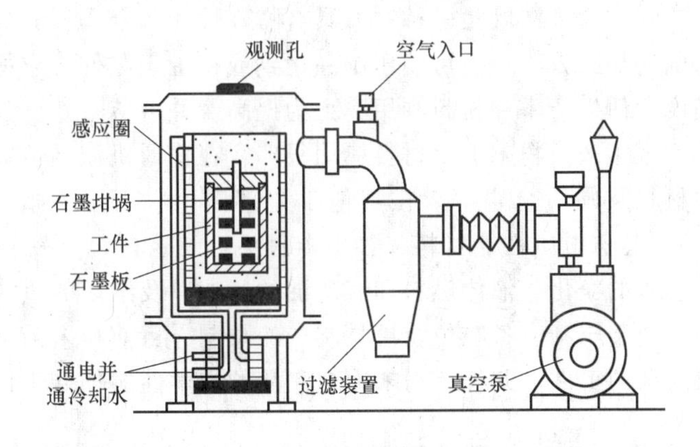

图 6-19　高频真空烧结炉

连续式烧结炉一般是由压坯的预热带、烧结带和冷却带三部分组成的横长形管状炉，是马弗炉的一种，适用于大量生产。图 6-20 所示为网带传送式烧结炉示意图。

烧结时，通入炉内的保护气氛是影响烧结质量的一个重要因素。对气氛的一般要求是：使烧结件不氧化、不脱碳或渗碳，能够还原粉末颗粒表面的氧化物，除去吸附气体等。

（4）后处理　金属粉末压坯经烧结后的处理，叫作后处理。后处理种类很多，由产品要求来定。

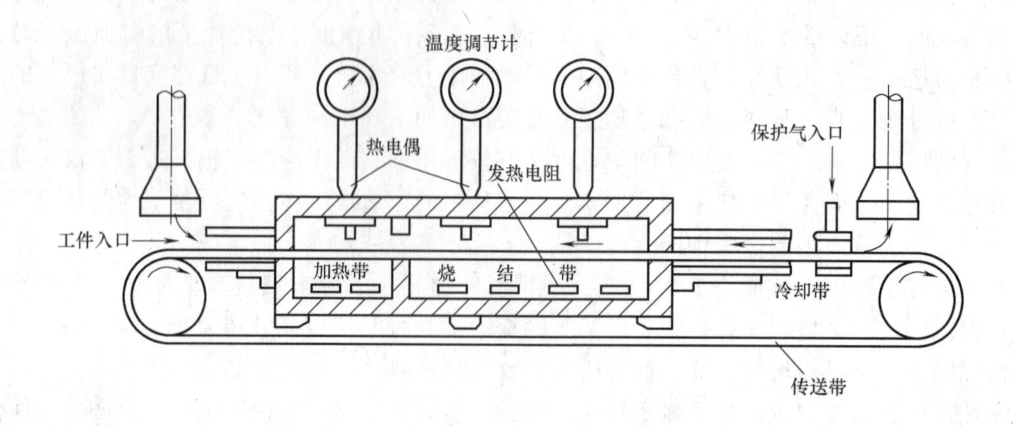

图 6-20 网带传送式烧结炉

1）浸渍。浸渍是指利用烧结件的多孔性的毛细现象，浸入各种液体。如为了润滑目的，可浸润滑油、聚四氟乙烯溶液、铅溶液等；为了提高强度和耐蚀能力，可浸铜溶液；为了表面保护可浸树脂或清漆等。

2）表面冷挤压。表面冷挤压是指不经过加温的后处理工艺。如为了提高零件的公差等级和表面质量，可采用整形；为了提高零件的密度，可采用复压；为了改变零件的形状或表面形状，可采用精压。此外，对于零件上的横槽、横孔及高的轴向尺寸标准公差等级，表面需进行切削加工后处理，以及为提高铁基制品的强度和硬度可进行后处理等。

3. 粉末冶金工艺的应用（Application of PM）

粉末冶金法既是一种制取具有特殊性能的金属材料的方法，也是一种精密的无切削或少切削的加工方法。它可使压制品达到或接近于零件要求的形状、尺寸标准公差等级与表面粗糙度，使生产率和材料利用率大为提高，并可节省切削加工用的机床和生产占地面积。

近年来，粉末冶金材料应用很广，在普通机械制造业中常用做减摩材料、结构材料、摩擦材料及硬质合金等。在其他工业部门中，用以制造难熔金属材料（如高温合金、钨丝等）、特殊电磁性能材料（如电器触头、硬磁材料、软磁材料等）、过滤材料（如空气的过滤、水的净化、液体燃料和润滑油的过滤以及细菌的过滤等）。

由于压制设备吨位及模具制造的限制，目前粉末冶金法还只能生产尺寸有限和形状不是很复杂的工件。此外，粉末冶金制品的力学性能仍低于铸件与锻件。

6.2.2 注射工艺（Injection molding）

塑料是以合成树脂或天然树脂为原料，在一定温度和压力条件下可塑制成形的高分子材料。多数塑料以合成树脂为基本成分，一般含有添加剂，如填料、稳定剂、增塑剂、色料或催化剂等。塑料可分为热塑性塑料和热固性塑料两大类。热塑性塑料的特点是受热后软化或熔融，此时可成型加工，冷却后固化，再加热仍可软化。热固性塑料在开始受热时也可以软化或熔融，但是一旦固化成型就不会再软化，此时即使加热到接近分解的温度也无法软化，而且也不会溶解在溶剂中。

随着石油化工工业的发展和加工技术的提高，塑料的产量逐年增大，应用领域不断扩大。塑料已成为国民经济中不可缺少的基础材料，广泛用于日常生活和工程技术领域。一般把原料来源丰富、产量大、应用面广、价格便宜的聚氯乙烯、聚乙烯、聚丙烯、聚苯乙烯等塑料称为通用塑料。工程塑料则是指具有较高物理力学性能，应用于工程技术领域的塑料材料。显然，传统的金属材料与塑料材料相比，在强度、刚度、耐温等方面有显而易见的优势，但塑料材料以其密度小、比强度大、耐腐蚀、耐磨、绝缘、减摩、易成型等优良的综合性能在机械制造、轻工、包装、电子、建筑、汽车、航天航空等领域都得到广泛应用。

塑料制件的成型方法很多，主要有注射成型、挤塑成型、压制成型、中空成型、真空成型、缠绕成型和反应注射成型。在这里将主要介绍工程中常用的注射成型方法。

注射成型又称注射成型，是将热塑性塑料或某些热固性塑料加工成零件的重要加工方法。注射成型的主要设备是塑料注射成型机和塑料注射成型模具。塑料注射成型机由注射系统、合模系统、液压电气控制系统组成（图 6-21）。注射系统的作用是使塑料在螺杆和机筒之间均匀受热，熔融、塑化成塑料熔体。注射系统一般由螺杆、机筒、料斗、喷嘴、计量装置、螺杆传动装置、注射液压缸和注射座移动液压缸等组成。合模系统完成塑料注射模具的开启、闭合动作，在注射过程中起锁紧模具的作用。合模系统主要由模板、拉杆、合模机构及液压缸、制品顶出装置、安全门等组成。

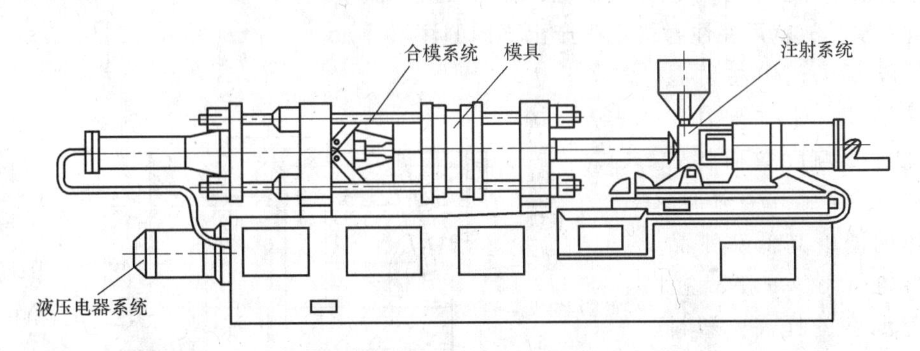

图 6-21　螺杆式注射机的结构

塑料注射成型机的工作过程大致如下：

（1）闭模和锁模　模具首先以低压快速进行闭合，当动模与定模接近时，转换为低压低速合模，然后切换为高压将模具锁紧。

（2）注射　合模动作完成后，在移动液压缸的作用下，注射装置前移，使机筒前端的喷嘴与模具贴合，再由注射液压缸推动螺杆，以高压高速将螺杆前端的塑料熔体注入模具型腔。

（3）保压　注入模具型腔的塑料熔体，在模具的冷却作用下会产生收缩，未冷却的塑料熔体也会从浇口处倒流，因此在这一阶段，注射液压缸仍须保持一定的压力进行补缩，才能制造出饱满、质密的塑料制品。

（4）冷却和预塑化　当模具浇口处的塑料熔体冷凝封闭后，保压阶段完成，制品进入冷却阶段。此时，螺杆在液压马达（或电动机）的驱动下转动，使来自料斗的塑料颗粒向前输送，同时受热塑化。当螺杆将塑料颗粒向前输送时，螺杆前端压力升高，迫使螺杆克服注射液压缸的背压后退，螺杆的后退量反映了螺杆前端塑料熔体的体积，即注射量。螺杆退回到设定注射量位置时停止转动，准备下一次注射。

(5) 脱模　冷却和预塑化完成后，为了不使注射机喷嘴长时间顶压模具，为了喷嘴处不出现冷料，可以使注射装置后退，或卸去注射液压缸前移的压力。合模装置开启模具，顶出装置动作，顶出模具内的制品。注射成型机的工作循环周期如图 6-22 所示。

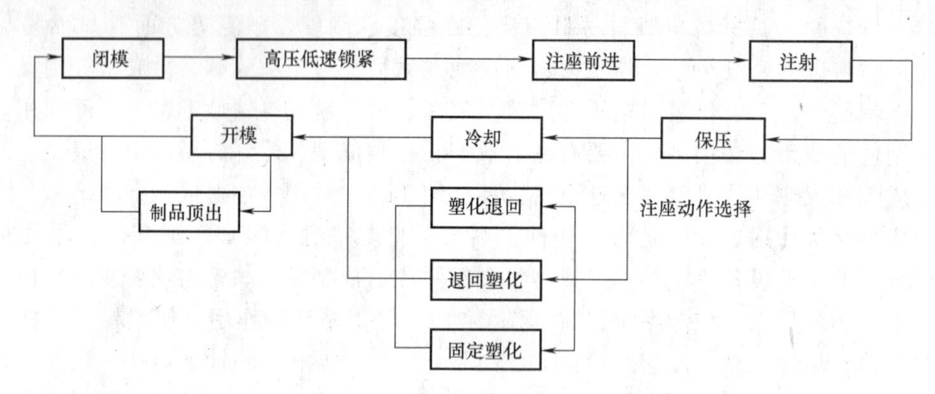

图 6-22　注射成型机的工作循环周期

塑料模具也是注射成型的重要工艺装备之一，典型的注射模具如图 6-23 所示。注塑模具一般包括模架、型腔型芯、浇注系统、导向装置、脱模机构、排气结构、加热冷却装置等部分。更换模具，就可在注射机上生产出不同的注塑件。

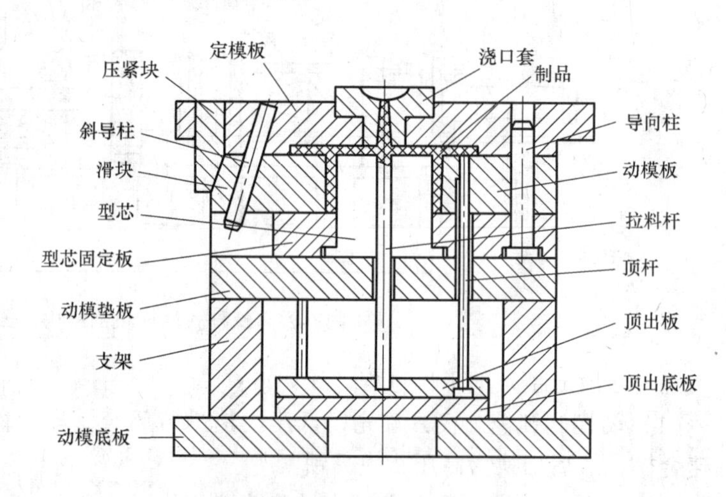

图 6-23　带横向分型抽芯的模具

注射成型工艺中注射温度、模具温度、注射压力和保压时间是影响成型和制品性能的重要因素。注射时，塑料熔体的温度高低对制品性能的影响很大，一般来说，随着注射温度的提高，塑料熔体的黏度呈下降趋势，这对充模是有利的，也较容易得到表面光泽的制品。过高的熔体温度会使塑料降解，其力学性能急剧下降。模具温度对制品性能的影响要小得多，但模具温度对塑料完成充模过程、注射成型周期、制品的内应力大小有较大的影响作用。模具温度低时，塑料熔体遇到冷的模腔壁黏度会提高，很难充满整个型腔；模具温度过高时，塑料熔体在模具内完成冷却定型的时间就长，延长了成型周期；对结晶性塑料如聚丙烯、聚甲醛等塑料来说，较高的模具温度能使其分子链松弛，减少制品的内应力。注射压力主要影响塑料熔体的充模能力，注射压力高时较易充满型腔。保压时间主要取决于浇口尺寸的大小，浇口尺寸大时保压时间就长，浇口尺寸小时保压时间就短。如果保压时间短于浇口封冻时间，可能得不到饱满、质密的制品，同时还会因塑料熔体从浇口处倒流，引起分子链取向变化而增大制品的内应力。

注射成型可制造重量大到数千克、小到数克的各种形状复杂的注塑件，生产效率高，制品能达到较高的精度，是工程塑料加工的主要成型方法。

6.2.3 快速成形（Rapid prototype-RP）

要将一种新产品成功地投入到激烈竞争的市场中，主要取决于其产品开发的速度及生产周期。只有将快速成形与柔性制造工艺结合，才能达到此效果。快速成形技术（Rapid prototype technology，简称 RPT）集成了现代数控技术、CAD/CAM 技术、激光技术和新型材料科学成果于一体，突破了传统的加工模式，大大缩短了产品的生产周期，提高了产品的市场竞争能力。

目前正在应用与开发的快速成形技术有 SLA、SLS、FDM、LOM 等，每种技术都基于相同的原理，只是实现的方法不同而已。即由设计者首先在计算机上绘制所需生产零件的三维模型，用切片软件对其进行分层切片，得到各层截面的轮廓。按照这些轮廓，激光束选择性地切割一层层的纸（或固化一层层的液态树脂，或烧结一层层的粉末材料），或喷射源选择性地喷射一层层的粘结剂或热熔材料等，形成各截面并逐步叠加成三维产品。上述过程均是在快速成形机上自动完成，能在几小时或几十小时内制造出高精度的三维产品。

1. 快速成形的主要工艺方法（Main process methods of RP）

（1）SLA（Stereo lithography apparatus，简称 SLA）工艺——立体平版印刷成型工艺 此工艺方法也称液态光敏树脂选择固化，该工艺由美国的 Chahes Hull 在 1982 年发明，是一种最早出现的快速成形工艺。其基本原理为：SLA 将所设计零件的三维计算机图形数据，转换成一系列很薄的模型截面数据，然后在快速成形机上，用可控制的紫外线激光束，按计算机切片软件所得到的每层薄片的二维图形轮廓轨迹，对液态光敏树脂进行扫描固化，形成连续的固化点，从而构成模样的一个薄截面轮廓。下一层以同样的方法制造。该工艺从零件最底薄层截面开始，一次一层，连续进行，直到三维立体模型制成为止。一般每层厚度为 0.076~0.381mm（即 0.003~0.015 英寸），最后将模型从树脂液中取出，进行最终的硬化处理，再打光、电镀、喷涂或着色即可。图 6-24 所示为 SLA 工艺原理图。

这种方法适合成形小件制品，能直接得到塑料产品，表面粗糙度质量较好，并且由于紫外线激光波长较短（例如 He-Cd 激光器，$\lambda=325$nm），可以得到很小的聚焦光斑，从而得到较高的尺寸标准公差等级。其缺点是：①需要设计支承结构，才能确保在成形过程中制件的每一个结构部分都能可靠定位；②成形过程中有物相变化，翘曲变形大，但可以通过支承结构加以改善；③原材料价格昂贵，有污染，且易使皮肤过敏。

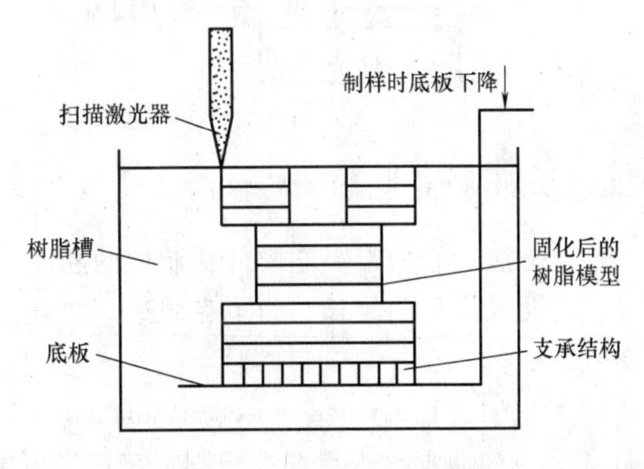

图 6-24 SLA 工艺原理图

（2）SLS（Selective laser sintering，简称 SLS）——选择性烧结成形工艺 SLS 工艺是由美国德克萨斯大学开发的，1989 年开始推广。该工艺是使用 CO_2 激光器烧结粉末材料（如蜡粉、PS 粉、ABS 粉、尼龙粉、覆膜陶瓷和金属粉等）。成形时先在工作台上铺上一层粉末材料，按 CAD 数据控制 CO_2 激光束的运动轨迹，对可熔粉末材料进行扫描熔化，并调整激光束强度正好能将0.125~0.25mm厚度的粉末烧结。这样，当激光在截面轮廓形状所确定的区域内移动时，就能将该层粉末烧结，一层完成后，工作台下降一个层厚，再进行下一层的铺粉烧结。如此循环，最终形成三维产品。与SLA工艺一样，每层烧结都是在先制成的那层顶部进行。未烧结的粉末在制完一层后，可用刷子或压缩空气去掉。图6-25所示为SLS工艺原理图。

这种方法适合成形中、小型零件，能直接制造塑料、陶瓷和金属产品。制件的翘曲变形比SLA工艺小，但仍需要对容易发生变形的地方设计支承结构。这种工艺要对实心部分进行填充式扫描烧结，因此成形时间较长。可烧结覆膜陶瓷粉和覆膜金属粉，得到成形件后，将制件置于加热炉中，烧掉其中的粘结剂，并在留下的孔隙中渗入填充物（如铜），可以直接制造零件或工具（模具）。SLS最大的优点在于使用材料很广，几乎所有的粉末都可以使用，所以其应用范围也最广。

（3）FDM（Fused deposition modelling，简称FDM）——熔丝沉积成形工艺　FDM工艺是最新申报专利的快速成形工艺之一。它使用一个外观非常像二维平面绘图仪的装置，只是笔头被一个挤压头代替。挤压头在计算机控制下，根据截面轮廓的信息，做三维运动，丝材（如塑料丝）由供丝机构送至挤压头，并在挤压头内加热、熔化，画出和堆积由切片软件所形成的每一个二维切片薄层。一层完成后，工作台下降一层，再进行下一层的涂覆，如此循环，形成三维产品。图6-26所示为FDM工艺原理图。

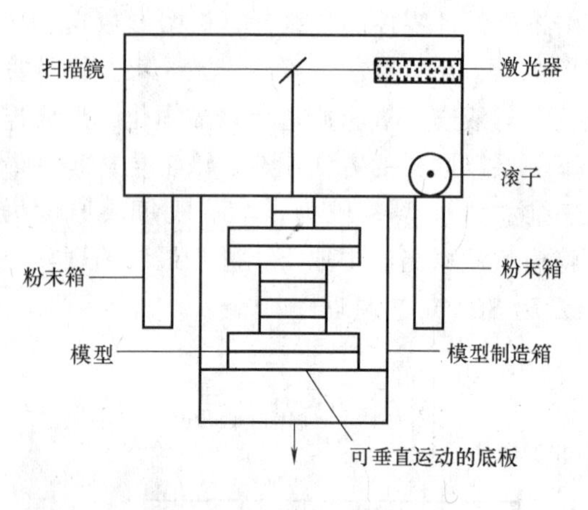

图6-25　SLS工艺原理图

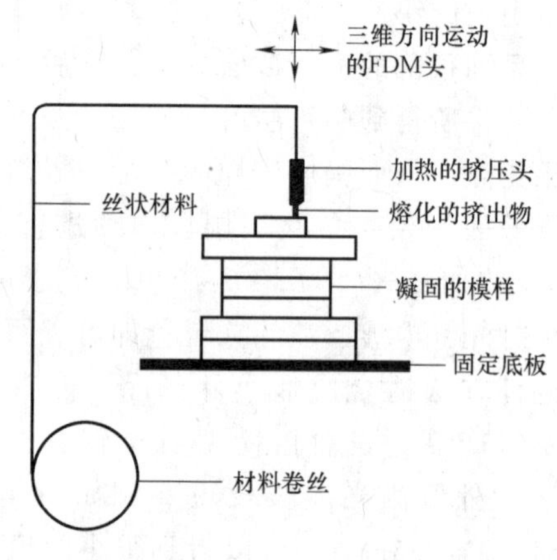

图6-26　FDM工艺原理图

这种方法适合成形小塑料件，制件的翘曲变形小，但需要设计支承结构。由于是填充式扫描，因此成形时间较长，为了克服这一缺点，可采用多个热挤压头同时进行涂覆，以提高成形效率。

（4）LOM（Laminated object manufacturing，简称LOM）——分层实体制造成形工艺　LOM工艺也称薄形材料选择性切割，它首先由美国的Helisys研制成功（我国也已研制成功并生产出这类机器），LOM工艺的基本原理如图6-27所示。首先将需进行快速成形产品的三维图形输入计算机的成形系统，用切片软件对该三维图形进行切片处理，得到沿产品高度方向上的一系列横截面轮廓线。单面涂有热熔胶的纸卷套在纸辊上，并跨过支承辊缠绕到收纸辊上。步进电动机带动收纸辊转动，使纸卷沿图中箭头方向移动一定的距离。工作台上升至与纸接触。热压辊沿纸面自右向左滚压，加热纸背面的热熔胶，并使这一层纸与基底上的

前一层纸黏合。CO_2 激光器发射的激光束经反射镜和聚焦镜等组成的光路系统到达光学切割头，激光束跟踪零件的二维横截面轮廓数据，进行切割，并将轮廓外的废纸余料切割出方形小格，以便成形过程完成后易于剥离余料。每切割完一个截面，工作台连同被切出的轮廓层自动下降至一定高度，然后步进电动机再次驱动收纸辊将纸移到第二个需要切割的截面，重复下一次工作循环，直至形成由一层层横截面粘叠的立体纸模样。然后剥离废纸小方块，即可得到性能类似硬木或塑料的“纸质模样产品”。

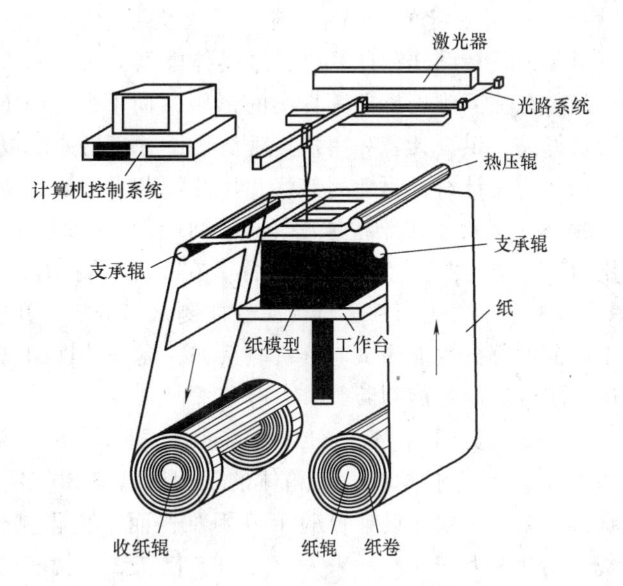

图 6-27　LOM 工艺原理图

与其他快速成形工艺相比，LOM 工艺具有下列优点：

1）无须用激光束扫描所制模型的整个二维横截面，只需沿其横截面的内、外周边轮廓线进行切割，故在短时间内（如几小时、几十小时），就能制出形状复杂的零件模型。

2）成形件的力学性能较高。LOM 工艺的制模材料是用涂有热熔胶和特殊添加物的纸，使其成形件硬如胶木，有较好的力学性能，表面光滑，能承受 100~200℃ 的高温，必要时可再对成形件进行机械加工。

3）成形件尺寸大。LOM 工艺是最适合制造大尺寸模型的快速成形工艺。目前已制出的最大成形件尺寸为 1200mm×750mm×550mm。如发动机、汽缸体等中、大型精密铸件。

但用这种方法成形的尺寸标准公差等级不高，材料浪费大，且清除废料困难。

2. 快速成形的应用及发展

虽然快速成形技术问世不久，但由于它给制造业带来巨大的效益，使得这一技术的应用日益广泛。目前，快速成形技术（RPT）的应用已从美国向世界各地发展。在我国从事快速成形机开发与研究的公司、大学以及快速成形服务中心很多，如华中科技大学成功开发并生产的 LOM 类型的快速成形机，清华大学、隆源公司及西安交通大学等开发了 SLS、SLA、FDM 多功能快速成形机。北京、深圳、天津、西安、武汉、宁波等地建立了 RPT 服务中心，开展多种面向社会的承揽加工的服务。一些大型企业还配备了快速成形系统，服务于本企业的生产和新产品开发。

目前快速成形技术的应用可概括为如下几个方面：

（1）用 RPT 复制模具，生产金属或塑料产品

1）用 RPT 母模，复制软模具。用快速成形件做母模，可浇注蜡、硅橡胶、环氧树脂、聚氨酯等软材料，构成软模具，可用于零件的小批量试制。

2）用 RPT 母模，复制硬模具。此工艺采用的工艺路线是：用 RPT 母模复制硅橡胶模→用硅橡胶模复制石膏模→用石膏模铸造金属型→手工抛光→构成生产用硬模（如注射模、拉伸模等）。此种模具的寿命可达 1000~10000 件，用于批量生产塑料件和金属件。

(2) 制造新产品样品，对其形状及尺寸设计进行直观评估　在新产品设计阶段，虽然可以借助设计图样和计算机三维实体模型，对产品进行评价，但不直观，特别是形状复杂的产品，往往因难于想象其真实的形貌，而不能做出正确、及时的判断。采用 RPT 可以快速制造样品，供设计者和用户直观测量，并可迅速反复修改、制造，可大大缩短新产品的设计周期，使设计符合预期的形状和尺寸要求。例如，德国大众汽车公司设计的汽车齿轮箱，有 3000 多个表面，很难根据图样或 CAD 系统来评估形状如此复杂的零件设计，因而该公司采用 RPT 分 5 块制造齿轮箱的模样，在 10 天内拼合出与设计完全吻合的样品。

(3) 用 RPT 制件进行产品性能测试与分析　用快速成形机直接制造的产品样品，可用于产品的部分性能测试与分析。例如，运动特性测试、风洞试验、有限元分析结果的实体表达，零件装配性能判断等。

例如，美国 Sundstrand Aerospace 公司设计的飞机用发电机，由很大的箱体和装于其内的 1200 多个零件构成。仅箱体的工程图就有 50 多张，至少有 3000 多个尺寸。因为箱体形状太复杂，不仅使设计校验十分困难，而且使得制作铸造用模样非常麻烦，需 3~4 个月，费用高达 8 万美元。后来采用 RPT，仅花 2 周就获得了样品，6 周做出了铸造用砂型。据此样品进行了形状、尺寸、装配关系和部分功能检查以及机械加工工艺设计、工模具校验和装配顺序设计。

(4) 在医学上有广泛应用　目前，外科医生已利用 CT 扫描和 MRI 磁共振图像所得的数据，用 RPT 制造模型，以便进行头颅和面部的外科手术。他们还用 RPT 模型进行复杂手术的演习，为骨移植设计样板。牙科医生已利用病人牙齿的 RPT 模型进行牙病的诊断和手术安排。

(5) 直接使用金属材料和陶瓷，成形产品结构件　即所谓的快速制造，这是目前全世界 RPT 发展的方向。国外已经从事这方面的研究并取得重大成果。如美国 DTM 公司利用 SLS 工艺成形金属件。

总之，RPT 作为一种新的制造技术，已经成为制造业的一种新模式，未来必将会有更广泛的使用和更大的发展。

复习思考题

6.1.1　特种加工的特点是什么？其应用范围如何？

6.1.2　常规加工工艺与特种加工工艺之间有何关系？

6.1.3　电火花加工与线切割加工的原理是什么？各有哪些用途？

6.1.4　试简述激光加工的特点及应用。

6.1.5　试简述超声波加工的基本原理及应用范围。

6.2.1　试简述粉末冶金的工艺过程。

6.2.2　试简述快速成形的原理并举例说明工艺过程。

第 7 章

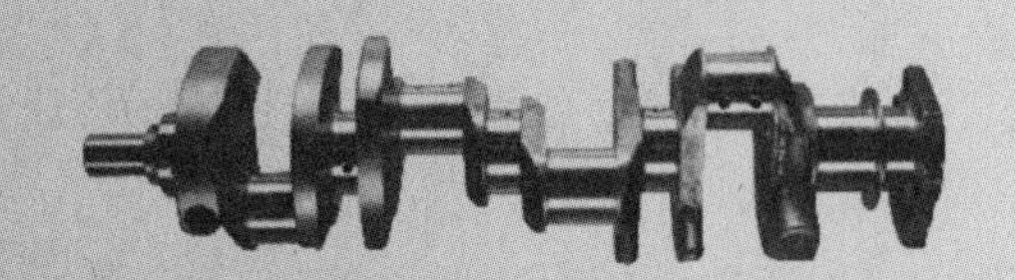

机械加工工艺规程及综合分析 (Process planning of machining and integrated analysis)

本章学习指导

学习本章前应预习《机械制图》中有关三视图、形面构造与建模的内容，《互换性与技术测量》中有关尺寸标准公差等级、几何公差和表面粗糙度的内容。学习本章内容时，应该与实际操作的相关工艺相联系，理论联系实践，并配合一定的习题和作业，参考参考文献［1］中的有关章节，才能够学好本章内容。

本章主要内容

生产过程与工艺过程，工件的定位与装夹，零件加工的结构工艺性，工艺规程的编制过程，数控加工，典型零件的加工工艺过程分析。

本章重点内容

工艺过程的组成，定位原理与定位方法，定位基准的选择，表面加工方法的选择，加工阶段的划分，工序的安排，数控加工工艺的制订与编程方法，单件小批生产中轴类、盘套类零件的加工工艺过程。

经过多道加工工序获得的美国雪佛莱 350 系列 V8 曲轴如图 7-0 所示。

7.1 概述 (Introduction)

7.1.1 生产过程与工艺过程 (Production procedure and process)

1. 生产过程 (Procedure of production)

我们通常所讲的生产过程是将原材料或半成品转变为成品所进行的全部过程。

任何一种机械都是由零件、组件、部件装配而成的，其制造是一个复杂的过程。对一个机械产品来说，要满足和适应市场的需求，其设计与制造的生产过程应分为以下几个阶段，如图 7-1 所示。

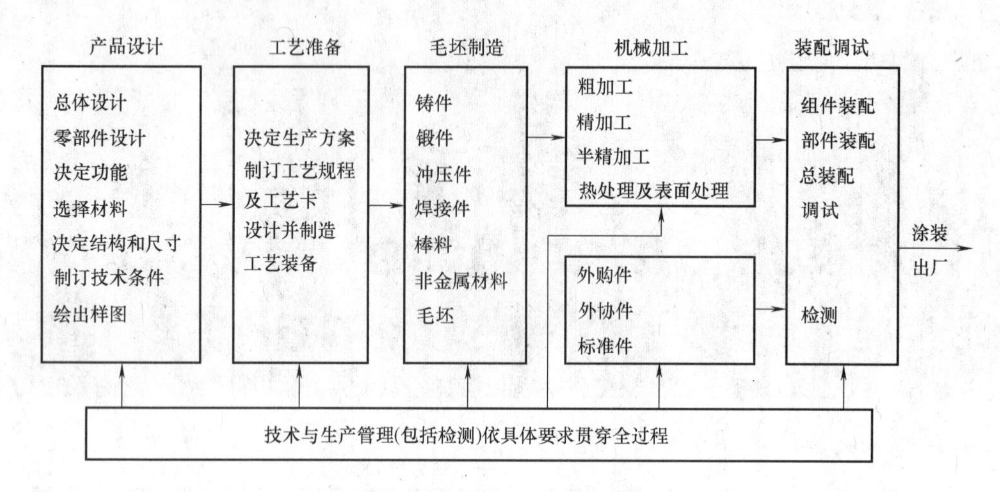

图 7-1　机械产品的生产过程

生产过程可以指整台机器的制造过程，也可以指某一种零件或部件的制造过程。一个工厂的生产过程，又可分为各个车间的生产过程。一个车间生产的成品，往往又是另一个车间的原材料。例如，铸造车间铸造的发动机机体是该车间的成品，但它又是机械加工车间的毛坯。

由图 7-1 所示可知，生产过程是一个十分复杂的过程，它不仅包括那些直接作用于生产对象的工作，而且也包括许多生产准备工作，如原材料及半成品的供应、设备维修、质量检测、工具的制造等。此外，在当今社会化大生产的条件下，专业化协作生产是提高生产率、降低成品、组织多品种生产、降低产品开发周期的重要途径，因此，许多产品的生产往往不是在一个工厂（或车间）内单独完成，而是按行业分工，由众多的工厂（或车间）联合起来协作完成。例如，发动机制造厂，并非制造发动机上所有的零部件，而是利用其他工厂的产品，如火花塞、燃油泵、活塞组、轴瓦及起动机等各种附件；而发动机厂的产品（发动机）又是其他工厂的半成品或部件，如造船厂、汽车厂、拖拉机厂等。所以，机械产品的全部生产过程是由主机厂及其协作厂的生产过程之总和。

2. 工艺过程（Process）

机械产品的生产过程中，工艺过程占有十分重要的地位。工艺过程这一术语通常可定义为加工对象性能的变化，包括几何形状、硬度、状态、信息量等。而产生任何性能的变化必须具备三个基本要素：原料、能源、信息。根据制造过程的主要任务，它或者是一个材料变化的过程，或者是一个能量变化的过程，或者是一个信息变化的过程，更多地是三者兼而有之，如一般工艺过程有锻压、铸造、机械加工、冲压、焊接、热处理、表面处理、装配和试车等。所以，具体地说，工艺过程是与改变原材料或半成品使之成为成品的直接有关的全部过程。

在机械产品的制造过程中，机械加工在总劳动量中不仅所占比重最大（约 60%），而且它是获得复杂构形和高精度零件的主要方法与手段。近年来，由于科学技术的飞速发展，对产品的精度要求也越来越高。因此，机械加工工艺过程在产品生产的整个工艺过程中，占有最重要的地位。

需要注意的是：工艺过程是一个动态过程，这个动态过程不仅表现为物质（原材料或生产对象）的变化和流动的过程，同时也反映了信息和能量的变化和流动的过程。对传统加工方式来说，所谓信息即指生产过程中使用的图样和工艺规程等，长期以来一直被视为静态的要素。而在应用现代制造技术和自动化生产过程中，则随时都要对生产过程中产生的信息（以声、光、电、热力、位移等各种形式表现的物理量）进行获取、传输、处理、分析和应用，以执行工况监测、故障诊断、误差补偿和适应控制。在自动化加工过程中，在线检测的数据、刀具磨损后的信息都是动态的，在后续加工程序中需及时得以补偿，因而产生了信息流动过程。金属切削的过程，就是机械能被消耗的过程，也是机械能向热能的转变过程。所以，随着现代制造技术及加工自动化应用的普及，工艺过程是一个物质流动、信息流动和能量流动的综合动态过程。而工艺过程是生产过程的主要部分。

7.1.2　工艺过程的组成（Component of process）

机械加工工艺过程是由一系列工序组成的，毛坯依次通过这些工序而变为成品。工序是工艺过程的基本组成部分。

1. 工序（Working procedure）

在一个工作地点上、对一个工件（或一组工件）进行加工所进行的连续工作过程，叫工序。如图 7-2 所示的齿轮，加工数量较少时，可按表 7-1 分工序，而加工数量较多时，工序划分见表 7-2。

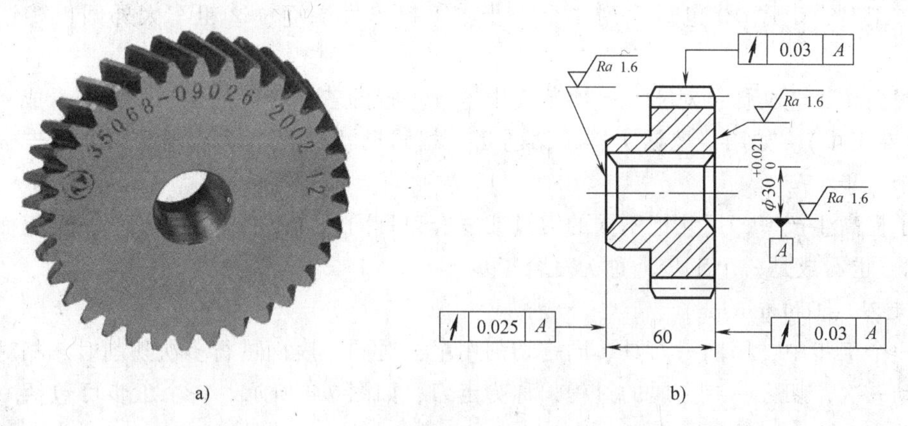

图 7-2　齿轮

a）东风康明斯发动机齿轮　b）工程图

表 7-1　齿轮的单件小批生产加工工序

工序号	工序内容	设备
10	粗车大端面、大外圆，钻孔；调头，粗车小端面、小外圆、台阶端面，精车小端面、小外圆、台阶端面，倒角；调头，精车大端面、大外圆，精镗孔，倒角	车床
20	磨小端面	磨床
30	滚齿	滚齿机
40	插键槽	插床
50	检验	检验台

表 7-2　齿轮的大批生产加工工序

工序号	工 序 内 容	设备
10	粗车大端面、大外圆，钻孔，内倒角	车床 1
20	粗车小端面、小外圆、台阶端面，内倒角	车床 2
30	拉孔	拉床
40	精车小端面、小外圆、台阶端面，外倒角	车床 3
50	精车大端面、大外圆，钻孔，内倒角	车床 4
60	滚齿	滚齿机
70	拉键槽	拉床
80	检验	检验台

工序的划分依靠两个基本要素：一是工序中的工人、工件和所用的机床或工作地点是否改变；二是加工过程是否连续完成。比如，即使粗加工和精加工都是在同一机床上进行，如果中间插入其他处理，失去了工序的连续性，则应把这两次加工分成两道工序。

2. 工步（Working step）

工序可细分为多个工步。加工表面不变，切削刀具不变，切削用量中的切削速度和进给量不变的情况下所完成的那一部分工艺过程称为工步。车削图 7-2 所示齿轮零件的加工，在大批量加工时，工序 10 包括下列 4 个工步：①粗车大端面；②粗车大外圆；③钻孔；④倒角。

为了简化工艺文件，对于在一次装夹中连续进行的若干相同的工步，常可看成一个工步（称为合并工步）。如用一把钻头连续钻削几个相同尺寸的孔，就看成是一个工步，而不看成是几个工步。

为了提高生产率，用几把不同的刀具或复合刀具同时加工一个工件上的几个表面，如图 7-3 所示，也看成是一个工步，称为复合工步。

3. 走刀（Tool moving）

在一个工步中，用同一刀具、同一切削用量，对同一表面进行多次切削时，相对被加工表面移动一次，切去一层金属的过程，称为走刀，如图 7-4 所示。一个工步可包括一次或几次走刀。

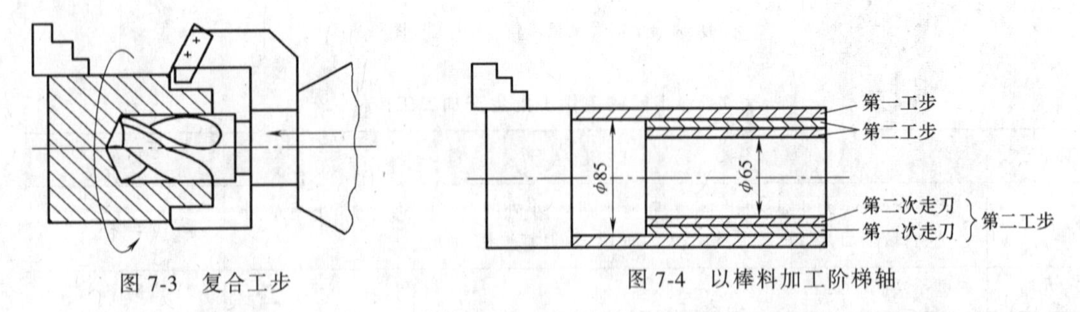

图 7-3　复合工步　　　图 7-4　以棒料加工阶梯轴

4. 装夹（Setting）

工件在机床或夹具中定位并夹紧的过程称为装夹。在一个工序内，工件的加工可能只需装夹一次，也可能需要装夹几次。表 7-1 中，工序 40 中，一次装夹即可插出键槽；而工序

10 中，车削全部外圆表面至少需装夹两次。

工件加工中应尽量减少装夹次数，因为多一次装夹，就多一次装夹误差，且增加装夹工件的辅助时间。

5. 工位（Working location）

为了减少工件的装夹次数，在加工中常采用各种回转工作台、回转夹具或移动夹具及多轴机床。工件在一次装夹中，在机床上所占有的每一个位置上所完成的那一部分工作称为工位。如图 7-5 所示，利用回转工作台，可在一次装夹中顺次完成装卸工件、钻孔、扩孔和铰孔等四个工位的加工。采用多工位加工，可以减少工件的装夹次数，缩短辅助时间，提高生产率，且有利于保证加工精度。

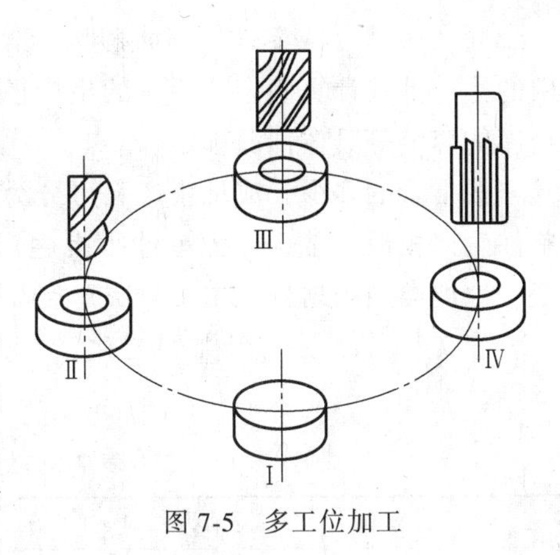

图 7-5　多工位加工

7.1.3　生产纲领、生产类型及其工艺特征（Program，type and feature of production）

1. 生产纲领（Production program）

生产纲领是指企业在计划期内应当生产的产品产量和进度计划。计划期通常为 1 年，所以生产纲领也称产品的年生产量。

零件的生产纲领要计入备品及废品的数量，一般按下式计算：

$$N=Qn(1+\alpha)(1+\beta)$$

式中，N 为零件年产量（件/年）；Q 为产品的年产量（台/年）；n 为每台产品中，该零件的数量（件/台）；α 为备品的百分率（%）；β 为废品的百分率（%）。

备品率的多少要根据用户和修理单位的需要考虑，一般由调查及经验确定。零件的平均废品率则根据各企业的生产条件与技术的不同而不同：生产条件稳定，产品定型，如汽车、机床等产品的废品率一般为 0.5%~1%；当生产条件不稳定，新产品试制，废品率可高达 50%。

2. 生产类型（Production type）

生产类型是指企业生产的专业化程度的分类。产品的生产纲领决定了企业的生产规模和生产方式。根据生产纲领、产品的复杂程度和产量的大小，其生产方式可分为单件生产、成批生产（根据批量的大小又可分为大批、中批与小批生产）和大量生产三种类型。

（1）单件生产　单件生产的基本特点是生产的产品品种繁多，每种产品仅制造一个或少数几个，很少重复生产。例如，船用大型柴油机、大型汽轮机、重型机械产品的制造及新产品试制等，都属于单件生产类型。

（2）成批生产　一年中分批轮流制造几种不同的产品，每种产品均有一定的数量，工作地的加工对象周期性地重复。例如，机床、机车、电动机和纺织机械的制造常为成批生产。

（3）大量生产　产品的数量很大，大多数工作地按照一定的生产节拍进行某种零件的某道工序的重复加工。例如，汽车、拖拉机、自行车、缝纫机和手表的制造均采用大量生产方式。

同一产品（或零件）每批投入生产的数量称为批量。批量可根据零件的年产量及一年中的生产批数计算确定。一年的生产批数根据用户的需要、零件的特征、流动资金的周转、仓库的容量等具体情况确定。

按批量的多少，成批生产又可分为小批、中批和大批生产三种。在工艺上，小批生产和单件生产相似，常合称为单件小批生产；大批生产和大量生产相似，常合称为大批大量生产。生产类型的划分，主要取决于产品的复杂程度及生产纲领的大小。

表 7-3 列出了生产类型与生产纲领的关系，表 7-4 列出了各种生产类型的工艺过程特点。

表 7-3 生产类型与生产纲领的关系

生产类型	重型机械（W>200kg）	中型机械（W=100~200kg）	小型机械（W<100kg）
单件生产	5 以下	<20	<100
小批生产	5~100	20~200	100~500
中批生产	—	200~500	500~5000
大批生产	—	500~5000	5000~50000
大量生产	—	>5000	>50000

注：W 为零件的质量。

表 7-4 各种生产类型的工艺过程特点

加工对象	经常换，不固定	周期性更换	固定不变
零件互换性	配对制造，无互换性，广泛用于钳工修配	普遍具有互换性，一般不用试配	全部互换，某些高精度配合件采用分组装配、配研或配磨
毛坯制造与加工余量	木模手工造型或自由锻造，毛 坯精度低，加工余量大	部分用金属型或模锻，毛坯精度及加工余量中等	广泛采用金属型机器造型、精密铸造、模锻或其他高效的成形方法，毛坯精度高及加工余量较小
机床设备及布置	通用设备，极少用数控机床，按机群布置	通用机床及部分高效专用机床和数控机床等按零件类别分工段布置	广泛采用高效专用机床和自动机床按流水线排列或采用自动线
夹具与装夹	多用通用夹具，极少用专用夹具，通常用划线找正方法	广泛使用专用夹具，部分用划线找正方法	广泛使用高效能的专用夹具
尺寸获得方法	试切法	调整法	调整法及自动化生产
刀具与量具	多用通用刀具与万能量具	较多采用专用夹具与量具	广泛使用高效能的专用刀具与量具
对工人的技术要求	熟练	中等熟练	对操作工人技术要求一般，对调整工人技术要求较高
工艺规程	有简单的工艺路线卡	有工艺规程，对关键工序有详细的工艺规程	有详细的工艺规程
生产率	低	中	高
成本	高	中	低

7.2 装夹与定位（Setting and location）

7.2.1 工件的装夹与基准（Setting and benchmark of workpiece）

1. 工件的装夹（Setting of workpiece）

要使工件获得所需的尺寸标准公差等级、形状公差、位置公差和表面质量，在其机械加工过程中，必须使工件相对于机床、刀具占据一个正确的位置，这一过程称为定位。使工件在加工过程中保持所占据的确定位置不变的过程称为夹紧。定位与夹紧总称为工件的安装，常称为工件的装夹。

工件装夹的好坏将直接影响零件的加工精度，而装夹的快慢则影响生产率的高低。工件的装夹，对保证质量、提高生产率和降低加工成本有着重要的意义。

由于工件的大小、加工精度和批量的不同，工件的装夹有下列三种方式。

（1）直接找正装夹　直接找正装夹是用划针或百分表等直接在机床上找正工件的位置。

图 7-6 所示为用单动卡盘装夹套筒，先用百分表按工件的外圆 A 进行找正后，再夹紧工件进行外圆 B 的车削，以保证套筒的 A、B 圆柱面的同轴度。

使用的工具为划针盘时，定位精度为 0.1～0.5mm；找正的工具为千分表时，定位精度为 0.01～0.05mm。这种装夹方式的特点是：生产率低，适用于单件、小批量生产、形状简单的零件，对工人的技术水平要求高。

（2）按划线找正装夹　划线找正装夹是用划针根据毛坯或半成品上所划的线为基准，找正它在机床上的正确位置的一种装夹方法。如图 7-7 所示的车床床身毛坯，为保证床身的各加工面和非加工面的尺寸及各加工面的余量，先在钳工台上划好线，然后在龙门刨床的工作台上用千斤顶顶起床身毛坯，用划针划线找正并夹紧，再对床身底平面进行粗刨。由于划线既费时，又需技术水平高的划线工，划线找正的定位精度也不高，所以划线找正装夹只用于批量不大、形状复杂而笨重的工件，或毛坯的尺寸标准公差等级很大而无法采用夹具装夹的工件。

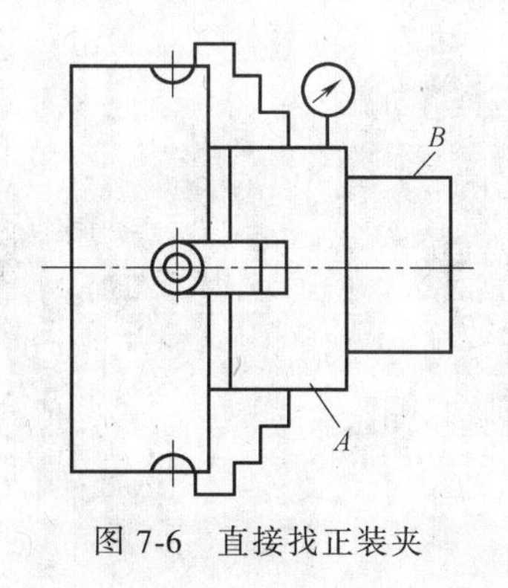

图 7-6　直接找正装夹

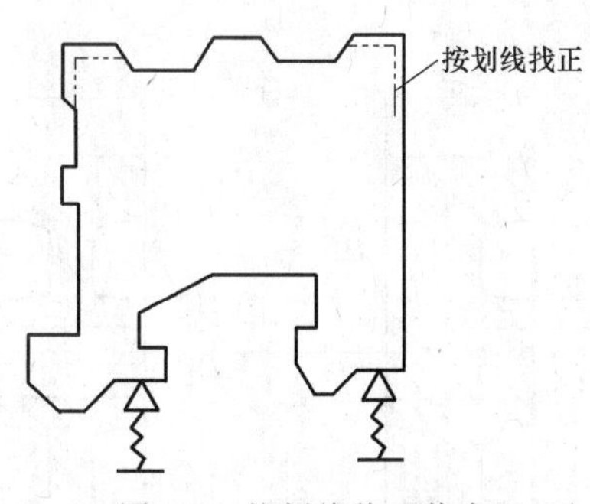

图 7-7　按划线找正装夹

（3）采用专用夹具装夹　夹具的定位夹紧元件能使工件迅速获得正确位置，使其固定在夹具和机床上，因此工件定位方便，定位精度高而且稳定，装夹效率也高。当以精基准定位时，工件的定位精度一般可达 0.01mm。所以，用专用夹具装夹工件的方法广泛应用于中、大批和大量生产。但是，由于制造专用夹具的费用较高、周期较长，所以在单件小批生产时，很少采用专用夹具，而是采用通用夹具。当工件的加工精度要求较高时，可采用标准元件组装的组合夹具。

采用专用夹具装夹工件生产率高，一批工件的精度稳定，对工人的技术水平要求低，适用于批量生产。

2. 基准及其分类（Benchmark and classification）

基准就是“依据”的意思。在零件工作图或实际零件上，总要依据一些指定的点、线、面来确定另一些点、线、面的位置。这些作为依据的点、线、面，称为基准。按基准的作用不同，常把基准分为设计基准和制造基准（工艺基准）两大类。

（1）设计基准　在设计零件图样时，用以确定其他点、线、面位置的基准称为设计基准。即零件图样上标注尺寸的起点，或中心线、对称线、圆心等。图 7-8 所示的柴油机机身零件，平面 N 和孔 Ⅰ 的位置是根据平面 M 决定的，平面 M 是平面 N 和孔 Ⅰ 的设计基准。孔 Ⅱ、Ⅲ 的位置是根据孔 Ⅰ 的中心线决定的，所以，孔 Ⅰ 的中心线是孔 Ⅱ、Ⅲ 的设计基准。

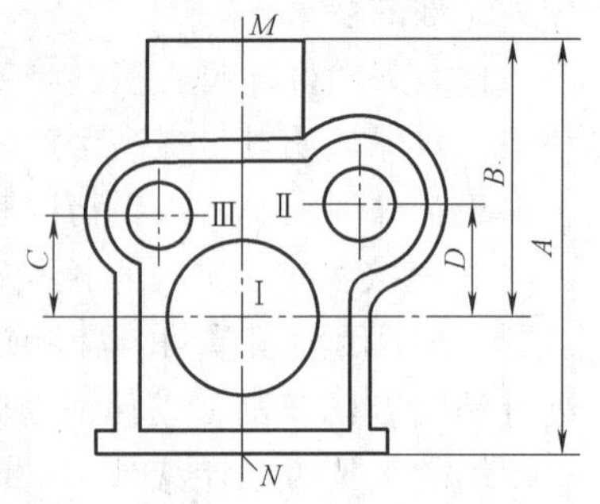

图 7-8　设计基准分析

（2）制造基准（工艺基准）　在制造过程（包括量度、装配）中采用的各种基准总称为工艺基准，也称为制造基准。按用途不同，工艺基准又可分为工序基准、定位基准、度量基准和装配基准。

1）工序基准。工序基准也称为原始基准，是在工序简图上用来确定本工序加工表面加工后的尺寸、形状、位置的基准。工序尺寸的起点也是工序基准。

如图 7-9a 所示，加工齿轮毛坯的端面 E 及 F 的工序中，B 面及轴线 O-O 是 E 及 F 的工序基准，尺寸 a 及 ϕF 为工序尺寸。在图 7-9b 中，对于齿轮的端面 D 及外圆 C，E 面和轴线 O-O 是 D 及 C 的工序基准，而尺寸 b 及 ϕC 是工序尺寸。工序基准与工序尺寸可用于工艺过程的任一工序中。图 7-9c 为加工后的成品。

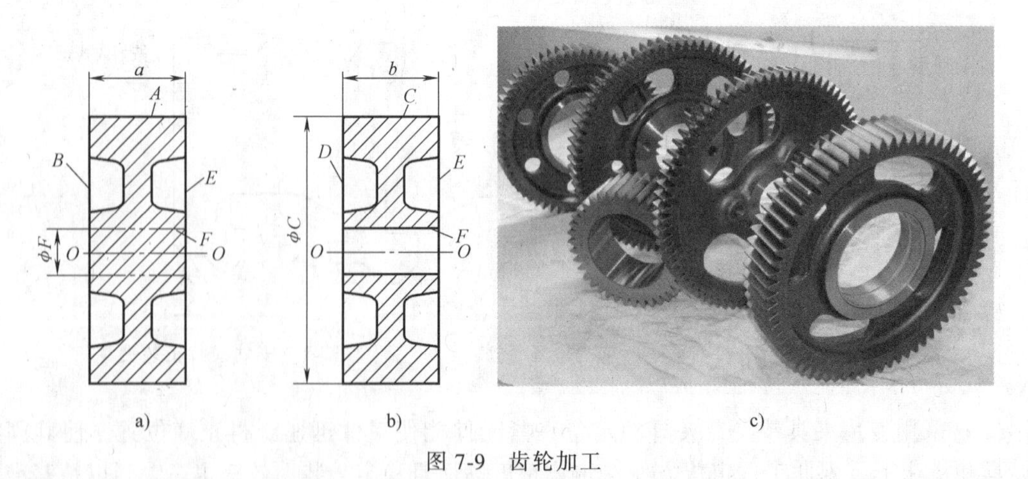

图 7-9　齿轮加工

2）定位基准。定位基准是工件在夹具或机床上定位时，用以确定工件在工序尺寸方向上相对于刀具正确位置的基准。

如图 7-9a 所示，加工齿轮的端面 *E* 及内孔 *F* 时，以毛坯外圆面 *A* 及端面 *B* 确定工件在夹具上的位置，所以 *A*、*B* 面即为此工序的定位基准。而在图 7-9b 中，加工外圆 *C* 及端面 *D* 时，则以已加工的内孔 *F* 及端面 *E* 确定工件的位置，内孔 *F* 及端面 *E* 即为此工序的定位基准。所以，对不同的工序尺寸，用做定位基准的表面也不同。

3）度量基准。用于检验已加工表面的尺寸及各表面之间位置公差的基准，称为度量基准。如图 7-10 所示，利用锥度心轴检验齿轮外圆和两个端面相对孔轴线的圆跳动时，孔的轴线即为度量基准。

4）装配基准。在机器装配中，用于确定零件或部件在机器中正确位置的基准。如图 7-11所示的轴套，其孔以一定的配合精度安装在轴上决定其径向位置，并以端面 *A* 紧贴轴肩决定其轴向位置，轴套孔的轴线和该端面即为装配基准。

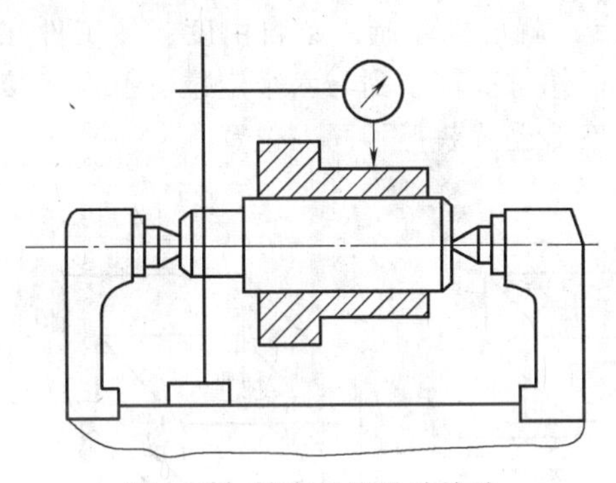

图 7-10　轴套的圆跳动检验

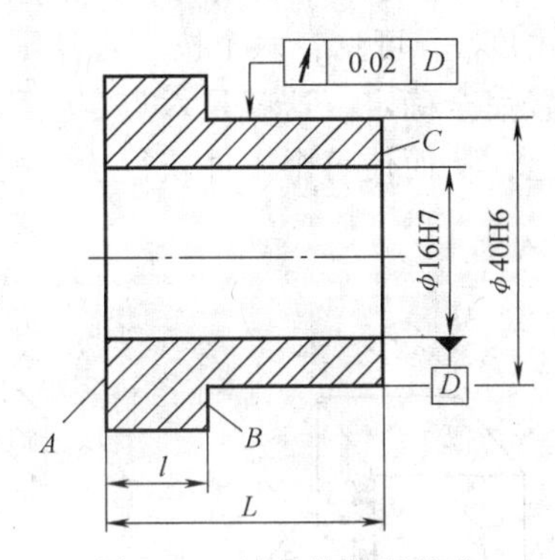

图 7-11　轴套的装配基准

必须指出，作为定位基准的点或线，总是以具体表面来体现的，这种表面就称为基面。

例如，图 7-11 所示轴套孔的轴线并不具体存在，而是由孔的表面来体现的，因而孔是该零件的定位基面。

7.2.2　工件在夹具中的定位（Location of workpiece in fixture）

1. 定位与夹紧（Location and clamping）

定位与夹紧是装夹工件两个有联系的过程。

工件在夹具中的定位就是要确定工件与夹具定位元件的相对位置，并通过导引元件或对刀装置来保证工件与刀具之间的相对位置，从而满足加工精度的要求。对单个工件而言，就是使工件准确占据由定位元件所规定的位置；对一批工件而言，则是使每个工件都占据同一个位置。

在工件定位以后，为了使工件在切削力等作用下能保持既定的位置不变，通常还需要夹紧工件，将工件紧固，因此它们之间是不相同的。若认为工件被夹紧后，其位置不能动了，所以也就定位了，这种理解是错误的。此外，还有些机构能使工件的定位与夹紧同时完成，例如自定心卡盘。

2. 工件定位的基本原理（Basic principle of workpiece location）

要解决工件在夹具中的定位问题，必须首先搞清楚下列几个问题：工件在空间有几个自由度，如何限制这些自由度？工件的工序加工精度与自由度限制有什么关系？如何限制工件的自由度？对工件自由度的限制有什么要求？

工件在没有采取定位措施时，它在夹具中的位置是任意的。即对一个工件来说，其位置是不确定的；对一批工件来说，其位置是变动的。工件空间位置的这种不确定性，可用自由度（或不定度）来描述。把工件看成空间直角坐标系中的一个刚体，则其在空间有六个独立运动，即沿 x、y、z 轴的移动（分别用 $\boldsymbol{x}$、$\boldsymbol{y}$、$\boldsymbol{z}$ 表示）和绕这三个轴的转动（分别用 $\widehat{X}$、$\widehat{Y}$、$\widehat{Z}$ 表示），如图 7-12 所示。通常将这六个运动称为六个自由度。要使工件在某方向有确定的位置，就必须限制该方向的自由度，当工件的六个自由度均被限制后，工件在空间的位置就唯一地被确定下来。如何限制工件的自由度呢？在夹具中，限制工件的自由度可用定位支承点来实现，一个定位支承点限制一个自由度。

例如，对一个长方体工件进行定位，可在其底面布置三个不共线的约束点 1、2、3（图 7-13），在侧面布置两个约束点 4、5，在端面布置一个约束点 6。这样，约束点 1、2、3 就限制了 $\widehat{X}$、$\widehat{Y}$、$\boldsymbol{z}$ 三个自由度；约束点 4、5 可以限制 $\boldsymbol{x}$、$\widehat{Z}$ 两个自由度；约束点 6 则限制了一个自由度 $\boldsymbol{y}$。可见，六个按一定规则布置的约束点，就可以限制六个自由度，使工件在空间的位置完全确定，这就是六点定位原理。这样，工件每次都装到与六个定位支承点相接触的位置上，从而使每个工件获得确定的位置，一批工件也就获得了同一位置。

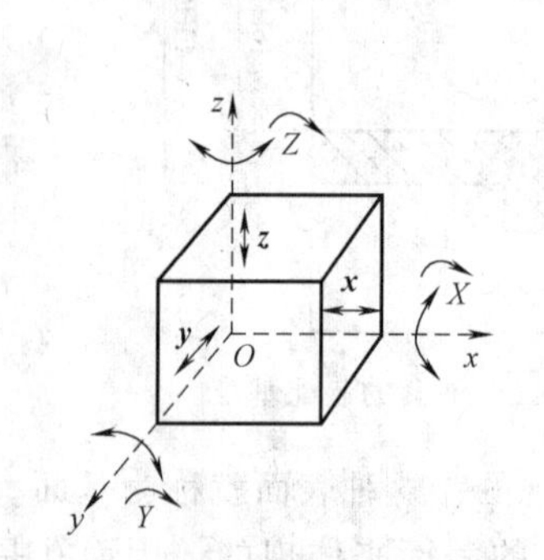

图 7-12　工件在空间的自由度

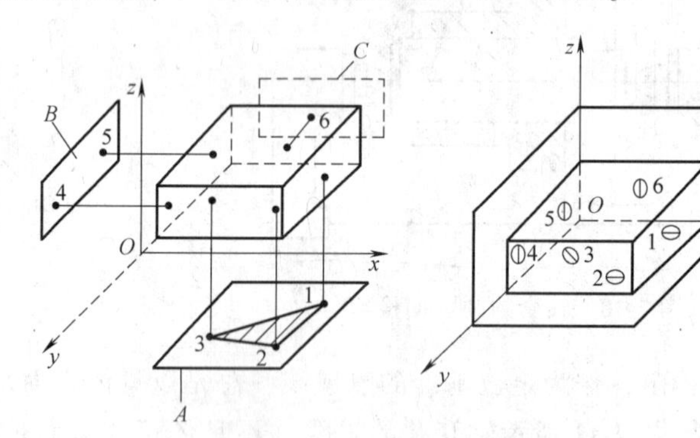

图 7-13　长方体工件的定位

六点定位也适用于其他形状的工件，只是定位支承点的分布方式有所不同。如图 7-14 所示圆盘几何体的定位，圆盘的端面为主要定位基准，由定位支承点 1、2、3 限制了工件的三个自由度 z、$\widehat{X}$、$\widehat{Y}$，定位销的定位支承点 5、6 限制了工件的两个自由度 $\boldsymbol{x}$、$\boldsymbol{y}$，防转支承点 4 限制了工件的一个自由度 $\widehat{Z}$。

在实际定位中，定位支承点并不一定就是一个真正的点，也可能是一线段或一小面积。所以，通常所说“几点定位”仅是指某种定位中数个定位支承点的综合结果，而非某一定位支承点限制了某一自由度。如图 7-15 所示轴类零件的六点定位情况，定位基准是长圆柱

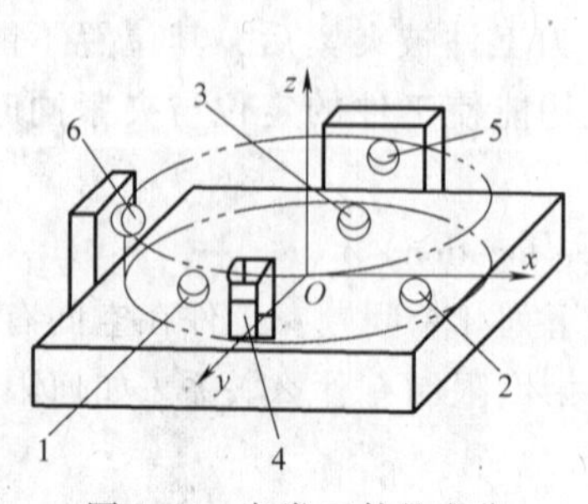

图 7-14　盘类工件的定位

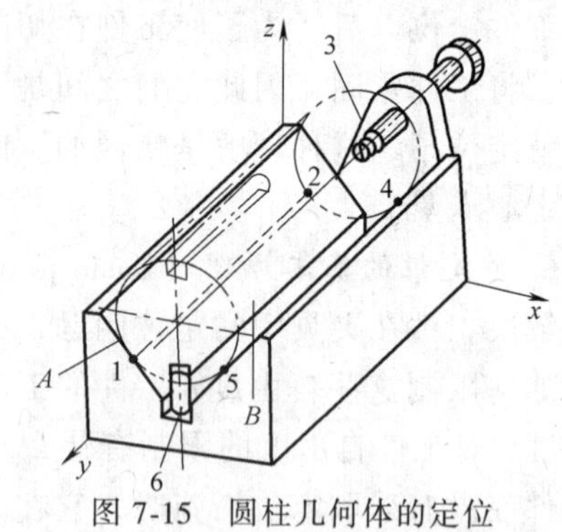

图 7-15　圆柱几何体的定位

面的轴线、后端面和键槽侧面。长圆柱面采用中心定位，外圆与 V 形块呈两直线接触。这时，长 V 形块可看成“四点定位”，即 A 面布置两点（定位点 1、2），B 面布置两点（定位点 4、5），限制了工件的 $\boldsymbol{x}$、$\boldsymbol{z}$、$\widehat{X}$、$\widehat{Z}$ 四个自由度，定位支承点 3 限制了工件的 $\boldsymbol{y}$ 自由度，销可简化为支承点 6，限制了工件绕 y 轴回转方向的自由度 $\widehat{Y}$，共限制了六个自由度。

3. 限制工件自由度与加工技术要求的关系（Relationship between limited degree of work-piece freedom and process requirement）

工件在夹具中定位时，并非所有情况下都必须完全定位，即工件的六个自由度不必全部限制。设计工件的定位方案时，应首先分析必须限制哪些自由度，然后在夹具中配置相应的定位元件。

工件所需限制的自由度，主要取决于本工序的加工要求。对空间直角坐标系来说，工件在某个方面有加工要求，则在那个方面的自由度就应予以限制。如图 7-16 所示，在小轴上铣通槽 W，由于槽有深度与宽度要求，所以应限制 $\boldsymbol{x}$、$\boldsymbol{z}$ 两个自由度。同时，应保证槽两侧面的中间平面对轴线的重合，及侧面与底面对轴线的平行度要求，则应限制 $\widehat{X}$、$\widehat{Z}$ 两个自由度。而加工的槽为通槽，对槽的长度没有要求，即在 y 轴方向的移动没有要求，所以 $\boldsymbol{y}$ 可以不限制。又因为加工的是轴，且在其圆周周向有相对角度与位置要求，所以 $\widehat{Y}$ 也不必限制。因此，归纳起来，在小轴上加工通槽时，应限制 $\boldsymbol{x}$、$\boldsymbol{z}$、$\widehat{X}$、$\widehat{Z}$ 四个自由度。若将工件加工改为加工不通槽，且周向有两个键槽（图 7-15），则 $\boldsymbol{y}$、$\widehat{Y}$ 都应被限制，即应限制六个自由度。

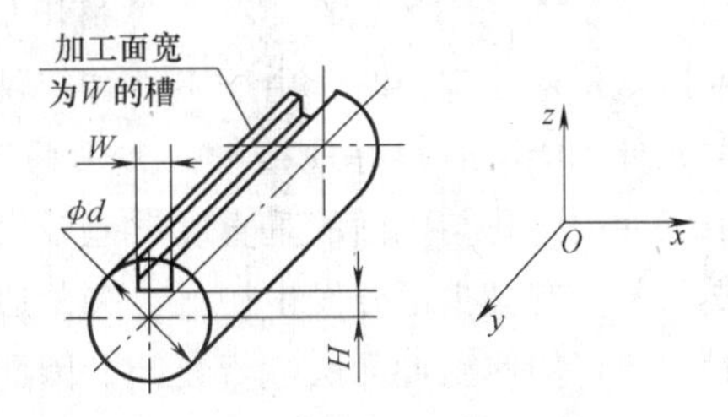

图 7-16　限制工件自由度分析

从上面的分析可知，正确的定位形式有完全定位和不完全定位两种。合理选择并布置定位元件，使工件的六个自由度完全被限制，在夹具中有完全确定的唯一位置，称为完全定位。完全定位适合较复杂工件的加工。在满足加工要求的情况下，可以不对工件的六个自由度全部限制（定位），这就是不完全定位。在设计定位方案时，对不必要限制的自由度，一般不应布置定位元件，否则将使夹具结构复杂化。但有时为了使加工过程顺利，在一些没有加工尺寸要求的方向也需要对该自由度加以限制。如在图 7-17 中，即使是铣通槽，在铣削力的相对方向（y）也要设置圆柱销。它并不使夹具结构过于复杂，而且可以减小所需的夹紧力，使加工质量稳定，并有利于铣床工作台的纵向（y）行程的自动控制。这不仅是允许的，而且是必要的。

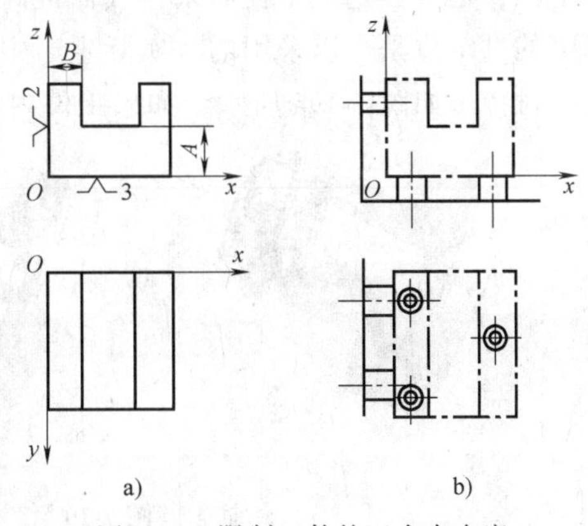

图 7-17　限制工件的五个自由度

4. 欠定位与过定位（Less positioning and most positioning）

（1）欠定位　所谓欠定位，是指工件实际定位所限制的自由度数目少于按其加工要求所必须限制的自由度数目。欠定位是一种定位不足而影响加工的现象。因此，欠定位将导致应限制的自由度未予限制的不合理现象。这样也就不能保证工件在夹具中占据正确位置，必然无法保证工件所规定的加工要求。如图 7-18 所示在工件上铣不通槽，工件沿 x 方向的自由度没有被限制，故加工出来的键槽在沿 x 方向的长度尺寸 l 不能保证一致。可见，欠定位不能保证工件的加工技术要求，欠定位是不允许出现的。

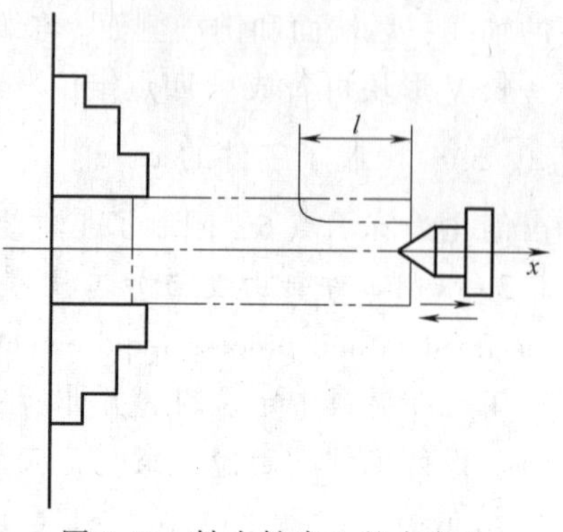

图 7-18　轴在铣床上的自定心卡盘和后顶尖上定位的简图

（2）过定位　两个或两个以上的定位支承点同时限制工件同一个自由度的定位形式称为过定位，也常称为超定位或重复定位，如图 7-19 所示的定位形式，由于心轴限制了工件的 $\boldsymbol{x}$、$\boldsymbol{z}$、$\widehat{Y}$、$\widehat{Z}$ 四个自由度，大定位支承板限制了工件的 $\boldsymbol{x}$、$\widehat{Y}$、$\widehat{Z}$ 三个自由度，工件以上述这种过定位形式定位时，由于工件和定位元件都存在误差，工件的几个定位基准面可能与几个定位元件不能同时很好地接触，夹紧后工件和定位元件将产生变形，甚至损坏。例如，图 7-19 中工件的内孔与端面的垂直度误差较大且内孔与心轴的配合间隙很小时，工件的端面与大定位支承板只有极少部分发生接触，夹紧后工件和心轴将会产生变形，影响加工精度。过定位严重时，还可能使工件无法进行装卸。因此在一般情况下，应尽量避免采用过定位形式。

图 7-19b、c 所示为通过改变定位元件的结构形状而避免了过定位的示例。图 7-19b 采用定位销（圆柱销），仅限制工件的两个自由度 $\boldsymbol{y}$、$\boldsymbol{z}$，而没有像心轴那样限制工件的 $\boldsymbol{y}$、$\boldsymbol{z}$、$\widehat{Y}$、$\widehat{Z}$ 四个自由度，大定位支承板限制工件的 $\boldsymbol{x}$、$\widehat{Y}$、$\widehat{Z}$ 三个自由度，共限制工件的五个自由度，没有出现过定位。图 7-19c 采用芯轴和小定位支承板定位，心轴限制工件的 $\boldsymbol{y}$、$\boldsymbol{z}$、$\widehat{Y}$、$\widehat{Z}$ 四个自由度，小定位支承板限制工件的 $\boldsymbol{x}$ 自由度，共限制工件的五个自由度，也没有出现过定位。一般情况下，当加工表面与工件的大端面有较高的位置公差要求时，可采用图 7-19b 所示的定位方案；当加工表面与工件的内孔有较高的位置公差要求时，则应采用图 7-19c 所示的定位方案。

如果工件上的各定位基准面之间及各定位元件之间的位置精度都很高，这时即使采用了过定位，也不会造成不良后果，反而提高了工件在加工中的支承刚度和稳定性，所以这种情况下的过定位是可以采用的，实际生产中也经常采用。因此，过定位不一定必须避免，而应正确对待。如图 7-19a 所示，如果工件内孔与端面垂直度精度很高，心轴与大定位支承板之

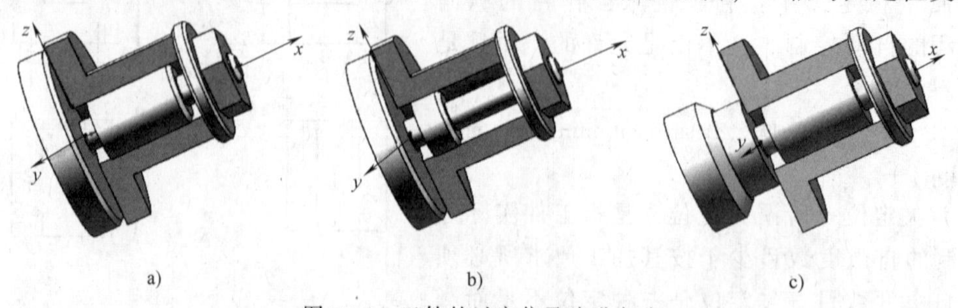

图 7-19　工件的过定位及改进方法

a）芯轴、大定位支承板定位　b）圆柱销、大定位支承板定位　c）芯轴、小定位支承板定位

间垂直度精度也很高，这种过定位就可以采用。

7.2.3 定位基准的选择（Choice of location benchmarks）

在零件加工过程中，合理选择定位基准对保证零件的尺寸标准公差等级和位置公差有着决定性的作用。

定位基准又有粗基准和精基准两种。用毛坯表面（即未经加工的表面）作为定位基准的称为粗基准，而用已加工表面作为定位基准的则称为精基准。

1. 粗基准的选择（Choice of crude benchmarks）

粗基准的选择有两个出发点：一是要保证各加工表面有足够的余量；二是要保证不加工表面的位置与尺寸符合图样要求。由此确定粗基准的选择原则为以下几点：

（1）保证加工表面的加工余量合理分配　为保证重要表面的加工余量小而均匀，应选择重要的加工表面为粗基准。如图 7-20 所示，为保证导轨面有均匀的组织和一致的耐磨性，应使其加工余量均匀。因此，选择导轨面为粗基准加工床腿底面，然后再以底面为基准加工导轨面。这样选择的另一个特点是，可使加工余量最小，最经济，成本最低。当工件上有多个重要加工表面要求保证余量均匀时，则应选余量要求最小的表面为粗基准。

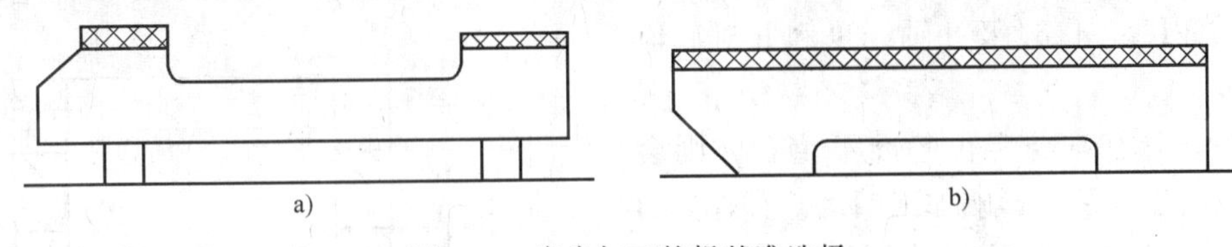

图 7-20　床身加工的粗基准选择

为保证各个加工表面具有足够的加工余量，应选择毛坯余量最小的表面为粗加工基准。如图 7-21 所示，自由锻件毛坯大外圆 *M* 的余量小，小外圆 *N* 的余量大，且 *N*、*M* 轴线的偏差较大。若以 *M* 为粗基准车削外圆 *N*，则在调头车削外圆 *M* 时，可使其得到足够而均匀的余量。反之，若以 *N* 为粗基准，则外圆 *M* 可能因余量过小无法满足加工要求，而致使工件报废。

（2）保证相互位置要求　如加工表面与非加工表面有位置要求，则应以此非加工表面做粗基准。这样可使加工表面与不加工表面之间的位置误差最小，有时还能在一次装夹中加工出更多的表面。如图 7-22 所示铸铁件，用不需要加工的小外圆 *A* 做粗基准，不仅能保证

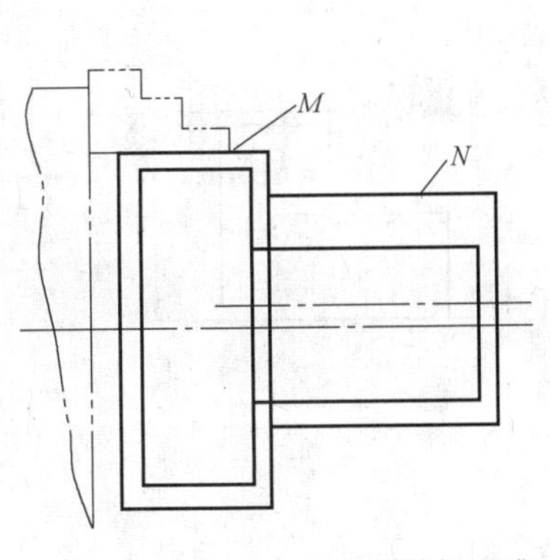

图 7-21　用最小余量表面做粗基准

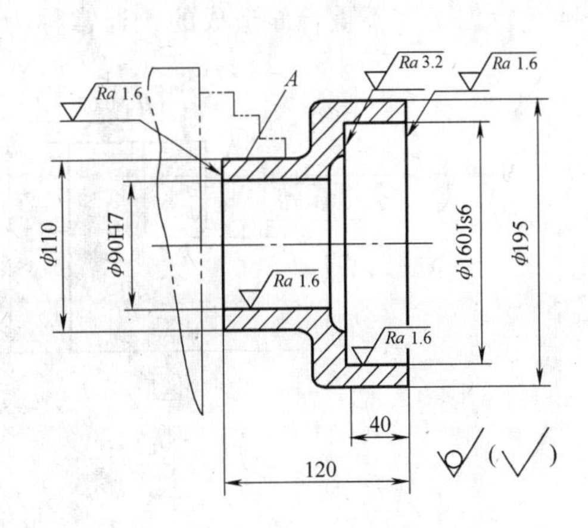

图 7-22　用不加工表面做粗基准

ϕ90H7 孔壁的厚薄均匀，而且能在一次装夹中车削出除小端面以外的全部加工表面，使 ϕ160Js6 孔与 ϕ90H7 孔同轴，大端面、内台阶端面与孔的轴线垂直。

当工件上有多个不加工面与加工面之间有位置要求时，则应以其中要求较高的不加工面为粗基准。

（3）方便工件装夹与定位可靠　为保证定位准确、夹紧可靠，粗基准表面应尽量平整光洁，有足够大的面积，且应避开飞边、浇道、冒口等缺陷。

（4）粗基准不重复使用　粗基准一般只在第一道工序中使用，以后应尽量避免重复使用。因为作为粗基准的表面粗糙而不规则，多次使用易导致较大的定位误差，无法保证各加工表面之间的位置公差。故一般情况下，粗基准不宜重复使用。

2. 精基准的选择（Choice of fine benchmarks）

选择精基准一般应遵循如下原则：

（1）基准重合原则　为避免基准不重合而产生的误差，应尽可能选用设计基准或工序基准作为精基准。如加工为最终工序，则所选择的定位基准应与设计基准重合；如加工为中间工序，则应尽量采用工序基准。

如图 7-23 所示箱体件，最终镗孔时应以底面Ⅲ为定位基准，因底面Ⅲ为设计基准，从而直接保证尺寸 $A\pm\delta_A$ 及孔轴线Ⅰ和Ⅱ对底面的平行度。

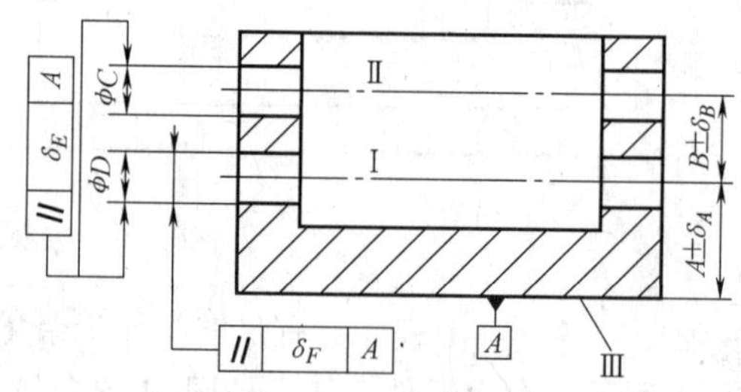

图 7-23　加工箱体孔选用的精基准

如果设计基准与定位基准不重合，则会影响定位精度，从而影响加工精度。如图7-24所示，当工件表面间的尺寸按图 7-24a 标注时，如果选择设计基准 A 为定位基准，并按调整法加工表面 B 和表面 C，则对于 B 面来说，是符合“基准重合”原则的；而对于 C 面来说，定位基准与设计基准不重合。这样，尺寸 c 要通过尺寸 a 间接得到。由于加工中存在的种种原因，故对一批工件来说，尺寸 a 相对定位基准 A 会产生一定的加工误差 δ_a。由于尺寸 c 是以 B 为基准设计的，此时对一批工件来说，B 是变动的，所以尺寸 c 相对基准 A 的加工误差 $\delta=\delta_a+\delta_c$。δ_a 是由于尺寸 c 的设计基准与定位基准不重合而造成的，通常称为基准不重合误差，一般 $\delta_a\leqslant T_a$。

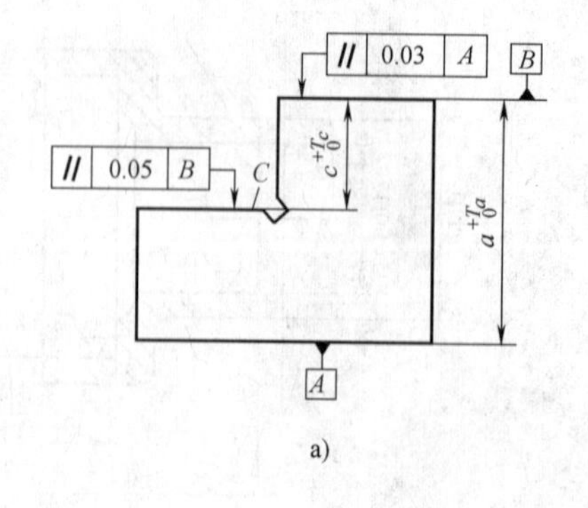

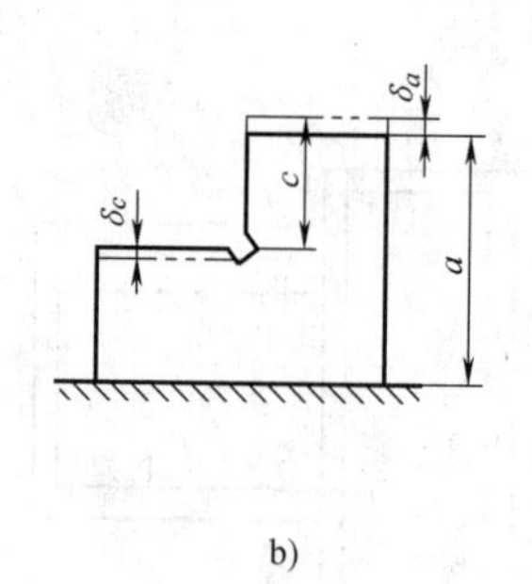

图 7-24　基准不重合误差示例

（2）基准统一原则　在工件加工过程中应尽可能选用统一的定位基准，称为基准统一原则。

工件上往往有多个表面要加工，会有多个设计基准。要遵循基准重合原则，就有较多的定位基准，因而夹具种类也较多。为了减少夹具种类，简化夹具结构，可设法在工件上找到一组基准，或者在工件上专门设计一组定位面，用它们来定位加工工件上的多个表面，即遵循基准统一原则。为满足工艺需要，在工件上专门设计的定位面（或线）称为辅助基准。常见的辅助基准有轴类工件的中心线、箱体工件的两工艺孔、工艺凸台和活塞类工件的内止口和中心孔。

在自动化加工中，为了减少工件的装夹次数也须遵循基准统一原则。例如，柴油机机体加工自动线上，常以一面两孔作为统一基准进行平面和孔系的加工。

采用基准统一的原则，还可简化工艺过程，避免基准转换过多，在一次装夹中加工出的表面位置公差高。但在选用的统一基准与设计基准不重合时，存在基准不重合误差，其定位精度比基准重合时低。为此，如某一工序尺寸不能保证其精度，该工序也可另行单独按基准重合原则加工，其余工序仍以统一基准定位。

（3）自为基准原则　在精加工或光整加工工序中要求加工余量小而均匀时，可以选择加工表面本身作为定位基准，这就称为自为基准。图 7-25 所示为镗连杆小头孔时，以加工表面小头孔作为定位基准的夹具。工件除以大头孔轴线和端面为定位基准外，还以小头孔中心线为定位基准，用削边销定位，消除绕大头孔轴线转动的自由度，并在小头孔两侧用浮动夹紧装置夹紧后，拔出定位销，伸入镗杆对小头孔进行加工。这样能保证加工余量小而均匀。另外，如浮动镗孔、浮动铰孔和珩磨等孔加工方法都是自为基准的实例。

（4）互为基准原则　对于相互位置精度要求较高的表面，往往采用互为基准、反复加工的方法予以保证。

精密齿轮的精加工通常是在齿面淬硬以后再磨齿面及内孔的，因齿面淬硬层较薄，磨齿余量应力求小而均匀，所以应先以齿面为基准磨内孔（图 7-26），然后再以内孔为基准磨齿面。这样，不但可以做到磨齿余量小而均匀，而且还能保证齿轮基圆对内孔有较高的同轴度。又如，车床主轴的主轴颈与前端锥孔的同轴度要求很高，因此也常采用互为基准进行反复加工。

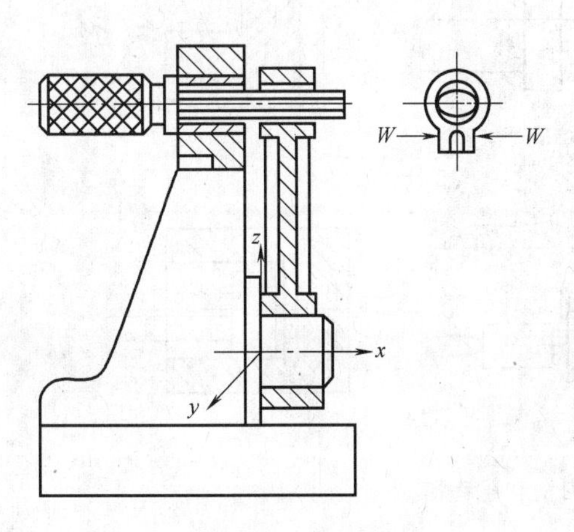

图 7-25　精镗连杆小头孔的定位方案

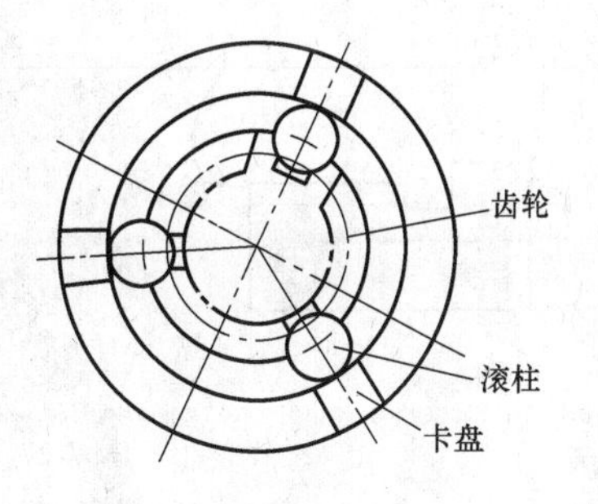

图 7-26　以齿形表面定位加工

除以上的选择原则以外，所选择的精基准应能保证定位准确、可靠，夹紧机构简单、操作方便。

必须指出，精基准的选择不能只考虑本工序定位夹紧是否合适，而应结合整个工艺路线统一考虑。

上述粗、精基准选择的各条原则，都是在保证工件加工质量的前提下，从不同角度提出的工艺要求和保证措施，有时这些要求和措施会出现相互矛盾的情况，在制订工艺规程时必须结合具体情况进行全面、系统的分析，分清主次，解决主要问题。

7.3 零件加工的结构工艺性（Process capability and design aspect）

在设计零件时，不仅要考虑到零件的使用要求，还要考虑设计出的零件是否符合加工工艺，即零件的结构工艺性。结构工艺性不合理的零件会造成无法加工，即使能够被加工出来，但也会给加工带来困难，从而影响生产率和经济性。因此，只有结构工艺性良好的零件，才可以较经济地、高效地、合理地加工出来。

零件结构工艺性的好坏是相对的，它与其加工的方法和生产率、生产类型、设备条件及工艺过程有着密切的联系。为了获得良好的零件结构工艺性，设计人员应了解和熟悉各种加工方法的工艺特点、典型表面的加工方法、工艺过程的基础知识等。在设计零件时应考虑以下几个方面。

1. 零件的结构便于加工（The structure of parts is easy to process）

（1）应留有退刀槽、空刀槽和越程槽　为避免刀具或砂轮与工件的某一部分相碰，而使加工无法进行，有时在二联齿轮中间和变径轴中间应留有退刀槽和空刀槽。图 7-27 中，图 7-27a 为车螺纹时的退刀槽；图 7-27b 为滚齿轮时的越程槽；图 7-27c 为插齿时的空刀槽；图 7-27d 为刨削时的越程槽；图 7-27e 为磨削时的越程槽；图 7-27f 为磨内孔时的越程槽。

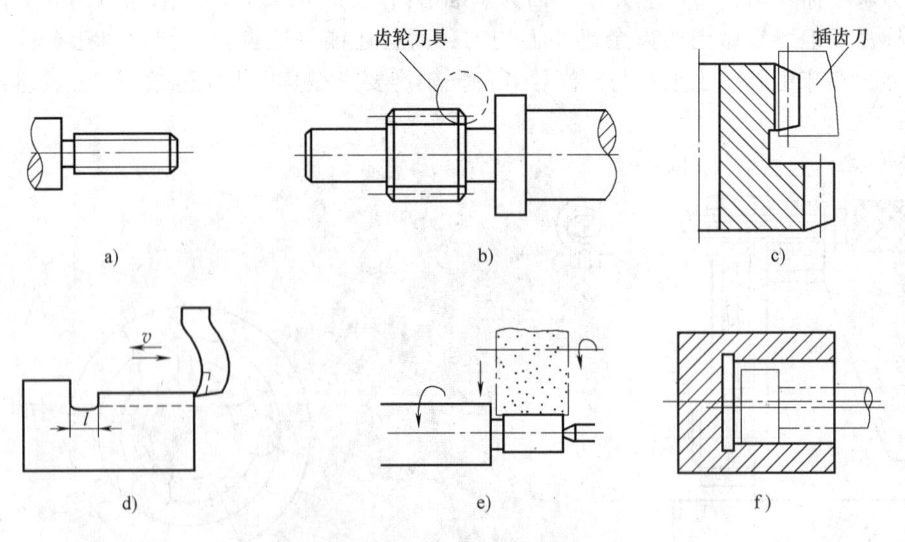

图 7-27　退刀槽、空刀槽和越程槽

（2）对凸台的孔要留有加工空间　如图 7-28 所示，若孔的轴线距 S 小于钻头外径 D 的一半，则难以加工，一般 $S>D/2+(2\sim5)$ mm。

（3）避免弯曲孔　如图7-29所示，a、b加工不出来，c虽能加工，但还需加一个塞柱。

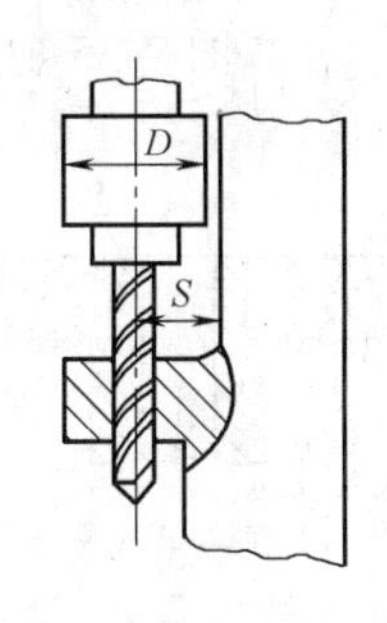

图7-28　钻孔空间

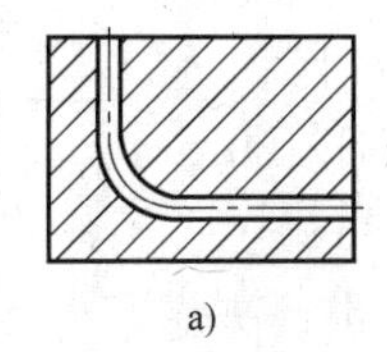
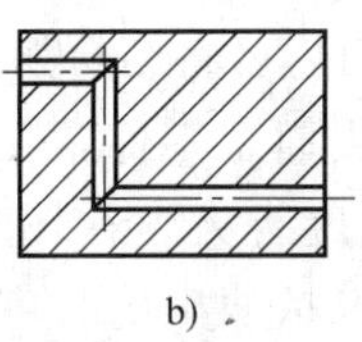
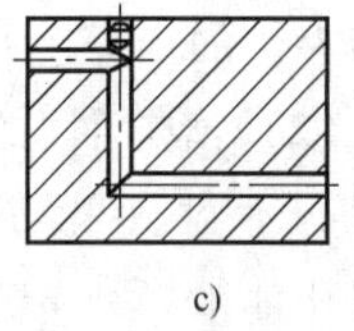

图7-29　弯曲的孔

（4）孔轴线应与其端面垂直　如图7-30所示，孔轴线应该与端面垂直，避免使钻头钻入和钻出时，产生引偏或折断。

（5）同类要素要统一　如图7-31所示，同一工件上的退刀槽、过渡圆尺寸及形状应该一致，这样可减少换刀时间，减少辅助时间。

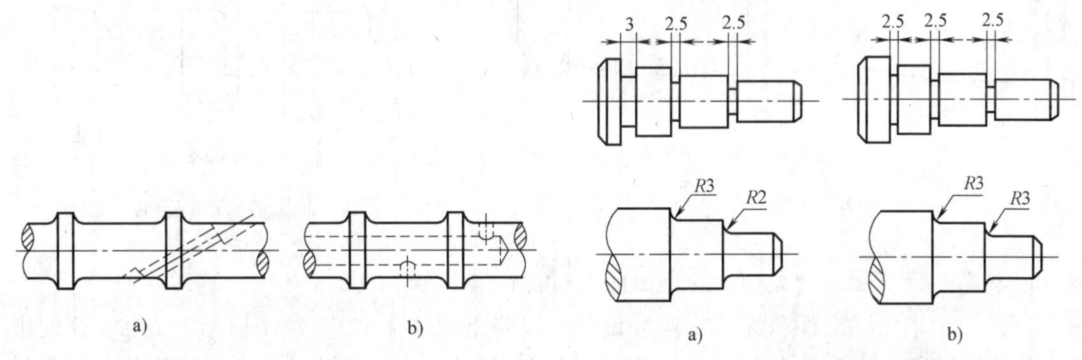

图7-30　轴上的油孔

图7-31　同类结构要素要统一

（6）尽量减少走刀次数　同一面上的凸台应设计得一样高，从而减少工件的装夹次数和对刀时间。如图7-32所示，因图7-32a所示结构需多次对刀，若改成图7-32b所示结构后只需对刀一次，即可加工出三个小凸台。

（7）将零件中难加工的部位进行合理拆分　图7-33a所示的零件其内部为球面凹坑，很难加工；若改为图7-33b所示的两个零件，凹坑变为外部加工，比较方便。

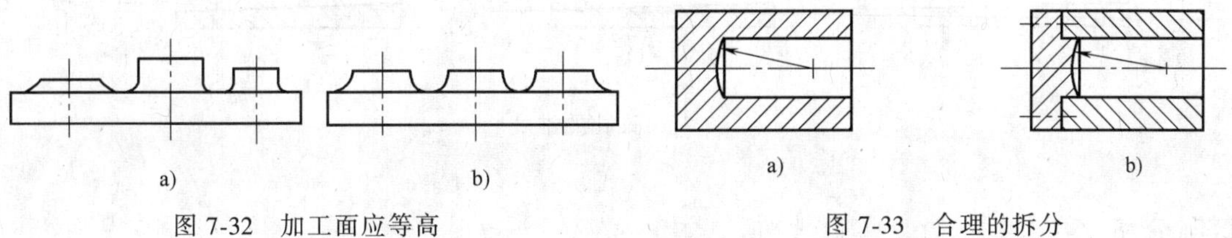

图7-32　加工面应等高

图7-33　合理的拆分

2. 尽量减少不必要的加工面积（To minimize unnecessary machining area）

如图7-34所示，图b与图a相比，既减少了加工面积，又能保证装配时零件能很好地

结合。

3. 零件的结构应便于装夹（The structure of parts should be easy setting up）

（1）增加工艺凸台　刨平面时，经常将工件直接安装在工作台上。如图 7-35 所示，如果要刨上平面使加工面水平，零件较难装夹，将图 a 改为图 b，增加一个工艺凸台后容易找正装夹，加工完上平面后可将凸台切去。

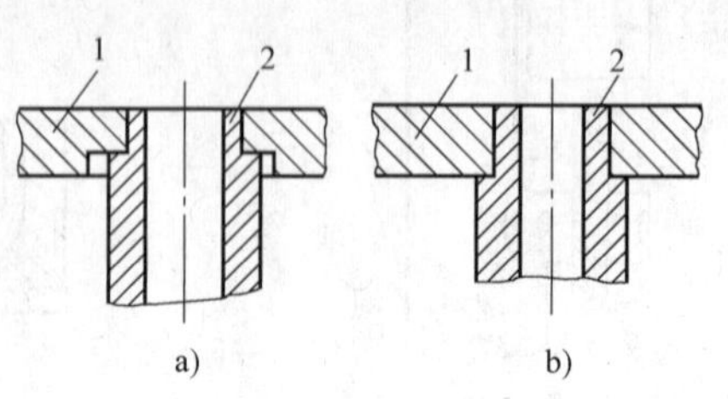

图 7-34　简化零件结构

（2）增加辅助装夹面　零件常在车床上用自定心卡盘、单动卡盘装夹。在图 7-36a 中，如夹在 *A* 处，则一般卡爪伸出的长度不够，夹不到 *A* 处；如夹在 *B* 处，则又因 *B* 处为圆弧面而夹不牢固。为了方便装夹，将此处结构改为图 7-36b 所示结构，即使 *C* 处为一圆柱面，或在毛坯上增加一辅助装夹面，如图 7-36c 所示。

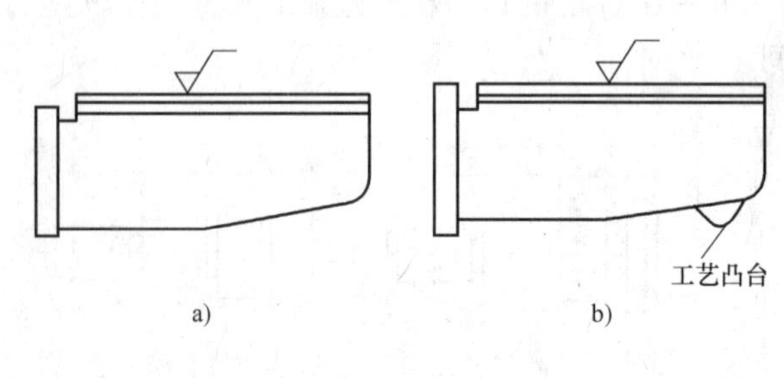

图 7-35　工艺凸台

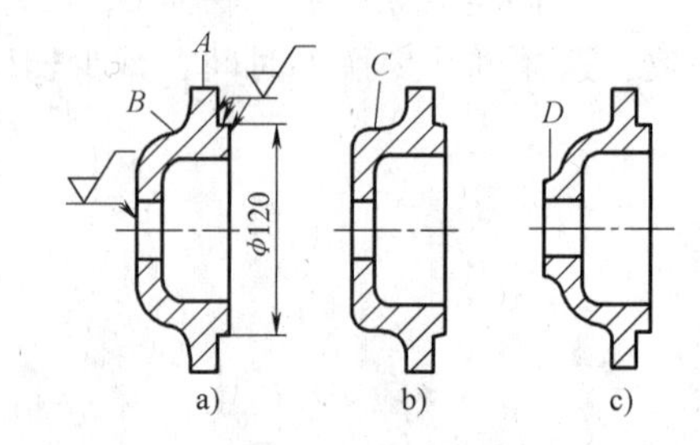

图 7-36　轴承盖结构的改进

4. 提高标准化程度（Increased standardization）

（1）尽量采用标准件和标准化参数设计，以降低成本　如图 7-37 所示，a 中设计的锥孔，其锥度值和尺寸都是非标准的，既不能采用标准锥度的塞规进行检验，又不能与标准的外锥面配合使用。改进后，其锥面和直径都采用标准值。b 为莫氏锥度；c 为米制锥度。

（2）尽量选用标准刀具加工工件，这样不用特制刀具　例如，当加工不通孔时由一直径到另一直径的过渡最好做成与钻头顶角相同的锥面。

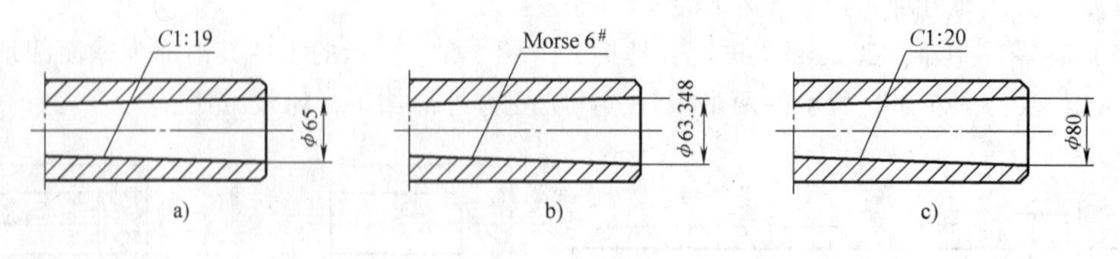

图 7-37　锥孔的锥度

案例分析 7-1

图 7-38 所示零件的 *A*、*B*、*C* 面，ϕ10H7 及 ϕ30H7 孔均已加工，试分析加工 ϕ20H7 孔时选用哪些表面定位最为合理，为什么？

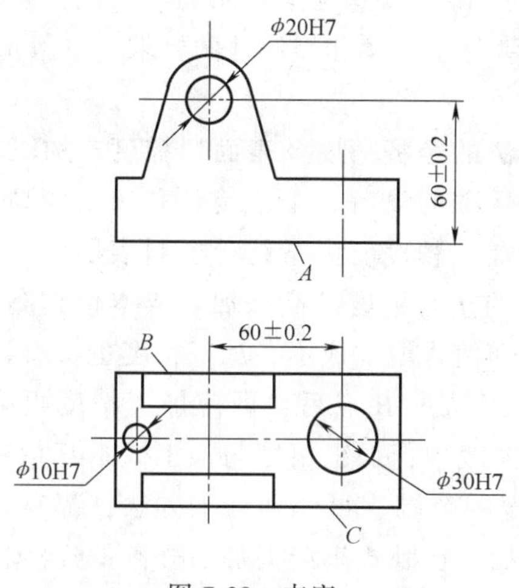

图 7-38 支座

分析：按照六点定位原理，坐标系如图 7-39 所示。根据图 7-38，ϕ20H7 孔加工时应该限制的自由度为 4 个，**Z**，$\overset{\frown}{Z}$，**Y** 和 $\overset{\frown}{Y}$。要限制这四个自由度，可以用 *A* 面、*B* 面或 *C* 面，ϕ30mm 或 ϕ10mm 的孔定位。其中 *A* 面用一沿 *Y* 方向的长条定位块，可以限定两个自由度，分别为 **Z** 和 $\overset{\frown}{Y}$；在 ϕ30mm 的孔中用一个短腰圆形销钉，可以限制 1 个自由度，即 **Y**；最后在 *B* 面用一定位钉即可限制 $\overset{\frown}{Z}$。其定位元件的定位方式如图 7-40 所示。

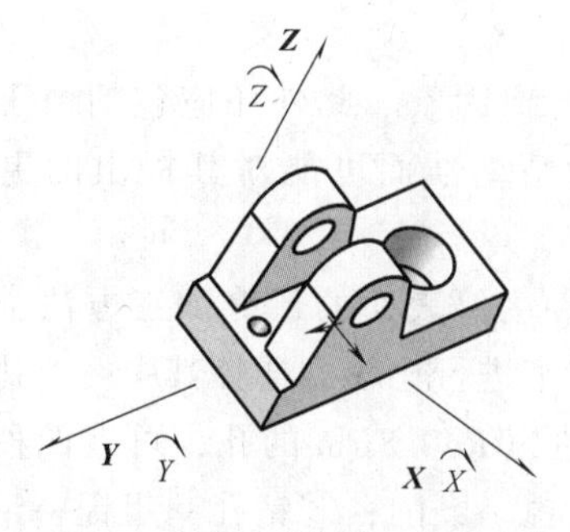

图 7-39 六点定位自由度

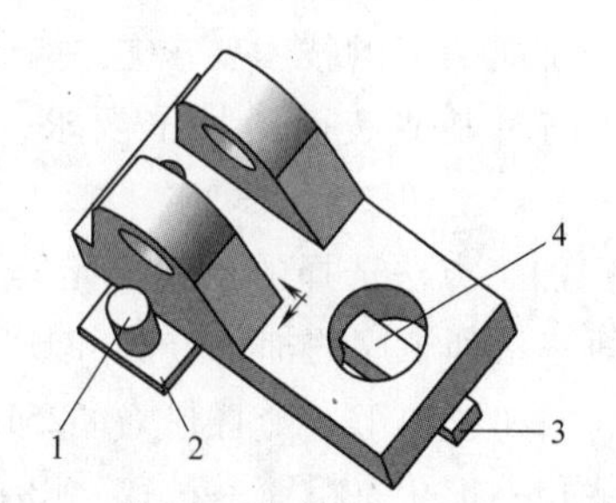

图 7-40 定位元件限制的自由度

1—定位钉 2—连接板 3—定位块 4—短腰圆销钉

7.4 工艺规程的编制过程（Establishing procedure of process plan）

拟定零件的机械加工工艺路线是制订工艺规程的一项重要工作，拟定工艺路线时需要解决的主要问题是：选定各表面的加工方法；划分加工阶段；安排工序的先后顺序；确定工序的集中与分散程度。

7.4.1 表面加工方法的选择（Choice of surface machining methods）

具有一定加工质量要求的表面，一般都是需要进行多次加工才能达到精度要求的。而对相同加工质量要求的表面，其加工过程和最终加工方法可以有多个方案。不同的加工方法所达到的经济精度（即经济性）和生产率也是不同的。因此，表面加工方法的选择，在保证加工质量的前提下，应同时满足生产率和经济性的要求。一般选择表面加工方法时，应注意以下几个方面：

(1) 选择合适的加工方法的经济精度及表面粗糙度。加工方法的经济精度是指在正常加工条件下（采用符合质量标准的设备、工艺装备和选用较高标准技术等级的工人，且不延长加工时间）所能保证的加工精度。大量统计资料表明，同一种加工方法，其加工误差与加工成本是成反比例关系的。而精度越高，加工成本也越高。但精度有一定极限，如图7-41所示，当超过 *A* 点后，即使再增加成本，加工精度也很难再提高；成本也有一定极限，当超过 *B* 点后，即使加工精度再降低，加工成本也降低极少。曲线中，加工精度与加工成本互相适应的为 *AB* 段，属于经济精度的范围。每一种加工方法，都有一个经济的加工精度范围。例如，在卧式车床上加工外圆的经济精度是尺寸标准公差等级为IT8~IT9级，表面粗糙度值为 *Ra*1.25~3.2μm；在普通外圆磨床上磨削外圆的经济精度是尺寸标准公差等级为IT5~IT6级，表面粗糙度值为 *Ra*0.2~0.4 μm。

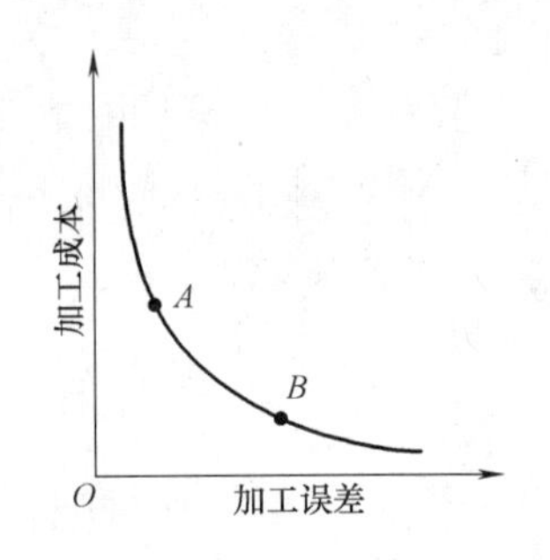

图 7-41　加工成本与加工误差的关系

各种加工方法所能达到的经济精度、表面粗糙度和几何形状与表面相互位置的经济精度，可查阅相关机械加工工艺手册，为了实现生产的优质、高产、低消耗，表面加工方法的选择应与它们相适应。当然，各种加工方法的经济精度不是一成不变的，随着工艺水平的提高，同一种加工方法所能达到的经济精度会提高，粗糙度值会减小。

(2) 加工表面的技术要求是决定表面加工方法的首要因素。此外还应包括由于基准不重合而提高对某些表面的加工要求，以及由于被作为精基准而可能对其提出的更高加工要求。

(3) 加工方法选择的步骤总是首先确定被加工零件主要表面的最终加工方法，然后再选择前面一系列工序的加工方法和顺序。可提出几个方案进行比较，选择其中一个比较合理的方案。例如，加工一个直径为 ϕ25H7 和表面粗糙度值为 *Ra*0.8μm 的孔，可有四种加工方案：①钻孔→扩孔→粗铰→精铰；②钻孔→粗镗→半精镗→磨削；③钻孔→粗镗→半精镗→精镗→精细镗；④钻孔→拉孔。因此应根据零件加工表面的结构特点和产量等条件，确定采用其中一种加工方案。主要表面的加工方法选定以后，再选定各次要表面的加工方法。

(4) 在被加工零件各表面加工方法分别初步选定以后，还应综合考虑为保证各加工表面位置公差要求而采取的工艺措施。例如，几个同轴度要求较高的外圆或孔，应安排在同一工序的一次装夹中加工，这时就可能要对已选定的加工方法做适当的调整。

(5) 选择加工方法要考虑到生产类型，即考虑生产率和经济性问题。在大批大量生产中，采用高效率的专用机床和组合机床及先进的加工方法。例如，加工内孔时可采用拉床和拉刀；对轴类零件加工可采用半自动液压仿形车床。在单件小批生产中，一般采用通用机床和工艺装备进行加工。

(6) 选择加工方法时应考虑零件的结构、加工表面的特点和材料性质等因素。零件结构和表面特点不同，所选择的加工方法也不同，如位置公差要求高的孔，最好的加工方法是镗孔。考虑工件材料的选择，对淬硬工件的加工应采用磨削加工；但对非铁金属材料件的加工不宜采用磨削，一般采用金刚镗或高速精细车削加工。

（7）选择加工方法时还要考虑本厂的现有设备等生产条件。应充分利用现有的设备，也应注意不断对原有设备和工艺技术进行改造，逐步采用新技术和提高工艺水平。

（8）一个零件通常是由许多表面所组成，但各个表面的几何性质不外乎是外圆、孔、平面及各种成形表面等。因此，熟悉和掌握这些典型表面的各种加工方案对制订零件加工工艺过程是十分必要的。工件上各种典型表面所采用的典型工艺路线见表 7-5、表 7-6，可供选择表面加工方法时参考。

表 7-5　外圆及内圆表面的机械加工工艺路线

加工表面	加工要求	加工方案	说　明
外圆	IT8 表面粗糙度值 *Ra*0. 8~1. 6μm	粗车→半精车→精车	(1)适于加工除淬火钢以外的各种金属件 (2)若在精车后再加上一道抛光工序,表面粗糙度值可达 *Ra*0. 05~0. 2 μm
	IT6 表面粗糙度值 *Ra*0. 2~0. 4μm	粗车→半精车→粗磨→精磨	(1)适于加工淬火钢件,但也可用于加工未淬火钢件或铸件 (2)不宜用于加工非铁金属材料件(因切屑易于堵塞砂轮)
	IT5 表面粗糙度值 *Ra*0. 01~0. 1μm	粗车→半精车→粗磨→精磨→研磨	(1)适于加工淬火钢件,不适于加工非铁金属材料件 (2)可用镜面磨削代替研磨作为终了工序 (3)常用于加工精密机床的主轴颈外圆
内圆	IT7 表面粗糙度值 *Ra*0. 8~1. 6μm	钻孔→扩孔→粗铰→精铰	(1)适于成批和大批大量生产 (2)常用于加工未淬火钢件和铸件上的孔(直径<50mm),也可用于加工非铁金属材料件(但表面粗糙度不易保证) (3)在单件小批生产时可用手铰(精度可更高,表面粗糙度更小)
	IT7~IT8 表面粗糙度值 *Ra*0. 8~1. 6μm	粗镗→半精镗→精镗两次	(1)多用于毛坯上已铸出或锻出的孔 (2)一般大量生产中用浮动镗杆加镗模或用刚性主轴的镗床来加工
	IT6~IT7 表面粗糙度值 *Ra*0. 1~0. 4μm	粗镗(或扩孔)→半精镗→粗磨→精磨	(1)主要适用于加工精度和表面粗糙度要求较高的淬火钢件,对铸件或未淬火钢件则磨孔生产率不高 (2)当孔的要求更高时,可在精磨之后再进行珩磨或研磨
	IT7 表面粗糙度值 *Ra*0. 4~0. 8μm	钻孔(或扩孔) 拉孔	(1)主要用于大批大量生产(如能利用现成拉刀,也可用于小批生产) (2)只适用于中、小零件的中、小尺寸的通孔,且孔的长度一般不宜超过孔径的 3~4 倍
	IT6~IT7 表面粗糙度值 *Ra*0. 1~0. 2μm 金刚镗→脉冲滚挤	钻孔(或粗镗)→扩孔(或半精镗)→精镗→	(1)特别适于成批、大批、大量生产非铁金属材料件上的中、小尺寸孔 (2)也可用于铸铁箱体上孔的加工,但滚挤效果通常不如加工非铁金属材料件显著

表 7-6 平面的机械加工工艺路线

加工要求	加工方案	说明
IT7~IT8 表面粗糙度值 Ra1.6~2.5μm	粗刨→半精刨→精刨	(1)因刨削生产率较低,故常用于单件和小批生产 (2)加工一般精度的未淬硬表面 (3)因调整方便故适应性较大,可在工件的一次装夹中完成若干平面、斜面、倒角、槽等的加工
IT7 表面粗糙度值 Ra1.6~2.5μm	粗铣→半精铣→精铣	(1)大批大量生产中一般平面加工的典型方案 (2)若采用高速密齿精铣,加工质量和生产率更有所提高
IT5~IT6 表面粗糙度值 Ra0.2~0.8μm	粗刨(铣)→半精刨(铣)→精刨(铣)→刮研	(1) 刮研可达很高精度(平面度、表面接触斑点数、配合精度) (2) 劳动量大、效率低,故只适用于单件、小批生产
IT5 表面粗糙度值 Ra0.2~0.8μm	粗刨(铣)→半精刨(铣)→精刨(铣)→宽刀低速精刨	(1) 宽刀低速精刨可大致取代刮研 (2) 适用于加工批量较大、要求较高的不淬硬平面
IT5~IT6 表面粗糙度值 Ra0.2~0.8μm	粗铣→半精铣→粗磨→精磨	(1)适用于加工精度要求较高的淬硬和不淬硬平面 (2)对要求更高的平面,可后续滚压或研磨工序
IT8 表面粗糙度值 Ra0.2~0.8μm	(1)粗铣→拉削 (2)拉削	(1) 适用于加工中、小平面 (2) 生产率很高,用于大量生产 (3) 刀具价格昂贵
IT7~IT8 表面粗糙度值 Ra1.6~2.5μm	对于大型圆盘、圆环等回转零件的端平面,一般常在车床(立式车床)上与外圆(或孔)一同加工(粗车→半精车→精车),这样可保证它们之间的相互位置公差	

在各表面的加工方法选定以后，需要进一步确定这些加工方法在零件加工工艺路线中的顺序及位置，这与加工阶段的划分有关。

7.4.2 加工阶段的划分（Partition of machining stages）

制订工艺路线时，往往要把加工质量要求较高的主要表面的工艺过程，按粗、精分开的原则划分为几个阶段，其他加工表面的工艺过程根据同一原则做相应的划分，并分别安排到由主要表面所确定的各个加工阶段中去，这样就可得到由各个加工阶段所组成的、包含零件全部加工内容的整个零件的加工工艺过程。一个零件的加工工艺过程通常可划分为以下几个阶段：

（1）粗加工阶段　此阶段的主要任务是切除各加工表面上的大部分余量，并加工出精基准。粗加工所能达到的尺寸标准公差等级较低（一般在IT12级以下）、表面粗糙度值较大（Ra12.5~50μm）。其主要任务是设法获得较高的生产率。

（2）半精加工阶段　此阶段的主要目的是使主要表面消除粗加工后引起的误差，使其达到一定的尺寸标准公差等级，为精加工做好准备，并完成一些次要表面的加工（如钻孔、攻螺纹、铣键槽等）。表面经半精加工后，尺寸标准公差等级可达IT10~IT12级，表面粗糙度值可达Ra3.2~6.3μm。

（3）精加工阶段　此阶段的任务是保证各主要加工表面达到图样所规定的质量要求。

精加工切除的余量很少。表面经精加工后可以达到较高的尺寸标准公差等级和较小的表面粗糙度（IT7～IT10 级、Ra0.4～1.6μm）。

（4）光整加工阶段　对于尺寸标准公差等级要求很高（IT5 级以上）、表面粗糙度值要求很小（Ra0.2μm 以下）的零件，必须有光整加工阶段。光整加工的典型方法有珩磨、研磨、超精加工及镜面磨削等。这些加工方法不但能降低表面粗糙度值，而且能提高尺寸标准公差等级和形状公差，但多数都不能提高位置精度。

划分加工阶段的必要性在于以下几个方面：

（1）保证加工质量　由于粗加工阶段切除的金属较多，产生的切削力和切削热也较大，同时也需要较大的夹紧力，而且粗加工后内应力会重新分布，在这些力的作用下，工件会产生较大的变形。如果对要求较高的加工表面，一开始就精加工到所要求的精度，那么，其他表面粗加工所产生的变形就可能破坏已获得的加工精度。因此，划分加工阶段，通过半精加工和精加工可使粗加工引起的误差得到纠正。

（2）合理地使用机床设备　粗、精加工分开，粗加工使用大功率机床，可充分发挥机床的效能；精加工使用精密机床，既可以保证零件的精度要求，又有利于长期保持机床的精度，达到合理地使用机床设备。

（3）粗、精加工分开　便于及时发现毛坯的缺陷（如气孔、砂眼等），及时修补或报废，避免工时浪费。

（4）表面精加工安排在最后　可避免或减少在夹紧和运输过程中损伤已精加工过的表面。

应当指出，将工艺过程划分成几个阶段是对整个加工过程而言的，不能简单地以某一工序的性质或某一表面的加工特点来决定。例如工件的定位基准，在半精加工阶段（甚至在粗加工阶段）中就需要加工得很准确，而某些钻小孔、攻螺纹之类的粗加工工序，也可安排在精加工阶段进行。同时，加工阶段的划分不是绝对的，对于毛坯精度较高、余量较小或刚性较好、加工精度要求不高的工件，就不必划分加工阶段；对于重型零件，由于运输、装卸不便，常在一次装夹中完成某些表面的粗、精加工，但在粗加工后要松开工件，再用较小的夹紧力夹紧工件，然后再精加工。在组合机床和自动机床上加工零件，也常常不划分加工阶段。

7.4.3　工序的集中与分散（Centralization and decentralization of process）

选定了加工方法和划分加工阶段之后，就要确定工序的数目，即工序的集中与分散问题。

若在每道工序中所安排的加工内容多，则一个零件的加工将集中在少数几道工序内完成，这时工艺路线短，工序少，故称为工序集中。若在每道工序中所安排的加工内容少，则一个零件的加工就分散在很多工序内完成，这时工艺路线长，工序多，故称为工序分散。

1. 工序集中的特点（Character of centralization process）

（1）采用高效率专用设备和工艺装备，可提高生产率、减少机床数量和生产面积。

（2）减少工件的装夹次数。工件在一次装夹中可加工多个表面，有利于保证这些表面之间的相互位置公差。减少装夹次数，也可减少装夹所造成的误差。

（3）减少工序数目，缩短了工艺路线，也简化了生产计划和组织工作。

(4) 专用设备和工艺装备较复杂，生产准备周期长，更换产品较困难。

2. 工序分散的特点（Character of decentralization process）

(1) 设备和工艺装备比较简单，调整比较容易。

(2) 工艺路线长，设备和工人数量多，生产占地面积大。

(3) 可采用最合理的切削用量，减少基本时间。

(4) 容易变换产品。

在拟订工艺路线时，工序集中或分散的程度，主要取决于生产类型、零件的结构特点及技术要求。生产批量小时，多采用工序集中。生产批量大时，可采用工序集中，也可采用工序分散。由于工序集中的优点较多以及数控机床、柔性制造单元和柔性制造系统等的发展，现代生产多趋于采用工序集中。

7.4.4 工序的安排（Arrangement of process）

1. 机械加工工序的安排（Arrangement of machining process）

一个零件有多个表面要加工，各表面机械加工顺序的安排应遵循如下原则：

(1) 先基准面，后其他面　首先应加工用做精基准的表面，以便为其他表面的加工提供可靠的基准表面，这是确定加工顺序的一个重要原则。

(2) 先主要表面，后次要表面　零件的主要表面是加工精度和表面质量要求较高的表面，它的工序较多，且加工的质量对零件质量的影响很大，因此应先进行加工。一些次要表面如紧固用的螺孔、键槽等，可穿插在主要表面加工之中或加工之后进行。

(3) 先主要平面，后主要孔　具有平面轮廓尺寸较大的零件（如箱体），用平面定位比较稳定可靠，常用做主要精基准。因此，应先加工主要平面，后加工主要孔及其他表面，并易于保证孔与平面之间的位置公差。

(4) 先安排粗加工工序，后安排精加工工序　技术要求较高的零件，其主要表面应按“粗加工→半精加工→精加工→光整加工”的顺序安排，使零件逐渐达到较高的加工质量。

2. 热处理工序的安排（Arrangement of heat treatment process）

热处理的目的在于改变工件材料的性能和消除内应力。热处理的目的不同，热处理工序的内容及其在工艺过程中所安排的顺序也不同。

(1) 预备热处理　安排在机械加工之前进行，其目的是为了改善工件材料的切削性能，消除毛坯制造时的内应力。常用的热处理方法有退火与正火，通常安排在粗加工之前，调质一般安排在粗加工以后进行。

(2) 最终热处理　通常安排在半精加工之后和磨削加工之前，目的是提高材料的强度、表面硬度和耐磨性。常用的热处理方法有调质、淬火、渗碳淬火等。有的零件，为了获得更高的表面硬度和耐磨性、更高的疲劳强度，还常采用氮化处理。由于氮化层较薄，所以氮化处理后磨削余量不能太大，故一般安排在粗磨之后、精磨之前进行。为了消除内应力，减小氮化变形，改善加工性能，氮化前应对零件进行调质处理和去内应力处理。

(3) 时效处理　时效处理有人工时效和自然时效两种，其目的都是为了消除毛坯制造和机械加工中产生的内应力。对于精度要求一般的铸件，只需进行一次时效处理，安排在粗加工之后较好，可同时消除铸造和粗加工所产生的应力；有时为减少运输工作量，也可在粗加工之前进行。对于精度要求较高的铸件，则应在半精加工之后安排第二次时效处理，使精

度稳定。对于精度要求很高的精密丝杠、主轴等零件，则应安排多次时效处理。对于精密丝杠、精密轴承、精密量具及液压泵的油嘴配件等，为了消除残留奥氏体，稳定尺寸，还要采用冰冷处理（冷却到-80～-70℃，保温 1～2h），一般安排在回火之后进行。

（4） 表面处理　某些零件为了进一步提高表面的耐蚀能力，增加耐磨性，常采用表面处理工序，使零件表面覆盖一层金属镀层、非金属涂层和氧化膜层等。金属镀层有镀铬、镀锌、镀镍、镀铜及镀金、镀银等；非金属涂层有涂油漆、磷化等；氧化膜层有钢的发蓝、发黑、钝化及铝合金的阳极氧化处理等。零件的表面处理工序一般都安排在工艺过程的最后进行。表面处理时对工件表面本身尺寸的改变一般可以不考虑，但对精度要求很高的表面应考虑尺寸的增大量。当零件的某些配合表面不要求进行表面处理时，则应进行局部保护或表面处理后采用机械加工的方法切除增大量。

3. 检验工序和辅助工序的安排（Arrangement of inspect and assist process）

检验工序分加工质量检验和特种检验，它们是保证产品质量的有效措施之一，是工艺过程中不可缺少的内容。除各工序操作者自检外，下列场合中还应考虑单独安排检验工序：①零件从一个车间送往另一个车间的前后；②零件粗加工阶段结束之后；③重要工序加工的前后；④零件全部加工结束之后。

特种检验的种类很多，如用于检验工件内部质量的 X 射线检验、超声波探伤检验等，一般安排在工艺过程的开始时进行。荧光检验和磁力探伤主要用来检验工件表面质量，通常安排在工艺过程的精加工阶段进行。密封性检验、工件的平衡及重要检验一般都安排在工艺过程的最后来进行。

7.4.5 加工余量的确定（Determination of allowances）

1. 加工余量的概念（Conception of allowances）

加工余量一般分为加工总余量和工序间的加工余量。零件由毛坯加工为成品，在加工表面上切除金属的总厚度称为该表面的加工总余量。每个工序切除表面的金属的厚度称为该表面的工序加工余量。工序间加工余量又分为最小余量、最大余量和公称余量。

（1） 最小余量　最小余量指该工序切除金属层的最小厚度，对外表面而言，相当于上工序为最小工序尺寸、而本工序为最大尺寸的加工余量。

（2） 最大余量　最大余量相当于上工序为最大尺寸，而本工序为最小尺寸的加工余量（这是对外表面而言，而对内表面的上工序和本工序的尺寸大小正好相反）。

（3） 公称余量　公称余量指该工序的最小余量加上上工序的公差。

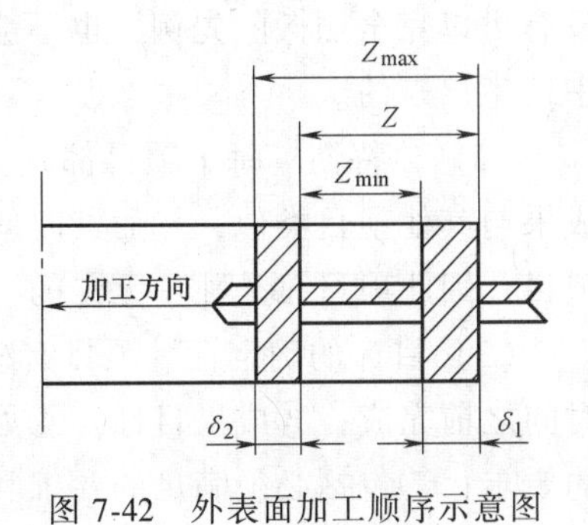

图 7-42　外表面加工顺序示意图

图 7-42 所示为外表面加工顺序示意图。从图中可知：

$$Z=Z_{min}+\delta_1$$

$$Z_{max}=Z+\delta_2=Z_{min}+\delta_1+\delta_2$$

式中，Z 为本工序的公称余量；Z_{min} 为本工序的最小余量；Z_{max} 为本工序的最大余量；δ_1 为上工序的工序尺寸公差；δ_2 为本工序的工序尺寸公差。

但要注意，平面的余量是单边的，圆柱面的余量是两边的。余量是以垂直于被加工表面来计算的。内表面（如孔）的加工余量，其概念与外表面相同。

由有关工艺人员手册查出的加工余量和计算切削用量时所用的加工余量，都是指公称余量。但在计算第一道工序的切削用量时应采用最大余量。总余量等于各工序的公称余量之总和，总余量不包括最后一道工序的公差。

2. 加工余量的确定（Determination of allowances）

（1）查表法　确定工序间公称余量是以大量生产实践和实验数据为基础的，以表格的形式制订出工序间公称余量的标准，列入有关机械制造工艺手册。确定工序间公称余量时可以通过查表得到，此法应用较广。

（2）经验法　此法是根据工艺人员的经验确定工序间公称余量的方法。经验法较简单，但估计时为防止余量不足而产生废品，所以估计的余量偏大，此方法常用于单件小批生产。

（3）计算法　此法是在影响加工余量因素的基础上，逐步计算出公称余量的方法。此方法计算出的余量较精确，但由于影响因素较复杂，难以获得准确数据，所以很少使用。

7.5　项目与项目管理简介

7.5.1　项目定义和属性

1. 项目定义

项目是创造独特产品、服务或其他成果的一次性工作任务。

工作有两类不同的方式，一类是持续不断和重复的，称为常规运作（运行或操作）。例如：火车在某一线路上往复运行。另一类是独特的一次性任务，称为项目，例如：某人乘火车赴某地完成一项使命。

任何工作，无论是常规运作还是项目均有许多共性，比如：要由个人或组织机构来完成。受制于有限的资源。遵循某种程序。要进行计划、执行和控制等。

2. 项目属性

项目类工作具有以下属性：

（1）一次性　一次性是项目与其他常规运作的最大区别。项目有确定的起点和终点，没有可以完全照搬的先例，也不会有完全相同的复制。项目的其他属性也是从这一主要特征中衍生出来的。

（2）独特性　每个项目都是独特的。或者其提供的成果有自身的特点；或者其提供的成果与其他项目类似，然而其时间和地点，内部和外部的环境，自然和社会条件有别于其他项目，因此项目总是独一无二的。

（3）目标的确定性　项目有确定的目标：①时间目标；②如在规定的时段内或规定的时间之前完成；③成果目标；④如提供某种规定的产品；⑤服务或其他成果；⑥其他需满足的要求；⑦包括必须满足的要求和应尽量满足的要求。

目标允许有一个变动的幅度，也就是可以修改。不过一旦项目目标发生实质性变化，它就不再是原来的项目了，而将产生一个新的项目。

总体来说，项目是指在规定的时间和费用范围内，达到所要求的目标的一次性工作任务。

7.5.2 项目管理的定义和基本要素

1. 定义

项目管理是通过项目各方干系人的合作，把各种资源应用于项目，以实现项目的目标，使项目干系人的需求得到不同程度的满足。

项目管理的基本要素即项目、干系人、资源、目标和需求。关于项目 7.5.1 中已讨论过，这里就资源、目标和需求分别予以说明。

2. 资源

资源的概念十分丰富，可以理解为一切具有现实和潜在价值的东西，包括自然资源和人造资源、内部资源和外部资源、有形资源和无形资源。诸如人力和人才、原料和材料、资金和市场、信息和科技等。此外，专利、商标、信誉以及某种社会联系等，也是十分有用的资源。特别是在走向知识经济的时代，知识作为无形资源的价值更加突出。资源轻型化、软化的现象值得重视。我们不仅要管好用好“硬”资源，也要学会管好用好“软”资源。

由于项目固有的一次性，项目资源不同于其他组织机构的资源，它多是临时拥有和使用的。资金需要筹集，服务和咨询力量可采购（如招标发包）或招聘，有些资源还可以租赁。项目过程中资源需求变化很大，有些资源用完后要及时偿还或遣散，任何资源积压、滞留或短缺都会给项目带来损失。资源合理、高效的使用对项目管理尤为重要。

3. 目标

项目要求达到的目标可分为两类，必须满足的规定要求和附加获取的期望要求。

规定要求包括项目实施范围、质量要求、利润或成本目标、时间目标以及必须满足的法规要求等。这里指的是狭义的质量，如项目及项目成果的技术指标和性能指标等；为了区别于广义质量的概念，下文采用“品质”这一术语。在一定范围内，品质、成本、进度三者是互相制约的，其关系如图 7-43 所示。当进度要求不变时，品质要求越高，则成本越高；当成本不变时，品质要求越高，则进度越慢；当品质标准不变时，进度过快或过慢都会导致成本的增加。因此要通过管理谋求快、好、省的有机统一和均衡。

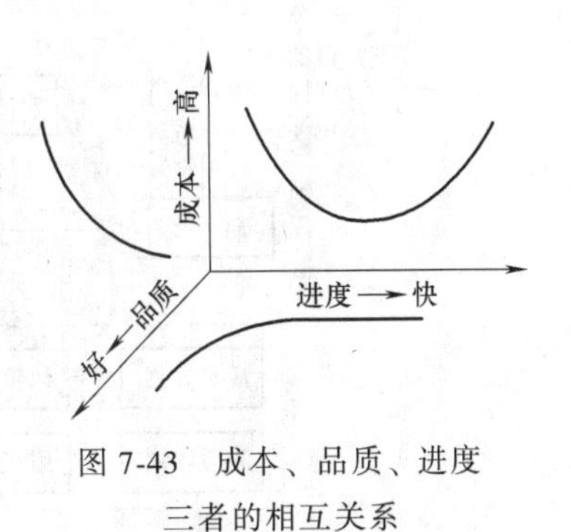

图 7-43 成本、品质、进度三者的相互关系

期望要求常对开辟市场、争取支持、减少阻力产生重要影响。比如一种新产品，除基本性能之外，外形、色彩、使用舒适，建设和生产过程有利于环境保护和改善等，也应当列入项目的目标之内。

4. 需求

项目要求达到的目标是根据需求和可能来确定的。

一个项目的各种不同干系人有各种不同的需求，有的相去甚远，甚至互相抵触。这就更要求项目管理者对这些不同的需求加以协调，统筹兼顾，以取得某种平衡，最大限度地调动项目干系人的积极性，减少他们的阻力和消极影响。

项目干系人的需求往往是笼统的、含糊的，他们有时缺乏专门知识，难以将其需求确切、清晰地表达出来。因此需要项目管理人员与干系人充分合作，采取一定的步骤和方法将其确定下来，成为项目要求达到的目标。

项目干系人在提出需求时，未必充分考虑了其实现的可能性。项目管理者还应协助雇主进行可行性研究，评估项目的得失，调整项目的需求，优化项目的目标。有时可引导雇主和其他干系人去追求进一步的需求，有时要帮助他们放弃不切实际的需求，有时甚至要否定一个项目，避免不必要的损失。

项目干系人的需求在项目进展过程中还会发生变化，项目需求的变化将引起项目目标、范围、计划等一系列相应的变化。因此，根据需求进行范围管理自始至终都是项目管理中极为重要的内容。

7.5.3 项目规划和项目计划

1. 项目规划

编制项目计划的过程叫作项目规划。项目规划是预测未来、确定任务、估计可能碰到的问题并提出完成任务和解决问题的有效方案、方针、措施和手段，以及所必需的各种活动和工作成果的过程。

项目规划有多个子过程（图 7-44），这些子过程往往要反复多次进行才能完成项目计划的制订。

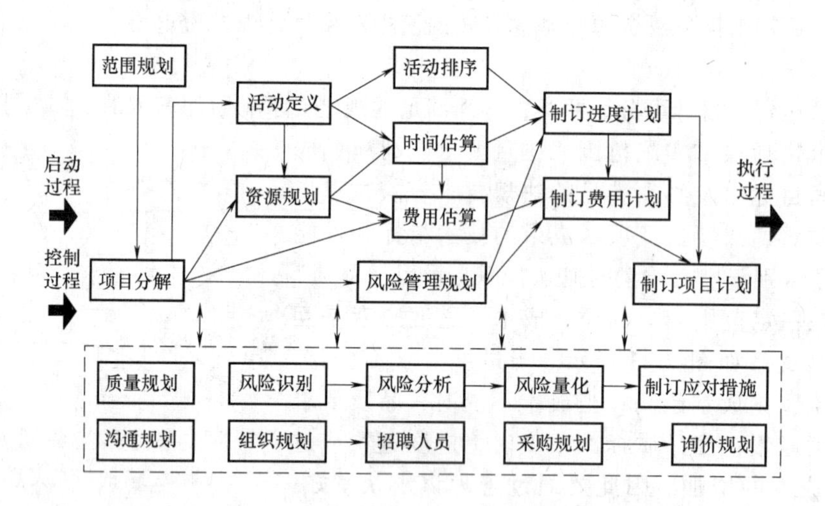

图 7-44 项目规划各子过程及其相互之间的联系

项目计划体现了项目经理和项目班子准备做什么，什么时候做，由谁去做以及如何做，即对未来行动方案的一种说明。项目计划是其一系列子过程的结果。

某些子过程彼此间有确定的依赖关系，前一过程不结束，后一过程就无法开始。这类子过程称为依赖性过程，主要有：范围规划、项目分解、活动定义、活动排序、活动持续时间估算、制订进度计划、资源规划、费用估算、制订费用计划和制订项目计划。

另外一些子过程之间的关系要视项目的具体情况而定，可称为保证性过程，主要有：质量规划、组织规划、沟通规划、采购规划、询价规划、风险识别、风险量化和制订应对措施等。

2. 项目计划

项目计划是用来指导组织、实施、协调和控制项目过程的文件，也是处理项目不确定性的工具，还是避免浪费，提高效率的手段。项目计划可以是阶段性计划，也可以是全过程计划。

项目计划应尽可能地稳定。但是随着项目的开展，情况的变化，也需要适时修改。

3. 工作分解结构（WBS-work breakdown structure）

工作分解结构是为了管理和控制的目的而将项目分解的技术。它是按层次把项目分解成子项目，子项目再分解成更小的、更易管理的工作单元（或称工作包），直至具体的活动（或称工序）的方法。项目分解涉及以下几个主要步骤：

1）确定项目主要组成部分，通常是项目可交付成果和项目管理活动。

2）确定在每个细化了的组成部分的层次上能否进行费用和持续时间的恰当估算。

3）确定可交付成果的组成部分，这些部分应是切实的、可验证的，以便于执行情况的测量。

4）核实分解的正确性，即最底层的组成部分对项目分解是否必需、充分，每个组成部分的定义是否清晰、完整，是否都能确定它们的进度和预算。

工作分解结构应该描述可交付成果和工作内容，在技术上的完成程度应该能够被验证和测量，同时也要为项目的整体计划和控制提供一个完整的框架。一个锤子制造项目的工作分解结构如图7-45所示。

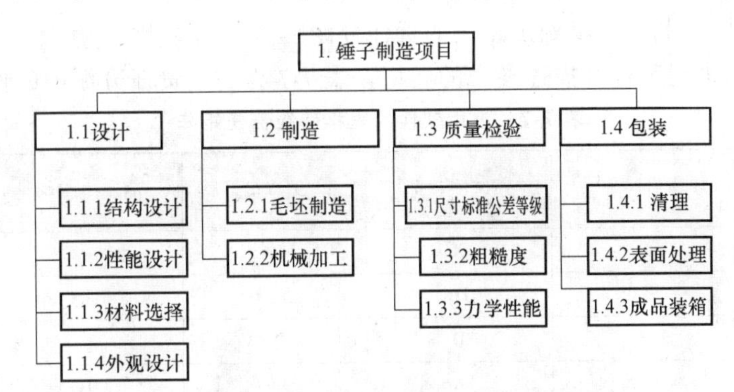

图7-45 锤子制造项目的工作分解结构图

工作包应是特定的、可确定的、可交付的独立单元，用来定义和描述工作内容、工作目标、工作结果、负责人、日期和持续时间、资源和费用。

工作分解结构中的可交付成果可以是产品，也可以是服务。可交付的产品应与产品分解结构中的产品相对应。

工作分解结构是编制组织分解结构（OBS）和费用分解结构（CBS）的依据之一，它同时为制订网络进度计划奠定了基础。

4. 项目进度计划的表示方法

项目进度计划可以用摘要、详细说明、表格或图表等多种方式表示，其中较为直观、清晰的图表方式有：

（1）网络图　既表示了项目活动依赖关系，又表示处在关键线路上的活动，如图7-46所示。

(2) 甘特图　甘特图是用具有时间刻度的条形图表示每一项活动的时间信息，又称为横道图，如图 7-47 所示。1917 年由 Gantt 提出，用于解决负荷和排程问题。简单、适用。但无法显示活动间的内在联系，不利于复杂项目的管理。

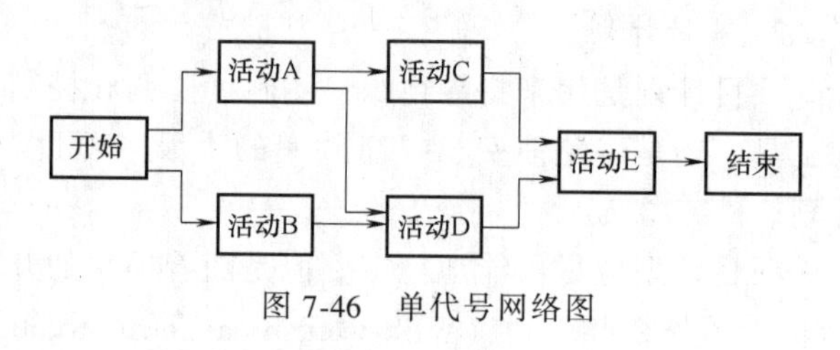

图 7-46　单代号网络图

(3) 里程碑图　与甘特图类似，标识项目计划的特殊事件或关键点。

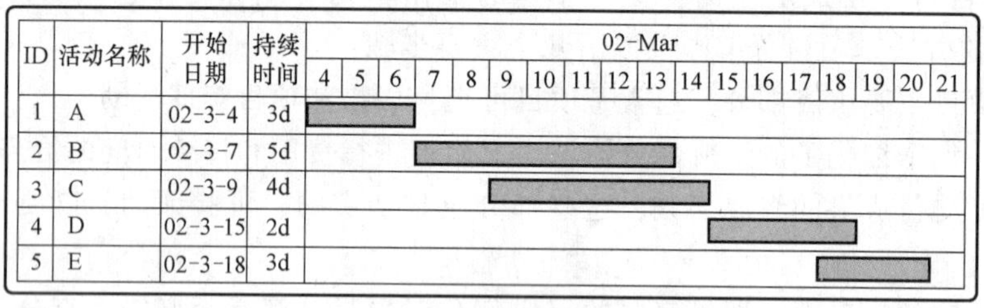

ID	活动名称	开始日期	持续时间	02-Mar（4 5 6 7 8 9 10 11 12 13 14 15 16 17 18 19 20 21）
1	A	02-3-4	3d	
2	B	02-3-7	5d	
3	C	02-3-9	4d	
4	D	02-3-15	2d	
5	E	02-3-18	3d	

图 7-47　甘特图（横道图）

5. 责任分派图

责任分派图要与 WBS 相匹配，规定每个组织单元对哪个工作单元承担什么样的责任。它已广泛应用于确定项目组织的责任指派，使责任落实到人。

在 WBS 各个层次上都可以做出相应的责任分派图。

在责任分派图中利用符号描述参与的类型，表 7-7 为一个责任分派图的例子。

表 7-7　应用软件的里程碑级责任矩阵

责任者 / WBS	项目经理	系统工程师	编程员	测试工程师	销售师
市场调研	D	X	—	—	XI
产品设计	PA	DI	—	A	A
编程	P	D	X	—	—
测试	PA	A	—	DI	—
制作手册	PA	A	A	A	D
产品打包	DP	A	—	—	—

工作类型：X 为执行工作；D 为单独决策；P 为控制进度；T 为需要培训；C 为必须咨询；I 为必须通报；A 为可以建议。

通过责任分派图可以进行资源估算。

7.5.4　项目总结报告

1. 项目总结报告的内容

项目的工作总结报告通常是一个项目或一个项目阶段的总结。项目或项目阶段的工作总结报告包括以下几个方面的内容：

1) 项目或项目阶段的最初需求。

2）项目或项目阶段最初确定的目标。

3）项目或项目阶段的简要描述。

4）项目或项目阶段结果和预期的对比。

5）项目或项目阶段目标的实现程度。

6）善后事宜的说明。

7）提供给业主/客户的所有交付物。

8）项目成果的最后测试数据。

9）项目或项目阶段的经验与教训。

2. 项目总结报告的格式

（1）项目背景　包括项目来源、项目描述和项目目标。

（2）项目分析与研究（可行性分析）　从技术、经济和社会影响等方面分析。

（3）项目工作任务分解　将项目分解为可以独立交付的任务，从人、财和物上进行管理。

（4）项目计划进度与控制　从时间、费用和质量上综合控制项目进度。

（5）项目质量分析　包括技术指标、外观和使用性能。

（6）项目成本分析　对项目涉及的所有费用进行分析，发现不合理的开支，为以后的项目控制提供实践经验。

（7）结论　对成功的部分给出正确的结论，对有问题的部分提出解决的途径。

7.5.5 项目案例

家用柜式空调产品开发项目

1. 项目背景分析

某空调企业经过初步市场调查，决定开发一款家用新型柜式空调，技术难点是解决噪声问题，同时为了吸引顾客，该款空调需要增加负离子发生器。压缩机采用外协方式，但需要对其进行初步设计。研发总经费为 600 万元，计划于 2010 年 1 月开始实施，开发期为 6 个月。目前，本项目已通过可行性论证，项目任务书已下达。

2. 项目目标确定

交付成果：一台家用新型柜式空调样机，具体技术规格符合规范要求。

工期要求：计划研制时间 6 个月，即 2010 年 1 月 1 日—2010 年 6 月 30 日。

费用要求：项目计划投资 600 万元人民币。

3. 项目组织管理结构

（1）项目组织管理结构说明

本项目特点和难点：本项目时间紧、任务重，技术要求高且复杂，专业系统较多，为确保项目如期完成，需公司各职能部门通力合作和支持，项目团队齐心协力实现项目既定目标。

按照项目负责制的要求，组建“项目部”，公司委派一位项目经理负责该项目的组织实施。

为充分发挥项目经理对项目的管理作用，统筹考虑计划、人力、资源、费用及质量管理，保证项目顺利实施，决定采用强矩阵的项目组织结构。

（2）组织管理结构（图 7-48）

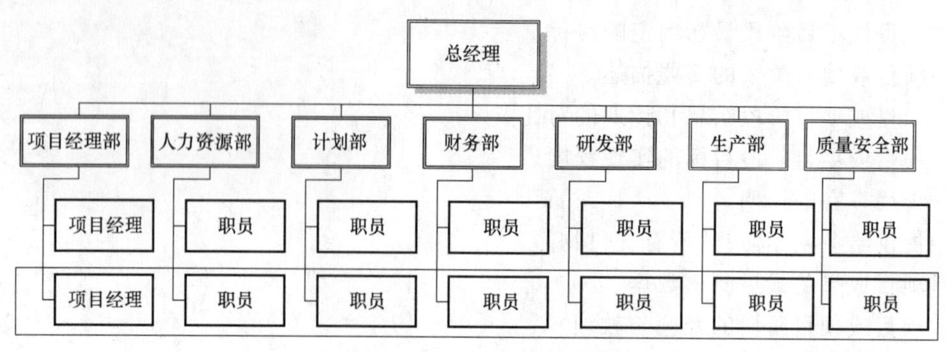

图 7-48 项目组织结构

（3）项目工作分解结构（WBS）

步骤：确定构成要素或阶段；按一定规则分解；检查是否满足要求。

注意：WBS 是一项基础性工作，对后续工作影响较大，因此要可检查、可管理、可分配，注意沟通，让项目相关方理解含义和逻辑关系（图 7-49）。

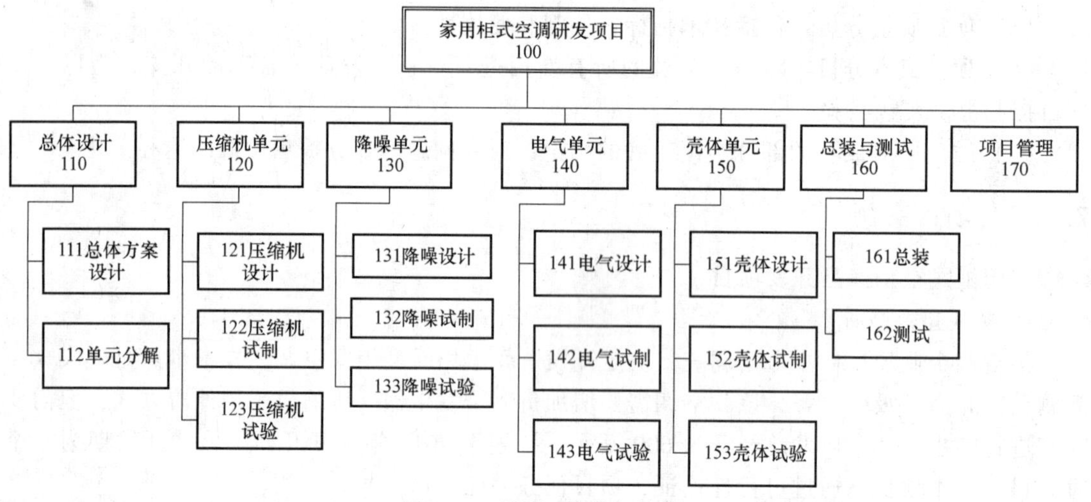

图 7-49 项目工作分解结构

4. 项目里程碑计划

明确给出阶段性成果的具体完成时间，见表 7-8。

表 7-8 项目的里程碑计划

标识号	任务名称	完成时间		2010 年 2 月			2010 年 3 月			2010 年 4 月			2010 年 5 月			2010 年 6 月		
			下旬	上旬	中旬	下旬	上旬	中旬	下旬	上旬	中旬	下旬	上旬	中旬	下旬	上旬	中旬	下旬
1	总体设计完成	2010 年 2 月 10 日		◆2-10														
2	单元试验完成	2010 年 6 月 9 日														◆6-9		
3	总装完成	2010 年 6 月 16 日															◆6-16	
4	测试完成	2010 年 6 月 30 日																◆6-30

5. 责任分配矩阵

明确指出由项目工作分解的任务应该由哪些部门和人员完成，各自的责任等。见表7-9，表中，P 为控制，C 为咨询，F 为开发，J 为检验。

表 7-9　项目的责任分配矩阵

代码	WBS	项目经理部	人力资源部	计划部	财务部	研发部	生产部	质量安全部
110	总体设计							
111	总体方案设计	P	C	C	C	F		J
112	单元分解		C	C	C	F	C	J
120	压缩机单元							
121	压缩机设计	P	C	C	C	F	C	J
122	压缩机试制		C	C	C	C	F	J
123	压缩机试验		C	C	C	C	F	J
130	降噪单元							
131	降噪设计	P	C	C	C	F	C	J
132	降噪试制		C	C	C	C	F	J
131	降噪试验		C	C	C	C	F	J
140	电气单元							
141	电气单元设计	P	C	C	C	F	C	J
142	电气单元试制		C	C	C	C	F	J
143	电气单元试验		C	C	C	C	F	J
150	壳体单元							
151	壳体设计	P	C	C	C	F	C	J
152	壳体试制		C	C	C	C	F	J
153	壳体试验		C	C	C	C	F	J
160	总装与测试							
161	总装		C	C	C	C	F	J
162	测试	P	C	C	C	C	F	J
170	项目管理	F	C	C	C	C	C	C

项目经理（签字）：　　　　　　　　　　　　　　　　日期：

6. 项目进度计划

本进度计划是根据项目工期要求、项目特点、本公司技术设计及制造能力、装备、人员等情况编制的。总工期 26 周。

根据项目特点，对项目工作持续时间的估计，采取专家判断和相似项目类比相结合的方法，并综合考虑各相关因素而确定，具有较大的有效性。

根据公司资源能力及实践经验，采用关键线路法 CPM 和网络优化技术按倒排工期法编制。

考虑到项目的工期较短，本项目研制工作采用了并行设计和制造的方法。

由于计划工期与要求工期相同，所以在项目的研制过程中必须加强对进度的监控，以确保计划目标的实现。

由上分析，得到工作关系表，进度计划甘特图，人力资源计划及费用分解等，分别见表7-10，表7-11和表7-12。

表 7-10　工作关系表

编号	名称	工期	紧前工序	搭接关系
100	柜式空调项目			
110	总体方案			
111	总体方案设计	20 工作日		
112	单元分解	10 工作日	111	
120	压缩机单元			
121	压缩机设计	20 工作日	112	
122	压缩机试制	60 工作日	121	
123	压缩机试验	5 工作日	122	
130	降噪单元			
131	降噪设计	20 工作日	112	
132	降噪试制	50 工作日	131	
133	降噪试验	5 工作日	132	
140	电气单元			
141	电气设计	20 工作日	112	
142	电气试制	50 工作日	141	
143	电气试验	5 工作日	142	
150	壳体单元			
151	壳体设计	25 工作日	112	
152	壳体试制	50 工作日	151	
153	壳体试验	5 工作日	152	
160	总装及测试			
161	总装	5 工作日	123,133,143,153	
162	测试	10 工作日	161	
170	项目管理	130 工作日		

表 7-11　进度计划甘特图

标识号	任务名称	工期	完成时间		第一季度			第二季度			第三季度
				十二月	一月	二月	三月	四月	五月	六月	七月
1	100柜式空调项目	130工作日	2010年6月30日								
2	110总体方案	30工作日	2003年2月10日								
3	111总体方案设计	20工作日	2010年1月28日								
4	112单元分解	10工作日	2010年2月10日								
5	120压缩机单元	85工作日	2010年6月9日								
6	121压缩机设计	20工作日	2010年3月10日								
7	122压缩机试制	60工作日	2010年6月2日								
8	123压缩机试验	5工作日	2010年6月9日								
9	130降噪单元	75工作日	2010年5月26日								
10	131降噪设计	20工作日	2010年3月10日								
11	132降噪试制	50工作日	2010年5月19日								
12	133降噪试验	5工作日	2010年5月26日								
13	140电气单元	75工作日	2010年5月26日								
14	141电气设计	20工作日	2010年3月10日								
15	142电气试制	50工作日	2010年5月19日								
16	143电气试验	5工作日	2010年5月26日								
17	150壳体单元	80工作日	2010年6月2日								
18	151壳体设计	25工作日	2010年3月17日								
19	152壳体试制	50工作日	2010年5月26日								
20	153壳体试验	5工作日	2010年6月2日								
21	160总装及测试	15工作日	2010年6月30日								
22	161总装	5工作日	2010年6月16日								
23	162测试	10工作日	2010年6月30日								
24	170项目管理	130工作日	2010年6月30日								

表 7-12　人力资源计划及费用分解

任务名称	工作量/工时	工期/天	资源人数/人	人力费用/元	材料费/元	总费用/元	平均每周费用/元
100 柜式空调项目							
110 总体方案							
111 总体方案设计	6000	20	38	240000	41088	281088	70272
112 单体分解	9600	10	120	9600	41088	50688	25344
120 压缩机单元							
121 压缩机设计	12000	20	75	480000	41088	521088	130272
122 压缩机试制	8400	60	18	168000	123264	291264	24272
123 压缩机试验	4800	5	120	192000	82176	274176	274176
130 降噪单元							
131 降噪设计	2400	20	15	96000	41088	137088	34272
132 降噪试制	4800	50	12	96000	246528	342528	34253
133 降噪试验	4800	5	120	192000	82176	274176	274176
140 电气单元							
141 电气设计	9600	20	60	384000	123264	507264	126816
142 电气试制	7200	50	18	144000	164352	308352	30835
143 电气试验	9600	5	240	384000	164352	548352	548352
150 壳体单元							
151 壳体设计	4800	25	24	192000	82176	274176	54835
152 壳体试制	3600	50	9	72000	246528	318528	31853
153 壳体试验	2400	5	60	96000	41088	137088	137088
160 总装及测试							
161 总装	1200	5	30	48000	184896	232896	232896
162 测试	14400	10	180	288000	102720	390720	195360
170 项目管理	14400	130	14	864000	246528	1110528	42712.6154
合计	120000			3945600	2054400	6000000	

人力资源负荷图——说明每周需要投入的人数，有利于人员的安排（图 7-50）。

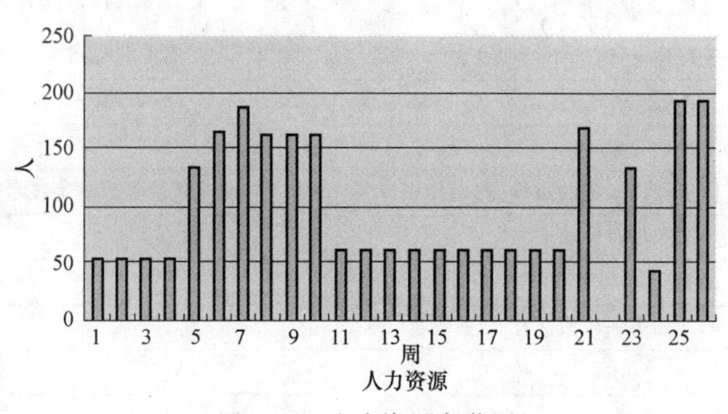

图 7-50　人力资源负荷图

费用负荷图——说明每周需要投入的费用，有利于资金的安排（图 7-51）。

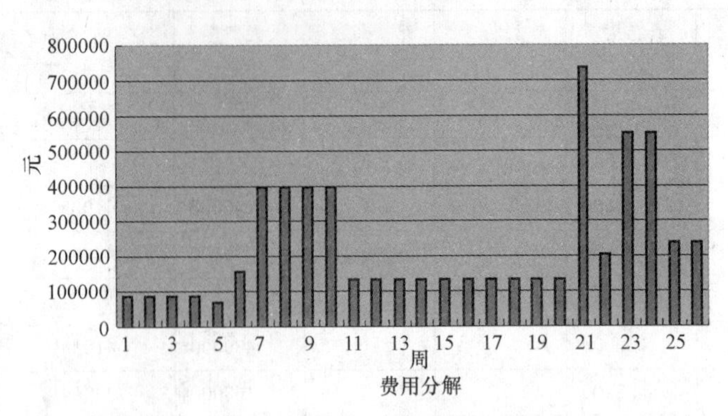

图 7-51 费用负荷图

7. 费用分析

通过人力负荷图，可以了解项目各阶段需要什么样的人，需要多少人力资源。

通过费用负荷图，可以明确地反映项目费用的需求状况，使得项目管理人员事先了解到什么时候需要什么资源，需要多少资源，以便提前做好安排，同时对费用的支付情况也有一个初步的预算安排，到什么时候需要多少费用，到每个时间点为止，总共计划支付多少费用，通过这些曲线均一目了然。

8. 项目进度和费用控制

（1）项目执行情况信息收集　设专人负责监督项目执行过程中的进度和费用情况。进行月度统计和季度统计，必要时要增加周报、旬报，提交项目经理决策。每个报表中要包含技术、费用和项目变更的情况。

（2）进度分析会　按规定每周组织召开例会和项目技术分析会，汇报项目进展情况，说明项目存在的问题，关键是针对问题采取措施，并将责任落实到各职能部门。

9. 项目进度与费用控制报告

项目进度与费用控制报告是监控项目进展情况的有效工具，有助于项目经理对项目的状况进行分析、研究，制订下一步工作计划。项目控制报告包括：项目关键点检查报告（表 7-13）、项目执行状态报告（表 7-14）、任务完成报告（表 7-15）、重大突发事件报告、项目变更申请报告、项目进度报告、项目管理报告等。

表 7-13　项目关键点检查报告

项目名称	家用柜式空调产品开发项目	抄送部门	项目部
关键点名称	总体设计	检查的时间	2010. 1. 30
检查实施人	王强	任务编码	110
报告日期	2010. 2. 2	报告份数	1
检查的项目内容	里程碑实施的进度、费用是否按照计划完成，设计质量是否满足技术规范		
实际进程描述	按照项目要求		
存在的问题	无		
建议与预测	开始下一阶段工作		
检查结果			
检查负责人：刘欣茹	签字：		日期：

表 7-14 项目执行状态报告

任务名称及编码:121	结束日期:2010. 3. 12
实际工作时间和计划时间相比:拖延工期 2 天	
实际成本和估计费用相比:实际费用比预算费用低 5 万	
实施过程中遇到的重大技术问题及解决办法: 初步设计过程中,遇到新的技术难题,所以抽调主要技术人员攻关解决	
评审意见:进一步加强控制　　评审人:　　日期:	
紧后工作名称及编码:122	
紧后工作计划及措施:增加人员投入	
项目经理审核意见: 同意此措施。 项目经理签名:　　日期:	

表 7-15 任务完成报告

任务名称	压缩机试制	任务编码	122
报告日期	2010. 5. 7	状态报告份数	1
实际进度与计划进度相比		拖期 3 天	
投入工作时间加未完成工作的计划时间和计划总时间相比		拖期 3 天	
提交物是否能满足性能要求		是	
任务能否按时完成		拖期	
现在人员配备状况		需增加人员	
现在技术状况		正常	
任务完成估测		增加人员后,能保证工期	
潜在的风险分析及建议			
任务负责人审核意见:查明原因,采取措施			
签名:		日期:	

10. 风险识别及应对（表 7-16）

表 7-16 风险识别及应对

风险种类	风 险 识 别	风 险 应 对
技术风险	压缩机若干型号可选,各有千秋 首次使用负离子发生器技术,工程经验欠缺	调研多个供应商,综合比较选择两个指标兼容型号,一主一辅
人员风险	降噪工程技术人员是业内热门人才	提供良好研发环境,制订激励政策
管理风险	关键技术一旦泄露,其他厂家可能仿制。研制进度保密	签订保密协议,防止技术泄密
竞争风险	竞争对手可能选用相同或类似方案,进度状况不明	发挥技术优势,尽力加快进度

11. 质量管理

质量方针：致力创新，特色取胜。

质量目标：研制成果性能达到国家标准，噪声为国内同类产品最低（<20db）。

质量体系：ISO 9001：2000。

质量保证：人员落实，计划周密。

12. 项目结束

本项目在项目团队的精心组织和策划下，各项项目目标均得到了较好地实现，项目的成功是每一位参与者的努力结果。项目总结报告已经归档，项目进展中的各项记录等原始数据也整理归档。

7.6 数控加工（Machining of numerical control，MNC）

7.6.1 数控加工概述（Introduction of MNC）

数控加工，是指一种可编程的由数字和符号实施控制的自动加工过程。

数控加工工艺，是指利用数控机床加工零件的一种工艺方法。

数控机床仍采用刀具和磨具对材料进行切削加工，这点与普通机床在本质上并无区别，但在如何控制切削运动等方面则与传统切削加工存在本质上的差别（图 7-52）。

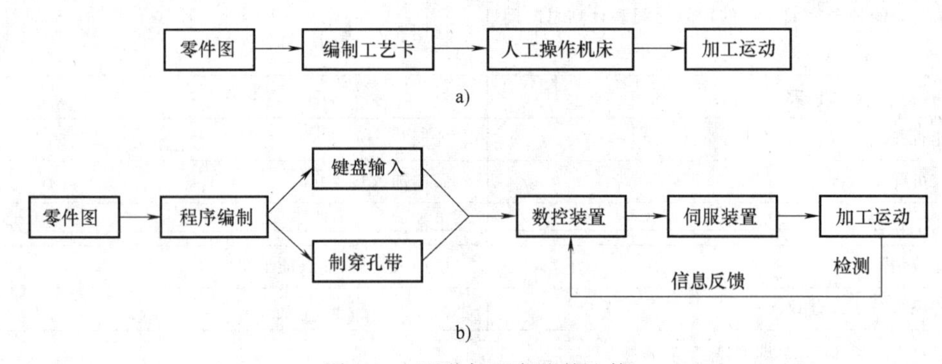

图 7-52 两种加工方法的比较

a）普通机床加工 b）数控机床加工

数控机床加工的主要特点为：

（1）加工的零件精度高 数控机床在整机设计中考虑了整机刚度和零件的制造精度，又采用高精度的滚珠丝杠副传动，机床的定位精度和重复定位精度都很高，特别是有的数控机床具有加工过程自动检测和误差补偿等功能，因而能可靠地保证加工精度和尺寸标准公差等级的稳定性。

（2）生产效率高 数控机床在加工中零件的装夹次数少，一次装夹可加工出很多表面，可省去划线找正和检测等许多中间工序。据统计，普通机床的净切削时间一般为 15%~20%（切削过程的时间），而数控机床可达 65%~70%，带有刀库可实现自动换刀的数控机床甚至可达 75%~80%。加工复杂零件时，生产效率可提高 5~10 倍。

（3）特别适合加工形状复杂的轮廓表面 如利用数控车床加工复杂形状的回转表面和利用数控铣床加工复杂的空间曲面。

（4）有利于实现计算机辅助制造 目前在机械制造业中，CAD/CAM 的应用日趋广泛，

而数控机床及其加工技术正是计算机辅助制造系统的基础。

(5) 初始投资大，加工成本高　数控机床的价格一般为同规格普通机床的若干倍，机床备件的价格也很高，加上首件加工进行编程、调整和试加工等的准备时间较长，因而使零件的加工成本大大高于普通机床。

此外，数控机床是技术密集型的机电一体化产品，数控技术的复杂性和综合性加大了维修工作的难度，需要配备素质较高的维修人员和维修装备。

7.6.2　数控加工方法（Methods of MNC）

零件进行数控加工时，选用何种数控机床，采用何种方式进行加工，主要与被加工零件的内外轮廓形状、加工数量、加工精度及表面粗糙度等因素有关。

1. 平面孔系零件的加工（Parts machining of plane holes）

这类零件若孔数较多，或孔位精度要求较高，均宜选用点位直线控制的数控钻床或数控镗床进行加工。这样不仅可以减轻工人的劳动强度，提高生产率，而且还易于保证加工精度。加工时，刀具对孔系的定位都以快速运动的方式进行，对有两坐标联动功能的数控机床，可以指令两个坐标轴同时运动，对没有联动的数控机床，则只能指令两个坐标轴依次运动。此外，编制加工程序时，应尽可能地引用子程序调用的方法来减少程序段的数量，以减小加工程序的长度和提高加工精度。

2. 旋转类零件的加工（Spin parts machining）

用数控车床或数控磨床加工旋转类零件时，由于车削零件毛坯多为棒料或锻件，加工余量大且不均匀，因此在编程中，粗车的加工路线往往是要考虑的主要问题。

图 7-53 所示手柄的轮廓由三段圆弧组成，由于加工余量较大且不均匀，因此比较合理的方案是，先用直线、斜线程序车削掉图中所示的加工余量，再用圆弧程序精加工成形。

图 7-54 所示零件的表面形状复杂，毛坯为棒料，加工余量不均匀，其粗加工路线按图中 1~4 依次分段加工，然后再换精车刀一次成形。需要说明的是，图中的粗加工走刀次数应根据每次的背吃刀量决定。

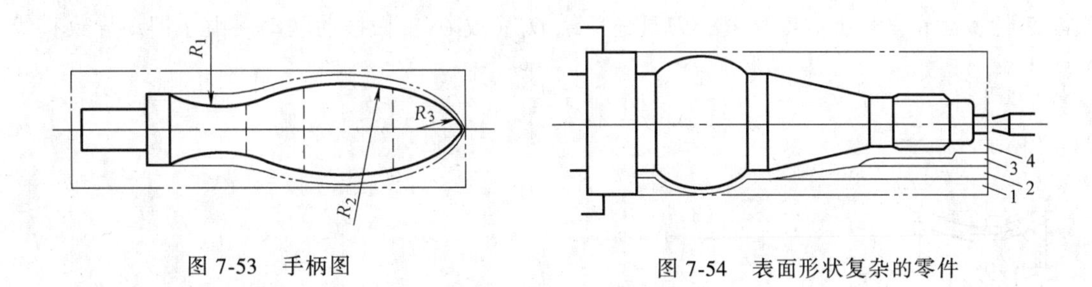

图 7-53　手柄图　　　　图 7-54　表面形状复杂的零件

3. 平面轮廓零件的加工（Parts machining of plane profile）

这类零件的轮廓多由直线和圆弧组成，一般在两坐标联动的铣床上加工。图 7-55 所示为铣削平面轮廓实例，工件轮廓由三段直线和两段圆弧组成。若选用的铣刀半径为 R，则点画线为刀具中心的运动轨迹。当数控系统具有刀具半径补偿功能时，可按其零件的轮廓编程；若数控系统不具有刀具半径补偿功能，则应按刀具中心轨迹编程。为保证加工平滑，应增加切入和切出程序段。若平面轮廓为非圆曲线，由于一般数控系统只有直线和圆弧插补功能，故都用圆弧和直线去逼近。

4. 立体轮廓零件的加工（Parts machining of 3D profile）

用数控机床加工立体曲面时，应根据曲面形状、机床功能、刀具形状以及零件的精度要求采用不同的加工方法。

（1）两坐标联动加工　在三坐标控制两坐标联动的机床上用“行切法”进行加工。如图 7-56 所示，以 x、y、z 三轴中任意两坐标轴做插补运动，第三轴做周期性进给运动，刀具采用球头铣刀。在 x 方向分为若干段，球头铣刀沿 Oxy 平面的曲线进行插补加工，当一端加工完后进给 Δx，再加工相邻曲线。如此依次用平面来逼近整个曲面。其中 Δx 根据表面粗糙度的要求及刀头的半径选取，球头铣刀的球头半径应尽可能选得大一些，以利于降低表面粗糙度值，增加刀具的刚度和散热性能。但在加工凹面时球头半径必须小于被加工曲面的最小曲率半径。

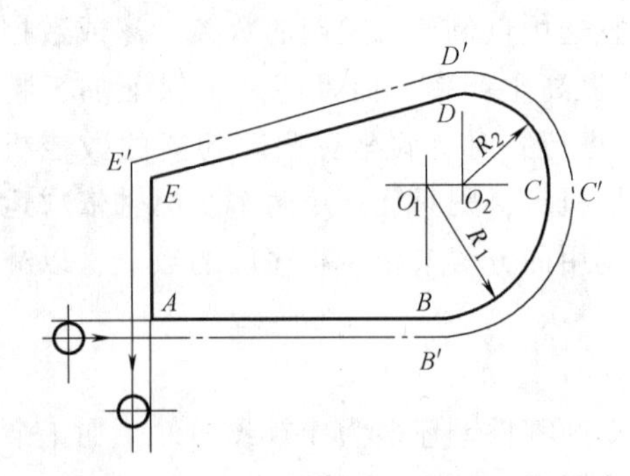

图 7-55　平面轮廓零件的铣削示意图

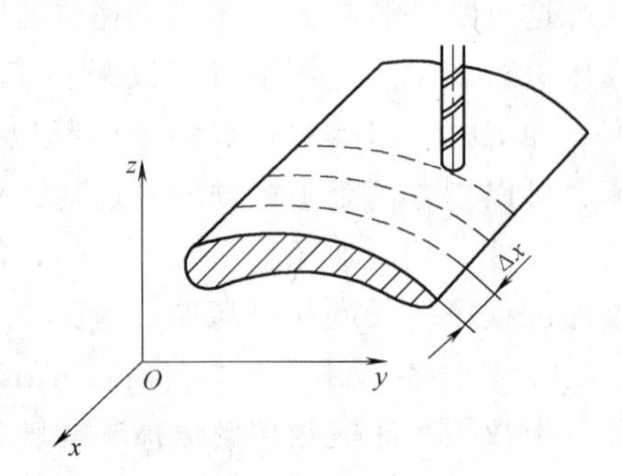

图 7-56　用平面曲线逼近曲面的加工

（2）三坐标联动加工　图 7-57 所示为内循环滚珠螺母的回珠器示意图。其滚道母线 SS' 为一空间曲线，它可用空间直线去逼近，因此，可在有空间直线插补功能的三坐标联动机床上加工。但编程计算复杂，加工程序可采用自动编程系统来编制。

（3）四坐标联动加工　如图 7-58 所示的飞机大梁，它的加工表面是直纹扭曲面，可采用圆柱铣刀周边铣削方式，在四坐标联动机床上加工。除三个移动坐标的联动外，为保证刀具与工件型面在全长上始终贴合，刀具还应绕 O_1（或 O_2）做摆动联动。由于摆动导致直线

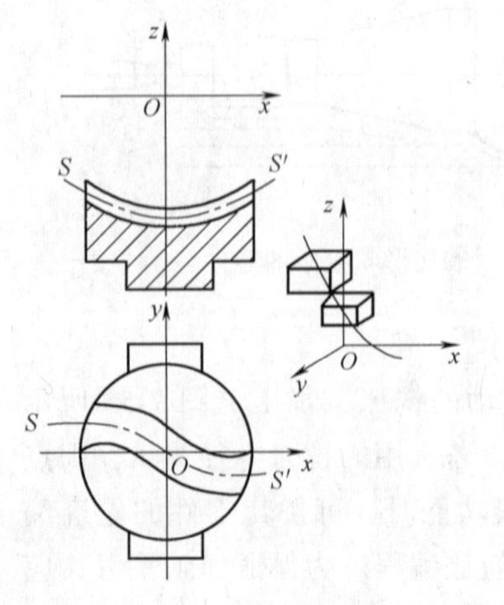

图 7-57　回珠器示意图

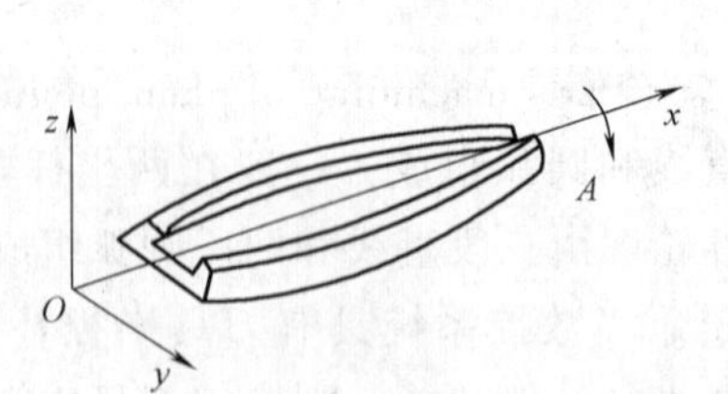

图 7-58　飞机大梁直纹扭曲面的加工

移动，相对应的坐标需做附加运动，其附加运动量与摆动中心 O_1（或 O_2）的位置有关，因此编程计算复杂。

（4）五坐标联动加工　船用螺旋桨是五坐标联动加工的典型零件之一，其叶片的形状及加工原理如图 7-59 所示。半径为 R_i 的圆柱面与叶面的交线是螺旋线的一部分，螺旋角为 ϕ_i，叶片的径向叶形线（轴向剖面）EF 的倾角 α 称为后倾角。由于叶面的曲率半径较大，常用面铣刀进行加工，以提高生产率和表面质量。叶面的螺旋线可用空间直线进行逼近，为了保证面铣刀的端面与曲面的切平面重合，铣刀还应做螺旋角 ϕ_i（坐标 A）与后倾角 α（坐标 B）的摆动运动。由于机床结构的原因，摆角中心不在铣刀端平面的中心，故在摆动运动的同时，还应做相应的附加直线运动，以保证铣刀端面位于切削位置。当半径为 R_i上的一条叶形线加工完毕后，改变 R_i，再加工相邻的一条叶形线，依次逐一加工，即可形成整个叶面。由此可知，叶面的加工需要 5 个坐标联动，即 x、y、z、A、B。这种加工的编程计算较为复杂。图 7-60 是实际叶片结构、走刀路径和 NC 程序。

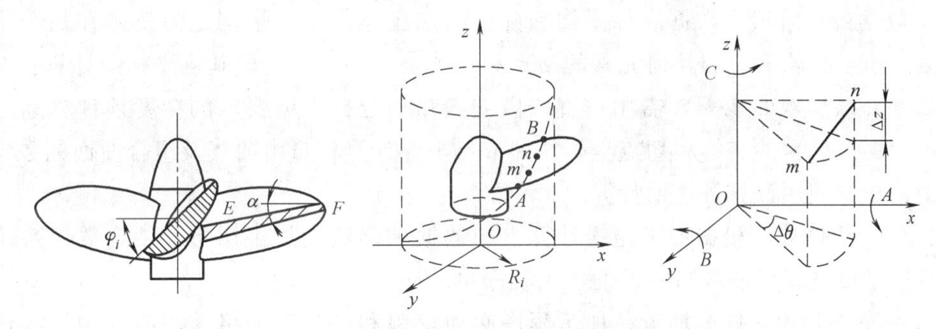

图 7-59　螺旋桨叶片及其加工原理示意图

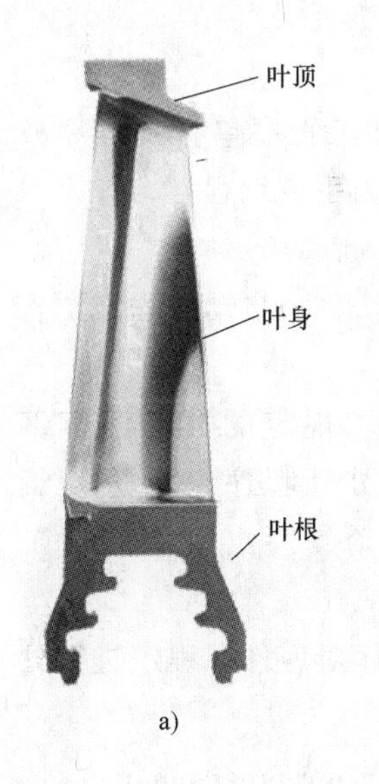

a)

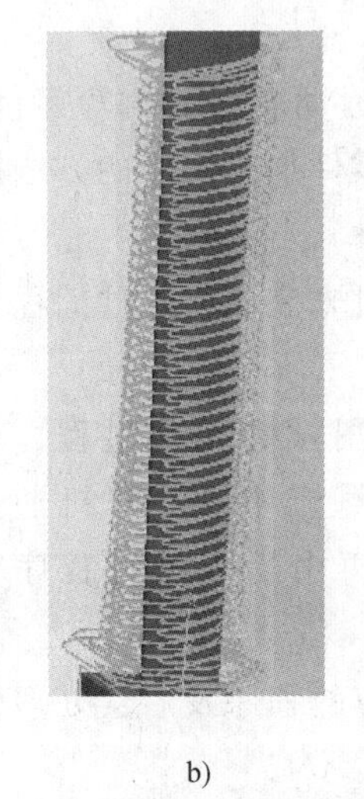

b)

```
%
N0010 G40 G17 G94 G90 G70
N0020 G91 G28 Z0.0
:0030 T01 M06
N0040 G1 G90 X-.7165 Y-1.2139 Z-.2886 A284.322 B90.
F31.5 S1200 M03 M08
N0050 Y-1.2418 Z-.2486 A288.409
N0060 Y-1.2606 Z-.2002 A292.304
N0070 Y-1.2708 Z-.1466 A295.99
N0080 Y-1.273 Z-.0902 A299.46
N0090 Y-1.2681 Z-.033 A302.713
N0100 Y-1.257 Z.0234 A305.754
·
·
·
N8780 Y-1.205 Z-.6314 A283.244
N8790 Y-1.2097 Z-.6258 A283.791
N8800 Y-1.2119 Z-.6228 A284.059
N8810 Y-1.2129 Z-.6213 A284.191
N8820 Y-1.2134 Z-.6206 A284.256
N8830 Y1.2139 Z.7173 A104.322 M05 M09
N8840 M02
%
```

c)

图 7-60　叶片结构，走刀路径和 NC 程序

a）叶片　b）走刀路径　c）NC 程序

7.6.3 数控编程的内容和步骤（Content and steps of NC programming）

1. 数控编程的内容（Content of NC programming）

数控编程的内容包括：分析零件图样，确定加工工艺过程，计算走刀轨迹，得出刀位数据，编写零件加工程序，校对程序及首件加工。

2. 数控编程的步骤（Steps of NC programming）

（1）分析零件图样　分析零件的材料、形状、尺寸、精度及毛坯形状和热处理要求等，以便确定该零件是否适宜在数控机床上加工，且适宜在哪台数控机床上加工。有时还需确定在某台数控机床上加工该零件的哪些工序或哪几个表面。

（2）工艺处理阶段　工艺处理阶段的主要任务是确定零件的加工工艺过程。即确定零件的加工方法（如采用的工装夹具、装夹定位方法等）和加工路线（如对刀点、走刀路线），并确定加工用量等工艺参数（如走刀速度、主轴转速、切削宽度和深度）。

（3）数学处理阶段　根据零件图样和确定的加工路线，计算出走刀轨迹和每个程序段所需数据。如零件轮廓相邻几何元素的交点和切点坐标的计算，即基点坐标的计算；对非圆曲线（如渐开线、双曲线等）需用小直线段或圆弧逼近，根据要求的精度须计算逼近零件轮廓时相邻集合元素的交线和切点坐标，即节点坐标计算；自由曲线及组合曲面的数学处理更为复杂，必须使用计算机辅助计算。

（4）编写程序单　根据加工路线计算出的数据和确定的加工用量，结合数控系统的加工指令和程序格式，逐段编写零件的加工程序单。

（5）程序校验和首件试加工　加工程序必须校验和试加工合格，才能认为该零件的编程结束，然后进入正式加工。

7.6.4 数控编程的方法（Methods of NC programming）

概括来说，数控编程的方法有手工编程和自动编程。

1. 手工编程（Manual programming）

分析零件图样、制订工艺规程、计算刀具运动轨迹、编写零件加工程序单直到程序校核，整个过程主要由人来完成。这种人工编制零件加工程序的方法称为手工编程。

2. 自动编程（Automatic programming）

编制零件加工程序的全部工作主要由计算机来完成，此种编程方法称为自动编程。语言式自动编程工作过程如图 7-61 所示。

由图 7-61 看出，编程人员只需根据零件图样和工艺过程，使用规定的数控语言编写一个较简短的零件加工源程序，输入到计算机中。计算机通过处理程序自动进行编译、数学处理，计算出刀具中心运动轨迹，再由后置处理程序自动编写出零件的加工程序单。

简而言之，自动编程就是利用计算机和相应的程序及后置处理程序对零件源程序进行处理，以得到加工程序。

3. 手工编程与自动编程的比较（Compare between manual and automatic programming）

手工编程和语言式自动编程比较见表 7-17。

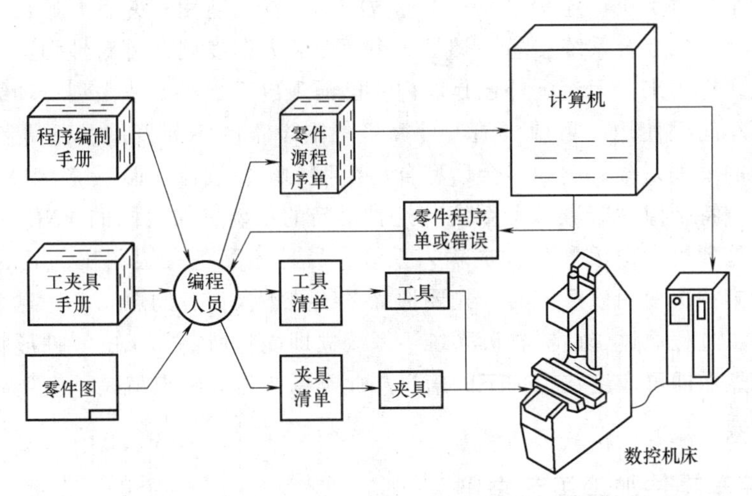

图 7-61 自动编程工作过程

表 7-17 手工编程和语言式自动编程比较

项目 内容	手工编程	自动编程
数值计算	复杂、烦琐	由计算机自动完成
出错率	容易出错	计算机可靠性高,不易出错
表达零件程序方式	用大量的数字和代码来编写	用容易熟悉的语言和符号来描述
修改程序	费时、慢	简单、迅速
复制检验纸带	人工完成	计算机自动完成
所需设备	简单或借助计算机计算	一台通用计算机和相应的外部设备
对编程人员的要求	必须掌握数学运算能力	只要掌握系统源程序写法

7.6.5 自动编程简介 (Introduction of automatic programming)

自动编程，就是用某种专用的数控语言描述加工零件的形状、刀具的加工路线、切削条件以及机床的各种辅助功能，得出用该语言写成的加工程序单——“源程序”，然后输入给配备有“编译程序”的计算机。当然，这种编译程序是由软件工作者使用数控语言专门设计而成的一种软件系统，经计算机执行该编译程序，将输入的源程序翻译解释并自动进行全部计算和编码，制备出加工所需要的程序单及纸带。

数控机床刚诞生，美国就着手研究自动编程语言及编译系统，20 世纪 50 年代初研制出第一个 APT 试验性系统，20 世纪 60 年代研制出 APTⅢ，到 20 世纪 70 年代又研制出 APTⅣ，它已是一个可用于点位、连续及多坐标数控加工、需要一台大型电子计算机的大系统，是目前国际上所研制成的一万多种编程语言中功能最全、规模最大的系统。除了 APT 外，不少国家发展了这一适用于小型及微型计算机的最大编程语言和编译系统，如 ADAPT、EX-APT、IFAPT、FAPT、MINIAPT 等。

我国在自动编程技术方面起步较晚，但发展较快，目前已经成熟的系统有 SKC、ZCX 及 SKG 等。

从数控自动编程的发展来看，基本上朝两个方向发展：一类是向大而全的方向发展，此类系统功能齐全，对点位、连续以及多坐标数控加工都可适用，并且开始与计算机辅助设计系统结合起来，构成综合系统；另一类是向小而专的方向发展，针对性强，采用小型计算机或微型计算机。近年来，无论国外还是国内，已涌现出不少小型或微型自动编程系统，它们可直接在工厂车间里使用。目前，随着计算机外围设备的不断发展，已研制出不少功能完备、使用方便的编程系统。例如，会话型自动编程系统、数控图形系统、无尺寸图形的数字化处理系统等。特别像“音频编程系统”这种最新的系统，如美国的 VNC200，它由一台小型机、声音预处理机、送话器等构成输入系统，另外还配备有绘图机、显示器以及外存储器。当操作者第一次使用该系统时，先要训练系统熟悉操作者的声音，一旦系统熟悉后，操作者只需将加工过程通过送话器告诉系统，系统立即能将所需加工的零件形状显示出来供检验与修改，满意后即可产生数控加工的信息。此类系统最大特点就是不需要编写源程序和打印、输入等步骤。

7.6.6 数控车零件加工工艺举例

图 7-62 所示以锤子柄为例，编制加工程序。

1. 毛坯材料

根据不同的用途，手柄可选择 Q235 钢或铝合金 2A12，毛坯尺寸 ϕ14mm×185mm。

2. 工艺分析

（1）确定装夹方式和加工路径　零件图形为细长轴零件，加工过程中需多次装夹。

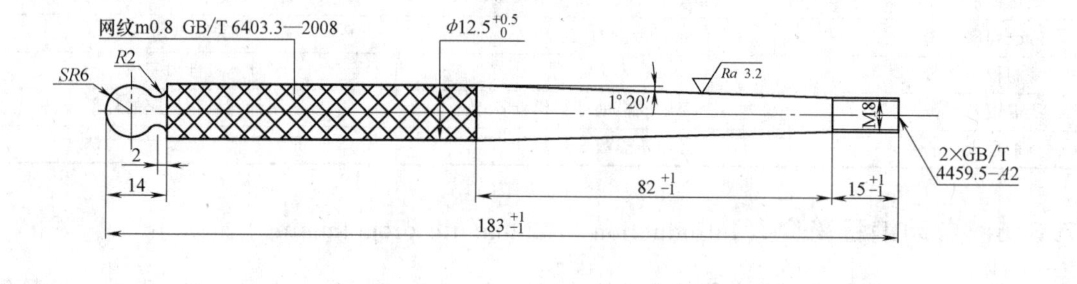

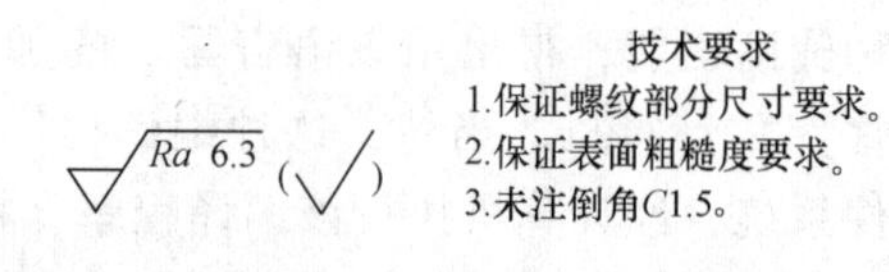

图 7-62　锤子柄

1）可先选择传统车床将零件总长控制好，并用 A2 中心钻两头钻孔，以确保后期用数控车床加工时装夹的定位。

2）用自定心卡盘夹持毛坯一端，夹持长度为 12mm，用回转顶尖顶另一头中心孔，加工 ϕ12.4mm±0.1mm 外圆，然后换 0.8mm 滚花刀压花。

3）调头装夹，夹持压花部分 12mm 长度，回转顶尖顶另一头中心孔。加工 M8 螺纹外径和锥面；换螺纹刀，加工 M8 螺纹。

4）调头装夹，夹持压花部分，伸出 25mm 长度，用机夹式精车外圆车刀加工 *R*6mm、*R*2mm 圆弧。

(2) 换刀点的选择　由于在加工过程中使用一夹一顶的方式进行加工，换刀点的位置选择必须要考虑刀具不能与顶尖或尾座相撞，因此换刀点可选择在工件的右端、x 轴正向位置。

(3) 确定切削用量

1) 切削用量一般是根据刀具和毛坯的材质进行选择。如采用硬质合金车刀或机夹式刀具车削外圆可用 500~700r/min 主轴速度切削，进给速度粗车可使用 130mm/min，精车时可使用 60mm/min。

2) 压花主轴转速可选择低速切削（如 200r/min），避免发热量过大影响压花的表面质量，而进给速度可适当加快。

3) 加工螺纹时可选择主轴转速为 350r/min，每次的吃刀量可参考螺距大小进行切削。

3. 刀具选择

根据图形要求，有外圆柱面、外圆锥面、螺纹和圆弧等加工，因此可选用四把刀具进行加工。

根据手柄图外形特征及装夹方式，加工外圆时采用夹一头顶一头进行，而外径尺寸较小，如果采用一般的外圆车刀可能会出现刀具副切削刃与顶尖相撞的现象，因此，可选择副偏角较大的刀具进行外圆加工，如机夹式精车外圆车刀或者螺纹车刀。

管螺纹刀具的角度一般为 60°，而寸制螺纹的刀具角度为 55°，考虑手柄加工的装夹方式和螺距较小等因素，可采用高速钢自磨螺纹刀低速切削外螺纹。

根据手柄图要求，可选择两轮网纹滚花刀（0.8mm）刀具加工网纹。

圆弧面与球面加工是数控车床的一大优势。在加工过程中可用圆弧插补指令进行圆弧面及球面的加工，在选择刀具方面可考虑选择用圆弧刀或机夹式精车外圆车刀。

具体刀具选择见表 7-18。

表 7-18　刀具选择

刀具号	刀具规格名称	数量	加工内容
T01	焊接式硬质合金螺纹刀	1	粗、精加工外圆
T02	两轮网纹滚花刀(0.8mm)	1	压花
T03	高速钢自磨螺纹刀	1	车削 M8 螺纹
T04	机夹式精车外圆车刀	1	加工 $SR6$mm 圆球和 $R2$mm 凹圆弧

4. 数学处理

首先根据基准重合原则，将工件坐标系的原点设定在零件右端面与回转体轴线的交点上，如图 7-63所示。再根据图中提供的尺寸计算各节点坐标值。在计算节点坐标时应注意以下方面内容：

1) 注意确定 X 轴的编程方式是直径编程还是半径编程，一般情况下，如果图样尺寸标注为直径值即用直径方式编程，以减少计算过程。

2) $SR6$mm 圆球与 $R2$mm 凹圆弧相切点 E 的计算。

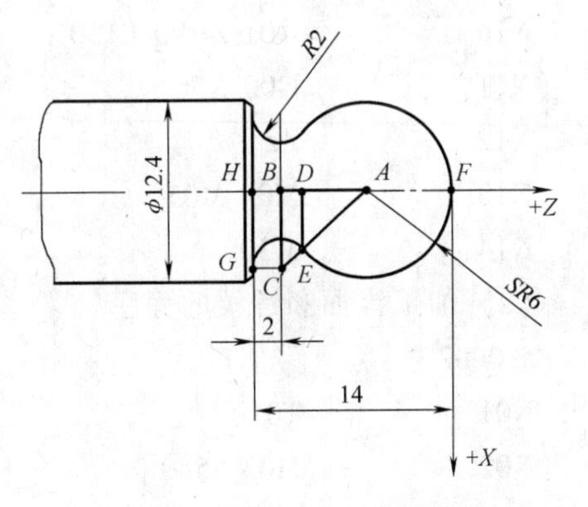

图 7-63　圆弧切点计算示意图

如图 6-63 所示，E 点为 $SR6$mm 圆球与 $R2$mm 凹圆弧相切点，求出该点坐标值。

根据图样提供尺寸，作△ABC，C 点为 $R2$mm 圆弧的圆心，E 点为 $R2$mm 与 $R6$mm 相切点，$DE /\!/ BC$ 并与 AB 相交于 D 点。已知 $AB=6$mm，$AE=6$mm，而 $CE=2$mm，因此 $AC=AE+EC=6\text{mm}+2\text{mm}=8\text{mm}$，求 DE、AD。

解：△ABC 为直角三角形，根据直角三角形定理，$AB^2+BC^2=AC^2$，因此 $BC^2=AC^2-AB^2$，即

$$BC=\sqrt{AC^2-AB^2}=\sqrt{8^2-6^2}\text{mm}=5.3\text{mm}$$

由于△ABC 相似△ADE，所以，$\frac{AC}{AE}=\frac{AB}{AD}=\frac{BC}{DE}$

$$\text{所以，}DE=AE\frac{BC}{AC}=3.975\text{mm}$$

$$AD=AE\frac{AB}{AC}=4.5\text{mm}$$

由此，即可得知 $SR6$mm 圆球与 $R2$mm 凹圆弧相切点 E 的坐标值为（7.95，-10.5）。

3）圆弧 $R2$mm 与端面相交点 G 的计算。

由于 $R2$mm 圆弧与 GH 相切，切点为 G，所以 $CG\perp GH$，垂足为 G，即 $GH=BC$。

已知 $BC=5.3$mm，$GH=BC=5.3$mm，所以 G 点坐标值为（10.6，-14）。

5. 编制程序

（1）加工滚花外轮廓程序

%0001		加工 ϕ12mm 外圆和网纹程序名
N01	T0101	在安全位置换 1 号外圆车刀
N02	M03 S550	主轴正转，转速 460r/min
N03	G00 X15 Z2	刀具快速移动至循环起点处
N04	G80 X12.7 Z-100 F100	循环第一刀
N05	X12.3 Z-90 F60	循环第二刀精加工
N06	G00 X50	刀具 X 轴方向快速退刀
N07	T0202	换 2 号滚花刀
N08	M07 M03 S200	切削液开启，主轴速度降低至 200r/min
N09	G00 X12	进刀
N10	G01 Z-90 F130	压花
N11	G00 X50	X 轴方向快速退刀
N12	Z2	Z 轴方向快速退刀至换刀点位置
N13	M09 M05	切削液关闭，主轴停止
N14	M30	主程序结束并复位

（2）加工锥面和螺纹的程序

%0002		加工锥面和 M8 螺纹程序名
N01	T0105	在安全位置换 1 号外圆刀
N02	M03 S550	主轴正转，转速 460r/min
N03	G00 X15 Z2	刀具快速移动至循环起点处

N04	G71 U1.5 R1 P5 Q10 X0.3 Z0.1 F100	外径复合循环指令
N05	G01 X6 Z0 F60	精车路径第一行
N06	X7.8 C1	倒角
N07	W-15	加工螺纹外径尺寸
N08	X8.4	刀具移至圆锥面起点处
N09	X11.9 W-82	加工锥面
N10	X13	*X* 轴方向退刀，精加工路径最后一行
N11	G00 X50 Z1	快速退刀至换刀点位置
N12	T0303	换 3 号螺纹刀
N13	M07 M03 S350	切削液开启，主轴转速为 350r/min
N14	G00 X10	刀具快速移至螺纹循环起点处
N15	G82 X7.4 Z-14 F0.75	螺纹加工循环第一刀
N16	X7.2 Z-14 F0.75	螺纹加工循环第二刀
N17	X7.1 Z-14 F0.75	螺纹加工循环第三刀
N18	G00 X50	刀具快速移至换刀点位置
N19	M09 M05	切削液关，主轴停止
N20	M30	程序结束并复位

（3）加工 *SR*6mm 圆球和 *R*2mm 凹槽的程序

%0003		加工 *R*6mm 圆弧程序名
N01	T0404	换 1 号外圆车刀
N02	M03 S550	
N03	G00 X13 Z1	刀具快速移至循环起点处
N04	G71 U1.5 R1 P5 Q8 X0.5 Z0.1 F100	外径复合循环指令
N05	G01 X0 F60	精车路径第一行
N06	G03 X3.975 Z-4.5 R6	精加工 *R*6mm 圆弧
N07	G02 X7.95 W-2 R2	精加工 *R*2mm 圆弧
N08	G01 X12.4 C1.5	*X* 轴方向退刀加工端面，循环终点
N09	G00 X50 Z100	刀具快速退至换刀点
N10	M05	主轴停止
N11	M30	程序结束并复位

6. 对刀操作

对刀的目的是调整数控车床每把刀具的刀位点，这样在刀架转位之后，虽然各刀具的刀尖不在同一个点上，但通过刀具补偿，将使每把刀具的刀位点都重合在某一理想位置上，编程者只需按工件的轮廓编制加工程序而不必考虑不同刀具长度和刀尖半径的影响。由于该手柄加工需要三次装夹完成零件的加工，如果使用一夹一顶的方式进行加工，可以定位在相同位置装夹，这样就可避免重复对刀。但加工圆弧面时，装夹方式不同，因此必须分别进行对刀。

（1）夹一头顶一头装夹方式对刀操作

1）装夹工件，夹一头，夹持长度为12mm，另一头用回顶尖顶住中心孔定位。

2）按功能软键选择“刀具补偿”F4功能，再按压“刀偏表”F1，显示界面会出现“绝对刀偏表”。

3）在安全位置手动换1号硬质合金螺纹刀；用1号外硬质合金螺纹刀试切毛坯外径一段距离（图7-64所示1点），*X*方向不移动，将刀具朝+*Z*的方向退出加工表面，用卡尺或千分尺准确测量出外圆尺寸。

4）用光标键“↓”“↑”“←”或“→”在1号刀偏寄存器中选择“试切直径”栏，输入已测量出的工件直径值，并确认。

5）由于螺纹刀刀尖在中间位置，无法切削到端面，因此对刀时可不用切削端面，而只需低速移至试切后外径与端面相交处2点（图6-64所示），*Z*向不移动，将刀具朝+*X*方向退出加工表面。

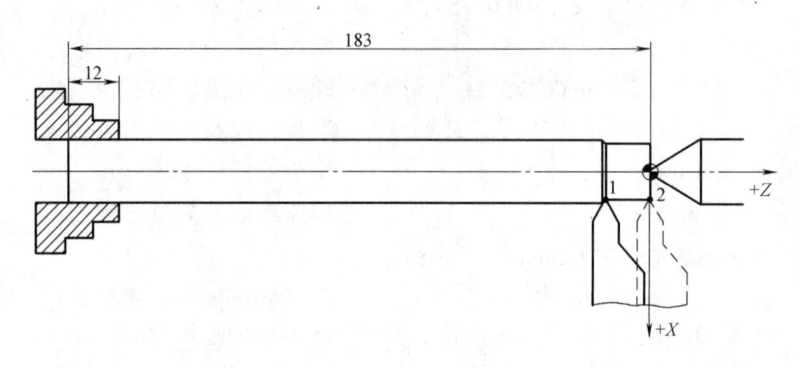

图7-64　对刀操作示意图

6）在刀偏寄存器“试切长度”一栏中输入“0”（如工件坐标系的原点位置在外端面圆心上），并确认；此时，1号刀具对刀完成。

7）用以上同样的方式对2号滚花刀、3号高速钢螺纹刀进行对刀操作。

（2）加工*SR*6mm圆球和*R*2mm凹圆弧对刀　加工此工序只需使用一把刀具，即机夹式精车外圆车刀，所以只需对刀一次即可。具体对刀操作步骤如下：

1）装夹工件，用自定心卡盘夹持毛坯伸出25mm长。

2）按功能软键选择“刀具补偿”F4功能，再按压“刀偏表”F1，显示界面会出现“绝对刀偏表”。

3）换4号机夹式精车外圆车刀，用4号机夹式精车外圆车刀试切毛坯外径一段距离（如图7-65所示1点），*X*方向不移动，将刀具朝+*Z*的方向退出加工表面，再用卡尺或千分尺准确测量出外圆尺寸。

4）用光标键“↓”“↑”“←”或“→”在4号刀偏寄存器中选择“试切直径”栏并输入已测量出的工件直径值，确认。

5）精车外圆车刀试切工件的端面（图7-65所示2点）并朝端面中心切平，*Z*向不移动，将刀具朝+*X*方向退出加工表面。

6）在刀偏寄存器中“试切长度”一栏中输入“0”（如工件坐标系的原点位置在外端

面圆心上)，并确认；此时，4 号刀具对刀完成。

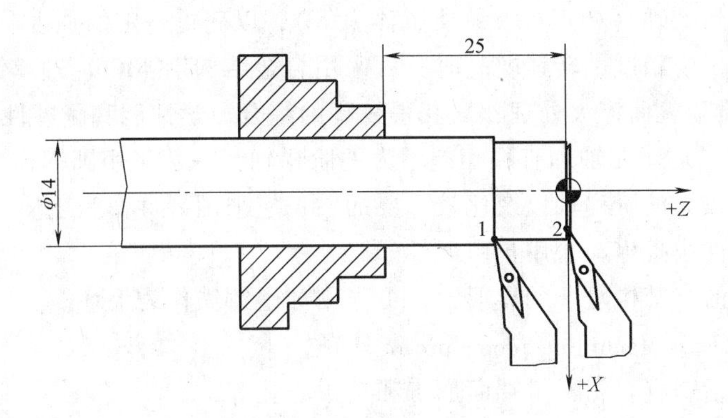

图 7-65　加工圆弧对刀示意图

【注意事项】

① 对刀前必须确定机床已回到零点建立机床坐标系；

② 设置的工件坐标系 X 轴零点偏置=机床坐标系 Z 坐标-试切直径，因而试切工件外径后，不得移动 X 轴。

③ 设置的工件坐标系 Z 轴零点偏置=机床坐标系 X 坐标-试切长度，因而试切工件端面后，不得移动 Z 轴。

7. 实施加工

按照数控车床加工操作步骤进行加工，注意在实施加工过程中一定要保证装夹位置与对刀时的装夹位置一致，否则会出现加工误差甚至危险。

7.7　机械加工工艺规程综合分析（Process planning comprehensive analysis of mechanical manufacturing）

7.7.1　轴类零件的加工工艺（The machining technology of shaft parts）

1. 概述（Introduction）

(1) 轴的功能与结构特点　轴类零件主要用来支承传动零件和传递转矩。轴类零件是回转体零件，其长度大于直径，一般由内、外圆柱面，圆锥面，螺纹，花键及键槽等组成。

(2) 轴的技术要求

1) 尺寸标准公差等级及表面粗糙度　轴的尺寸标准公差等级主要指外圆的直径尺寸标准公差等级，一般为 IT6~IT9，表面粗糙度值为 Ra0. 4~6. 3μm。

2) 几何形状公差　轴颈的几何形状公差（圆度、圆柱度）应限制在直径公差范围之内。对几何形状公差要求较高时，应在零件图上规定其允许的偏差值。

3) 相互位置公差　轴的相互位置公差主要有轴颈之间的同轴度、定位面与轴线的垂直度、键槽对轴的对称度等。

(3) 轴的材料及热处理　对于不重要的轴，可采用普通碳素钢（如 Q235 A、Q275 A 等)，不进行热处理。

对于一般的轴，可采用优质碳素结构钢（如 35、40、45、50 钢等），并根据不同的工作条件进行不同的热处理（如正火、调质、淬火等），以获得一定的强度、韧性和耐磨性。

对于重要的轴，当精度、转速较高时，可采用合金结构钢 40Cr、轴承钢 GCr15、弹簧钢 65Mn 等，进行调质和表面淬火处理，以获得较高的综合力学性能和耐磨性能。

（4）轴的毛坯　对于光轴和直径相差不大的阶梯轴，一般采用圆钢作为毛坯。

对于直径相差较大的阶梯轴以及比较重要的轴，应采用锻件作为毛坯。其中大批大量生产采用模锻件，单件小批生产采用自由锻件。

对于某些大型的、结构复杂的异形轴，可采用球墨铸铁作为毛坯。

2. 轴的加工过程（Machining procedure of shaft）

预备加工：包括矫直、切断、端面加工和钻中心孔等。

粗车：粗车直径不同的外圆和端面。

热处理：对质量要求较高的轴，在粗车后应进行正火、调质等热处理。

精车：修研中心孔后精车外圆、端面及螺纹等。

其他工序：如铣键槽、花键及钻孔等。

热处理：耐磨部位进行表面热处理。

磨削工序：修研中心孔后磨外圆、端面。

3. 轴类零件的加工工艺过程举例（The case of machining technology of shaft parts）

图 7-66 所示为某机器上的主轴零件，该轴在工作时要承受转矩和进给力，并做轴向移动。该轴材料采用 40Cr 钢，局部淬硬。现按中批量生产拟订其加工工艺。

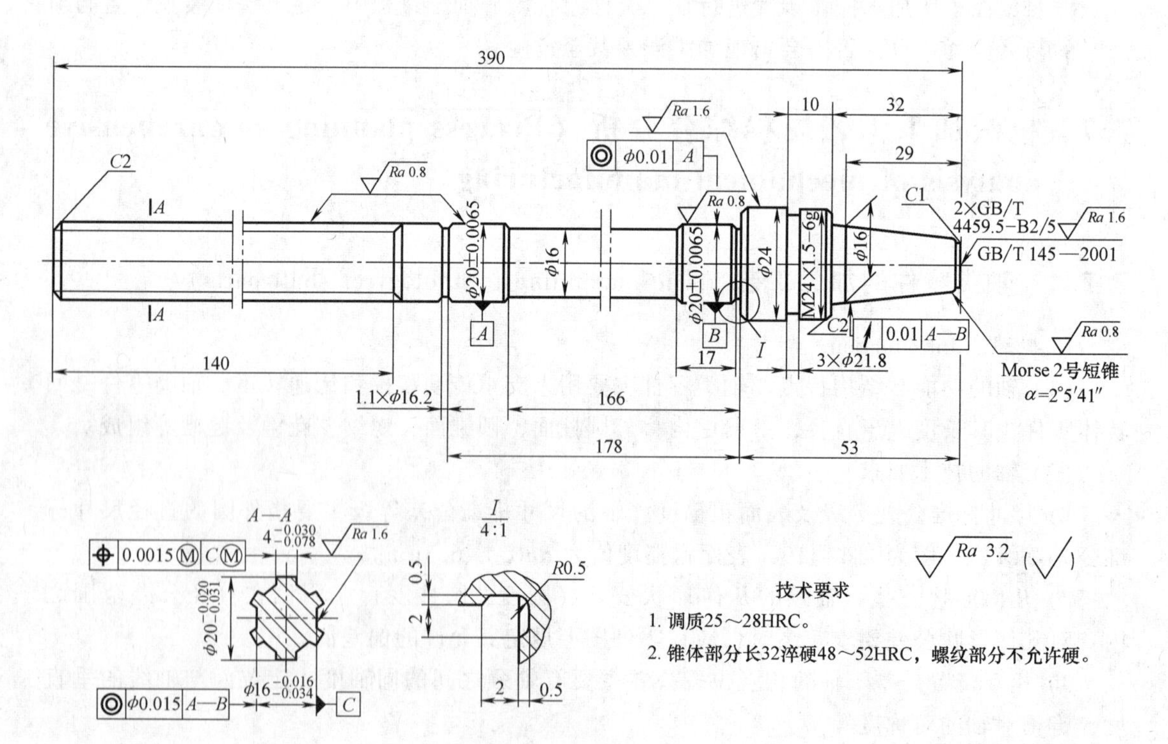

图 7-66　主轴零件图

(1) 零件技术要求分析　从该主轴零件图可知，两支承轴颈 ϕ20h6mm、花键和短圆锥是零件的三个重要表面，它们的尺寸标准公差等级、相互位置公差和表面粗糙度都有较高要求。主轴的主要技术要求如下：

1) 两支承轴颈为 $\phi(20\pm0.0065)$mm，表面粗糙度值≤$Ra0.8\mu m$，且两外圆同轴度公差为 0.01mm。

2) 花键是以小径定心的六槽花键，小径为 $\phi16_{-0.034}^{-0.016}$mm，表面粗糙度值≤$Ra1.6\mu m$，与两支承轴颈的同轴度公差为 0.015mm；键宽为 $4_{-0.078}^{-0.030}$mm，表面粗糙度值≤$Ra1.6\mu m$，键宽位置度公差为 0.0015mm。

3) 短圆锥为 Morse No. 2 短锥，$\alpha=2°5'41''$，表面粗糙度值≤$Ra0.8\mu m$，与支承轴颈的斜向圆跳动公差为 0.01mm，需局部淬硬。

4) 调质后硬度为 25~28HRC。为了达到零件的上述技术要求，必须正确选择各工序的定位基准，选择合理的加工方法和加工路线。

(2) 毛坯的选择　该零件为较重要的主轴零件，工作时受载较复杂，且长径比较大(属细长轴)，尽管各台阶尺寸相差很小，但还是应该选择锻造毛坯。图 7-67 为锻件图，锻件尺寸由《机械加工工艺人员手册》查得（杨叔子编著，机械工业出版社，2011）。因为是中批量生产，所以可采用自由锻工艺，通过镦粗→拔长→局部镦粗的工序即可。

(3) 定位基准的选择　为保证各表面之间的相互位置公差，选两中心孔作为统一的定位基准；选锻件外圆作为粗基准，以加工出两端面和中心孔。

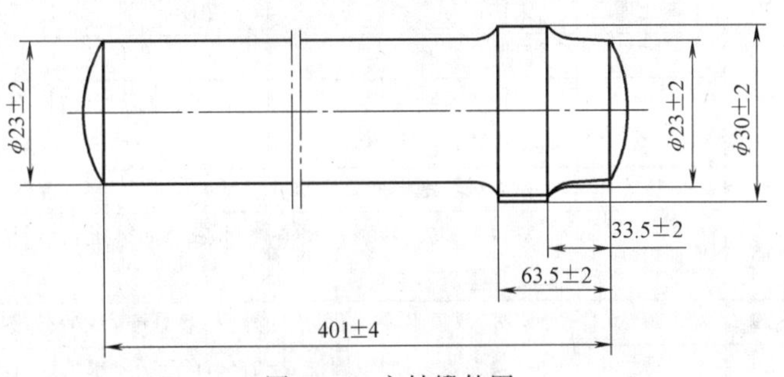

图 7-67　主轴锻件图

(4) 加工方法和工艺路线的制订　由于两支承轴颈和短圆锥要求较高，短圆锥还需局部淬硬，这就决定了这两个重要表面的最终加工方法为磨削。对于花键表面，由于无须淬硬，可用花键滚刀在花键铣床上通过粗、精铣达到要求。

磨外圆前要对外圆进行粗车、半精车，并完成螺纹加工。为了保证花键加工的精度，防止短锥局部淬火对花键的影响，将花键精加工工序安排在粗磨外圆后、精磨外圆前进行。

调质是为了提高零件的综合力学性能并保证局部淬火的质量，减小淬火变形。调质处理可在粗加工前也可在粗加工后进行，本例中将调质处理安排在粗加工后进行。

这样就可初步拟订出主轴的工艺路线：下料→锻造→车端面、钻中心孔→粗车→调质→修研中心→半精车→车螺纹→粗铣花键→局部淬火→研磨中心孔→粗磨外圆→精铣花键→精磨外圆→精磨短锥。

(5) 工序余量和工序尺寸的确定　由《机械加工工艺人员手册》可查得：

1) 调质后半精车的余量为 2.5~3mm，本例取 3mm。

2) 半精车后各段外圆均留磨削余量为 0.4mm，半精车工序上极限偏差为零，下极限偏差为 0.15mm。

综合以上各项，可得主轴的工艺过程见表 7-19。

表 7-19　主轴的工艺过程　（尺寸单位：mm）

序号	工序名称	工序内容	定位基面	设备
1	备料	$\phi30\times250$	—	锯床
2	锻造	拔长至 401mm		锻压机
3	热处理	正火	—	—
4	车	自定心卡盘夹持；车一端面，钻中心孔 B2；调头自定心卡盘夹持；车另一端面，保证总长，钻中心孔 B2	$\phi16$ 外圆毛坯	车床 1
5	车	双顶尖装夹；粗车 M24×1.5 处、$\phi24$ 外圆、短锥处外圆，均留余量 3.4	两端中心孔	车床 2
6	车	双顶尖装夹；粗车花键处，$\phi16$ 处、$\phi20$ 处外圆，均留余量 3.4	两端中心孔	车床 2
7	热处理	调质 25~28HRC	—	—
8	车	修研两端中心孔	—	车床 1
9	车	双顶尖装夹；车花键外圆和 $\phi20$ 轴颈外圆，留磨量 0.4；车 $\phi16$ 外圆至所要求尺寸；车内凹槽 16、宽 2；割槽 $1.1\times\phi16.2$；倒角	两端中心孔	车床 2
10	车	调头，双顶尖装夹；车螺纹 M24×1.5、$\phi24$ 外圆至尺寸，车短锥处外圆至所要求尺寸；割槽 $3\times\phi21.8$；倒角	两端中心孔	车床 2
11	车	夹持 $\phi16$ 外圆精车短圆锥，留磨量 0.4；倒角	$\phi16$ 外圆	车床 1
12	车	双顶尖装夹；车螺纹 M24×1.5-6g 至所要求尺寸	两端中心孔	车床 2
13	铣	粗滚铣花键，留精滚铣余量 0.6	两端中心孔	花键铣床
14	热处理	锥体部分高频表面淬火，48~52HRC	—	—
15	车	研磨中心孔	—	车床 1
16	磨	双顶尖装夹；粗磨花键外圆和支承轴颈，留精磨余量 0.10，靠磨；$\phi24$ 处台肩	两端中心孔	外圆磨床
17	铣	精滚铣花键至所要求尺寸	两端中心孔	花键铣床
18	磨	双顶尖装夹；精磨 $\phi16js6$ 外圆，靠磨 $\phi24$ 处台肩；精磨 $\phi20_{-0.031}^{-0.020}$ 花键大径至所要求尺寸	两端中心孔	外圆磨床
19	磨	调头，双顶尖装夹；磨 $\phi24$ 外圆，磨短锥处 $\phi16$ 外圆，磨出为止	两端中心孔	外圆磨床
20	磨	双顶尖装夹；磨短圆锥 $\alpha=2°5'41''$ 至所要求角度	两端中心孔	外圆磨床

（6）主轴工艺过程分析　从主轴工艺编制过程中可归纳出轴类零件的一般工艺过程为：备料（或锻造）→预备热处理（正火或退火）→车端面钻中心孔→粗车→（调质）→修整中心孔→半精车（精车）→热处理（淬火或局淬）→研磨中心孔→磨削。

对于结构复杂、加工精度高的轴，只需在上述一般工艺过程中穿插一些其他工序，如：加工空心轴时应在粗车后安排钻深孔工序；轴上的螺纹一般安排在半精车或精车过程中加工，或在之后另安排一道加工工序；需淬硬的轴上的花键、键槽应安排在淬火前进行铣削加工；无需淬硬的表面上的花键、键槽尽可能放在后面加工（一般在外圆精车或粗磨后、精磨前），以利于保证其加工精度。

对于精度很高的轴，需多次修整中心孔，并把工序分得更细，如半精车、精车、粗磨、半精磨、精磨等，有时磨削后还要进行其他超精密加工。

7.7.2　盘类零件的加工工艺（The machining technology of wheel parts）

飞轮、齿轮、带轮、套类都属于盘类零件，其加工过程较相似。为此以齿轮为例来分析这类零件的加工工艺。

1. 齿轮零件的结构特点（Structure features of gear parts）

虽然由于功能不同，齿轮具有各种不同的形状与尺寸，但从工艺观点仍可将其看成是由齿圈和轮体两部分构成。齿圈的结构形状和位置是评价齿轮结构工艺性的一项重要指标。如图 7-68 所示，单联齿轮圈齿轮（图 7-68a）的结构工艺性最好。双联与三联（图 7-68b、c）的多齿圈齿轮，由于轮缘间的轴向距离较小，小齿圈不便于刀具或砂轮切削，因此加工方法受限制（一般只能选插齿加工）。当齿轮精度要求较高时，即需要剃齿或磨齿时，通常将多齿圈结构的齿轮看成单齿圈齿轮的组合结构（图 7-68c）。

2. 机械加工的一般工艺过程（General process of machining ）

加工一个精度较高的圆柱齿轮，大致经过如下工艺路线：毛坯制造及热处理→齿坯加工→齿形加工→齿端加工→轮齿热处理→定位面的精加工→齿形精加工。

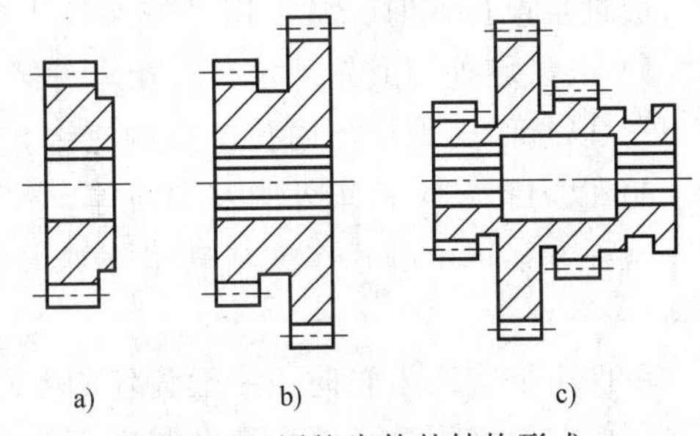

图 7-68　圆柱齿轮的结构形式

（1）齿轮的材料及热处理　齿轮的材料及热处理对齿轮的加工性能和使用性能都有很大的影响，选择时要考虑齿轮的工作条件和失效形式。对速度较快的齿轮传动，齿面易点蚀，应选用硬层较厚的高硬度材料；对有冲击载荷的齿轮传动，轮齿易折断，应选用韧性较好的材料；对低速重载的齿轮传动，齿既易折断又易磨损，应选用机械强度大、齿面硬度高的材料。当前生产中常用的材料及热处理方法大致如下。

1）中碳结构钢（如 45 钢）进行调质或表面淬火。这种钢经正火或调质热处理后，改善了金相组织，提高了材料的可加工性。但这种材料可淬透性较差，一般只用于齿面的表面淬火。它常用于低速、轻载或中载的普通精度齿轮。

2）中碳合金结构钢（如 40Cr）进行调质或表面淬火。这种材料热处理后综合力学性能好，热处理变形小，适用于制造速度较快、载荷较大、精度高的齿轮。

3）渗碳钢（如 20Cr、20CrMnTi 等）经渗碳淬火，齿面硬度可达 58~63HRC，而心部又有较好的韧性，既能耐磨又能承受冲击载荷，这些材料适合于制作高速、小载荷或具有冲击载荷的齿轮。

4）铸铁及其他非金属材料，如夹布胶木与尼龙等，这些材料的强度低，容易加工，适用于制造轻载荷的传动齿轮。

（2）毛坯制造　齿轮毛坯的制造形式取决于齿轮的材料、结构形状、尺寸大小、使用条件及生产类型等因素。齿轮毛坯形式有棒料、锻件和铸件。

1）尺寸较小、结构简单而且对强度要求不高的钢制齿轮可采用轧棒作为毛坯。

2）强度、耐磨性和耐冲击要求较高的齿轮多采用锻件，生产批量小或尺寸大的齿轮采用自由锻件，批量较大的中、小齿轮则采用模锻件。

3）尺寸较大（直径大于 400~600mm）且结构复杂的齿轮，常采用铸造的方法制造毛坯。小尺寸而形状复杂的齿轮，可以采用精密铸造或压铸方法制造毛坯。

（3）齿坯加工　齿形加工前的齿轮加工称为齿坯加工。齿坯的外圆、端面或内孔经常作为齿形加工、测量和装配的基准，所以齿坯的精度对于整个齿轮的精度有着重要的影响。另外，齿坯加工在齿轮加工总工时中占较大的比例，因此齿坯加工在整个齿轮加工中占有重要地位。

齿坯加工的主要内容包括：齿坯的孔加工（对于盘类、套类和圆形齿轮）、端面和顶尖孔加工（对于轴类齿轮）以及齿圈外圆和端面加工。以下主要讨论盘类齿轮的齿坯加工过程。

齿坯的加工工艺方案主要取决于齿轮的轮体结构和生产类型。

大批大量生产加工中等尺寸齿坯时，采用“钻→拉→多刀车”的工艺方案。

1）以毛坯外圆及端面定位进行钻孔或扩孔。

2）以端面支承进行拉孔。

3）以内孔定位在多刀半自动车床上粗、精车外圆、端面、切槽及倒角等。

成批生产齿坯时，常采用“车→拉”的工艺方案。

1）以齿坯外圆或轮毂定位，粗车外圆、端面和内孔。

2）以端面支承拉出内孔（或内花键）。

3）以内孔定位精车外圆及端面等。

这种方案可由卧式车床或转塔车床及拉床实现，它的特点是加工质量稳定，生产效率较高。

单件小批生产齿轮时，一般齿坯的孔、端面及外圆的粗、精加工都在通用车床上经两次装夹完成，但必须注意将内孔和基准面的精加工放在一次装夹内完成，以保证相互间的位置公差。

（4）齿形加工　齿形加工是整个齿轮加工的核心与关键。齿形加工方案的选择，主要取决于齿轮的尺寸标准公差等级、结构形状、生产类型和齿轮的热处理方法及生产厂家的现有条件，对于不同精度的齿轮，常用的齿形加工方案如下：

1）8 级精度以下的齿轮。该精度的齿轮用滚齿或插齿方法就能满足要求。对于淬硬齿轮可采用“滚（插）齿→齿端加工→淬火→找正内孔”的加工方案，但在淬火前齿形加工的尺寸标准公差等级应提高一级。

2）6~7 级精度齿轮。对于齿面不需淬硬的 6~7 级精度齿轮，采用“滚（插）齿→齿端加工→剃齿”的加工方案。

对于淬硬齿面的 6~7 级精度齿轮，可采用“滚（插）齿→齿端加工→剃齿→表面淬火→找正基准→珩齿”的加工方案。

这种加工方案生产率低，设备复杂，成本高，一般只用于单件小批生产。

3）5 级以上精度的齿轮。对于 5 级以上高精度齿轮，一般采用“粗滚齿→精滚齿→齿端加工→淬火→找正基准→粗磨齿→精磨齿”的加工方案。

（5）齿端加工　齿轮的齿端加工的方式有倒圆、倒尖、倒棱和去毛刺（图 7-69），经倒圆、倒尖和倒棱加工后的齿轮，沿轴向移动时容易进入啮合。倒棱后齿端去除锐边，防止了在热处理时因应力集中而产生微裂纹。

齿端倒圆应用最广，图 7-70 所示为采用指形齿轮铣刀倒圆的原理图。

齿端加工必须安排在齿形淬火之前，通常在滚（插）齿之后进行。

（6）齿轮的热处理　齿轮的热处理可分为齿坯的预备热处理和轮齿的表面淬硬热处理。

齿坯的热处理通常为正火和调质，正火一般安排在粗加工之前，调质则安排在齿坯加工

之后。为延长齿轮寿命，常对轮齿进行表面淬硬热处理，根据齿轮材料与技术要求不同，常安排渗碳淬火和表面淬硬热处理。

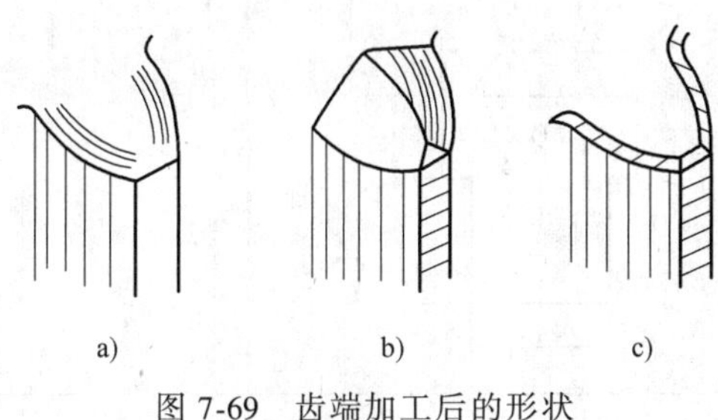

图 7-69 齿端加工后的形状
a）倒圆 b）倒尖 c）倒棱

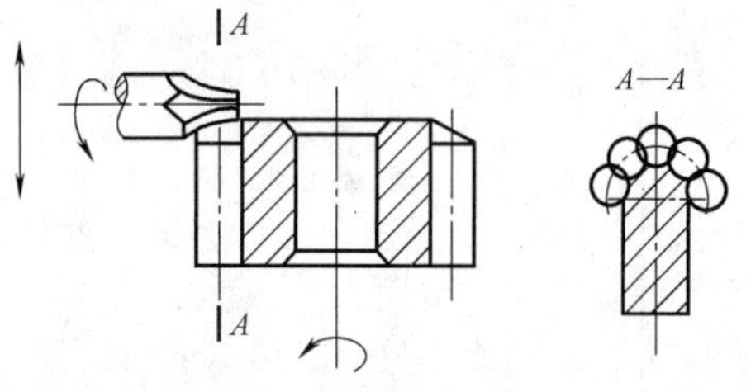

图 7-70 齿端倒圆原理图

（7）精基准找正 轮齿淬火后其内孔常发生变形，内孔直径可缩小 0.01～0.05mm，为确保齿形的加工质量，必须对基准孔加以修整。修整的方法一般采用拉孔和磨孔。

（8）齿轮精加工 以磨过（修正后）的内孔定位，在磨齿机上磨齿面或在珩齿机上珩齿。

3. 盘状圆柱齿轮加工工艺过程举例（The case of discoid gear machining）

盘状圆柱齿轮如图 7-71 所示。

（1）零件的技术要求

1）齿轮外径 ϕ64h8mm 对孔 ϕ20H7mm 轴线的径向圆跳动公差为 0.025mm。

2）端面对 ϕ20H7mm 轴线的径向圆跳动公差为 0.01mm。

3）轮齿的尺寸标准公差等级为 7 级；齿轮的模数 $m=2$mm，齿数 $z=30$；材料为 HT200。

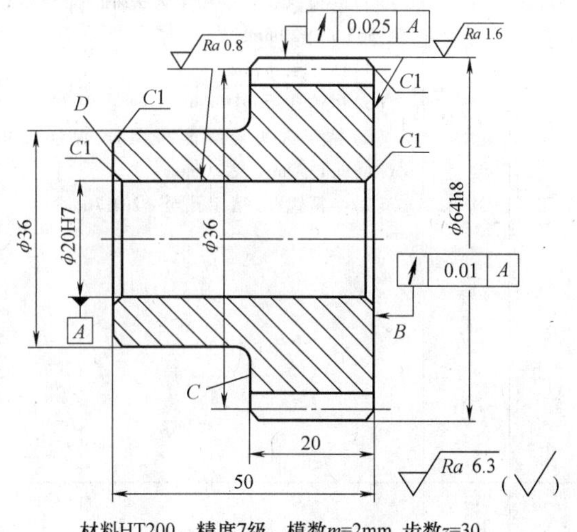

材料HT200，精度7级，模数m=2mm，齿数z=30
图 7-71 圆柱齿轮

（2）工艺分析 该零件属于单件小批生产，根据本身的尺寸要求，齿坯可采用“粗车→精车→钻→粗镗→半精镗→精镗”的工艺方案。

其轮齿加工可采用“滚齿→齿端加工→剃齿”的工艺方案。

（3）基准的选择 由零件各表面的位置公差要求可知，外圆表面 ϕ64h8mm 及端面 *B* 都与孔 ϕ20H7mm 轴线有位置公差的要求，要保证它们的位置公差，只要在一次装夹内完成外圆表面 ϕ64h8mm、端面 *B* 和孔 ϕ20H7mm 轴线的精加工即可，所以要以 ϕ36mm 外圆表面为基准，粗车大外圆、端面 *B*，精镗孔。ϕ36mm 外圆表面要作为精基准，就要以 ϕ64h8mm 外圆表面为粗基准来加工 ϕ36mm 外圆表面，所以加工该零件的粗基准是 ϕ64h8mm 外圆表面。轮齿的加工以端面 *B* 及内孔为基准。

（4）工艺过程 在单件小批生产中，该齿轮的工艺过程可按表 7-20 进行安排。

表 7-20　单件小批生产时齿轮加工工艺过程

序号	工序	工序内容	加工简图	加工设备
1	铸造	造型、浇注和清理	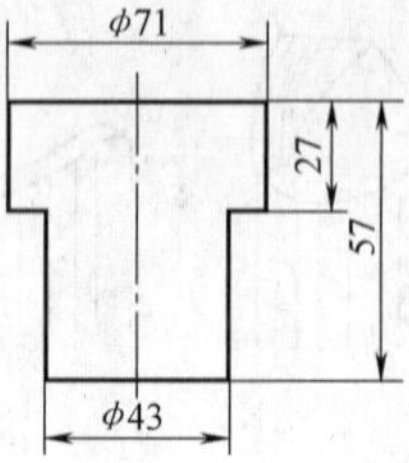 $\phi71$　27　57　$\phi43$	
2	车	(1)粗车、半精车小头外圆面和端面至 $\phi36mm\times30mm$ (2)倒角(小头) (3)倒头,粗车、半精车大头外圆面和端面至 $\phi65mm\times22mm$ (4)钻孔至 $\phi18mm$ (5)粗镗孔至 $\phi19mm$ (6)精车大头外圆面和端面,保证尺寸 $\phi64h8mm$、50mm 及 20mm (7)半精镗孔、精镗孔至 $\phi20H7mm$	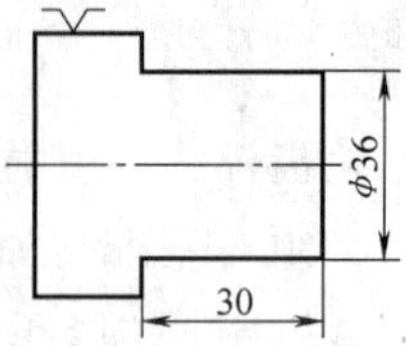 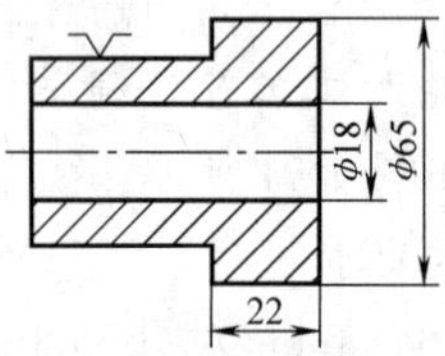 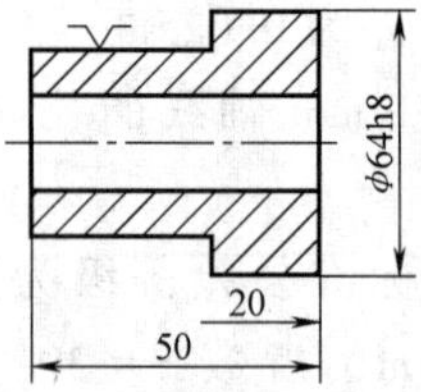 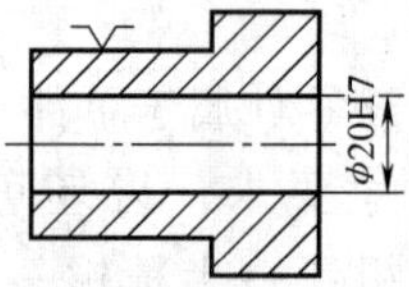 $\phi36$　30 $\phi18$　$\phi65$　22 $\phi64h8$　20　50 $\phi20H7$	车床
3	滚齿	滚齿余量为 0.03~0.05mm	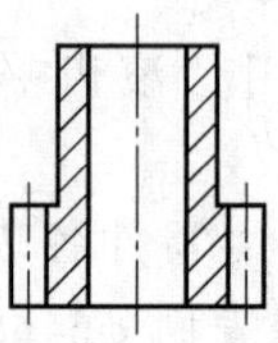	滚齿机
4	倒角	倒角		
5	剃齿	剃齿保证轮齿的精度为 7 级	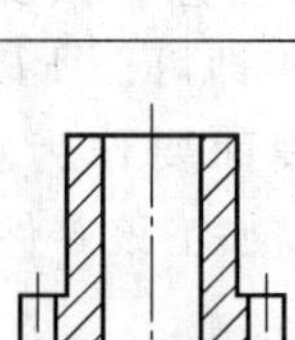	剃齿机

案例分析 7-2

试分析图 7-72 和图 7-73 所示传动轴，材料为 45 钢，最终热处理为调质处理。按照中批量生产要求，毛坯尺寸为 ϕ30mm×140mm 圆钢，材料库现有材料为 45 号钢棒料，尺寸为 ϕ30mm×300mm。分析零件结构工艺性，提出改进设计方案；对获得的方案进行机械加工工艺设计，得到机械加工工艺过程卡、工序卡和工序图。

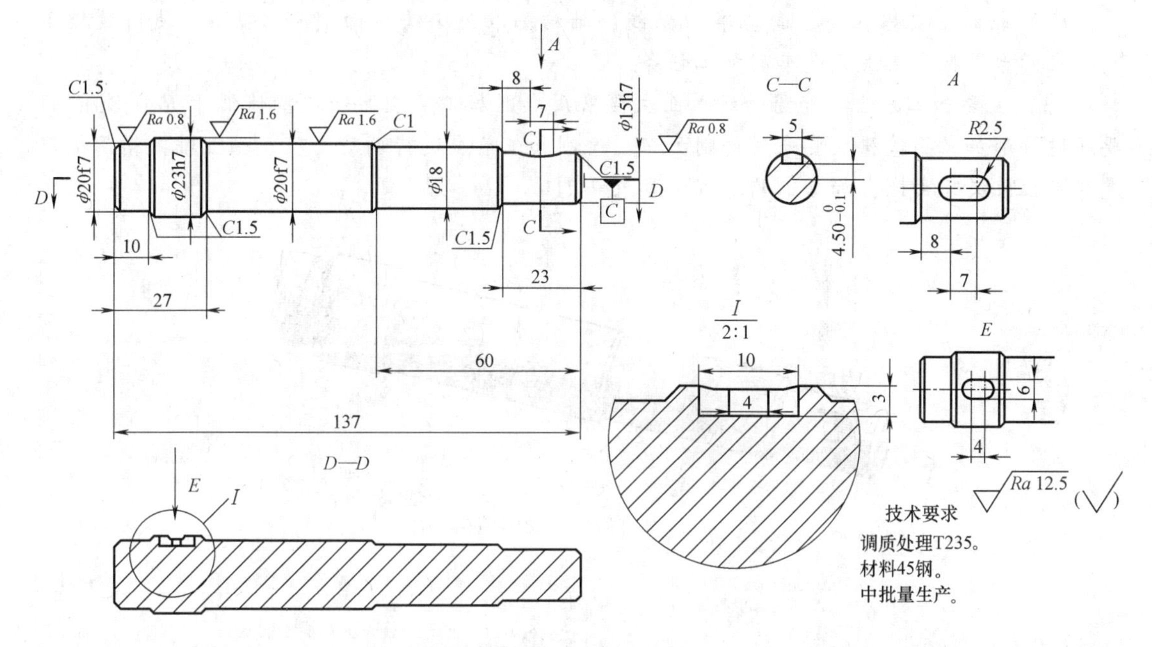

图 7-72 传动轴零件图原始设计

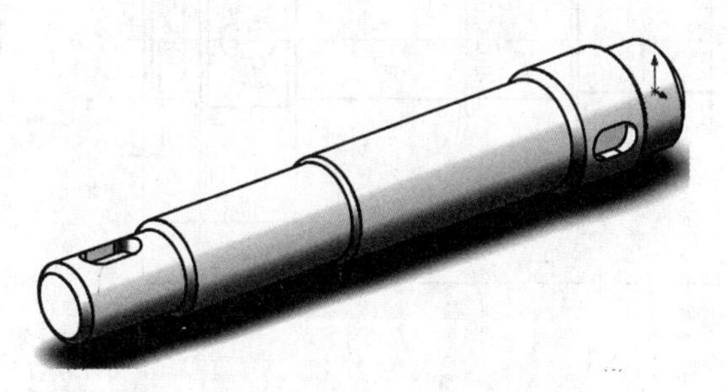

图 7-73 传动轴零件三维图原始设计

分析

1. 零件结构工艺性分析

1）两端的两个圆柱面表面粗糙度值要求为 Ra0. 8μm，所以都需要进行磨削加工，需要留出一个越程槽，防止刀具磨削小头圆柱端的时候损坏到 ϕ23mm 和 ϕ16mm 直径的圆柱。越程槽的尺寸由现有的刀具确定，具体为 3mm×1mm。

2）两个键槽的夹角角度为 90°，在铣键槽时需要用分度头旋转 90°，如果这个夹角是不必要的，最好将两个键槽的轴线置于同一直线上。同时两个键槽的半径不同，在不必要的情况下最好改成一样的，这样就可以只使用一把刀具，方便加工。

3）为了保证该轴在安装时的方便以及防止尖角会划伤皮肤，在每个台阶加 $C1.5$mm 的倒角。

2. 改进的设计方案（图 7-74 和 7-75）

（1）表面粗糙度的要求　表面粗糙度值 $Ra0.8\mu m$ 的形面需要磨削加工，其他表面只要车削或铣削加工。其中磨削应在热处理之后进行。

（2）轴的主要基准　径向基准为轴线，轴向基准为小头端面（图 7-75）。使用数控车削，在两台数控车床上完成车削加工任务。

（3）主要加工方法　外圆面及端面主要采用车削加工，表面粗糙度值低于 $Ra0.8\mu m$ 的要通过磨削加工。键槽主要采用铣削加工。磨削加工前应进行调质处理。轴上铣键槽用机用虎钳定位装夹。由此，加工工艺过程卡见表 7-21。

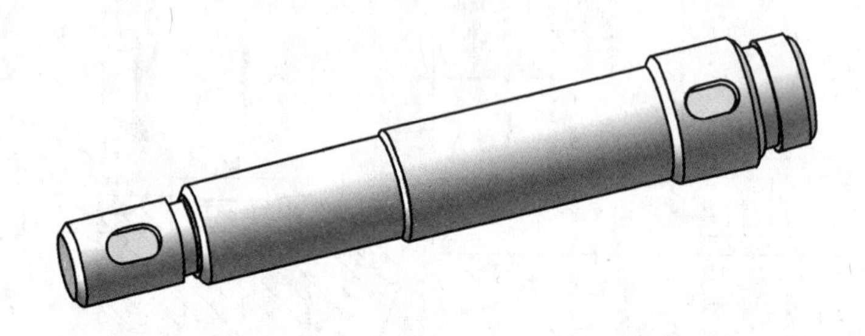

图 7-74　改进后的传动轴结构设计

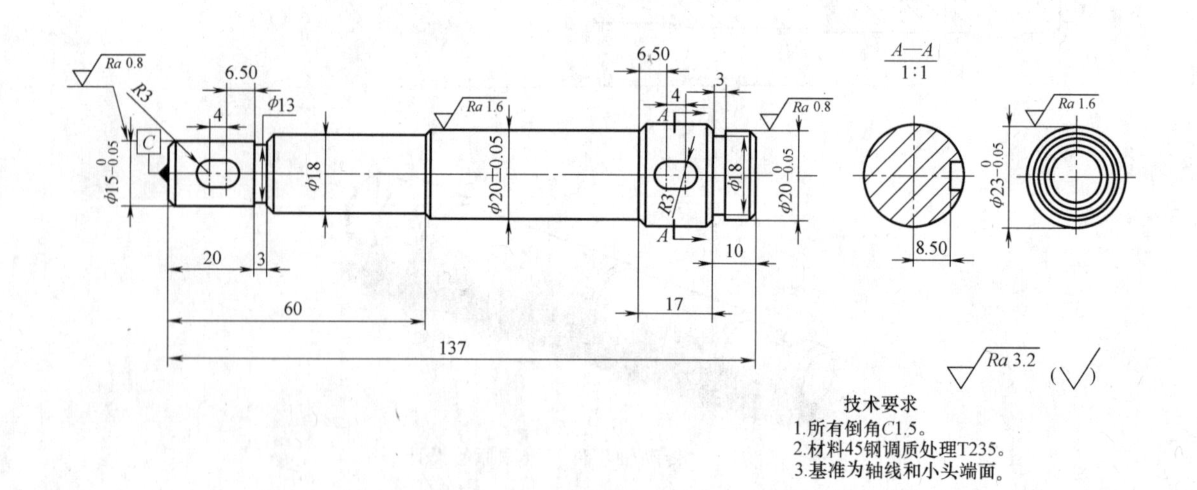

图 7-75　改进后的传动轴零件图

（4）机械加工工艺卡或工序卡、工序简图　表面粗糙度值 $Ra0.8\mu m$ 的形面需要磨削加工，其他表面只要车削或铣削加工。其中磨削应在热处理之后进行。

径向基准为轴线，轴向基准为小头端面。使用数控车削，在两台数控车床上完成车削加工任务。

外圆面及端面主要采用车削加工，表面粗糙度值低于 $Ra0.8\mu m$ 的要通过磨削加工。键槽主要采用铣削加工。磨削加工前应进行调质处理。轴上铣键槽用机用虎钳定位装夹。

表 7-21 传动轴机械加工工艺过程卡

文件名	机械加工工艺过程卡	产品型号		零件图号	ETC01		
		产品名称		零件名称	传动轴	共 1 页	第 1 页

材料牌号	45 钢	毛坯种类	圆钢	毛坯外形尺寸	ϕ30mm×140mm	每毛坯可制件数	1	每台件数	1	备注	

工序号	工序名称	工序内容	车间	工段	设备	工艺装备	工时/min	
							准终	单件
1	预备热处理	将毛坯退火处理	C101	热处理	电阻炉		0	240
2	切断	切取 147mm 的长度	D104	车工	1 号 C6132A	自定心卡盘、切槽刀、游标卡尺	0	5
3	车端面	半精车两端面	D104	车工	2 号 C6132A	自定心卡盘、45°左偏刀	0	9
4	钻中心孔	钻两端面中心孔	D104	车工	3 号 C6132A	自定心卡盘、中心钻	0	4
5	粗、精车外圆	在数控车上粗车 ϕ24mm、ϕ21mm、ϕ16mm、ϕ19mm,然后精车 ϕ23.5mm、ϕ15mm、ϕ20.5mm、ϕ18mm。车倒角、车越程槽	D203	数控车床	1 号 CK6136B 数控车	双顶尖+拨盘、尾座、90°右偏刀、切槽刀	0	7
6	铣键槽	在 ϕ15mm 和 ϕ23.5mm 圆柱上铣两个键槽	D203	数控铣床	2 号 XK714B 数控铣	立铣刀、机用虎钳	0	8
7	去毛刺	倒角除去毛刺	D104	车工	4 号 C6132A	45°偏刀,自定心卡盘	0	3
8	中检	检查所有尺寸	D104	车工		游标卡尺、千分尺	0	3
9	最终热处理	调质处理	C101	热处理	箱式电阻炉		0	60
10	修研中心孔	修研工件两端中心孔	D104	车工	5 号 C6132A	自定心卡盘、尾座、成形砂轮	0	5
11	磨削	精磨 ϕ23h7mm,ϕ20f7mm 和 ϕ15h7mm 三圆柱面	D102	磨工	M1420	双顶尖+拨盘、砂轮,千分尺	0	10
12	终检	检查所有尺寸	D102	磨工		千分尺	0	3

										设计	审核	标准化	会签	
标记	处数	更改文件号	签字	日期	标记	处数	更改文件号	签字	日期					

预备热处理工艺卡见表 7-22。

表 7-22 传动轴预备热处理工艺卡

文件名	热处理工艺卡	产品型号		零件图号	ETC01		
		产品名称		零件名称	传动轴	共 1 页	第 1 页

材料牌号		零件重量	1
工艺路线	1	件数	备注

	技术要求	检验方法
硬化层深度		
硬度	200~220HBS	布氏硬度计
金相组织	铁素体+少量珠光体	普通金相显微镜
力学性能		
允许变形量		

工序号	工序内容	设备	装炉方式及工装编号	装炉温度/℃	加热温度/℃	升温时间/min	保温时间/min	冷却			工时/min
								介质	温度/℃	时间/h	
1	预备热处理(退火)	箱式电阻炉	活性炭填充装箱进炉	30	950	90	30	炉中	30	3	300

标记	处数	更改文件号	签字	日期	标记	处数	更改文件号	签字		设计	审核	标准化	会签
								日期	2018. 5	吉鹏飞	周世权		

切断工序卡见表 7-23。

表 7-23 切断工序卡

文件名	机械加工工艺卡片	产品型号		零件图号	ETC01		
		产品名称		零件名称	传动轴	共 1 页	第 1 页

工步1 切断一端　　调头　　工步2 切断另一端　147

车间	工序号	工序名称	材料牌号
D104	2	切断	45 钢
毛坯种类	毛坯外形尺寸	每毛坯可制件数	每台件数
圆钢型材	ϕ25mm×160mm	1	/
设备名称	设备型号	设备编号	同时加工工件数
卧式车床	C6132A	1	1 批

夹具编号	夹具名称	切削液	
1	自定心卡盘	机油	
工位器具编号	工位器具名称	工序工时	
		准终	单件

工步号	工步内容	工艺设备	主轴转速/(r/min)	切削速度/(m/min)	进给量/(mm/r)	切削深度/mm	进给次数	工步工时/min	
								机动	辅助
1	切断一头	4mm 厚切槽刀,自定心卡盘	290	22. 78	0. 1	4	1	1	1
2	调头切另一端至工件长度 147mm	4mm 厚切槽刀,自定心卡盘,游标卡尺	290	22. 78	0. 1	4	1	1	2

标记	处数	更改文件号	签字	日期	标记	处数	更改文件号	签字	日期	设计	审核	标准化	会签
									2018. 5	吉鹏飞	周世权		

车端面工序卡见表 7-24。

表 7-24 车端面工序卡

文件名	车端面工序卡片	产品型号		零件图号	ETC01		
		产品名称		零件名称	传动轴	共 1 页	第 1 页

工序简图	车间	工序号	工序名称	材料牌号
工步1 车一端　工步2 车另一端　137　调头	D104	3	车端面	45 钢
	毛坯种类	毛坯外形尺寸	每毛坯可制件数	每台件数
	圆钢型材	ϕ25mm×147mm	1	/
	设备名称	设备型号	设备编号	同时加工工件数
	卧式车床	C6132A	2	1 批
	夹具编号	夹具名称	切削液	
	2	自定心卡盘		
	工位器具编号	工位器具名称	工序工时	
			准终	单件

工步号	工步内容	工艺设备	主轴转速/(r/min)	切削速度/(m/min)	进给量/(mm/r)	切削深度/mm	走刀次数	工步工时/min 机动	工步工时/min 辅助
1	车一侧端面	45°主偏角车刀,自定心卡盘	290	22.78	0.1	2	2	2	1
2	调头车另一端面使长度达 137mm	45°主偏角车刀,自定心卡盘,游标卡尺	290	22.78	0.1	2	3	4	3

标记	处数	更改文件号	签字	日期	标记	处数	更改文件号	签字	日期	设计	审核	标准化	会签
									2018.5	吉鹏飞	周世权		

钻中心孔工序卡见表 7-25。

表 7-25 钻中心孔工序卡

文件名	车端面工序卡片	产品型号		零件图号	ETC01		
		产品名称		零件名称	传动轴	共 1 页	第 1 页

工序简图	车间	工序号	工序名称	材料牌号
8	D104	4	钻中心孔	45 钢
	毛坯种类	毛坯外形尺寸	每毛坯可制件数	每台件数
	圆钢型材	ϕ25mm×137mm	1	/
	设备名称	设备型号	设备编号	同时加工工件数
	卧式车床	C6132A	4	1 批
	夹具编号	夹具名称	切削液	
	4	自定心卡盘,尾座		

工步号	工步内容	工艺设备	主轴转速/(r/min)	切削速度/(m/min)	进给量/(mm/r)	切削深度/mm	走刀次数	工步工时/min 机动	工步工时/min 辅助
1	钻一侧中心孔	ϕ5mm 中心钻,自定心卡盘,尾座	955		手动	2.5	2	1	1
2	调头钻另一侧中心孔	ϕ5mm 中心钻,自定心卡盘,尾座	955		手动	2.5	2	1	2

标记	处数	更改文件号	签字	日期	标记	处数	更改文件号	签字	日期	设计	审核	标准化	会签
									2018.5	吉鹏飞	周世权		

数控车大头外圆面工序卡见表 7-26。

表 7-26　数控车大头外圆面工序卡

文件名	车大头外圆面工序卡片	产品型号		零件图号	ETC01		
		产品名称		零件名称	传动轴	共 1 页	第 1 页

车间	工序号	工序名称	材料牌号
D203	5	数控车大头外圆面	45 钢
毛坯种类	毛坯外形尺寸	每毛坯可制件数	每台件数
圆钢型材	φ25mm×137mm	1	/
设备名称	设备型号	设备编号	同时加工工件数
卧式车床	CK6136B	5	1 批
夹具编号	夹具名称		切削液
5	自定心卡盘,回转顶尖		

工步号	工步内容	工艺设备	主轴转速/(r/min)	切削速度/(m/min)	进给速度/(mm/min)	切削深度/mm	走刀次数	工步工时/min	
								机动	辅助
1	粗车外圆分别至 φ23.5mm×27mm, φ20.5mm×10mm	回转顶尖,自定心卡盘,尾座。硬质合金 90°左偏刀	900	70.7	126	0.75 1.5	1 1	18	2
2	轮廓走刀精车分别至 $\phi23_{-0}^{+0.1}$mm×27mm, $\phi20_{-0}^{+0.1}$mm×10mm	回转顶尖,自定心卡盘,尾座。硬质合金 90°左偏刀	1350	89.1/ 101.8	94.5	0.5	1	15	
3	切砂轮越程槽 3mm×1mm	回转顶尖,自定心卡盘,尾座。硬质合金切槽刀	900	70.7	9	4	1	1	2

标记	处数	更改文件号	签字	日期	标记	处数	更改文件号	签字	日期	设计	审核	标准化	会签
									2018.5	吉鹏飞	周世权		

数控车小头外圆面工序卡见表 7-27。

表 7-27　数控车小头外圆面工序卡

文件名	车小头外圆面工序卡片	产品型号		零件图号	ETC01		
		产品名称		零件名称	传动轴	共 1 页	第 1 页

车间	工序号	工序名称	材料牌号
D203	6	数控车大头外圆面	45 钢
毛坯种类	毛坯外形尺寸	每毛坯可制件数	每台件数
圆钢型材	φ25mm×137mm	1	/
设备名称	设备型号	设备编号	同时加工工件数
卧式车床	CK6136B	6	1 批
夹具编号	夹具名称		切削液
6	自定心卡盘,回转顶尖		

工步号	工步内容	工艺设备	主轴转速/(r/min)	切削速度/(m/min)	进给速度/(mm/min)	切削深度/mm	走刀次数	工步工时/min	
								机动	辅助
1	粗车小头至 φ20.5mm × 110mm, φ18.5mm × 60mm, φ15.5mm×27.5mm	回转顶尖,自定心卡盘,尾座。硬质合金 90°左偏刀	900	70.7	126	2.25 1.0 1.5	1 1 1	1 0.5 0.2	2
2	轮廓精车至 $\phi20_{-0}^{+0.1}$mm×110mm, φ18mm×60mm, $\phi15_{-0}^{+0.1}$mm×27.5mm	回转顶尖,自定心卡盘,尾座。硬质合金 90°左偏刀	1350	65.7/ 86.9	94.5	0.5	1	1.3	
3	切砂轮越程槽 3mm×1mm	回转顶尖,自定心卡盘,尾座。硬质合金切槽刀	900	65.7	9	4	1	1	2

标记	处数	更改文件号	签字	日期	标记	处数	更改文件号	签字	日期	设计	审核	标准化	会签
									2018.5	吉鹏飞	周世权		

数控铣削键槽工序卡见表 7-28。

表 7-28　数控铣削键槽工序卡

文件名	数控铣键槽工序卡片	产品型号		零件图号	ETC01		
		产品名称		零件名称	传动轴	共 1 页	第 1 页

机用虎钳　铝制垫片	车间	工序号	工序名称	材料牌号
	D203	7	数控铣键槽	45 钢
	毛坯种类	毛坯外形尺寸	每毛坯可制件数	每台件数
	圆钢型材	ϕ20mm×120mm	1	/
	设备名称	设备型号	设备编号	同时加工工件数
	卧式车床	XK714B	7	1 批
	夹具编号	夹具名称	切削液	
	7	机用虎钳,垫铁,垫片		

工步号	工步内容	工艺设备	主轴转速/(r/min)	切削速度/(m/min)	进给速度/(mm/min)	切削深度/mm	走刀次数	工步工时/min	
								机动	辅助
1	铣 ϕ23mm 圆上的键槽	机用虎钳,垫铁,铝制垫片,ϕ6mm 键槽铣刀	800	15.08	60	0.3	10	4	1
2	铣 ϕ15mm 圆上的键槽	同上	800	15.08	60	0.5	10	4	

标记	处数	更改文件号	签字	日期	标记	处数	更改文件号	签字	日期	设计	审核	标准化	会签
									2018.5	吉鹏飞	周世权		

最终热处理工艺卡见表 7-29。

表 7-29　最终热处理工艺卡

文件名	调质热处理工艺卡片	产品型号		零件图号	ETC01		
		产品名称		零件名称	传动轴	共 1 页	第 1 页

温度/℃　900　500　30　1.5　2.0　h　0　0.5　1.0	材料牌号	45 钢	零件重量	总共 5kg
	工艺路线	调质处理	件数	10
	技术要求		检验方法	
	硬化层深度			
	硬度	25~35HRC	布氏硬度计	
	金相组织	回火索氏体	普通金相显微镜	
	力学性能	屈服强度高		
		冲击韧度好		
	允许变形量			

工序号	工序内容	设备	装炉方式及工装编号	装炉温度/℃	加热温度/℃	升温时间/min	保温时间/min	冷却			工时 min
								介质	温度/℃	时间/h	
8	淬火	箱式电阻炉	活性炭填充装箱进炉	30	900	90	30	水	25	0.1	150
9	高温回火	同上	同上	30	500	30	30	空冷	30	0.5	90

标记	处数	更改文件号	签字	日期	标记	处数	更改文件号	签字		设计	审核	标准化	会签	
								日期	2018.5	吉鹏飞	周世权			

磨削加工工艺卡见表7-30。

表7-30　磨削加工工艺卡

文件名	数控铣键槽工序卡片	产品型号		零件图号	ETC01		
		产品名称		零件名称	传动轴	共1页	第1页

车间	工序号	工序名称	材料牌号
D103	10	磨削两端外圆	45钢
毛坯种类	毛坯外形尺寸	每毛坯可制件数	每台件数
半成品	ϕ20mm×15mm×137mm	1	/
设备名称	设备型号	设备编号	同时加工工件数
外圆磨床	M1420A/H	8	1批
夹具编号	夹具名称	切削液	
8	双顶尖座	水溶性乳化液	

工步号	工步内容	工艺设备	主轴转速/(r/min)	切削速度/(m/s)	纵向进给速度/(mm/min)	径向进给/(mm/r)	走刀次数	工步工时/min 机动	工步工时/min 辅助
1	磨ϕ20.5mm至ϕ20f7mm	双顶尖座,砂轮ϕ400mm×50mm	1880	35	0	0.005	1	0.025	2
2	磨ϕ15.5mm至ϕ15h7mm	同上	1880	35	0	0.005	1	0.025	0

标记	处数	更改文件号	签字	日期	标记	处数	更改文件号	签字	日期	设计	审核	标准化	会签
									2018.5	吉鹏飞	周世权		

(5) 制造实施过程

1) 预备热处理。在热处理实训室用箱式电阻炉对毛坯进行退火（950℃左右）处理，改善其切削加工性能。

2) 切断。在卧式车床切断毛坯，获取毛坯中间直径均等的圆柱形工件，长度控制在147mm。如图7-76所示。

图7-76　下料后的毛坯

3) 车端面。在卧式车床车削工件两端面至137mm。

4) 钻中心孔。在卧式车床用中心钻在工件两端钻中心孔，方便后继加工过程中顶紧工件。

5) 车外圆柱面。在数控车床上车外圆柱面。具体步骤：车大头圆柱面；车退刀槽；倒角；调头；在另一数控车床上车小头圆柱面；倒角。获得的车削后的半成品如图7-77所示。

6) 铣键槽。在数控铣床上铣两个键槽。定位元件为机用虎钳和垫铁，其中机用虎钳的一个端面为X向定位基准，将工件台阶面紧靠机用虎钳的一个端面可以限制X向的平移自由度；机用虎钳的定位平面为外圆柱面在Y向的定位基准，限制了Y向的平移自由度和Z

向的旋转自由度；垫铁为外圆柱面在 Z 向的定位基准，限制了 Z 向的平移自由度和 Y 向的旋转自由度。这样可以限制 5 个自由度，X 方向的旋转自由度可以不限制，因为键槽在圆周上没有位置要求。所以该定位为不完全定位，也是合理的定位方案（图 7-78）。两个铝制垫片主要为了小头夹紧固定用，两个键槽一次加工成形。

图 7-77　车削后的半成品

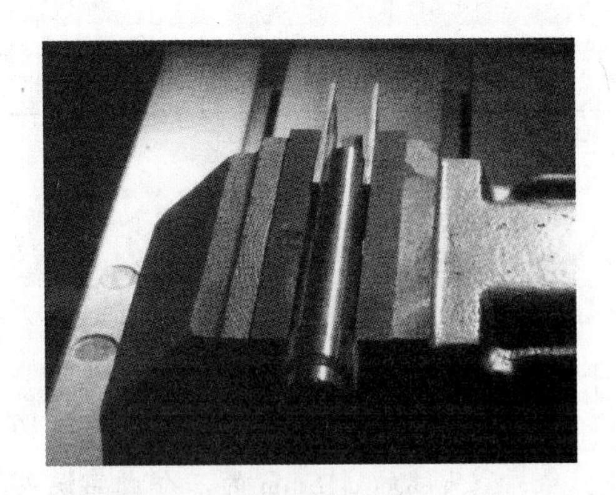

图 7-78　铣键槽的定位与夹紧

7）去毛刺、中间检查（尺寸、表面粗糙度等）。

8）最终热处理。在热处理实训室用箱式电阻炉对工件进行调质（900℃淬火+500～650℃回火）处理。

9）研磨顶尖孔。

10）磨削加工。在磨床对工件特定圆柱表面磨削加工，以达到表面粗糙度要求。因磨削长度小于砂轮宽度，采用横磨法磨削两个外圆面。如图 7-79 所示。

图 7-79　磨削加工现场

11）清洗、终检。清理磨削后产品表面的油污，擦干，用千分尺测量磨削部分的尺寸。

（6）结果分析

1）最终热处理前的尺寸精度分析。车削完成后，最终热处理前对图 7-80 所示部分检测尺寸精度稳定性，结果见表 7-31。

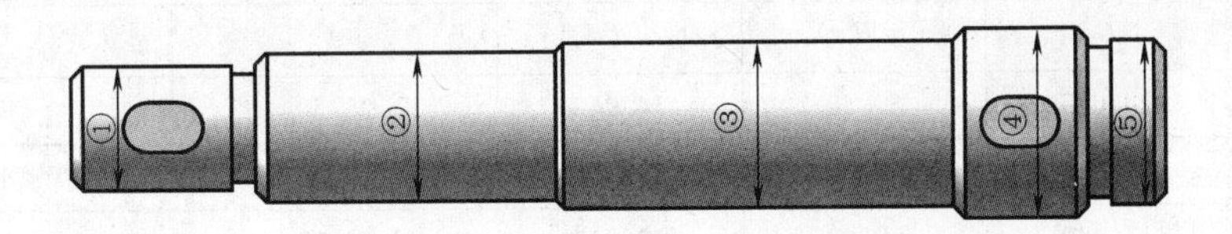

图 7-80　外圆柱面尺寸检验部分图

表 7-31　外圆柱面车削尺寸　（单位：mm）

产品编号	①	②	③	④	⑤
试样	15.070	18.043	20.090	23.558	20.642
1	14.925	17.941	19.991	23.448	20.535
2	14.939	17.949	19.983	23.451	20.505
3	14.908	17.920	19.952	23.450	20.512
1,2,3 平均	14.927	17.937	19.975	23.450	20.517

质量分析：

a. 大头端的 ϕ20.5mm，三个都在要求范围内，平均误差为 0.017mm。

b. 大头端的 ϕ23.5mm，三个都在要求范围内，平均误差为-0.050mm。

c. 小头端的 ϕ20mm，第一，二个差距较小，第三个偏小，可能是因为固定出现问题，平均误差为-0.025mm。

d. 小头端的 ϕ18mm 的三个成品平均误差为-0.063mm，其中第三个误差较大。

e. 小头端的 ϕ15mm 的三个成品误差较大。误差为-0.073mm。

2）磨削后的尺寸标准公差等级分析。按照图 7-81 所示尺寸分别用游标卡尺和千分尺检测各部位尺寸。

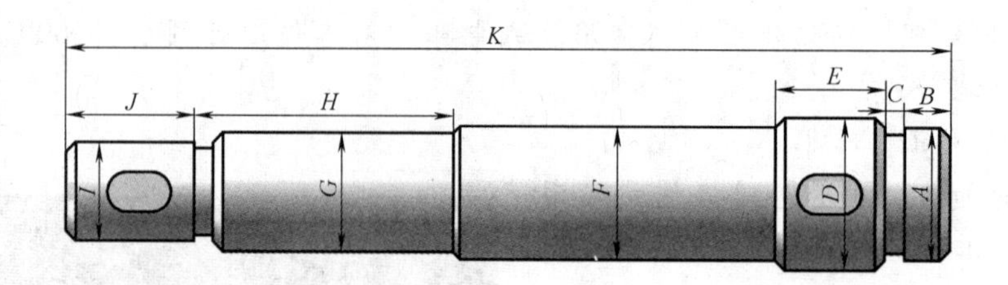

图 7-81　产品各部位尺寸检验分布图

测量尺寸结果见表 7-32。

表 7-32　传动轴成品各部位尺寸测量结果

产品编号	A	B	C	D	E	F
1	19.964	7.06	2.90×1.10	22.985	17.04	20.045
2	19.968	6.88	3.00×1.05	22.989	17.06	19.968
3	19.970	6.72	3.00×1.01	22.986	17.08	19.945
平均	19.967	6.89	2.97×1.05	22.987	17.06	19.986

产品编号	G	H	I	J	K
1	18.005	60.50	14.948	23.50	137.70
2	17.922	59.94	14.928	22.76	137.00
3	17.980	59.60	15.045	22.70	136.70
平均	17.969	60.01	14.974	22.99	137.13

轴类零件尺寸公差国家标准见表 7-33，由表可知：

a. 大头端的 ϕ20f7mm 要求误差范围为-0.020~-0.041mm，三个成品都在要求范围内，平均误差为-0.033mm。长度平均误差为-0.11mm。

b. 大头端的 ϕ23h7mm 要求误差范围为 0~-0.021mm，三个成品都在要求范围内，平均误差为-0.013mm。长度平均误差为+0.06mm。

c. 小头端的 ϕ20f7mm 要求误差范围为-0.020~-0.041mm，只有第二个成品在要求范围内，平均误差为-0.014mm。

d. 小头端的 ϕ18mm 的三个成品平均误差为-0.031mm，其中第二个成品误差较大。平均长度误差为 0.01mm。

e. 小头端的 ϕ15h7mm 要求误差范围为 0~-0.021mm，三个成品都不在要求范围内，误差较大。平均长度误差为-0.01mm。

表 7-33　轴类零件尺寸公差国家标准

ISO 轴公差表(ISO)0.001																				
≥	<	c9	d8	e7	e8	f7	g6	h5	h6	h7	h8	js6	js7	k6	m6	n6	p6	p7	r6	s6
—	3	-60 -85	-20 -34	-14 -24	-14 -28	-6 -16	-2 -8	0 -4	0 -6	0 -10	0 -14	±3	±5	+6 0	+8 +2	+10 +4	+12 +6	+16 +6	+16 +10	+20 +14
3	6	-70 -100	-30 -48	-20 -32	-20 -38	-10 -22	-4 -12	0 -5	0 -8	0 -12	0 -18	±4	±6	+9 +1	+12 +4	+16 +8	+20 +12	+24 +12	+23 +15	+27 +19
6	10	-80 -116	-40 -62	-25 -40	-25 -47	-13 -28	-5 -14	0 -6	0 -9	0 -15	0 -22	±4.5	±7	+10 +1	+15 +6	+19 +10	+24 +15	+30 +15	+28 +19	+32 +23
10	18	-95 -138	-50 -77	-32 -50	-32 -59	-16 -34	-6 -17	0 -8	0 -11	0 -18	0 -27	±5.5	±9	+12 +1	+18 +7	+23 +12	+29 +18	+36 +18	+34 +23	+39 +28
18	24	-110 -162	-65 -98	-40 -61	-40 -73	-20 -41	-7 -20	0 -9	0 -13	0 -21	0 -33	±6.5	±10	+15 +2	+21 +8	+28 +15	+35 +22	+43 +22	+41 +28	+48 +35
24	30																			
30	40	-120 -182	-80 -119	-50 -75	-50 -89	-25 -50	-9 -25	0 -11	0 -16	0 -25	0 -39	±8	±12	+18 +2	+25 +9	+33 +17	+42 +26	+51 +26	+50 +34	+59 +43
40	50	-130 -192																		
50	65	-140 -214	-100 -146	-60 -90	-60 -106	-30 -60	-10 -29	0 -13	0 -19	0 -30	0 -46	±9.5	±15	+21 +2	+31 +11	+39 +20	+51 +32	+62 +32	+60 +41	+72 +53
65	80	-150 -224																	+62 +43	+78 +59

3）误差分析。在热处理前的质检中，小头端的圆柱面出现了较大的误差，可能是由于右端与顶尖孔的固定不是很好，所以实际值偏小，大头端的误差较小。

终检时，需要磨削的大端表面尺寸误差和表面粗糙度都达到了要求，靠近小头端的三个圆柱面误差都较大，不在可接受范围内，很大原因是因为淬火时操作不够规范导致的，同时在磨削时也能明显看出淬火后轴发生了一定的弯曲，同轴度变差了。

复习思考题

7.1.1 试述机械加工工艺过程的组成。

7.1.2 什么是基准？它有哪几种类型？在应用基准时，为什么应尽量使各种基准重合？

7.1.3 生产纲领的含义是什么？各种生产类型的工艺过程及生产组织有何特点？

7.1.4 试分析生产纲领和生产类型的划分原理及作用。

7.2.1 试分析图 7-82 所示齿轮的设计基准、装配基准及滚切齿形时的定位基准、测量基准。

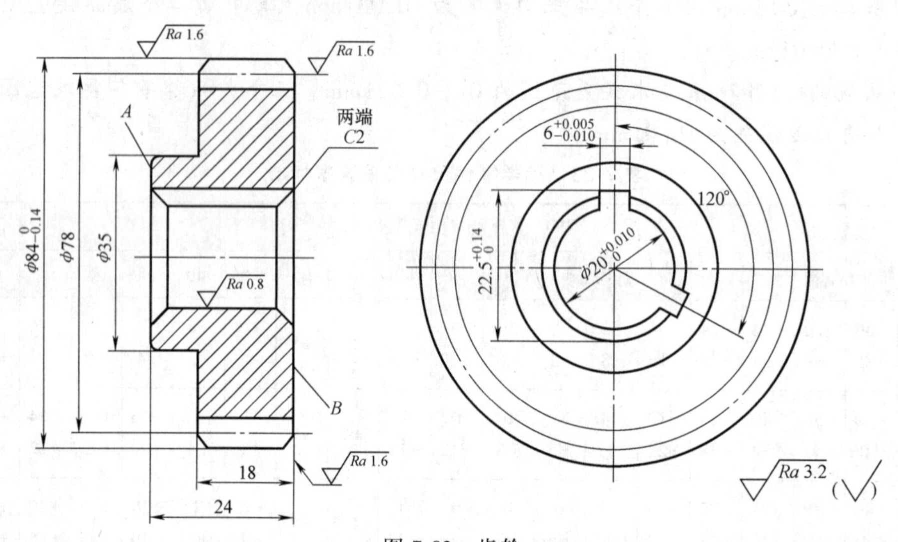

图 7-82 齿轮

7.2.2 图 7-83 所示为小轴零件图及在车床顶尖间加工小端外圆及台肩面 2 的工序图。试分析台肩面 2 的设计基准、定位基准及测量基准。

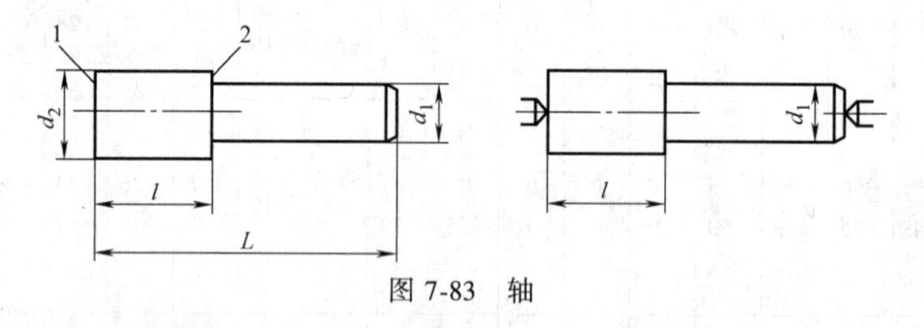

图 7-83 轴

7.2.3 试分析下列情况的定位基准：①浮动铰刀铰孔；②珩磨连杆大头孔；③浮动镗刀镗孔；④磨削床身导轨面；⑤无心磨外圆；⑥拉孔；⑦超精加工主轴轴颈。

7.2.4 分析图 7-84 所示钻铰连杆零件小头孔，保证小头孔与大头孔之间的距离及两孔平行度。①指出各定位元件所限制的自由度；②判断有无欠定位或过定位；③对不合理的定位方案提出改进意见。

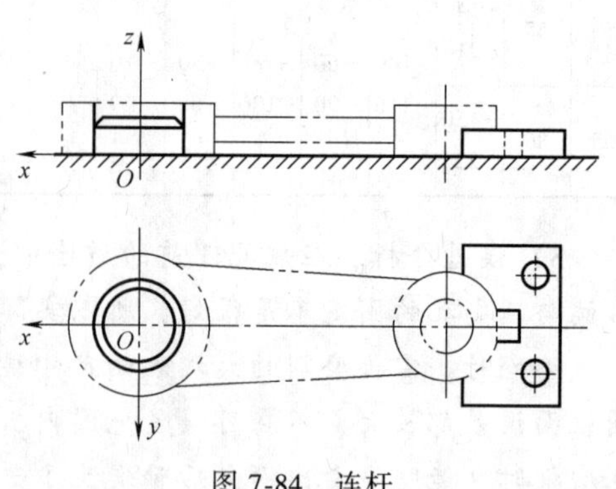

图 7-84 连杆

7.2.5 举例说明粗、精基准的选择原则。

7.2.6 什么是六点定位原理？工件在夹具中定位，是否一定要完全限制其六个自由度才算定位合理？

7.2.7　工件被夹紧所得到的固定位置与工件在夹具中定位而确定的位置有何不同？

7.2.8　分析图 7-85 所示的零件加工中必须限制的自由度。①加工齿轮两端面，要求保证尺寸 A 及两端面与内孔的垂直度（图 7-85a）；②在小轴上铣槽，保证尺寸 H 和 L（图 7-85b）；③过轴心打通孔，保证尺寸 L（图 7-85b）。

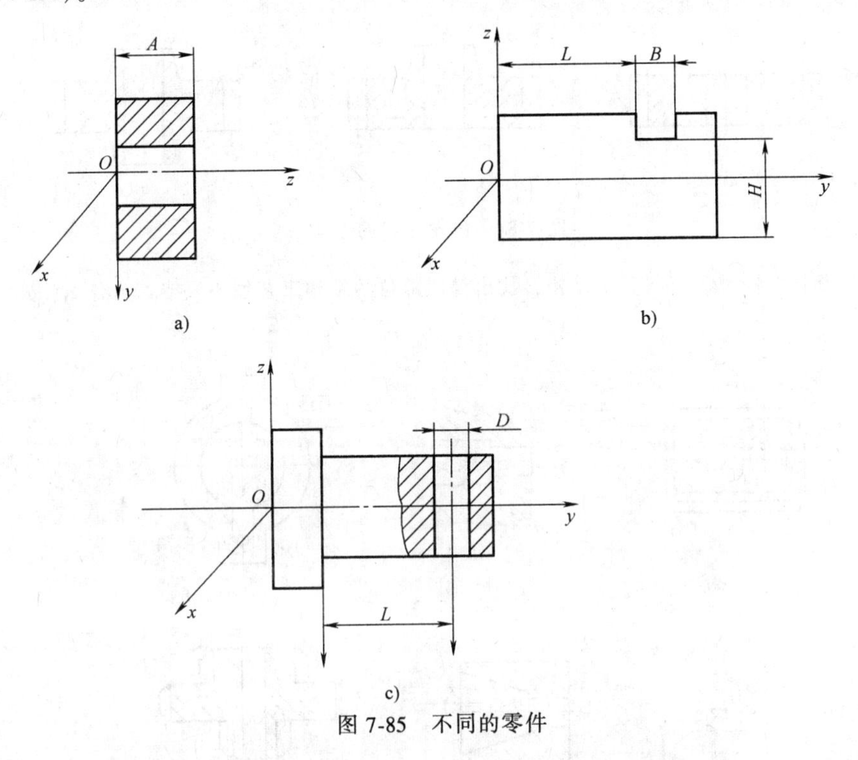

图 7-85　不同的零件

7.2.9　图 7-86 所示各零件加工时的粗、精基准应如何选择？试简要说明理由。

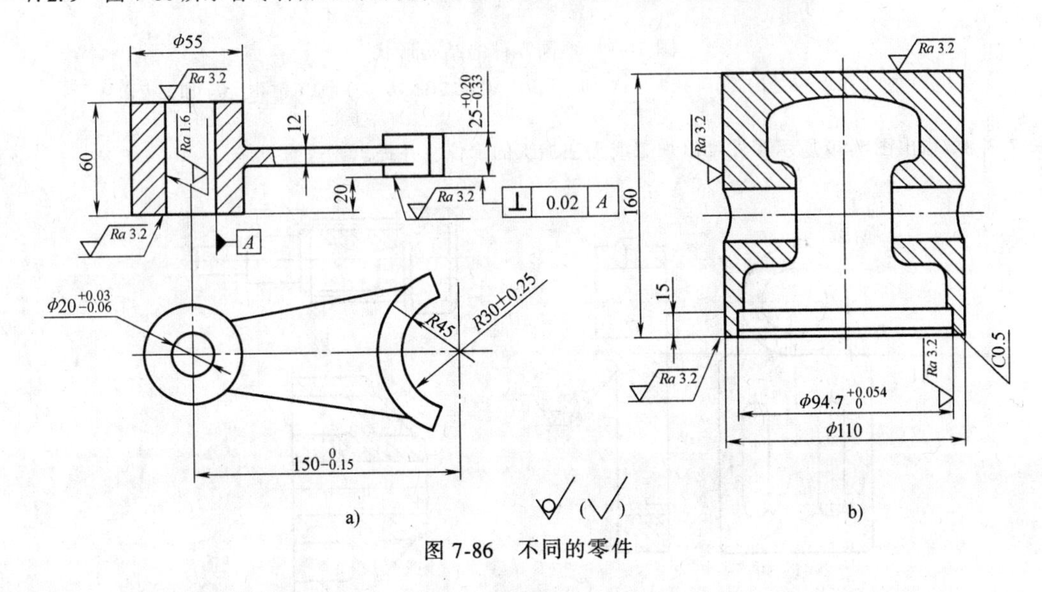

图 7-86　不同的零件

7.3.1　什么是零件的结构工艺性？它有什么实际意义？

7.3.2　设计零件时，考虑零件结构工艺性的一般原则有哪几项？

7.3.3　增加工艺凸台或辅助装夹面，可能会增加加工的工作量，但为什么还要它们？

7.3.4 为什么要尽量减少加工时的装夹次数？

7.3.5 为什么零件上的同类结构要素要尽量统一？

7.3.6 如图7-87所示，齿轮轮毂的形状共有三种不同的结构设计方案，试从你所选定的齿形加工方法对零件结构的要求，比较出哪种结构工艺性较好？哪种较差？为什么？

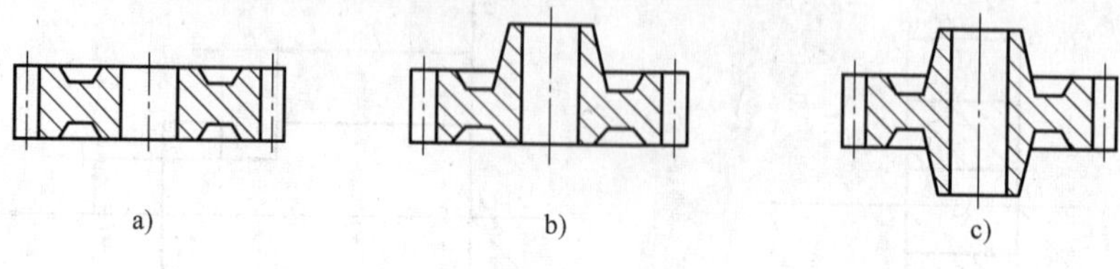

图7-87 齿轮轮毂的形状

7.3.7 分析图7-88所示各零件的结构，找出哪些部位的结构工艺性不妥当，为什么？并绘出改进后的图形。

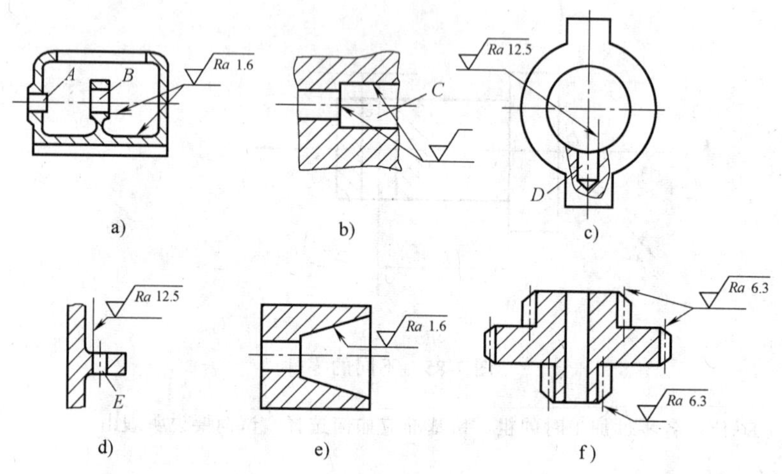

图7-88 不同零件的结构形状

a）加工孔 A、B b）加工孔 C c）加工孔 D d）加工孔 E e）加工锥孔 f）加工齿面

7.3.8 指出图7-89所示零件难以加工或无法加工的部位，并提出改进意见。

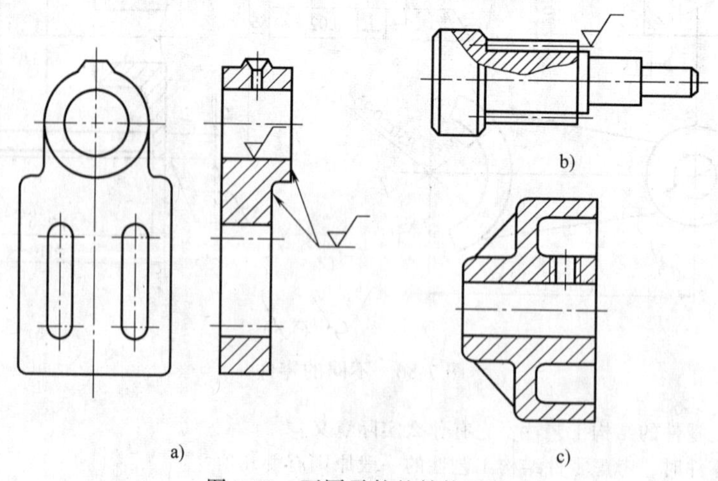

图7-89 不同零件的结构形状

7.4.1　什么是工艺规程？它对组织生产有何作用？

7.4.2　说明制订机械加工工艺规程时应遵循的步骤和具备的原始资料。

7.4.3　零件图工艺分析的内容是什么？

7.4.4　毛坯选择应遵循的原则是什么？

7.4.5　试述设计基准、工序基准、定位基准和装配基准的概念，举例说明它们之间的区别。

7.4.6　粗、精基准选择的原则是什么？

7.4.7　确定加工余量的方法有哪几种？

7.4.8　加工轴类零件时，常以什么作为统一的精基准？为什么？

7.5.1　编制数控机床加工程序的过程是怎样的？

7.5.2　数控加工程序的编制方法有哪几种？各有什么特点？

7.5.3　数控加工程序的手工编程有什么内容？

7.6.1　如图 7-90 所示的零件为减速箱输出轴的零件图，该轴的主要技术要求为：该轴以两个 $\phi 35^{+0.025}_{+0.008}$mm 的轴颈及 ϕ48mm 轴肩确定其在减速箱中的径向和轴向位置，轴颈处安装滚动轴承。径向圆跳动公差为 0.012mm，端面圆跳动公差为 0.02mm。ϕ40r6mm 是安装齿轮的表面，采用基孔制过盈配合。ϕ30r6mm 轴颈是安装联轴器的。配合面粗糙度直接影响配合性质，所以，不同的表面有不同的表面粗糙度要求。一般与滚动轴承相配合的表面要求为 Ra0.2～0.8μm，与齿轮孔、联轴器孔配合的表面要求为 Ra0.8～1.6μm。调质处理后的硬度≥224HBW。材料也可选用 45 钢或球墨铸铁。生产批量为单件、小批。试制订其加工工艺规程。

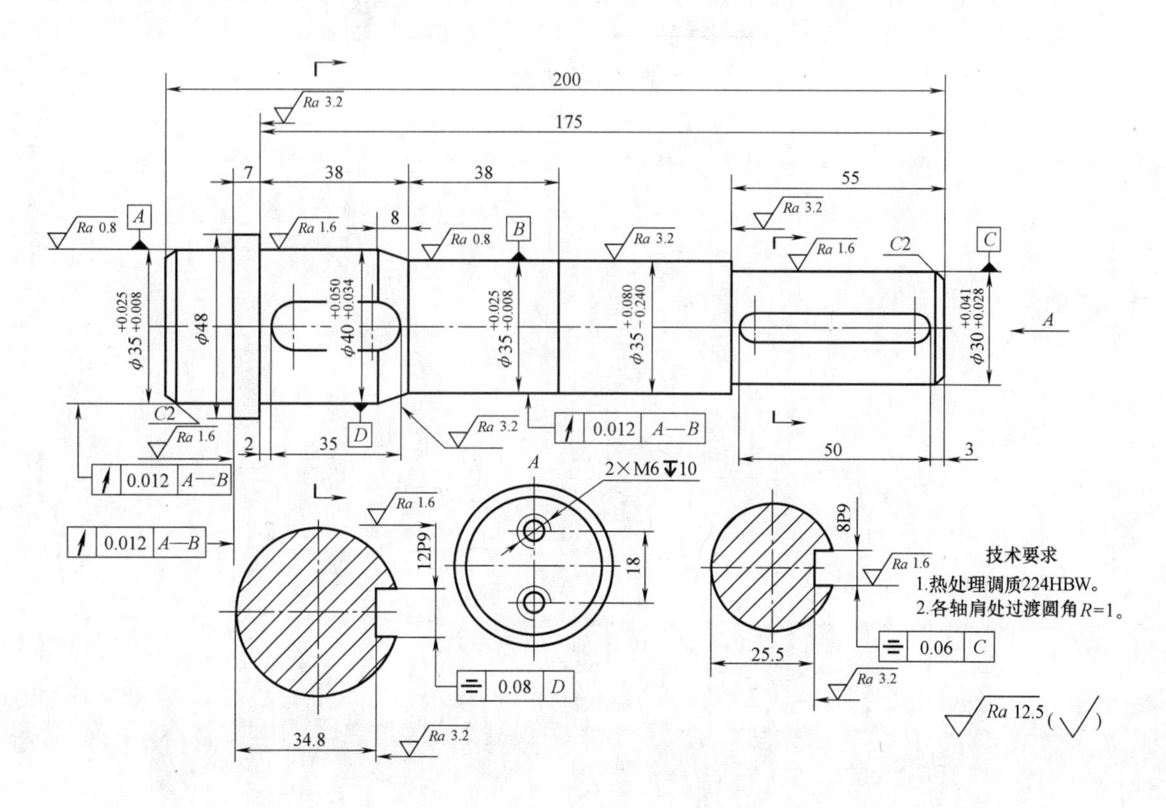

图 7-90　减速箱输出轴

7.6.2　图 7-91 所示为车床主轴箱齿轮在小批生产条件下：①确定毛坯的生产方法及热加工工艺方法；②制订机械加工工艺规程。

模数	2.5mm
齿数	22
分度圆直径	ϕ55mm
压力角	20°

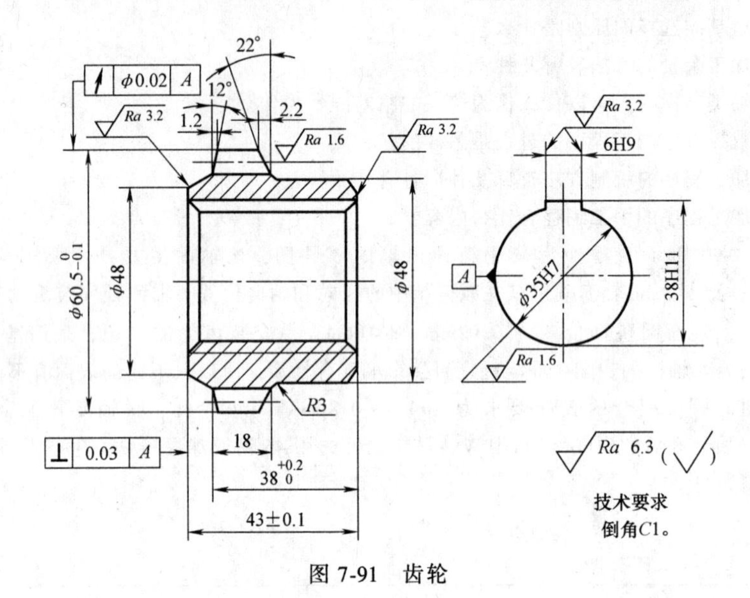

图 7-91　齿轮

参考文献

[1] 周世权，等. 工程实践（机械类及近机械类）[M]. 2版，武汉：华中科技大学出版社，2016.

[2] 周世权，等. 机械制造工艺基础 [M]. 2版. 武汉：华中科技大学出版社，2016.

[3] JOHN A SCHEY. Introduction to Manufacturing Processes [M]. New York：McGraw Hill，1999.

[4] 沈其文，等. 材料成形工艺基础 [M]. 4版. 武汉：华中科技大学出版社，2009.

[5] 张福润，等. 机械制造技术基础 [M]. 武汉：华中理工大学出版社，1999.

[6] 邓文英. 金属工艺学：上册 [M]. 6版. 北京：高等教育出版社，2017.

[7] 邓文英. 金属工艺学：下册 [M]. 6版. 北京：高等教育出版社，2017.

[8] 傅水根. 机械制造工艺基础 [M]. 3版. 北京：清华大学出版社，2010.

[9] 翁世修，吴振华. 机械制造技术基础 [M]. 上海：上海交通大学出版社，1999.

[10] 陈金德. 材料成形技术基础 [M]. 北京：机械工业出版社，2000.

[11] 程熙. 热能与动力机械制造工艺学 [M]. 北京：机械工业出版社，2000.

[12] 杜丽娟. 工程材料成形技术基础 [M]. 北京：电子工业出版社，2003.

[13] 柳百成. 21世纪的材料成形加工技术 [M]. 北京：机械工业出版社，2004.

[14] 姚智慧. 现代机械制造技术 [M]. 哈尔滨：哈尔滨工业大学出版社，2000.

[15] 肖景容. 冲压工艺学 [M]. 北京：机械工业出版社，1992.

[16] 王孝培. 冲压手册 [M]. 2版. 北京：机械工业出版社，1990.

[17] 王同海. 管材塑性加工技术 [M]. 北京：机械工业出版社，1998.

[18] 王运赣. 快速成形技术 [M]. 武汉：华中理工大学出版社，1999.

[19] 粉末冶金模具手册编写组. 粉末冶金模具手册——模具手册之一 [M]. 北京：机械工业出版社，1978.

[20] 陈寿祖. 金属工艺学（热加工部分）[M]. 北京：高等教育出版社，1987.

[21] BENJAMIN W. NIEBEL. Modern Manufacturing Process Engineering [M]. New York：McGraw Hill，1989.

[22] 韩荣第. 金属切削原理与刀具 [M]. 哈尔滨：哈尔滨工业大学出版社，1998.

[23] 陈日曜. 金属切削原理与刀具 [M]. 北京：机械工业出版社，1998.

[24] 王晓霞. 金属切削原理与刀具 [M]. 北京：航空工业出版社，2000.

[25] 严岱年. 现代工业训练教程（特种加工）[M]. 南京：东南大学出版社，2001.

[26] 王贵成. 精密与特种加工 [M]. 武汉：武汉理工大学出版社，2001.

[27] 孔庆华. 特种加工 [M]. 上海：同济大学出版社，1997.

[28] 刘晋春. 特种加工 [M]. 北京：机械工业出版社，1999.

[29] 吴林. 智能化焊接技术 [M]. 北京：国防工业出版社，2000.

[30] 刘中青. 异种金属焊接技术指南 [M]. 北京：机械工业出版社，1997.

[31] 姜焕中. 电弧焊 [M]. 北京：机械工业出版社，1981.

[32] 张京新. 特种焊接工基本技术 [M]. 北京：金盾出版社，2001.

[33] 朱正行. 电阻焊技术 [M]. 北京：机械工业出版社，2001.

[34] 中国机械工程学会焊接学会. 电阻焊理论与实践 [M]. 北京：机械工业出版社，1994.

[35] 张世昌. 机械制造技术基础 [M]. 北京：高等教育出版社，2001.

[36] 吴道全. 金属切削原理及刀具 [M]. 重庆：重庆大学出版社，1994.

[37] 许音. 机械制造基础 [M]. 北京：机械工业出版社，2000.

[38] 张万昌. 工程材料及机械制造基础（Ⅱ）——热加工工艺基础 [M]. 北京：高等教育出版社，1991.